普通高等教育"十二五"规划教材

黄金选冶

主　编　谢建宏　贾学国　张晓民
副主编　宋永辉　宛　鹤　龙　涛
　　　　李　慧　何　辉

北京
冶金工业出版社
2014

内 容 简 介

　　本书对世界主要产金国的黄金储量、产量、消耗情况，以及金的性质和用途进行了简要介绍，论述了金的重选、浮选、氰化的基本原理、工艺及主要设备，详细介绍了非氰提金技术、难处理金矿的选冶方法、含金矿石选冶实践、有色重金属冶金副产品中金的回收、金的冶炼技术及氰化提金废水综合处理技术。

　　本教材可供矿物加工工程专业、有色金属冶金专业本科生及硕士研究生教学使用，也可供从事黄金选冶生产、科研的技术人员及管理人员参考。

图书在版编目(CIP)数据

黄金选冶/谢建宏，贾学国，张晓民主编.—北京：冶金工业
出版社，2014.7

普通高等教育"十二五"规划教材

ISBN 978-7-5024-6166-9

Ⅰ.①黄… Ⅱ.①谢… ②贾… ③张… Ⅲ.①炼金—高等
学校—教材 Ⅳ.①TF831

中国版本图书馆 CIP 数据核字(2014)第 143344 号

出 版 人　谭学余

地　　　址　北京市东城区嵩祝院北巷 39 号　邮编　100009　电话　(010)64027926
网　　　址　www.cnmip.com.cn　　电子信箱　yjcbs@cnmip.com.cn
责任编辑　卢　敏　美术编辑　吕欣童　版式设计　孙跃红
责任校对　卿文春　责任印制　李玉山
ISBN 978-7-5024-6166-9
冶金工业出版社出版发行；各地新华书店经销；北京印刷一厂印刷
2014 年 7 月第 1 版，2014 年 7 月第 1 次印刷
787mm×1092mm　1/16；22.75 印张；546 千字；349 页
49.00 元

冶金工业出版社　投稿电话　(010)64027932　投稿信箱　tougao@cnmip.com.cn
冶金工业出版社营销中心　电话　(010)64044283　传真　(010)64027893
冶金书店　地址　北京市东四西大街 46 号(100010)　电话　(010)65289081(兼传真)
冶金工业出版社天猫旗舰店　yjgy.tmall.com
（本书如有印装质量问题，本社营销中心负责退换）

贵金选冶
点石成金

冰林题

前　言

我国是黄金生产大国。自2007年以来，已经连续6年位居世界第一。多年来，国内外在黄金选冶的理论研究和生产实践方面取得了很大进展，特别是在难选金矿选冶新技术、新工艺、新药剂，以及金矿资源的综合利用、废水废渣处理等方面取得了较大进步，如尼尔森离心选矿机、浮选柱等大型化和自动化选金设备的开发应用、难处理金矿的生物氧化预处理工艺、含硫及卤素系列非氰提金技术及金的溶剂萃取等化学精炼技术在黄金产业中的推广和应用等。为应对黄金选冶新技术的迅速发展，以及适应黄金选冶专业工程技术人才的教学培养需求，本书作者在多年来黄金选冶教学和生产管理方面积累的基础上编写了这本《黄金选冶》，对世界主要产金国的黄金储量、产量、消耗情况、以及金的性质和用途进行了简要介绍，论述了金的重选、浮选、氰化的基本原理、工艺及主要设备，并结合黄金选冶新技术及发展趋势，详细介绍了非氰提金技术、难处理金矿的选冶方法、含金矿石选冶实践、有色重金属冶金副产品中金的回收、金的冶炼技术及氰化提金废水综合处理技术等。

本教材可供矿物加工工程专业、有色金属冶金专业本科生及硕士研究生教学使用，也可供从事黄金选冶生产、科研的技术人员及管理人员参考。

本书由谢建宏、贾学国统筹并审稿，第1、5、8、9章由张晓民编写，第2章由李慧编写，第3、4章由宛鹤编写，第6、7章由龙涛编写，第10章由宋永辉、何辉编写。张辛未、罗小沛、屈学化、雷思明、田慧、赵振刚、姚辉、魏卓、杨超等参与了本书的资料收集、整理及校对工作。在本书写作过程中，得到了中金嵩县嵩原黄金冶炼有限责任公司的大力支持，许多厂矿、研究院所为本书提供了宝贵的资料和数据，作者在此表示衷心感谢。

由于时间仓促，水平有限，书中不足之处恳请读者批评指正。

编　者

2013 年 12 月

目 录

1 绪 论

【本章提要】 本章主要讲述了金的性质、矿床地质，以及黄金的生产概况和应用现状。其中，金的性质和用途及国内外金矿床的分类、主要工业类型和矿石类型是本章的重点。

纯金为金黄色，故称黄金（当金中含有杂质时，其颜色会发生改变，如含银使其颜色变淡，含铜时变深）。

金的元素符号为 Au，原子序数为 79，原子量为 197，在化学元素周期表中位于第六周期第一副族，与铜、银合称铜族元素。

1.1 金的性质

1.1.1 金的物理性质

金的硬度低，布氏硬度 $185N/mm^2$，矿物学硬度 3.7。18℃时，金的密度为 $19.31g/cm^3$。纯金的熔点为 1064℃，沸点为 2808℃。金的常用物理参数见表 1-1。

表 1-1 金的常用物理参数

物理参数	参数值	物理参数	参数值
密度（18℃）/g·cm^{-3}	19.31	布氏硬度/kg·mm^{-2}	18.5
熔点/℃	1064	矿物学硬度	3.7
沸点/℃	2808	电阻温度系数（25~100℃）	0.0035
强度极限/N·mm^{-2}	122	线膨胀系数（0~100℃）	14.6×10^{-6}
伸长率/%	40~50	电阻率/μΩ·cm	2.06
横断面收缩率/%	90~94		

金的延展性极好。1g 纯金可拉成长达 3420m 以上的细丝，可压成厚度为 $0.23 \times 10^{-8}mm$ 的金箔。这种金箔在显微镜下观察仍旧是非常致密的。金中若含极少量杂质（如铅、铋等），其力学性能也会明显降低，比如当含铅 0.01% 时金会变脆。

金的挥发性很小，在 1000~1300℃ 时，金的挥发量是微不足道的，在 1075℃、1125℃和1250℃下，在空气中熔化金时，经 1h，其损失量相应为 0.009%、0.10% 和 0.26%。金的挥发速度和金中杂质的性质有极大关系，也与加热时周围气氛有关。

金具有良好的导电和导热性能，其电导率仅次于银和铜，在金属中居第三位，电阻率为 $2.06\mu\Omega/cm^3$，金的热导率为银的 74%。

1.1.2　金的化学性质

金原子的结构特点是具有充满的 5d 电子亚层，它与 4f 电子产生的屏蔽很微弱，因而在 6s 电子亚层上的电子和原子核之间的结合力很强。金的第一电离势能比较大（895kJ/mol），电负性较大（2.54），这些性质决定了金元素既不易失去电子也不易得到电子，使其成惰性元素（自然金）存在。

金的化学性质很稳定，在通常条件下，无论在低温或高温时均不被氧直接氧化，碱对金无显著的侵蚀作用，单独的硫酸、盐酸或硝酸对金都不起作用。

金可溶于王水，其反应式为：

$$Au + HNO_3 + 4HCl \Longrightarrow HAuCl_4 + 2H_2O + NO\uparrow \tag{1-1}$$

水溶液中的三价金可用二氧化硫、亚铁盐和草酸等多种还原剂还原成粉状金。

在氧存在下，金与碱金属氰化物发生如下反应：

$$4Au + 8NaCN + 2H_2O + O_2 \Longrightarrow 4NaAu(CN)_2 + 4NaOH \tag{1-2}$$

这个反应是氰化法从矿石中提取金的基础。溶液中的金可以用比金负电位的金属（通常用锌）置换还原，这是从氰化液中回收金的常规方法，至今仍为一些提金厂广为采用。氰化炭浆法和树脂浆法，则使用活性炭或阴离子交换树脂吸附回收溶液中的金。

在酸性条件下（pH < 1），采用氯气（或氯酸钠）做氧化剂，可以使金快速溶解，生成金氯络合物：

$$2Au + 3Cl_2 \Longrightarrow 2AuCl_3 \tag{1-3}$$

$$AuCl_3 + HCl \Longrightarrow HAuCl_4 \tag{1-4}$$

$AuCl_3$ 氧化还原电位高，容易被低价化合物（SO_2 等）还原，这是水溶液氯化法提取金的基础。

金在氧化剂（如 Fe^{3+} 和氧等）的参与下，可溶于酸性硫脲液中：

$$Au + 2SCN_2H_4 + Fe^{3+} \Longrightarrow Au(SCN_2H_4)_2^+ + Fe^{2+} \tag{1-5}$$

$$Au + 2SCN_2H_4 + \frac{1}{4}O_2 + H^+ \Longrightarrow Au(SCN_2H_4)_2^+ + \frac{1}{2}H_2O \tag{1-6}$$

这是硫脲法从矿石或精矿中浸出金的基础。此外，硫代硫酸盐溶液、硫氰化物溶液、多硫化铵溶液等也能使金溶解，这些方法形成非氰提金的基础。

金不仅能与其他贵金属组成合金，而且还能与许多其他金属组成合金或化合物。常见的合金有：金银合金、金铜合金、金银铜合金。此外，还有所谓的金汞合金，其中因金、汞比例不同，合金可呈固体或液体状态，这是混汞法提金的基础。

1.2　金的矿床地质

1.2.1　金的地球化学与金矿物

金在地壳中的含量很少，其克拉值仅为 $5 \times 10^{-7}\%$，仅相当于银的 1/21、铜的 1/18000。

金在自然界中大多数呈自然金形式存在，形成独立矿物，或进入其他矿物晶格缺陷中，或吸附于某些矿物表面或裂隙中。

金是亲硫元素之一，在原生条件下金矿物常与黄铁矿、毒砂等硫化矿物共生。原生金矿被风化剥蚀及再沉积后，则形成各种类型的砂金矿。

在自然界中，金从不与硫化合形成硫化物，更不与氧等元素化合。在某些特定地质条件下，金与铋、碲、锑等元素结合形成天然化合物，如铋金矿、碲金矿、方金锑矿等。

金与银原子直径近同，晶格结构类型相同，化学性质相似，所以自然金中常杂有不同量的银。当银的含量达到一定数量时，则可称为银金矿、金银矿等。

金与铂族元素矿物的原子直径也相差不大，因此，在自然金矿物中有时有铂族元素呈类质同象混入。当其中混入相当量的钯和铂时，可形成钯金矿飞铂金矿、铂银金矿、钯铜金矿等。在以铂族元素为主的自然金属元素矿物中，有一定量的金元素呈类质同象混入时，可叫做铂金钯矿和等轴金锇铱矿等。

目前，在自然界中发现的金矿物约有40多种（见附表），而资料较全的独立矿物有20多种。其中最常见的有自然金、银金矿、金银矿及金的碲化物。

在我国，矿石中金和含金矿物种类繁多，到目前为止，已发现的40多种金矿物中在中国首次发现的金矿物约20种。我国金矿资源中金的主要矿石矿物为自然金和银金矿、碲金矿、针碲金银矿、碲金银矿和黑铋金矿等。个别矿床（如金驹山、茅坪等矿床）金的碲化物也是金的主要矿石矿物之一。

金矿物在矿石中含量很少，又多呈显微粒状存在，也有一定量的金呈次级显微状（放大1200倍仍发现不了）赋存在一些硫化矿物中。金矿物具有以下明显的特点：

（1）硬度低，维氏硬度多在$1000N/cm^2$以下；

（2）具有很高和较高的反射率，多数矿物在60%以上；

（3）具有很大和较大的密度；

（4）反射镜下多具有不同程度的金黄色和黄色色调；

（5）自然金属元素金矿物具有良好的延展性。

1.2.2 世界金矿床的分类

（1）砾岩型金矿床：又称古代变质的金铀砾岩矿床，是目前世界上储量和产量最大的金矿床。矿床成矿时代较老，主要产于前寒武纪变质地层中，矿化的含金矿层主要是砾岩和石英岩，次有炭质岩层。矿层具有多层性，单层厚度不一。自然金粒度很细，多为0.01~0.06mm，分布于石英砾岩的泥质胶结物中。世界上最大的产金区——南非的维特瓦特斯兰德盆地（Witwatersrand）即属此类型，因此被称为"兰德型"金矿床。

这类矿床，除金外，若干矿床还是铀、钍及稀土元素的有经济意义的矿源。金属矿物主要有自然金、黄铁矿、晶质铀矿、碳铀钍矿、钛铀矿、锇铱矿和少量的铜、铅、锌、镍的硫化物和砷化物等。脉石矿物主要有石英、绢云母、绿泥石、黑云母等。

加拿大、加纳、巴西等都有这类矿床。我国在内蒙古、吉林、河南、黑龙江及山西等地找到了这类矿床。

（2）近代砂金矿床：本类型砂金矿以往相对产量很大，现在则逐渐缩减到总产量的15%~20%。就其沉积方式而论，近代砂金矿有残积、坡积、洪积、阶地和海滨砂矿之分。

我国近代的砂金矿床,如云南的金沙江流域、内蒙古金盆、黑龙江的黑河一带和吉林珲春一带均为前几种砂金矿。

(3) 石英脉金矿床:该类型金矿床在世界上分布广泛,在我国的储量表中所占的比例更大。矿床一般呈脉状,也有呈网脉状、复脉状等形式,多为含金热液沿岩石裂隙或断裂充填而成。脉石以石英为主,其次为碳酸盐矿物。金属矿物以金属硫化物最常见,金矿物赋存于脉石和黄铁矿裂隙或其他金属矿物的裂隙、间隙中。金的粒度一般为 0.005 ~ 0.1mm。金的品位一般较高,伴生的银常常可以综合回收。

石英脉型金矿床在我国分布广泛:山东、河北、小秦岭地区(陕西、河南)、辽宁、吉林、内蒙古、湖南、广西等省、自治区。如广东的招远,河北的金厂峪、河南的秦岭、文峪,陕西的桐峪,辽宁的五龙,吉林的夹皮沟,内蒙古的花皮沟,广西的古袍,湖南的黄金洞等。

(4) 金及银 – 金碲化物矿床:这种矿床主要与第三纪火山岩有关。富含银,银为金的5 ~ 200 倍或更多。矿石中除自然金外还有碲化金。这类矿床沿太平洋火山岩带分布,在南美洲、前苏联东部、日本、朝鲜、菲律宾、缅甸及我国台湾省均有发现。

(5) 伴生金矿床:在有色、黑色、贵重金属的一些矿床中,尤其在富硫、砷化物的有色金属矿床中,常常伴随一定数量的金。在国外和我国伴生金矿床都占相当比重(伴生金的储量约占黄金储量的四分之一到三分之一)。国外伴生金主要来源于斑岩铜矿床、含铜黄铁矿型矿床和硫化铜镍矿床。在我国主要有斑岩型铜(钼)矿床、矽卡岩型铜铁及钼矿床、岩浆型铜镍矿床、黄铁矿型铜矿床、铅锌矿床、钯镍矿床等。如:江西德兴铜矿、山西中条山铜矿、湖北大冶铜铁矿、云南大红山铁铜矿、甘肃金川铜镍矿、白银铜矿、新疆布拉克铜矿、青海玛沁德尔尼铜钴矿、青海锡铁山铅锌矿、云南元谋朱布铂钯矿等。

伴生金的品位低,一般都小于 1g/t,但储量大,我国伴生金银矿床中约有半数为中大型,而且在一些伴生金矿中有共生金矿或者独立金矿的段矿,在一些有色金属矿床的下部或附近也有伴生金矿床与独立金矿床(如辽宁的华铜铜矿,湖南的水口山铅锌矿)。

(6) 微细浸染金矿床:1) 霍姆斯塔克型矿床:金矿体赋存于前寒武纪古老的变质岩中,明显受层位控制。美国著名的霍姆斯塔克(Homestake)金矿就是其典型代表。矿体多呈透镜状,扁豆状,似层状。矿石具有典型的沉积变质特点。金多呈自然金产出,浸染状分布,常和毒砂等硫化物伴生。2) 卡林型金矿床:产于不同时代含碳质的泥质、粉砂质、硅质、碳酸岩质等沉积岩中的矿床,美国第二大金矿,内华达州卡林(Carlin)金矿,是世界上最大的细粒浸染型(产于含碳质的碳酸盐岩地层中)金矿之一。常见的金属矿物主要是毒砂、黄铁矿、富砷黄铁矿等,脉石矿物为石英、方解石、白云石、重晶石黏土类矿物等。金多呈自然金形式以微细粒浸染状分布在矿石中,金品位较低,颗粒极细,一般为 1 ~ 3μm,一般常与有机碳、汞、砷、锑紧密共生。

卡林型金矿床在北美西部分布甚广,著名的西部金坑、贝尔、科特兹等储量达百吨级。新西兰的魏斯堡,澳大利亚的梯尔费,西班牙的沙拉威,多米尼加的波克、维州等金矿就属于该类型。

我国这类矿床主要分布在黔西南、桂西北以及滇东南三角区。有贵州的板其、丫他、戈塘、烂泥沟、紫木凼,广西的金牙、高龙,湖南的石峡、高家坳,川西北的东北寨、丘洛、桥上、杂铺子,陕西的双王、二台子,甘肃的拉尔玛,辽宁的猫岭,铜陵的马上等金矿，这些矿床多在大、中型以上。

1.2.3 中国金矿床主要工业类型及其分布特征

中国金矿资源丰富，黄金开采历史悠久，是世界上最早认识和开发利用黄金的国家之一，但进行专门的金矿地质工作起步较晚。1949～1975年，基本上是中国金矿床勘查与开发的初期发展阶段。20世纪80年代以来，中国对金矿床的勘查与开发进入了较快发展阶段，勘查了一批中大型矿床，在胶东、小秦岭、燕辽—大青山、辽吉东部及陕甘川三角区等黄金资源和生产基地持续发展的同时，形成了以阿尔泰、天山为中心的新疆北部产金区、广东、云南、贵州、广西、海南、甘肃及长江中下游（鄂皖赣）等一批的金矿资源和生产基地。近年来，通过加强对重点成矿区带的调查评价，在西部地区发现了一批大型、特大型金矿床。

1.2.3.1 中国金矿床主要工业类型

我国地域广阔、地质构造复杂，金矿床类型繁多。对于独立金矿床，根据含金地质体不同可分为以下10类，即石英脉型、蚀变碎裂岩型、微细浸染型、冰长石－绢云母石英脉型、铁帽型、矽卡岩型、糜棱岩型、角砾岩型、红土型，以及砂砾层型。

但在矿床类型上不会有一条截然的界线，比如：同一矿床内可能会出现含金石英脉与含金蚀变岩共存或过渡，甚至一个矿体由含金石英脉和含金蚀变岩共同组成。

（1）石英脉型：其含金地质体为含金石英脉，石英脉中抑或含有较多的其他脉石矿物，如钾长石等。含金地质体的产出严格受断裂系统的控制，属典型脉状矿床，矿体与围岩界线分明。这类金矿床主要产于古板块边缘古老隆起区，古陆或古隆起区边缘拗陷区或拗拉谷。此外，在古生代板块边缘岛弧带或被动陆缘也有分布。属于本类型的矿床有玲珑、夹皮沟、玉龙、金厂峪、文峪、沃溪、哈达门沟及金厂等。

（2）蚀变碎裂岩型：其含金地质体为含金蚀变碎裂岩，该类矿床为含金热液交代破碎带岩石而成。与石英脉型一样，含金地质体受断裂破碎带的控制。围岩蚀变发育，矿体与围岩为过渡关系。这类金矿床常以矿体形态简单、规模宏大、品位稳定而显示出其巨大的工业价值。其分布及产出围岩与石英脉型金矿床基本一致。焦家、新城、三山岛、上宫、银洞坡、葫芦沟、老王寨等金矿床均属此类。

这类金矿床是我国重要的金矿床类型之一。我国首先在山东招掖地区发现，焦家金矿是该类型矿床的典型代表，故又称为"焦家式"金矿。

该类矿床规模及矿石储量大，是一特大型金矿床。矿体产于破碎蚀变岩带中，矿化连续、稳定、金分布比较均匀，可选性好，属易浮选的矿石。围岩蚀变比较严重，有硅化、绢云母化、黄铁矿化、碳酸盐化、高岭土化、绿泥石化同时伴有金属硫化物和金银矿化。矿石呈浸染状、细脉浸染状、网脉状、角砾状构造，在矿与非矿之间没有明显的界线，要靠品位圈定工业矿体，但总体上仍形成脉矿。金属矿物主要有黄铁矿、黄铜矿、方铅矿、闪锌矿、磁铁矿、辉铋矿、锌砷黝铜矿等。脉石矿物以石英、绢云母、方解石为主，其次有长石、重晶石绿泥石、绿帘石等。金银矿物主要有银金矿、自然矿、碲银矿自然银等。赋存状态以包体金、间隙金和裂隙金形式存在于石英和金属硫化物中，特别是黄铁矿中。金的粒度多在 $0.05 ～ 0.07mm$ 之间。

这类金矿床主要分布在山东招掖地区，如焦家、新城、三山岛、河东、大尹格庄、上庄、台上等地。另外在新疆、河北、河南、陕西、广东等地均有该类矿床。

（3）微细浸染型：其含金地质体为含金蚀变破碎泥质细碎屑岩、碳酸盐岩及硅泥质岩石等。之所以称之为"微细浸染"，是因为其含金地质体中的金矿化呈浸染状，金矿物呈微细粒存在，多为不可见金。这类金矿床金以低品位大矿量为特征。该类金矿床主要产出于不同大地构造单元的边缘过渡带和褶皱造山带中。容矿岩石主要为古生代－三叠纪泥质细碎屑岩、硅泥质岩石及碳酸盐岩，有的含有火山物质。现已发现的这类矿床主要分布于黔西南、桂西北、川西北、西秦岭及湘中地区。如紫木凼、烂泥沟、戈塘、金牙、高龙、东北寨、丘洛、拉尔玛、大水等。

（4）冰长石－绢云母石英脉型：本类型金矿床含金地质体为含金石英脉，之所以将这类金矿床从石英脉型中独立出来，是因为这类金矿床与前述石英脉型金矿床相比在矿床特征、成矿地质环境方面均有其独特之处。这类矿床中，含金地质体以含有大量低温矿物组合为特征，如玉髓状石英特征的冰长石、胶状黄铁矿等。含金地质体的产出多受火山机构或与火山活动有关的构造裂隙系统的控制。在我国东部本类金矿床主要产于古陆核或中间地块中生代上叠火山盆地、板内中生代火山岩带，在西部主要产于晚古生代岛弧期后裂陷盆地中，其容矿岩石多为中酸性火山岩、次火山岩。属于本类型金矿床者如团结沟、刺猬沟、奈林沟、八宝山、阿希、马庄山等。

（5）铁帽型：这类金矿床的含金地质体为含金铁帽风化壳。目前所发现的这类矿床虽然储量不大，但具埋藏浅、矿石易采选的特点，因而具有较高经济价值。这类金矿床的产出环境为发育含金基岩、金矿化体或有含金的硫化矿床的地区。所以，铁帽型金矿床分布的地区往往是原生金矿化或铜、铁等金属矿化集中区，如长江中下游地区。此外，干湿交替或湿热的气候及有利的地形——泄水条件也是该类型金矿床成矿环境的重要因素。属于本类型金矿床的有黄狮涝山、新桥、桃园、吴家等。

铁帽型金矿床，是地表和近地表含金地质体经风华淋滤形成，多为硫化物矿物矿床上部氧化带。矿床一般具层控点，矿体形态总体上呈层状，似层状，独立矿床体多呈透镜状、扁豆状等。矿石结构主要有叶片状、胶状、球状、同心状等。矿石构造以蜂窝状，胶状，炉渣状，压碎状及块状为主。在淋滤，氧化矿石带中，金属矿物主要有褐铁矿、赤铁矿、针铁矿、软锰矿、黄钾铁矾、白铅矿、铅矾、菱铁矿等。脉石矿物主要有石英，方解石，重晶石，伊利石，绿泥石，高岭土，绢云母等。金银矿物主要有自然金、自然银、银金矿等。金赋存在褐铁矿裂隙缝隙或其他矿物间隙中以及呈石英包体产出。进矿物粒度多属细粒金，一般在 $0.002 \sim 0.004\text{mm}$。

这类矿床分布在我国湖南、宁夏、安徽、河北，以及西班牙等地。如湖南的七宝山、大土方、龙王山，安徽的新桥、代家冲，宁夏的金扬子等金矿。

（6）糜棱岩型：其含金地质体为含金糜棱岩。受韧性剪切带控制，含金地质体呈带状展布，矿体与围岩为过渡关系，金矿化相对较为均匀。这类金矿床多产于古老地块及其边缘活动带，容矿岩石一般为前寒武纪变质岩。排山楼、河台、金山等金矿床均属此类。

（7）角砾岩型：其含金地质体为含金角砾岩。容矿岩石复杂多样。中国角砾岩型金矿床分为四种主要类型：与小侵入岩体有关的角砾岩型金矿床；与斑岩系统有关的角砾岩型金矿床；与火山－次火山岩有关的角砾岩型金矿床；产在不整合面或沉积间断面上的角砾岩型金矿床。含金角砾岩的产出有两种方式，一种是受火山构造或与之有关构造控制的并由火山－浅成侵入活动所形成的；另一种是受断裂构造控制，并在区域性断裂活动过程中形成的。前者如祁雨沟、归来庄等，后者如陕西双王、二台子等。角砾岩型金矿床产出地质环境多为中生代火山－浅成侵入活动带及区域性断裂强烈活动地区。

(8) 矽卡岩型：其含金地质体为含金矽卡岩。矿体形态复杂，其产出受接触带构造控制。矿石成分复杂，共（伴）生组分多。常构成金－铜共生矿床。在我国这类金矿床主要产于长江中下游地区，即产于大陆活化拗陷区内拗陷褶皱带的局部隆起区。容矿岩石为碳酸盐岩与以同熔为主的中生代中酸性侵入岩接触部位的热变质－交代岩石。属于这类金矿床的有鸡冠咀、鸡笼山、马山、鸡冠石、金口岭等。

若矿体的盐型主要是碳酸盐岩石，则生成矽卡岩型矿床。经常与金一道富集于矽卡岩矿床中的元素有铁、硫、铜、锌、铅、钨、钼、砷、铋、锑。这类金矿床在我国独立的金矿床并不多，主要是伴生金。如矽卡岩型铅－锌－金（湖南水口山）、铜－金（安徽铜陵、山东沂南）矽卡岩型铜－金矿床由于矿床规模大，因而金的储量可观，是伴生金产量的重要来源之一。金矿物为自然金，银金矿，金银矿等。共生矿物有黄铁矿，斑铜矿，磁铁矿，磁黄铁矿等。金矿主要与黄铜矿密切联系。金与铜、铁、硫可以综合回收。

(9) 红土型：该类型金矿床含金地质体为含金红土风化壳，其特点是埋藏浅、储量大。大矿量低品位矿石与极富矿石并存，矿石易采选。由于现代金浸出技术的不断完善，对该类型矿床矿石含金量要求很低，因而具有很高经济价值。这类金矿床形成于湿热气候地区，在含金红土风化壳之下要有易于红土化的原生含金地质体，并有良好的地形——泄水条件。该类型金矿床在我国并不多见，目前在长江中下游及云贵等地有所发现。规模较大者，要数湖北蛇屋山。

(10) 砂砾层型：砂砾层型金矿床，是指赋存于中—新生代各类陆相盆地及第四系堆积物中的金矿床，其含金地质体为各种含金砂砾层。其中最具工业价值的为第四纪砂金矿。含金砂砾层一般赋存于河床、河漫滩及阶地中。这类金矿床在各省（区）均有不同程度的产出。其形成环境主要为矿质来源丰富，有缓慢升降且上升幅度大于下降幅度的新构造运动，且有径流水量充足的永久性河流的地区。

表1－2列出了中国各类岩金矿床数所占比例，从总体上看，石英脉型、蚀变碎裂岩型、微细浸染型、冰长石－绢云母石英脉型是当前我国岩金矿床的主要类型。其中石英脉型和蚀变碎裂岩型无论在矿床数量上还是在储量上都具有十分重要的地位，含金石英脉一直是人们最为主要的开采对象。在许多地区，人们把石英脉和蚀变破碎岩带作为最直接的找矿标志。

表1-2 中国各类岩金矿床数所占比例

矿床类型	所占比例/%	矿床类型	所占比例/%
石英脉型	55.6	矽卡岩型	1.6
蚀变碎裂岩型	23.6	糜棱岩型	1.0
微细浸染型	8.5	角砾岩型	1.0
冰长石－绢云母石英脉型	6.0	红土型	0.2
铁帽型	2.0		

糜棱岩型金矿床目前虽然为数不多，但已发现的矿床多以其大储量和较为稳定的品位所决定的巨大经济价值而受到了人们的重视，红土型金矿床在我国尚属新发现的类型。这类金矿床与铁帽型金矿床一样，都具有埋藏浅、易采、易选的特点，对其开发有低成本高收益的优势，也正在引起人们的重视。

1.2.3.2 中国金矿床分布特征

从矿床分布、矿床规模、矿石品位、物质成分、开采条件等来看，中国金矿资源具有以下一些特点：

（1）分布广泛但又相对集中：就金矿资源空间分布而言非常广泛，数以千计的金矿床和矿点遍布全国各省（区），但也表现出明显的丛聚性和东西部两大地域差异。这应当是不同地域的大地构造环境、含金建造、构造－岩浆活动及变质作用等因素不同所致。

金矿床的空间分布的东西部两大地域差异表现在：东部地区主要为石英脉型、蚀变碎裂岩型、冰长石－绢云母石英脉型、矽卡岩型、铁帽型及红土型等，成矿时代主要为燕山期，铁帽型及红土型主要形成于第四纪；西北部地区主要有蚀变碎裂岩型、冰长石－绢云母石英脉型和石英脉型等，成矿时代主要为海西期；西南部地区主要为微细浸染型、蚀变碎裂岩型、石英脉型及红土型等，成矿时代主要为印支－喜马拉雅期。

金矿床的空间分布具有明显丛聚性，也就是在局部地区聚集成为金的矿集区。岩金矿主要集中于胶东、小秦岭、吉南－辽东、西秦岭、滇黔桂相邻地区和华北地块北缘等地区，砂金矿则多集中于东北北部、新疆北部及陕甘川相邻地区。表1－3列出了中国主要金矿集中区及主要矿床类型。

表1－3 中国主要金矿集中区及主要矿床类型

序号	砂化集中区	矿床类型
1	呼玛－黑河区	砂砾层型
2	嘉荫－鹤岗区	砂砾层型、冰长石－绢云母石英脉型
3	吉南－辽东区	石英脉型、蚀变碎裂岩型、冰长石－绢云母石英脉型、糜棱岩型
4	胶东区	石英脉型、蚀变碎裂岩型
5	台湾区	酸性硫酸盐型
6	乌拉山－燕辽区	石英脉型、蚀变碎裂岩型、糜棱岩型、冰长石－绢云母石英脉型
7	五台区	石英脉型、冰长石－绢云母石英脉型、角砾岩型
8	鲁西南区	角砾岩型、石英脉型、矽卡岩型
9	小秦岭－伏牛山区	石英脉型、蚀变碎裂岩型、角砾岩型
10	桐柏－大别山区	蚀变碎裂岩型、石英脉型
11	长江中下游区	矽卡岩型、铁帽型、红土型
12	赣东北区	糜棱岩型、蚀变碎裂岩型
13	湘西北区	石英脉型
14	闽西北－浙东南区	冰长石－绢云母石英脉型、石英脉型、铁帽型

序号	砂化集中区	矿 床 类 型
15	粤西 - 海南区	糜棱岩型、蚀变碎裂岩型、石英脉型、角砾岩型
16	西秦岭区	微细浸染型、角砾岩型、砂砾层型
17	川西北区	微细浸染型、砂砾层型
18	黔西南 - 桂西北区（含滇东）	微细浸染型
19	三江流域区	蚀变碎裂岩型、石英脉型
20	北山区	硅化岩型、石英岩型
21	阿尔泰山区	砂砾岩型、蚀变碎裂岩型
22	准噶尔区	石英岩型、硅化岩型、蚀变碎裂岩型
23	西天山区	冰长石 - 绢云母石英脉型、硅化岩型

（2）矿床规模以中小型为主：中国已发现的金矿床多为中小型，超大型、大型矿床少。到目前为止，中国已发现的超大型金矿床只有山东焦家、玲珑、新城和甘肃阳山以及台湾金瓜石。据不完全统计，中国已勘查的 7000 余处金矿床中，具有一定规模的只有 1000 余处。

（3）矿石品位中等：中国已发现金矿床中矿石品位中等，大多数岩金矿床中矿石品位约为 $5 \times 10^{-6} \sim 12 \times 10^{-6}$，砂金矿床中一般为 $0.2 \sim 0.4 g/m^3$。一般而言，大型矿床的矿石品位较低，中小型矿床中相对较高，但品位的变化也较大。

（4）伴生金资源量大：中国金矿资源由岩金、砂金、伴生金三部分组成，其组成比例随着勘查程度的提高和各类矿床的发现而改变。据统计，20 世纪 90 年代初各类金矿资源的比例大致为：岩金累计探明储量约占总储量的 53%，砂金约占 16%，伴生金约占 31%。随着中国黄金资源地质勘查的进展，岩金储量所占比例上升至 60% 左右，砂金储量所占比例有所下降，伴生金储量基本没有改变。至 2010 年底，我国金矿已探明资源储量为 5951.8t，其中，岩金资源储量为 4027.5t，伴生金 1401.5t。表 1 - 4 列出了 2010 年我国黄金资源情况。

表 1 - 4　2010 年我国黄金资源情况一览表

金矿资源类型	资源储量/t	基础储量/t	所占比重/%	探明资源储量/t
岩金	727.2	1259.8	67.67	4027.5
砂金	103.6	179.4	8.78	522.8
伴生金	208.1	429.2	23.55	1401.5
合　计	1038.9	1868.4	100.00	5951.8

1.2.4　金的矿石类型

金的矿石类型其划分方法各不相同。按矿石自然类型可分为：含金石英脉矿石、含金黄铁矿石英脉型矿石、含金多金属矿石、绢云母化蚀变岩金矿石等；根据矿石工业有价组分可划分为：金矿石、金－黄铁矿矿石、金－砷矿石、金－银矿石、金－铜矿石、金－锑矿石、金－多金属矿石；根据矿石的氧化程度可分为：原生矿石、部分氧化矿石及氧化矿石；根据矿石在氰化过程中的难浸程度可分为易氰化矿石及难氰化矿石。难氰化矿石包括含锑矿石、含铜矿石、含磁黄铁矿矿石、含碳矿石、含黏土矿石等类型。

虽然金的矿石类型很多，但总的可分为一般含金矿石和复杂含金矿石两大类。根据我国实际情况，结合选矿工艺要求，又划分为 5 类：贫硫化物金矿石、高硫化物金矿石、含金多金属硫化矿石、含金氧化矿石、含碲金矿石。

（1）贫硫化物金矿石：这种矿石多为石英脉型或蚀变岩型，硫化物含量少，多以黄铁矿为主，在有些情况下伴生有铜、铅、锌、钨、钼等矿物。矿石中的自然金粒度相对较大，金是回收的主要对象。其他元素或矿物无工业价值或只能作为副产品回收。根据浸染粒度及金与硫化物的共生关系，可采用浮选法得出浮选精矿再氰化的方法，而对于难选的细而贫的矿石，可用全泥氰化法回收金。

（2）高硫化物金矿石：这类矿石中黄铁矿或毒砂含量多，它们与金同是回收对象。一般来说，金的品位偏低，自然金粒度相对较小，并多被包裹在黄铁矿中。从这类矿石中将金与硫化物选别出来一般较容易，但进而使金与硫化物分离则需要采用较为复杂的选冶流程，一般采用对浮选含金硫精矿进行焙烧等预处理，再进行氰化。

（3）含金多金属硫化矿石：这类矿石除含金以外，有的还含有黄铁矿、铜、铅、锌、银等硫化物。其中硫化物的量约 10% ~ 20%，自然金除与黄铁矿密切共生外，大多与铜、铅等硫化物紧密共生。自然金呈粗细不均匀嵌布，粒度变化范围较宽。矿石有较大的综合利用价值。这类矿石一般需要采用比较复杂的选矿工艺流程进行选别。对于含金铜矿石，选铜时进入铜精矿的金必须在铜精矿冶炼时才能进一步回收。

（4）含金氧化矿石：这类矿石具有一般有色金属氧化矿的某些特点。通常存在于较浅的表面氧化带中。根据氧化程度不同可分为部分氧化矿石和氧化矿石。金绝大部分赋存在主要金属氧化物（如褐铁矿、针铁矿）或脉石矿物中。金粒表面常被氧化铁、锰或其他金属氧化物所污染，并含有泥质（黏土）成分。

一般来说，氧化矿石比较难选。对石英脉含金氧化矿石，多采用"混汞或重选—氰化"流程。部分氧化矿石可用硫化浮选法处理。氧化程度较高、金粒很细、分散浸染的矿石，可用全泥氰化法，若含泥较多，采用全泥氰化炭浆法为好。

（5）含碲金矿石：金仍然以自然金状态者为多，但有相当一部分金赋存在金的碲化物中。这类矿石在成因上多为低温热液矿床，脉石为石英、玉髓质石英和碳酸盐矿物等。

1.3　黄金生产及应用

1.3.1　世界黄金生产

黄金的生产历史由来已久，在 19 世纪之前数千年的历史中，人类总共生产的金不到 1 万吨，到 19 世纪，黄金生产跃上了新台阶，100 年的时间生产的金达到了 1.15 万吨，是 18 世纪的 57.5 倍，其中 1850 年到 1900 年就生产了 1 万吨。表 1 - 5 列出了 19 世纪金矿发现和开采的主要事件。

表1-5 19世纪金矿发展和开采大事记

年份	金矿发现地	形成产量或产值	备 注
1800		之前总计产金量低于1万吨	
1826	俄国的乌拉尔山东坡，之后俄国加强勘探，发现多个金矿	1840年俄国的金年产量达到43.5t，1847年俄国年产金量占全世界年总产量的60%	
1848	美国加州	第一年产金25万美元 第二年产金1000万美元 1852年，产量达77t 1853年，产量达93t	
1851	澳大利亚	1852年产金26.4t，1853年产金达到70t	
1886	发现南非维特瓦斯兰德金矿	1887年南非产金1.2t 1892年产金30t 1898年产金129t，居世界第一	到现在为止，南非总计产金量为全球矿产金总量的40%
1896	加拿大克朗代克(现为道森市)		这一地区的金一直开采到1966年

进入20世纪之后，总体来讲，全球黄金产量呈上升趋势，分别出现过几次产量大增的现象，近100多年来世界矿产金年产量趋势如图1-1所示。

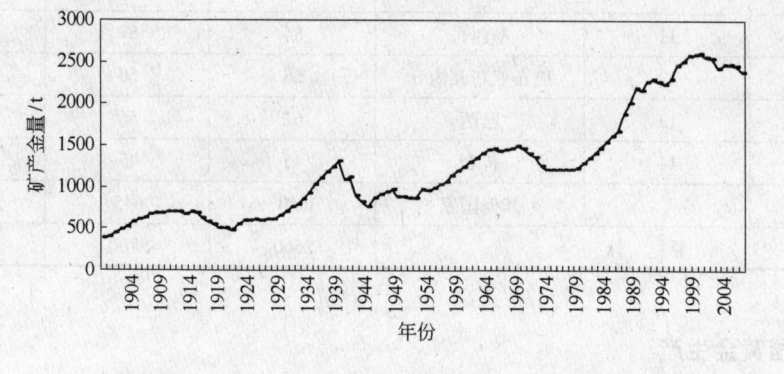

图1-1 近100多年来世界矿产金年产量趋势

进入20世纪后，全球金产量总体呈上升趋势，分别出现过几次产量大增的现象。20世纪初期世界金产量每年约300t，产量最高年份达到700t，20世纪30年代产量最高年份达到每年1300t，20世纪60年代产量最高年份接近1500t，20世纪80年代世界年产金量突破2000t，20世纪90年代至今，金产量总体趋势在增长，但在2001年达到最高峰2600t之后，近几年略有回落，尽管本轮世界经济危机中金价大幅跃升，但2009年全球黄金产量也仅为2350t，比2001年的产量最高峰下降了近10%。

目前全球主要产金国有：中国、南非、美国、澳大利亚、俄罗斯、加拿大等。南非、美国、澳大利亚和加拿大是传统四大产金国。近 20 年来，传统四大产金国的黄金产量都在下降，四国总产量从 1993 年的 1359t 下降到 2008 年的 760t，下降幅度超过 44%。其中南非的产量下降最大，1970 年南非金产量达到了历史顶峰，年产金 1002t，占了全球产金量的 50% 以上；2001 年，其产金量滑到历史低点，仅 394t。虽然从 1970 年至今，南非的金产量大幅减少，但它仍是全球最重要的黄金开采基地。而中国、秘鲁、印尼、巴布亚新几内亚、加纳、坦桑尼亚、巴西等新兴工业化和发展中国家的产金量在提升，俄罗斯等独联体国家也逐步实现了产量的增长。表 1-6 是 2011 年和 2012 年全球主要黄金生产国家排序情况。

表 1-6 2011 年、2012 年全球主要黄金生产国家排序表

排序		国家	黄金总产量/t		储量/t
2011 年	2012 年		2011 年	2012 年	
1	1	中国	362	403	1900
2	2	澳大利亚	258	250	7400
3	3	美国	234	230	3000
4	4	俄罗斯	200	205	5000
5	5	南非	181	170	6000
6	6	秘鲁	164	165	2200
7	7	加拿大	97	102	920
8	8	印尼	96	95	3000
9	9	乌兹别克斯坦	91	90	1700
10	10	加纳	80	89	1600
11	11	墨西哥	84	87	1400
12	12	巴布亚新几内亚	66	60	1200
13	13	巴西	62	56	2600
14	14	智利	45	45	3900
		其他国家	640	645	10000
总计			2660	2700	52000

1.3.2 中国黄金生产

中国的黄金生产大至经历了两个阶段：1912~1975 年低产量徘徊阶段和 1975~2006 年快速发展阶段。从 1912 年到 20 世纪 70 年代中期，黄金工业产量低，黄金的年产量没有超过 15t。改革开放以来，中国黄金工业发展快速，整体实力大幅度提高，由一个产金小国一跃而成为世界第一产金大国。1978 年时黄金产量仅仅为 19.67t；黄金行业用了 17 年时间，1995 年黄金产量首次突破 100t 大关，达到 108.41t；又用了 8 年时间，2003 年黄金产量首次突破 200t 大关，达到 200.60t；2007 年黄金产量达到 270.5t，首次超过南非，成为全球第一产金大国。自从 2007 年中国成为第一产金大国后，我国并分别以：2008 年

282.007t，2009 年 212.98t，2010 年 340.876t，2011 年 360.957t，2012 年 403.1t 连续保持全球第一产金大国的地位（数据来源：中国黄金协会）。图 1-2 为 1949~2009 年我国黄金产量。

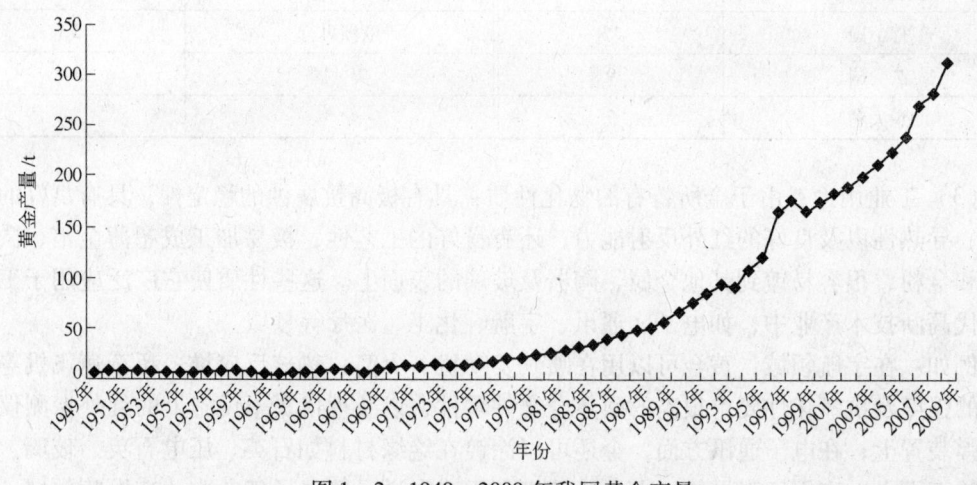

图 1-2　1949~2009 年我国黄金产量

随着中国黄金工业快速发展，一大批黄金企业集团已经初步形成，如：中国黄金集团公司、山东黄金集团有限公司、山东招远集团有限公司、紫金矿业集团股份有限公司、灵宝黄金股份有限公司等，这些大型黄金集团公司逐步成为主导我国黄金行业发展的中坚力量，据统计，2010 年我国十大黄金企业集团黄金产量占我国黄金总产量的 48% 左右。

1.3.3　金的用途

黄金这种特殊的商品，其主要用途可分为货币用金、工业用金和饰品用金三大部分。珠宝首饰是黄金的主要用途，其次是货币用金和工业用金。自从历史有统计资料以来至 2002 年末，全世界一共采出黄金 14.7 万吨，其中首饰用金 7.55 万吨，占 51.08%，其次是官方储备，当时统计为 2.93 万吨，占 19.82%，其余是工业和其他用金占 29.10%。

（1）珠宝首饰：华丽的黄金饰品一直是社会地位和财富的象征。随着现代工业和高科技的发展，用金制作的珠宝、饰品、摆件的范围和样式不断拓宽深化。随着人们收入的不断提高、财富的不断增加，保值和分散化投资意识的不断提高，也促进了这方面需求量的逐年增加。

（2）国际储备：这是由黄金的货币属性决定的。在许多世纪以来，它一直起着货币金属的作用，如价值尺度、流通手段、储藏手段、支付手段和世界货币。随着社会经济的发展，黄金已退出流通领域。20 世纪 70 年代黄金与美元脱钩后，黄金的货币职能也有所减弱，但仍保持一定的货币职能。拥有一定量的黄金储备，对稳定货币、防止通货膨胀有重要作用。目前许多国家，包括西方主要国家国际储备中，黄金仍占有相当重要的地位。表 1-7 为 2009 年 9 月末全球官方黄金储备分布情况。美国居第一位，其次依次为德国、法国、瑞士、意大利。我国黄金储备近年来有所增加，1998 年为 397t，2009 增加到 1054t，但黄金占外汇储备的份额不足 2%，远低于 20% 的国际平均水平。

表 1-7　2009 年 9 月末全球官方黄金储备分布

国　　家	比重/%	国　　家	比重/%
美　国	31	其他欧元区国家	8
发展中国家	24	日　本	3
德　国	13	欧洲央行	2
法　国	9	英　国	1
意大利	9		

（3）工业用途：由于金所特有的物化性质：具有极高抗腐蚀的稳定性；具有良好的导电性、导热性以及良好的红外反射能力；还有良好的工艺性，极易加工成超薄金箔、微米金丝和金粉，很容易镀到其他金属、陶器及玻璃的表面上。这些性质使它广泛应用于工业和现代高新技术产业中，如电子、通讯、宇航、化工、医疗等领域。

例如：在宇航领域，黄金可以用在喷气发动机、火箭、热核反应堆、超音速飞机等对焊缝的强度及抗氧化性要求很高的耐热合金件零件，以及现代军事设施上的红外探测仪的反导弹装置上；在电子通讯方面，金还可以涂镀在绝缘材料如石英、压电石英、玻璃、塑料等的表面上，应用于半导体、电子计算机和无线电通讯等电子工业中；在医疗领域，金有极好的抗蚀性能及便于铸造和焊接的特性用于镶牙及口腔医疗方面，金的有机金属化合物也可作为治疗关节炎的药物可望作为潜在的抗癌药物及杀菌剂；在化工领域，金及其化合物在催化反应方面的应用也有很大的发展，高度分散的金微粒具有某些铂族金属的性质，例如能催化烯烃，炔烃，及二烯烃的加氢反应，金的化合物——含 Au-Sb 键的 Au（Ⅲ）配合物能催化烯烃的加成反应，$AuBrPMe_3$ 与钠汞齐可以催化丙烯腈二聚物为己二腈等。此外，金在一般工业中广泛用于制造仪表零件、笔尖、玻璃染色、光学仪器、刻度温度计等方面。

参 考 文 献

[1] 闫卫东. 世界黄金生产的历史和未来 [J]. 中国金属通报，2011，12：20~21.

[2] 张永涛. 中国黄金工业发展现状与未来展望 [J]. 黄金，2011，06：1~5.

[3] 董玉华. 近年国际黄金价格波动分析、前景及启示 [J]. 金融教学与研究，2012，01：24~27.

[4] 周博敏，安丰玲. 世界黄金生产现状及中国黄金工业发展的思考 [J]. 黄金，2012，03：1~6.

[5] 高永军，程明明，李亮. 关于对中国黄金产业发展的若干思考 [J]. 黄金，2012，08：1~3.

[6] 潘锦华，赵俐，张华. 全球黄金资源及供需状况 [J]. 国土资源，2006，12：47~49.

[7] 张华，潘锦华，赵俐. 世界金矿资源供需形势分析 [J]. 中国矿业，2007，03：14~17.

[8] 李哲浩. 黄金工业资源综合利用现状与发展趋势及资源化对策建议 [J]. 中国矿业，2008，01：49~52.

[9] 周淑敏，戚开静，王建平，柳振江，刘俊，杨艳. 中国黄金产业结构分析 [J]. 资源与产业，2008，01：45~49.

[10] 吴荣庆，张燕如，张安宁. 我国黄金矿产资源特点及循环经济发展现状与趋势 [J]. 中国金属通报；2008，12：32~34.

[11] 孙兆学. 中国金矿资源现状及可持续发展对策 [J]. 黄金，2009，01：12~13.

[12] 王建平，戚开静，刘俊，付超. 我国黄金产业发展的思考 [J]. 中国矿业，2009，07：5~15.

［13］张永涛. 中国黄金工业发展的新机遇与挑战［J］. 中国有色金属, 2010, 03: 38~39.

［14］韩美玲, 张德会. 世界黄金产业分析［J］. 资源与产业, 2010, 04: 100~106.

［15］侯华丽, 王燕东. 我国黄金产业未来发展趋势及对策［J］. 中国矿业, 2010, 10: 5~8.

［16］阮德水, 李卫萍. 金的化学［J］. 高等函授学报（自然科学版）, 2000, 01: 25~29.

［17］邵晓东, 李景春. 中国金矿床主要工业类型及其分布特征［J］. 贵金属地质, 2000, 03: 166~169.

［18］王建平, 戚开静. 我国黄金资源开发战略浅析［J］. 中国矿业, 2001, 01: 50~52.

［19］王祖伟. 我国黄金资源开发利用的现状与可持续发展对策［J］. 天津师范大学学报（自然科学版）, 2001, 01: 64~68.

［20］王银宏. 中国金矿资源现状与思考［J］. 国土与自然资源研究, 2003, 02: 75~76.

［21］李景春, 庞庆邦, 李文亢, 等. 中国金矿床工业类型［J］. 贵金属地质, 1998, 02: 35~41.

思 考 题

1. 简述金的化学性质。
2. 金矿物的特点有哪些?
3. 我国主要的金矿床工业类型有哪几个? 其主要的分布特征分别是什么?
4. 简述金的矿石类型分类及特点。
5. 总结国内外黄金的主要用途。

2 重选法选金

【本章提要】 本章主要讲述了重选的原理，重选设备的分类及重选的应用。重选是选砂金最有效、最经济、最环保的方法，因此对砂金的类别，砂金矿床及其开采方法作了详细的介绍，尤其是用采金船开采砂金矿的方法，另外涵盖了砂金选别的典型流程。

重选是一种应用最早的选矿方法。很早以前，古代人们就开始利用重选的方法，在河溪中用兽皮淘洗自然砂金。跳汰机是最早在 14 ~ 15 世纪出现的，是直到现在仍保留其主要特征的重选设备。进入 21 世纪后，随着磁选和浮选等选矿技术的发展和应用，重选的重要性有所降低，但重选以其无污染、能耗低、配置容易、选矿成本低等优点，在现代选矿中仍扮演着重要的角色。因此，凡是有可能用重选法分选的矿石，都应首先考虑重选回收。近些年来，随着矿山规模的不断扩大，贫、细、杂等难选矿的增多，重选设备发展迅速，其中最具代表性的是尼尔森（Knelson）选矿机，其他的还有国外研制生产的在线压力跳汰机、尼科尔瑟跳汰机、自动摇床、法尔肯选矿机等设备。

2.1 重选原理

2.1.1 概述

重力选矿法（简称重选）是在运动介质（主要是水）中按矿粒在密度和粒度上的差异而进行分选的方法。这种差异使各种矿粒在选矿过程中表现出不同的运动速度和运动方向，从而达到使它们彼此分离的选矿目的。重选法和其他选矿方法一样，矿粒的分离是在运动过程中逐步完成的。因此，必须设法使性质不同的矿粒，在重选设备中表现出不同的运动状况——运动的方向、速度、加速度和运动轨迹等。凡矿粒存在密度和粒度上的差异，重选法就能使之分开，但也有难易程度的区别。重选效果的好坏，不仅取决于矿粒的密度和粒度，还与介质的密度有关。下面的公式可近似地评定按密度分选的难易程度：

$$e = \frac{\delta_2 - \Delta}{\delta_1 - \Delta} \qquad (2-1)$$

式中　δ_2——重矿物的密度；

　　　δ_1——轻矿物的密度；

　　　Δ——介质的密度。

按上式的比值，可把矿粒按密度分选的难易程度分成 6 个等级，如表 2-1 所示。

表 2-1　按密度分选矿粒的难易程度等级

e 值	>5	2.5~5	2.5~1.75	1.75~1.5	1.5~1.25	<1.25
分选难易度	极易选	易选	较易选	较难选	难选	极难选

在现代技术条件下，重选法（不包括离心选矿）对粒度很细的矿粒的回收依然是困难的。因为矿粒过细，在介质中运动速度很慢，难以分选。普通重选法能够回收的矿粒粒度下限如表 2-2 所示。

表 2-2　重选法可回收的最小矿粒粒度

矿物相对密度	2~2.5	6~7	15~17
矿粒最小粒度/mm	0.2~0.5	0.04	0.02

2.1.2　矿粒在各种介质流中的运动

在重选过程中，矿粒是在流动的介质（例如：水）中进行运动的。介质的流动方式有：连续上升流、间断上升流、近于倾斜的水平流。

（1）连续上升水流：连续上升水流在重选过程中，依据水流速度不同，可发挥两种作用，即分级作用和分层作用。所谓分级作用就是上升水流速度较大，能把粒度小和密度小的矿粒冲走，而粒度大和密度大的矿粒则能克服上升水流的阻力沉降下来，使矿粒群得到分级。所谓分层作用，就是把上升水流控制在临界速度内，不致把矿粒冲走，矿粒就会发生明显分层现象。正常的分层结果是密度小、粒度小的矿粒在上层；密度大、粒度大的矿粒在下层。这种正常的分层现象在重选的各种方法中都有所表现，是改善重选效果的一个重要因素，所以在重选操作中应该控制好上升水流速度，不要破坏正常的分层现象。

（2）间断上升和上下交变的介质流：在这种介质流中，矿粒随介质不断进行上下交替的运动，在每一冲程中，密度和粒度不同的矿粒上下移动的距离也不相同。大密度矿粒在上升水流中比小密度矿粒上升的速度慢，而在下降水流中则比小密度矿粒沉降速度快。经过多次上下交变运动，大密度的矿粒集中在下层，小密度矿粒则集中在上层。跳汰选矿就是利用这种介质流进行矿物分选的。

（3）水平和倾斜介质流：摇床选矿为近似的水平介质流。矿粒在床面上受机械摇动和水平水流的冲击，密度和粒度不同的矿粒运动方向不同并沉降到床面的不同区间，使矿粒作为不同的产品（精矿、中矿、尾矿）排出。溜槽选矿为倾斜介质流，粒度大和密度大的矿粒很快地沉降到距给料点较近的地方，成为精矿或重砂；密度小和粒度小的矿粒则沉降到距给料点较远的地方，作为尾矿排出。

必须指出，每种重力选矿法都不是一种介质流起作用，而是几种介质流和某种机械作用互相配合完成选矿作业。例如，在跳汰选矿过程中，上下交变介质流起矿粒分选作用、水平介质流起尾矿排出作用。在摇床和流槽选矿过程中主要的介质流固然为水平流和倾斜流，但在挡板间形成的紊流却起着重要的矿粒按密度分层的作用。

2.1.3　沉降过程

重选过程就是矿粒在不同的介质流中的沉降过程。矿粒在介质流中沉降主要受到两种阻力，一种是介质作用于矿粒上的阻力，叫做介质阻力；一种是矿粒与其他矿粒之间，或物体与器壁之间互相摩擦、碰击所产生阻力叫做机械阻力。如果矿粒在介质中沉降，只受介质阻力而完全不受机械阻力的作用，称为自由沉降。如果既受介质阻力，又受机械阻力的作用，则称为干涉沉降。

理想的自由沉降是不存在的。在重力选矿实际生产过程中，总是大量矿粒在选矿设备的有限空间内沉降，即干涉沉降。矿粒在干涉沉降时的阻力和沉降速度不仅是矿粒和介质性质（矿粒密度、粒度、介质密度）的函数，也是沉降空间或称之为矿粒群浓度的函数。矿粒群浓度一般用矿粒群在介质中所占的体积分数"λ"表示，叫做容积浓度。

$$\lambda = \frac{\nu}{V} \tag{2-2}$$

式中 ν——矿粒群的体积；

       V——矿粒群和介质的总体积。

实践证明，容积浓度"λ"越大，矿粒沉降时所受的阻力也越大，因而沉降速度越慢。"λ"相同时，矿粒的粒度越细，则颗粒越多，表面积越大，矿粒间彼此碰撞及摩擦的机会也就越多，沉降时的阻力就更大，沉降速度也就更慢。同时，矿粒的形状也有影响，形状不规则，表面积大，也增加了沉降时的阻力。

2.1.4 重力选矿的影响因素

矿粒在各种介质流中的沉降活动，是影响重选过程的主要因素。但还有两种因素也影响着重力选矿的分选效果。

（1）析离分层作用：在摇动或振动矿粒群时，由于矿粒自身的重力作用，细粒，特别是大密度的细粒，将通过周围矿粒间的缝隙而钻入下层，这种现象叫做析离分层作用。析离分层在各类重选法中对改善选别效果都起到很大的作用。在摇床选矿过程中，这种作用发挥的尤为明显。

（2）离心力的作用：重选过程除在重力场进行外，某些分选过程也可在离心力场中进行。矿粒在离心力场中的运动规律与在重力场中相似。但离心力的强度却比重力大十几倍，甚至几百倍。因此利用离心力的作用可以大大的强化分选过程。离心选矿机用来回收微细物料，已在工业上得到应用。此外，利用离心力作用原理改善水力分级设备（如水力旋流器）和重介质选矿设备在生产实践中已付诸使用。

2.1.5 重介质选矿

在密度大于 1000kg/m³ 的介质中进行的分选过程，称为重介质选矿。分选时，介质密度常选择在物料中待分开的两种组分的密度之间，密度大于介质密度的颗粒向下沉降，称为高密度产物；而密度小于介质密度的颗粒则向上浮起，称为低密度产物。

阿基米德原理是重介质选矿的主要依据。根据这个原理，物体在介质中的重量 G_0 等于该物体在真空中的重量与同体积介质重量之差，即：

$$G_0 = V(\delta - \Delta)g \tag{2-3}$$

或写成

$$G_0 = V\delta \frac{\delta - \Delta}{\delta} g \qquad (2-4)$$

因为 $$V\delta = m$$

所以式 (2-4) 可写成

$$G_0 = m \frac{\delta - \Delta}{\delta} g \qquad (2-5)$$

又因为 $\frac{\delta - \Delta}{\delta} g = g_0$，所以式 (2-3) 最终可写成

$$G_0 = mg_0 \qquad (2-6)$$

式中　V——物体的体积；

　　δ，Δ——物体和介质的密度；

　　m——物体的质量；

　　g——重力加速度；

　　g_0——物体在介质中的重力加速度。

由式 (2-6) 可知，物体在介质中的重力 G_0，主要取决于物体在介质中的重力加速度 g_0。而 g_0 则取决于物体的密度 δ。所以，密度不同的两种物体，在同一介质中却具有不同的重力加速度。如 $\delta_2 > \delta_1$，则 $g_{02} > g_{01}$，而且

$$g_{02} - g_{01} = \Delta(\frac{1}{\delta_1} - \frac{1}{\delta_2})g$$

这就说明，两种密度不同的物体在同一介质中重力加速度的差将随着介质的密度增加而增加。根据这个原理，就可以配制一种介质，其密度比水大，而介于两种矿物密度之间，即 $\delta_2 > \Delta > \delta_1$，在这种介质中，重矿物密度 δ_2 大于介质密度 Δ，重力加速度为正值，将沉到介质中；轻矿物密度 δ_1 小于介质密度 Δ，重力加速度为负值，将浮于介质表面。

重介质选矿已广泛地应用到有色金属选矿中。据资料介绍，国外已用重介质旋流器处理含金矿石。

由于金元素的密度为 $19.3g/cm^3$，而其脉石矿物的密度一般为 $2.6g/cm^3$，因此，采用重选方法很容易将它们分开。重选法是选金的主要方法之一。人们常说的沙里淘金就是用重选法从砂金中回收金。金的密度大，在各类重选法中，金总是从各种介质流中沉降下来，而泥沙则被冲走。因此，重选法是砂金选别的最基本的方法。跳汰选矿、摇床选矿、溜槽选矿、螺旋选矿机选矿等都能从砂金中很有效的回收金。

重选法也是从脉金矿石中选别金的一种有效手段。比如，对金粒嵌布较粗的金矿石而言，当其磨矿细度达到金与脉石充分解离后，只用溜槽或摇床等重选设备处理，金的回收率就可达 70% 以上。重选法与浮选、氰化等选金方法联合使用，不仅能处理各类含金矿石，而且能提高金的选别指标。例如，对含金多金属矿石的处理，多以浮选为主，但是当矿石中含有粗金粒时，必须在浮选前采用跳汰机等重选设备进行处理，以避免在以后的选别作业中造成损失。溜槽、摇床等重选设备还常常用来处理浮选尾矿，通过扫选可以回收难以浮选含金重金属矿物，使金的回收率得到很大提高。

2.2　重选设备

重选设备类型很多，常用于选金的主要有跳汰机、摇床、溜槽、螺旋选矿机、重介质

旋流器和淘金盘等。

各种重选设备都对其所处理的物料，有一定的粒度范围要求，超过或低于这个粒度范围，将得不到好的选别效果。因此，物料在入选前，必须进行分级。

2.2.1 分级设备

大于 2mm 的物料，多采用筛分的方法进行分级。如砂金矿的矿砂在进入溜槽选矿之前，要用固定格筛或振动筛进行筛分，把大于 15 ~ 20mm 的砾石筛出。在采金船上则用转筒把大于 10 ~ 20mm 的砾石筛出。脉金矿的磨矿产品如需用跳汰机选别时，可用振动筛进行分级，使小于 3 ~ 5mm 的矿粒进入跳汰机，而大于 3 ~ 5mm 的矿粒则返回磨矿机再磨。

重选过程中，常用的筛分分级设备有固定格筛、振动筛、转筒筛和弧形筛等。

小于 2mm 的物料分级，一般都采用水力分级。选矿过程中所用的水力分级机械，大致可分为以下几种形式：

（1）上升水流水力分级机：在重选之前，用这种分级机可将入选物料按等沉比分成不同级别，以利选矿。这种设备又分为自由沉降式和干涉沉降式两种；

（2）圆锥分级机：这种设备用于事先将入选物料分成矿砂和矿泥以利于选矿，也可用于脱水；

（3）离心式分级机（水力旋流器）：用于微细级别的分级或者脱泥、脱水；

（4）机械分级机：在磨矿循环中作为预先分级或控制分级。

这里着重介绍摇床选矿之前常用的自由沉降水力分级机。

自由沉降水力分级机（俗称水力分级箱）分级过程是在直线上升水流中进行的，基本上遵循自由沉降规律。通常给矿浓度为 18% ~ 25%。适宜的分级粒度范围为 2 ~ 0.074mm，对于小于 0.074mm 级别的物料分级效果较差。

自由沉降水力分级机（图 2 - 1）具有一个外形为长方形的斜槽，斜槽倾角约为 3°，槽底设有数个角锥形分级室 2（分级室根据需要设定，通常为 2 ~ 8 个，每室对应一台摇床）。每个分级室的上部设有一块垂直挡板 6，下部连接一根圆管（分级管）3，分级作用主要在分级管中进行。分级管的高度为其直径的 2 ~ 3 倍，分级管下部与涡流箱 4 相连。从外面引入的压力水经侧管以切线方向进入涡流箱，从而在分级管中造成一股沿分级管断面均匀分布的旋转上升水流。上升水流速度以靠近给料端的第一室为最大，以后依次逐渐减小。

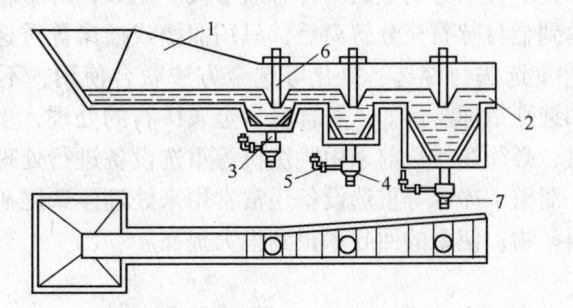

图 2 - 1 自由沉降水力分级机

1—槽；2—分级室；3—分级管；4—涡流箱；5—侧管；6—挡板；7—排矿套管

矿浆从槽头给入，沿槽底向下流动。在垂直挡板的作用下，矿浆从挡板左方下降进入第一分级室。然后从挡板右方上升，这样就在分级室内形成一股上升流。矿粒则在这股上升流的作用下得到初步分级。沉落于分级管中的物料，受到旋转上升水流的作用，继续进行更精确的分级。沉降速度大于上升速度的矿粒，经与涡流箱相连接的排矿套管 7 排出，给到与其对应的摇床上进行选矿。沉落速度小于上升水速的矿粒，随上升水流上升，从分级室的上方溢出进入第二个分级室进行第二次分级。如此依次进行就可在各分级室中得到几组不同粒度级别的产物（由粗到细）。在最后一个分级室中仍然能下沉的矿粒，则随溢流排出，成为最细的一个级别。

在这种水力分级机中，以第一室的分级粒度为最大，此后逐渐减小。因此，第一室的上升水速也最大，以后依次减小。同时，槽的宽度也是从槽头到槽尾逐渐加宽。

自由沉降水力分级机，结构简单，制造容易，操作方便，工作可靠，不消耗动力，是一种比较好的水力分级设备，在我国许多有色金属重选厂和金矿山都得到应用。这种设备的缺点是分级效率不高，现场实际统计资料表明为 25% ~ 50%。因此，在各级沉砂产品中含细泥较多。处理每吨矿石的耗水量为 5 ~ 6t。上升水压力为 0.1 ~ 0.2MPa。由于这种设备耗水量较多，加之分级效率低，有被干涉沉降水力分级机取代的趋势。

2.2.2 跳汰机

跳汰机的应用已有悠久的历史。由于它的选别效果好，处理能力大，处理粒度级别宽，占用厂房面积小，结构坚固，便于操作和维修等优点，至今仍是主要的重选设备之一。用跳汰机处理金属矿的最大粒度范围为 50 ~ 0.1mm，适宜给矿粒度界限为 20 ~ 0.2mm。

跳汰机已在金的选矿过程中得到广泛应用。当处理金粒嵌布不均匀的脉金矿时，将球磨机排矿给入跳汰机，以便及早捕收粗粒金。用溜槽选别砂金矿时，溜槽的重砂精矿也可用跳汰机精选。在现代化大型采金船上，跳汰机已成为主要的选金设备，可直接从矿砂中回收单体金。

跳汰选矿是矿粒在垂直变速介质流（即水流）中按密度进行分选的过程。垂直介质流的基本形式有三种，即间断上升介质流、间断介质流及上升流和下降交变介质流。前两种都有一定缺点，现代跳汰机主要是采用上升和下降交变的介质流。

2.2.2.1 跳汰机的分类

跳汰机按产生上下交变介质流的方法，分为动筛式和定筛式。目前生产的定筛式跳汰机，按介质鼓动机构的形式又分为隔膜式和活塞式两种。用于金矿选别的多为隔膜式跳汰机。此处着重介绍隔膜式跳汰机。

如图 2 - 2 所示，隔膜式跳汰机机体的主要部分固定水箱 5 和筛网 2 固定在机体上。筛网上面用密度较大的矿石或钢球铺成床石层（床层）1。当鼓动隔膜 3 在曲柄连杆 4 的带动下作往复鼓动时，水箱中的水便透过

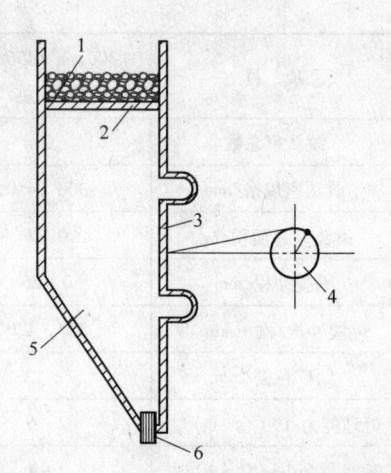

图 2 - 2　隔膜式跳汰机工作原理

1—床石层；2—筛网；3—隔膜；

4—曲柄连杆；5—水箱；6—精矿排出口

筛网产生上下交变的水流。入选物料给到床层上面，与床石和水组成粒群体系。当水流向上冲击时，粒群体系呈松散悬浮状态，这时，轻、重、大、小不同的矿粒各具有不同的沉降速度，互相移动位置，大密度的粗颗粒沉降于下层。当水流下降时，产生吸入作用，出现了"析离"现象，即密度大而粒度小的矿粒穿过大密度粗颗粒的间隙进入下层。由于隔膜上下鼓动作用的多次循环，粒群体系按密度进行了分层。分层结果床石由于密度较大而位于最下层，其上为大密度粗颗粒，再上面为小密度的中等颗粒，最上面是小密度的粗颗粒。小密度的细颗粒阻留在粗粒及中等颗粒之间，不能进入下层。位于下层的大密度粗、细矿粒穿过床石层从筛孔漏下来，经水箱收集并由精矿排出口 6 排出。位于上层的轻颗粒，在横向水流和连续给矿的推动下，移动至跳汰机尾部排出。

当前，国产定型的隔膜跳汰机，按隔膜鼓动方向不同分为三种形式：

（1）侧动型隔膜跳汰机：鼓动隔膜位于水箱侧壁，鼓动方向与筛网成 90°角。（1200～2000）mm×3600mm 梯形跳汰机属于这种形式；

（2）旁动型隔膜跳汰机：在跳汰机水箱内，装有一块不到底的纵向隔板，将水箱分成鼓动室和跳汰室两部分。鼓动隔膜装在鼓动室的上盖板上。属于这种类型的有 300mm×450mm 双室隔膜跳汰机；

（3）下动型隔膜跳汰机：鼓动隔膜装在水箱锥底上面，鼓动方向正对着筛网。属于这种形式的有 1000mm×1000mm 双室可动锥底跳汰机。

上述三种隔膜式跳汰机的共同特点是：

（1）因为橡胶隔膜与水箱机壁用卡环和压板压紧，不会像活塞跳汰机那样产生漏水现象，因而水的冲程稳定，有利于矿粒选别；

（2）橡胶隔膜不能有较大的冲程，但冲次可以提高，一般可达 500 次/min，有利于细粒级物料的选别；

（3）橡胶隔膜构造简单、重量轻，从而减轻了整个机体重量和减少了磨损件。

隔膜跳汰机的技术性能见表 2-3。

表 2-3 跳汰机技术性能

项　目	300mm×450mm 双室隔膜跳汰机	1000mm×1000mm 双室可动锥底跳汰机	（1200～2000）mm×3600mm 梯形跳汰机
跳汰室总数	2	2	8
跳汰室规格/mm	300×450	1000×1000	给矿端1200，尾矿端2000，全长3600
跳汰室总面积/m²	0.27	2.0	5.8
隔膜冲程/mm	0～26	0～26	0～50
隔膜冲次/次·min⁻¹	322, 420	256, 300, 350	一室130，二室200，三室270，四室350
给矿粒度/mm	<12	<5	<10
处理能力/t·(台·h)⁻¹	2～6	10～25	15～30
耗水量/m³·(台·h)⁻¹	2～4	20	30～50
设备总重/kg	745	1705	3600
电机功率/kW	1.1（4级）	1.7（6级）	一、二室2.2（6级），三、四室2.2（4级）

2.2.2.2 隔膜式跳汰机的操作条件

跳汰机工作的良好技术指标，在很大程度上取决于合理的操作制度。最适宜的操作制度与所处理的矿石性质（粒度、密度）和对产品质量的要求有关，通常由实验确定。

2.2.2.3 影响跳汰机工作的主要因素

（1）冲程与冲次。冲程、冲次直接关系到床层的松散度和松散形式，对跳汰分选指标有着决定性的影响。需要根据处理物料的性质和床层厚度来确定，其原则是：床层厚、处理量大时，应增大冲程，相应地降低冲次；处理粗粒级物料时，采用大冲程、低冲次，而处理细粒级物料时则采用小冲程、高冲次。

跳汰机适宜的冲程与冲次列于表2-4。

表2-4 跳汰机的冲程与冲次

给矿粒度/mm			冲程/mm			冲次/次·min^{-1}		
最大	最小	平均	最大	最小	平均	最大	最小	平均
16	8.3	11.75	79.8	12.7	26.46	250	80	144
8	4.4	5.81	43.4	9.5	23.47	268	105	175
4	2.1	3.031	41.3	7.59	14.34	350	130	275
2	1.22	1.71	19.1	3.97	12.27	384	135	250
1	0.64	0.73	4.76	3.97	4.35	400	210	281

（2）水量。跳汰机的水量消耗有两方面，即给矿水和筛下补充水。给矿水起润湿和输送物料的作用，约占总用水量的20%~30%，筛下补充水则起选矿作用，约占总用水量的70%~80%。增大跳汰机作业用水量，能提高设备处理能力，提高精矿品位，却降低金属回收率。所以，当给矿中金属矿物含量降低，原矿量又很大时，为增大设备处理能力，应增加补充水。当跳汰用于粗选作业时，须尽量提高金属回收率，则应相对降低补充水量。跳汰机用水量一般在1.5~10m^3/t之间，平均为3~5m^3/t。

（3）筛网。跳汰机的筛网可以是多样的，如棒条筛、板筛和网筛。前两种坚固耐用，后一种有效面积大。筛孔直径应小于人工床石的粒度，而等于最大入选物料粒度2~2.5倍。

（4）床层厚度与人工床层。跳汰机在选别细粒级物料时，跳汰室的筛网上需铺设一层纯净的、高密度的大粒矿石或钢球，这一层叫做人工床层，所用物料叫人工床石。床层厚度与处理的矿石性质有关。处理矿物密度差大的原料可采用薄一些的床层，以加速分层。而在处理密度差小的原料时，或在要求得到高质量精矿的情况下，床层可厚些。一般来说厚的床层工作稳定，便于操作，但因松散所用时间较长，设备处理量将被降低。床层的总厚度习惯上用筛面至尾矿堰高度计算。改变堰板高度，床层厚度便随之改变。在用隔膜跳汰机处理粗粒原料时，床层总厚度应不小于给矿中最大颗粒直径的5~10倍，一般在120~300mm之间。床层厚度可用控制尾矿排放速度来调节。

处理细粒原料时采用人工床层进行透筛排料。此时人工床石的密度、粒度、形状及铺置的厚度对重产物的排出速度和质量有重要影响。人工床层在水流上升阶段同样应当悬浮起来。但其松散度不要与上部矿石层有较大差别。在水流下降阶段，人工床层很快变得紧密，控制着重产物的排出速度和质量。为此，对人工床石的选择应当是：

1）人工床石的粒度应达到入选矿石最大粒度的 3~6 倍以上，并比筛孔尺寸大 1.5~2 倍，而密度则以接近或略小于重矿物的密度为宜。这样的床石能够始终保持在床层的底部，并有适当的空隙允许重矿物细颗粒通过。生产中为了便于获得这种床石，常常选用原矿中的重矿物粗颗粒使用。有时亦采用耐磨耗的铸铁球、磁铁矿等材料。

2）人工床石的铺置厚度影响精矿的产率和质量。处理易选矿石时，人工床层可薄些；处理低品位矿石时，则应厚些。位于人工床层上部的矿石层厚度，一般为给矿最大粒度的 20 倍以上。虽然这样，其绝对厚度还是比粗粒跳汰机内的床层薄得多。

（5）给矿及处理量。跳汰机的给矿在粒度及密度组成上应力求稳定。给矿装置应保证物料沿整个筛面均匀分布，冲力不可过大，以免冲乱给料口附近的床层。同时，物料进入跳汰机前要充分松散，不能有结块。跳汰机的处理量与其筛网面积成正比。易选物料的处理量高于难选物料的处理量；粗粒级物料的处理量高于细粒级物料的处理量。要求分选精确时，处理量则应降低。

跳汰机生产能力的确定，目前还没有确切的计算公式，一般都是参照同类厂矿的实际生产定额来确定。

表 2-5 列出跳汰机选别各类金属矿时单位筛网面积处理量。

表 2-5　跳汰机处理能力定额

原料及工作条件	产品特性	单位筛网面积处理量/t·(m²·h)⁻¹
铁及锰矿石，给矿最大粒度 4~2mm	分出最终精矿、中矿及尾矿	2~4
钨、锡原生矿石，给矿最大粒度 3~1mm	分出需再选的低品位精矿及废弃尾矿	4~6
砂金矿的粗选	分出需再选的低品位精矿及废弃尾矿	10~20
原生金矿，跳汰机在磨矿－分级回路中工作	分出粗精矿	20~50 或更多
稀有金属砂矿粗选	分出低品位精矿及废弃尾矿	5~10

应该指出，影响跳汰过程的各种因素并非互相孤立的，而是各个条件的最佳组合，必须进行具体分析。适宜的操作制度，最好由试验确定。

2.2.3　摇床

摇床是在水平介质流中进行选矿的，是选别细粒级物料时应用最广的一种重力选矿设备。摇床的富集比高，可达 100 倍以上，它能直接获得最终精矿和分出最终尾矿。另外，矿粒在摇床床面上呈扇形分布，可根据需要接取多种产品。

摇床给矿粒度为 3mm 以下。由于给矿粒度小，矿粒直径和形状对选别效果影响很大，所以，摇床的给矿必须经过预先分级。摇床根据所选别的矿石粒度不同，可分为粗砂床（>0.5mm），细砂床（0.5~0.074mm），矿泥床（0.074~0.037mm）三种。

摇床在黄金矿山应用很普遍。砂金矿用溜槽或跳汰机粗选所得的粗精矿，多用摇床进行精选，其作业回收率可达 98% 以上。处理脉金矿石，摇床可作为粗选设备选出一部分含金精矿；也可作为扫选设备选别浮选尾矿，能获得部分低品位含金精矿。摇床的缺点是处理能力低、所需台数多、占地面积大。为克服这一缺点，我国某些矿山已采用多层摇床来处理钨、锡和金矿石,并取得了较好的效果。

2.2.3.1 摇床工作原理

摇床是在水平介质流中进行选矿的设备。分选过程发生在一个具有宽阔表面的倾斜床面上。摇床构造如图 2-3 所示。它主要由床面和传动机构两部分组成。床面在横向微微倾斜,倾角不大于 10°,给矿侧高于排矿侧,纵向自给矿端至精矿端向上倾斜,倾角 1°~2°。床面上沿纵向布置来复条。来复条高度自给矿端逐渐减低。床面由传动机构带动做纵向往复差动运动。冲洗水自床面上沿给入,冲洗水槽长度占床面总长的 2/3~3/4。物料与水均匀混合成浓度为 25%~30% 的矿浆由给矿槽给入。给矿槽长度大约占床面总长的 1/4~1/3。

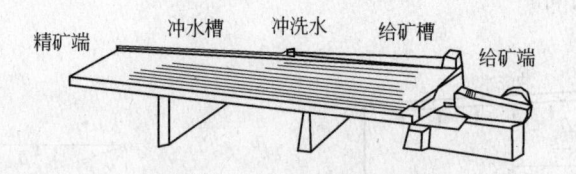

图 2-3 摇床构造形象图

矿粒在摇床上的分选作用,是在运动过程中逐步完成的。促成矿粒运动的因素,除自身重力外,主要是冲洗水流和床面差动运动。矿粒在运动中经受垂直于床面的分层作用和平行于床面的分离作用。两项作用的结果使矿粒自床面的不同区间排出。

A 矿粒在床面的分层作用

矿粒的分层作用只发生在来复条之间。促成矿粒分层的因素有两个:(1)上升水流的分层作用:水流在横越来复条时会激起涡流,以至在来复条间形成强度适当的上升水流。在这股上升水流的作用下,床层得以松散,矿粒按密度进行分层。(2)析离分层作用:床面摇动时,产生强烈的析离分层作用。这时细矿粒借自身的重力,将穿过周围粗粒级间的孔隙而钻入下层。大密度矿粒因本身密度大,比小密度细粒钻的更深,直至最下层。

在摇床上这两种分层作用是同时发生的,但以析离作用为主。两种分层作用的综合结果是大密度的细矿粒在最下层,小密度的粗矿粒分布在最上层,极细的矿泥则漂浮于水面。矿粒分层后,在水流及床面的摇动作用下,分别从床面不同区间排出。

B 矿粒在床面的分离作用

摇床床面在传动机构带动下,作往复的差动运动。床面前进时(图 2-4 自左至右),其运动速度由慢变快,床面后退时(图 2-4 自右至左),其运动速度由快变慢。这样,床面前进到最右端时获得一种急回运动,使床面的矿粒受到强烈惯性力作用。如惯性力大于矿粒与床面的摩擦力,矿粒与床面间将发生相对运动,因惯性力的作用方向是床面的前进方向,所以矿粒不断地从左向右移动,即纵向运动。与此同时,矿粒又受横向水流的冲洗作用,自上而下运动,即横向运动。在这同时发生的两向运动中,由于矿粒性质不同,其运动轨迹亦不同。

矿粒的横向运动:在摇床上只有矿粒露出来复条时,才能在横向水流冲击下做横向运动。因此,来复条下部的细矿粒受到阻挡,只能做纵向运动。矿粒横向运动结果,使小密度的矿粒比大密度的矿粒更早的从床面上排出,粗矿粒比细矿粒更早的排出。

矿粒的纵向运动：矿粒在床面上的纵向运动，是摇床做差动运动所产生的惯性力的作用结果。密度不同的矿粒，所获得的惯性加速度也不同。大密度的矿粒所获得的惯性加速度大，在床面上的运动速度就快，从而与小密度的矿粒产生了纵向运动的速度差。此外，由于矿粒的分层结果，大密度细矿粒紧贴在床面上，获得的摩擦力大，在床面前进运动中容易被带动，所以，在床面后退的瞬间也比上层的小密度粗矿粒获得较大的惯性加速度。这就更促使密度和粒度不同的矿粒在床面上具有不同的纵向速度。

综上所述，矿粒在床面上同时做横向和纵向两种运动。大密度细矿粒具有较大的纵向速度 U_L 和较小的横向速度 U_B；小密度粗矿粒则具有较大的横向运动速度 U_B 和较小的纵向运动速度 U_L（图 2 - 5）。因而，密度和粒度不同的矿粒在床面上的运动轨迹不同，所形成的偏离角 β 也不相同。

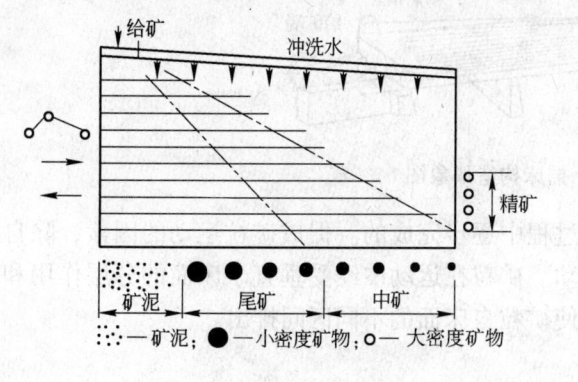

图 2 - 4 摇床工作原理图

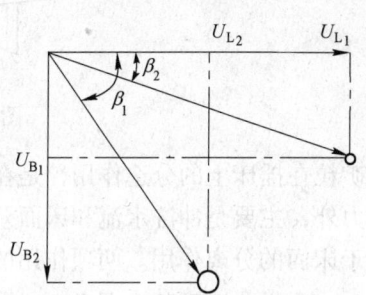

图 2 - 5 矿粒在床面上的运动轨迹

U_{B1}，U_{L1}—小密度粗矿粒的横向及纵向运动速度；
U_{B2}，U_{L2}—大密度粗矿粒的横向及纵向运动速度

矿粒 U_B 和 U_L 差别越大，它们的运动轨迹的偏离角 β 差值亦越大。因此，分离的越完善。

2.2.3.2 摇床的分类与技术性能

摇床根据所处理的物料粒度不同，可分为粗砂床、细砂床和矿泥床。其主要区别为：

（1）床面来复条形状和间距不同。矿砂床来复条较高（5 ~ 12mm），间距较小（25 ~ 55mm），矿泥床则采用刻槽床面。

（2）冲程冲次不同。矿砂床选用大冲程，低冲次；矿泥床选用小冲程，高冲次。矿砂床和矿泥床的床头（传动机构）通用，冲程冲次可以调节。床面则不相同，必须分别制造。

目前，我国广泛采用 6 - S 型和云锡型两种摇床，其技术性能列于表 2 - 6。

表 2 - 6 摇床技术性能

摇床形式	床面尺寸/mm			冲程 /mm	冲次 /次·min^{-1}	生产率 /t·h^{-1}	用水量 /L·min^{-1}	电机功率 /kW	倾角 /(°)	总重 /kg
	长度	给矿端宽度	精矿端宽度							
6 - S 型	4520	1825	1560	8 ~ 36	220 ~ 340	0.6 ~ 4.5	19 ~ 75	1.1	0 ~ 10	1350
云锡型	4330	1810	1520	8 ~ 22	280 ~ 340	0.2 ~ 1.5	7 ~ 63	1.1	0 ~ 4	

2.2.3.3 影响摇床工作的因素

摇床的工作效果除与本身的结构有关外，在很大程度上取决于操作条件，而合理的操作条件则应根据给矿性质（粒度、密度）、作业地点及对产品质量的要求来制定和进行条件。

冲程与冲次、床面倾角、补加水量、给矿量与给矿浓度是影响摇床选别效果的主要因素。

A 冲程与冲次

适宜的冲程与冲次，必须能促使床层松散和析离分层，并保证重产物能以足够的速度不断地从精矿端排出。冲程冲次的组合值决定着床面运动的速度和加速度。为使床层在切变运动中达到适宜的松散度要求，床面应有足够的运动速度，而从输送重产物的要求来看，床面还要有适当的正负加速度差值。冲程冲次的适宜值主要与入选物料粒度有关。处理粗砂的摇床给矿粒度粗、床层又较厚，此时既需要有足够大的层间斥力进行松散，又需要有相对较长的时间扩展床层高度，故总是要求有较大冲程，较小冲次；处理细砂和矿泥的摇床条件则正好相反，其冲程冲次的相乘值也要比处理粗砂的摇床低些。

除了入选的矿石粒度外，摇床的负荷及矿石密度也影响冲程、冲次的大小。床面的负荷量增大或在进行精选时，宜采用较大的冲程、冲次组合值。适宜的冲程、冲次值最终还是要借试验或通过生产仔细考查确定。表 2-7 列出通常采用的冲程和冲次。

表 2-7 摇床的冲程和冲次选择范围

形式 粒度/mm	6-S 型		云锡型	
	冲程/mm	冲次/次·min⁻¹	冲程/mm	冲次/次·min⁻¹
1.5~0.5	24~29	210~220	17~20	260~300
0.5~0.2	14~18	270~280	13~18	300~320
<0.2	12~16	280~300	8~11	320~340

B 补加水量及床面倾角

补加水包括两部分：一是补加到给矿槽中随给矿一起流到床面上；一是作为横向冲洗水自床的上沿给入。补加水的大小和床面的横向坡度共同决定着水流的流速。当增大横坡时，矿粒的下滑作用力增强，因而可减少用水量。即"大坡小水，小坡大水"均可使矿粒有同样的横向运动速度。但坡度增大将使矿粒在精选区的分带变窄，不利于更精细地分离。所以在精选作业中常采用小坡大水，而在粗选或扫选作业中则采用大坡小水，以节省水耗。

摇床横向倾斜度的大小，直接影响水流速度及补加水量。为保证上述对补加水的要求，床面横向倾斜不宜过大。通常床面横向倾角视给矿粒度而定，粗粒物料（<2mm）3°~4°，中等粒度物料（<0.5mm）2.5°~3.5°，细粒物料（<0.1mm）2°~2.5°，矿泥（<0.074mm）1.5°~2°。摇床除做横向倾斜外，自给矿端到精矿端还做向上的纵向倾斜，以提高精矿质量。选别粗粒物料纵向倾角 1°~2°，细粒物料 1°左右，矿泥则为 1°~0.5°。

摇床的补加水量与选别粒度和作业地点有关。矿砂粗选耗水量较小，一般为 1~3m³/t，精选则耗水较多，一般为 3~5m³/t，选别矿泥耗水量更大，有时达 10~15m³/t。

C　给矿量及给矿浓度

给矿量及给矿浓度在操作中应保持稳定，如波动频繁将影响物料在床面上的分布状况，恶化摇床的选别效果。给矿浓度一般为20%~30%。给矿粒度越小，给矿浓度则应越低，但过低的给矿浓度会降低设备的处理量。

2.2.3.4　摇床的应用

摇床生产能力和跳汰机一样，没有确切的计算公式，也是按类似企业的实际生产定额确定。一般情况下，给矿量不宜过多。给矿量增加会使床层变厚，不利于分层，重矿粒易损失于轻产物之中，降低金属回收率。针对我国现在生产中广泛应用的6-S型和云锡型两种摇床，设计中采用的生产定额如表2-8所示，综合操作条件如表2-9所示。

表2-8　我国现行设计中的摇床生产定额

选别粒度范围/mm	生产定额/t·(台·d)$^{-1}$	
	选出最终精矿时	选出粗精矿时
1.4~0.8	25	30
0.8~0.5	20	25
0.5~0.2	15	18
0.2~0.074	10	15
0.074~0.04	7	12
0.04~0.02	4	8
0.02~0.013	3	5

表2-9　摇床综合操作条件

选别粒度范围/mm	给矿浓度/%	冲次/次·min^{-1}	冲程/mm	床面横向坡度/(°)
1.4~0.8	30	260	20	3.5
0.8~0.5	25	280	18	3.0
0.5~0.2	20	300	16	2.5
0.2~0.074	18	320	14	2.0
0.074~0.04	15	340	12	1.5
0.04~0.02	12	360	10	1.5

在砂金矿山的精选厂和采金船上，摇床用来处理溜槽和跳汰机的粗精矿，直接抛弃尾矿，回收金及其他重矿物。金的作业回收率在98%以上。摇床精矿经电选、磁选或人工淘洗，选出其他重矿物，即可获得砂金。

山东某金矿采用6-S型摇床选别粒度小于1mm的含金脉矿。摇床尾矿用渗滤氰化处理，精矿用绒面小溜槽再精选即可获得含金重砂。矿石为氧化矿，含金30~33g/t，摇床尾矿品位17~18g/t，摇床与小溜槽的金总回收率为45%。

吉林某金矿选厂所处理的矿石为石英脉含金硫化矿。用摇床选别混汞尾矿，回收含金硫化矿物做精矿出售。精矿中含金120g/t，金的回收率为7%（全厂总回收率80%~82%）。

2.2.4 溜槽

溜槽选矿是利用矿粒在倾斜介质流中运动状态的差异来进行分选的一种方法。溜槽是一个较缓倾斜的狭长的斜槽，其倾角一般为3°~4°，最大不超过14°~16°，槽底铺有挡板或粗糙的软覆面（如毛毡）。原矿随水流从槽头给入，顺槽底向下运动，在运动过程中发生分选作用。密度、粒度及形状不同的矿粒，在重力和水流的联合作用下进行分层：大密度矿粒沉降于槽底的挡板格条间，或被滞留于粗糙覆面上；小密度矿粒则随水流自溜槽末端排出。当槽底大密度矿粒沉积到一定高度时，则停止给矿，把它清理出来。因此，溜槽选矿为间歇作业。挡板溜槽选矿过程如图2-6所示。

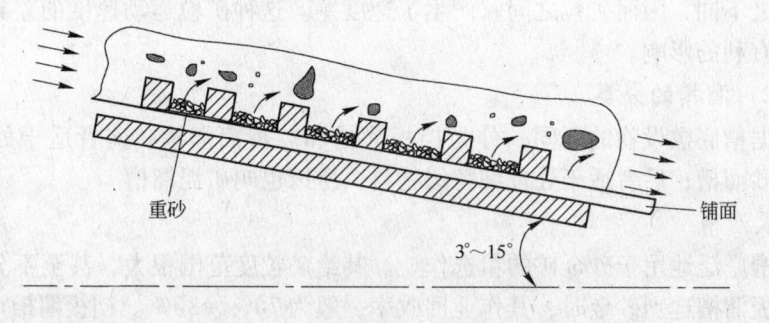

图2-6 挡板溜槽选矿过程示意图

溜槽是一种最简单的重力选矿设备。它的分选效果较差，只有在原矿中有用矿物密度较大（>6.6）或有用矿物和脉石密度差较大时，溜槽选别方能有效。所以，溜槽常用于重矿物的分选（金、铂及锡等矿砂）。在溜槽的大密度沉砂中夹杂的小密度矿粒较多，因此，溜槽多用于低品位矿砂的粗选作业。此外，清理溜槽沉砂须消耗大量劳动力和时间，效率较低，近年来有被跳汰机和螺旋选矿机取代的趋势。

溜槽可回收0.05mm以上的重矿物。选别金、铂时回收率可达60%~90%。

溜槽是我国砂金选矿的主要设备。目前，各地的砂金矿，虽然开采方法各有不同，而选矿的粗选设备几乎都是挡板溜槽。我国的某些脉金矿用软覆面溜槽做扫选设备，处理浮选尾矿，对金的回收也起很大作用。

2.2.4.1 溜槽的分选原理

矿粒在溜槽中的分选是在重力、摩擦力和水流的联合作用下进行的。矿粒的密度仍然是决定溜槽选矿的主要因素，粒度和形状的差异将影响按密度分选的效果。

矿粒在流槽中的运动状况非常复杂，影响溜槽选别效果的因素很多，仅就主要方面概要介绍如下：

（1）上升水流的分层作用。水流在流槽中属于紊流运动，其运动形式除平行于槽底的倾斜流，还有垂直于槽底的涡流和水跃现象。后两种属于上升水流，除起松动床层的作用外，还有助于矿粒按密度分层。但这种上升水流是无规律的脉动，因而矿粒的分层是极不完整的，大量小密度矿粒混到重产物中。所以，在溜槽选矿的操作中，应设法激起更多的涡流，以提高选别效果。

（2）倾斜水流的分选作用。性质不同的矿粒在溜槽的倾斜水流推动下，将沉降在距给料点不同的地方。粒度大、密度大的矿粒首先沉降到距给料点较近之处，并成为此处床层的最底层。粒度小、密度小的矿粒则沉降到距给料点较远的地方，成为该处床层的最上层。

（3）析离分层作用。矿粒沉降槽底后，在水流的推动下将继续沿槽底向前运动。矿粒在运动过程中，上层的细矿粒，特别是大密度的细矿粒，受重力作用将穿过大颗粒间的缝隙转入下层。矿粒之间的间隙在运动时较静止时更大，所以析离分层作用就更为明显。然而析离分层作用过于强烈，小密度细粒矿粒也将转入下层，反而破坏了正常的矿粒分层，恶化选别效果。

（4）摩擦力的影响。矿粒在溜槽中向前运动时，由于与槽底之间或与其他矿粒之间都有摩擦，因而产生很复杂的摩擦阻力。矿粒密度和形状不同，摩擦系数也不相同，运动的加速度也随之不同，因而矿粒之间就产生了速度差。这种矿粒运动速度的差异，对溜槽选别效果给予有利的影响。

2.2.4.2 溜槽的分类

溜槽根据槽底敷设物的不同，分为挡板溜槽和软覆面溜槽。前者适于处理粗粒级物料，又称粗砂溜槽；后者适于处理细粒级物料，所以也叫矿泥溜槽。

A 挡板溜槽

挡板溜槽广泛地用于砂金矿的粗选作业。其给矿粒度范围很大，甚至不分级的物料亦可选别。挡板溜槽选别砂金时，其作业回收率一般为 70% ~ 80%。挡板溜槽可用木材、钢材和其他建筑材料制造。根据所需处理的原矿量，决定溜槽的规格尺寸。

溜槽床面上敷设的挡板形式，对溜槽选别效果影响很大。适宜的挡板形式根据所需处理的矿砂性质自行确定。挡板设计的一般要求是挡板高度不能大于水流速度，两者之比应小于1，通常为 0.4 ~ 0.6；挡板必须保证溜槽内即使水流速度较小时，也能造成适当强度的涡流；选别砂金矿时挡板间距要小，布置要均匀，以便造成更大的涡流；但挡板间距不可过密，必须留有足够的重砂沉降容积。

B 软覆面溜槽

软覆面溜槽适于处理经过磨矿的或粒度较细的物料。给矿粒度通常不超过 1mm。这种溜槽没有挡板，只有铺设在床面上的软覆面。软覆面起滞留大密度矿粒的作用。处理粗物料、水流层厚度为 10 ~ 0.5mm 时，采用较粗的长绒物（绒长 5mm）或带纹格的橡胶板。处理细物料、水流层厚度 5mm 以下时，选用较细的短绒织物。

软覆面溜槽能回收 $-37 \sim +10\mu m$ 的锡石，所以又称矿泥溜槽。根据构造不同又分为固定式溜槽、自动溜槽等多种。国内黄金矿山使用的只有固定式一种。例如，我国某金矿处理铜金矽卡岩矿石，磨矿细度为 -200 目含量为 60% ~ 65%，采用浮选-重选联合流程。浮选得含金铜精矿，金的回收率为 40% ~ 45%；浮选尾矿用软覆面固定溜槽扫选，得游离金，金的回收率为 40%。全厂金的总回收率为 80% ~ 85%。该厂采用国产棉毯为溜槽软覆面材料。操作中每班起 1 ~ 2 次棉毯，把它送到清水池中反复涮洗，使滞留于棉毯上的金粒脱落到池内。池中沉积物定期处理，人工淘洗得金粒。又如，我国某金矿用自制木溜槽（流板）从摇床精矿中回收游离金。溜槽床面用椴木或柳木制造，长 2m，宽 1.3m，倾角在 5° ~ 20° 之内调节。床面用砖磨出绒毛以代替软覆面阻滞金粒。

固定软覆面溜槽亦属于间歇作业。设备效率低，清理沉砂体力劳动强度大。所以，随着生产的发展，我国钨锡矿山已相继采用了多层自动溜槽、云锡翻床、皮带溜槽等先进设备。这类溜槽的操作已实现了机械化、甚至自动化，减少了体力劳动，提高了设备效率。

2.2.4.3 溜槽规格的确定

溜槽的规格主要取决于选别所需的沉降面积，其次与所处理的原矿性质和安装作业地点有关。沉降面积可用下式计算：

$$F = \frac{V^2}{A} \tag{2-7}$$

或

$$F = \frac{Q}{q} \tag{2-8}$$

式中　V——按固体体积计算的处理量，m^3/h；

　　　A——单位槽底面积按固体体积计算的处理量，$m^3/(m^2 \cdot h)$；

　　　Q——按固体重量计算的处理量，t/h；

　　　q——单位槽底面积按固体重量计算的处理量，$t/(m^2 \cdot h)$。

上式中 A 或 q 值为经验值，由生产实践中积累。软覆面溜槽单位面积处理量如表 2-10 所示。

表 2-10　软覆面溜槽单位面积处理量

软覆面形式	精矿产率/%				
	<25	0.25~1.0	1~5	5~10	10~20
	$q/t \cdot (m^2 \cdot h)^{-1}$				
短绒	10~20	8~15	15~10	3~6	2~4
长绒	15~30	10~20	7~14	4~8	3~6

用挡板溜槽处理砂金矿时，单位面积负荷介于 $0.1 \sim 1.5 m^3/(m^2 \cdot h)$，平均为 $0.5 \sim 1.25 m^3/(m^2 \cdot h)$。如果溜槽尾矿用跳汰机扫选，则单位面积负荷可提高到 $2 \sim 2.5 m^3/(m^2 \cdot h)$。用软覆面溜槽从浮选尾矿中回收金时，$q$ 值为 $1 \sim 2 t/(m^2 \cdot h)$。

溜槽的沉降面积确定后，即可设计其长度与宽度。为确保溜槽内适宜的矿浆流速和水层厚度，其宽度不宜过大，通常为 $500 \sim 600 mm$。当宽度确定后，即可按沉降面积的要求决定溜槽长度。应当指出，根据实践经验，用溜槽选别砂金时，溜槽的前 3m 之内所捕收的金占回收率的 95%。可见，溜槽过长是没有意义的。然而某些片状金、微粒金很不易沉降，为回收这部分金，有时溜槽长度比计算值还要大一些。因此，用溜槽选别砂金时，其长度不应仅仅满足计算要求的数据，而应按照金粒的形状特征灵活确定。一般陆地上的大流槽长度为 15m 左右。

2.2.4.4 溜槽的操作

溜槽操作的要点是全面掌握并随时调整给矿粒度、给矿浓度、矿浆流速、水层厚度和倾角等影响选别效果的主要因素。

给矿粒度视矿砂中有用矿物最大粒度而定。砂金矿中绝大部分金粒不超过 10mm，所以我国各砂金矿用溜槽选别时，都把矿砂中 10~20mm 以上的砾石筛分除去，不给入溜槽。

为了保证物料在分选过程中具有足够的松散，溜槽给矿浓度不应太高。给矿的最小液固比通常随给矿粒度的增大和挡板高度的增大而增大；随槽内水流速度的增大而减小。适宜的给矿浓度，一般由经验来确定。

　　矿浆在溜槽内的流速对选别效果影响很大。流速过小，不能保证床层足够松散，重矿物所受的水力精选作用不足，脉石将大量混入重砂层内；流速过大，易使片状金、微粒金得不到充分的沉降机会就被水流冲走，造成损失。根据生产经验，当给矿液固比小、金粒较大、挡板较高时，可采用较大的矿浆流速。如溜槽长度已具备了捕收各种金粒的条件，则矿浆流速大比流速小更为有利。

　　表 2 – 11 和表 2 – 12 列出粗砂溜槽和矿泥溜槽的操作条件。表 2 – 11 中之 a 值与给矿最大粒度成反比：

$$a = \frac{H}{d_{大}} \tag{2-9}$$

式中　H——最小水层深度，mm；

　　　　$d_{大}$——给矿最大粒度，mm。

表 2 – 11　粗砂溜槽适宜操作条件

操作条件 ＼ 给矿最大粒度/mm	< 6	6 ~ 12	12 ~ 25	25 ~ 50	50 ~ 100	100 ~ 200	> 200
最小液固比 R	6 ~ 8	8 ~ 10	10 ~ 12	12 ~ 14	14 ~ 16	16 ~ 20	16 ~ 20
水层深度系数 a	2.5 ~ 3.0	2.0 ~ 2.2	1.7 ~ 2.0	1.5 ~ 1.7	1.3 ~ 1.5	1.2 ~ 1.3	1.0 ~ 1.2
矿浆最小流速/m·min^{-1}	1.0 ~ 1.2	1.2 ~ 1.6	1.4 ~ 1.8	1.6 ~ 2.0	1.8 ~ 2.2	2.0 ~ 2.5	2.5 ~ 3.0

表 2 – 12　矿泥溜槽适宜操作条件

操作条件 ＼ 选别粒度/mm	0.074 ~ 0.04	0.04 ~ 0.02
坡度/%	13	11
给矿浓度/%	25 ~ 30	20
软覆面形式	方格	面
冲洗水量/m³·(d·台)$^{-1}$	60	45

　　从表 2 – 11 中查出 $d_{大}$ 和 a 之后，即可求出该条件下流槽内适宜的最小水层厚度：

$$H = ad_{大} \tag{2-10}$$

　　溜槽倾角与所处理的物料性质有关。挡板溜槽倾角介于 3° ~ 15° 之间，选别砂金矿时，可在 5° ~ 8° 之间调节。软覆面溜槽的坡度视给矿粒度和矿浆液固比而定。给矿粒度较大，矿浆液固比较小时，溜槽坡度应大些；反之，则应小些。

　　溜槽在操作中还要特别注意防止挡板中出现"堆溜"和"掏溜"现象。所谓掏溜就是溜槽中所存留的精矿被矿浆带走。这是由于溜槽底部不平或挡板变形所引起。所谓堆溜是矿砂堆积于溜槽中，不再松散，失去了选别作用，常是因给矿量过大所致。此时应调节给矿量并用耙子耙松床层。耙松层的工作在正常选别过程中也是必要的。

2.2.5　螺旋选矿机

　　螺旋选矿机是利用重力、摩擦力、离心力和水流的综合作用，使矿粒按密度、粒度、形状分离的一种斜槽选矿设备。它的特点是整个斜槽在垂直方向弯曲成螺旋状，如图2-7所示。

螺旋选矿机包括四个主要部件：

（1）螺旋溜槽：可用生铁、橡胶、轮胎、水泥等制成；

（2）支架：用金属管、角钢或木材制成；

（3）截取器：用以排出重产物，如图2-8所示；

（4）给水管：用以补加冲洗水。

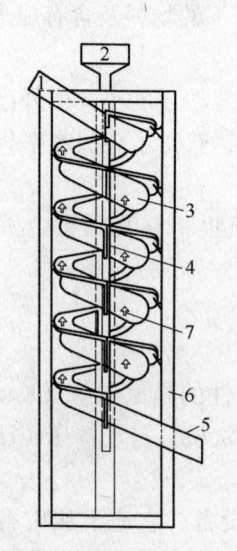

图2-7　螺旋选矿机

1—给矿槽；2—冲洗水导管；3—螺旋槽；4—连接用
法兰盘；5—尾矿槽；6—机架；7—重矿物排出管

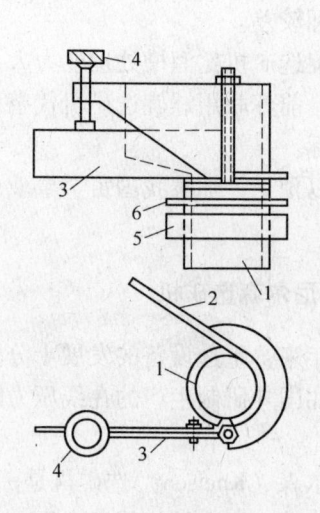

图2-8　螺旋选矿机的截取器

1—排料管；2—固定刮板；3—可动刮板；
4—压紧螺钉；5—螺母；6—垫圈

从斜槽上端给入的矿浆，沿斜槽以螺旋线状向下流动。在流动过程中，矿粒进行分层。小密度大粒矿粒分布在螺旋槽的外缘，大密度细矿粒分布在螺旋槽的内缘（见图2-9）。分层后的重产物利用截取器由内侧槽底的排料口（一般由2~4）排出。轻产物则由螺旋槽的末端排出。

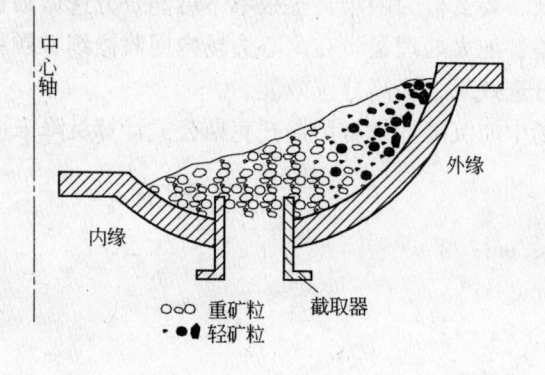

图2-9　螺旋槽剖面

　　螺旋选矿机历史较短，但由于它具有很多优点，目前已得到广泛的应用。实践证明，螺旋选矿机在一定条件下不仅可以代替溜槽、跳汰机、摇床选别砂矿，而且还是从浮选尾矿中回收密度大于 4 的有用矿物的有效设备。金、铂、锡石、黑钨矿、白钨矿、锆镁石、金红石、钛铁矿等都可用螺旋选矿机回收。

　　螺旋选矿机按单位面积计算的处理能力比摇床大 10 倍，比跳汰机大 1 倍。选别砂矿时，富集比可达 10 倍，作业回收率为 90% ~ 95%，比溜槽选别指标优越。给矿粒度较宽（6 ~ 0.05mm），给矿液固比范围为 6 ~ 12∶1。此外，还有结构简单、制造容易、没有传动件、不消耗动力。其缺点是对于 6mm 以上和 0.05mm 以下的物料及含有扁平状脉石的物料选别指标较差。

　　螺旋选矿机比溜槽处理能力大，选别效果好，体力劳动强度小，国外已普遍用于选别砂金矿。前苏联用螺旋选矿机代替采金船上的粗选溜槽，获得了金回收率 96.5% ~ 98% 的优异指标。

　　可以预见，随着我国黄金事业的发展，螺旋选矿机也将在我国黄金矿山获得广泛的应用。

2.2.6　尼尔森选矿机

　　近年来，重选设备的发展十分迅速。其中最具代表性的是尼尔森（Knelson）选矿机。其他的如国外研制生产的在线压力跳汰机、尼科尔瑟跳汰机、自动摇床、法尔肯选矿机等设备。

　　尼尔森（Knelson）选矿机是一种高效的离心选矿设备。它适于从矿石及其他固体物料中回收金、银和铂族等贵金属，并已成功地用于其他一些较大密度矿物的选别。

　　拜伦·尼尔森发明了以其姓氏命名的"尼尔森选矿机"，尼尔森选矿机最早的商业产品始于 1978 年。尼尔森选矿机的分选机构是一个内壁带有反冲水孔的双壁锥，可理解为由两个可一同旋转的立式同心锥构成。外锥与内锥之间构成一个密封水腔。内锥的内侧有数圈沟槽，并有按一定设计排列的进水孔，叫流态化水孔；内锥称为富集锥。设备的其余部分由给矿、排矿、供水（气）装置及驱动、自动控制系统和机架等组成。

2.2.6.1　微细粒沉降规律与离心加速度的关系

　　对微细粒而言，由于沉降速度下降，轻、重矿粒速度差减小，要在重力场进行微细矿粒分选，要么效率较低，要么极为困难甚至根本不可能。分选微细粒所要解决的关键问题是如何增加沉降速度差，加大处理量。在离心力场内回收微细粒颗粒，可增大轻、重矿粒的沉降速度差，强化分选效果，提高分选效能。

　　微细粒在离心力场中的沉降规律可用斯托克斯公式计算沉降末速：

$$v_0 = \frac{d^2(\delta - \rho)}{18\mu}\omega^2 r \qquad (2-11)$$

式中　　d——平均粒度，cm；

　　　　ω——角速度，rad/s；

　　　　μ——矿浆黏度，Pa·s；

　　　　δ——颗粒密度，g/cm^3；

　　　　ρ——介质密度，g/cm^3；

r——颗粒的回转半径，cm。

颗粒沿径向进行某段距离所需时间，可按下述关系计算：

$$v_0 = \frac{\mathrm{d}r}{\mathrm{d}t} \tag{2-12}$$

$$t = \int_{r_1}^{r_2} \frac{\mathrm{d}r}{v_0} \tag{2-13}$$

式中　t——颗粒由半径 r_1 处运动到 r_2 处所需时间。

当处理微细粒级时，将斯托克斯公式代入上式中，得：

$$t = \frac{18\mu}{d(\delta - p)} \int_{r_1}^{r_2} \frac{\mathrm{d}r}{\omega^2 r} \tag{2-14}$$

上式表明颗粒向器壁沉降的时间随 $\omega^2 r$ 的增大而缩短，因此，增大离心加速度可大大加速沉降过程。

2.2.6.2 工作原理

尼尔森选矿机是基于离心原理的强化重力选矿设备。在高倍的强化重力场内，密度大和密度小的矿物的重力差别被极大地放大，这使得轻重矿物之间的分离比自然重力场内更加容易；而特殊设计的物料床层保持结构，在具有专利技术的流态化水和干涉沉降的相互作用下，能够持续地保持松散状态。在上述条件下，重矿物颗粒能够取代轻矿物颗粒在选别床层中占据的位置而保留下来，轻矿物颗粒则作为尾矿排出，从而实现矿物颗粒按密度分选。

加拿大麦吉尔大学的凌竟宏和 A. R. Laplante 推导出，在斯托克斯定律范围内，矿物颗粒在尼尔森选矿机内的瞬时径向沉降速度为：

$$\frac{\mathrm{d}r}{\mathrm{d}t} = \frac{D^2(\rho_s - \rho)r\omega^2}{18\mu} - u_1 \tag{2-15}$$

式中　$\dfrac{\mathrm{d}r}{\mathrm{d}t}$——球形固体颗粒瞬时径向沉降速度；

r——球形固体颗粒在时刻的径向位置；

D——球形固体颗粒的直径；

ρ_s——固体颗粒的密度；

ρ——液体的密度；

μ——液体的黏度；

u_1——流态化水的径向速度；

ω——锥的角速度。

从上式可以看出，当转速给定时，改变流态化水的速度，可改变矿粒离心沉降速度的大小。

该机在生产运行时，富集锥内的离心加速度可达 60 倍或更高的重力加速度，当矿浆给入富集锥底部时，矿浆在离心力的作用下被甩向富集锥的内侧壁，并沿着内壁向上运动，同时由富集锥的进水孔连续向锥内注入水流使床层呈流态化。在离心力和反冲水力的共同作用下，单体金等重矿物颗粒能克服水的径向阻力，离心沉降或钻隙沉降在精矿床内。而脉石矿物因受离心力较小，难以克服反冲水力的作用，结果在轴向水流冲力和离心力的轴向分力共同推动下被排出富集锥成为尾矿。

2.2.6.3 尼尔森选矿机分类

A 实验室尼尔森离心选矿机

常用实验室尼尔森选矿机的分选器直径为
7.5cm。其构造如图 2-10 所示。

离心选矿机的主要部件为聚氨酯制成的分选
器。分选器内壁有五个环形槽沟，顶部槽沟直径
为 7.5cm，内壁倾角为 15°。在运转时，中间环壁
所产生的离心强度为 60。其操作过程为：给料由
振动给矿器（或手工）给入给料漏斗，适量添加
给矿冲洗水。物料沿中空导管进入分选器底部，
压力水由分选器外部水腔以与分选器旋转相反的
方向切向给入。轻矿物随矿浆流由分选器上部圆
周排出成为尾矿，重矿物则进入分选器内壁槽沟
中。随着物料的不断给入，新进入槽沟的重矿物

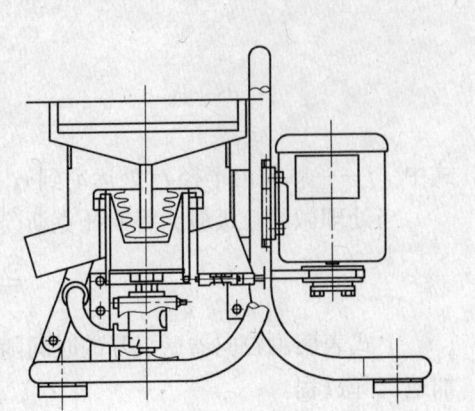

图 2-10 实验室 φ7.5cm 尼尔森
选矿机结构示意图

颗粒将不断取代原来占据着空间的轻矿物，因而精矿品位随着给入物料的增加将不断增
高，在一定范围内不会导致回收率的明显降低。对于一定的物料，影响实验室尼尔森离心
选矿机操作的主要因素是压力松散水的大小及给矿速度。当物料给完后，关闭压力松散
水，停止电机运转。取出分选器，将藏于槽沟中的精矿彻底冲洗出来并收集可能进入压力
水腔中的少量物料合并为精矿。

目前，这种离心选矿机在加拿大成为一种可靠的小型设备来对金矿中可用重选回收的
金作出评价。Laplante 教授研究组研究出了一套标准的方案和试验方法，为加拿大和其他
国家提供了大量建厂设计和流程改造的评估数据，其结果在某种程度上可与混汞法相
比拟。

B 人工排精矿式尼尔森离心选矿机

人工排精矿式尼尔森离心选矿机（如图 2-11 所示）适用于回收品位很低但密度很高
的矿物。这种机子所产生的离心强度也是 60。最大给矿粒度不应超过 6mm，但目前大部
分厂家都设有预先筛分作业，筛除约 +2mm 粗粒级，筛下部分进入离心选矿机，该机对于
给矿浓度没有严格要求，从很低的给矿浓度至 70% 固体均不会对分选结果造成明显影响。
人工排精矿式尼尔森选矿机的规格和参数见表 2-13。

表 2-13 人工排精矿式尼尔森选矿机的规格和参数

规格 (φ)/cm	功率/kW	最大给矿量/t·h⁻¹	最大给矿粒度/mm	最大松散水/L·min⁻¹
7.5	0.15	0.045	1.7	15
19	0.50	0.68	4.7	115
30	1.20	3.6	6.4	160
50	3.75	13.6	6.4	450
75	7.50	36.3	6.4	665

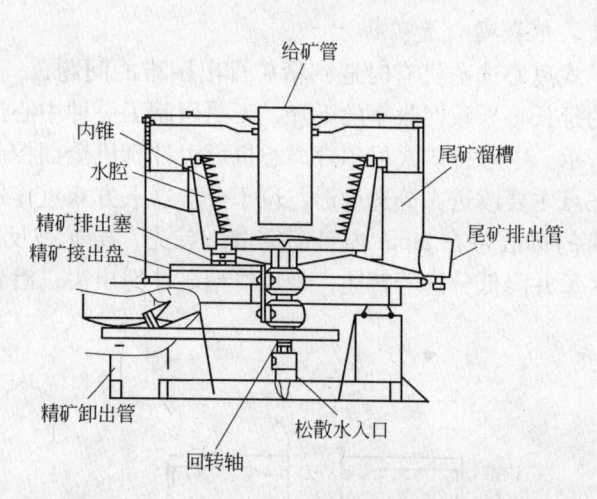

图 2 - 11　人工排精矿式尼尔森离心选矿机

　　尼尔森离心选矿机可获得很高的富集比，如可高达 500，而不对总回收率造成明显影响。人工排精矿式尼尔森离心机是一种间断工作的设备，一般 2 ~ 4h 排出一次精矿。排精矿时，必须先中断给矿（一般有另一台备用）并停机，然后将分选器底部排矿口塞子拔掉，用高压水冲洗精矿至一个容器或沿管道直接输送至金精选车间。

　　尼尔森离心选矿机一般安置在磨矿回路中，其原则流程如图 2 - 12 所示。球磨机排矿给入水力旋流器，旋流器溢流送至浸出或浮选作业。旋流器沉砂缩分出 1/5 左右经过 2.0mm 筛子预先筛分，筛下物料给入尼尔森离心选矿机。尼尔森离心选矿机尾矿返回水力旋流器。尼尔森离心选矿机精矿送入专门的精选车间，用摇床精选后熔炼成粗金锭，然后集中进一步提纯。尼尔森离心选矿机非常结实，很少需要维修。它只有一个转动部件——分选器，用聚氨酯制造，其他与水接触的部件用不锈钢加工而成。

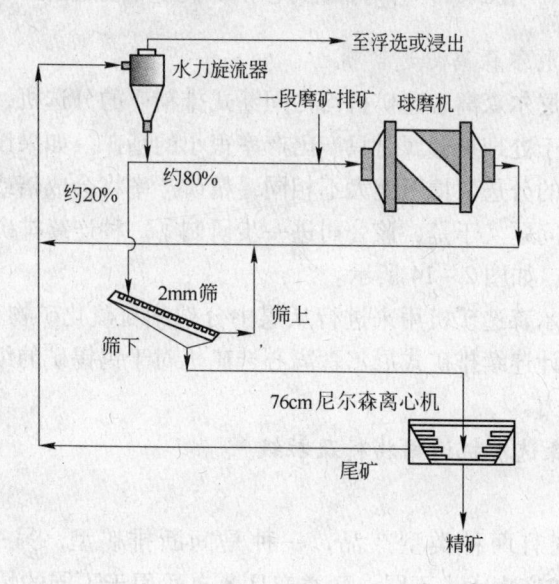

图 2 - 12　尼尔森离心选矿机布置原则方案

C 中心排矿式尼尔森离心选矿机

由于人工排精矿式离心选矿机有时遇到精矿排出困难的问题，一般需平行安装 2 台。而且由于操作时间的延长将导致回收率的下降，于是研制了一种中心排矿式尼尔森离心选矿机，如图 2-13 所示。中心排矿式尼尔森离心机可由计算机全面控制，在人工排矿式离心选矿机基础上有三点主要改进：分选构形，位于分选器下方双重作用的轮毂，以及一个给矿导流装置，精矿的排放可在 2min 内自动完成。首先，给矿被反向导入水力旋流器，然后降低压力松散水量并降低分选器转速，最后将精矿冲洗出去，沿着精矿排出管道送至金精选车间。

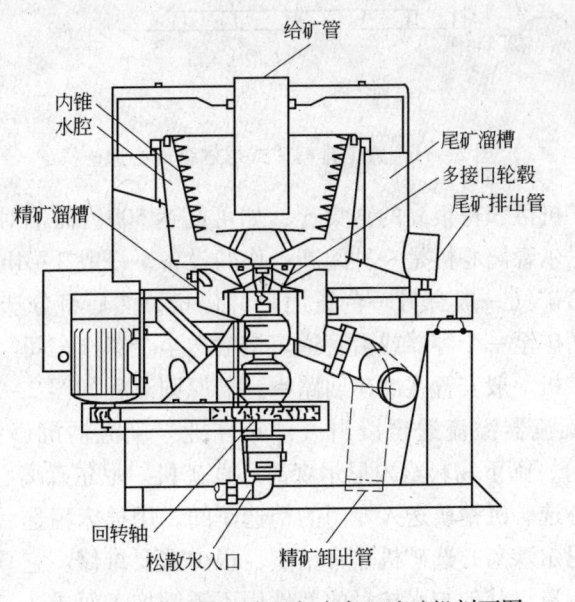

图 2-13 中心排矿式尼尔森离心选矿机剖面图

D 连续排矿式尼尔森离心选矿机

以上介绍的两种尼尔森离心选矿机均为间断式排精矿的分选机，对于分选贵金属矿已能满足要求，这是由于处理贵金属时只产出产率很小的精矿。如果设想将尼尔森离心选矿机用于有色金矿和煤的分选，情形就大不相同，精矿产率将会成倍或数倍增加，连续排出精矿就成为一个关键问题。于是，该公司进一步研制了一种连续排矿式离心选矿机（Variable Dscharge Model），如图 2-14 所示。

连续排精矿式尼尔森选矿机用来进行从煤中分选细粒硫化矿物和灰分的半工业试验，获得了良好结果。预计连续排矿式尼尔森离心选矿机对于钨锡矿的细泥、铅锌矿等有色金属矿的选矿将具有潜力。

2.2.6.4 尼尔森选矿机适用物料及粒级

A 适用物料

尼尔森选矿机现有两种类型产品，一种是间断排矿型，另一种是连续可变排矿（CVD）型，根据精矿产率大小不同，两类产品各自适用于不同的情况。一般以精矿产率 0.1% 为分界线，在分界线以下考虑用间断排矿型，反之则用连续可变排矿型。

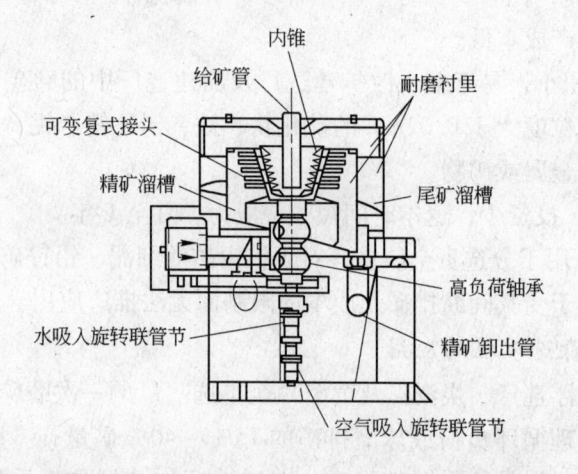

内锥
给矿管
耐磨衬里
可变复式接头
精矿溜槽
尾矿溜槽
高负荷轴承
水吸入旋转联管节
精矿卸出管
空气吸入旋转联管节

图 2-14 连续排矿式尼尔森离心选矿机剖面图

间断排矿型选矿机排放周期取决于所处理矿石的性质、给矿量等,脉矿一般为 1~4h,砂矿一般为 4~12h。连续可变排矿型选矿机可连续排矿,并根据需要连续调节精矿产率,可在 0~50% 任意选择。间断排矿型尼尔森选矿机适用于贵金属回收,包括金、银和铂族金属。其中最为广泛的应用是岩(脉)金、砂金及有色金属伴生金的回收;从镍铜硫化矿石中回收铂、钯等是近年来尼尔森选矿机应用的又一大进展。连续可变排放型尼尔森选矿机主要用来回收较大产率(一般大于 0.5%)的有价组分。当目的矿物和脉石密度差大于1.5 时,CVD 型选矿机能使它们有效的分离。可应用于黑(白)钨矿、锡石、钽铁矿、铬铁矿、钛铁矿、金红石、氧化铁矿物和含金银的硫化物等较大密度矿物的富集,以及工业矿物除铁、粉煤的洗选等。

除上述矿石之外,尼尔森选矿机已在多家选矿厂被用来从含金浮选铜精矿等物料中分选出高品位的金精矿,以此提高金的冶炼厂净返(NSR)系数,增加经济效益。另外它还在非矿物资源回收方面开始得到应用。

B 给矿粒度和回收粒级

尼尔森选矿机给矿粒度区间较宽,间断排矿型为 0~6mm,连续排矿型为 0~3.2mm。其回收粒级很宽,以金回收为例,$+38\mu m$ 为极易回收粒级,$10~38\mu m$ 为可回收粒级,$-10\mu m$ 为较难回收粒级。在生产实践中,单体解离的金粒绝大多数为可回收粒级,因此这部分单体金较易回收。

2.2.6.5 尼尔森选矿机优缺点

(1) 优点:

1) 选矿富集比高,通常可达到 1000~3000 倍,精矿产率小,通常为 0.02%~0.10%,精矿品位高,一般为 1000~20000g/t,回收率比常规重选设备显著提高。

2) 单台设备处理固体矿量大,KC-XD 70 和 KC-CVD 64 型设备处理能力可分别达到 300~1000t/h 和 100~300t/h。

3) 是无污染、清洁的无需任何化学药剂的环境友好设备。

4）设备运转率高，耗电少，易于操作管理，所需操作人员少，自动化程度高，设备日常维护量很低、生产成本低。

5）设备占地面积小，易于融入改扩建选厂及新建选厂中的磨矿回路配置中。设置在选厂尾矿排矿点回收粒度大于 0.02mm 的硫化物、铁、锡、钨、铌、金、银、独居石、金红石等密度大的其他金属或矿物。

6）选别流程短，投资少，返本时间短，一般为 1 月至 1 年。

（2）缺点：只适用于分选贵金属矿，对于钨锡矿的细泥、铅锌矿等精矿，产率高的有色金属矿的分选，由于受其间断排矿及成本的限制而无法推广应用。

2.2.6.6　尼尔森选矿机的应用

一次应用：是在浮选厂、炭浸厂及黄金"全重选"厂的一次磨矿回路中的应用。在浮选、炭浸厂，通常处理循环负荷或球磨排矿的 15% ~ 40% 矿量；"重选"厂则要配合磨矿、分级脱水等作业，尽量加强重选强度。在浮选厂加装尼尔森重选，通常回收率提高 2% ~ 6%，炭浆/炭浸厂通常提高 1% ~ 3%。基于尼尔森技术的黄金"全重选"厂金总回收率 70% ~ 94%。

二次应用：是从浮选精矿、各种再磨回路、黄金焙烧/生物氧化厂、扫选摇床尾矿、浮选尾矿中等重选回收金或其他贵金属。从有色金属/贵金属（典型的是铜/金）选厂的浮选混合（或粗）精矿的再磨回路中重选回收金，国外已有多家大型矿山成功应用。这项技术将成为铜/金等大型有色矿山伴生贵金属选矿工艺发展趋势之一。目前已有多家生物氧化厂安装尼尔森回收氧化渣中的细粒金。常规细磨氰化厂、焙烧/生物氧化氰化厂，有很多情况也适合引入重选技术。

堆浸应用：在黄金矿山中，"堆浸"技术与"选厂"技术的联合工艺应用已取得巨大的成功。在堆浸厂中，加入尼尔森重选对解决低品位矿石中的"粗颗粒"金问题是一个很好的选择，在国外已有成功的实践。

国内外应用情况：从 2001 年起到目前为止，尼尔森选矿机在中国已经被较大规模地采用，应用的矿山规模为 100 ~ 35000t/d 有色金属伴生贵金属（金、铂族金属）的大型矿山应用已经取得突破。在国外，尼尔森选矿机最早的商业产品始于 1978 年。到 2008 年为止，它已在 70 多个国家使用，据不完全统计，累计总安装台数已达 3700 多台套。截至 2009 年年底，中国应用尼尔森选矿机 50 多台套，其中有中国黄金集团、紫金集团、金川集团、招金集团、灵宝黄金股份公司、新疆有色集团、河南金渠黄金股份有限公司、内蒙古金陶股份有限公司等。连续排矿型 CVD 尼尔森选矿机已经工业应用到钨锡、铬铁矿及含金硫化物选别、滑石除铁等。尼尔森公司在 1998 年曾对全球客户进行调查，以 CD30 为例，金精矿平均金品位为 20949g/t，平均金回收率为 31.76%，设备运转率 96.89%。主要耐磨件使用寿命在 13978 ~ 40000h，备件消耗成本 0.8 美分/t。

澳大利亚 St Ives 金矿采用尼尔森重力选矿机后，也取得了较好的指标。俄罗斯列宁诺戈尔斯克公司选矿厂引进 30 型尼尔森离心式精选机分选低硫化物矿石浮选精矿中的金。结果表明，该设备可从浮选产物中回收伴生金和细粒级 8 ~ 44μm 游离金，获得含金量 100 ~ 200g/t 的粗精矿。河南金渠金矿引进尼尔森选矿机替代混汞，用以回收单体金，彻底消除了混汞给环境及人身造成的危害，取得了良好的经济效益和环境效益。

2.3 砂金矿重选选金

在砂金矿床中，金通常呈单体自然金存在，且密度很大，因此重选是选砂金最有效、最经济、最环保的方法。在脉金矿床中，也有一部分颗粒较大、呈单体存在的游离金，在联合选金流程中利用重选提前选出这部分游离金，在技术及经济上是可行的。

2.3.1 砂金及砂金矿

2.3.1.1 砂金类别

砂金颗粒多呈粒状或鳞片状，其粒径通常为 0.5 ~ 2mm，但也有重达几千克的，更有呈粉状非肉眼可辨的金粒。砂金成色通常为 850 ~ 900，其密度平均达 17.5 ~ 18.0g/cm^3（见表 2 – 14）。

表 2 – 14　砂金成色与密度

成色	1000	950	900	850	800	750	700	650	600	550	500
密度/g·cm^3	19.3	18.5	17.8	17.1	16.5	15.9	15.3	14.8	14.3	13.9	13.4

砂金的分类法各国不一，现参照我国一些采金工作者和外国分类法将砂金按粒度可分为下列六种：（1）大块金：大于 5mm；（2）粗粒金：从 5mm 到 1.65mm（10 目）；（3）中粒金：从 1.65mm 到 0.83mm（ – 10 目 ~ + 20 目）；（4）细粒金：从 0.83mm 到 0.42mm（ – 20 目 ~ + 40 目）；（5）微粒金：从 0.42mm 到 0.15mm（ – 40 目 ~ + 100 目）；（6）最微粒金（或漂浮金）：小于 0.15mm（ – 100 目）。

2.3.1.2 砂金在沙砾层中的分布

砂金在矿床的砂砾层中分布情形不一样，很少有均匀分布于整个砂砾层中。经过长期的水力冲刷以后，砂滩上较轻的砂粒被流水一次又一次冲走，而密度较大且粒度较小的砂金则沿砂砾间的孔隙落入砂砾层的下部或底部。一般来说，砂金多富集在砂砾层下部，即在河床底岩以上约 1 ~ 2m 的砂砾层内，甚至直接富集在砂砾层的底上形成富集带。砂金在砂砾层中分布的大致情形如图 2 – 15 所示。

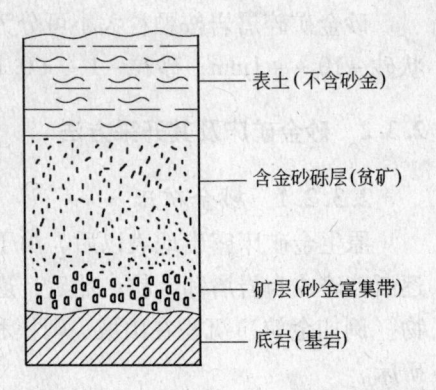

<!-- 表土（不含砂金） -->
<!-- 含金砂砾层（贫矿） -->
<!-- 矿层（砂金富集带） -->
<!-- 底岩（基岩） -->

图 2 – 15　砂金在砂砾层中分布示意图

2.3.1.3 砂金矿

砂金矿除含砂金外，还含有多种重矿物。与砂金伴生的重矿物按常见的程度可排列如下：磁铁矿、钛铁矿、金红石、石榴石、锆英石、赤铁矿、铬铁矿、橄榄石、绿帘石、黄铁矿、独居石、褐铁矿、铂矿、铱锇矿、辰砂、钨锰铁矿、白钨矿、锡石、刚玉、金刚石、汞膏、方铅矿。这些重矿物的最主要性质列入表 2 – 15。

表 2-15　各种重矿物的最主要性质

矿物	化学组成		密度/g·cm⁻³	莫氏硬度	相对磁性（Fe-100）	相对电压（石墨-100）
	分子式	品位/%				
自然金	Au（Ag, Cu）	59~95Au	13~19	2.5~3.0	—	—
磁铁矿	Fe₃O₄	72.4Fe	5.18	5.5~6.5	40.18	2.78
钛铁矿	FeTiO₃	31.6Ti	4.5~5	5~6	24.7	2.51
金红石	TiO₂	60Ti	4.18~4.25	6~6.5	0.37	2.62~3.18
石榴石	（Ca, Mg, Fe）₃Al₂（SiO₄）₃		3.15~5.3	6.5~7.5	0.04	0.45
锆英石	ZrO₂·SiO₂	67Zr	4.2~4.7	7.5	1.01	3.96~4.18
赤铁矿	Fe₂O₃	70Fe	4.9~5.3	5.5~6.5	1.32	2.23
橄榄石	2（Mg, Fe）O·SiO₂		3.27~3.37	6.5~7	—	—
绿帘石	HCa₂（Al, Fe）₃·SiO₁₃	—	3.2~3.5	6~7	0	—
黄铁矿	FeS₂	53.4S	4.95~5.1	66.5	0.23	2.78
独居石	（Ce, La, Th）PO₄	3~18Th	4.9~5.3	5~5.5		2.34
褐铁矿	3Fe₂O₃·3H₂O	59.8Fe	3.6~4	5~5.5	0.84	3.06
铂矿	Pt（Ir, Fe, Os 等）	75~90Pt	14~19	4~4.5	0.23	2.78
含锇铱矿	Ir, Os（Rh, Pt 等）	10~70Ir	19~21	6~7		
辰砂	HgS	86.2Hg	8~8.2	2~2.5	0.24	
黑钨矿	（Fe, Mn）WO₄	51.3W	7~7.5	5~5.5	+	2.62
白钨矿	CaWO₄	63.9W	5.9~6.1	4.5~5		3.06
刚玉	Al₂O₃	52.9Al	3.95~4.1	9	-0.83	4.9
金刚石	C	100C	3.5	10		
自然汞	Hg（Ag）	达100Hg	13.6	液体		
汞膏	Au-Ag-Hg	34Au	14~15	3~3.5		
方铅矿	PbS	86.6Pb	7.4~7.6	2.5~2.75	0.04	2.45

砂金矿碎屑岩按颗粒大小可分为下列级别：巨砾 +100mm；砾石 -100~+10mm；砾状砂 -10~+1mm；砂粒 -1~+0.1mm；矿泥 -0.1mm。

2.3.2　砂金矿床及其开采方法

2.3.2.1　砂金矿床

原生金矿床露出地表以后，由于机械的和化学的风化作用使得含金矿脉或者含金母岩逐渐破碎成为岩屑和金粒。然后，遭受外力的搬运作用和分选作用使密度较大的稳定性矿物（例如金粒）沉积在山坡、河溪和湖海滨岸的地方，其具有工业开采价值者就称为砂金矿床。

砂金矿床分布甚广，种类繁多，就其搬运距离的远近通常可分为五种：

（1）残积砂金矿床：含金矿脉及含金母岩因机械的崩解作用或者化学的分解作用逐渐使一部分风化的脉石和母岩的岩屑被雨水冲走，而密度大的金粒则残留于原生金矿床附近就构成残积砂金矿床。

（2）坡积砂金矿床：残积砂金矿床经雨水的冲刷和沟水的搬运作用沿着地面的坡度向山坡流下并停积于山麓或其附近的沟谷之中，便形成坡积砂金矿床。

（3）洪积砂金矿床：季节性的洪水会将高山上的岩屑和金粒冲积于溪沟出口处。当洪水流出溪口而流入平地时，其流速突减，使较轻的泥砂和较细的岩屑随水逐流四散，而较粗的石块和密度大的金粒则停积于沟口附近的砾石层中，常构成洪积砂金矿床。

（4）河床砂金矿床：以上三种砂金矿床再受流水的冲刷作用便滚入河，然后金粒随着河水流速的减弱便沉积于河床静水地带的砂砾层中，则构成河床冲积砂金矿床。一般来说，河的上游含金较富，金粒较粗，越到下游则金粒越细且多呈片状。含金最富的砂砾层称为矿石富集层或简称矿层。矿层位于砂砾层的底部，其中砾石多，沙砾次之，泥质则很少。

（5）滨岸砂金矿床：在河床冲积砂金矿床中的金粒常被流水迁运甚远，并沉积于河口或湖海之三角洲的砂砾层中，就构成滨岸砂金矿床。

此外，砂金矿床按搬运营力的性质可分为风成砂金矿床、冰成砂金矿床和水成砂金矿床；按搬运的时代不同可分为深藏砂金矿床、阶地砂金矿床和河滩砂金矿床。

砂金矿床较原生金矿床具有下列特点：

（1）一般由松软的岩石积成；

（2）埋藏深度较浅，一般为 5 ~ 10m，也有达 20 ~ 30m；

（3）含金矿层厚度，通常为 1 ~ 5m，个别可达 10m；

（4）砂金矿带宽度平均为 50 ~ 300m，但其长度可达数公里或数十公里；

（5）砂金矿层倾斜度甚小，一般为 0.002 ~ 0.02；

（6）砂金矿多埋藏于河谷或溪谷中，有地表水或地下水；

（7）底岩或基岩多半是花岗岩、页岩和石灰岩。

2.3.2.2　砂金矿床的开采

砂金矿床通常采用采金船开采、水力开采、挖掘机开采以及地下（竖井）开采等方法进行开采。我国砂金矿床开采以采金船开采法为主，其次是水力开采和挖掘机开采，而在个别情况下则采用地下开采。

采金船开采：采金船是漂浮在水上的采、选联合机械设备，是目前开采砂金方法中最先进的方法之一，它适于开采品位较低而储量较大的河漫滩和滨岸砂金矿。

水力开采法：以水枪射出的高压水柱来完成砂金矿开采过程的方法称为水力开采法。水由泵升压给入水枪，然后由水枪所射出的高压水柱冲击工作面，使矿砂崩落、碎解并沿运矿沟自流入矿浆池，再经砂泵扬至选金厂。水力开采的优点是生产过程连续、效率高，并且矿砂在开采过程中基本上已经碎解，因而有利于砂金的洗选。缺点是耗水耗电量大，砂泵及砂浆管道磨损严重，设备移动频繁。水力开采法适于一般胶结和不太坚硬的矿体，要求矿体埋藏较浅，底板平整。

挖掘机开采法：用挖掘机剥离表土和回采矿层的方法称为挖掘机开采法。在挖掘机开采与装载中常辅以推土机、拖拉铲和装载机协助工作。适于开采小而富、甚至矿体不连续的无水或缺水的溪涧矿砂和阶地与山地矿砂床；不适于开采松散而不稳固的矿砂床，因为这种矿床很难承受挖掘机、推土机、拖拉铲和翻斗汽车与装载机等机械设备的重量。当用此种方法开采矿体埋藏较浅（一般 2 ~ 5m）的矿砂床时，其开采成本较低；开采较深（10m 以上）的矿砂床时，开采成本将随着剥离量的增加而提高。

地下开采：适于开采矿砂层品位较高，埋藏较深不适于露天开采的矿床。

2.3.3 砂金矿重力选矿

为了将岩石分成单体颗粒，使有价矿物颗粒完全分离出来，砂金矿也需要有碎解作业，只是一般不需要单独的工艺。如果砂金床采用水力开采法开采，那么岩石的碎解作业就在开采过程中基本完成。采用其他采矿方法时，岩石的分解和分级、洗矿作业常常是在同一设备（例如，平面筛或转筒）中进行的。砂金矿的脉石最大粒度与砂金最小粒度之比可达几千倍，大块的砾石通常不含金。通过分级作业，可以将不含金属的巨砾和砾石分离出去，从而大幅度地减少入选物料的体积。砂金矿根据岩石的碎解和洗矿的难易程度通常可分为易洗的（含砂砾 - 卵石的）矿砂，中等可洗的（含少量黏土的）矿砂以及难洗的泥质的（含大量黏土的）矿砂。

砂金矿主要用重力选矿法进行选别，这是因为一方面砂金密度很大（平均为 17.5 ~ 18.0g/cm³）且颗粒较粗（一般为 0.5 ~ 2mm），另一方面是由于重力选矿法比其他选矿方法简单、经济，而且环境污染小。浮选法、磁选法、静电选矿法、混汞法以及化学法主要用来分离重选精矿。重选设备一般采用各种类型的溜槽、跳汰机（用于粗粒物料的选别）和摇床（常用于细粒物料的选别和精选作业）。

砂金矿选别特点归结如下：

(1) 砂金矿含金量很低，一般为 0.2 ~ 0.3g/m³；重矿物（密度大于4）含量通常约 1 ~ 3kg/m³；

(2) 脉石最大粒度与砂金最小粒度之比为几千；

(3) 精矿产率很小（通常不大于 0.01% ~ 0.1%）；

(4) 选矿比特别高（千倍甚至万倍）；

(5) 粗精矿须经数次和复杂的精选才能获得砂金和合格的重矿物精矿。

砂金矿选别的典型流程如图 2 - 16 所示。

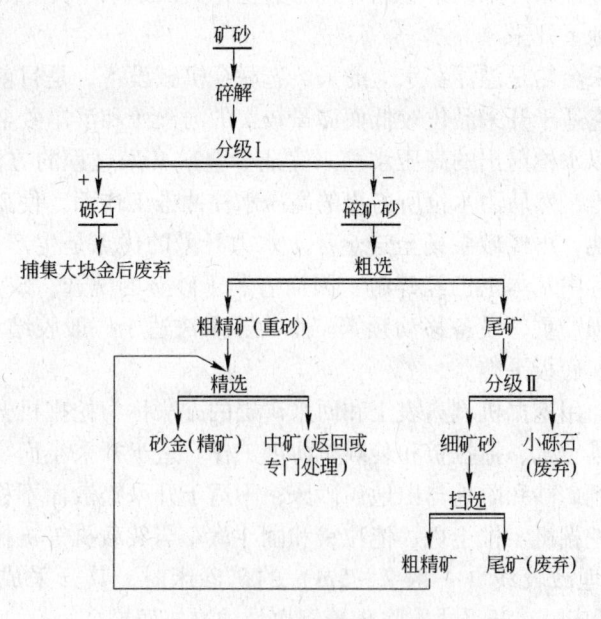

图 2 - 16 砂金矿选别的典型流程

砂金矿经重选不仅能够回收砂金，同时也能够综合回收其他伴生的重矿物。通常把砂金矿中伴生的重矿物总和称为重砂，而且用溜槽选别砂金矿所得的精砂亦称重砂。重砂根据砂金矿重选产品中所含的重矿物的多少可分为三种：(1) 未精选重砂——由粗选设备所得的粗精矿，其中夹杂有很多脉石，重矿物含量在 20% ~30% 以下；(2) 灰色重砂——将未精选重砂经过初次精选所得的精矿，其中重矿物含量达 50%；(3) 黑色重砂——由最终精选设备所得的精矿，其中重矿物含量大于 80%。重砂中各种重矿物含量可用矿物学方法，也可用化学方法进行测定。

目前，我国许多砂金矿山都普遍采用大型固定溜槽进行粗选，其粗精矿可单独采用淘金盘或小型固定溜槽加淘金盘进行精选的方法回收砂金。溜槽和淘金盘具有制造容易，不需动力，操作简单以及维护方便等优点，但它们对微细粒金的捕收效果较差，并且清洗其精矿时劳动强度大。近来，一些砂金矿山用跳汰机代替溜槽，以及用跳汰机和摇床代替淘金盘，从而使金回收率提高 15% 左右，同时大量综合回收了其他重矿物。

我国某砂金矿选金厂处理水力开采的含金矿砂。金属矿物主要为砂金、钛铁矿、锆英石、独居石、石榴石、金红石等；脉石矿物主要为石英、长石、白云母、透闪石、角闪石、尖晶石等。由于岩石的碎解过程已在水力开采和矿浆输送过程中基本完成，所以入选矿砂直接用间隙为 20mm 的链条筛或用转动条筛进行分级，大于 20mm 的砾石弃去，小于 20mm 的矿砂用大型固定溜槽 – 小型固定溜槽 – 淘金盘的重选流程进行选别，其生产工艺流程如图 2 – 17 所示。

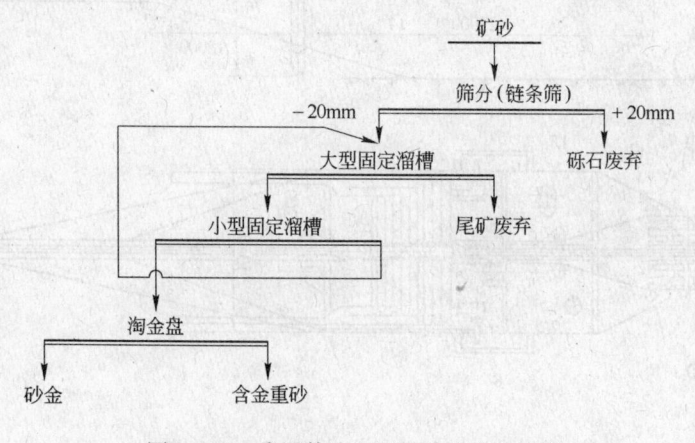

图 2 – 17　我国某选金厂的砂金重选流程

给入大型固定溜槽的矿砂含有金 0.2963g/t、TiO_2 0.0464%、ZrO_2 0.01062%，以及 ThO_2 0.00163%。砂金颗粒一般微细，细粒金（-0.83 ~ +0.42mm）占 31.90%，微粒金（-0.42 ~ +0.15mm）占 50.80%，最微金粒（-0.15mm）占 5.80%；大部分（约 70%）砂金颗粒形状为片状和板状。大型固定溜槽长度 16.0m，宽度 0.80m，倾角 4°；格条高度 0.05m，格条间距 0.04m，格条倾角 20°；矿浆浓度 8.12%，单位负荷 0.788t/(m² · h)。大型固定溜槽精矿产率为 0.02%，精矿需要每天清洗一次，并用小型固定溜槽进行初次精选。小型固定溜槽长度 3.00m，宽度 0.47m，倾角 8°，格条间距 0.35m。小型固定溜槽尾矿即中矿返回大型固定溜槽中部，而精矿则用淘金盘仔细淘洗获得砂金和含金重砂，后者送往精选厂加以分离。大型固定溜槽尾矿含有 Au 0.1254g/t、TiO_2 0.0458%、ZrO_2 0.0104%，

以及 ThO_2 0.00156%；该厂 Au、TiO_2、ZrO_2 和 ThO_2 的回收率分别为 57.7%，1.41%，2.03% 和 4.28%。

2.4　采金船选别

2.4.1　采金船基本结构

采金船是安装在一个平底船上的多斗挖掘机、选金设备和尾矿排弃设备的联合装置，其结构如图 2-18 所示。采金船或者漂浮在天然的水流（河、湖等）上，或者漂浮在它自己挖掘出来的水池（露天采掘场）中；采金船在工作时一面把前边的采掘场逐渐扩大，同时把处理含金矿砂所得的尾矿填积在后面。采金船主要适于开采位于水位以下的宽的河谷砂金矿床、坡度不大的小溪砂金矿床以及含水的厚的海滨、湖滨砂金矿床。

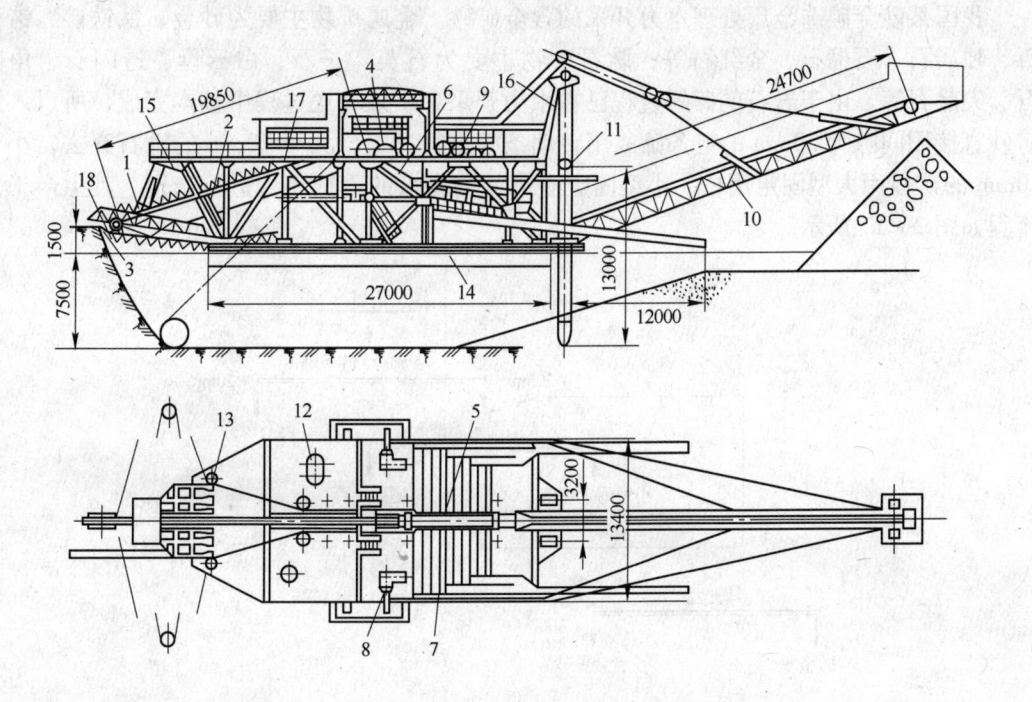

图 2-18　采金船结构示意图（图中数字单位为 mm）

1—挖斗链；2—斗架；3—下滚筒；4—主传动装置；5—圆筒筛；

6—受矿漏斗；7—溜槽；8—水泵；9—卷扬机；10—皮带运输机；

11—锚桩；12—变压器；13—板滑轮；14—平底船；15—前桅杆；

16—后桅杆；17—主桁架；18—人行桥

砂金矿床用采金船开采较其他开采方法具有机械化程度高、生产能力大、开采成本低和生产劳动条件好等优点（见表 2-16），所以自 1870 年新西兰首次使用采金船开采法以来，美国（1890 年）、苏联（1893 年）、澳大利亚（1899 年）、加纳（1901 年）、马来西亚（1912 年）等许多国家都相继应用。采金船的主要性能列于表 2-17。

表 2 – 16   砂金矿床的各种开采方法的比较 （%）

开采方法	采掘工效/m³·(人·a)⁻¹		成本	
	国 外	国 内	国 外	国 内
水力开采	100	100	100	100
挖掘机开采	140		98.5	
地下（竖井）开采	152	54.3	89.1	189.4
采金船开采	610	206.5	55.0	65.7

表 2 – 17   采金船的主要技术性能

挖斗容量/L	水下挖掘深度/m	生产能力/m³·月⁻¹	电动机总容量/kW	重量/t
50	6	1.5×10^4	138	100
80	7	4.0×10^4	150	200
100	7~9	5.0×10^4	378	400
150	10	$(9~12) \times 10^4$	620	500~600
210	11	$(15~18) \times 10^4$	900	1000~1200
250	15	$(20~25) \times 10^4$	1300	1350~1400
283	15	$(22~27) \times 10^4$	600~1000	1400~1600
380	15~30	$(27~32) \times 10^4$	1000~1500	2000~2300
400	17	$(35~41) \times 10^4$	2494~2761	2815
453	25~30	$(22~25) \times 10^4$	1300~1500	2000~2500
510	37	$(25~28) \times 10^4$	1500	3750
566	39	$(27~30) \times 10^4$	1700	5400
600	50	$(30~36) \times 10^4$	7000	9000

采金船工作原理示意图如图 2 – 19 所示。采金船在挖掘过程中以定位锚桩 4 为中心做扇形圆弧运动，并使斗架 1 上的挖斗链作连续运动和横向移动，同时，挖斗在工作面上采挖矿砂。当采完工作面上的一个分层矿砂后，再将斗架 1 下放继续采挖下一分层矿砂，直至采完最后一分层矿砂为止。采金船的扇形圆弧运动是借助于安装在平底船 9 上的卷扬机 8 的转动使钢丝绳 6 放开或收缆而获得的。钢丝绳的另一端悬挂在岸边上的滑轮 5 上。在采完一个工作面的全部矿砂后，就用固定一个锚桩且提起另一锚桩移动的方式使采金船获得向前迈一步距（俗称进船），以便采挖下一工作面的矿砂。

采金船的生产工艺过程如图 2 – 20 所示。当采金船工作时，链斗挖掘机 2 自水下工作面 1 掘取矿砂与表土，并卸入受矿漏斗 3，矿砂随即进入转筒筛 4，而表土一般不经转筒筛就直接落到转筒筛下面的皮带运输机上，再转送至皮带运输机 10 送往砾石堆 11 堆积。转筒筛倾角为 5°～12°，转速为 0.8～1.2m/s。将一条压力水管与转筒筛中心线平行的引入到转筒筛内，其水压为 3～5 个大气压。矿砂经压力水的冲洗和在转筒筛筛板旋转摩擦的作用下而被碎解。小于筛孔的颗粒即筛下产品通过筛孔流出。大于筛孔的不含砂金的砂石即筛上产品则由筛的末端排出，并经砾石流槽 9 送至皮带运输机 10 运往砾石堆 11 堆积。

通过筛孔流出的矿浆进入矿浆分配器 5，然后由矿浆分配给入溜槽 6（或跳汰机）。为

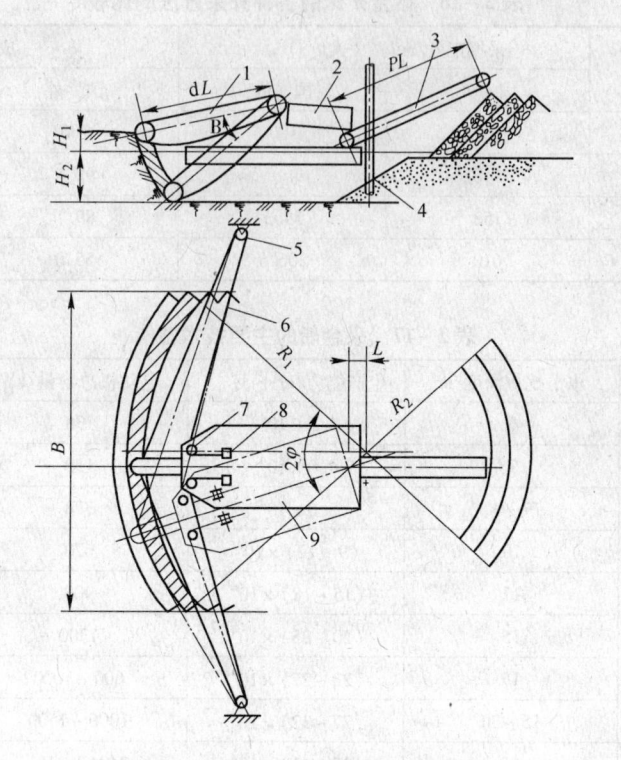

图 2－19　采金船工作原理示意图

1—斗架；2—转筒筛；3—皮带运输机；4—锚桩；5—岸上滑轮；

6—钢丝绳；7—甲板滑轮；8—卷扬机；9—平底船

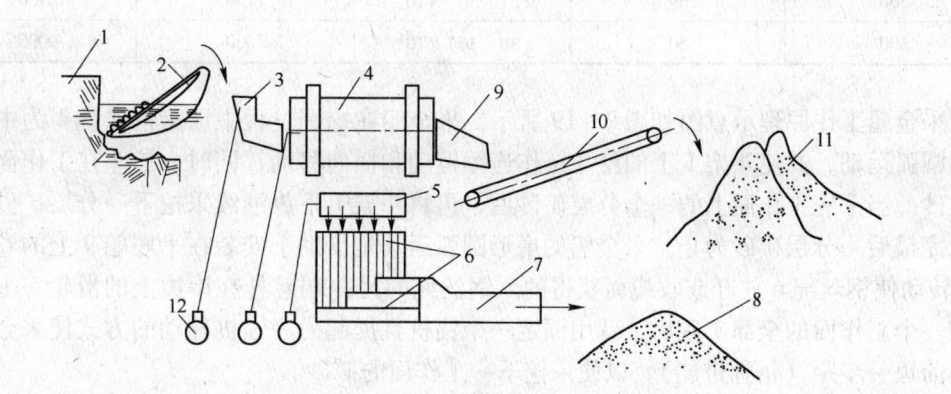

图 2－20　采金船生产工艺过程示意图

1—工作面；2—链斗挖掘机；3—受矿漏斗；4—转筒筛；5—矿浆分配器；6—溜槽；7—尾矿流槽；

8—尾矿堆；9—砾石流槽；10—皮带运输机；11—砾石堆；12—水泵

了充分回收砂金和其他重矿物，常在溜槽底上铺有各种毛织品或槽纹胶垫，其上再装设木制的或金属制的格条。当矿浆通过溜槽时，密度大的有价矿物下沉被捕集并逐渐聚集在衬垫的纹隙和格条的凹槽内。根据重矿物聚积程度，矿浆定期停止给入溜槽并回收含金重砂。经溜槽选别所得的尾矿再经尾矿流槽 7 在船的尾部排出，并堆积于尾矿堆 8 上。采金船用水全由水泵 12 供给。

我国砂金资源丰富，采金历史悠久。解放后，我国自行设计和制造了各种类型的采金船。目前，采金船开采已成为我国砂金矿床开采的主要方法，其产金量约占砂金总产量的 60% 以上。特别值得提到的是我国在世界上首次成功的研制出新型双斗架采金船，其生产能力较同一挖斗容量的单斗架采金船高一倍。

2.4.2 采金船使用条件

目前，各国使用的采金船类型繁多，就其使用条件来说，各种类型的采金船除有各自独特的使用条件外，均共同具有下列使用条件：

（1）矿砂的储量应保证采金船最低开采年限。通常是根据砂金工业储量的多少来确定经济上最适宜的采金船规格。例如，对小型采金船而言，砂金储量应为 1~2t；中型采金船应为 2~4t；大型采金船则为 4t 以上。在矿床储量充分大的情况下，当矿砂含金量为 $0.1g/m^3$ 时，使用采金船就可以获利。

（2）水源充足，供电方便。水量不仅要满足采金船生产工艺用水的需要（例如，溜槽选别固液比 1:5~20，跳汰和其他选别则为 1:10~20），而且应使采金船采掘场内能安全自由移行。为此，新挖掘的露天采掘场内的充水量对于小型采金船来说，应为 4500~6000m³；对中型采金船应不小于 16000m³。供水方式有四种：1）修建水库，建筑水坝；2）开凿引水沟渠；3）修建水泵站；4）几种方式联合供水。目前，我国多采用第二种供水方式，即水由临近的河流经过引水沟渠流入露天采掘场内。为了不使水浑浊，应将引水沟渠的流入口设在采金船开采方向的前面或侧面。有的采金船在天然的河流上进行采掘时，为了不使水受到污染，则采取逆流向上的采掘的方式进行开采。为了保证采金船选矿工艺用水的需要，应不断地补充新水以替换浑浊水。新水的补充量一般不小于下列数值：小型采金船—300L/s；中型采金船—500L/s；大型采金船—1000L/s。

采金船供电方式视当地的具体条件而定。供电量通常要满足下列数值：小型采金船—120~400kW；中型采金船—600~1200kW；大型采金船—1200~7000kW。

（3）矿床由水面至矿床底岩之间的埋藏深度不应超过采金船的最大挖掘深度。例如：150 升采金船—11m；210 升采金船—15m；380 升采金船（中深挖式）—19m；380 升采金船（深挖式）—35m。

（4）矿床应该比较平缓，纵向坡度不应大于下列数值：150L 采金船—0.020；210L 采金船—0.015；380L 采金船—0.010。

（5）矿床底岩较平坦，不应有采金船无法清扫的坑穴，以免开采时损失砂金。

（6）含金矿砂带宽度不应小于采金船工作面的最小宽度，以使采金船能有效地进行工作。采金船工作面宽度一般不小于下列数值：小型采金船—20~40m；中型采金船—40~60m；大型采金船—60~100m。

（7）矿床中巨砾的含量不应超过矿砂总量的 8%~10%，同时巨砾的最大尺寸不应大于下列数值：150L 采金船—300~350mm；210L 采金船—350~400mm；380L 采金船—400~450mm。

（8）交通运输应比较方便，以便能搬运采金船所用的各种大型机器设备和部件。

2.4.3　采金船分类

采金船形式主要根据挖掘机构、所用的动力、移动方式、挖斗连接方式、挖斗容量、挖掘深度、平底船材质以及斗架数量来分类。

(1) 按挖掘机构分为链斗式、吸入式、机械铲式和抓斗式采金船:

1) 链斗式采金船——它是由一系列挖斗组成的,借助挖斗的循环回转将矿砂挖掘、提升,并卸入到船上的洗选设备。

链斗采金船用最小的搅动从水底挖掘出矿砂,给矿平稳,利于选别作业。它既适于挖掘松软的含砾石少的砂矿,又适于挖掘较致密坚硬的或胶结的卵石砂矿;它能开采水面以下的砂矿,又能剥离水面以上的表土,并且复田的效果较好。因此,目前它是开采砂金矿床比较理想的采金船类型。

2) 吸入式采金船——它是利用离心泵的真空作用自水底吸取矿浆并通过管道扬至船上的选矿设备中。它分为无绞刀和有绞刀两种类型。无绞刀吸入式采金船只适于吸取无黏性的矿砂;有绞刀式的则将黏性坚实的矿砂予以割碎,然后吸取,因而它的应用范围较广。

吸入式采金船在链斗式采金船出现之前就已相当广泛地应用了,它的结构简单,基建与生产费用均较低,但清扫底岩困难。

3) 机械铲式采金船——它是利用吊杆上的长柄铲斗深入水闇挖取矿砂,然后由缠绕在绞车上的钢丝绳将铲斗吊离水面至适当高度,再由转盘将铲斗转于受矿漏斗处卸矿,如此循环的进行作业。

机械铲式采金船适用十分坚硬、胶结、含有巨砾和凸岩的砂矿床。但是,因它按间断方式进行采挖,所以挖掘效率不高。目前,只用于较浅的砂矿床开采。

4) 抓斗式采金船——它是利用固着在钢缆或钢链的抓斗,在其重力作用下放入水底抓取矿砂。它既可以抓挖松软的矿砂,又可以抓挖坚硬致密的矿砂。其优点是挖掘深度较深,但只有在矿床成均匀分布时挖掘效率较高。

(2) 按所用的动力分为电动式、蒸汽式、内燃机式和水轮式采金船:

1) 电动式采金船:分为岸上供电和船上供电两种。岸上供电时,胶皮绝缘三线电缆用浮筒架设并送至船上。它的主要优点是减轻船的荷重,缩小船的面积,工作简便。但在大的河流上,特别是河流湍急或经常有木材漂浮时,因铺设电缆困难而多采用船上供电方式。目前,为了避免在船上安装巨大锅炉和蒸汽设备,所以普遍采用电动式采金船。

2) 蒸汽式采金船:常用于燃料供应方便地区的小型砂矿床的开采。

3) 内燃机式采金船:它的动力设备分为煤气机和柴油机两种。当用煤气机时,每一轴千瓦·小时消耗无烟煤 $0.42 \sim 0.6kg$ 或者木炭 $0.53 \sim 0.60kg$,水 $6.06L$。一般来说,带有煤气机的采金船成本较蒸汽式采金船低。柴油机所占的空间体积较煤气机小,每一轴千瓦·小时消耗柴油为 $0.31kg$ 左右。

4) 水轮式采金船:这种采金船的动力是由水流冲动的轮子供给。水轮装设在船的一侧或两侧。当水流速度为 $5.6km/h$ 才能保证采金船正常作业。

水轮式采金船的优点在于利用天然动力,基建费用低。但是,它的工艺条件受水流速度影响而不稳定。

（3）按移行方式分为锚桩式，钢绳式和联合式采金船：

1）锚桩式采金船：适用于开采比较坚硬和比较深的砂金矿床。它的优点是挖掘得干净、船体稳定，但排弃尾矿不灵活，移动锚桩时占去时间较长。当挖掘坚硬矿床时会产生较大的破坏性震动。

2）钢绳式采金船：适用于开采比较松软及较浅的砂矿床。它靠钢绳的弹性可以减轻或消除在挖掘坚硬矿砂或石块时突然产生的破坏性震动，排弃尾矿较方便；缺点是船身波动较大，常引起船身与工作面碰撞，清扫底岩不易干净。

3）联合式采金船：适用于开采矿床的软硬和深浅都经常发生变换的砂矿。目前，大部分采金船兼有锚桩和钢绳，它们可用两者中的任何一种进行工作。

（4）按挖斗容量分为小型、中型和大型采金船：

1）小型采金船：挖斗容量小于100L，如25L、50L、80L、100L。

2）中型采金船：挖斗容量介于100～250L之间，如150L、170L、210L、250L。

3）大型采金船：挖斗容量大于250L，如280L、350L、380L、425L、510L、600L、760L。

采金船的大小可用一个挖斗的容量表示，一般介于50～600L之间。采金船大小取决于矿床赋存条件，即被开采的矿床储量越大、致密性越强、巨砾含量越多、埋藏深度越深、矿砂带越宽以及底岩越硬，则所需要的采金船型号越大，其开采的成本越低，劳动生产率越高（见表2－18）。当砂金矿床含有大量黏土时，在某些情况下选用小型采金船代替大型采金船也是合理的。

表2－18 不同型号采金船开采成本与劳动生产率对比

挖斗容量/L	动力种类	开采1m³岩石成本/%	采挖1L岩石的劳动生产率/%
380	电力	100	100
210	电力	218	88.5

（5）按挖掘深度分为浅挖式、中深挖式和深挖式采金船：

1）浅挖式采金船——挖掘深度小于6m；

2）中深挖式采金船——挖掘深度介于6～15m之间；

3）深挖式采金船——挖掘深度大于15m。

采金船的挖掘深度主要取决于矿床埋藏条件、水面标高以及采金船的大小。

（6）按挖斗连接方式分为间断斗链式和连续斗链式采金船。一般来说，连续斗链式采金船的生产能力较挖斗容量相等的间断斗链式采金船高一倍。所以目前各国几乎均采用连续斗链式采金船。

（7）按平底船（浮机船）的材质分为木制和钢制平底船。木制平底船较钢制平底船的重量大40%～60%，并且具有易腐蚀性、使用日久会变形以及有被巨砾撞坏的危险等缺点。因此，木制平底船很少被采用。

（8）按斗架数量分为单斗架及双斗架采金船。双斗架采金船系一斗链挖掘机剥离表土，另一斗链挖掘机采挖矿层，以使表土剥离与矿砂回采作业同时进行。

2.4.4 采金船选矿流程

采金船的生产过程是：从挖斗卸下的含金矿砂，经受矿漏斗给入圆筒筛进行洗矿、碎解与筛分。筛上砾石用胶带机或砾石溜槽排至船尾的采空区；筛下矿砂则通过密封分配器给入选别设备进行粗扫选，获得的粗金矿有的在船上精选和人工淘洗直接获得产品金，多数则送到岸上精选厂集中处理。

我国采金船选矿流程基本上分为三大类：单一固定溜槽流程，溜槽-跳汰机-摇床流程和三段跳汰机流程。

2.4.4.1 单一固定溜槽流程

单一固定溜槽流程，通常是横向固定溜槽粗选，纵向固定溜槽扫选，粗精矿定期由人工清理和人工淘洗的流程，这种流程如图 2-21 所示。

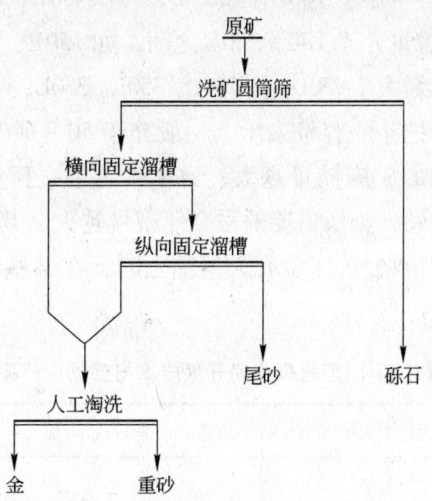

图 2-21 单一固定溜槽流程

这类工艺流程普遍用于小型采金船上（50L、100L 采金船），常用的固定溜槽技术性能见表 2-19。

表 2-19 固定溜槽技术性能

类 别	50L		100L	
	横向槽	纵向槽	横向槽	纵向槽
长度/m	3~4	4~6	4~5	6~10
宽度/m	0.6	0.8	0.6	0.8
倾角/(°)	6	4	6	5
溜格高度/mm	40~50	30~40	40~60	40~50
溜格间距/mm	50~60	40~50	50~70	50~60
矿浆层厚度/mm	40	15	45	50
矿浆流速/m·s^{-1}	1~1.2	1.2~1.4	1~1.2	1.3~1.5

在生产中，这类工艺流程的选金回收率在58%～75%。回收率高低同给矿量大小、矿浆浓度的变化以及溜槽的单位负荷（见表2－20），入选矿砂中细粒金的含量（见表2－21）有关。这类工艺流程简单实用，对金粒较粗、含泥略高的矿砂尤为适用。但是采金船上溜槽的单位负荷一般偏大。

表2－20　溜槽单位负荷与回收率的变化

单位负荷/m³·(m²·h)⁻¹	0.35～0.5	0.6～1	1～1.5	1.5～2
回收率/%	71.2～63.4	65.8～60.1	58.5～51.3	51.2～16

表2－21　溜槽对不同粒度金的回收率

金粒/mm	1	1～0.42	0.42～0.2	0～0.2
回收率/%	91	82	60.5	19

2.4.4.2　溜槽－跳汰－摇床流程

固定溜槽－跳汰－摇床流程，这类工艺流程如图2－22所示，粗选是固定溜槽，精选与扫选用尤巴跳汰机，摇床作为最终精选用。

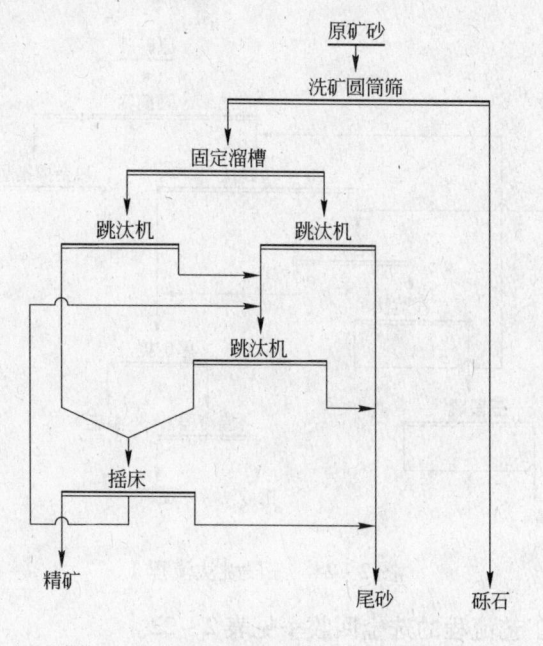

图2－22　固定溜槽－跳汰－摇床流程

胶带溜槽－跳汰－摇床流程，这种选矿流程如图2－23所示，其主要选矿设备应用胶带可动溜槽。

2.4.4.3　三段跳汰流程

大型采金船适用该种流程，其流程如图2－24和图2－25所示。图2－24中的三段跳汰流程，包括用两台九室圆形跳汰机作为一段粗选，二段用一台三室圆形跳汰机，三段用

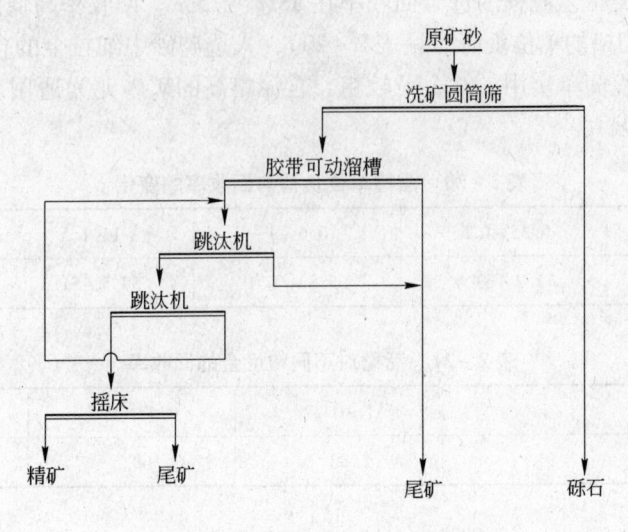

图 2-23　胶带溜槽-跳汰-摇床流程

一台两室矩形跳汰机。图 2-25 中的三段跳汰流程，包括一台九室圆形跳汰机粗选，两台矩形跳汰机和一台典瓦尔跳汰机作为二段和三段选别。所选用的摇床型号是 XCY-73 型。

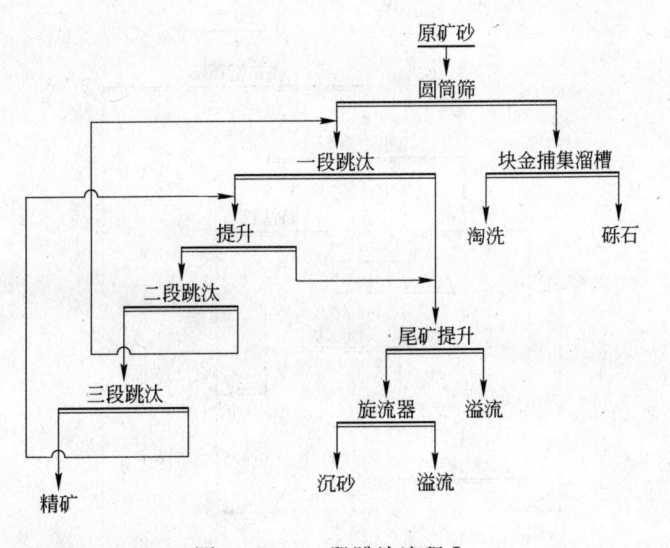

图 2-24　三段跳汰流程 I

我国采金船不同工艺流程的选金回收率见表 2-22。

表 2-22　采金船不同工艺流程的选金回收率

设　备	固定溜槽	可动胶带溜槽	梯形尤巴型典瓦尔跳汰机	圆形、矩形跳汰机	6-SCZY-73 型摇床
选别粒度下限/mm	0.2	0.1	0.1	0.053	0.074
单机作业回收率/%	60~80	70~80	80~96	96~98	85~97

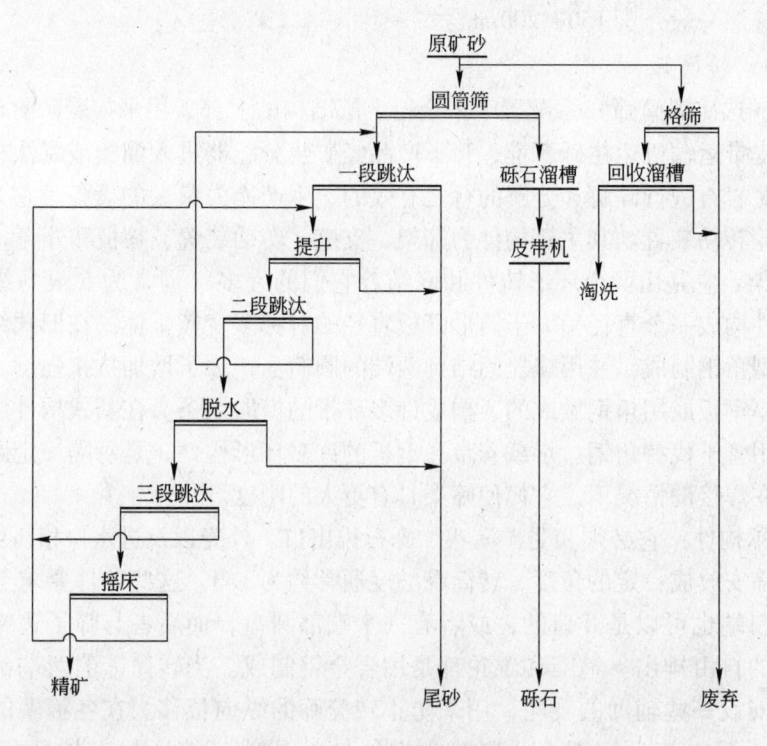

图 2 – 25　三段跳汰流程 II

2.4.5　采金船选别设备

采金船上的选金设备主要有转筒筛、矿浆分配器、溜槽、跳汰机、摇床、捕金溜槽等。选金设备（包括辅助设备）的选择取决于采金船生产规模和所处理的矿砂性质。对于小型采金船而言，由于船体面积较小，除了转筒筛和矿浆分配器外，一般只用溜槽一种设备进行选别。对于较大一些的采金船来说，如果矿石性质比较复杂，为了提高采金船的选金指标，应尽量将跳汰机、摇床等重选设备都配置到选金工艺流程中。上述一些选金设备的性能、操作条件及指标简述如下。

2.4.5.1　受矿漏斗

挖斗把矿砂卸到受矿漏斗内，然后再转送到转筒筛中。受矿漏斗应安装得与挖斗边缘的间隙最小，其断面多为圆弧形，并用耐磨钢板制成，两侧应有足够高的边板，而其伸出部分应具有较大的坡度（一般大于 30℃），以防底部剧烈磨损和堵塞漏斗。为了防止漏斗磨损，我国一些砂金矿将已磨坏的挖斗连接销轴用来作为漏斗的内衬，使用效果很好。当处理黏滞性或黏土质砂矿时，则需要安装高压喷嘴，以使矿砂能更好地从挖斗中倒出，并在受矿漏矿中开始就用高压水流加以碎解。在这种情况下，整个漏斗周围都应设置较高的边板。一般采用的水压为 6 个大气压。

2.4.5.2　棒条筛

当矿金矿床中含有大量的巨砾以及挖掘深度较深时，应在受矿漏斗的上方安装棒条筛，以清除砾石块。其筛上产品由船身两侧排放到采掘场中，而筛下产品经受矿漏斗进入转筒筛。棒条筛多用圆钢焊接制成。为了避免堵塞缝隙，将圆钢加工成梯形断面，使缝隙上窄下宽。缝隙一般介于 150~200mm。

2.4.5.3 转筒筛

转筒筛（选矿圆筒筛）系配置于采金船上层结构的上部，用来接受矿漏斗的物体。其筛上产品经皮带运输机运往砾石堆，筛下产品经矿浆分配器进入溜槽或跳汰机。目前，它是采金船上对岩石进行碎解和分解的行之有效的、生产能力最大的设备。它为圆筒筛，具有摩擦式辊轮转动装置。其主要构件为筛架、支座、转动装置、筛板和外壳。

（1）筛架：它是由两个环形铸件和联结着它们的许多（通常为6根）纵向杆件所组成，这些杆件构成一个直径稍大于筒形筛板直径的对称多变棱锥体。在旧式结构中，纵向杆件是用重型角钢制成，并用螺栓固结到两端的圆筒上；为了增加抗扭强度，在它们之间铆上一些用厚钢板或用角钢做成的、构成许多环带的横向系条。在新式构件中，则采用焊接法，而且用管子代替角钢。承载着带孔钢板的许多环形构件，是每隔一定距离固定到纵向杆件上；在焊接的情况下，它们使筛架具有更大的刚度。

（2）支承构件：它必须和受矿漏斗、砾石排出口、外壳以及进水口相协调；此外，它应保证转筒筛安放成一定的角度，转筒筛坡度通常约为1/3。这些条件要求至少装料端是开口的。卸料端也可以是开口的，或者有一个端部圆盘，而后者与筛子边缘的距离尽可能保证砾石的自由排出。箍圈和辊轮都是用合金钢制成。当转筒筛的两端都支持在辊轮上时，还要安设一些辅助的辊轮，用来防止转筒筛的纵向位移。在各箍圈的前面安装有保护环，以免污物落到箍圈上。用喷水器能冲掉那些可能通过保护环落到箍圈上的污物。

（3）转动装置：它一般使用摩擦辊轮或者是齿轮。在前一种情况下，它可以配置在转筒筛的任何一端。辊轮配置在较低的一端时便于检查，但在此处辊轮的牵力较小，而转筒筛的扭矩则较大。较好的结构是采用一个主动辊轮，并把它配置在转筒中心或距离中心不远之处。圆周速度波动在 50m/min（小转筒筛）到 60m/min（大转筒筛）之间。

（4）筛板：它是经钻孔的高碳钢板制成，或锰钢板（筛孔为铸出的）制成。板的厚度为 8~20mm，常用的为 10~16mm。碳素钢筛板寿命为 6~12 个月，而锰钢筛板寿命则为碳素钢筛板寿命的 2~3 倍。筛孔直径通常为 8~16mm，例如 8mm、10mm、12mm、14mm、16mm。小筛孔直径分布在装料端无孔段之后，大筛孔发布在卸料端无孔之前。当砂金床中含有大块金时，筛孔直径可增加到 25~30mm。例如，在转筒筛的末端设有较大孔径的一个筛段，以防大块金遗失到砾石皮带运输机上。而该段的筛下产品送到一个特殊的溜槽中。因此，我国某砂金 100L 采金船采取上述措施后，金的回收率提高了 1.83%。

筛板上的筛孔直径由内向外变小，其圆锥度为 1/4。空间距离根据需要的筛分面积而变化，但通常不小于板的厚度。各段筛板按需要之半径围压或铸造，并用螺栓固定在纵向杆件上。当处理松软的不含黏土的土壤和细砂含量达 50% 的矿砂时，则每平方米的筛分表面的许可负荷为 8m³/h；对于硬的黏质土壤，因为它需要较强烈的碎解而应比这个数减少一半以上。岩石固结得越牢固，则碎解岩石所需的冲击力应当越大。经验证明，转筒筛的长度在这方面比其直径具有更大的意义。有孔部分的长度大约等于其直径的 4 倍。采金船常用转筒筛尺寸列于表 2-23。

表 2-23 采金船常用转筒筛尺寸

挖斗容量/L	转筒筛直径/m	筛分表面的长度/m	电动机功率/kW	备 注
50	1.15	3.6	14	国内
85	1.20	4.6	15	国内
100	1.5	6.0	20	国内
142	1.5	6.1	18	国外
150	1.8	8.4	28	国内
198	1.8	7.6	25.1	国外
250	2.7	10.8	40	国外
255	2.1	9.3	34	国外
454	2.75	11.6	56	国外

转筒筛无孔部分的衬板是分段铸成的，每段宽度为150mm，厚度根据需要而定，长度要便于更换，但不得小于250mm。内套纵向杆条通常为矩形截面，并且有较宽的底面，以防断裂；这些杆条系在圆周上每隔300～400mm配置一根，其高度（厚度）不大，以使物料能在转筒筛内无冲击的滚动着。当黏土含量大时较难碎解，须对岩石反复擦洗。在这种情况下，于转筒筛装料端之末尾安设带有环形堰的较长的无孔洗涤段，以使岩石在转筒筛内能保留较长时间。我国采金船常在转筒内设置间断的螺旋角钢，其形状多为菱形。螺旋线与转筒筛旋转方向相反，以利于岩石的碎解与提升。

（5）高压水管：洗涤水是经由一条喷水管上的许多喷嘴给入的。该喷水管可顺着转筒筛的全长敷设，或者从其两端通入。当为齿轮转动时，支撑轴可以是空的，以便使喷水管能从中通过，这就免除了管子有被损坏的危险。在纵向的喷水管上每隔300～400mm有一个直径25～50mm的喷嘴。喷嘴直径过小，则容易被进入水中的碎木屑堵塞，而且还会降低水流的冲击力。从两端通入的喷嘴筛具有50mm的直径，并且布置成不同的方向，以保证在整个转筒筛内物料能被均匀地洗涤。在端部配置的喷嘴，其效率小于纵向的喷水管，但便于维修。水的压力通常为 1.8×10^5 ～ 5.3×10^5 Pa。高压水管于转筒筛内的喷水情况如图2-26所示。

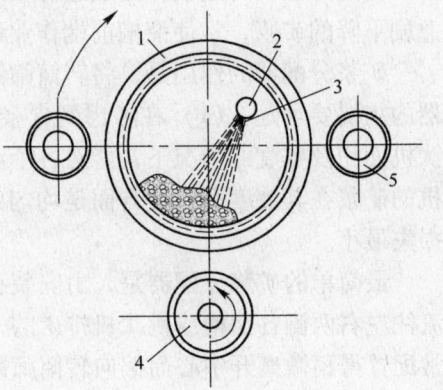

图 2-26 高压水管于转筒筛的喷水情况
1—转筒筛；2—高压水管；3—喷嘴；
4—传动轮；5—挡辊

当设计转筒筛时，必须考虑下列因素：（1）岩石的固结程度；（2）黏土的含量及性质；（3）细砂的百分比；（4）卵石和巨砾的尺寸及数量；（5）金属颗粒的性质和粒度。采金船的转筒筛生产能力一般按下列公式计算：

$$Q = 600\delta h \tan 2\alpha \sqrt{R^3 h^3} \qquad (2-16)$$

式中 Q——转筒筛的生产能力，t/h；

δ——物料假密度，t/m^3；

n——转筒筛转速，r/min，一般 $n = \dfrac{8}{\sqrt{R}} \sim \dfrac{14}{\sqrt{R}}$；

α——转筒筛安装倾角，（°），一般 $\alpha = 4° \sim 7°$；

R——转筒筛内半径，m；

h——转筒筛内物料层厚度，m，一般取 h 为最大物料粒度的 2 倍。

在设计时，已知 Q 的大小，所以按公式就可以反算出转筒筛的直径。在生产实践中，为了提高转筒筛对岩石的碎解及分级效率，转筒筛直径往往选取为其理论计算值的 1.25 倍。转筒筛长度通常为其直径的 5 ~ 7 倍。

近年来，国外在采金船处理含泥较多且胶结性很强的矿砂时，应用摩擦式转筒筛获得了较好的效果，其结构主要由三部分组成：筛的前端为无孔圆筒区（约为总长的一半），内设机械搅拌装置；中段为带锥度的双层圆筛（内筛孔大于外筛孔）；末段为算条筛（筛孔呈矩形且较大）。据资料介绍，目前国外已在采金船上试用水力洗矿床与槽式洗矿机来代替转筒筛，以期达到较高的洗矿和筛分效率。

2.4.5.4 矿浆分配器

转筒筛的筛下矿浆先由密封罩汇集，然后进入矿浆分配器。密封罩通常配置于转筒筛的两侧，其高度略低于转筒筛。密封罩通常由数段密封钢板组装而成，以利于安装、拆卸及检修。每段密封钢板的四周焊接角钢以利于加固。隔断密封钢板的组装应以螺栓（加胶垫以防泄漏矿浆）固结。密封罩有两种：圆弧式和折线式。圆弧式密封罩能缓冲矿浆，减小矿流的冲击，为选别作业创造有利条件。折线式密封罩则相反，因其底坡陡而不能缓冲急剧下降的矿浆，常使溜槽前端作业紊乱，而且密封钢板磨损严重。

矿浆分配器的作用是，将转筒筛筛下产品均匀分配给各个溜槽或跳汰机。对矿浆分配器的主要要求是：（1）在考虑到含金量、筛洗矿砂（转筒筛筛下产品）体积、溜槽或跳汰机面积及宽度的情况下，能对各个溜槽或跳汰机进行均匀给矿；（2）给入各溜槽或跳汰机的矿浆在其浓度和粒度方面是均匀的；（3）应便于检查；（4）结构简单；（5）高度的损失最小。

最简单的矿浆分配器是，由安装在转筒筛外壳下部的一列横向挡板，以及从各区段轮流往左右两侧各溜槽或跳汰机排矿的一些溜槽组成。这种结构稍微复杂一些的方案是，通常配得稍微离开中心而偏向转筒筛回转侧的纵向分配器。它能把外壳上每一区段所排出的矿浆平均分开，以及能更紧凑地配置各排矿流槽。物料的均匀分配取决于岩石性质的恒定和转筒筛的均匀给水。从一个区段到下一区段安装溢流堰以及在排矿溜槽上安设闸门，能够达到物料分配的某些调节作用。

目前，我国一些采金船使用的矿浆分配器如图 2 - 27 所示。纵向分配器 3 系沿滚筒筛 4 的倾斜方向而倾斜的纵向斜槽，它位于转筒筛 4 两侧横向分配器 2 的下部。纵向分配器 3 的底面设有通向各溜槽的排矿口，并配有盖板以调节矿浆排出量。当采金船剥离表土时，纵向分配器可用来排除表土，即盖上所有排矿口的盖板则表土就会顺着纵向分配器流经位于转筒筛排料端的砾石流槽排走。这样一来，可以减少溜槽的单位负荷，保证了选别作业条件的稳定。当清洗溜槽精矿时，先盖上位于溜槽上端的纵向矿浆分配器上的盖板，以使原进入该溜槽的矿浆流向临近的溜槽，从而使横向溜槽的清洗工作能连续进行，同时又不影响采金船正常作业。

在采用跳汰机时，要想获得良好的工作效果，必须使矿浆在跳汰机宽度上均匀分配，并使矿浆的粒度和浓度大致固定。为此，应当安设脱水装置、流向调节装置和矿浆流中固体数量调节装置。这样的装置如图 2-28 所示。外壳底板 1 具有排矿流槽 2 倾斜的坡度，排矿流槽系大致对着转筒筛的中心线；矿浆通过该流槽进入横向的沉淀箱 3 中，然后一部分从左侧流出，一部分从右侧流出，为此可用旋转闸门 4 加以调节。闸门 5 可控制顺沉淀箱流动的矿浆流。中央隔板 6 能避免；在挖斗斗架处于不同位置而采金船前后倾侧度发生变化时分配器前室或后室过载。孔径可调节的排出接管 7 能控制物料的排出量。溢流堰 8 可用来排除过多的水。上述装置比较简单，便于检查，能保持比较均匀给矿，能得到向跳汰机直流过去而在其宽度上较均匀分布的矿浆流。但在往精选跳汰机内给送矿浆时，需要较大的宽度。某些矿浆分配器类似间槽式分矿器，其宽度为 710mm，长度符合于转筒筛（8.6m）长度，具有 150mm 的开口，从开口处轮流往两侧排矿。

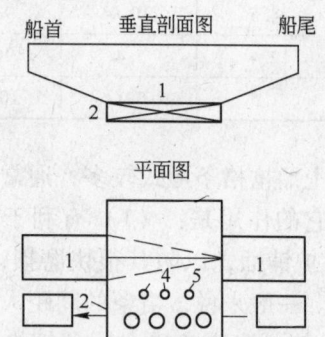

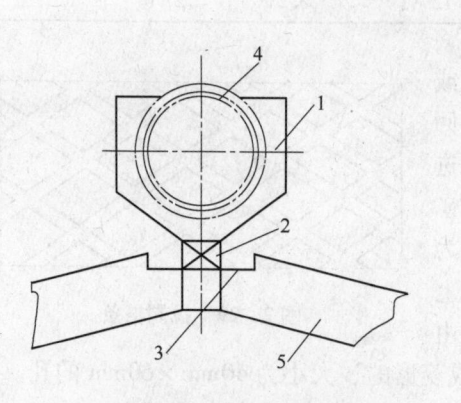

图 2-27　矿浆分配器
1—密封罩；2—横向分配器；3—纵向分配器；
4—转筒筛；5—溜槽

图 2-28　跳汰机矿浆分配系统
1—外壳底板；2—排矿流槽；3—沉淀箱；4—旋转闸门；
5—闸门；6—隔板；7—排出接管；8—溢流堰

2.4.5.5　溜槽

溜槽是一种最简单的粗选和扫选设备。溜槽沿船身两侧彼此靠近的配置着。在中、小型采船上，各溜槽通常是单层的并可用木板制成；而在大型采金船上，如果不安设跳汰机，则溜槽是双层双面的并用钢板制成。溜槽的矿浆液固比为（10~12）:1，矿浆流速为 1~1.6m/s，矿浆深度约 20mm。单层溜槽的单位负荷为 $0.2~0.25m^3/(m^2 \cdot h)$。

横向溜槽是由许多宽度相同而长度不等的溜槽所组成，它通常用于粗选。横向溜槽的宽度与转筒筛筛孔区段长度相等，每排宽度 600~800mm。近来，用双层床面溜槽代替双层溜槽，上层与下层床面的距离为 200mm。矿浆由专用分配器均匀分配给入上下层床面上。当清洗下层床面溜槽时，借用滑轮将上层床面提升。横向溜槽的坡度通常为 5°~7°。

纵向溜槽用来进行扫选，它从横向溜槽的尾矿中补充回收微细粒金和其他重矿物。纵向溜槽的宽度、坡度必须与横向溜槽相适应。如果一排纵向溜槽接受两排或更多的横向溜槽的尾矿，纵向溜槽的坡度通常较横向溜槽的坡度减少0.5°~1°。

为了有效地捕集金和其他重矿物，常于溜槽底部铺以各种织品垫子，并安设木格或金属格条。常用的溜槽铺面物有毛垫、椰子皮纤维席、芦席、呢绒、长毛绒毛毡、橡胶铺面等。橡胶铺面具有不同的深度及各种形式的方格或横格。通常方格型橡胶铺面用得较多，其尺寸一般为4mm×4mm，深度为3mm。生产实践表明，在横向溜槽上的第1m处捕的金约占75%以上，而在第5m到第6m处只能回收1%左右的金。我国某砂金矿的砂金在横向溜槽（粗选）长度上的分布情况列于表2-24。

表2-24　砂金在溜槽长度上的分布情况

溜槽长度/m	砂金分布			砂金筛析/%			
	重量/g	产率/%	累积产率/%	+20目	-20目~ +60目	-60目~ +80目	-80目
0~2	36	81.4	81.4	34.0	51.2	8.9	5.9
2~3	4.5	10.0	91.5	24.2	62.0	8.9	4.9
3~4	2.4	5.4	96.9	15.6	58.2	10.6	15.6
4~5	1.5	2.1	100.0	12.8	33.2	27.0	27.0

采金船上溜槽格条形式较多，通常是用木板或钢板制成。它的作用是：（1）有利于粗粒金的回收；（2）保护铺面，以防其很快磨损；（3）促进矿砂的碎解。一般来说，格条的间距大于最大给矿粒度的2~3倍。溜槽常用金属角钢格条或截面为30mm×30mm，50mm×50mm的木格条。采金船上最通用金属格条为"拉制"的（图2-29），它由

图2-29　拉制格条

2~3mm厚钢板制成。先冲割成缝，然后再拉制成菱形的、大小为40mm×60mm的孔。这种格条的优点是重量轻、坚固耐用、捕集性能好。当采金船处理微细而纯净的矿砂时，横向溜槽上应铺以带有凹深的特殊格条。

溜槽清洗（即取出溜槽精矿）的周期，是随矿砂中金的性质与含金量而变化，一般来说，横向溜槽（粗选）每日一次，纵向溜槽（扫选）每5日左右一次。每次精洗所需的时间为2~3h，在某些情况下有时达4~8h。清洗的方法在细节上各有不同，但基本上是由预先精选和最终精选这两个工序组成的，以获得最少量的重砂金精矿。

溜槽操作，首选要严格控制矿浆的给矿浓度，观察矿量变化，随时注意调节补加水量。特别是要防止溜槽格条中矿浆的"堆溜"和"掏溜"现象的发生。所谓"掏溜"即溜槽中所存留的精矿被矿浆带走，这是由于溜槽底部下不平或格条变形所致。所谓"堆溜"是矿砂堆积于溜槽上，使溜槽不起选别作用，这是由于给矿量过多所致。因此，应调节给矿量，并经常用耙子松动矿层。松动矿层的工作在正常的选别过程中也是很必要的。有时在选别过程中，由于格条被堵塞而出现"板结块"现象，因而影响重矿物和砂金的沉积，这时需用耙子松动，以破坏"板结块"，恢复格条间的松散，浮动状态，以利于溜槽选别过程的正常进行。

2.4.5.6 跳汰机

当矿砂中含有微细粒金以及大量重矿物时，应用跳汰机选别是很有效的。在采金船上跳汰机的配置方式如图 2-30 所示。按图 2-30 中 Ⅰ 与 Ⅱ 的方式进行配置时，跳汰机均作为辅助选金设备，大部分金在横向溜槽上回收了；而按图 2-29 中 Ⅲ 的方式配置时，跳汰机则作为主要选金设备，大部分金与重矿物由跳汰机加以捕集。

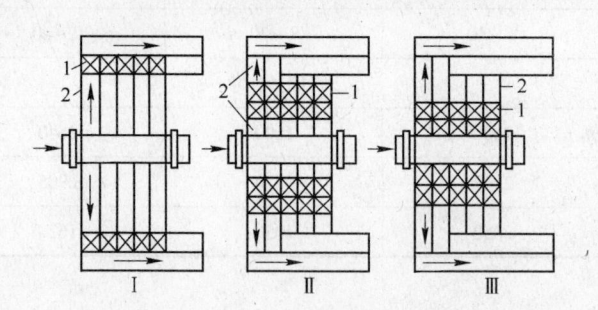

图 2-30 采金船上跳汰机的配置方式
1—跳汰机；2—溜槽

在一般情况下，用于粗选和扫选的跳汰机具有 2~4 室，其精矿先在脱泥斗或耙式分级机中脱水后再送往精选跳汰机中加以处理。精选跳汰机精矿再经摇床提取金。精选和扫选用跳汰机的筛网筛孔尺寸为 1.5mm×3.5mm，精选跳汰机则为 1.5mm×2mm。在筛网上铺有人工床石层，通常采用粒度为 4~6mm 的钢砂作为人工床石。精选和扫选的跳汰机人工床层厚度约 40~50mm，精选跳汰机则为 60~70mm，每平方米床层约需 180~200kg 钢砂。粗选和扫选用的跳汰机适宜的给矿粒度不超过 12~16mm，每平方米筛面给矿量为 6~10m³/h。精选跳汰机的给矿量比粗选和扫选的跳汰机给矿量减少 30%。精选和扫选的跳汰机常用冲次为 100~140 次/min，冲程为 20~30mm；精选跳汰机冲次为 180~220 次/min，冲程约 10~15mm。跳汰机的矿浆液固比（6~8）:1，实际上可在液固比 3:1 的条件下进行工作。

如果把跳汰机作为横向溜槽的辅助设备，那么硬将横向溜槽的尾矿先在耙式分级机或于螺旋分级机中脱水，以使矿浆浓度适合于跳汰机的要求。筛下补加水量一般为 1~2L/(s·m²)，床层上面矿浆深度为 100mm，矿浆流速为 0.7~0.8m/s。粗选与扫选的跳汰机产率通常为 2%~3%。采金船上常用的跳汰机技术性能列入表 2-25。

表 2-25 采金船常用的跳汰机技术性能

型号 项目	尤巴型		OMⅡ-1 型	OBM-5 型
隔膜位置	水平	水平	垂直	垂直
筛子大小/mm	1000×1000	1000×1000	1000×1000	1000×1000
跳汰室数目/个	4	2	4	2
生产能力/m³·h⁻¹	10~15	4~5	10~12	4~6
矿浆液固比	(6~8):1	6:1	(6~8):1	(6~8):1

项目 型号	尤巴型		OM Ⅱ – 1 型	OBM – 5 型
筛下补加水量/L·s⁻¹	6 ~ 12	4 ~ 10	6 ~ 12	5 ~ 10
冲次/次·min⁻¹	110 ~ 130	110 ~ 130	125 ~ 155	200 ~ 300
冲程/mm	8 ~ 30	8 ~ 30	0 ~ 60	5 ~ 30
外形尺寸				
长/mm	2600	2600	2640	2870
宽/mm	2140	1070	2905	1266
高/mm	2050	2050	1620	2317

2.4.5.7　摇床

摇床在大、中型采金船上常用做精选设备，用来处理精选溜槽的精矿和精选跳汰机的精矿。

摇床在采金船上应按横向配置，即摇床的纵向沿船的横向配置。这样配置可以减少因船体摇动给摇床选别造成的不利影响。小型采金船因船身面积小、船体摆动的幅度较大而不宜配置摇床。为了消除船体摆动时给摇床作业造成的而不利影响，最好的办法是摇床本身配有自动平衡装置，使摇床在摆动的船上始终保持平衡状态。

摇床的适宜的给矿粒度为 3mm 的矿砂，给矿浓度为 20% ~ 30%。冲程为 20 ~ 30mm，冲次为 250 ~ 280 次/min，冲洗水为 2 ~ 3m³/t，横向倾角为 3 ~ 5°。在正常操作条件下，在摇床床面上会呈现出黄色砂金带、黑色重砂带以及宽阔的尾矿带。通常摇床精选作业的金回收率可达 94% ~ 99%。

2.4.5.8　捕金溜槽

我国采金船工人在多年的生产实践中，除了加强船上选金设备的操作管理外，还对常有损失砂金的地方采取了各种捕金设施，并取得了一定成效。例如：（1）在转筒筛末端增设一个筛孔直径为 22mm 的筛段，其筛下产品给入一个特殊的溜槽以回收大块金，其结果金回收率提高了 1.83%；（2）在尾矿溜槽上铺有毛垫以回收微细粒金，其结果金回收率约提高 0.3%；（3）在砾石皮带运输机尾轮下方设置船尾溜槽，以回收碎解不良而被包裹在泥团中的金，其结果金回收率约提高 0.4%；（4）我国多数采金船在其斗架走廊内安设捕金溜槽，以回收挖斗漏矿时损失的金。这种捕金溜槽系安装在采金船斗架走廊内的小溜槽。在捕金溜槽上方通常安有棒条筛（间隙约 50mm）以筛去砾石。当挖斗卸矿时，没有落入受矿漏斗的矿砂先落到棒条筛，然后其筛下产品进入捕金溜槽。该捕金溜槽的坡度一般比普通溜槽大得多，因为它处理较大的物料。我国某矿金矿在采金船上安设捕金溜槽后，金回收率提高 0.6% ~ 1.4%。

2.4.5.9　电力捕金器

电力捕金器是依据金的良好导电性能而自动进行动作的一种联合装置。一般它安装于砾石皮带运输机的上方。当未经选别的大块金或包裹在泥团中的大块金随砾石通过电力捕金器时，其中的探测仪就会发出信号立即传给机械截矿装置，使其自动截取含有大块金的一小段砾石，以便再经选别作业从中回收大块金。为了提高电力捕金器的选择性和捕金效果，通常把电磁铁悬挂在电力捕金器之前的皮带运输机的上方，以便预先除掉磁性金属物质（如斗唇碎块、电焊条头、螺帽等），这样可以减少电力捕金器的盲目动作。

2.4.6　采金船的生产检验

采金船生产检验的目的在于分析影响选别效果的各种因素，并通过检验为选择合理的生产指标提供可靠的依据，以期达到提高选金回收率。

"隔丝不见金，一步三换底"，这句俗话，是实践经验的总结，它真实地反映出了砂金地质品味及其分布变化之大的特点。因此，根据砂金矿床的特点，在生产中准确的检验出砂金在选别过程中的规律，对指导采金船生产，提高选别指标均有积极作用。采金船生产常见的检验项目及方法主要有以下几个方面。

2.4.6.1　矿砂量的测定

采金船处理矿量，当无计量设施时，生产中常用下述方法进行测定：

（1）实测挖掘体积

根据采金船实际挖掘的扇形工作面（采幅宽×前移距）与挖掘深度的乘积就可求出所处理的矿砂量，即

$$q = \frac{BHe}{T} \tag{2-17}$$

式中　q——单位时间处理的原矿量，m^3/h；

　　　B——采幅宽度，m；

　　　H——挖掘深度，m；

　　　e——前移距，m；

　　　T——实际挖掘时间，h。

（2）挖掘矿量的计算

根据采金船的挖斗容积、过斗数和实际的工作时数就可以计算出挖掘矿量，即

$$q = KV\varphi f \tag{2-18}$$

式中　q——单位时间挖掘的原矿量，m^3/h；

　　　K——过斗数，斗/h；

　　　V——挖斗容积，$m^3/$斗；

　　　φ——实测满斗系数；

　　　f——实测松散系数。

计算时必须考虑满斗系数和松散系数。满斗系数要用实测结果的平均值参加计算，一般在采金船剥离表土时常超过1，而在采掘矿砂时往往界于0.5~0.75之间。

2.4.6.2　原矿品位及尾矿品位的测定

（1）原矿品位的测定

采金船的原矿品位可直接在挖斗中采取。其取样量可根据公式：$Q = Kd^2$ 确定；按矿层和表土厚度的比例索取各点的取样量。各取样量的布置要依据砂金在矿床中分布的规律

决定。一般矿体的横向变化大于纵向变化，因此，横向取样点要多于纵向取样点。每次取样量尽量少些，总计取样点多些才富有代表性。

原矿样品经称重和计量体积后，再经选别，按其所得金的重量就可求出金的原矿品位。

（2）尾矿品位的测定

采金船的尾矿包括：砾石皮带运输机上的砾石及尾矿溜槽上的尾矿。砾石的取样可在皮带运输机的尾部用取样袋截取。取样次数一般是原矿取样次数的 2 倍，即在原矿取样之前后各取一次。取样量应多于原矿的取样量、尾矿溜槽的尾矿取样次数同砾石尾矿的取样次数相同，其取样方法是常用专门的取样勺在溜槽尾部截取或用缝隙截矿法采取。所采取的尾矿样经淘洗加工后，按所得金的重量即可求出金的各个尾矿品位。

2.4.6.3　转筒筛洗矿与分级效果的检验

转筒筛洗矿与分级效果最简单的检验方法是测定"转筒筛系数"。这个系数通常用布置在转筒筛前头的溜槽和后面的溜槽的含金量比值来表示。当此比值大时，则说明流失金量少，从而说明转筒筛的洗矿及分级效果好，反之则坏。因为在正常情况下，沿转筒筛倾斜方向依次排列的各溜槽，其捕金量的规律是，先逐渐升高然后才依次下降，因而利用这种规律可检验转筒筛的选矿及分级效果。

2.4.6.4　溜槽选别效果的检验

溜槽的选别效果除观察溜槽的作业情况外，也可通过测定"溜槽系数"来进行检验。例如，检查横向溜槽的选别效果，可通过纵向溜槽（扫选）或跳汰机在同一时间内所获得的金的重量来检验，二者之比称为"溜槽系数"。因为接粗选溜槽后部的扫选溜槽或跳汰机所回收金的重量多少直接反映了粗选溜槽（横向溜槽）的选别效果。"溜槽系数"越大，则说明了前面的溜槽选别效果越好，反之则坏。

表 2－26 为我国某采金船实测"溜槽系数"的方法与结果。

表 2－26　某采金船溜槽系数的测定结果

溜槽名称	金的分布		溜槽系数
	重量/g	产率/%	
粗选溜槽	3699	93.7	
扫选溜槽	212	5.29	93.7/5.29＝17.3 5.29/1.01＝4.21
尾部溜槽	48	1.01	

2.4.6.5　选矿回收率的计算

采金船选矿回收率通常按下述公式进行计算

$$\varepsilon = \frac{W}{W + W_1} \times 100\% \tag{2-19}$$

或

$$\varepsilon = \frac{Q \cdot \alpha - Q_1 \cdot \delta_1}{Q\alpha} \tag{2-20}$$

式中 ε ——实际选矿回收率，%；

W ——选别获得金的重量，g；

W_1 ——尾矿流失的金的重量，g；

Q ——原矿量，m^3；

α ——原矿金的品位，g/m^3；

Q_1 ——尾矿量（包括砾石量与尾砂量），m^3；

δ_1 ——尾矿含金品位（包括砾石及尾砂品位在内），g/m^3。

2.4.6.6 采金船生产实践

实例一：

我国某砂金矿 85L（间断斗式）采金船系处理第四纪河谷砂金矿床。含金砂砾层含金 0.265g/m^3，含矿泥 5%～10%。砂金粒度以中细粒为主，砂金多呈粒状和块状，砂金成色为 850。伴生矿物主要有锆英石、独居石、磁铁矿、金红石等。平底船尺寸（长×宽×高）为 47.8m×12.3m×2.5m，吃水深度 1.2m，挖斗数量 43 个，挖斗间距为 0.5m，挖掘最大深度 8m，挖斗链运转速度 16 斗/min，船横移速度 4m/min，挖掘能力 90m^3/h。该船选金工艺流程如图 2-31 所示。粗选跳汰机的精矿用喷射泵输送于脱水斗进行脱水，以使其矿浆浓度适用于精选跳汰机的操作要求。该船选金流程的特点在于：横向（粗选）溜槽未能回收的微细粒金可用粗选跳汰机进行捕集。该船选金总回收率为 70%～75%。

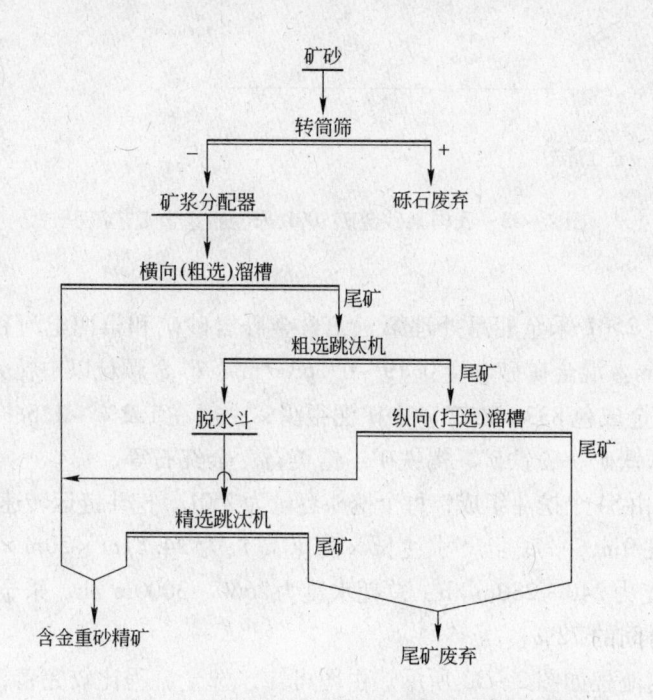

图 2-31 我国某砂金矿 85L 采金船选金工艺流程

实例二：

我国某砂金矿 100L 采金船系处理第四纪河谷冲积砂金矿床，含金砂砾层厚度 2～5m。矿砂中巨砾很少，但矿泥和黏土的含量在 20% 以上，属于难洗矿砂。混合矿砂含金 0.274～

$0.59g/m^3$；砂金多呈粒状，其次为片状；砂金成色891。砂金粒度较细，以微细粒居多。伴生矿物主要有钛铁矿、磁钛铁矿、磁铁矿、锆英石、黄铁矿等。

　　该采金船挖斗链由72个挖斗组成，每个挖斗容量100L，其节距为615mm；挖斗链运转速度30转/min，水下最大挖掘深度为7.5m，水上边帮的厚度1.5m；平底船外形尺寸（长×宽×高）为27m×13.4m×1.9m，吃水深度1.14m；采金船生产能力90m^3/h；采金船总重量420t。该船的选金工艺流程如图2-32所示。由图可知，该船的选金流程比较简单，只用单一溜槽选别，这对微细粒金的捕收来说是不利的，因此，金总回收率一般只达60%～70%。

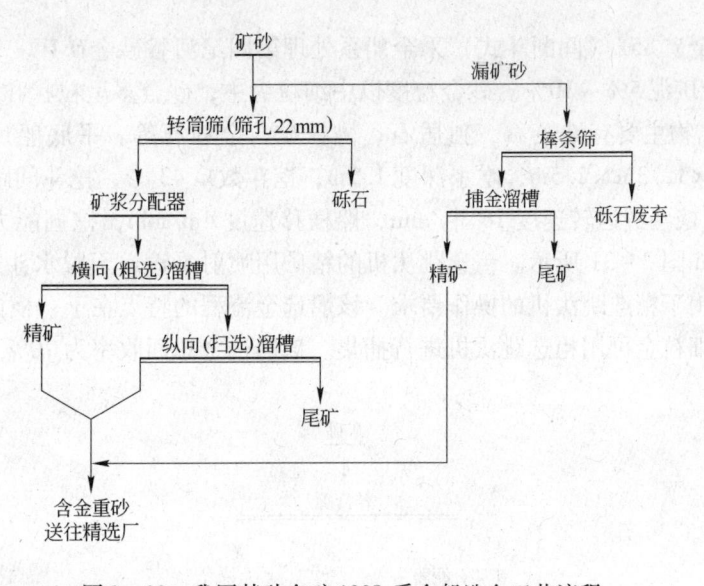

图2-32　我国某砂金矿100L采金船选金工艺流程

实例三：

　　我国某砂金矿250L采金船系处理第三纪含金砾岩砂矿和第四纪河谷冲积砂矿床，含金砂砾层厚度4.5m。混合矿砂含金0.19～0.263g/m^3；砂金颗粒以中粒为主，大于0.5mm者占65.41%；砂金成色833。在矿砂中矿泥很少，一般在1.2%～1.5%，属于易洗矿砂。伴生矿物主要有钛铁矿、磁铁矿、褐铁矿、锆英石、金红石等。

　　该船挖斗链是由84个挖斗组成，每个挖斗容量为250L，挖斗链运转速度26～36斗/min，水下挖掘最大深度9m，平底船尺寸（长×宽×高）为24.81m×20m×2.7m，吃水深度2m。采金船生产能力240～280m^3/h，总耗水量为2660～3000m^3/h，采金船总重1524t。工作时间为全年总时间的72%。

　　该船选金工艺流程如图2-33所示。由图可知，选金流程比较完善，即首先用横向溜槽回收粗中粒金，随后用粗选跳汰机从横向溜槽尾矿中补充回收微细粒金，而粗精矿则用精选跳汰机和摇床再精选。生产实践表明：最好再粗选跳汰机之前安设脱水装置，以使横向溜槽尾矿的浓度适合于跳汰作业要求。该船金总回收率为75%～82%，其中横向溜槽金回收率为52%～55%，粗选跳汰则为23%～25%。

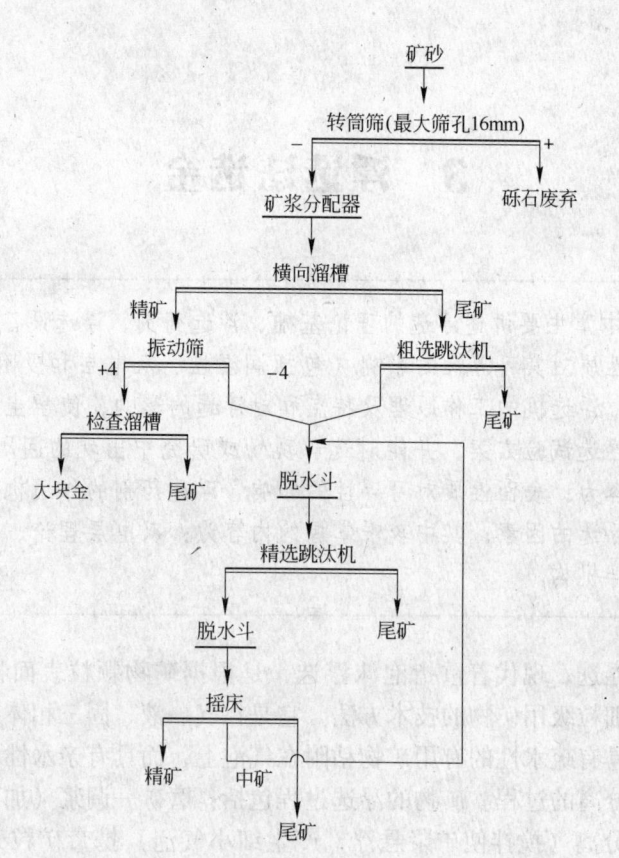

图 2-33 我国某砂金矿 250L 采金船选金工艺流程

参 考 文 献

[1] 吉林省冶金研究所. 金的选矿 [M]. 北京：冶金工业出版社, 1977.
[2] 张金钟, 等. 尼尔森选矿机及其应用 [J]. 有色矿山, 2003, (32)：28~37.
[3] 刘汉钊, 等. 尼尔森选矿机及其在我国应用的前景 [J]. 国外金属矿选矿, 2008, (7)：8~12.
[4] 胡春融, 杨凤. 黄金选冶技术发展述评 [J]. 黄金, 2000, (1)：29~37.
[5] 朱飞, 吴振祥, 唐彦臣. 尼尔森选矿机的应用和发展 [J]. 中国矿山工程, 2010, (4)：40~43.
[6] 刘惠中. 重选设备在我国金属矿选矿中的应用进展及展望 [J]. 有色金属（选矿部分）, 2011 年增刊1：18~23.
[7] 孙兆学. 中国金矿资源现状及可持续发展对策 [J]. 黄金, 2009, (1)：12~13.

思 考 题

1. 重选的设备有哪些?
2. 跳汰机有哪些类型, 各有什么特点? 影响跳汰机工作的主要因素有哪些?
3. 工业生产中常用的摇床有哪些, 他们各有什么特点, 影响其分选过程的主要因素有哪些?
4. 溜槽的工作原理是什么?
5. 砂金有哪些类别? 砂金矿床有什么特点? 砂金矿床的开采方法有哪些?
6. 采金船的工作原理是什么? 采金船的分类有哪些?
7. 常见的采金船选矿流程有哪些?

3 浮选法选金

【本章提要】 本章主要讲述浮选的理论基础、浮选药剂、浮选设备和浮选工艺。通过简单介绍矿物表面性质对其可浮性的影响（包括润湿性、双电层和吸附特性）、浮选药剂的分类及作用原理、浮选机的工作原理及特点和对浮选的影响，使学生能够运用所学浮选知识，制定简单的浮选试验方案，并能对选矿现场或研究中出现的问题进行简单的分析；要求必须掌握的内容为：表面性质对可浮性的影响、浮选药剂的作用机理、浮选机的工作原理及特点、影响浮选的因素；其中较难掌握的内容为：双电层理论、药剂作用机理、各类浮选机的充气搅拌机构。

浮游选矿简称浮选，现代着重指泡沫浮选，是根据矿物颗粒表面物理化学性质的差异，从矿石中分离细粒级用矿物的技术方法。它是在气、液、固三相体系中完成的复杂的物理化学过程，即具有疏水性的有用矿物粘附在气泡上，而具有亲水性的脉石矿物留在水中，从而实现彼此分离的过程。矿物的浮选过程包括：磨矿—调浆（加药剂，矿物颗粒与药剂作用）—浮选分离（搅拌使矿浆悬浮，产生细小气泡）携带矿粒升到矿浆表面完成浮选分离（正浮选工艺：矿化泡沫为精矿，槽底物为尾矿；反浮选工艺：矿化泡沫为尾矿，槽底物为精矿）—产品脱水（浓缩、过滤、有时也干燥）等，其示意图如图3-1所示。

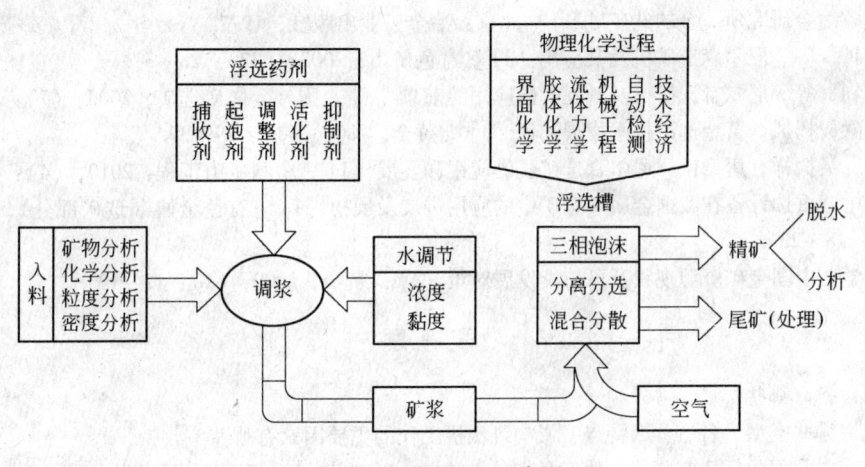

图3-1 浮选过程示意图

矿物的浮选过程是在固（矿物）、液（水）和气（气泡）三相界面上进行的，进行这一过程的关键在于：

（1）矿物表面性质（润湿性）差异；

（2）从矿浆中析出足够量的稳定而细小的气泡；

（3）有用矿物（正浮选，浮出目的矿物；反浮选，浮出脉石矿物）有充分的机会与气泡群碰撞，并牢固地粘附在气泡上被浮到矿浆的表面，脉石矿物虽有机会与气泡碰撞，但不粘附，遗留在矿浆中。在这里气泡是分选的媒介，同时又是运载工具。

在古老的金银淘洗加工过程中，人们已认识到利用矿物的天然疏水性或亲水性（亲油性）的差异来提纯矿物原料，但经过3个阶段才发展为一种工业规模的选矿方法。

（1）全油浮选阶段：1860年由英国人 Willian Haynis 首先取得专利权。主要在油 - 水界面发生，根据各种矿物亲油性及亲水性的差异，加大量油类与矿浆搅拌，疏水矿粒进入油相，然后将粘附于油层中的亲油矿物刮去，亲水性的矿物仍留在矿浆中，从而达到分离矿物的目的，是早期工业浮选的先驱，1898年这种工艺用于工业生产。

（2）表层浮选阶段：在工业上的应用最早出现于1892年，1907年由 Macquiston 首先取得专利权。分选作用主要在水 - 气界面发生，将磨矿干粉小心轻轻撒布在流动的水流表面，疏水性矿物不易被水润湿依靠表面张力漂浮在水面上，聚集成薄层，成为精矿；易被水润湿的亲水性脉石流入水中作为废弃尾矿排出。

（3）泡沫浮选阶段：1902年由 Potter 首先取得专利权。分选作用主要在气 - 水 - 固三相界面发生，疏水矿粒吸附于气泡并随之上浮，亲水矿粒留于水中。在20世纪初，出现原始的泡沫浮选法，使浮选法向前推进一步，并出现了许多形式的泡沫浮选法。如：气体浮选法、电解浮选法、真空浮选法、正压力浮选法和机械充气搅拌浮选法等。现在泡沫浮选已成为最重要的和应用最广泛的一种选矿方法。可应用于以前认为没有工业利用价值的低品位以及结构复杂的矿物。最初用于硫化矿物，逐渐发展到用于氧化矿物和某些非金属矿物和煤炭、石墨等。以至扩展到环保、化工、食品、材料、医药、生物等领域。但是常规的泡沫浮选有其局限性，它的有效分选粒度基本上在 0.3 ~ 0.01mm（对煤炭 0.5 ~ 0.03mm），超出此粒度范围泡沫浮选的效果很差。

3.1 浮选理论基础

3.1.1 矿物表面的润湿性与可浮性

3.1.1.1 矿物表面的润湿性

A 润湿现象

润湿是在日常生活和生产实践中最常见的现象之一。从宏观来说，是一种流体被另一种流体从固体表面部分或全部排挤或取代的过程，这是一种物理过程，且是可逆的。从微观角度来看，润湿固体的流体，置换原来在固体表面上的流体后，与固体是分子水平上的接触，它们之间没有被置换相的分子。最常见的润湿现象是一种液体从固体表面置换空气。

B 润湿过程

根据润湿方式和润湿过程的不同，由简单到复杂，我们可以把润湿现象分成沾湿、铺展和浸湿三种类型。

a　沾湿过程

沾湿是最简单的润湿现象：图 3 – 2 中 a 过程为沾湿过程，从该图我们可以看出，沾湿过程的实质就是系统消失了固 – 气界面和液 – 气界面，新生成了固 – 液界面的过程。从能量变化的角度分析，在沾湿发生前，系统所具有的能量为固 – 气界面自由能和液 – 气界面自由能，沾湿过程发生后固体的下表面与液体接触，接触部分固 – 气界面自由能和液气界面自由能消失，产生了固 – 液界面自由能，故该过程仅是固液接触部分能量的变化，与其他部分的界面自由能无关，因此在沾湿过程中整个系统内单位面积上能量的变化是沾湿后的新生成的固液界面自由能与消失的固气和液气界面自由能之差，为了简化推导过程设固体各个面的表面积皆为单位面积。γ_{SL}、γ_{SG}、γ_{LG} 分别表示固液、固气和液气界面张力，用公式表示为：

$$W_{SL} = \gamma_{SL} - \gamma_{SG} - \gamma_{LG} = \Delta G \tag{3 – 1}$$

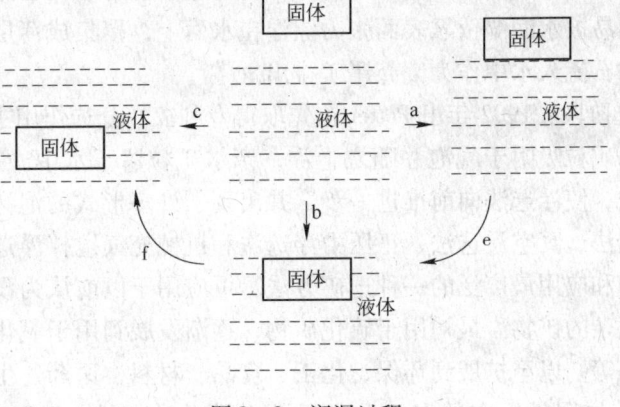

图 3 – 2　润湿过程

要想沾湿过程发生，那么吉布斯函数变 ΔG 要小于 0，也就是沾湿前的界面自由能要高于沾湿后的界面自由能（$\gamma_{SG} + \gamma_{LG} > \gamma_{SL}$），这样才能能使能量的降低是正值。

b　铺展过程

图 3 – 2 中 b 过程为铺展过程，从该图可以看出，铺展过程的实质是系统消失了固 – 气界面，新生成了固 – 液界面和液 – 气界面，即沾湿现象发生后液体在固体表面继续铺开的过程；从能量变化的角度分析水在光滑的固体表面上铺展的过程：铺展发生前，在铺展面上系统所具有的能量为固 – 气界面自由能，铺展后系统所具有的能量为液 – 气界面自由能和固 – 液界面自由能，为了简化分析过程，设铺展的面积为单位面积，因此单位面积上能量的变化为铺展后的固液和液气界面自由能与铺展前的固气界面自由能之差。用公式表示为：

$$W = \gamma_{LG} + \gamma_{SL} - \gamma_{SG} = \Delta G \tag{3 – 2}$$

要想水将排开空气而铺展，那么吉布斯函数变要小于 0，也就是要铺展前的界面自由能要高于沾湿后的界面自由能（$\gamma_{SG} > \gamma_{SL} + \gamma_{LG}$），为了达到很好的润湿，我们可以在不降低 γ_{SG} 前提下，使 γ_{SL} 和 γ_{LG} 降低。

c　浸湿过程

图 3 – 2 中 c 过程为浸湿过程，从该图可以看出，浸湿过程的实质是系统消失了固 – 气界面，新生成了固 – 液界面，从能量变化的角度上来说，浸湿发生前，系统具有的界面

自由能为固气界面自由能和液气界面自由能，浸湿发生后，系统具有的界面自由能为固液界面自由能和液气界面自由能，浸湿发生前后液气界面自由能没有变化，故可以略去，单位面积上能量的变化是浸湿后的固液界面自由能与浸湿前的液气界面自由能之差，用公式表示：

$$W = \gamma_{SL} - \gamma_{SG} = \Delta G \tag{3-3}$$

因此，自发浸湿的必要条件是 $\gamma_{SG} > \gamma_{SL}$，但这还不够充分。因为固体进入水的过程中必须通过液-气界面，所以液-气界面也将参与浸湿过程。下面我们将浸湿过程拆分成3个连续阶段进行分析。

第一阶段为 a 过程，很显然是沾湿过程，即系统消失了固-气界面和液-气界面，新生成了固-液界面的过程，想要该过程发生的必要条件为：$\gamma_{SG} + \gamma_{LG} > \gamma_{SL}$。

第二阶段为 e 过程，该过程仅是在固体四个侧面上固-气界面消失，固-液界面的生产过程，因此，想要该过程发生的必要条件为：$\gamma_{SG} > \gamma_{SL}$。

第三阶段为 f 过程，该过程是固体的上表面所具有的固-气界面消失，生成固-液界面，并且当固体的上表面的气体被液体取代后，又新生成了液-气界面的过程，该过程发生的必要条件为：$\gamma_{SG} > \gamma_{SL} + \gamma_{LG} \rightarrow \gamma_{SG} - \gamma_{LG} > \gamma_{SL}$。

由三个阶段发生的必要条件可以知道，如果第三阶段是可能的发生，那么其他阶段也都可能。因此浸没润湿的必要条件为：$\gamma_{SG} > \gamma_{LG} + \gamma_{SL}$，所以浸没润湿与铺展润湿的条件相同。

C 润湿现象在浮选中意义

润湿性是表征矿物表面重要的物理化学特征之一，易被润湿的表面称为亲水表面，其矿物称为亲水矿物；反之称为疏水表面，疏水矿物；同样也是矿物好坏可浮性的直观标志，取决于矿物表面不饱和键力与偶极水分子相互作用的强弱。浮选过程中润湿过程就是用空气或捕收剂取代矿物表面上水的过程。矿物表面润湿性及其调节是实现各种矿物浮选可分离的关键，所以了解和掌握矿物表面润湿性的差异，变化规律以及调节方法对浮选原理及实践均有重要意义。目前，人为改变调节润湿性（可浮性）的方法有两大类：物理方法和化学方法。

3.1.1.2 润湿性的度量

A 接触角

润湿性的度量可使用接触角测量法，通常用接触角 θ 表示。当气泡附着浸入水中的矿物表面，达到润湿平衡时，气泡在矿物表面所形成三相接触点围成的周边，称为三相润湿周边，三相润湿周边是一个由变化到平衡的过程；通过三相润湿周边上任一点 P 作气液界面的切线 δ_{AW}，与固液界面 δ_{SW} 之间所形成的包括液相的夹角 θ，称为接触角，如图 3-3 所示。接触角 θ 的大小与接触的三相界面所具有的各界面张力有关，当各界面张力相互作用达到平衡时，有

$$\delta_{AW} = \delta_{SW} + \delta_{AW}\cos\theta \rightarrow \cos\theta = \frac{\delta_{AW} - \delta_{SW}}{\delta_{AW}} \tag{3-4}$$

由式（3-4）所示接触角是三相界面张力的函数，不仅与矿物表面性质有关，而且与液相、气相的界面性质有关。凡能引起改变任何两相界面张力的因素都可以影响矿物表面的润湿性。

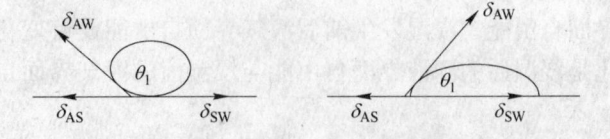

图 3 - 3　接触角示意图

当 $\theta > 90°$ 时，$\delta_{SW} > \delta_{AW}$ 矿物表面不易被水润湿，具有疏水表面，其矿物具有疏水性，可浮性好。

当 $\theta < 90°$ 时，$\delta_{SW} < \delta_{AW}$ 矿物表面易被水润湿，具有新水表面，其矿物具有亲水性，可浮性差。

因此，对矿物的润湿性与可浮性的度量可定义为：润湿性 $= \cos\theta$，可浮性 $= 1 - \cos\theta$。

$\cos\theta$：表示润湿性，其值越大，润湿性越强；$1 - \cos\theta$：表示可浮性，或叫疏水性，或叫亲气性。

接触角 θ、润湿性 $\cos\theta$、可浮性（$1 - \cos\theta$）均可用于度量固体颗粒表面的润湿性，且三者彼此之间是互相关联的。

当矿物完全亲水时，$\theta = 0°$，润湿性 $\cos\theta = 1$，可浮性（$1 - \cos\theta$）$= 0$。此时矿粒不会附着气泡上浮。当矿物疏水性增加时，接触角 θ 增大，润湿性 $\cos\theta$ 减小，可浮性（$1 - \cos\theta$）增大。表 3 - 1 所示为常见矿物接触角。

表 3 - 1　常见矿物接触角

矿物名称	$\theta/(°)$	矿物名称	$\theta/(°)$
硫	78	黄铁矿	30
滑石	64	重晶石	30
辉钼矿	60	方解石	20
方铅矿	47	石灰石	0 ~ 10
闪锌矿	46	石英	0 ~ 4
萤石	41	云母	≈ 0

B　润湿接触角的测定方法

接触角的测量方法有观察测量法、斜板法、光反射法、长度测量法、浸透测量法等，但由于矿物表面的不均匀和污染等原因，要准确测定接触角比较困难，再加上润湿阻滞的影响，难以达到平衡接触角，一般用测量接触前角和后角，再取平均值的方法作为矿物接触角。

3.1.1.3　润湿阻滞

润湿过程中，润湿周边展开或移动受到阻碍，使平衡接触角发生改变，这种现象称为润湿阻滞。影响润湿阻滞的因素有润湿顺序、矿物表面组成、化学成分、不均匀性、粗糙度及矿物表面润湿性等。润湿阻滞的阻滞效应有水排气阻滞效应和气排水阻滞效应两种类型，其示意图如图 3 - 4 所示。

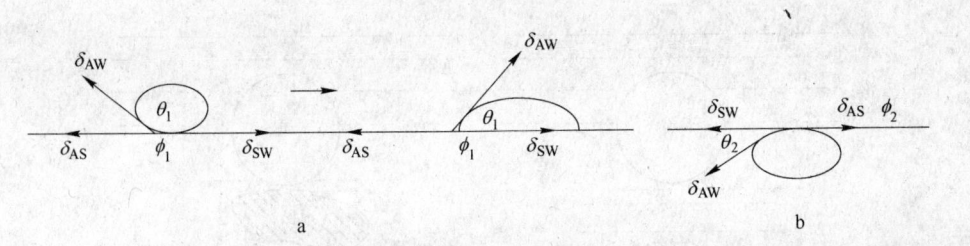

图 3-4　润湿阻滞示意图

a—水排气时的阻滞效应；b—气排水时的阻滞效应

φ—水分子与矿物表面间存在摩擦力

A　水排气时的阻滞效应

如图 3-4 所示，若 $\delta_{AS} + \delta_{AW}\cos(180° - \theta) > \delta_{SW} + \phi_1$，水滴继续扩展，处于平衡状态时：

$$\delta_{AS} = \delta_{SW} + \delta_{AW}\cos\theta_1 + \phi_1 \longrightarrow \cos\theta_1 = \frac{\delta_{AS} - \delta_{SW} - \phi_1}{\delta_{AW}} \tag{3-5}$$

所以：$\theta_1 > \theta$，$\cos\theta_1 < \cos\theta$。

B　气排水时阻滞效应

气泡在浸在水中的矿物表面展开，气体分子与矿物表面间的摩擦力为 ϕ_2。

$$\delta_{AS} = \delta_{SW} + \delta_{AW}\cos\theta_2 + \phi_2 \longrightarrow \cos\theta_2 = \frac{\delta_{AS} - \delta_{SW} - \phi_2}{\delta_{AW}} \tag{3-6}$$

因 ϕ_2 很小，$\theta_2 \approx \theta$，所以 $\theta_2 < \theta$，$\cos\theta_2 > \cos\theta$。

C　动态阻滞效应

当平板倾斜使水滴近于能沿斜面流动。出现前角 $\theta_1 > \theta$，后角 $\theta_2 < \theta$，前角水排气，后角为气排水，$\theta_1 > \theta > \theta_2$，如图 3-5 所示。

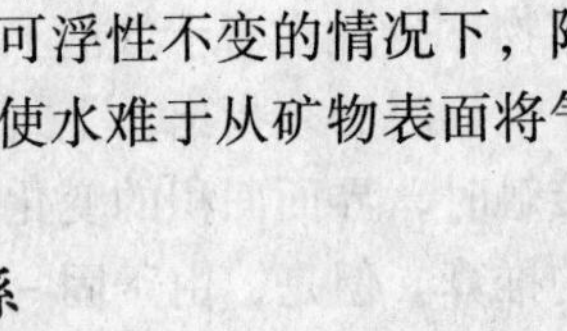

图 3-5　动态阻滞效应

D　润湿阻滞对浮选的影响

浮选过程中，矿粒向气泡附着时，属于排水，即在矿物本身可浮性不变的情况下，附着过程难，对浮选不利。而矿粒从气泡上脱落时，属于水排气，使水难于从矿物表面将气泡排开，防止矿粒从气泡上脱落，对浮选有利。

3.1.1.4　矿粒与气泡附着前后自由能的变化与接触角关系

通常测定的接触角，是用小水滴或小气泡在大块纯矿物表面测到的。实际浮选时，是磨细的矿粒向大气泡附着，这时要直接测定其接触角是困难的，因此需要用物理化学的方法进行分析。矿粒向气泡附着前后的情况如图 3-6 所示。

矿粒向气泡附着前后情况。

设 γ_{LG}、γ_{SG}，γ_{SL} 分别表示相界面的自由能（erg/cm^2）；S_{LG}、S_{SG}、S_{SL} 分别表示相应界面的表面积（m^2）。

矿粒与气泡接触前，系统的自由能为：

$$G_{前} = S_{LG}\gamma_{LG} + S_{SL}\gamma_{SL} \tag{3-7}$$

矿粒与气泡接触附着后的系统自由能（假定附着面积为单位面积）：

$$G_{后} = (S_{LG} - 1)\gamma_{LG} + (S_{SL} - 1)\gamma_{SL} + (1 \times \gamma_{SG}) \tag{3-8}$$

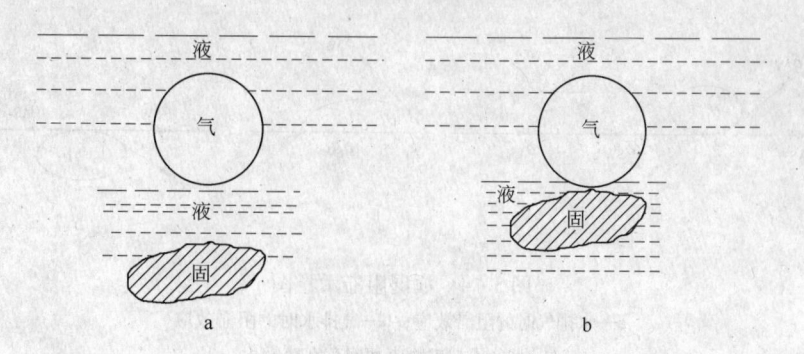

图 3 – 6　矿粒向气泡附着前后的情况示意图
a—附着前；b—附着后

据此则接触附着前后的系统自由能变化为：

$$\Delta G = \frac{G_前 - G_后}{1} = \gamma_{LG} + \gamma_{SL} - \gamma_{SG} \tag{3-9}$$

将

$$\gamma_{SL} - \gamma_{SG} = - \gamma_{LG}\cos\theta \tag{3-10}$$

代入式（3–9）得：

$$\Delta G = \gamma_{LG}(1 - \cos\theta) \tag{3-11}$$

此式就是浮选基本行为：矿粒向气泡附着前后的热力学方程式。它表明了自由能变化与平衡接触角的关系，式中 γ_{LG} 就是液 – 气界面自由能，其数值与液体的表面张力相同（例如水的表面张力为 $72dyn/cm^2$，这是可以由实验测定的），于是 ΔG 可以算出。

当矿物完全亲水时，$\theta = 0°$，润湿性 $\cos\theta = 1$，可浮性 $1 - \cos\theta = 0$。此时矿粒不会附着气泡上浮，因为自由能变化 $\Delta G = \gamma_{LG}(1 - \cos\theta) = 0$。当矿物疏水性增加时，接触角增大，润湿性 $\cos\theta$ 减小，则可浮性 $1 - \cos\theta$ 增大，此时 ΔG 也增大，按照热力学第二定律，如过程变化前的自由能比变化后的自由能大，则该过程就有自发进行的趋势。因此愈是疏水的矿物，自发附着于气泡上浮的趋势就愈大。

同时必须指出，上式是在一些假定条件下得出的简化近似式。实际上，当气泡与矿粒接触时，界面面积的变化及气泡的变形，情况是相当复杂的，曾经有些学者进行过较复杂的推算。但是，由于固 – 液及固 – 气界面能难于直接测定，平衡接触角不易测准，特别是在矿粒与气泡间的水化膜的性质变化等，所以这方面的工作尚有待继续研究。

3.1.1.5　矿物表面的水化作用

水是浮选过程的重要介质，水分子的强极性的结构，使其具有很高的介电常数、很高的溶解能力和很强的水分子间的缔合作用。因此，液体水的结构和性质对矿物表面性质，浮选药剂的性质及浮选过程均产生极大的影响。

A　水化膜的形成及其性质

从宏观的接触角深入到矿物与水溶液界面的微观润湿性可以推知，润湿是水分子（偶极）对矿物表面的吸附形成的水化作用。水分子是极性分子，矿物表面的不饱和键能也具有不同程度的极性。因此极性的水分子会在有极性的矿物表面吸附，并在矿物表面形成水化膜。水化膜中的水分子是定向密集排列的，它们与普通水分子的随机稀疏排列不同。最靠近矿物表面的第一层水分子,受表面键能吸引最强,排列最为整齐严密。随着键能影响的减弱,离表面较远的各层水分子的排列秩序逐渐混乱。表面键能作用不能达到的距离处,水分子已呈普通水那样的无秩序状态。所以水化膜实际是介于固体矿物表面与普通水之间的过渡间界,故又称为"界间层"。水化膜的示意图,如图3-7所示。

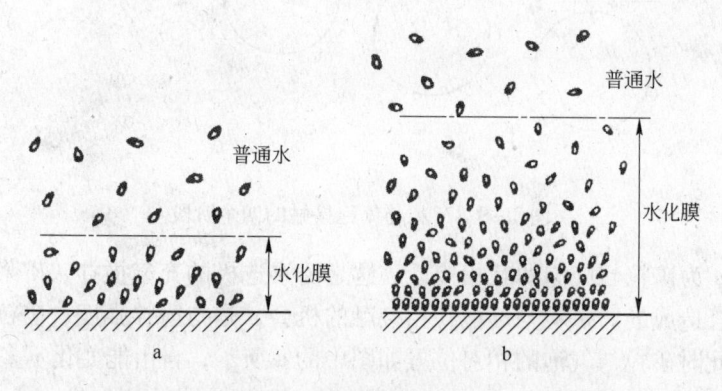

图3-7 水化膜的示意图

通过表面化学的研究得知,水化膜的厚度与矿物的润湿性成正比。例如,亲水性矿物(如石英、云母)的表面水化膜可以厚达 10^{-3} cm,疏水性矿物表面水化膜则仅为 $10^{-6} \sim 10^{-7}$ cm。这层水化膜受矿物表面键能作用,它的黏度比普通水大,并且具有同固体相似的弹性,所以水化膜虽然外观是液相,但其性质却近似固相。

B 水化膜的薄化

在浮选过程中,矿粒与气泡互相接近,先排除隔于两者夹缝间的普通水。由于普通水的分子是无序而自由的,所以易被挤走。当矿粒向气泡进一步接近时,矿粒表面的水化膜受气泡的排挤而变薄。水化膜变薄过程的自由能变化,与矿物表面的水化性有关为(如图3-8所示):

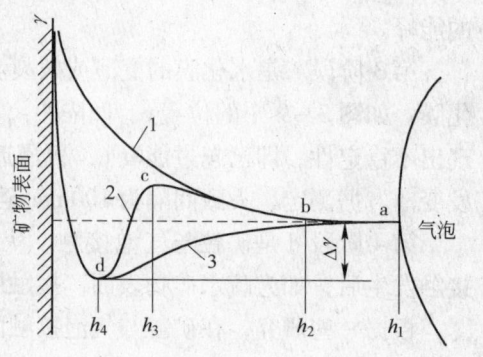

图3-8 水化膜的厚度与自由能变化
1—强水化性表面;2—中等水化性表面;3—弱水化性表面

(1)矿物表面水化性强(亲水性表面),则随着气泡向矿粒逼近,水化膜表面自由能增加,图3-8中曲线1所示。当矿粒与气泡愈来愈接近时,其表面能不断升高。所以,除非有外加的大能量,否则水化膜不会自发薄化。水化膜的厚度与自由能的变化表明,表面亲水性的矿物不易与气泡接触附着。

(2)中等水化性表面,图3-8中曲线2所示,这是浮选常遇到的情况。

(3)弱水化性表面,就是疏水性表面,图3-8中曲线3所示。疏水性表面的水化膜比较脆弱,有一部分自发破裂,此时自由能减小。但到很近表面的一层水化层,仍是很难排除,曲线3在左侧急剧上升说明此点。

浮选中常会遇到矿物既非完全亲水,也非绝对疏水,往往是中间状态,即图中曲线2的情况。矿粒向气泡附着的过程,详细可分为a、b、c和d四个阶段,如图3-9所示。

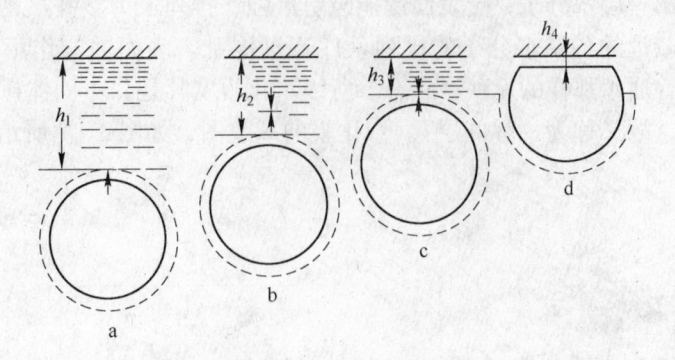

图 3 - 9　矿粒与气泡接触的四个阶段

第 1 阶段 a 为矿粒与气泡的互相接近。这是由浮选机的充气搅拌、矿浆运动、表面间引力等因素综合造成的。矿粒与气泡互相接触的机会，是与搅拌强度，矿粒气泡的大小尺寸等相关的。此时矿粒与气泡的相对位置如图中的 a 所示，自由能变化不多，相应图 3 - 8 的曲线 2 的 a 至 b 段。

第 2 阶段 b 是矿粒与气泡的水化层接触。此时矿粒与气泡间的距离变化为 h_2。原来矿粒与气泡间的普通水层，由于矿粒与气泡的逼近，逐步从夹缝中被挤走，直至矿粒表面的水化层与气泡表面的水化层相互接触。由于水化层的水分子是在表面键能的作用力场范围内，故水分子偶极是定向排列的，这与普通水分子的无序排列不同。因此，要挤走水化层中的水分子，如图 3 - 8 曲线 2 由 b 向 c 处推进时，就要外界向体系做功，才能克服 b 到 c 的能峰。

第 3 阶段 c 是水化膜的变薄或破裂。水化层受外加能的作用变薄到一定程度，成为水化膜。如图 3 - 9 中的位置 c，间隔距离为 h_3。相应图 3 - 8 曲线 2 由 c 到 d。此时水化膜表现出不稳定性，即已越过能峰 c，再逼近，距离 h 缩为 h_4，自由能减低，水化膜厚度会自发变薄。据测定，大致间隔为 100mm 至 1mm。此时矿粒与气泡自发靠近。

第 4 阶段 d 是矿粒与气泡接触。从情况 c 自发进行到 d，此时矿粒与气泡开始接触。接触发生后，如为疏水矿物表面，接触周边可能继续扩展。

根据一些研究，在矿粒与气泡接触面积上，可能有"残余水化膜"，就此膜特性而论，已近于半固态，要除去此膜，需要很大的外加能。如果存在残余水化膜，则矿粒与气泡只是两相接触，即只有固 - 液、液 - 气两种界面。假定残余水化膜的性质与普通液体有差别名为"液"，于是两相接触的平衡式应写成：

$$\gamma'_{SL} + \gamma'_{LG} = \gamma_{SL} + \gamma_{LG}\cos\theta \tag{3-12}$$

式中　γ'_{SL}——固体与残余水化膜界面间的自由能（表面张力）；

　　　γ'_{LG}——残余水化膜与气相间的界面自由能（表面张力）。

对上式的定量计算，因对水化膜的性质研究不够，还不能进行。目前，对于浮选过程中水化膜的性质的研究还在不断深入。

3.1.2　矿物表面的电性与可浮性

矿物在水溶液中受水偶极及溶质的作用，表面会带一种电荷。矿物表面电荷的存在影响到溶液中离子的分布，带相反电荷的离子被吸引到表面附近，带相同电荷的离子则被排斥而远离表面。于是，矿物－水溶液界面产生电位差，但整个体系是电中性，这种在界面两边分布的异号电荷的两层体系称为双电层。

3.1.2.1　矿物表面电性起源

有许多机理说明，矿物表面电荷的起源，归纳起来，主要有以下 4 种类型：

（1）优先解离（或溶解）：离子型矿物在水中由于表面正、负离子的表面结合能及受水偶极的作用力（水化）不同而产生非等当量向水中转移的结果，使矿物表面荷电。如：碘银矿（AgI）气态银离子（Ag^+）的水化自由能为 $-441kJ/mol$，气态碘离子（I^-）的水化自由能为 $279kJ/mol$，因此，Ag^+ 优先转入水中，故碘银矿在水中表面荷负电。

（2）优先吸附：这是矿物表面对电解质阴、阳离子不等当量吸附面获得电荷的情况。离子型矿物在水溶液中对组成矿物的晶格阴、阳离子吸附能力是不同的，导致矿物表面对电解质溶液中正负离子的不等量吸附，促使矿物表面带电，因此矿物表面电性与溶液组成有关，如：溶液中，正负离子的数量，过量的离子容易吸附；矿物表面本身的电性，反号离子容易吸附；正负离子的水化作用不同，被吸附的趋势不同。

（3）吸附和电离：对于难溶的氧化物矿物和硅酸盐矿物，表面因吸附 H + 或 OH − 而形成酸类化合物，然后部分电离而使表面荷电，或形成羟基化表面，吸附或解离 H + 而荷电。以石英在水中为例，其过程可示意如下：

石英晶格破裂：

$$\equiv Si{\begin{matrix}O^-\\O^-\end{matrix}} \quad + \quad \begin{matrix}+\\+\end{matrix}Si\equiv$$

水解生成类硅酸产物：

$$\equiv Si{\begin{matrix}O^-\\O^-\end{matrix}} + 2H^+ \longrightarrow \equiv Si{\begin{matrix}OH\\OH\end{matrix}}$$

$$\equiv Si{\begin{matrix}+\\+\end{matrix}} + 2OH^- \longrightarrow \equiv Si{\begin{matrix}OH\\OH\end{matrix}}$$

解离带负电：

$$\equiv Si{\begin{matrix}OH\\OH\end{matrix}} \longrightarrow \equiv Si{\begin{matrix}O^-\\O^-\end{matrix}} + 2H^+$$

（4）晶格取代：黏土、云母等硅酸盐矿物是由铝氧八面体和硅氧四面体的层状晶格构成。在铝氧八面体层片中，当 Al^{3+} 被低价的 Mg^{2+} 或 Ca^{2+} 取代，或在硅氧四面体层片中 Si^{4+} 被 Al^{3+} 置换，结果会使晶格带负电。为维持电中性，矿物表面就吸附某些正离子。当矿物置于水中时，这些碱金属阳离子因水化而从表面进入溶液，故这些矿物表面荷负电。

3.1.2.2　双电层结构及电位

（1）结构：在浮选中，矿物－水溶液界面的双电层可用斯特恩双电层模型表示。图 3 − 10 是其示意图。图中 A 为矿物表面，是双电层的内层（又称定位离子层）。从 B 到 D 称为双电层的外层，其中包括紧密层（又称斯特恩层）B 和扩散层 D。双电层外层与内层定位离子符号相反起电性平衡作用的离子名为配衡离子。配衡离子表面没有特殊的亲和力，是靠静电吸着的。矿物表面的荷电层决定其表面的电位符号，荷正电时，表面的电位为正，反之为负。

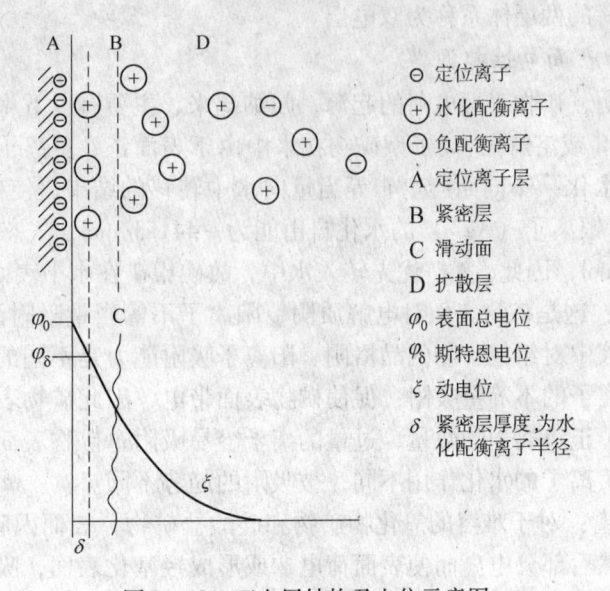

图 3 - 10 双电层结构及电位示意图

（2）双电层中的电位、双电层中如下几种电位：

1）表面总电位 φ_0。荷电表面所具有的电位，是矿物表面与溶液间的总电位差（又称表面电位），总电位 φ_0 与溶液中定位离子的浓度（活度）密切相关，φ 为零时，定位离子浓度的负对数值称为"零电点"。零电点是矿物的重要特性之一，它表明矿物表面的电荷密度为零。对于导体或半导体矿物，可以制成电极测出 φ_0。不导电的矿物，可以用溶液中定位离子的活度进行计算。

$$\varphi_0 = \frac{RT}{nF}\ln\frac{a_+}{a_+^0} = -\frac{RT}{nF}\ln\frac{a_-}{a_-^0} \qquad (3-13)$$

式中 φ_0——表面电位；

a_+，a_+^0——分别为某阳离子在表面和溶液内的活度；

R——气体常数；

T——绝对温度；

F——法拉第常数。

一般氧化物，以 H^+ 或 OH^- 离子为定位离子，$n=1$，氧化矿物表面总电位：

$$\varphi_0 = 0.0591(PH_0 - PH) \qquad (3-14)$$

2）Stern 电位 φ_δ 和电动电位 ξ。斯特恩层的电位 φ_δ 和动电位（ξ）。φ_δ 是水化配衡离子最紧密靠近表面的假设平面（图 3 - 10 中的 B）与溶液之间的电位差，一般假定它与动电位相等。动电位（ξ）是在外力（电场、机械力或重力）作用下，矿物与溶液沿图 3 - 10 中滑动面 C 做相对运动时产生的电位差。动电位为零的 pH 名为"等电点"，它表示配衡离子在滑动面内与定位离子电性相等。当总电位为零时，动电位也为零，此时零电点与等电点相同。

3.1.2.3 零电点和等电点

A 零电点 PZC 或 ZPC

由式（3-13）可以看出，矿物的表面电位决定于溶液中定位离子的活度。当 $a_+ = a_+^0$ 或 $a_- = a_-^0$ 时，$\varphi_0 = 0$，反之亦然。因此，当矿物表面静电荷（φ_0）为零时，溶液中定位离子浓度的负对数数值即为零电点值。如定位离子为 H^+ 或 OH^-，则 $\varphi_0 = 0$ 时的 pH 值即为零电点。表3-2 为常见矿物的零电点。

表3-2 常见矿物的零电点

氧化物和硅酸盐矿物		离子型矿物	
矿物	零电点	矿物	零电点
锡石（SnO_2）	pH 3.0, 3.9, 4.5, 5.4, 6.5	重晶石（$BaSO_4$）	pHBa 3.9~7.0
金刚石（TiO_2）	pH 5.8~6.7	萤石（CaF_2）	pHCa 2.6~7.7
赤铁矿（Fe_2O_3）	pH 4.8~6.7, 8.7	白钨矿（$CaWO_4$）	pHCa 4.0~4.8
磁铁矿（Fe_3O_4）	pH 6.5	角银矿（AgCl）	pHAg 4.1~4.6
刚玉（Al_2O_3）	pH 3.0, 6.6, 8.4, 9.1	碘银矿（AgI）	pHAg 5.1~6.2
软锰矿（MnO_2）	pH 5.6, 7.4	辉银矿（Ag_2S）	pHAg 10.2
石英（SiO_2）	pH 1.2, 1.8, 3.0, 3.7		

表中所列多个数据是不同研究者用不同样品、不同制备及测定方法所得结果。

B 等电点 PZC 或 IEP

双电层中的配衡离子对矿物表面只有静电力相互作用。但当溶液中某种离子（例如表面活性剂离子）对矿物表面除有静电力外尚有附加的其他作用力，例如化学力、烃链缔合力等存在时，则可使这种离子会更多地进入紧密层中使配衡离子层的电位发生更复杂的变化。当这种离子与表面电荷符号相同时，它能克服静电斥力而进入紧密层，其电位变化如图3-11a 所示；而当这种离子与表面电荷符号相反时，则可使 φ_δ 和 ξ 电位符号与 φ_0 相反，如图3-11b 所示，我们称这种作用为特性吸附作用。

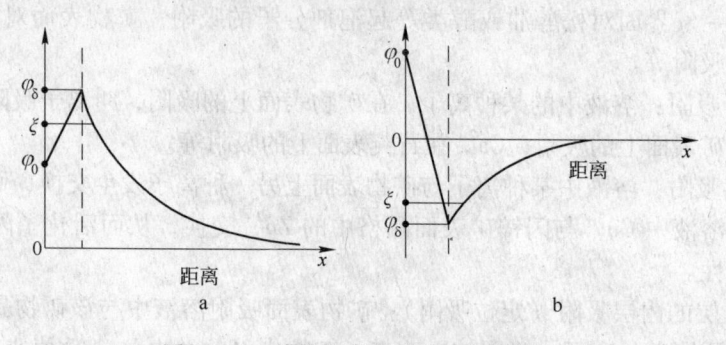

图3-11 特性吸附离子对电位的影响

由于电位测定容易，故在浮选中有很重要的意义。因此，与零电点对应，定义当没有特性吸附，ξ 电位等于零时，溶液中定位离子活度的负对数值为"等电点"，用符号 IEP 表示。由此可知，电动电位为零时，PZC 与溶液 PH 值有关，也和产生特性吸附的离子浓度有关。在体系中不存在特性吸附时，$\xi = 0$，电荷密度也为零，IEP = PZC。

3.1.2.4　矿物表面的电性对矿物可浮性的影响

浮选药剂在固－液界面的吸附，常受矿物表面电性的影响。研究矿物表面电性的变化，是研究药剂作用的机理和判断矿物可浮性的一种重要方法。一些氧化矿的浮选中，捕收剂靠静电引力与矿物作用，为此，必须使捕收剂高于在双电层的密集层中充当异号离子，对内层离子的电性起抗衡作用才能奏效。pH 值低于零电点时，矿物表面荷正电，pH 值高于零电点时，矿物表面荷负电。因此，无机离子可调节矿物表面的动电位，还可调节矿物的抑制、活化、分散和絮凝等状态。

在硫化物的浮选体系中，硫代化合物捕收剂以离子形式或以二聚物形式和矿物作用，与硫化矿表面的静电位密切相关。当矿物的静电位大于 0.13V 时，黄药均以双黄药的形式在其表面吸附；反之，黄药以黄原酸离子与矿物表面作用，形成金属黄原酸盐。

3.1.3　矿物表面的吸附现象

3.1.3.1　吸附现象的产生和对浮选的意义

吸附是浮选中不同相界面上经常发生的现象。吸附的发生，是由于磨碎的矿物颗粒表面具有不饱和表面键能引起的。也就是说，经过破碎、磨矿的矿石，其暴露表面存在着断裂和残留键，很容易与周围的气体和液体质点发生吸附作用。例如，在液－气界面上吸附起泡剂后，降低了液－气界面的自由能，防止气泡彼此兼并，从而达到了稳定气泡，促进泡沫矿化和形成稳定矿化泡沫层的目的。捕收剂和调整剂主要吸附在固－液界面上，直接影响矿物的物理化学性质，从而可以调节矿物的可浮性，改善浮选指标，所以，吸附现象与浮选关系密切。

3.1.3.2　吸附类型

浮选是复杂的物理化学过程，其中使用的药剂种类繁多，不同种类的药剂在不同的相界面上，或者同一种药剂可吸附在不同的相界面上。因此，浮选中的吸附可分为以下几种：

（1）分子吸附：固－液界面和液－气界面对溶液中被溶解的分子的吸附称为分子吸附。例如，液－气界面对松醇油或醇类等起泡剂分子的吸附；矿物表面对弱电解质分子、中性油分子的吸附等。

（2）离子吸附：溶液中的某种离子，在矿物表面上的吸附，叫离子吸附。例如，黄原酸离子在硫化矿表面上的吸附，Ca^{2+} 在石英表面上的吸附等。

（3）交换吸附：溶液中某种离子与矿物表面上另一种离子发生交换，而吸附在矿物表面上。例如，溶液中 Cu^{2+} 与闪锌矿表面晶格中的 Zn^{2+} 交换，从而活化了闪锌矿，提高了闪锌矿的可浮性。

（4）双电层的内层吸附（定位吸附）：矿物表面吸附溶液中与该矿物晶格同名离子或晶格离子成类质同象的离子，吸附结果改变了矿物表面的总电位（数值或符号），这种现象叫定位吸附。例如，重晶石表面对 Ba^{2+} 和 SO_4^{2-} 离子、石英表面对 H^+ 和 OH^- 的吸附。

（5）双电层的外层吸附：溶液中的溶质分子或离子吸附在矿物表面双电层的外层。它的特点是在吸附发生之后，只能改变动电位的大小，不能改变电位的符号，这种吸附全靠静电引力的作用。凡是与矿物表面电荷符号相反的离子都可以产生这样的吸附。

（6）半胶束吸附：溶液中长烃链的捕收剂浓度较高时，吸附在矿物表面上的捕收剂非极性基在范德华力作用下，发生相互缔合，这种吸附称为"半胶束吸附"。利用半胶束吸附的原理，加入长链的中性分子，往往可以节省捕收剂的用量。

（7）特性吸附：矿物表面对溶液中某种组分有特殊的亲和力，因而产生的吸附叫特性吸附。它具有很强的选择性，可以改变动电位的符号，亦可以使双电层产生充电现象。

上述 7 种吸附是根据吸附特征来分类的。就吸附本质而言，又可以分为物理吸附和化学吸附两大类：

（1）物理吸附：凡是由分子键力（范德华力）引起的吸附都称为物理吸附。物理吸附的特征是热效应小，一般只有 20kJ/mol 左右；吸附质易于从表面解吸，具有可逆性；吸附有多层分子或离子；无选择性；吸附速度快。例如分子吸附、双电层外层吸附以及半胶束吸附等。

（2）化学吸附：凡是由化学键力引起的吸附都称为化学吸附。化学吸附特征是热效应大，一般在 80 ~ 800kJ/mol 左右；吸附牢固，不易解吸，是不可逆的；往往只是单层吸附；具有很强的选择性，吸附速度慢。例如交换吸附、定位吸附等。化学吸附与化学反应不同，化学吸附不能形成新"相"，吸附交换产物的组分与化学反应产物的克式量有关。

应当指出，物理吸附与化学吸附之间既有区别又有联系。油酸虽可以在 Ca^{2+}、Fe^{3+} 的矿物表面发生化学吸附，但是当 pH 值使大部分的油酸呈分子状态存在和油酸的含量很大时，油酸就可以在赤铁矿等矿物表面发生物理吸附，即在化学吸附的单分子层外面发生多分子层的物理吸附。

3.1.3.3 吸附现象对浮选所起的作用

浮选中相界面发生的主要过程之一是吸附。对于起泡剂、润湿和界面电性变化等过程，吸附起主导作用。吸附在浮选中的应用是多方面的。

（1）溶液活度的改变，可改变吸附量和表面张力。例如，起泡剂在液 – 气界面的作用。随着起泡剂的加入，即随着起泡剂活度的增加，水溶液的表面张力降低，而吸附量则随着活度的增加而增加，这就说明起泡剂的性能与其表面的活性密切相关。

（2）浮选药剂可改变固 – 液气界面的吸附润湿性，化学吸附理论认为，捕收剂离子吸附于硫化矿的金属区，形成的捕收剂金属盐的溶解度积愈小，吸附反应愈易发生；而影响某一种捕收剂作用的主要因素是氢离子浓度（pH）及金属离子的浓度和溶解度。由此可得出各种金属离子与各种浮选剂的竞争及其可能的反应，这对了解浮选体系中离子状态和选择捕收剂种类有重要意义。

3.2 浮选药剂

自然界除个别矿物（如石墨，自然硫、辉钼矿等）和煤外，绝大多数矿物的天然可浮性是比较差的，有些彼此之间的差别也不大，分选时效果很差。因此，为了有效地实现各种矿物浮选分离，必须人为地控制矿物表面的润湿性质，扩大矿物间可浮性的差别，根据需要来改变同一矿物的可浮性，在浮选过程中，通过添加一些药剂来改变矿物的表面性质，使浮选过程按照一定的方向进行。

3.2.1　浮选药剂的分类

浮选药剂按其用途，基本上可分为三大类：

(1) 捕收剂。捕收剂主要作用是使目的矿物表面疏水，增加可浮性，使其易于向气泡附着。国内对捕收剂命名结尾常带"药"字（如黄药，黑药）。按照捕收剂的分子结构，可将捕收剂分为：1) 异极性捕收剂，它是异极性物质，常见的异极捕收剂，如黄药、黑药、脂肪酸、胺类等；这类捕收剂的分子是由非极性基（R –）和极性基（– OCSSNa，– COONa，– NH_2）两部分组成。2) 非极性烃油类捕收剂，其化学通式为 R – H；例如，煤油，变压器油等。由于烃油类捕收剂分子内各原子之间以极强的共价键相互结合，对外则呈现为弱的分子键，因而易附着于表面同样呈弱分子键的非极性矿物，如：石墨、辉钼矿等矿物表面上。非极性的煤油分子与强极性的水分子之间的作用力很弱，所以表现出疏水性。3) 两性捕收剂，如十六烷基醋酸钠。

(2) 调整剂。调整剂主要用于调整捕收剂的作用及介质条件，调整剂可分为 5 类：1) pH 值调整剂是用来调节矿浆的酸碱度，以控制矿物表面特性、矿浆化学组成以及其他各种药剂的作用条件，从而改善浮选效果。在氰化过程中也同样要调节矿浆 pH 值的。常用的有石灰、碳酸钠、氢氧化钠和硫酸等。在选金时，最常用的调节剂是石灰和硫酸。2) 活化剂能增强矿物同捕收剂的作用能力，使难浮矿物受到活化而浮起。如使用硫化钠活化含金的铅铜氧化矿，然后用黄药等捕收剂浮选。3) 抑制剂能提高矿物的亲水性和阻止矿物同捕收剂作用，使其可浮性受到抑制。如在优先浮选过程中使用石灰抑制黄铁矿，用硫酸锌和氰化物抑制闪锌矿，用水玻璃抑制硅酸盐脉石矿物等、利用淀粉、拷胶（单宁）等有机物作抑制剂达到多金属分离浮选的目的，在抑制常与石墨共生的云母时，采用水玻璃；在抑制黏土矿物时，采用石灰或苏打。4) 絮凝剂可以使矿物细颗粒聚集成大颗粒，以加快其在水中的沉降速度；利用选择性絮凝进行絮凝 – 脱泥及絮凝 – 浮选。常用的絮凝剂有聚丙烯酰胺和淀粉等。5) 分散剂能够阻止细矿粒聚集，并处于单体状态，其作用与絮凝剂恰恰相反，常用的有水玻璃、磷酸盐等。

(3) 起泡剂。起泡剂主要作用是促使泡沫形成，具有亲水基团和疏水基团的表面活性分子，定向吸附于水 – 空气界面，降低水溶液的表面张力，使充入水中的空气易于弥散成气泡和稳定气泡。起泡剂与捕收剂有联合作用，共同吸附于矿物颗粒表面，促进矿物上浮，我国对起泡剂命名结尾常带"油字"（如松醇油等）。常用的起泡剂有松醇油（中国俗称二号油）、甲基戊醇、醚醇油、丁醚油等。

根据上述分类，浮选药剂比较详细的分类列于表 3 – 3 中。

表 3 – 3　浮选剂分类

类别	系列	品种	典型代表	类别	系列	品种	典型代表
捕收剂	阴离子型	硫代化合物 羟基酸及皂	黄药、黑药等 油酸、硫酸脂等	起泡剂	表面 活性物	醇类	松醇油、樟脑油等
						醚类	丁醚油类
						醚醇类	醚醇油类
	阳离子型	胺类衍生物	混合胺等			酯类	酯油类
	非离子型	硫代化合物	乙黄腈酯等		非表面 活性物	酮醇类	（双丙）酮醇油
	烃油类	非极性油	煤油、焦油等				

续表 3-3

类别	系列	品种	典型代表	类别	系列	品种	典型代表
调整剂	pH 调整剂	电解质	酸、碱	调整剂	抑制剂	气体和有机化合物	氧、SO_2 等淀粉、单宁等
	活化剂	无机物	金属阳离子 Cu_2 等阴离子 CN^-、HS^- $HSIO_4^-$ 等		絮凝剂	天然絮凝剂	石青粉、腐殖酸等
						合成絮凝剂	聚丙烯酰胺等
					分散剂	无机物	水玻璃、磷酸盐等

3.2.2 捕收剂

硫化矿浮选常用的捕收剂是硫代化合物类，氧化矿常用烃基酸类；硅酸盐类矿物常用胺类捕收剂；非极性矿物使用烃油类捕收剂。

3.2.2.1 硫化矿捕收剂

这类捕收剂通常具有二价硫原子组成的亲固基，同时疏水基分子量较小，其主要代表有黄药、黑药、氨基二硫代甲酸盐（硫氮类）、硫胺酯、硫醇类和硫脲衍生物类。

A 黄药类

黄药类药剂包括黄药、黄药脂等。

(1) 黄药（黄原酸盐），其结构式如下：

$$R-O-C{\overset{\displaystyle S}{\underset{\displaystyle SMe}{}}}$$

黄药的学名是烃基二硫代碳酸盐，通式为 ROCSSM。式中 R 为烃基，Me 为碱金属离子。R 为乙基、丁基等时，则相应地称为乙（基）黄药、丁（基）黄药等。

黄药是用醇、氢氧化钠（或氢氧化钾）及二硫化碳制成的：

$$ROH + NaOH = RONa + H_2O \tag{3-15}$$

$$RONa + CS_2 = ROCSSNa \tag{3-16}$$

根据所用原料中烃基的不同，可得到各种黄药，如 C_2H_5 - 乙黄药，$(CH_3)_2CH$ - 异丙黄药，C_4H_9 - 丁黄药。黄药有钾盐和钠盐两种。此外，尚有戊黄药 $C_5H_{11}OCSSNa$；异丁黄药 $(CH_3)_2CH_2OCSSNa$；仲辛黄药 $CH_3(CH_2)_5CH(CH_3)OCSSNa$；杂黄药（$C_3$ - C_6 的烷基原酸盐）。

黄药是淡黄色粉剂，常因含有杂质而颜色较深，密度为 1.3 ~ 1.7，具有刺激性臭味，易溶于水，使用时常配成 1% 水溶液。

黄药的主要性质如下：

1）黄药的解离、水解和分解。

黄药在水中解离：

$$ROCSSMe = ROCSS^- + Me^+ \tag{3-17}$$

黄原酸根又水解生成黄原酸。黄原酸是弱酸，解离常数在 10^{-2} ~ 10^{-5} 之间。

$$ROCSS^- + H_2O \Longrightarrow ROCSSH + OH^- \qquad (3-18)$$

黄原酸易分解，pH 愈低，分解愈迅速：

$$ROCSSH \Longrightarrow ROH + CS_2 \qquad (3-19)$$

为了防止黄药分解失效，常在碱性矿浆中使用。低级黄药比高级黄药分解快，例如，在 0.1N 的 HCl 溶液中，乙黄药完全分解的平均时间为 5 ~ 10min，丙黄药 20 ~ 30min，丁黄药 50 ~ 60min，戊黄药 90min。因此，如必须在酸性介质中进行浮选时，应尽量使用高级黄药。同时黄药遇热容易分解，而且温度愈高，分解愈快。

2）黄药的氧化。黄药本身是还原剂，易被氧化。在有 O_2 和 CO_2 同时存在时，氧化速度比只有 O_2 存在时更快；同时，高价态的金属阳离子也对黄药有氧化作用，其反应为：

$$CO_2 + 2ROCSSNa + \frac{1}{2}O_2 \Longrightarrow (ROCSS)_2 + Na_2CO_3 \qquad (3-20)$$

$$4ROCSSNa + 2CuSO_4 \Longrightarrow 2ROCSSCu + (ROCSS)_2 + 2Na_2SO_4 \qquad (3-21)$$

黄药氧化产物双黄药的结构为：

$$RO-\overset{\displaystyle S}{\overset{\displaystyle \|}{C}}-S-S-\overset{\displaystyle S}{\overset{\displaystyle \|}{C}}-OR$$

双黄药为黄色油状液体，难溶于水，在水中呈分子状态存在。当 pH 升高时，会逐渐分解为黄药，常用于酸性介质中浮选铜矿浸出液经置换得到的沉积铜。黄药存放过久除分解失效外，还会部分被氧化成双黄药，也使其效果变差。

为了防止分解，要求将黄药贮存在密闭的容器中，避免与潮湿空气和水接触；注意防火，不应曝晒；不宜长期存放；配制的黄药溶液不要停置过久，更不要用热水配制。

3）黄药的捕收能力。黄药的捕收能力与其分子中非极性部分的烃链长度、异构有关。烃链增长（即碳原子数量多）捕收能力增强，但当烃链过长时，其选择性和溶解性能随之下降，因此，烃链过长反而会降低药剂的捕收效果。常用的黄药烃链中碳原子数是 2 ~ 5 个。

烃基支链的影响是：对于短链的黄药，正构体不如异构体好；但是，烃链增长到一定时（如 C_5 以上），异构体不如正构体，特别是靠近极性基者尤为明显。

4）黄药的选择性。碱土金属（钙、镁、钡等）的黄原酸盐易溶。黄药对碱土金属矿物（如萤石 CaF_2、方解石 $CaCO_3$、重晶石 $BaSO_4$）等没有捕收作用。

黄药离子能和许多重金属、贵金属离子生成难溶性化合物，各种金属与黄药生成的金属黄原酸盐难溶的顺序，按溶解度积大小可大致排列为下：

第一类：汞、金、铋、锑、铜、铅、钴、镍（溶解度积小于 10^{-10}）；

第二类：锌、铁、锰（溶解度积小于 10^{-2}）。

此性质可用来粗略估计黄药对重金属及贵金属矿物（主要指硫化矿）的捕收顺序。某金属黄原酸盐愈难溶，则其相应的硫化矿愈易为黄药所捕收。

了解金属黄原酸盐溶解性质的另一重要意义，在于用来调节矿浆中的离子组成及药剂间的相互影响。

(2) 黄药酯，其通式为 ROCSSR′。黄药分子中，碱金属被烃基取代生成黄药酯类，可将其看做是黄药的衍生物。这类捕收剂属于非离子型极性捕收剂，它在水中的溶解度都很低，大部分呈油状。对于铜、锌、钼等硫化矿以及沉淀铜、离析铜等的浮选，具有较好的浮选活性，属于高选择性的捕收剂。即使在较低的 pH 条件下，也能浮选某些硫化矿。

黄药酯类药剂多和水溶性捕收剂混合使用，以提高药效、降低用量、改善选择、常用的黄药酯有：乙黄腈酯 [乙黄酸氰乙烯酯 ($C_2H_5OCSSCH = CHCN$)]，丁黄腈酯 ($C_4H_9OCSSC_2H_4CN$)，丁黄烯酯 (丁黄酸丙烯酯 $C_4H_9OCSSCH_2CH_2 = CH_2$)，乙黄烯酯 ($C_2H_5OCSSCH = CH_2$) 等。

B 硫氮类

硫氮类（氨基二硫代甲酸盐）是二乙胺（或二丁胺）与二硫化碳、氢氧化钠反应生成的化合物：

乙硫氮（二乙胺基二硫代甲酸钠）　　　　丁硫氮（二丁胺基二硫代甲酸钠）

乙硫氮是白色粉剂，因反应量的少量黄药产生，工业品常呈淡黄色。易溶于水，在碱性介质中容易分解。

乙硫氮也能同重金属生成不溶性沉淀，捕收能力较黄药强。它对方铅矿、黄铜矿的捕收能力强，对黄铁矿捕收能力较弱，选择性好，浮选速度较快，用药量少。对硫化矿的粗粒连生体有较强的捕收剂。它用于铜铅硫化矿分选时，能够得到比黄药更好的分选效果。

C 硫胺酯

硫胺酯是国内外广泛应用的硫酯型捕收剂。硫胺酯也属非离子型极性捕收剂。主要应用的是丙乙硫胺酯，它是一种微溶于水的油状液体，也是一种选择性能良好的硫化矿捕收剂，对黄铜矿、辉铜矿和活化的闪锌矿的捕收作用较强。它不浮黄铁矿，为分选铜、铅、锌等硫化矿的选择性捕收剂。国外的硫化矿浮选厂，用它代替黄药。如美国的代号为 Z-200 的药剂，就是"O-异丙基-N-乙基硫逐氨基甲酸酯"。

D 黑药类（二烃基二硫化磷酸盐）

其结构式为：

它由醇或酚与五硫化二磷反应制得：

$$4ROH + P_2S_5 == 2(RO)_2PSSH + H_2S \uparrow \qquad (3-22)$$

酸式产物为油状黑色液体，中和成钠或铵盐时可制成水溶液或固体产品。

黑药是硫化矿的有效捕收剂，其捕收能力较黄药弱，同一金属离子的烃基二硫代磷酸盐的溶解度只较相应离子的黄原酸盐大。黑药有起泡性。

黑药和黄药相同，也是弱电解质，在水中解离：

$$RO_2PSSH == RO_2PSS^- + H^+ \qquad (3-23)$$

但它比黄药稳定，在酸性矿浆中，不像黄药那样容易分解。黑药较难氧化，氧化后生成双黑药：

$$2(RO)_2PSS^- - 2e \Longrightarrow (RO)_2PSS-SSP(OR)_2 \qquad (3-24)$$

双黑药也是一种较难溶于水的非离子型捕收剂，大多数为油状物，性质稳定，可作硫化矿的捕收剂，也适用于沉积金属的浮选。

黑药具有微毒性，选择性较黄药好，在酸性矿浆中不易分解。

工业常用黑药有：

(1) 25 号黑药 [甲酚黑药 $(C_6H_4CH_3O)_2PSSH$]。在常温下，甲酚黑药为黑褐色或暗绿色黏稠液体，密度约为 1.2，有硫化氧臭味，微溶于水。因其中含有未起反应的甲酚，故有起泡性，对皮肤有腐蚀作用，与氧氯接触易氧化而失效。在使用时，常将其加入球磨机。

(2) 丁铵黑药 [二丁基二硫代磷酸铵 $(C_4H_9O)_2PSSNH_4$]。丁铵黑药为白色粉末，易溶于水，潮解后变黑，有一定起泡性，适用于铜、铅、锌、镍等硫化矿的浮选。弱碱性矿浆中对黄铁矿和磁黄铁矿的捕收能力较弱，对方铅矿的捕收能力较强。

E　硫醇类

硫醇类通式为 RSH，因味臭未能在工业中应用。

F　硫脲衍生物类

硫脲衍生物类主要为二苯基硫脲，俗称白药，结构式为：

白药为不溶于水的白色粉末，用于对铜、铅、锌硫化矿的浮选。它对方铅矿的捕收能力较强，对黄铁矿较弱，选择性好，浮选速度慢，但因其价格昂贵，故未在工业中应用。

3.2.2.2　硫化矿捕收剂作用机理概述

关于黄药在浮选过程中的作用机理，一直是国际选矿学界最感兴趣，争论也最大的课题之一。争论的焦点是黄药在矿物表面究竟以何种形式吸附的问题之一，有化学反应说（溶解度说）、离子交换吸附说、中性分子吸附说等。20 世纪 60 年代以来，在金属黄原酸盐化学吸附和双黄药物理吸附之间又产生了尖锐的分歧意见，各自凭借自己的实验数据提出不同的看法。在 1964 年前后，有学者从浮选化学反应动力学观点出发，曾提出在浮选矿浆中，黄药被氧化生成双黄药后，还可能继续解离为自由基，最终与金属离子形成金属黄原酸盐的看法。

A　黄药在浮选条件下被催化氧化成双黄药的实验依据

早在 1954 年，米特罗法诺夫及其同事的研究表明：细磨后的硫化矿物对水溶液中硫化钠的氧化过程起催化作用。根据这一事实，1958 年他曾预言关于浮选条件下硫化矿物对黄药氧化的催化作用的原理。1957 年利特尔和利杰通过红外光谱研究证实：对于部分氧化的矿物表面，在多数情况下，伴随金属黄原酸盐的形成有双黄药生成。1961 年戈利科夫等通过化学测定证明，当存在分散的固相时，黄药（水溶液）确实被硫化矿物催化氧化生成双黄药。1963 年波林和利杰在进行了多段反射的红外吸收光谱测定后，也认为双黄药是活性的吸附质，溶液中溶存氧的作用可使黄药氧化成双黄药。1964 年托伦和基钦纳等则用电化学方法证明，黄药在空气存在下，经方铅矿催化氧化生成双黄药，认为在此条件下，于方铅矿表面上形成铅与黄药及双黄药的混合膜后同气泡发生黏附。1972 年伍德还分析了在 0.2V 以上电位时，阳极极化后方铅矿表面生成物和溶液中的离子；分别检测了双黄药、黄原酸铅、硫代硫酸根离子，并且双黄药与黄原酸铅生成量之比为 1:1。同年韦尔斯根据方铅矿表面的 $S_2O_3^{2-}$ 量与可浮性的对应关系，估计可能是黄原酸离子的化学吸附和双黄原酸的共同作用导致矿物表面产生疏水性。他还指出，在方铅矿表面不均一的情况下，有阳极面和阴极面，在阳极面由于黄药离子向表面的电子转移而发生化学吸附并氧化成双黄药。1973 年加德纳和伍德曾用方铅矿的粒子层电极来了解电位与可浮性的关系，认为使表面产生疏水的吸附物不是黄原酸铅，而是含有许多双黄原酸离子的单分子吸附层。

由此，不难看出，学者们用不同方法从不同角度研究结果的共同点是：都证明黄药与方铅矿作用过程中有双黄药生成。还有学者对黄铜矿和黄铁矿等硫化矿物进行一系列研究，也得到同样结果。1970 年克莱莫里和萨曼根据黄铜矿表面的 $Cu(OH)_2$ 同 $Fe(OH)_3$ 的反应类似，认为黄药在黄铜矿表面呈双黄原酸吸附。1976 年伍德也认为是黄药与被黄铜矿表面吸附的氧反应生成双黄药。在此之前（1968 年）富尔斯坦垴曾测定黄铁矿 - 黄药 - 水相的氧化电位，认为黄药的大部分被氧化成双黄药，用红外光谱测定也确认在黄铁矿表面存在双黄药。马吉马等（1968 年）根据黄铁矿浸泡在黄药溶液中时，具有与黄药 - 双黄药还原电位相等的自然电位以及溶液 pH 上升等，推测出黄药被氧化为双黄药后吸附于黄铁矿表面，其反应式为：

$$\frac{1}{2}O_2 + 2X^- + H_2O \rule[0.4ex]{2em}{0.4pt} X_2 + 2OH^- \tag{3-25}$$

1982 年普拉克辛指出，硫化矿物上的 N - P 转换的存在和载流子浓度的梯度使双黄药不断产生。在矿浆中存有溶氧的情况下，溶解的黄药在一些硫化物表面不断转化成双黄药。1983 年，琼斯和伍德科克强调指出，黄原酸盐可通过同磨矿矿浆中溶解的铜及其他金属作用，同用于活化闪锌矿及其他矿物而添加的硫酸铜反应，以及与硫化矿物反应而生成双黄药。

由此可以说明，双黄药产生于有溶解氧和黄药的硫化矿浮选矿浆中。

B　关于双黄药的分解反应

黄药在浮选过程中氧化成双黄药的事实被确定之后，有关双黄药的浮选作用机理的解释却存在着尖锐的分歧。一些人认为，矿物表面的疏水作用系双黄药润湿作用的结果；更多的作者则坚持化学作用的观点。卡科夫斯基和阿拉希克维茨认为，反对化学作用的观点与很多作者的实验结果相背离，而且无法解释很多工业实践中的现象。事实上，有着很多关于双黄药与黄铜矿之间进行化学反应生成黄原酸亚铜的直接证明。例如，利杰等用红外光谱法证明，不论铜表面是氧化的还是硫化的，也不管吸附剂是乙基黄药还是双黄药，生成的产物都是黄原酸亚铜，并指出：双黄药分子在硫化铜和氧化铜表面发生反应。利夫希茨等用含入射性同位素硫的乙基双黄药进行直接实验证明：在铜板上生成了双黄药和黄药的多分子层覆盖，甚至在 3min 的短时间接触下，金属铜所吸附的大量双黄药，大部分转化为黄原酸亚铜，并断定乙基双黄药对金属铜起捕收作用，是由于生成了乙基黄原酸亚铜的化学反应。卡科夫斯基将金属铜粉末放入双黄药溶液中，一天后就转化为黄原酸亚铜，说明双黄药同硫化矿物的作用与黄药具有相同的化学作用特征。

但是，究竟双黄药分子在矿物表面是通过何种途径发生破裂？怎样形成金属黄原酸盐从而使矿物表面产生疏水作用，则未曾得到解释。

早在 1964 年，有学者根据自由基化学理论指出，双黄药本身是一个良好的自由基引发剂，而在过去解释黄药的作用机理时很少考虑此点，因此，双黄药在矿物表面发生破裂很可能是通过自由基途径。实验证明：庚基双黄药在紫外光照射下提高了捕收能力，也进一步证明了这一观点。有理由认为：在具有半导体性能的硫化矿物及矿浆中的重金属离子（多系变价金属离子）的引发下，必然会生成自由基（2ROCSS·）。自由基是一种具有未耦合电子的高度活泼的质点，它比一般分子、离子具有大得多的反应能量，因而能更迅速地固着到矿物表面，并与离子反应相同，生成重金属黄原酸盐，从而使矿物表面疏水。关于变价金属离子可以引发自由基的问题，1979 年，索洛仁金在这方面进行了实验研究发现，当在水浴上加热丁基双黄药时，双黄原酸化合物的—CH_2O—基团的核磁共振谱的强度减弱，并产生化学位移（加热至 50℃，双黄药的—CH_2O—基团的核磁共振谱向低的方向位移 1Hz，100℃时位移 3Hz），说明在体系中形成了自由基，双黄药的热分解反应式为：

$$C_4H_9OCSS—SSCOC_4H_9 = 2C_4H_9OCSS·   \quad\quad (3-26)$$

$$CH_3OCSS—SSCOCH_3 + C_4H_9OCSS· = C_4H_9OCSS—SSCOCH_3 + CH_3OCSS· \quad (3-27)$$

$$C_4H_9OCSS· + CH_3OCSS· = C_4H_9OCSS—SSCOCH_3   \quad\quad (3-28)$$

进而，他用过氧化氢氧化等摩尔丁基和乙基黄原酸钾以生成双黄药的混合物，其核磁共振谱表明，黄原酸基团中的 $-CH_2O^-$ 和 CH_3^- 的化学位移发生了变化。由此他认为，硫氢型混合捕收剂阴离子在硫化矿物表面氧化形成邻-丁基-邻-甲基双黄药的过程，也是自由基再复合的过程，可用下述反应式表示：

$$C_4H_9OCSS^- - e = C_4H_9OCSS·   \quad\quad (3-29)$$

$$CH_3OCSS^- - e = CH_3OCSS·   \quad\quad (3-30)$$

$$C_4H_9OCSS· + CH_3OCSS· = C_4H_9OCSS—SSCOCH_3   \quad\quad (3-31)$$

索洛仁金还根据电子顺磁共振谱数据的分析指出，丁黄药与硫化矿物作用形成的双黄药或表面化合物（与矿物晶格中能形成化学键的硫氢型捕收剂的化合物），都是硫氢型捕收剂自由基作用的反应产物。

值得注意的是，近年来关于黄药的过氧化作用提高了黄药的捕收作用的事实，以及过黄药的发现和利杰与伍德笠克关于水溶液中烷基双黄药的分解作用的系统研究结果。1977 年苏联曾介绍用丁黄药浮选氧化铅锌时，添加 0.1% 过氧化氢可以显著提高精矿中铅、铜、银的品位和回收率；利杰和伍德科克（1978）用仲丁基黄药在碱性溶液中与过氧化氢反应，得到一种新型化合物和仲丁基黄原酸铵获得的物质的紫外光谱完全一致，说明黄药在充气浮选过程中，也同样地被氧化生成与其类似的过硫化物。

1983 年，他们进一步研究了水溶液中烷基双黄药的分解反应，发现引起双黄药分解的主要因素是高 pH、高温和存在或添加诸如氢氧化物、硫代硫酸盐、氰化物和亚硫酸盐等亲核试剂。在亲核试剂存在下，水溶液中的烷基双黄药以多种方式分解：在碱性溶液中，乙基双黄药分解的主要方式是 OH^- 离子，同时在 S—S 键和 C—S 键发生反应，前者生成黄原酸根离子（$ROCSS^-$）和过氧化氢（H_2O_2），后者生成一硫代碳酸盐离子（$ROSCO^-$）、硫化物离子（S^{2-}）和硫（S^0），在碱性溶液中所形成的部分黄原酸盐与过氧化氢反应生成过黄原酸盐都迅速分解，前者生成 CS_2，后者分解生成 OCS。他们还指出，在其他亲核试剂存在下，当 pH 为 9.2 时，被溶解的双黄药的分解速度，比单独存在 OH^- 时快得多，并有其他反应发生。例如，用硫代碳酸盐作用为亲核试剂时，大部分形成黄原酸盐，但没有过黄原酸盐。用亚硫酸盐做亲核试剂，无氧时反应产物为黄原酸盐和一硫代碳酸盐，而有氧存在下，则有过黄原酸盐生成。

综上所述，黄药在浮选过程中不仅会氧化成双黄药，生成的双黄药还会以多种方式进一步分解。在分解过程中，除了生成一般的离子、分子外，还有自由基和过黄药等活性中间物质。

此外，在浮选条件下，双黄药的分解反应不会完全，尚可能残留少量未分解的双黄药，利杰和托伦等的实验已证实此点，而未分解的双黄药，按利杰的意见，会增中矿物表面的疏水性。因此，在讨论黄药的捕收作用时，也不能忽略它们的作用。但是，将矿物的疏水作用全部归结为双黄药的物理吸附的观点，是不易为人接受的。卡科夫斯基和阿拉希克维茨对这方面的问题已经做了详细的分析，这里只需指出一点：戈利科夫的实验，由黄药氧化生成双黄药，其转化率基本上是随黄药与矿物接触时间的延长而增多，接触若干小时之后，其转化率也不过是百分之几，大部分仍然是黄药离子直接与矿物作用，黄药一方面氧化生成双黄药，双黄药又继续不断地解离。

C　关于黄药与硫化矿物作用机理的探讨

综上所述，研究者们的实验数据，大多是在一个经过简化的条件下得到的。但浮选是一个组成相当复杂的多相动力系统，药剂在硫化矿表面的作用产物在化学上是很不稳定的，仅应用热力学模型加以解释还是不够的；在简化了的条件下取得的各种实验数据，只能代表一个局限的、特定条件下的现象，由此推广到复杂的全过程，甚至排斥其他经过反复证明的实验结果，不利于全面和深入地了解浮选重要条件下可能发生多种多样的复反应，并利用新发现的现象来改进和强化浮选过程，方能揭示过程的本来面目并推动浮选实践的发展。

综合现有的各种实验数据，可以认为：

（1）黄药离子、分子直接与矿物表面作用，视条件而定（如介质 pH 值等），或呈化学吸附，或呈物理吸附。

（2）根据普拉克辛等的研究结果，硫化矿物表面在水溶液中要吸附相当量的氧，氧是很强的电子受容体，首先夺取 N 型（即硫化矿物）半导体传导带的自由电子，使其变为 P 型半导体，使黄药对硫化矿物的吸附作用容易发生。这种化学吸附在矿物表面的活泼氧以及矿浆中的溶存氧，进一步使吸附的黄药氧化成双黄药。双黄药在具有半导体性质的硫化矿物表面或矿浆中的金属离子（一般为变价金属离子）以及光和热的引发下，解离为黄药的自由基，它们以很高的速度固着于矿物表面，与矿物的金属离子结合成金属黄原酸盐。

（3）在碱性矿浆中以及某些亲核试剂存在下，双黄药分解为黄原酸盐和过氧化氢，二者反应生成黄原酸盐；在酸性溶液中所形成的黄原酸盐和硫化碳酸盐都迅速分解，前者生成 CS_2，后者生成 OCS。

（4）部分未分解的双黄药向金属黄原酸盐的化学吸附薄膜进行协同吸附，并增强表面的疏水性。

3.2.3 起泡剂

3.2.3.1 起泡剂的选择

（1）起泡剂的结构。起泡剂应有的共同结构特性：

1）起泡剂应是异极性的有机物质，极性基亲水，非极性基亲气，使起泡剂分子在空气与水的界面上产生定向排列。

2）部分起泡剂是表面活性物质，能够强烈的降低水的表面张力。一般来说，同系列的有机表面活性剂，其表面活性按"三分之一"的规律递增。

3）起泡剂应有适当的溶解度。起泡剂的溶解度，对起泡性能及形成气泡的特性有很大影响，如溶解度很高，则耗药量大，或迅速发生大量泡沫，但不能耐久；当溶解度过低时，来不及溶解，随泡沫流失，或起泡度缓慢，延续时间长，难于控制。

（2）对起泡剂的要求。具有起泡性质的物质很多，如醇类、酚类、醛类、醚类及酯类等。作为浮选用的起泡剂，对其还有如下一些具体要求：

1）用量较少时，能形成量多，分布均匀，大小合适、韧性适当的黏度不大的气泡。

2）应有良好的流动性、适当的水溶性，无毒，无臭，无腐蚀性，便于使用。

3）无捕收性，对矿浆 pH 变化和矿浆中的各种组合有较好的适应性。

3.2.3.2 常用的起泡剂

A 松油

松油是浮选实践中应用比较广泛的一种起泡剂。它是由松树的根或枝干经过干馏或蒸馏制得的油状物。它是含萜烯类挥发油的混合物，淡黄色或棕色，具有松香味。其主要成分为 α-萜烯醇、仲醇和醚类化合物。

松油为黄色油状液体，密度为 0.9~0.95，有较强的起泡性能力，因含有一些杂质，具有一定的捕收能力，如可以单独使用松油浮选辉钼矿、石墨和煤等。但松油黏性较大，选择性差及来源有限，所以逐渐被人工合成的起泡剂所代替。

B 松醇油（2 号油）

松醇油是以松节油为原料，硫酸作催化剂，酒精或脂肪醇聚氧乙烯醚（一种表面活性剂）为乳化剂的参与下，发生水解反应制取的。

松醇油的主要成分为 α-萜烯醇（$C_{10}H_{17}OH$），其结构式为：

$$H_3C-CH \begin{array}{c} CH_2-CH_2 \\ \\ CH_2-CH_2 \end{array} CH-C \begin{array}{c} CH_3 \\ | \\ CH_3 \\ OH \end{array}$$

松醇油中萜烯醇含量 50%左右，尚有萜二醇、烃类化合物及杂质。它是淡黄色油状液体，有刺激作用。密度为 0.9~0.915，可燃，微溶于水，在空气中可氧化，氧化后黏度增加。

松醇油起泡性强，能生成大小均匀、黏度中等和稳定性合适的气泡。当其用量过大时，气泡变小，影响浮选指标。

C 甲酚酸

甲酚酸是炼焦工业的副产品，是含酚、甲酚及二甲酚等的混合物。它的起泡性能较松油弱，生成的泡沫较脆，选择性好，适合于多金属硫化矿物的优选浮选。

D　重吡啶

重吡啶也是炼焦工业的副产品，主要是吡啶和烃类油类组成的复杂混合物。具有起泡性，也有一定的捕收能力。

近年来，逐渐趋向于使用合成起泡剂，其中有：脂肪醇类起泡剂，醚醇类起泡剂以及多氧基化合物（4 号油）等。

3.2.3.3　起泡过程及起泡剂的作用机理

在异极性表面活性物质存在的纯水，矿浆中充气形成细小和比较坚韧的气泡或泡沫，气泡上浮到水面形成具有一定稳定性的细小气泡聚集层，此层为泡沫层。泡沫可分为：

(1) 两相泡沫，由气、液两相形成的泡沫，如常见的皂泡。

(2) 三相泡沫，由气、液、固三相形成的泡沫，或称矿化泡沫、矿化气泡。过去用二相泡沫理论推广到三相泡沫，认为起泡剂就是在液–气界面起活性作用，凡能产生大量泡沫的条件就有利于浮选。但对浮选三相泡沫的研究证明，矿粒对泡沫有很大影响，有的非表面活性物，由于它的影响矿粒向气泡附着，却是三相泡沫的良好起泡剂。因此浮选用的起泡剂与其他两相泡沫的起泡剂不完全相同。

A　泡沫的破灭

气泡汇集到液面成为泡沫，该泡沫是不稳定系统，一般水泡会逐渐兼并破灭。首先是气泡间水层变薄，小气泡兼并成大气泡，这是自发过程。气泡在静水中上升时，静水压力逐渐减少，气泡不断增大，上升至液面时，气泡上层的水受到上浮泡的挤压及水本身的重力作用，不断向下渗流，泡壁逐渐变薄而破裂。在水中运动的气泡，还会因碰撞而兼并。其次是由于气泡水膜的蒸发，当气泡上升至空气层界面时、由于水分子的蒸发使水膜变薄而导致泡沫的破灭。最后是许多气泡间形成三角形地区的抽吸力，许多气泡靠近时，会排列成规则的形状，在气泡间形成三角形地带，并形成负压，从而产生抽吸力，促使气泡水膜薄化最终合并。

B　泡沫的稳定

两相泡沫的稳定，主要靠表面活性起泡剂的作用。由于表面活性起泡剂吸附于气泡表面，起泡剂分子的极性端朝外，对水偶极有引力，使水膜稳定不易流失。有些离子型表面活性起泡所形成的气泡表面，带有电荷，于是各个气泡因为同名电荷相互排斥阻止了兼并，增加了稳定性。矿粒的存在，形成三相泡沫。三相泡沫比较稳定，这是由于：矿粒附着于气泡表面，成为防止气泡兼并及阻止水膜流失的障碍；矿粒表面吸附的捕收剂与起泡剂分子间相互作用，它们在气泡表面像编织成的篱笆一样，因而增加了气泡壁的机械强度。

在浮选泡沫中，凡矿粒的疏水性愈强，捕收剂相互作用力愈强，矿粒愈细（表面能大），矿泥罩盖于气泡表面愈密，则泡沫愈稳定。

浮选时，泡沫的稳定性要适当，不稳定易破灭的泡沫易使矿粒脱落，影响回收率；过分稳定的泡沫会使泡沫的运输及产品的浓缩发生困难。另外，泡沫量也要适当，泡量不足则矿物失去黏附机会而影响分选效果；过量泡沫会引起溢流（俗称"跑槽"）损失。

3.2.4　调整剂

调整剂包括各种无机化合物（如酸、碱和盐）、有机化合物。同一种药剂，在不同的浮选条件下，往往起不同的作用；按其在浮选过程中的作用可分为：抑制剂、活化剂、介质 pH 调节剂、矿泥分散剂、凝结剂和絮凝剂。

3.2.4.1　抑制剂

抑制剂的作用是削弱捕收剂与矿物表面的作用，从而降低矿物的可浮性。

A　浮选生产实践中常用的抑制剂

（1）石灰。石灰是黄铁矿、磁黄铁矿等硫化矿物廉价而有效的抑制剂。在抑制黄铁矿时，在矿物表面生成亲水的氢氧化铁薄膜，增加了黄铁矿表面的润湿性而引起抑制作用。石灰加水，解离出 OH^-，表现出较强的碱性，有调整矿浆的 pH 值的作用。石灰造成的碱性介质，还可消除矿浆中的一些有害离子（如 Cu^{2+}、Fe^{3+}）的影响，使之沉淀为 $Cu(OH)_2$ 与 $Fe(OH)_3$。石灰可调成石灰乳或以干粉形式添加。

（2）氰化钾（钠）。氰化物是某些硫化矿有效的抑制剂。它在水中能解离出 CN^-。起抑制作用的主要是 CN^-，它能够沉淀和络合矿浆中的有害离子 Cu^{2+} 与 Fe^{3+}，消除这些离子对浮选的有害影响。在生产实践中，多用来抑制闪锌矿，黄铁矿等，当用量过大时，也对黄铜矿生产抑制作用。

氰化钾（钠）属于剧毒药品，在生产过程与尾矿废水排放过程中，需要进行处理，否则，会对环境造成极大危害。其价格也较贵，又会溶解矿石中伴生的贵金属（如金、银等），给矿产资源的综合利用造成不利影响。因此，国内外对无氰分离的研究很重视。硫酸盐、亚硫酸及其盐，二氧化硫等，可以代替氰化钾（钠）抑制某些硫化矿物。

（3）重铬酸钾。重铬酸钾俗称红矾，是红色或橙红色片状物或晶体。重铬酸钾是方铅矿的有效抑制剂，对黄铁矿也有抑制作用。在多金属硫化矿分离浮选时，重铬酸钾主要用来分离铜铅混合精矿，抑制铅矿物，浮选铜矿物。

重铬酸钾对方铅矿的抑制作用很强，抑制以后，难以活化。同时重铬酸钾也可用于汞锑共生硫化矿的分离浮选，抑制辉锑矿，浮选辰砂。

（4）硫酸锌。硫酸锌与碱、氰化钾（钠）、亚硫酸钠、硫代硫酸钠、硫化钠等配合使用，是闪锌矿的抑制剂，单独使用时，效果很差。

（5）硫化钠。硫化钠是大多数硫化矿物的抑制剂。由于硫化钠在矿浆中很易氧化，其浓度不易控制，因此采取分段添加药的方法。另外，适当控制硫化钠的用量，还可以作为有色金属氧化矿物硫化剂。硫化钠还有混合精矿脱药、调整矿浆碱度的作用。

B　抑制剂作用机理

在浮选中，抑制剂的抑制作用机理主要是：

（1）在矿粒的表面形成亲水性薄膜，从而达到抑制的目的。亲水的抑制剂离子或胶束吸附于矿粒表面，则这些离子或胶束的水化形成亲水性膜。吸附离子的水化能愈强，亲水膜愈牢固。有些高分子化合物（如淀粉、糊精、羧甲纤维素等）含有水化极性基。这些化合物分子很长，超过捕收剂分子的长度，所以即使不排除捕收剂，仍能阻止矿粒向气泡附着。

（2）封锁或改变捕收剂活化地区。硫化矿表面的铜、铅、银、汞等地区，对黄药类捕收剂有很大活性，而氰化物就能封锁或溶去这些活性地区。

（3）将溶液中的活性离子结合成难溶化合物或稳定的配合物。如，铜离子能活化闪锌矿，加氰离子可使铜离子形成络合离子，从而消除铜离子的活化作用。

（4）将捕收剂结合成难溶化合物，使捕收剂离子失去与矿物表面作用的机会。例如，加入重金属离子，黄药类捕收剂会与它的形成难溶化合物。

（5）改变气泡表面状态，例如，使矿泥或粗粒胶粒占据气泡表面（气泡装甲），阻碍矿粒向气泡附着。

（6）利用某些离子促进抑制剂的吸附，类似催化剂。

3.2.4.2　活化剂

A　活化剂的分类

按化学性质，活化剂可分为以下几类：

（1）各种金属离子，用黄药类捕收剂时，能与黄原酸形成难溶性盐的金属阳离子，如 Cu^{2+}、Ag^+、Pb^{2+} 等。使用的药剂有硫酸铜、硝酸银、硝酸铅等。

用脂肪类捕收剂时，能与羧酸形成难溶性的碱土金属阳离子，如 Ca^{2+}、Ag^+、Ba^{2+} 等。氯化钙、氧化钙、氯化钡等可作用活化剂使用。

（2）无机酸、碱，它们主要用于清洗目的矿物表面的氧化物污染膜或黏附的矿泥。如盐酸、硫酸、氢氟酸、氢氧化钠等。

某些硅酸盐矿物，其所含金属阳离子被硅酸骨架所包围，使用酸或碱将矿物表面溶蚀，可以暴露出金属离子，增强矿物表面与捕收剂的作用活性。此时，多采用溶蚀性较强的氢氟酸。

（3）有机活化剂，这是一类比较新的活化剂，如在多金属硫化矿浮选时，聚乙烯二醇或醚与起泡剂一起添加，可作为脉石矿物的活化剂，先选出大量脉石，然后再进行铜铅锌的混合浮选。

工业草酸（HOOC—COOH），用于活化被石灰抑制的黄铁矿和磁黄铁矿。

乙二胺磷酸盐 $[(CH_2NH_3)_2HPO_4]$，它是氧化铜矿的活化剂，对结合氧化铜和游离氧化铜都有良好的活化作用，能改善泡沫状况，降低硫化钠和丁黄药用量。

B　活化作用机理

（1）增加活化中心，即增加捕收剂吸附固着地区。例如，加入硫酸铜，使铜离子在闪锌矿表面固着，增加对黄药的活性地区。石英表面吸附钙离子，增加对脂肪酸的活性地区。氧化矿通过预先硫化，也是增加活性地区。

（2）消除有害离子，促进捕收剂的浮选性。例如，用碳酸钠预先消除水中的钙镁离子，使油酸离子能发挥浮选活性。

（3）改善矿粒向气泡的附着状态，例如，加入少量表面活性剂，使其与矿浆中离子的反应产物保持高度分散的胶粒状态，稳定地分布于液 – 气界面，使气泡活化，从而有利于矿粒向气泡附着。

此外，溶去矿物表面阻碍捕收剂作用的抑制薄膜，如用酸处理可洗去黄铁矿表面的氢氧化铁抑制性薄膜，改善黄铁矿的可浮性。

3.2.4.3　介质调整剂

介质调整剂主要是用来调整矿浆的性质，造成有利于浮选分离的介质条件。其主要作用有：

（1）调整矿浆的酸碱度（pH 值）。浮选时，矿浆中的氢离子浓度对浮选影响很大。它影响矿物表面的润湿性，捕收剂分子的解离度及其在矿物表面上的吸附、浮选药剂的稳定性及其效果、气泡的稳定性等。因此，调节矿浆中氢离子浓度对提高浮选过程的选择性非常重要。提高矿浆的碱度常用石灰或碳酸钠，有时用苛性钠或硫化钠。提高矿浆的酸度，常用硫酸。

（2）调整矿泥的分散与团聚。在浮选的工艺中，矿泥常指 -0.01mm 不易被浮选的细粒级别。矿泥的来源有两种：一是原生矿泥。二是次生矿泥。矿泥的存在常使浮选指标变坏。如：回收率降低，精矿质量变坏，药剂消耗量增加，浮选速度变慢以及影响沉淀过滤等脱水工艺过程。为防止上述有害结果，根据需要添加分散剂或凝聚剂。分散剂吸附于矿泥颗细表面，增加了表面亲水性及相互团聚的阻力，从而防止有用矿物的脉石细泥的粘附，有利于提高回收率和精矿质量，改善浮选过程。而当浓缩过滤时加入凝聚剂，又可使矿泥团聚，加快沉降速度，回收极细矿粒，防止尾矿水"跑浑"，提高回收率。常用的矿泥分散剂有：水玻璃、氢氧化钠、六聚偏磷酸钠。凝聚剂有石灰、明矾、硫酸等。

矿泥分散与团聚的机理是改变矿粒表面的电荷性质。当加入不同电解质后，如果使矿泥微粒表面都带有同名电荷，则矿泥就分散悬浮；如果使矿粒表面的电荷中和，则细粒团聚下沉。

3.2.4.4　絮凝剂及其他类药剂

A　絮凝剂

能够促使矿浆中细粒联合变成较大团粒的药剂称为絮凝剂，按其作用机理及药剂结构特性，可以大致分为四种类型：

（1）高分子有机絮凝剂。目前已经作为选择性絮凝剂使用的有：聚丙烯酰胺、聚氧乙烯、羧甲纤维素、淀粉、腐植酸盐等。用选择性絮凝法处理的矿物很多，如氧化铁矿物、方铅矿、重晶石、硅孔雀石等。

（2）天然高分子化合物。如：石青粉、白胶粉、芭蕉芋淀粉等天然高分子化合物。

（3）无机凝聚剂。无机凝聚剂常用的为无机电解质、主要有：无机盐（如硫酸铝、硫酸铁、硫酸亚铁、铝酸钠、氯化铁、氯化锌、四氯化钛等）；酸类（如硫酸、盐酸等）；碱类（如氢氧化钙、氧化钙等）。

（4）固体混合物。如高岭土、膨润土、酸性白土和活性二氧化硅。

B　其他类型浮选剂

浮选过程中还有一些难以包括在上述分类之内的药剂。

（1）脱药剂。实践中常用的脱剂有：

1）酸和碱：用来造成一定的 pH 值，使捕收剂失效或从矿物表面脱落。

2）硫化钠：解吸矿物表面的捕收剂薄膜，脱药效果较好。

3）活性炭：利用活性炭的巨大吸附性能，吸附矿浆中的过剩药剂，促使药剂从矿物表面解吸。使用时，应控制用量，特别是混合精矿分离之前，用量过大往往会造成分离浮选时的药量不足。

（2）消泡剂。由于某些捕收剂如烷基硫酸盐，丁二酸磺酸盐、烃基氨基乙碘酸等的起泡能力很强，故影响选分效果和泡沫的输送。采用有消泡作用的高级脂肪醇或高级脂肪酸、酯、烃类，可以消除泡沫过多的有害影响。

3.3 浮选设备

浮选机是实现浮选过程的重要设备。浮选时，矿浆与浮选药剂调和后，送入浮选机，在其中经过搅拌和充气，使欲浮的目的矿物附着于气泡，形成矿化气泡，浮到矿浆表面，便形成矿化泡沫层。泡沫用刮板（或以自溢的方式）刮出，即得泡沫产品，而非泡沫产品自槽底排出。浮选技术经济指标的好坏，与所用浮选机的性能密切相关。

3.3.1 浮选机的结构及作用

浮选机品种较多，再加上近年来处理矿石的品位不断下降，选厂日处理量不断增大，对浮选机大型化和自动控制的要求极为迫切，对浮选机设计和改进的要求也愈来愈高。但由于浮选工艺本身对浮选机工作指标的影响相当复杂，对浮选机构设计的优缺点往往不易做出确切的评价。加上对于浮选机工作时微观机理的研究极不充分，使浮选机的设计目前仍然处在凭感性经验摸索的阶段，不少在工业上颇有竞争能力的浮选机，厂家推荐的结构特点，也难免互相矛盾。下面介绍一些典型的观点供工作时参考。

目前世界浮选机改进和设计中想着重解决的几个问题是：

（1）设备大型化以满足不断增长的扩大处理量的要求；

（2）由于普遍地用水力旋流器代替机械分级机，进入浮选机的粗砂增多，迫切要求解决粗粒浮选问题；

（3）力求提高细泥浮选的回收率。

在各类浮选机的研究和改进中，以充气式浮选机（包括自吸式和外吹式）的发展最快。

3.3.1.1 浮选机应满足的基本要求

根据浮选的工业实践经验，气泡矿化理论研究以及对浮选机流体动力学特性研究的结果，与浮选机的性能密切相关。

（1）良好的充气作用。在泡沫浮选过程中，气泡是疏水性矿物的一种运载工具。为了增加矿粒与气泡接触碰撞机会，造成有利于附着的条件，并能将疏水性矿粒及时运载到矿浆表面，在浮选机中必须具有足够大的气泡表面积，气泡也应有适宜的浮升速度。为此浮选机必须保证能向矿浆中吸入（或压入）足量的空气，并使这些空气在矿浆中充分地弥散，以便形成大小适中的气泡，同时这些弥散的气泡，又能在浮选槽内均匀地分布。

（2）搅拌作用。矿粒在浮选机内的悬浮效率，是影响矿粒向气泡附着的另一个重要方面。为使矿粒能与气泡充分接触，应该使全部矿粒都处于悬浮状态。搅拌作用除了造成矿粒悬浮外，并能使矿粒在浮选槽内均匀分布，从而创造矿粒和气泡充分接触和碰撞的良好条件。此外，搅拌合适还可以促进某些难溶性药剂的溶解和分散。

（3）能形成比较平稳的泡沫区。在矿浆表面应保证能够形成比较平稳的泡沫区，以使矿化气泡形成一定厚度的矿化泡沫层。在泡沫区中，矿化泡沫层既能滞留目的矿物，又能使一部分夹杂的脉石从泡沫中脱落。

(4) 能便于工作及便于调节。工业生产上使用的浮选机，应能连续给矿和排矿，以适应矿浆流在整个浮选生产过程中连续的特点。为此，浮选机应有相应的受矿、刮泡和排矿的机构。为了调节矿浆水平面、泡沫层厚度以及矿浆流动的速度，亦应有相应的调节机构。

在现代浮选中，还有一些新的要求，例如，选矿厂的自动化，要求浮选机工作可靠、而且零部件使用寿命长；浮选机要便于操作、控制、其操纵装置必须有程序模拟和远距离控制的能力。由于处理大量低品位原矿，要求有大型化的高效率浮选机与之相适应。

浮选机的处理能力、充气性能、动力消耗、操作、运转、制造和维修等性能，以及选别技术经济指标等，是评价浮选机性能好坏的技术经济指标。

3.3.1.2　浮选机的构件

(1) 叶轮。叶轮是带搅拌的各类浮选机最基本的元件，是浮选机的核心。叶轮和转子共分五类。

1) 离心式叶轮，多数为带 $4 \sim 16$ 个平叶片的辐射状叶轮，如我国的 XJK 型、CHF - CX14m^3 型、BFP 型。叶轮高度 (H) 和直径 (D) 的比 $H/D = 0.1 \sim 0.1$。工作时，它常与上方的盖板 (或定子) 组成泵吸入矿浆和空气。这种叶轮盖板间隙的大小对充气量有明显的影响，叶轮盖板严重磨损时，浮选机的工作效率显著下降，因为其吸气量减少。

2) 笼形转子，是由圆棒或方棒组成鼠笼形转子或由楔形片组成端面呈放射状的星形转子。法格古伦和维姆科浮选机转子属于这类。这种转子的高度和直径比值通常较高，$H/D = 0.3 \sim 1.1$。转子的上部起吸气作用，下部起吸矿浆和循环浆的作用。H 过小，吸气量大而循环量不足，H 过大则矿浆循环强度过大而吸气量不足，对维姆科浮选机的研究认为 $H/D = 1.0$ 比较合适。这类机构转子和定子间的空隙对吸气量无明显的影响，机械磨损对设备的工作影响也很小。

3) 截头锥形转子，包括由倾斜棒组成的上小下大的棒型叶轮，如我国棒形浮选机 (瓦尔曼浮选机) 的叶轮，也包括由弧形叶片组成的上大下小的奥托昆普浮选机转子。这类转子的高度与直径比与鼠笼形转子相似。转子与定子间隙对充气量和浮选机的工作影响很小。斜棒叶轮设计成上小下大的目的，是为了扩大机底的搅拌范围，减少搅拌不到的死角。奥托昆普转子设计成上大下小的抛物线外廓，是为了扩大空气在转子表面的分散面积，和减少停车后开车前沉砂埋死转子而导致烧开关和电机的事故，目前较多人认为后一设计更为合理。

4) 推进器式叶轮，即带 $4 \sim 6$ 片以上倾斜叶片的叶轮，H/D 为 $0.1 \sim 0.3$，在现代较著名的浮选机中，只有马克斯威尔浮选机用此叶轮。

5) 组合叶轮，有几种浮选机一根传动轴上装着两个叶轮，如我国棒型浮选机的吸入槽，上面一个斜棒型叶轮起充气和搅拌作用，下面一个离心泵叶轮起抽吸矿浆的作用。国外丹佛 - M 等浮选机上面装一个辐射式叶轮，以便在较浅的位置充气，下面装一个推进器式叶轮加强对浮选机底部搅拌。它们共同的缺点是结构复杂，轴功率也比安装一个叶轮时大。

此外，一些现代的大型浮选机，一个大槽中同时采用四个叶轮，等于背靠背、肩并肩平行工作的四个槽子，抽去槽间的隔板。

叶轮（或转子）直径 D 是设计中要着重考虑的问题。槽宽一定，叶轮高度小则要用较大的直径才能保证一定的搅拌力和流体的通过能力。叶轮直径 D 与槽体长（或宽）L 型比例为 $D/L \propto D^\gamma$（$\gamma = 0 \sim 1/2$）。

叶轮周速 $S = \pi n D$（n 为每秒转数，D 为叶轮直径，$\pi = 3.14$）是直接决定搅拌强度的操作参数。国产自吸式浮选机叶轮的周速多在 $7.5 \sim 8.8 \text{m/s}$ 之间。外吹式浮选机叶轮周速一般为 $6.0 \sim 6.5 \text{m/s}$。周速过小则充气量、液体上升速度、液体循环流量都可能不足；周速过大，则液面不稳定，叶轮磨损大，轴功率大。

（2）定子、挡板、格子板等不动构件。定子、挡板、格子板等不动构件一般浮选机不全有，多数有一套定子机构起导向、稳流等作用，部位不同时功能也稍有不同。现有趋向于不用太笨重的这些装置，有的机械取消了角挡板（稳流板），绝大部分都不用格子板，因为它们在阻挡旋流的同时也会增大轴功率。

（3）槽体高度。槽体高度与转子的浸没深度密切相关。为了防止槽底积砂，转子底端到槽底的高度变化不大，槽身高度大时，转子的浸没深度（矿浆面到叶轮上边缘）必定大，叶轮周围静水压头大，使充气量下降和功耗增加。深槽型的优点是泡沫面稳定、槽体容量大和占地面积小。浅槽型的优点是充气量大，功耗低，但要特别注意消灭旋流。

（4）槽体长宽。一般槽体前缘长（L）等于宽或二者接近。方形槽泡沫面积 $A = L^2$。压气式浮选机对矿浆没有抽吸能力，矿浆在槽间流动不易，故常设计成长矩形断面。

（5）方形槽的容积 V。方形槽的容积可用 $V = L^n$ 的关系表示，$n = 2 \sim 3$，与槽体高度有关。

（6）直流槽。有的浮选机有直流槽，有的没有。不设直流槽的浮选机每槽都有尾矿溢流闸门和中间室，流程灵活，各槽泡沫面高度可以完全一致。但当一个机列的槽数太多时，操作麻烦，后期尾矿溢流闸门调节装置经常锈坏失灵，维修复杂。安装槽数多时，每一抽吸槽后面接 $3 \sim 4$ 个直流槽较方便。

（7）尖箱。无搅拌机构的压气式浮选机设槽底尖箱以使尾矿排出，有搅拌机构的矩形浮选槽，常在刮泡的方向设侧面呈三角形的尖箱，目的是形成一个安静的泡沫区以便提高精矿品位。但现在不少设计者认为设计尖箱是不必要的，它会占去更多的厂房面积，与无尖箱的机械比较，减小了体积与面积比。

（8）循环筒。$CHF - 14 \text{M}^3$ 型浮选机（丹佛 $D - R$）在进气竖管外增设喇叭形循环筒，目的是增大矿浆循环程度，减少槽底积砂，增大矿泡接触机会。

3.3.1.3 浮选机的工作原理

矿浆充气和气泡矿化是浮选的两个主要过程，也是评定浮选机工作效率的主要因素。浮选槽中矿浆的充气程度，取决于单位体积矿浆内空气的含量、气泡在矿浆中的分散程度及其在槽内分布的均匀度。气泡矿化的可能性，矿化速度及矿化程度，除与矿粒和药剂的物理化学性质有关外，也与浮选机中矿粒和气泡接触碰撞的条件相关。

A 气泡的形成

吸入或由外部风机压入浮选机内的空气流，可以通过不同的方法使其分散成单个的气泡。

a 利用机械作用将空气流粉碎形成气泡

利用机械作用将空气流粉碎形成气泡的方法应用得较为普遍。例如，在机械搅拌式浮选机和充气搅拌式浮选机内，气泡的形成就是采用这种方法。在这些浮选机内，通常都是用叶轮等机械搅拌器对矿浆进行激烈的搅拌，使矿浆产生强烈的漩涡运动。由于矿浆漩涡作用，或矿浆、气流垂直交叉运动的剪切作用，以及浮选机的导向叶片或定子的冲击作用，使吸入或压入的空气流被分割成细小的气泡。矿浆与空气的相对运动速度差越大，矿浆流越紊乱以及液－气界面张力越低，则气流被分割成单个气泡也越快，所形成的气泡也就越小。

气流往往是先被分割成较大的气泡。这种较大的气泡常常是不稳定的，因为在矿浆漩涡的作用下，漩涡会从气泡表面带走少量空气，而形成细小气泡。

b　空气流通过细小孔眼的多孔介质而形成气泡

在某些浮选机（如浮选柱）内，压入的空气通过带有细小的孔眼的多孔陶瓷、微孔塑料、穿孔的橡皮和帆布等特制的充气器时，就会在矿浆中形成细小气泡，用这种方法使空气形成气泡的过程如图 3－12 所示。

矿浆

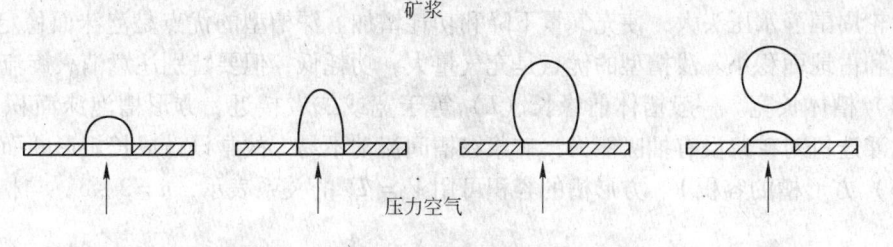

压力空气

图 3－12　空气通过细孔形成气泡示意图

此外，充气器上细孔的大小及其间隔也要适当，如果其间间隔太小，相邻孔眼排出的气泡易于相遇而兼并。添加起泡剂由于能降低液－气界面张力，有利于气泡从细孔通过，并能防止细孔间气泡的兼并。用多孔介质形成气泡，如浮选柱，在柱体内气泡的矿化，是由气泡向上升浮，矿粒向下运动的对流接触碰撞来实现的。

c　从溶有气体的矿浆中析出气泡

在标准状态下，空气在水中的溶解度约为2%，当降低压力或提高温度时，被溶解的气体，将以气泡的形成从溶液中析出。从溶液中析出的气泡具有两个特点：一是直径小，分散度高，所以在单位体积矿浆内，将有很大的气泡表面积；二是这种气泡能有选择性地优先在疏水矿物表面上析出，因而是一种"活性微泡"。近年来，人们比较重视利用这种活性微泡来强化浮选过程。

影响从溶液中析出微泡的因素主要有开始时的矿浆空气饱和程度，后来矿浆的降压程度和是否存在有析出微泡的"核心"。下面分别讨论这三个因素在浮选条件下的情况。

（1）矿浆在搅拌槽内调浆时，空气会在矿浆中溶解。浮选机内，由机械作用形成的大量微细气泡，也有一部分被溶解。在浮选机叶轮叶片前方的高压区，会加速气泡的溶解。为了从矿浆中析出更多的微泡，将矿浆加压促使空气大量溶解，是极重要的措施，这也是近年来出现的一些喷射式和旋流式浮选机，采用压力矿浆的理论依据。

（2）在浮选机内，矿浆压力的降低，主要有如下几方面的原因：

1）矿浆的漩涡运动，在无数漩涡的中心，压力大为降低；2）在浮选机叶轮的叶片两侧，压力降低；3）叶轮甩出矿浆时，引起压力的波动；4）矿浆由浮选槽下部向上流动时，压力逐渐降低；5）在一些特殊结构的浮选机内，如真空浮选机，在矿浆表面抽气造成负压；又如一些喷射式浮选机，将压力矿浆喷入浮选槽内，从而使矿浆所受压力剧烈降低，于是大量析出微泡。

（3）气泡常在疏水矿粒表面、浮选机的槽壁以及其他零部件表面上优先析出。因为溶液中析出的微泡。是在溶液中形成的一个新相，当有析出"核心"存在时，新相则易形成。所以，矿浆中疏水性表面越大，越有利用从矿浆中析出微泡。疏水矿物表面的微孔、裂纹和缺口等被气体分子充填，即存在有"气体幼芽"，它们便成了微泡析出的核心。

从溶液中析出微泡的原因及其程度，随浮选机的类型及其结构特性而不同。增加搅拌强度，由于可以促进空气在槽内高压地区的溶解，而在低压地区析出，因而有利于微泡析出。增大气泡析出的前后矿浆的压力差，是获得大量微泡的有效措施。此外，在所有情况下，当加入起泡剂时，气泡的析出可以大大得到改善。

d 浮选机内形成气泡的一些其他方法

近年来研制的一些新型浮选机，其气泡的形成采用了一些特殊的方法。如喷射式浮选机和喷射旋流浮选机等的气泡产生方式就属此类。此外，还有利用水的电解产生大量微泡的所谓电解起泡法等。有时在同一种浮选机内，可以同时采用两种以上的方式产生气泡。

B 气泡的升浮

经观测所知，气泡在矿浆中是曲折上升的，并且常呈不规则的形状。当有表面活性物质（如起泡剂）存在时，气泡的升浮速度会降低。

在浮选机内矿浆中，气泡群的平均升浮速度，可通过试验，然后按下式进行计算：

$$V_{平均} = \frac{H}{T} = H \times \frac{q}{Q_0 M} \qquad (3-32)$$

式中　$V_{平均}$——矿浆的深度，cm；

　　　T——空气在矿浆中的停留时间，s；

　　　q——进入矿浆的空气量，L/s；

　　　Q_0——被充气矿浆的体积，L；

　　　M——矿浆中空气的含量（按体积计），%。

利用式（3-32）曾测得带有辐射叶轮的机械搅拌式浮选机中，在不同矿浆浓度条件下，气泡群的平均升浮速度约等于 3~4cm/s，其结果如表 3-4 所示。单个气泡在静止纯液体中的升浮速度是 20~30cm/s，这是因为浮选机内矿粒的存在，矿浆运动的涡流特性等，都对气泡的升浮运动起阻碍作用。

表 3-4　在不同矿浆浓度条件下，机械搅拌式浮选机中气泡群的平均升浮速度

矿浆浓度（固体）/%	气泡群的平均升浮速度/cm·s^{-1}	矿浆浓度（固体）/%	气泡群的平均升浮速度/cm·s^{-1}
0	4.05	35	2.88
15	3.39	50	3.70

由表 3-4 的数据可知，在一定浓度范围内，随着矿浆浓度增大，气泡升浮的平均速度变慢。但如矿浆过分浓，气泡升浮的速度又略为加快，这是因为在很浓的矿浆中，空气不易弥散，而呈大气泡升浮。

矿化气泡的升浮，还受负载矿粒的影响，如果矿化气泡升浮力大于气泡所负载的矿粒

的重量，矿化气泡就可能升浮；当细小气泡高度矿化时，由于浮力等于或小于重力，故而气泡升浮变慢，甚至不能浮起，或随矿流再度被吸入到叶轮区，使矿化气泡遭到破坏。所以在矿浆中，由多个细小气泡与矿粒形成聚合体，其升浮速度则主要取决于聚合体在矿浆中的密度。

气泡在机械搅拌式浮选机内的运动，大体可分为三个区，如图 3 – 13 所示。

第一区是充气搅拌区。此区的主要作用是：对矿浆空气混合物进行激烈搅拌，粉碎气流，使气泡弥散；避免矿粒沉淀；增加矿粒和气泡的接触机会等。在搅拌区气泡跟随叶轮甩出的矿浆流作紊乱运动，所以，气泡升浮运动的速度较慢。

第二区是分离区。在此区间内气泡随矿浆流一起上浮，并且矿粒向气泡附着，成为矿化气泡上浮。随着静水压力的减少，矿化气泡升浮速度也逐渐加大。

第三区是泡沫区。带有矿粒的矿化气泡上升至此区形成泡沫层。在泡沫层中，由于大量气泡的聚集，气泡升浮速度减慢。泡沫层上层的气泡会不断自发兼并，具有"二次富集"作用。

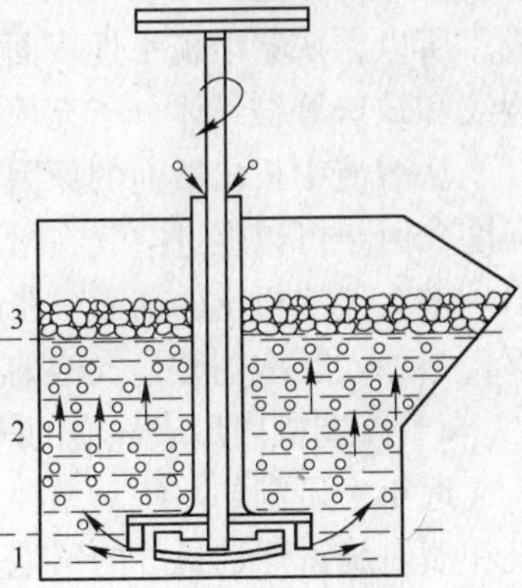

图 3 – 13 气泡在机械搅拌式
浮选机内运动示意图
1—搅拌区；2—分离区；3—泡沫区

C 浮选机内矿浆的充气程度

矿浆的充气程度，是指矿浆中的空气含量、气泡的弥散程度和气泡在矿浆内分布的均匀性。矿浆的充气程度与许多因素有关，如浮选机的类型、充气器的结构、分散气流所采用的方法、搅拌强度、浮选槽的几何形状及尺寸、矿浆浓度和起泡剂种类及用量等，而且它们之间大部分是相互联系的。

矿浆的充气程度，直接影响气泡的矿化过程、浮选速度、工艺指标和浮选药剂的用量。强化充气，可以使浮选速度加快，增加浮选机的生产能力。强化充气还可以在一定程度上降低药剂，特别是起泡剂的用量。

a 进入浮选机的空气量（充气量）

就机械搅拌式、充气搅拌式和充气式三种浮选机而言，进入浮选机的空气量以机械搅拌式为最少，充气搅拌式次之，而充气式最多。

下面讨论在机械搅拌式浮选机内，叶轮转速、槽子深度、机械搅拌器的结构参数、矿浆浓度等与充气量的关系。

（1）叶轮转速和槽子深度。叶轮旋转时，其所形成的工作压头（动能）、真空度和矿浆静压头之间的关系可用下式表示：

$$h_0 = \frac{3V^2}{2g} - H \qquad (3-33)$$

式中　h_0——浮选机叶轮旋转时所形成的真空度，mH_2O（$1mH_2O = 10kPa$）；

　　　V——叶轮圆周速度，m/s；

　　　H——矿浆静压头，m；

　　　g——重力加速度，m/s^2。

由式（3-33）可以看出，差值越大，所造成的真空度越高，故浮选机自吸空气量也越大。

当 H 一定时，叶轮转速越快，叶轮所形成的工作压头（动能）也就越大，而且线速度和运能间为二次方的关系。随着叶轮速的加快，矿浆被叶轮甩出的速度亦随之增大，因而提高了叶轮附近的负压，使吸气量增大。但叶轮转速的增大，必然要导致功率消耗的增加和机械搅拌器的磨损。因为叶轮旋转时所消耗的功率，大部分用于克服矿浆的阻力（部分用于吸浆、吸气）。叶轮在矿浆中旋转时所受的阻力和转速之间的关系可用下式表示：

$$P_{阻} = \varphi \lambda f V^2 \tag{3-34}$$

式中　$P_{阻}$——叶轮旋转时，叶片所受到的阻力；

　　　φ——正阻力系数；

　　　f——叶轮接触矿浆的面积，m^2；

　　　λ——矿浆浓度，t/m^3；

　　　V——叶轮旋转时的线速度，m/s。

由式（3-34）可见，叶片所受到的阻力，与叶轮圆周线速度的平方成正比。随着叶轮旋转速度的加快，叶片所受的阻力急剧增加，因而增加了功率消耗和搅拌器的磨损，故机械搅拌式浮选机的转速不宜过大，其叶轮圆周线速度一般都不超过 $10m/s$。

减少浮选槽的深度（或叶轮安装深度），亦可提高矿浆的充气量，因为叶轮是浸没在矿浆中工作的，若要叶轮能起到应有的吸气和吸浆作用，叶轮旋转时所形成的工作压头，必须克服矿浆对叶轮甩出矿浆处的静压力，而降低槽深（或降低叶轮安装深度）即可减少矿浆对叶轮甩出矿浆处的静压力，使矿浆速度增大，从而提高负压。降低槽深，还能降低电能消耗。在保证浮选机正常工作的前提下，尽可能降低槽深，这是浮选机向浅槽发展的原因。

目前，在浮选机向大型化发展的过程中，槽深虽略有增加，但主要是靠加大浮选槽的断面积来实现的。例如，维姆科型浮选机由 No. 84（容积 $4.25m^3$，槽体的深/宽比为 0.64）增大到 No. 120（容积 $8.5m^3$，深/宽比为 0.44）时，槽深保持不变，均为 1346mm，由 No. 120 增大到 No. 144（容积 $14.2m^3$，深/宽比为 0.44）时，槽深虽增至 1600mm，而槽宽却由 2114mm 增大到 3668mm，且深/宽比随规格增大而趋于减小，浮选槽的深/宽比一般多在 0.5 左右（少数在 1 左右）。

（2）充气器结构参数。它们对浮选机的充气量的影响很大。叶轮的形状、直径的大小，叶片的高度、叶片的数目和叶轮距槽底的深度，叶轮在矿浆中的浸没深度，定子叶片的倾角、定子叶片与叶轮间的间隙等等，都会影响浮选的充气效果。

（3）矿浆浓度。随着矿浆浓度的增大，气泡升浮受阻，使气泡在矿浆中停留的时间增长，结果使矿浆中空气的含量增高，分散度也有所提高。但当矿浆浓度过大时，由于空气分散不好，气泡分布也很不均匀，常常以大气泡形态存在。大气泡会较迅速地升浮逸出，致使矿浆中空气的含量降低，从而使矿浆的充气情况变坏。

机械搅拌式浮选机内，在良好的充气条件下，空气的平均体积含量大约为 20% ~ 30%，若进一步提高空气的含量，则会产生气泡兼并。过分的充气会将大量矿泥机械地夹带到泡沫中，增加精选的困难，降低精矿的质量。由于槽子的容积被空气占据的部分多了致使槽子所能容纳的矿浆量相应减少。过分充气，还会造成矿浆液面不平稳和动力消耗的增加。机械搅拌式浮选机，在充气搅拌器结构一定时，加大充气量往往必须增加叶轮转数，结果导致机件磨损的加剧。由于搅拌强烈，也会增加某些脆性矿物的泥化等等，这些都是不利于浮选的。

在充气搅拌式浮选机和一些无机械搅拌器（另有充气器）的浮选机内，矿浆的充气量比较容易调节和控制。

b 空气在矿浆中的弥散程度

当充气量一定时，空气弥散愈好，即气泡愈小，所能提供的气泡总表面积也愈大，矿粒与所气泡接触碰撞的机会也愈多，因而有利于浮选。但是气泡又不能过小，以致不能携带矿粒上浮或升浮速度太慢。

在机械搅拌式浮选机内，当有起泡剂存在时，气泡的尺寸大致在 0.05~1.5mm 之间，其中约 80% 为 0.5~1.2mm；在某些充气式浮选机内，当有起泡剂存在时，气泡的大小约为 2.5~3.0mm；在具有旋流与喷射充气器的浮选机内，其气泡分散度较高，可以获得从 0.5mm 到乳滴状的气泡。

添加起泡剂可以改善气泡的弥散程度。试验表明，在纯水中气泡的平均直径约为 4.35~8mm，而当加入 20mg/L 松油时，就会使气泡的大小降至 0.38mm，并且气泡的平均尺寸，随矿浆中起泡剂浓度的增加而减小。加强搅拌作用可以有效地促进空气在矿浆中的弥散和在槽内的均匀分布。试验还表明，矿浆浓度对空气弥散度也有一定的影响，其结果如表 3-5 所示。

表 3-5 机械搅拌式浮选机内，在不同的矿浆浓度下，气泡的平均直径

矿浆浓度（固体）/%	气泡平均直径/mm	矿浆浓度（固体）/%	气泡平均直径/mm
0	1.3	35	1.04
15	1.14	50	1.35

c 气泡在矿浆中分布的均匀性

在机械搅拌式浮选机和充气搅拌式浮选机内，提高搅拌强度可以改善气泡分布的均匀性和弥散程度。试验表明，在机械搅拌式浮选机内，当矿浆浓度在 25%~35% 范围内时，气泡的弥散程度及分布的均匀性最好，浮选效率最高。

气泡在矿浆中分布的均匀程度会影响浮选机槽体的"有效容积"（或称"容积有效利用系数"）。在浮选槽内的矿浆中，并不是所有的容积部分存在有气泡，因为只有在存在有气泡的那部分容积，称之为"充气容积"或"有效容积"。浮选机的生产能力与容积有效利用系数的关系如表 3-6 所示。

表 3-6 浮选机生产能力与容积有效利用系数的关系

指 标	浮 选 机		
	A	B	C
充气容积/m³		13.6	9.05
槽子总容积/m³		18.4	19.1
容积有效利用系数/%	按充气容积	74	47
生产能力/t·d⁻¹		850	600
单位生产能力/t·(h·m³)⁻¹		1.92	1.31
	按总容积	2.60	2.77

从表 3-6 可以看出，被比较的三种浮选机，按单位充气容积计的生产能力基本上是相同的，但按单位总容积的生产能力却有很大的差别，而且容积有效利用系数越大，其按单位槽体容积计的浮选机生产能力也愈大。所以，气泡在矿浆中分布的均匀性，直接影响了浮选机的工作效率。

3.3.1.4 浮选机的工作参数

设计浮选机或判断浮选机的工作状态时，可以借助于下列的水力学工作参数。

（1）比空气流量，按浮选槽单位容积计算的空气流量，用 $Q_气/V_槽$ 表示。式中 $Q_气$ 为每分钟进入全槽的空气体积（m^3/min），$V_槽$ 表示槽子容积（m^3）。比空气流量在较大的程度上取决于转子的转速，在较小的程度上依赖于转子浸没的深度。它本身影响气-液两相流的密度和运动路线。

（2）液体循环强度，按浮选槽单位容积计算的液体循环流量。用 $Q_液/V_槽$ 表示。式中 $Q_液$ 为每分钟的循环液体流量（m^3/min），$V_槽$ 为浮选槽容积（m^3）。转子形状一定时，它随转子浸没深度和转子转速增大而增大，但浸没深度的影响更大。前已述及，循环强度对于矿浆在槽中的停留时间，矿-泡接触几率和机件的磨损等等产生一系列的影响。

（3）液体上升速度，在维姆科浮选机中，它可用循环液体的流量（m^3/min）除以循环导管面积（m^3）的商计算，即 $Q_液/A_导$。转子转速、浸没深度、矿浆密度等一定时，槽子容积增大，液体上升速度增加。它影响粗砂沉积状况和泡沫层的稳定性。

（4）功率强度，按浮选槽单位容积计算所耗的转子功率。用 $P/V_槽$ 表示。式中 P 为转子功率（千瓦）。P 与转子的转速 N 和转子直径 D 的关系为 $P \times N^{1.8} D^{3.7}$，$V_槽$ 的概念和单位同前。转子浸没深度增加，转速增加，转速增加都使功率强度增加，槽子容积增在，功率强度下降。

必须注意，以上各项数据，使用不同的单位时可以得出很不相同的数值，参考和运用文献数据时要加以换算。

3.3.2 浮选机的分类

浮选机的种类很多，按充气和搅拌的方式不同，目前生产中使用的浮选机，可分为如下几种基本类型：

（1）机械搅拌式浮选机，这类浮选机的共同特点是，矿浆的充气和搅拌都是靠机械搅拌器来实现的，故称为机械搅拌式浮选机。由于机械搅拌器结构不同，如离心式叶轮、棒形轮、笼形转子、星形轮等等，故这类浮选机的型号也比较多。

机械搅拌式浮选机属于外气自吸式的浮选机。生产中应用的是上部气体吸入式，即在浮选槽下部的机械搅拌器的近吸入空气。如国内目前生产中使用的 XJ 型、JJF 型、SF 型、棒形及环射式浮选机等。

（2）充气搅拌式浮选机，这类浮选机，除装有搅拌器外，还有外部特设的风机强制吹入空气，故称为充气机械搅拌混合式浮选机。如国内的 CHF-X14m^3 浮选机，8m^3 充气搅拌式浮选机等。

在空气搅拌式浮选机内，由于机械搅拌器一般只起搅拌矿浆和分布气流的作用，空气主要是靠外部机比较，具有如下一些特点：

1）充气量易于单独调节，浮选时可以根据工艺需要，单独调节空气量。因而有可能增大充气量，从而增大浮选机的生产能力。

2）机械搅拌器磨损小，在这类浮选机内，叶轮不能起泵的作用（不吸气），所以叶轮转速较低，磨损小，故使用期限较长，设备的维修管理费用也低。

3）选别指标较好，由于叶轮转速较低，机械搅拌器的搅拌作用不甚强烈，对脆性矿物的浮选不易产生泥化现象；同时充气时常又按工艺需要保持恒定，因而矿浆液面比较平稳，易形成稳定的泡沫层。这样便有利于提高选别指标。

4）功率消耗低，由于叶轮转速低，空气低压吹入，矿浆靠重力自流，生产能力小，槽子浅等原因，故其单位处理量的动力消耗较低。

由于上述特点、充气搅拌式浮选机在生产实践中已获得了良好的技术经济效果，与"XJ 型"浮选机相比，浮选速度平均提高 40% 左右，单位生产能力提高 0.5 ~ 1 倍，单位电耗降低 30% ~ 35%，设备维护费用也相应降低。

这类浮选机的不足之处是，流程中，中间产品的返回需要砂泵扬送，给生产管理带来一定麻烦，此外还要有专门的送风设备。

（3）充气式浮选机，这类浮选机的结构上的特点是，没有机械搅拌器，也没有传动部件，其矿浆的充气是靠外部的压风机输入空气来实现的，故称之为充气式浮选机或压气式浮选机，如国内浮选厂使用的浮选柱即属此类。

由压风机压入的空气，通过特制的充气器（亦称气泡发生器）可形成细小的气泡。浮选柱因属单纯的压气式浮选机，矿浆从浮选机槽体上部给入，气泡从槽底上升，利用这种逆流原理来实现气泡的矿化。

（4）气体析出式浮选机，这是一类能从溶液中析出大量微泡为特征的浮选机，称之为气体析出式浮选机，亦可称之为变压式或降压式浮选机，属于这类浮选机的有真空浮选机和一些喷射，旋流式浮选机。例如：我国 XPM 型喷射旋流式浮选机，国外的达夫克勒喷射式浮选机及维达格旋流浮选机。

对气泡矿化理论的研究认为，利用从溶液中析出气泡可以强化浮选过程。气体析出式浮选机近年来发展较快。

3.3.2.1 机械搅拌式浮选机

在国内外的浮选机生产实践中，机械搅拌式浮选机的使用最为广泛，近年来还有不少的改进。机械搅拌器是这类浮选机的关键部件，它直接影响到浮选机中矿浆的充气和搅拌强度，直接关系到浮选的效果。所以，对机械搅拌装置进行了研究和改进，研制出不少具有特色的机械搅拌器。具有不同结构的机械搅拌器的浮选机，在充气和搅拌程度上，往往有很大差别，故浮选机的工作效率亦不相同。

A XJK 型浮选机

XJK 型浮选机是国产型浮选机，又名矿用机械搅拌式浮选机。它是一种带辐射叶轮的空气自吸式机械搅拌浮选机。

a 结构及工作原理

图 3 - 14 为 XJK 型浮选机的结构示意图，这种浮选机由两个槽子构成一个机组，第一槽（带有进浆管）为抽吸槽或吸入槽，第二槽（没有进浆管）为自流槽或称直流槽，在第一槽与第二槽之间设有中间室。叶轮安装在主轴的下端，主轴上端有皮带轮，通过电机带动旋转，空气由进气管吸入。第一组槽子的矿浆水平面用闸门进行调节。叶轮上方装有

盖板和空气筒（或称竖管），此空气筒上开有孔，用以安装进浆管、中矿返回管或作矿浆循环之用，其孔的大小可通过拉杆进行调节。

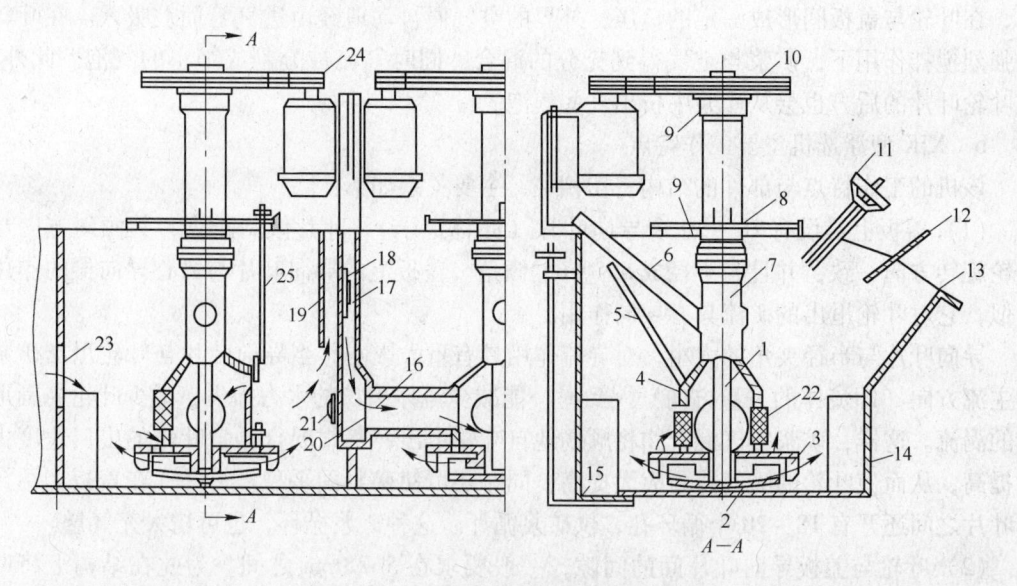

图 3-14　XJK 型浮选机结构示意图

1—主轴；2—叶轮；3—盖板；4—连接管；5—砂孔阀门丝杆；6—进气管；
7—空气管；8—座板；9—轴承；10—皮带轮；11—溢流阀门手轮及丝杆；
12—刮板；13—泡沫溢流唇；14—槽体；15—放砂阀门；16—给矿管；17—溢流堰；
18—溢流阀门；19—阀门壳；20—砂孔；21—砂孔阀门；22—中矿返回孔；
23—直流槽前溢流堰；24—电动机及皮带轮；25—循环孔调节杆

叶轮上面有 6 个辐射状叶片，其结构如图 3-15 所示。在叶轮上方装有盖板，其结构如图 3-16 所示。盖板的作用如下：

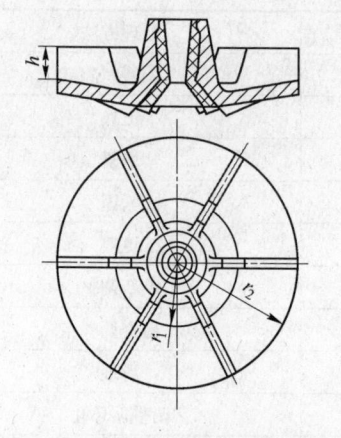

图 3-15　XJK 型浮选机的叶轮

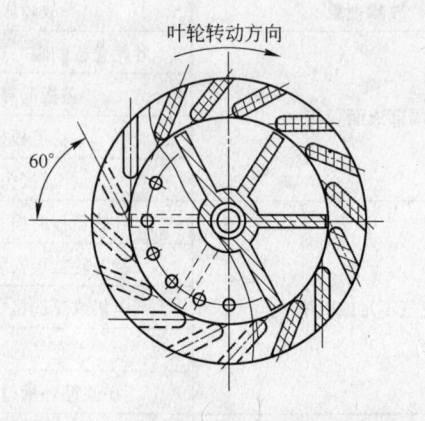

图 3-16　XJK 型浮选机叶轮盖板示意图

（1）当矿浆被叶轮甩出时，在盖板下形成负压吸气；
（2）调节给入叶轮的矿浆量；
（3）停机时，可以防止矿砂在叶轮上的"压死"叶轮，从而可以随时开车；

（4）起一定程度的稳流作用。

浮选机工作时，矿浆由进浆管给到盖板的中心处，叶轮旋转产生的离心力将矿浆甩出，在叶轮与盖板间形成一定的负压，外界的空气便自动地经由进气管而被吸入。在叶轮的强烈搅拌作用下，矿浆与空气得到充分的混合，同时气流被分割成细小的气泡。此外，在叶轮叶片的后方也会从矿浆中析出一些气泡。

b　XJK 型浮选机主要工作特点

该机的工作特点与部件的结构密切相关，主要关系如下：

（1）盖板上装设有 18～20 个导向叶片（亦称定子）。叶片倾斜排列，其倾斜方向与叶轮旋转方向一致，并且与半径成 55°～65° 倾角。盖板上的导向叶片与离心导向器的作用相似，它对叶轮甩出的矿流具有导向作用。

导向叶片与半径夹角的大小，对导流作用具有重大影响，当导向叶片与叶轮甩出矿浆的主流方向（即流体的矢量方向）一致时，能减少流体出口的水力损失，减少叶轮周围形成的涡流。这样，矿浆空气混合物将顺畅地自叶轮甩出，浆气混合物自叶轮的出口速度大为提高，从而使叶轮的吸气能力大大提高，同时还可使矿浆面平稳。另外，在盖板上两导向叶片之间还开有 18～20 个循环孔，供矿浆循环。这种矿浆循环，也可增大充气量。

（2）叶轮与盖板导向叶片间的间隙，一般要求在 5～8mm 之间。为此在结构上将叶轮、盖板、主轴、进气管和空气管等充气搅拌零件组装成一个整体部件。整体部件可使叶轮和盖板同心装配，以保证叶轮与盖板导向叶片之间的间隙符合要求，同时检修更换。

（3）在空气筒下部，有一个调节矿浆循环量的循环孔，并用闸板控制循环量。因此，通过叶轮中心的矿浆量，可随外界给矿量的变化进行调节。在直流槽中，亦可使内部矿浆循环，以满足造成量大充气量时所需的叶轮中心给矿量。

c　XJK 型浮选机常见故障及处理办法

XJK 型浮选机的常见故障及其处理方法列于表 3-7。

表 3-7　XJK 型浮选机常见故障及处理方法

故障现象	故障原因	处理方法
局部液面翻花	叶轮盖板间隙一边大、一边小	调整间隙
	盖板局部损坏	更换
	稳流板残缺	修复
	管道接头松脱	紧固
充气不足或沉槽	叶轮盖板磨损，间隙太大	更换
	叶轮盖板安装间隙大	重新调整
	电机或浮选机主轴转速低	检查调整
	充气管堵塞	清理
	矿浆循环量过大或过小	调整循环孔
吸力不足或前槽跑水	进浆管破漏	更换
	给矿管过大，进浆量小	稍堵给矿管
	中矿室被粗砂堵塞	水管冲洗
	给矿管与槽壁接触不良	修理

续表 3 - 7

故障现象	故障原因	处理方法
中矿室或排矿箱排水出矿浆	槽壁磨漏	修补
	给矿管堵塞或松脱	检修
	叶轮盖板损坏	更换
液面调不上来	药量不适量	闸门复位
	管道堵塞	修理或更换
	混入机油	调整操作
抽吸槽刮量大，直流槽刮不出	直流槽没打开循环孔闸门	打开闸门
跑槽	药量不适量	调整药量
	管道堵塞	疏通
	混入机油	清除
轴承发热	轴承损坏，滚珠破裂	更换
	缺少润滑油或油质不好	补加、换油
主轴上下音响不正常	滚珠轴承损坏	更换
	主轴摆动，使叶轮盖板相撞	检修
	槽内掉入异物	取出
	主轴顶端压盖松动	紧固
	叶轮盖板间隙太小	调整
主轴皮带轮摆动，支架摆动	皮带轮安装不平	调整、重装
	支架螺栓不动	紧固
	座板未垫平	垫平
	叶轮质量不好，两边重量不对称	更换，加工
电机发热电流增大	皮带轮安装不平	加药或放砂
	矿浆浓度过大	调整矿浆浓度
	轴损坏	更换
	盖板或给矿管松脱	上紧
	循环量过大	查给矿管及空气筒是否漏浆
	主轴皮带轮与电机安装高低不平	调整
	电机断相运行	检修
叶轮盖板有撞击声	间隙过小或主轴摆动过大	调整
	有异物进入其间	清除
	盖板松脱	上紧
	上下套筒螺丝松动	上紧

在我国一些老选厂中还可见到一种叫做"法连瓦尔德"型的浮选机。它与 XJK 型的主要区别是它的盖板上的导向叶片是与半径重合而不是斜着排列的。二者的主要构造基本相同。

叶轮式浮选机具有搅拌力强、药剂耗量较少，可以处理粗粒和较大密度的矿石、能适应复杂流程、应用广泛、指标稳定等优点。它的主要缺点是构造复杂、功耗大、叶轮盖板装配要求严格、液面不稳定易翻花、叶轮盖磨损后充气量较小等。

B　维姆科浮选机

这种浮选机是由法格古伦浮选机演变而来的一种大型浮选机。法格古伦浮选机的转子和定子都由圆棒组装而成，而本机的转子和定子都做成一个整体，故又叫维姆科。构造见图 3-17。其主要特点是采用带放射状叶片的星形转子，定子是周边有许多椭圆形小孔的圆筒，又叫扩散器，扩散器内部有突出的筋条，扩散器上部还有一个锥形罩。另外它比一般浮选机还多一个供矿浆循环用的假底。

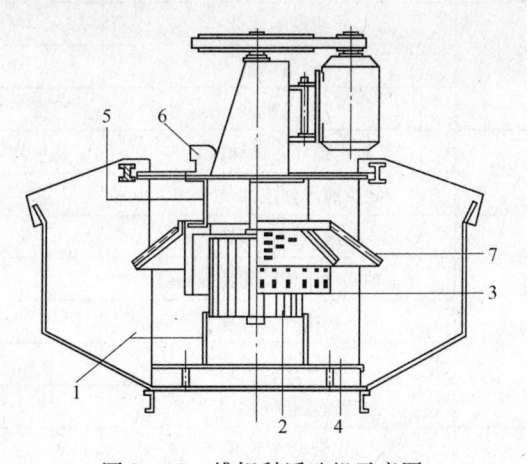

图 3-17　维姆科浮选机示意图
1—导管；2—转子；3—定子；4—假底；5—竖管；6—空气进入管；7—锥形罩

维姆科浮选机属于机械搅拌式浮选机。工作时，转子将内部的矿浆甩出，矿浆经扩散器和锥形罩（一部分矿浆）的孔隙水平地射向四周，液面比较平稳，转子内部产生真空，因此可从下部经导管吸入矿浆（包括新矿浆和从假底孔进入的循环矿浆），从上部经竖管吸入空气。由于矿浆在转子内壁上至竖管、下至导管的范围内产生激烈的旋涡和紊流，故使其本身能与空气均匀混合，并把空气碎散成泡。这种浮选机槽体较浅，电耗较低，常用于大型铜矿浮选厂。

3.3.2.2　充气搅拌式浮选机

A　CHF-X14m³ 充气搅拌式浮选机

它是一种大型浮选机。该机由两槽组成一个机组，每槽容积 7m³。两槽体背靠背相连，故称为 14m³ 充气机械搅拌式（双机构）浮选机。

a　结构及工作原理

这种浮选机（见图 3-18）的主要部件是主轴、叶轮、盖板、中心筒、循环筒、钟形物和总风筒等。整个竖轴部件安装在总风筒（兼作横梁）上。叶轮为带有 8 个径向叶片的圆盘。盖板是由 4 块组装而成的圆盘，在其周边均布有 24 块径向叶片。叶轮与盖板的轴向间隙为 15~20mm，径向间隙为 20~40mm。

中心筒上部的给气管与总风筒相连，中心筒下部与循环筒相连。钟形物安装在中心筒

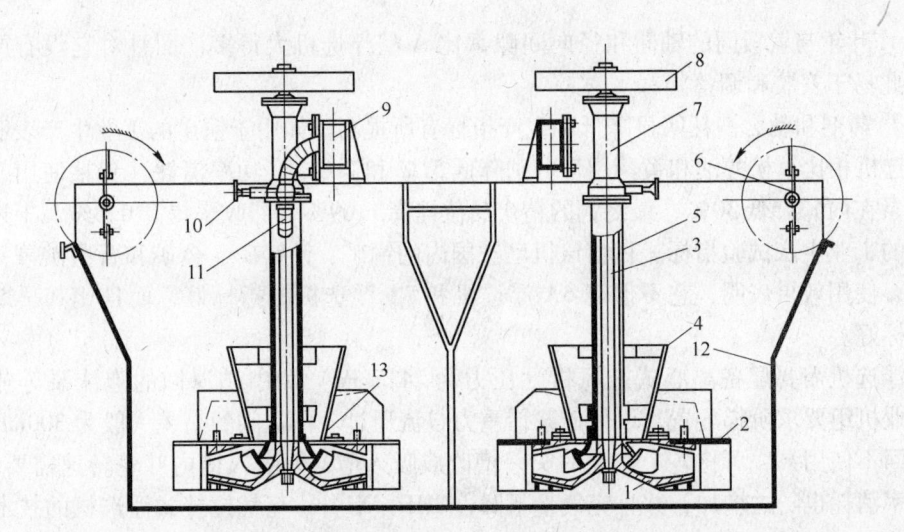

图 3-18   CHF-X14m³ 充气搅拌式浮选机结构图

1—叶轮；2—盖板；3—主轴；4—循环筒；5—中心筒；6—刮泡装置；7—轴承座；8—皮带轮；
9—总气筒；10—调节阀；11—充气管；12—槽体；13—钟形物

下端。盖板与循环筒相连，循环筒与钟形物之间的环形空间供循环矿浆用，钟形物具有导流作用。由此可见，该机除具有与一般叶轮机械搅拌浮选机相似的结构外，还设有矿浆垂直循环筒。

这种浮选机运用于矿浆的垂直大循环和从外部特设的低压鼓风机压入空气来提高浮选效率。在浮选槽内矿浆的运动方式如图 3-19 所示。由于矿浆通过循环管和叶轮形成的垂直循环而产生的上升流，把粗粒矿物和密度大的矿物提升到浮选槽的中上部，从而消除了矿浆的浮选机内出现的分层和沉砂现象。由鼓风机压入的低压空气。经叶轮和盖板叶片的作用，均匀地弥散在整个浮选槽中。矿化气泡随垂直循环流上升，进入在槽子上部

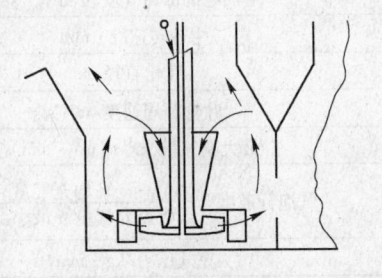

图 3-19   矿浆垂直循环示意图

的平静分离区后，使不可浮的脉石与矿化泡分离。矿化气泡进入到泡沫层的路程较短，是该浮选机的一个特点。

b   主要特点

这种浮选机的结构特点与其性能的关系如下：

（1）该机设计为直流槽，矿浆通过能力大，浮选速度快。

（2）采用外部特设的鼓风机供气，可以根据工艺需要调节充气量，且空气量的可调范围较大。

（3）占地面积小，单体体积量轻，如与 6A（容积为 2.8m³）浮选机相比，设备重量减少了 39%，占面积约减少 60%。所以设备吨位、投资和厂房建筑面积都可减少，同时相应地减少了矿浆管道、电气设备和测量调节装置等，有利于自动控制。

（4）叶轮只用于循环矿浆和弥散空气，深槽浮选机的叶轮，仍可在低转速下工作，其圆周速度为 7m/s（6A 叶轮的周速为 8.8m/s）。因此搅拌器磨损较轻，矿液面也比较平稳。

（5）叶轮与盖板间的轴向和径向间隙都比 A 型浮选机大得多，而且对它没有严格要求，因此易于安装和调整。

（6）药剂和动力消耗明显降低，生产指标有所提高。如用于铜矿的工业生产表明，与 A 型浮选机相比，松醇油和黄药用量分别降低 51% 和 7.8%，功率消耗（包括使用鼓风机和泡沫泵在内）降低 30%，最终铜的精矿品位提高 1.09%，回收率提高 0.6%。上述指标为早期的工业生产试验指标。目前该机已被国内的铜矿、铅锌矿、金矿和石墨矿等一些矿山采用，使用效果表明，它不但比 6A 浮选机和 7A 浮选机的指标好，而且比其早期工业生产指标好。

该浮选机需要配备离心式鼓风机（压力为 24.5kPa）和中矿返回的泡沫泵等辅助设备，作业机组要求阶梯配置，以使矿浆借重力自流通过。作业间的高差一般为 300mm。若中矿返回不使用泵，可将各个作业的头一槽改成吸入槽，但吸入槽内叶轮转速需要增大，因而功率消耗也随之增加，并且充气量下降，CHF – X14m^3 充气搅拌式浮选机的技术特性详见表 3 – 8。

表 3 – 8　CHF – X14m^3 充气搅拌式浮选机技术规格及性能

项　目	规　格
槽体尺寸（长×宽×高）/mm×mm×mm	2000×4000×1800
几何容积/m^3	14.4
生产能力（按矿浆计）/m^3·min^{-1}	6 ~ 28
主轴电机每轴（安装功率）/kW	吸入槽 30　直流槽 17
主轴转速/r·min^{-1}	吸入槽 220　直流槽 150
叶轮直径/mm	900
叶轮圆周速度/m·s^{-1}	吸入槽 10.4　直流槽 7
最大充气量/m^3·(m^2·min)$^{-1}$	吸入槽 0.4 ~ 0.5　直流槽 1.5 ~ 1.8
气泡分散度 = $\dfrac{平均充气量}{最大点充气量 - 最小点充气量}$	9.0（直流槽，充气量单位为 m^3/(m^2·min)）
充气压力/kg·mm^{-3}	

B　阿基太尔型浮选机

阿基太尔型浮选机是国外常见的一种充气搅拌式浮选机。近年来，浮选机大型化已成为必然趋势，目前容积量大的是 No.168 型（4 个搅拌叶轮），其容积为 33.6m^3。它与其他机械搅拌式浮选机类似，也是由叶轮、稳流板、中空轴和槽体几个基本部件所组成，其结构如图 3 – 20 所示，但在结构和工作上有它独特之处。

a　独特的叶轮

图 3 – 21a 是该机的标准型叶轮。它是一个圆盘形或圆锥形的钢板，在圆周上一般每隔 20 ~ 30mm 的间距，均匀地垂直安装着棒条，所以可称为棒式梳子叶轮。棒的数量根据负荷不同，用 16 ~ 32 根。

大型化浮选槽用的新型叶轮如图 3 – 21b、c 所示，图 3 – 21b 中的棒断面呈椭圆形，因其内小外大，所以也称"泪滴状"，其特点具有较好的空气分散和矿浆循环特性。图 3 – 21c 中是在椭圆断面棒轮的上部，再附上一个带有放射状直叶片的离心泵轮。这种结构的特点是，由于上部离心泵轮的作用，可形成一股循环浆流，造成矿浆在槽内的大循环

（如图 3 - 22 所示），从而消除了槽内矿粒的分层和沉淀现象，同时也强化了气泡的分散作用。由于这种叶轮能在较低转速下工作，所以也有利于降低动力消耗。

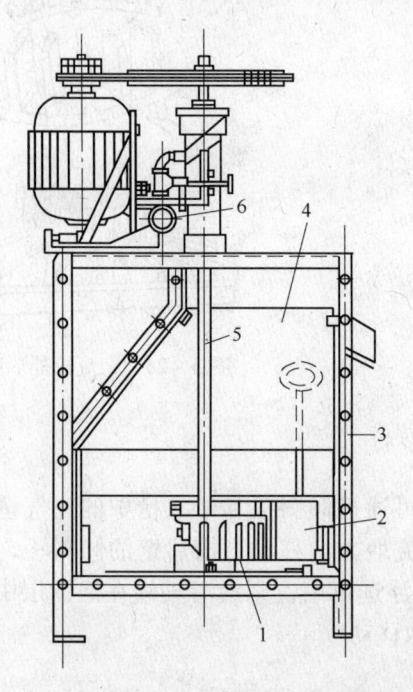

图 3 - 20 阿基太尔浮选机结构示意图
1—叶轮；2—径向板；3—槽体；4—可取下的
槽间隔板；5—空心轴；6—空气总管

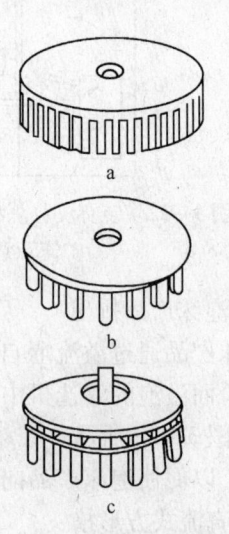

图 3 - 21 阿基太尔浮选机的叶轮
a—标准型；b—齐尔 - X 型；c—皮普萨型

叶轮的作用主要是用来搅拌矿浆和使气流分散成均匀细小的气泡，因而叶轮可在较低的转速下工作，其叶轮周速一般可在 6 ~ 8.5m/s 范围内调节。这样的周速，足以保持较好的矿浆循环和空气分散。由于叶轮在结构上的对称性，工作时可以正反旋转，所以衬胶叶轮使用寿命长，一般在 3 ~ 5 年以上。

阿基太尔浮选的叶轮，对磨矿粒度和矿浆浓度的变化均有较强的适应性。改变叶轮的结构特性，可用于不同的矿物和不同的选别作业。

b 稳流板

稳流板结构如图 3 - 23 所示，通常多用方形，大型槽常用圆形。由图可见，稳流板由装置在叶轮周围的若干块放射状导板所构成。为了装运搬运方便，往往做两块或四块的组合件，不但能提高其耐磨性能亦可衬胶。稳流板设计成径向点对称结构，以适应叶轮能够正反旋转的特性。在浮选机内，叶轮和稳流板之间的间隙，没有严格要求，一般约为 30mm 左右。这种方形结构的稳流板的优点是，当一边磨损后，可翻转 180° 再行使用，其使用寿命可延长。

c 矿浆充气

空气由特设的低压风机（0.1 ~ 0.15 个大气压）供给，经空心轴进入叶轮腔中。进入的空气流被旋转叶轮上的垂棒条分割打碎而成气泡群，叶轮抛甩至稳流板上，使气泡进一步变细。

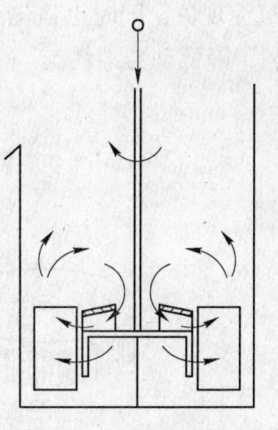

图3-22   装有皮普萨型叶轮大型浮选槽
矿流示意图

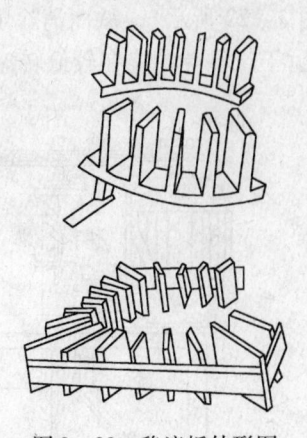

图3-23   稳流板外形图

d   泡沫产品排出

泡沫产品通过溢流堰自流溢出,其产率可通过倾斜板和给入槽中的充气量来进行调节。在单面溢泡的浮选机中,为使泡沫向溢流堰方向移动,槽后壁的倾斜板,向前倾斜45°,如图3-23所示。在双面溢泡的大型化浮选机中,则沿着轴线在泡沫层中安装有V形伞板,以促使泡沫产品向两边的溢流堰方向移动。

e   直流式方形槽

一般由六槽、四槽或两槽组成机组,采用机组阶梯直流配置,以使矿浆顺着作业线自流运动。如果中间产品需要返回再选,则需配备砂泵扬送。

阿基太尔浮选机的技术规格见表3-9。

表3-9   阿基太尔浮选机的技术规格

型 号	槽子尺寸 (宽×长×深) /mm×mm×mm	槽子容积/m³	叶轮个数× 直径/mm	叶轮周速 /m·s⁻¹	功率/kW	空气 /m³·min⁻¹
90A×300	3048×2286×1321	8.4	1×1016	6.1~7.37	25	7.0
90A×400	3048×2438×1524	11.2	1		25	8.4
102A×500	3500×2590×1727	14.0	1		30	11.2
108A×600	3000×2743×1980	16.8	1		30	14.0
120×300	3048×3048×914	8.4	4×686	5.94	2×20	11.3~17.0
120×400	3048×3048×1200	11.2	4×686	5.94	2×20	11.3~17.0
120×800	6096×3048×1321	22.4	2×1016	6.1~7.37	2×25	11.3~17.0
120A×400	6096×3048×1321	11.2	1×1016	6.1~7.37	25	8.5
120A×500	3658×3048×1372	14.0	1×1016	6.1~7.37	25	8.5
120×1000	6096×3048×1626	28.0	2			8.5
144×650	3658×3658×1372	8.2	4×686×762	5.94~6.45	2×25	19.8
168×1200	4267×4267×1830	33.6	4		2×30	23.0

3.3.2.3 充（压）气式浮选机

充（压）气式浮选机属于外部供气的无机械搅拌器类浮选机。我国浮选厂使用的是浮选柱。

A 浮选柱工作原理

浮选柱设备的工作原理如图 3-24 所示，它包括浮选段、旋流段和微泡发生器三部分。浮选段又可分为两个区：

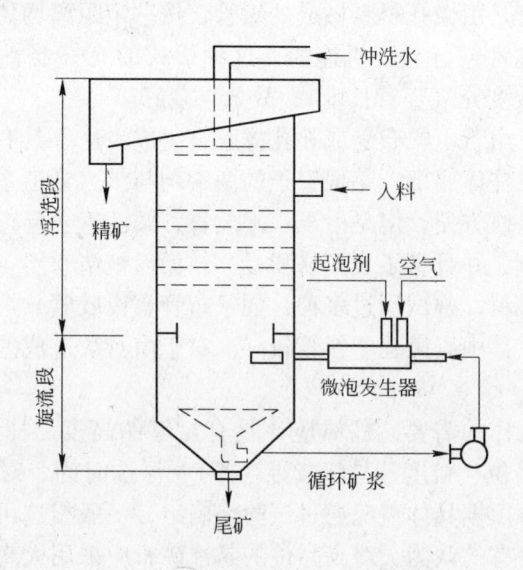

图 3-24 浮选柱设备的工作原理图

旋流段和入料点之间的捕收矿化区，入料点与溢流口之间的泡沫精选区。在浮选段，顶部设有冲水装置（根据现场需要）和泡沫精矿收集槽。给矿管位于柱高约 2/3 处，分选最终尾矿从旋流器底流口排出。微泡发生器位于柱体外部，沿切线方向与旋流段相衔接。微泡发生器上设有空气吸入管。

微泡发生器是该浮选柱实现分选的关键部件。它利用循环矿浆加压喷射吸入空气、混合起泡剂和粉碎气泡，并通过压力释放析出大量微泡，然后沿切线进入旋流段。微泡发生器在产生合适气泡的同时，也为旋流段提供了旋流力场。

含气、固、液三相的循环矿浆沿切线高速进入旋流段以后，在离心力和浮力的同时作用下，在旋流段做旋流运动，气泡和已矿化的气絮团向旋流中心运动，并迅速进入浮选段。气泡与从上部给入的矿浆反向碰撞矿化，增加了接触和粘附的几率，实现了浮选段的分选。旋流段的主要作用是扫选，回收浮选段尚未分选的目的矿物颗粒，以提高目的矿物回收率。气泡在柱体内上升矿化并不断受到清洗，清除夹带的矿泥，上部较厚的泡沫层以及冲洗水的喷淋作用使精矿的品位大大提高。

B 浮选柱工作的主要特点

在浮选柱内，矿浆的充气是靠外部压风机压入的空气，并通过充气器来实现的，故必须根据工艺条件的要求，保证进入矿浆中有足够数量的空气，并能使其形成气泡弥散。为此必须要有稳定的风压和所需风量的风源（空压机）以及性能良好的充气器。浮选柱操作时，矿液面也靠调节空气量来实现，所以空气量对浮选柱的工作影响很大。空气压力亦要适当，过大时，在矿液面易产生"翻花"现象；过小时，因不能克服充气器介质的阻力，空气不能透过。适宜的风量、风压应按具体情况并通过试验加以确定。

充气器是浮选柱的关键性部件，直接影响矿浆的充气量、气泡的弥散程度和浮选柱的工作效率。充气器的结构形式有好几种，目前工业生产中使用较多的是"竖管型"和"炉条型"两种，定型产品为竖管型。为了解决充气器的堵塞及结垢现象，近年来，我国有些选厂还试用了"旋流式充气器"和"水气喷射充气器"等。

竖管型充气器。它是由微孔材料做成的短管，按一定距离均匀地竖立排列在浮选柱体底部的断面上，并通过风包与空压机连通。这种形式的充气器，充气平稳均匀，不易堵塞，充气面积可调（改变充气竖管长度），故效果较好。

炉条型充气器。它由若干帆布管或扎孔橡胶管组成。这些具有微孔的管子，按一定距离，水平地均匀排列在柱体底部，每根管子的两端均与供风管道系统连通。这种形式充气器的结构简单，制造检修方便，但是由于水平放置，柔性管子易弯，充气面积受影响。另外，充气面积不能调节，并且管子表面易积砂、结垢而被堵塞。

充气器用的多孔材料，曾试用过多种，如帆布管、橡胶管、尼龙管、微孔陶瓷管、微孔塑料管、塑料瓶等，其中以微孔塑料管较好。对于由石灰造成的高碱度矿浆，采用丁腈胶管较为适宜。

为适应逆流原理工作的需要，柱体应该具有足够的高度。柱体的高度与许多因素有关，如原矿的性质（品位、粒度、易浮或难浮等）、浮选时间、对精矿质量的要求等。最适宜的柱高，精、扫可根据具体情况通过试验来确定，一般粗选可定 7~8m。对浮选柱的高度，目前尚有争论，有的认为，对高品位的易选矿石应采用大直径的低柱，并建议在采用竖管型，充气器的情况下，柱的高度粗选为 5~7m，扫选为 4~6m。给矿器是一根空管，下接 4 根支管，每根支管末端上有一个碟形托盘，以使矿浆能沿着柱体的横断面均匀喷洒出来，给矿器中还有一根给水管，以调节给矿浓度之用。

我国一些浮选厂的生产实践证明，对于矿物组成简单，品位较高的易选矿石可采用浮选柱，且一般用于粗、扫选作业。

3.3.2.4　气体析出式浮选机

气体析出式浮选机亦属无机械搅拌器类浮选机，它可分为真空式（减压式）和矿浆加压式两种，而矿浆加压式还可细分为空气自吸式（如我国的喷射旋流式浮选机）和压气式（如国外的达夫克拉喷射式浮选机）两类。

A　XPM 型喷射旋流式浮选机

a　工作原理

XPM 型喷射旋流式浮选机没有机械搅拌机构，利用喷射旋流的作用原理，实现矿浆充气与矿化。矿浆和浮选药剂在矿浆搅拌桶中经过充分搅拌后，依次进入浮选机各室，在充气搅拌装置的作用下，反复充气搅拌使矿粒和气泡得到充分碰撞，矿粒粘附于气泡上，完成矿化过程。矿化泡沫上升至浮选槽液面，经刮泡器刮出，尾矿则从浮选机最后一室的尾矿管排出，从而完成了整个浮选过程。喷射旋流式浮选机的充气搅拌装置是综合利用喷射和离心力场的原理，即循环矿浆在瞬间连续完成喷射—吸气—旋流三个过程，实现充气、搅拌和气泡的矿化。

循环矿浆经泵加压后，进入带螺旋导流叶轮的锥形喷嘴，以 15~30m 左右的高速射流喷出,由于喷射流压力的急剧下降,溶解在矿浆中的空气便以微泡形式析离出来。在喷射器的混合室中,由于喷射作用产生负压,形成空吸现象,则空气由吸气管进入,同时在高速射流的冲击和切割下,气泡和浮选药剂受到粉碎和乳化。矿浆及空气在喷射器混合室中经过充分混合后,以切线方向射入旋流器,由于在旋流器内受到离心力场的作用,气体矿浆混合体从旋流器底口呈伞状旋转甩出,进入浮选槽。

b 基本结构

喷射旋流式浮选机的基本结构如图 3-25 所示。

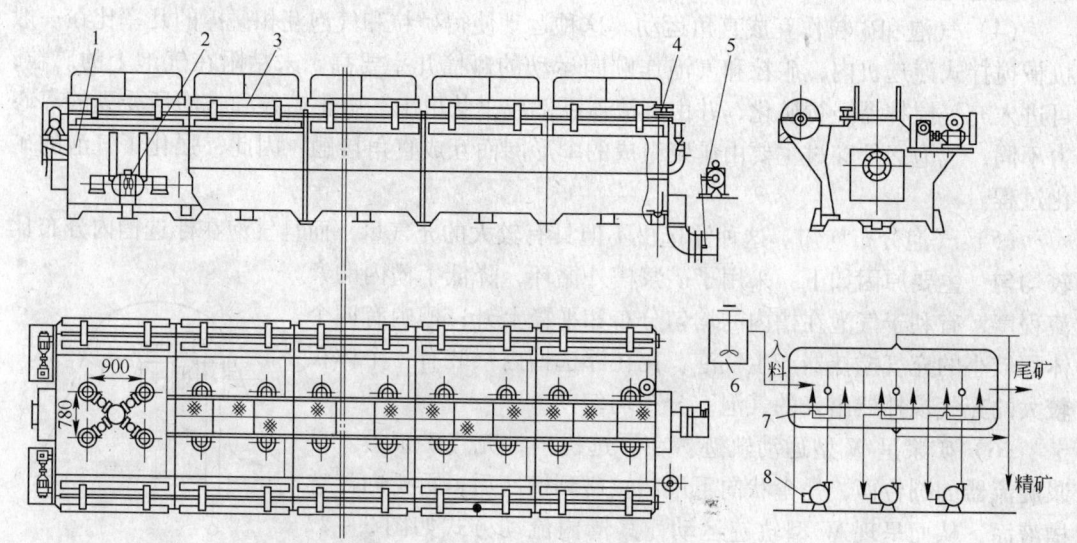

图 3-25 喷射旋流式浮选机结构简图

1—浮选槽;2—充气搅拌装置;3—刮泡器;4—液位信号变送器;
5—电动执行机构;6—搅拌桶;7—浮选机;8—循环泵

XPM 型喷射旋流式浮选机由浮选槽、充气搅拌装置、刮泡器和循环泵组成。浮选槽分 6 个分室,分别组成三段,每段配有一台循环泵,循环泵分别从各段抽出部分矿浆,再压入各室的充气搅拌装置里,使矿浆得到充分搅拌。

喷射旋流式浮选机的核心部分是充气搅拌装置,它是由喷射器和旋流器所组成,见图 3-26。喷射器包括喷嘴、吸气管和混合室三部分。矿浆和空气在混合室混合后,经旋流器进入浮选槽各室。充气搅拌装置对浮选机的工作效果有很大影响,在一个浮选槽内装有 4 个或 6 个充气搅拌装置。

c 工艺特点

矿浆充气、气泡矿化和槽内矿浆流动形式等方面的特点主要有如下几点:

(1) 大量析出活性微泡。由于矿浆加压 (196133~245166Pa),使空气在矿浆中的溶解增加,因而当槽外循环的矿浆,以 20m/s 左

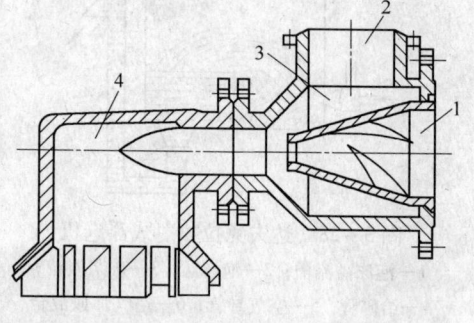

图 3-26 喷射旋流式浮选机充气搅拌装置

1—喷嘴;2—吸气管;3—混合室;4—旋流器

右的高速，从充气搅拌器的喷嘴喷出时，压力剧降，使空气在矿浆中呈过饱和状态，这时溶于矿浆中的空气，便以微泡在疏水性矿物表面析出，从而强化了气泡的矿化过程。

（2）该机的充气搅拌器对药剂有乳化作用。它能将液体、气流分散成很微细的状态。所以，气泡和药剂被乳化，强化了浮选过程。例如，由于这种乳化作用，使油类捕收剂用量降低了 20% ~ 30%。

（3）气泡粉碎度高。由于充气矿浆在管道中流动，砂泵的猛烈搅拌，喷射乳化及充气矿浆高速地撞击在旋流器壁上，使气泡具有较多的粉碎机会。

（4）气泡和矿粒作互成直角运动。这种运动使得矿粒和气泡互相碰撞的几率比在一般机械搅拌式浮选机内，矿粒和气泡作顺向运动的碰撞几率要高。未粘附在气泡上的矿粒，可进入充气搅拌器强行矿化，并由旋流器下部成伞状甩出。由于矿粒和气泡所受到的离心力不同，气泡必须穿过主要由矿浆组成的伞形网而互成直角接触。因此，强化了气泡的矿化过程。

（5）气泡分布均匀。这种浮选机不但具有较大的充气量，而且气泡在浮选槽内分布比较均匀，主要原因如下：采用了矿浆槽外循环，降低了槽内的紊流程度，有利于气泡在槽内的均匀分布和平稳上升；槽内有四个体积较小的充气搅拌器产生气泡，比在浮选槽内只装有一个体积较大的充气搅拌器出来的气泡，分布均匀些。

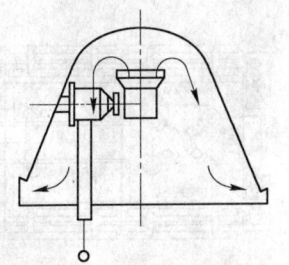

（6）矿浆呈 W 型运动轨迹。在浮选机内，充气矿浆沿着矿浆旋流器的圆台面，呈伞状向下甩出，碰到槽底后，再折向浮选槽液面，从而呈现 W 型轨迹运动，其槽内流动方式如图 3 - 27所示。

图 3 - 27　矿浆流动方式

B　达夫克拉喷射式浮选机

达夫克拉喷射式浮选机，属于矿浆加压和空气强制吹入式浮选机。它是澳大利亚锌公司研制的。

a　基本结构

达夫克拉喷射式浮选机结构简单，是一个带有旋流喷嘴的槽体。根据浮选机的大小，可以配备两个或多个喷嘴。其结构如图 3 - 28 所示，它由旋流喷嘴、槽体、泡沫溢流槽、挡板和尾矿导管等组成。旋流喷嘴是用来往浮选槽内喷射矿浆和空气流的。

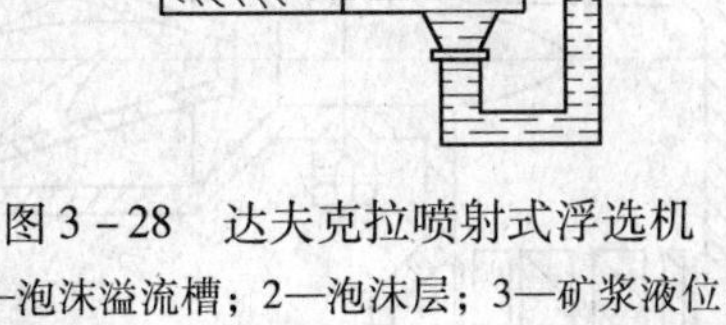

b　工作原理

工作时，加压矿浆被扬送到旋流喷嘴，沿切线方向进入，并沿旋流喷嘴内壁旋转，然后通过喷嘴孔喷入浮选槽内；压缩空气通过安装在旋流喷嘴中心的空气导管压入。空气导管与喷嘴在同一中心线上，空气导管的管口靠近喷嘴出口的地方，但稍后于喷嘴的喷口，所以空气喷出时，形成一股中心空气束（区）。由于空气束受到周围旋转矿浆的作用，以及流动较快的空气与流动较慢的矿浆相互作用，结果使空气和

图 3 - 28　达夫克拉喷射式浮选机

1—泡沫溢流槽；2—泡沫层；3—矿浆液位；4—给矿管；5—空气导管；6—空气弥散混合与气泡矿化带；7—外充气区；8—尾矿排出管

矿浆得以充分接触混合，并使空气切割弥散成微细气泡。中心空气束随着空气被弥散成细小气泡而逐渐变小，直至最后消失。当浆气混合物从旋流喷嘴喷入槽体内时，还由于压力降低而析出大量微泡。

由旋流喷嘴喷出的浆气流束，射向槽内一块挡板，此挡板距喷嘴的喷孔有足够距离，以保证中心空气束完全分散消失。射入槽内的两种流体（矿浆与空气）碰击挡板后，消耗了其喷射的能量，并使矿浆沿喷入流体的周围旋转折回。这样，一方面可以保证空气充分弥散；另一方面可以使水平喷射运动转成垂直运动，以保证附着矿粒的气泡平稳上升，形成泡沫层。精矿由泡沫槽接出，尾矿则从挡板后的排矿管排出。槽内矿浆液面的高低，通过尾矿排出管来控制。

c 特点及应用

这种浮选机的特点是浮选速度快，处理量大，动力消耗小，在国外主要用于铅锌矿石的浮选。由于其浮选速度快，处理量大，所以比较适于单槽浮选，在磨矿循环中浮出已解离的可浮矿粒，减少过磨。

3.4 浮选工艺

3.4.1 浮选流程

浮选流程，一般定义为矿石浮选时，矿浆流经各个作业的总称。不同类型的矿石，应用不同的流程处理，因此，流程也反映了被处理矿石的工艺特性，故常称为浮选工艺流程。一个工厂的流程，常因矿石性质变化、采用先进的新工艺、新设备等原因，而不断改进，以期得到最佳技术经济指标。

3.4.1.1 浮选原则流程

浮选原则流程（又称骨干流程），只指出了处理各种矿石的原则方案，其中包括段数、循环（又称回路和矿物的浮选顺序）。

A 段数

段数是指磨矿与浮选相结合的数目。一般磨一次（粒度变化一次）浮选一次叫一段。矿石中常常不止一种矿物，一次磨矿以后，要分步选出好几种矿物，这种情况还是叫一段，只是有几个循环而已。矿物嵌布粒度较细，进行两次以上磨矿才能进行浮选，而两次磨矿之间没有浮选作业，这也叫一段。一段流程适用于嵌布粒度较均匀，相对较粗且不易泥化的矿石。

多段流程，是指两段以上的流程。多段流程的种类较多，对它们的选择与应用，主要由矿物嵌布粒度特性和泥化趋势来决定。现以两段流程为例，说明它们的应用。两段流程可能的方案有以下三种：精矿再磨（见图 3 - 29）、尾矿再磨（见图 3 - 30）和中矿再磨（见图 3 - 31）。

当矿石中有用矿物的嵌布粒度较细，而它们的集合体较粗，在较粗磨的条件下，其集合体就能与脉石分离，并得到混合精矿（或贫精矿）和废弃尾矿时，可采用精矿再磨流程。这种流程，在多金属矿浮选时，比较常见。

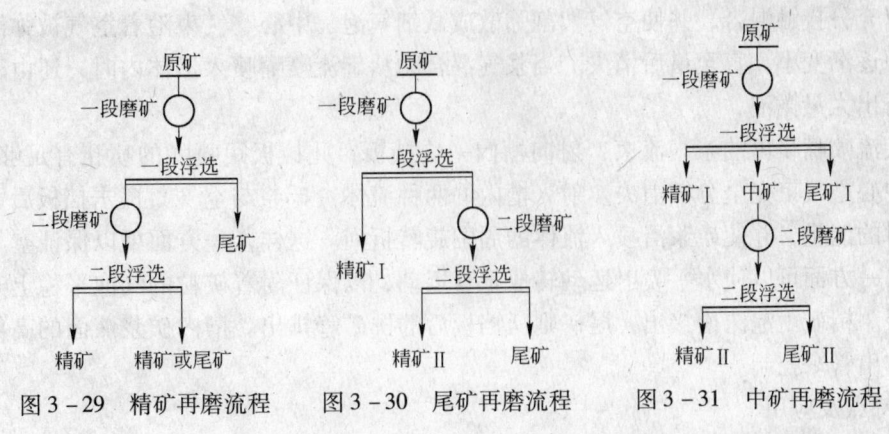

图 3-29   精矿再磨流程   图 3-30   尾矿再磨流程   图 3-31   中矿再磨流程

尾矿再磨流程，用于有用矿物嵌布很不均匀的矿石，或容易氧化和泥化的矿石。在较粗磨的条件下，分出一部分合格精矿，将含有细粒矿物的尾矿，再磨再选。

一段浮选能得到一部分合格精矿和废弃尾矿，但中矿中有大量连生体，对这种矿石，采用中矿再磨是有利的。

B   循环

循环也称回路，通常是以所选矿物中的金属（或矿物）来命名的，图 3-32 为铅循环和锌循环，图 3-33 为铜锌循环、硫循环和铜循环。

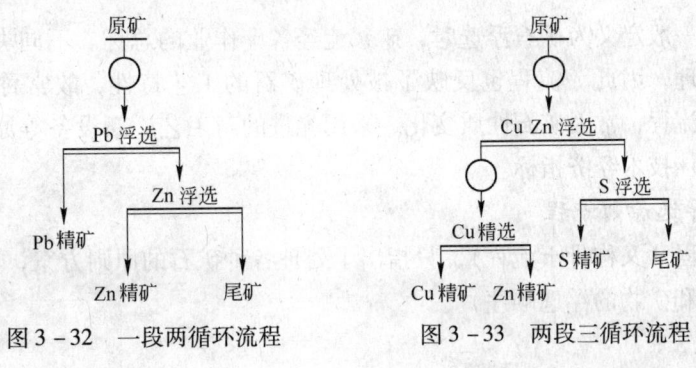

图 3-32   一段两循环流程   图 3-33   两段三循环流程

C   矿物的浮选顺序

矿石中矿物的可浮性、矿物相互间的共生关系等因素与浮选顺序有关。有用矿物集合体较粗，在粗磨条件下，能废弃尾矿，多用混合浮选然后再分离的流程，矿石中不同的矿物，其可浮性相等时，可以采用"等可浮"流程。

常见的矿物浮选顺序有：优先浮选（见图 3-34）、混合浮选（见图 3-35）、部分混合浮选（见图 3-36）和等可浮（见图 3-37）等几种。

3.4.1.2   流程内部结构

流程内部结构，除包含了原则流程的内容以外，还详细表达了各段的磨矿分级次数，每个循环的粗选、精选、扫选次数，中矿处理方式等内容。

A   粗选和扫选次数

粗选一般都是一次，只有少数情况下，有两次以上。精选和扫选次数变化较多，这与矿石性质（如矿物含量、可浮性等），对产品的质量要求和欲选成分的价值等有关。

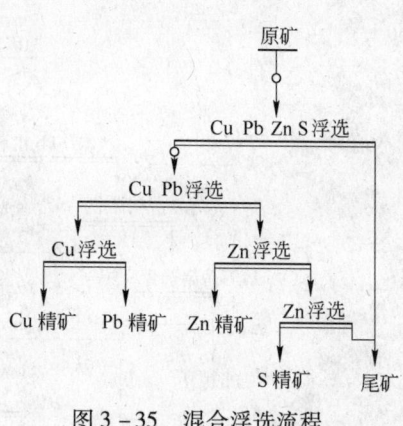

图 3-34 优先浮选流程   图 3-35 混合浮选流程

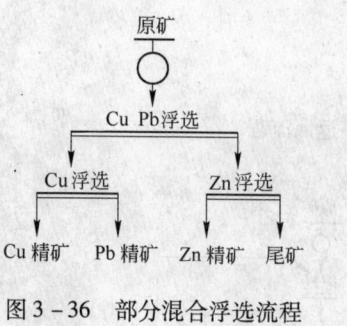

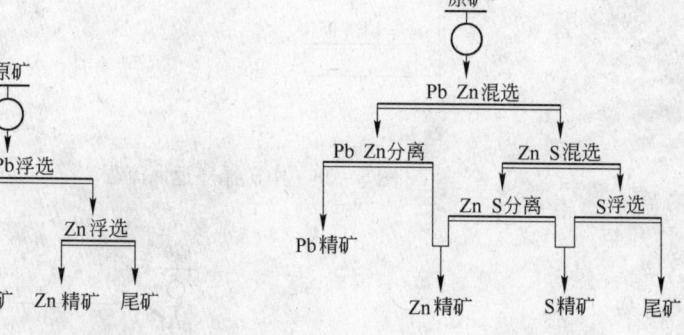

图 3-36 部分混合浮选流程   图 3-37 等可浮流程

当原矿品位较高，矿物可浮性较差，而对精矿质量的要求又不很高时，就应加强扫选，以保证有足够高的回收率。精选作业应少，甚至不精选。

原矿品位低，而对精矿的质量要求又很高，如辉钼矿浮选，就要加强精选。辉钼矿粗精矿的精选次数，常常达到 10 次以上，在精选过程中还要结合再磨。

有用矿物与脉石矿物可浮性相差大，则脉石实际上不浮，对于这种矿石的浮选，精选次数可以减少。

B 中矿处理

浮选的最终产品是精矿和尾矿，但在浮选过程中，总要产出一些中间产品精选尾矿、扫选精矿，习惯称之为中矿。中矿一般都要在浮选过程中处理，常见的处理方案有四种：

（1）返回浮选过程中的适当地点。最常见的是循序返回（图 3-38），即后一作业的中矿返回到前一作业。当矿物已单体解离，可浮性一般，而又比较强调回收率时，多用循序返回。这时中矿经再选的机会较少，可避免损失。

中矿合一返回（图 3-39），是将全部中矿（或部分）合并在一起，返回前面某一作业，一般是粗选作业。这样可以使中矿得到多次再选，有利于提高精矿质量。中矿合一返回，适用于矿物可浮性较好，对精矿质量要求又高的矿石，如石墨、萤石浮选。中矿合并以后，往往需要浓缩。中矿合并返回粗选作业，常常可以节省该作业的用药量。

前面的两个例子，是比较典型的。在实际生产中，中矿的返回往往是多种多样的。中

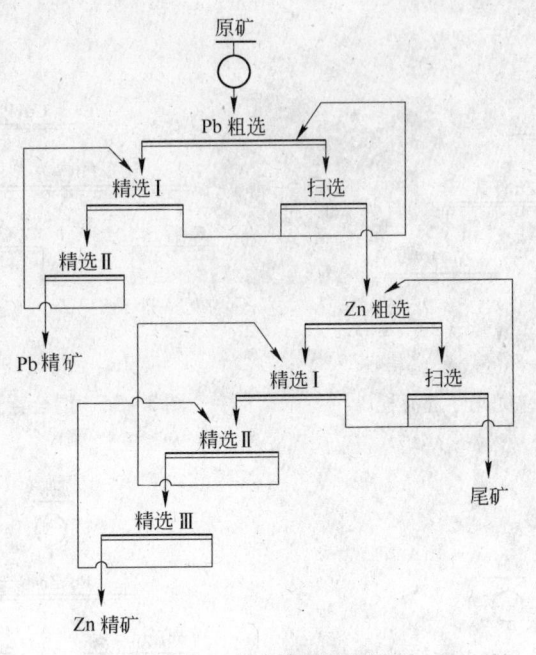

图 3 - 38　中矿循序返回流程

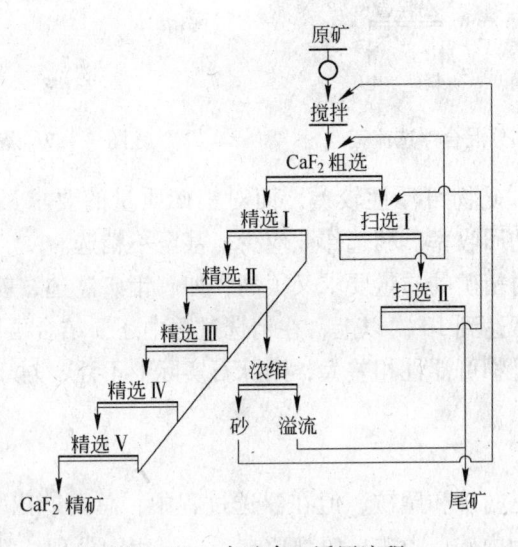

图 3 - 39　中矿合一返回流程

矿返回一般应遵循的规律是，中矿应返回到矿物组成和矿物可浮性等性质与中矿相似的作业。

（2）中矿再磨。中矿连生体多时，需要再磨。再磨可单独进行，也可返回第一段磨矿。中矿再磨之前的浓缩和分级是必要的。浓缩的溢流，常作回水使用。图 3 - 39 是中矿单独再磨的流程。

（3）中矿单独浮选。有时中矿虽不呈连生体，但它的性质比较特殊，返回前面作业都不太合适。在这种情况下，可将中矿单独浮选。

（4）中矿用水冶等其他方法处理。如某钼矿的扫选精矿含 Mo10% 左右，含泥质多，返回前面作业会扰乱浮选过程。因此，单独用 NaClO 浸出，然后用 $CaCl_2$ 沉淀，最后得到 $CaMoO_4$ 产品。回收率 80% ~ 85%，产品含 Mo 为 35% ~ 40%。

3.4.2 浮选的影响因素

3.4.2.1 粒度

A 粒度的影响、测量及调节

粒度常以磨矿细度来表示。浮选时不但要求矿物单体解离，而且要求磨到适宜的粒度，矿粒太粗，即使矿物已单体解离，因超过气泡的浮载能力、往往浮不起。各类矿物的浮选粒度上限不同，如硫化矿一般为 0.2 ~ 0.25mm，非硫化矿为 0.25 ~ 0.3mm，对一些密度较小的非金属矿物如煤等，粒度上限还可提高。但矿物磨得过细，如小于 0.01mm，浮选指标显著下降。

及时测定分级溢流粒度的变化，为磨矿分级操作提供依据，是现场每日每班都要进行的工作。在没有粒度自动测量和自动调节的情况下，一般采用快速测量法。该法采用的工具是浓度壶和筛子，公式如下：

$$\gamma_{筛上} = \frac{q_1 - a - b}{q_2 - a - b} \times 100\% \qquad (3-35)$$

式中　$\gamma_{筛上}$——筛上产物的产率，%；

　　　q_1——盛满矿浆的浓度壶重量，g；

　　　q_2——湿筛后筛上产物置于浓度壶中加满水后的重量，g；

　　　a——干浓度壶的重量，g；

　　　b——浓度壶的容积，mL。

计算出 $\gamma_{筛上}$ 以后，筛下粒级的产率为 $100\% - \gamma_{筛上}$。现场常是 1 ~ 2h 测定一次，如果细度不合要求，就要及时改变磨矿分级循环操作条件，如调整磨机的给矿速度、分级溢流的浓度、磨矿浓度等。

及时检查浮选精矿和尾矿的粒度组成，也能发现磨矿细度的变化，如尾矿中粗粒级损失增加，则所谓"跑粗"，说明磨矿细度不够；如果损失的是细粒级，则说明过粉碎，应适当粗磨合强化分级作业。

B 粗粒浮选的工艺措施

在矿物单体解离的前提下，粗粒浮选，可以节省磨矿费用，降低选矿成本。但是由于矿粒较粗，其重量较大，在浮选机中不易悬浮，与气泡碰撞的几率减少；附着气泡后，因脱落力大，易于脱落。因此，比较难浮。为了改善粗粒的浮选、可以采取调节药剂制度、调节气泡和选择浮选机等措施。

（1）调节药剂制度。调节药剂制度的目的在于增强矿物与气泡的固着强度、加快浮升速度、选用捕收能力强的捕收剂。

（2）调节充气量。充气量对于粗粒浮选具有重要意义，增大充气量，形成较多的大气泡，有利于形成气泡和矿粒组成的浮团，将粗粒"拱抬"上浮。

关于粗粒浮选时浮选机的选用，可根据需要和浮选机的特点对其进行选择。对粗粒浮选、单纯依靠增加搅拌强度来增加充气量，不但无益，反而有害。此外，粗粒浮选时，矿浆浓度不应过浓。

　　C　细粒浮选的工艺措施

　　矿泥的影响及消除措施，一般选矿所指的矿泥，常常是指 – 200 目（75μm）的粒级，而浮选中的矿泥是指 – 18μm 或 – 10μm 的细粒级。

　　a　细泥对浮选的影响

　　由于矿泥具有质量小、比表面积大等性质，所以对浮选产生了一系列不利影响，其中主要的有：易夹杂于泡沫中上浮、降低了精矿质量；罩盖在粗粒矿物上，妨碍粗粒的浮选，使回收率降低；吸收大量的浮选药剂、使药耗增加；增加了矿浆的黏性，使浮选机充气条件变坏；细粒溶解较大，使矿浆中的"难免离子"增加。大量矿泥的存在，不但影响浮选指标，而且往往会破坏浮选过程。

　　为了消除或减少矿泥对浮选的影响，可以采取：添加矿泥分散剂（如水玻璃、碳酸钠、氢氧化钠、六偏磷酸钠等），将矿泥分散；分段、分批加药。要随时保持矿浆中药剂的有效浓度，可将药剂分段、分批加入，避免一次加入，被矿泥所吸收；采用较稀的矿浆。矿浆较稀时，一方面可以避免矿泥污染精矿泡沫；另一方面也可降低矿浆的黏性。脱泥是根除矿泥影响的一种办法。最常用的方法是分级脱泥、浮选脱泥、泥砂分选。

　　b　发展方向

　　细粒浮选，对于细粒嵌布的矿物，或者过粉碎以后的矿物，即所谓细粒的浮选，目前国内外的主要发展方向有：

　　（1）选择絮凝浮选。此法已用于细粒赤铁矿、铝土矿、高岭土、磷灰石、黄铁矿、闪锌矿等的选别。

　　（2）载体浮选。它是利用一般浮选粒级的矿粒作载体，使细粒罩盖于载体上浮。载体可用同类矿物，也可用异类矿物。例如，用硫黄作细粒磷灰石浮选的载体，用黄铁矿作载体来浮细粒的金，用方解石作载体，浮选高岭土中的锐钛矿杂质等。

　　（3）团聚浮选，又称乳化浮选。细粒矿物经捕收剂处理，在中性油的作用下，形成带矿的油状泡沫（或油膜）。其操作工艺分为两类：一类是捕收剂与中性油先配制成乳化液加入；另一类是在高浓度（达 70% 固体）矿浆中分别按先后次序加入中性油及捕收剂，强烈搅拌、控制时间，然后刮出上层泡沫。

　　（4）微泡浮选。从溶液中析出微泡的真空浮选法。

　　（5）新工艺，如"电解浮选"、"电场浮选"、"电磁场处理矿浆"等细泥的浮选研究，可节省药剂，提高回收率和精矿品位。

3.4.2.2　调浆

　　浮选前矿浆的调节，是浮选过程中的一个重要作业，矿浆进入浮选机之前，得到合理的调节，浮选机才能充分发挥作用。

　　A　矿浆浓度

　　矿浆浓度是指矿浆中固体（矿物）与液体（水）重量之比，常用液固比或固体含量百分数来表示。

　　矿浆浓度往往受到许多条件的限制，例如：分级机溢流浓度，就受到细度要求的限制，要求细时，溢流就要稀，要求粗时溢液就要浓。大多数情况下，调浆和粗选作业的浓度，几乎与分级溢液的浓度是一致的。又如扫选的浓度总要比粗选稀。如果要提高浓度，就要对浮选时大量矿浆进行浓缩脱水，但这是不经济的。

矿浆浓度对浮选各项因素的相互制约关系，大致如下：

（1）浮选机的充气量随矿浆浓度变化，矿浆过浓或过稀，都会使充气变坏。

（2）矿浆液相中的药剂浓度，随矿浆浓度变化。在用药量不变的条件下，矿浆浓、液相中药剂浓度增加，可以节省药剂。

（3）影响浮选机的生产率。矿浆浓度增加，如浮选机的体积和生产率不变，则矿浆在浮选机中的停留时间相对延长，有利于提高回收率，反之，如果浮选时间不变，则矿浆愈浓，浮选机的生产率愈大。

（4）粗粒与细粒浮选。矿浆浓度增加细粒的可浮性提高。如果细粒是泡沫精矿，则增加矿浆浓度，有利于提高回收率及精矿品位，反之，如果细粒是脉石矿物，则应冲稀矿浆，以免细泥混入泡沫，使精矿质量降低。

一般矿浆较稀，回收率低，但精矿质量较好。矿浆浓度的适当提高，不但可以节省药剂和水，而且其回收率也相应地有所提高。但矿浆过浓，则由于浮选机工作条件变坏，会使浮选指标下降。

在实际生产中，矿浆或浓或稀，除上述因素外，还要考虑原矿的性质，各个作业对浮选浓度的要求，然后决定需要的矿浆浓度。浮选密度大、粒度粗的矿物，往往用较浓的矿浆；反之浮选密度小的矿物，可用较稀的矿浆。粗选作业采用较浓的矿浆，可节省药剂，精选用较稀的浓度，则有利于提高精矿品位，扫选作业的浓度受粗选的影响，一般不另行控制。

B 分级调浆

分级调浆是近年来发展起来的新工艺。根据不同粒级要求不同的调浆条件。分级的粒度界限，可以通过试验方法来确定。

C 充气调浆

一般调浆是在不充气的条件下进行的，有时候不加药剂预先充气（又称渗氧）调浆，能改善分离效果。这种情况在硫化矿浮选时较常见。利用各种硫化矿在充气搅拌时，表面氧化程度的差别，可以扩大它们可浮性的差别，这有利于下一步的分选。

3.4.2.3 调药

浮选过程中药剂的调整包括提高药效，合理添加、混合用药、矿浆中药剂浓度调节与控制等。

A 提高药效

同一种药效，使用方法不同，用量和效果不同。对于在水中溶解度小或不溶的药剂，尤为明显。如中性油，不加调节措施，在水中呈较粗的液滴，不但效果不好，且用量也增加，提高药效的主要措施有如下几种：

（1）加溶剂配制，有些不溶于水的药剂，可将其溶于特殊的溶剂中，例如：油酸不溶于水但溶于煤油，将油酸溶于煤油中可以提高其捕收作用；白药溶于邻甲苯胺等。

（2）配制成悬浮液或乳浊液，一些不易溶于水的固体药剂，可配成乳浊液使用。如石灰在水中的溶解度很小，故将其磨到 $100 \sim 10 \mu m$，与水混合搅拌成石灰乳。

（3）皂化，对于脂肪酸类捕收剂，皂化是最常用的方法。如赤铁矿浮选时，将捕收剂氧化石蜡皂和粗妥尔油加入 10% 左右的碳酸钠溶液中，并且加湿制成热的皂液添加。

（4）乳化，乳化的方法有机械强烈搅拌，或用超声波乳化等方法。脂肪酸及柴油经乳化后，可以增加它们在矿浆中的弥散，提高效用。加乳化剂更为有效，如妥尔油常与柴油在水中加乳化剂——烷基芳基磺酸盐，经过强烈搅拌成乳化液，这比单纯搅拌效果更好。许多表面活性物质，都可用为乳化剂，有时也称之为辅助捕收剂。

（5）电化学法，自从提出黄药与双黄药配合使用，可以改善黄药的捕收能力的见解之后，在这方面的研究很多，现在已经用于工业生产。普通的双黄药，由于溶解度很小，在硫化矿浮选中很少用。为了能在黄药溶液中产生一定比例的双黄药、并能使这种双黄药分散成 $28 \sim 30 \mu m$ 的液滴，采用了黄药电化学氧化的方法。

（6）气溶胶法，这是强化药剂作用的新方法。它的实质是使用一种特殊的喷雾装置，将药剂在空气介质中雾化以后，直接加到浮选槽内，所以也称之为“气溶胶浮选法”。使用这种方法加药可降低药剂耗量。

提高药效的措施，还有其他方法，如加温、电场或磁场处理、利用放射性辐射或紫外光照射等。

B   混合用药

混合用药已在实践中得到广泛的应用。各种捕收剂混合使用，是以矿物表面不均匀性和药剂间的协同效应为依据的。混合用药是提高浮选效率和降低药剂用量的有效措施。如在硫化矿浮选时捕收剂低级黄药和高级黄药、低级黄药和黑药的混合使用等。

调整剂的混合使用，就更为常见。如氰化物与硫酸锌混用，亚硫酸盐与硫酸锌混用，二氧化硫与淀粉混用，等等。其目的是为了加强这些药剂的抑制效果。起泡剂混用也常能提高其效用。

C   药剂的合理添加

药剂合理添加的目的，是保证矿浆中保持药剂的最佳效果。根据矿石的特性、药剂的性质、工艺要求，可以选择适当的加药点，以不同的加药方式，达到保持矿浆中最佳药剂浓度的目的。

（1）加药点的选择。加药点对发挥药剂的效用很大。pH 调整剂、抑制剂多加入球磨机中。对于一些较难溶的捕收剂也可以加入球磨机。能相互反应抵消的药剂，要求分开加，一般让前一种药剂充分作用后，才加入后一种药剂。如硫酸铜、硝酸铜和黄药，氯化钙和油酸，都要求分先后次序。

（2）加药方式。药剂可一次添加和分批添加。一次添加，药剂浓度在一点较高，强度因素大，添加方便，故经常采用。分批添加，或逐点添加，可以维持沿浮选作业线的药剂浓度基本趋于一致。对于下列情况，可采用分批添加。

1）易被泡沫带走的药剂。如用油酸钠作捕收剂时，它本身有起泡性，若加在一点，易被泡沫带走。

2）在矿浆中易起反应的药剂。如二氧化碳、二氧化硫等，如只在一点加入，就会很快反应失效。

3）用量要求严格控制的药剂。如硫化钠，局部浓度过大，就会没有选择作用，故应分批添加。

（3）药剂用量。理论研究和生产实践证明，药剂用量必须适当，才能获得最好的技术经济指标。

1）捕收剂用量，当捕收剂用量不足时，则被浮矿物表面的疏水性不够，会使回收率下降；捕收剂用量过大，会使捕收剂失去选择性而将被抑制的矿物浮上来，这样不仅降低精矿质量、也会影响目的矿物的回收率。同时，捕收剂过量也会影响浮选分离效果。在观察生产过程中时，还经常发现当捕收剂过量时，使气泡过度矿化、泡沫层下沉，致使泡沫刮不出来。

2）起泡剂用量，当起泡剂用量不足时，会使泡沫不稳定；用量过大又会使气泡过分稳定而发生"跑槽"现象。捕收能力弱的表面活性剂用量过大时，会使气泡表面全被其分子所"霸占"，被浮矿粒无法附着，也会降低被浮矿物的回收率。

3）活化剂用量，当活化剂用量不足时，被活化的矿物可浮性不好，过量时不仅会破坏过程的选择性，而且由于活化剂离子与捕收直接反应生成沉淀，往往造成大量药剂的无效消耗。

4）抑制剂用量，抑制剂用量不足时精矿品位不高，回收率也可能下降，但抑制剂过量时，被浮矿物也可能受到抑制，导致回收率下降，这时为了提高被浮矿物的浮游能力，必须加大捕收剂用量。

对于各种药剂的用量，必须有科学的态度和全局观念。例如在混合浮选多金属硫化矿的循环中，可以用加大活化剂和捕收剂用量的方法，提高混合精矿的回收率，但是在其混合精矿进行分离时，会给脱药、抑制带来困难，影响最终选别指标。

（4）定点加药与看泡加药。浮选上根据上述原则设计好加药地点和药剂添加量以后，在生产操作过程中，是不允许轻易变动的。但在浮选作业线较长，如果遇到"跑槽"、"沉槽"、精矿质量低劣或金属大量进入尾矿等紧急情况时，为了减少定点均匀加药对不正常现场情况扭转较慢而造成的损失，这时也允许在适当地点、根据浮选泡沫情况临时加入一些药剂。但是在采取这种紧急措施之前，必须准确地判断发生不正常情况的原因，决不能胸中无数，频繁反复地添加大量作用相反的药剂，以免造成不正常现象的恶性循环，这样不仅得不到好的浮选指标，而且造成药剂浪费。

D 矿浆酸碱度（pH 值调节）

矿浆的酸碱度，是指矿浆中的 OH^- 与 H^+ 的浓度，一般用 pH 值表示，即 $pH = -\lg [H^+]$。

对于中性介质的矿浆　　pH = 7；

对于酸性介质的矿浆　　pH < 7；

对于碱性介质的矿浆　　pH > 7。

矿浆 pH 值是浮选过程中的一个重要因素。它一方面影响矿物表面的可浮性；另一方面又影响各种浮选药剂的作用。

各种矿石浮选时，根据长期生产实践总结，它们各自都有比较适宜的 pH 值范围。表 3-10 列出的是常见硫化矿浮选的 pH 值。

从表 3-10 中可以看出，大多数硫化矿石在碱性或弱碱性矿浆中进行浮选，因为酸性对设备有腐蚀作用，尤其重要的是，很多浮选药剂，如黄药、油酸，2 号油等在弱碱性矿浆中较为有效。

表 3 – 10　常见硫化矿的浮选 pH 值（以粗选为准）

矿石类型	粗选 pH 值	矿石类型	粗选 pH 值
辉钼矿	8.5	铜钴矿	10 ~ 11
铜硫铁矿	90 ~ 11..5	铅锌矿	7.1 ~ 12
铜钼矿	10 ~ 11.5	铜铅锌矿	7.2 ~ 12
铜镍矿	7.8 ~ 9.5		

各种矿物在采用各种不同的浮选药剂进行浮选时，都有一个临界 pH 值。控制临界 pH 值，就能控制各种矿物的有效分选。

由于许多矿物以盐的形式存在（如萤石 CaF_2），在矿浆中会产生盐的水解作用，因而对矿浆的 pH 值，会产生一定的缓冲作用。因此，在实际操作中，调整矿浆 pH 值时，必须考虑到这一点。

3.4.2.4　调泡

泡沫浮选是在液 – 气界面进行分选的过程，因此泡沫起着重要的作用。泡沫的稳定性、泡沫层的厚度、泡沫的结构、产生气泡的方式、气泡大小与数量等物理和物理化学因素，均能影响浮选指标。

A　泡沫层的厚度与二次富集

泡沫层的厚度与使用的浮选机种类、矿石性质、药剂制度等因素有关。在其他条件不变的情况下，泡沫层的厚薄主要靠控制矿浆液面来调节。实践证明，为了稳定操作，需要保持一定厚度的泡沫层，而且泡沫层较厚时，精矿品位高。

经过多次测定证明，沿着泡沫层的高度，被浮矿物在泡沫中的含量随泡沫层高度呈正态分布，这种现象称为"二次富集"。这是一个自发的过程，当下层矿化气泡上升到表层时，气泡产生破裂后的水流流向泡沫层的下层。对含水较少的泡沫，向泡沫表面层喷水淋洗，可以强化二次富集作用。这是因为淋洗时，表层气泡直径减小，气泡总面积增加，有利于较粗矿粒在泡沫层表面滞留。在许多情况下，淋洗泡沫可以提高精矿质量，增加回收率，减少药剂用量，甚至减少精选次数。

B　从溶液中析出微泡

溶解于矿浆中的气体数量，随压力的大小而变化，当降低压力（如抽真空）时，会从溶液中析出微泡，这种微泡具有选择性。实验证明，微泡优先在疏水矿物表面析出。矿物表面带有微泡时，很容易附着在大气泡上，形成大小气泡和矿粒组成的浮团，这对粗粒浮选是有利的。

对于真空浮选而言，增大真空度、添加起泡剂、增加矿浆搅拌强度、在一定范围内提高矿浆浓度、增加矿浆在浮选机内垂直方向的循环等措施，都有助于增加微泡析出的数量，以及提高分散度。

C　电解起泡

电解起泡又称"电浮选"或"电解浮选"。其实质是将水电解，产生氢和氧微泡，进行浮选。电解气体除了具有起泡作用外，它对矿浆中液相的离子、分子组成、矿物表面的性质及浮选活度、药剂的捕收性能，都有一定的影响。

3.4.2.5 调温

矿浆温度在浮选过程中常常起着重要的作用，但目前大多数浮选厂都是常温浮选，即矿浆温度是随气温而变的。矿浆加温来自两个方面的要求：一是药剂性质，有些药剂要在一定温度下，才能发挥其有效作用；二是有些特殊的工艺，要求提高矿浆温度，以达到矿物分离的目的，加温浮选始于非硫化矿。硫化矿的加温浮选工艺，近年来发展较快。矿浆加温常用蒸汽或热水。

非硫化矿加温浮选的目的是提高脂肪酸类捕收剂的分散度和捕收作用。

随着复杂硫化矿浮选工艺的发展，需要寻找更有效的分离工艺，所以对复杂硫化矿的加温分离进行过许多研究，并在国内外许多选矿厂得到了应用。加温浮选效率高，抑制剂用量少或不用抑制剂。

3.4.2.6 水质

浮选在水介质中进行，而用于浮选的水，却因时因地而变化。水的组成成分，对浮选的影响很大，必须重视浮选用水的质量。

浮选用水，根据不同情况可分为以下几种。

A 软水

大多数江河、湖泊的水都属于软水，也是浮选中使用最多的一种。它的特点是含盐比较低，一般含盐量小于0.1%，含多价金属离子较少。

软水的硬度小于4（水的总硬度每1mg/L称为一度）。

B 硬水

硬度大于4的水，统统为硬水。它可以再为分4～8度叫中度硬水；8～12度为最硬水。硬水含有较多的多价金属阳离子，如：Ca^{2+}、Mg^{2+}、Fe^{2+}、Fe^{3+}、Ba^{2+}、Sr^{2+}等，显然相应阴离子也多，如：HCO_3^-、SO_3^{2-}、Cl^-、CO_3^{2-}、$HSiO_4^-$ 等。硬水对脂肪酸类药剂浮选是有害的，Ca^{2+}、Mg^{2+}等离子会消耗捕收剂，而且常会破坏选择性，如在铁矿浮选时，Ca^{2+}会活化石英和硅酸盐脉石。

硬水可采用化学法和物理法进行软化处理。

C 回水

回水的利用越来越受重视。无论从环保，还是从节省药剂和工业用水观点来看，回水的利用都十分必要。

浮选回水的特点是：含有较多的有机和无机药剂，组成比较复杂。使用时必须考虑它们对浮选过程的影响，使用不当，会影响分选效果。利用回水可节省药剂，实践证明，浮选单金属矿石时，回水利用比较简单，回水全部利用，可以降低药剂用量的15%～30%。

选别多金属矿石时，回水的循环使用就比较复杂。处理硫化矿时，混合浮选然后混合精矿再分离的流程，便于回水利用，混合精矿脱水后的溢流、洗矿水、尾矿澄清水，都可以返回流程前部（选矿、磨矿分级、混合浮选等）。如碰到更复杂的情况，原则上认为，同一回路排出的废水，返回同一回路是比较合适的，这样做当然要麻烦一些。回水循环使用的方案，以及使用的比例，一般都要通过试验来确定。

回水使用之前，往往需要调节。因为回水中不但有过剩的药剂，而且还含有固体物质，特别是细粒矿泥，对浮选是有害的。一般要求使用的水中，含固体颗粒不超过0.2～

0.3g/L。为此常用自然澄清法或加絮凝剂使细泥沉降。使用的絮凝剂有石灰、硫酸亚铁、硫酸铝等。如果回水的 pH 值不利于浮选，必要时，要进行相应的酸、碱处理。

3.4.2.7 混合精矿脱药

为了改善分离效果，多金属矿混合浮选得到的混合精矿，在它们分离浮选之前，需要预先脱药，除去矿物表面的捕收剂膜，以及矿浆中的过剩药剂。混合精矿脱药的方法，可以分为三类：机械法、化学法及物理化学法、特殊法。

A 机械脱药法

机械脱药法，此法包括多次精选、再磨、浓缩、擦洗和过滤洗涤等。

（1）多次精选。它既是混合精矿提高品位的过程，又是一个脱药过程。一般精选浓度都较稀，因此，此法只能除去一部分过剩药剂，而不能除去矿物表面的捕收剂膜故其效果是有限的。

（2）混合精矿再磨，再磨的主要作用是解决混合精矿中矿物的单体解离，但也可以剥落一部分药剂，有一定的脱药作用。

（3）浓缩脱药。混合精矿浓缩时，可以除去矿浆中的过剩药剂。浓缩可用浓密机，也可用水力旋流器。

（4）擦洗。在矿浆搅拌时，靠矿粒之间摩擦可以脱除部分药剂，但容易泥化的矿物，不适宜采用此法。

（5）过滤洗涤法。将混合精矿浓缩过滤，并在过滤机上喷水洗涤，然后将滤饼调浆浮选，这是机械脱药法中最彻底的一种方法，但比较麻烦。

B 化学及物理化学法

化学及物理化学法，此法包括硫化钠解吸、活性炭解吸及用其他化学药剂的方法。

（1）硫化钠解吸法。硫化钠能解吸矿物表面的捕收剂膜，脱药比较彻底。但因硫化钠用量大，脱药后必须浓缩过滤，除去剩余的硫化钠，否则硫化矿都会受到抑制。

（2）活性炭解吸法。利用活性炭的吸附性能，可以吸附矿浆中的过剩药剂，并促进药剂从矿物表面解吸。此法不如硫化钠法彻底，但使用方便。

C 特殊法

特殊法，此法是除上述两类方法以外的一些方法。

（1）加温法。在混合精矿分离中，目前已经广泛采用。

（2）焙烧法。铜钼混合精矿的分离，曾用此法。在焙烧过程中可使矿物表面的捕收剂膜破坏，而且使铜矿物表面氧化。焙烧后的混合精矿再调浆用煤油浮选辉钼矿。

3.4.3 浮选过程的控制

非自动化的浮选厂浮选岗位操作包括维护设备的正常运转和根据浮选过程中的各种现象判断选别指标的好坏，以便及时调整药剂用量和矿浆液面的高低，并通知磨矿作业改善浓度、细度等。

通过浮选现象准确判断产品质量，是人工操作能否获得优良指标的关键。判断浮选产品质量的常用方法是观察泡沫和淘洗产品。

3.4.3.1 观察泡沫

浮选工能否正确地调节浮选药剂添加量，精矿刮出量和中矿循环量，首先取决于他对浮选泡沫外观好坏判断的正确程度。

浮选泡沫的外观包括泡沫的虚实、大小、颜色、光泽、轮廓、厚薄、强度、流动性、音响等物理性质。泡沫的物理性质主要是由泡沫表面附着的矿物种类、数量、粒度、光泽、密度、起泡剂用量多少等决定的。

泡沫的外观随浮选区域不同而不同，但在特定的区域常有特定的现象，为了使精矿质量和回收率有保障，常在最终精矿产出点、粗选进浆槽、浮选过程的补药点和扫选尾部，对泡沫进行观察。现将有关问题讨论如下：

（1）虚（空）与实（结）。反映气泡表面的矿化程度，即气泡表面附着矿粒的多少。气泡表面附着的矿粒多而密，叫做"实"或"结"，也就是结实的意思。精选区和粗选区的泡沫一般都比较"实"，扫选区的泡沫一般都比较"虚"。但是现场操作中所谓的"虚"或"实"，都是就同一作业点今昔的情况对比而言的。原矿品位高，药剂用量适当，粗选头部的泡沫将是正常的"实"，如果抑制剂过量而捕收剂过少泡沫就会变"虚"。在浮锌抑硫一类的浮选过程中，捕收剂、活化剂用量过大，抑制剂用量过少时，就会发生泡沫过于"实"的所谓"结板"现象。

（2）大与小。泡沫层表面气泡的大小、常随矿石性质、药剂制度和浮选的区域而变。在一般硫化矿浮选中，直径 8～10cm 以上的气泡可看作大泡，3～5cm 的气泡可看作中泡，1～2cm 以下的气泡可看作小泡。因为气泡的大小与气泡的矿化程度有关。气泡矿化良好时尺寸中等，故粗选区和精选区常见中泡。气泡矿化较差时，容易兼并形成大泡。气泡矿化过度（如用大量捕收剂"拉槽"）时，会阻碍矿化气泡的兼并，形成不正常的小泡。气泡矿化极差，小泡虽然不断兼并变大，但它经不起矿浆面波动等破坏因素的影响，容易破灭，所以扫选的尾部常见小泡（但后继作业有易浮的硫化物或细泥时，扫选尾部不一定出现小泡）。气泡的大小与起泡剂的用量多少也有关系，一般起泡剂用量多时，气泡较小。

（3）颜色。泡沫的颜色是由气泡表面附着的矿物粉末颜色和水膜的颜色所决定的。如浮选黄铜矿时泡沫呈金黄色，而且黄中带绿。浮选方铅矿时泡沫呈铅灰色。泡沫空虚时铅灰中略带黝黑。浮选纯闪锌矿时泡沫呈淡褐黄色，浮选铁闪锌矿时泡沫呈紫褐色。浮选赤铁矿时泡沫呈砖红色。扫选尾部泡沫常为白色水膜的颜色。扫选区浮游矿物的颜色越深，金属损失越大，粗精选区浮游矿物的颜色越深，则精矿质量越好。

（4）光泽。泡沫的光泽亦由附着矿物的光泽和水膜的光泽决定，浮选硫化矿物的粗选区、精选区泡沫矿化好，则其金属光泽强。扫选区泡沫矿化差，呈现水膜的玻璃光泽。如果扫选泡沫出现半金属光泽，说明金属损失大。

浮游的矿粒粗，泡沫表面粗糙，光泽弱，给人以皱纹感。浮选矿粒细，泡沫表面光滑。

（5）轮廓。浮选中的矿化气泡，由于受矿液流动，气泡互相干扰和表层矿粒重力作用的影响，无论立面或平面都不是浑圆的，但在铜、铅的浮选中，气泡的平面投影多近于圆形，锌浮选中泡沫平面投影常呈椭圆形。

一般来说，被中等疏水性矿粒矿化的泡沫在矿浆面上刚形成时，水分充足，每个气泡的轮廓都较为鲜明。泡沫在矿浆面上停留的时间长，矿物疏水性大，泡壁干涸残缺后，则气泡轮廓模糊，辉钼矿浮选的精选区常见这种泡沫。上浮的矿物多面杂，其泡沫轮廓也较模糊。

（6）厚与薄。泡沫层的厚薄主要与起泡剂的用量、气泡矿化的程度有关系。起泡剂多，原矿品位高，浓度大，矿化程度好，泡沫层一般就比较厚，反之就比较薄，浮游矿粒过粗，也难以形成厚泡沫层。

一般浮选厂精选区为了提高精矿品位，经常控制较低的矿浆面以造成较厚的泡沫层。而扫选区为了提高回收率，减少矿物在泡沫层中的停留时间，经常保持较高的矿浆面，使其形成较薄的泡沫层，以便将被浮起的矿物立即刮出。

（7）脆性和黏性。泡沫的脆性与黏性，都会在不同程度上影响浮选指标。泡沫的脆性太大，稳定性差，容易破裂，有时刮不出来。反之，泡沫过于稳定，会使浮选机"跑槽"，破坏正常浮选过程，造成精矿输送困难，起泡剂过量，掉入机油或矿石有大量的矿泥和硫酸铅等可溶盐类，都可以使泡沫过于稳定。

（8）音响。泡沫被刮入泡沫槽时会发出"沙沙"的音响，常常是泡沫中含有大量密度较大，粒度较粗的矿物的象征。

泡沫的上述物理性质，都是彼此互相联系的，在正常情况下，从粗选头部到扫选尾部，各槽泡沫的虚实、大小、颜色等物理性质，必须层次分明、差异显著。当出现层次不分、现象紊乱时，操作者必须立即查明原因，酌情处理。

3.4.3.2　淘洗产品

判断浮选过程的好坏，除了观察泡沫以外，还常用杓（碗）等工具淘洗泡沫和尾矿，以鉴别精矿质量和尾矿中金属损失的情况。如果流程中还使用了摇床之类的重选设备，操作人员还应观察床面上重矿带的宽窄。淘洗产品的地点及鉴别项目见表 3 – 11。

表 3 – 11　淘洗地点及鉴别项目

淘洗地点	最终精矿泡沫	粗选区进浆槽泡沫	扫选区头部或中部泡沫	最终尾矿矿浆
鉴别项目	精矿质量	各种矿物上浮情况，粗精矿质量	尾矿金属损失情况	尾矿金属损失率氧化率

淘洗的要领是：根据淘洗目的选择适当的淘洗地点和淘洗产物的种类，根据要检查的矿物含量确定合适的接矿量；根据检查矿物的密度及数量确定淘洗的程度。例如，要判断尾矿中的金属损失，在扫选区接取泡沫样品的地点，应该是那里的泡沫在正常情况下有少量要检查的目的矿物。目的矿物太少不易发现问题，目的矿物太多难以检查准确。精矿中目的矿物多可以少接试样；尾矿中目的矿物少必须多接试样。铅矿物的密度大，在尾矿中铅损失时，必须接取多量试样多淘洗几次才能进行观察，与此相反，碳质页岩及闪锌密度小，检查它们在铜精矿中的含量时，就该轻淘少洗，以免把目的矿物淘洗掉。

检查难于用肉眼分辨的细粒级时，可用双目显微镜。检查可用药剂染色的矿物时，尽量先染色后观察，如检查白铅矿的质量可以选用硫化钠溶液浸泡片刻。

要使淘洗检查准确，必须使每次取样的地点、取样的数量、淘洗的程度都尽量一致。

参 考 文 献

[1] 沈旭. 浮选技术 [M]. 重庆：重庆大学出版社，2011.

[2] 张泾生. 浮选与化学选矿 [M]. 北京：冶金工业出版社，2011.

[3] 徐博，徐岩，于刚. 煤泥浮选技术与实践 [M]. 北京：化学工业出版社，2006.

[4] 黄波. 煤泥浮选技术 [M]. 北京：冶金工业出版社，2012.

[5] 周源，余新阳. 金的浮选技术 [M]. 北京：化学工业出版社，2011.

[6] 龚明光. 浮选技术问答 [M]. 北京：冶金工业出版社，2012.

[7] 龚明光. 泡沫浮选 [M]. 北京：冶金工业出版社，2007.

[8] 沈政昌. 浮选机理论与技术 [M]. 北京：冶金工业出版社，2012.

[9] 张锦瑞，贾清梅，张浩. 提金技术 [M]. 北京：冶金工业出版社，2013.

[10] 周源，余新阳，等. 金银选矿与提取技术 [M]. 北京：化学工业出版社，2011.

思 考 题

1. 试推导沾湿、铺展和浸湿过程发生的条件。

2. 比较强水化性表面、中等水化性表面和弱水化性表面水化膜的厚度与自由能变化规律，并利用所学知识加以分析。

3. 表面电位为零时，动电位是否一定为零？

4. 试总结硫化矿捕收剂的合成机理。

5. 查找相关资料分析黄药吸附在方铅矿和黄铁矿表面的疏水产物。

6. 查找相关资料总结黄药与硫化矿的作用机理。

7. 简述浮选机的工作原理，分析适合金浮选的浮选机需要具有哪些特点。

8. 查找相关资料分析不同气泡产生方式对浮选过程的影响，利用所学知识阐明适合金浮选的气体产生方式。

9. 简述浮选的影响因素有哪些，根据所学知识分析哪些因素对金的浮选影响较大。

10. 根据以掌握的知识，试制定铜铅锌金银多金属矿浮选工艺流程。

4 氰化浸金

【本章提要】 本章主要讲述氰化浸金的基本原理、氰化药剂、氰化浸出方法、常规洗涤和金置换工艺、现代氰化提金工艺。要求必须掌握的内容为：氰化原理、影响氰化浸金的因素和氰化浸金工艺；其中较难掌握的内容为：氰化原理、含金溶液的回收方法和现代氰化浸金工艺。

4.1 氰化浸金的基本原理

4.1.1 金的溶解

4.1.1.1 金溶解的化学反应式

金是一种贵金属，化学性质稳定。金在稀薄的氰化溶液中，如有氧（或氧化剂）存在时，可以溶解并生成金的一价配合物。

埃尔斯纳（Elsner，1846 年）通过实验曾确定，金在氰化溶液中溶解必须有氧参加反应，并用下列反应式表示：

$$4Au + 8KCN + O_2 + 2H_2O == 4KAu(CN)_2 + 4KOH \qquad (4-1)$$

这个反应式被大家公认为是金溶解的最基本反应式，称为埃尔斯纳反应式。而波特兰德（Bodland，1896 年）认为金在溶解时，中间会有过氧化氢生成，依次发生下列两项反应：

$$2Au + 4KCN + O_2 + 2H_2O == 2KAu(CN)_2 + 2KOH + H_2O_2 \qquad (4-2)$$

$$2Au + 4KCN + H_2O_2 == 2KAu(CN)_2 + 2KOH \qquad (4-3)$$

下列两项反应的总和，与前面引述的反应式是一样的。过氧化氢是由于溶解于水中的氧发生还原作用而生成的，对银的溶解同样可以写出类似的反应式。

4.1.1.2 金溶解机理

近几年来，关于金和银在氰化溶液中溶解动力学问题发表了许多学术论文，有些论点还在争论。其中扩散学说指出：将金浸入氰化溶液时，金的表面便立刻溶解，并在金的表面产生饱和溶液，此饱和溶液逐渐向溶液的内部扩散。由于扩散，使金周围已饱和了的溶液浓度下降，随之金则更进一步溶解，以补充此溶液的浓度，金的溶解作用就是这样逐渐进行的。金的溶解速度虽然快，但被饱和层所阻碍，因而支配溶解速度的毕竟还是溶液层的扩散速度。如果上述说法成立，那么溶液内部与饱和溶液之间就会有扩散层存在。

溶解过程的研究如同研究电化学过程一样，在溶解过程中金属从其表面的阳极区中失去电子，与此同时，氧从金属表面的阴极区中得到电子。发生电化学溶解。

理论分析结果表明：当 $[CN^-]$、$[O_2]$（在单位体积溶液中 CN^- 和 O_2 的浓度，g/mL。）之比值等于 6 时，金的溶解速度达到其极限值，此速度称为金的极限溶解速度。经过试验研究证明，当 $[CN^-]$、$[O_2]$ 之比值等于 $4.6 \sim 7.4$ 时，金银的溶解速度最快。因此，当氰化物浓度低时，金的溶解速度仅仅取决于氰化物浓度；当氰化物浓度高时，金的溶解速度仅随着氧的浓度增加而增加。如果只致力于获得理想的充气，而溶液中却缺少游离氰化物，这显然是无成效的，而且氰化速度也不能达到其最大值。反过来也一样，如果加入过量的氰化物而溶液中的氧含量低于理论值，则该过量的氰化物显然是浪费的。因此，必须同时分析和控制溶液的游离氰化物和溶液的氧含量，以使其克分子比等于 6。

4.1.2 氰化浸金的影响因素

4.1.2.1 影响金溶解速度的因素

A 氰化物及氧浓度的影响

氰化物及氧的浓度是决定金溶解速度的两个最主要的因素。

当氰化物的浓度在 0.05% 以下时，金的溶解速度随着溶液中氰化物浓度增大而直线地增大到最大值，以后则随氰化物浓度的增大而缓慢上升，直至氰化物浓度增大到 0.15% 时为止。此后再继续增大氰化物浓度，金的溶解速度反而略有下降。

在正常状况下，氧在氰化溶液中的溶解度为 $7.6 \sim 8.0 mg/L$，在稀薄氰化溶液中则达到某一恒定值。因此，氰化物浓度增大成超过某一定限度的时候，氰化物浓度与氧浓度的比例即被破坏，会使过多的氰化物被保留下来而不能被有效地利用。

当氰化物浓度低时，金的溶解速度只取决于氰化物溶液的浓度，相反，氰化物溶液的浓度高时，金的溶解速度与氰化物浓度无关，而仅随氧的浓度而定，所以在氰化过程中，任何引起氰化溶液中氧浓度的降低，都将导致金溶解速度的降低。例如，在某些矿石中所伴生的大部分白铁矿、磁黄铁矿及部分黄铁矿很容易氧化，以致消耗大量氰化物和溶液中的氧，使金的溶解速度降低。为了防止这些有害杂质的影响，往往在氰化浸出之前，向碱性矿浆中通入空气进行强烈搅拌，以使硫化铁矿氧化成 $Fe(OH)_3$ 沉淀。因为 $Fe(OH)_3$ 不与氰化物发生作用，也不能再吸收溶液中的氧，有利于提高氰化浸出指标。

因此，强化金溶解过程的基本因素就是提高氧在溶液中的浓度，这可以用渗氧溶液或在高压下进行氰化来实现。例如，在空气压力为 7 个大气压时，根据各种矿石特性的不同，金的溶解速度可提高为原来溶解速度的 10 倍或 20 倍，甚至 30 倍，并能提高金回收率约重 15%。

多数学者认为，在常压条件下，金的最高溶解速度是在氰化物浓度为 0.05% ~ 0.10% 的范围内，而在某些情况下是在 0.02% ~ 0.03% 的范围内。一般来说，当进行渗滤氰化、精矿氰化和循环使用贫液浸出时，采用较高的氰化物浓度；相反，在搅拌浸出、全泥氰化和溶液中杂质含量较低条件下，应该采用较低的氰化物浓度。

B 温度的影响

金的溶解速度是随着温度的升高而增大，在 85℃ 左右为最大，但从另一方面来说，随着温度的升高而溶液中的含氧量则降低，于 100℃ 时为零。氧在这种情况下，已经不起像过去在极化作用强烈的情况下所起的作用（与氢化合的作用）。

实际上若提高矿浆温度会引起许多不良影响。例如，能提高非贵金属与氰化物的化学反应速度，增加碱金属氰化物和碱土金属氰化物的水解作用，从而可造成氰化物消耗量的增加。此外，加温矿浆要消耗大量燃料，提高了处理矿石的氰化成本。

在工业上一般不采用加温矿浆方法来处理矿石，因为使金提取率的某些提高及处理时间的缩短抵偿不了所需的加热费用。冬季仅在寒冷地区，氰化厂只采取保温措施，使矿浆温度一般维持在 15～20℃。

C　金粒大小及形状的影响

金粒大小是决定金溶解速度一个很主要的因素。当处理含金量相同但金粒大小不同的矿石时，其溶解速度是不一样的。金粒越大，其溶解速度越慢，这给提金过程带来很大影响。

根据金粒在氰化工艺过程中的行为，基本上可以分为如下的三种粒度：粗粒金（大于 70μm），细粒金（70～1μm）和微粒金（小于 1μm）。有时在粗粒金中也可再分出特粗粒金（大于 0.5～0.6mm）。虽然在大多数情况下，矿石中的金主要是呈细粒和微细粒存在，但也有部分金粒是较大的。粗粒金在氰化溶液中溶解得很慢，需要很长的浸出时间才能使其完全溶解，因而会拖长浸出过程。

细粒金在磨矿后，一部分呈游离状态存在，另一部分则与某些矿物呈连生体状态存在。上述两种状态的细粒金，在氰化过程中都会很好地被溶解。

微粒金在磨矿过程中被解离得并不多，其大部分仍将留在矿物中。这种金在重选和浮选过程中会自然地与其他矿物一起被回收。如果金包裹在硫化物中，那么只有在硫化物被分解之后（通常经过氧化焙烧之后）方能用氰化法回收。致密的非硫化矿物（常为石英）中的金，只有经过熔炼方可回收。在某些矿石中，微粒金是被包裹在多孔的非硫化物（铁的氢氧化物和碳酸盐里），通常进行粗磨并用氰化法从粗磨的物料中浸出金。

微粒金的含量通常是随着矿石中硫化物含量的增加而增加。这种金在金－黄铁矿矿石中平均占重 10%～15%，在金－铜矿石、金－砷矿石和金－锑矿石中可达到 30%～50%，而在某些金－多金属矿石中所含的金几乎都是微粒金。所以在这些矿石的处理工艺中，浮选，焙烧和熔炼的作用增大了，而重选和氰化法的意义减少了。

另一方面，金以微粒状态存在时，也使得金矿石处理不经济，因为这样细的金粒即使经过最强烈的磨矿也不能使其完全暴露出来，而且过度粉碎使生产费用增加。此外，还会给浸出后的过滤作业带来很多技术上的困难，由于物料过细使含金溶液与固体难以分离，以致会造成氰化物和已溶金的很大损失。所以，可以认为，矿石中金粒大小是决定氰化法提金有无成效的重要因素之一。

金粒的形状也对金的溶解过程有很大影响。金粒呈薄片状时，转入氰化溶液中的金量与溶解时间长短成直线关系。如果金粒分布在脉石矿物中且其溶解作用仅从一边发生，那么溶解作用与时间的关系是随金粒与溶液接触的总面积的变化而变化的。当金粒为球体形状时，在溶解过程中球体直径在逐渐减小，因此，被溶解的金量也在逐渐减少。其溶解曲线起初一直上升，随后斜率逐渐减小。而当金粒为不同大小的球体形状时，小球要比大球溶解得快，并且球的总数在逐渐减少，其溶解曲线的斜率要比球体均匀时的斜率更大。具有内孔穴的金粒，因其溶解表面积逐渐在扩大，所以溶解速度也在加快。

除金粒大小和形状外，金粒在磨矿过程中被暴露的程度，对溶解过程也具有重大的意义。在浸出时，只有将金粒表面暴露出来才有可能使其与氰化溶液接触，以达浸出目的。

D 矿浆浓度和矿泥的影响

在氰化时，矿浆浓度和矿泥的含量会直接影响到扩散速度，以及金粒与溶液和其他矿物的接触。矿浆中，结晶部分与胶体部分的比例，以及液体与固体的相对关系影响到矿浆黏度。矿浆黏度决定于矿浆中高度分散微粒的含量。这些微粒的大小接近于胶体，呈原生矿泥和次生矿泥进入矿浆。原生矿泥是高岭土一类的矿物，存在于原来的矿床中。次生矿泥是矿石在磨矿时生成的，其组成为极度分散的石英、硅酸盐、硫化物及一些金属粉末。这些矿泥在矿浆中生成一种极难沉淀的呈胶体状态的微粒，有时可长时间的呈悬浮状态。这种矿泥能使矿浆黏度增大、降低金的溶解速度及吸附已溶金。

矿浆浓度越低，则矿浆黏度越小，氰化溶液中的氰离子与氧向金粒表面的扩散速度就越大，从而能提高金的溶解速度和浸出率。虽然采用低浓度矿浆进行浸出时，会相对地缩短浸出时间，但也会引起一些不良的后果，例如，必须增大设备的体积，成比例地增加浸出时所用的药剂量。因此，最适宜的矿浆浓度是通过试验来确定的；一般说来，对粒状物料进行氰化时，其矿浆浓度为33%。而对泥质较多的物料氰化时，为提高矿浆中离子的扩散速度及在溶液中的最初溶解度，必须采用较低的矿浆浓度，通常在25%以下。

E 在金表面生成的薄膜影响

在氰化过程中，金的表面会生成阻碍金与氰化溶液接触的各种薄膜，降低金的溶解速度。金表面生成的薄膜有以下几种：

（1）硫化物薄膜。在氰化溶液中，硫离子浓度只要达到 0.5×10^{-6} 就会降低金的溶解速度。这可视为在金的表面上生成了一层不溶的硫化亚金薄膜而阻碍金的继续溶解。

（2）过氧化物薄的影响。用 $Ca(OH)_2$ 作为保护碱使矿浆 $pH > 11.5$ 时，比用 $NaOH$ 和 KOH 作保护碱对金的溶解有显著的阻碍作用。这是由于在金的表面生成了过氧化钙薄膜，从而阻止了金与氰化物作用的缘故。过氧化钙被认为是由于石灰和积累在溶液中的 H_2O_2 按下式反应所生成的。

$$Ca(OH)_2 + H_2O_2 \Longrightarrow CaO_2 + 2H_2O \tag{4-4}$$

（3）氧化物薄膜。在氰化溶液中加入臭氧时，能降低金的溶解速度，这主要因为在金的表面上生成了一层砖红色的金氧化物薄膜所致。

（4）不溶的氰化物薄膜。铅离子（Pb^{2+}）对金的溶解过程起一种独特的作用：当加入适量的铅盐时，对金的溶解有增速效应，这是由于铅与金生成原电池，金在原电池中成为阳极，因此金转入溶液。反之，当铅盐过量时，则引起阻滞效应，这是由于沉积在金表面的不溶 $Pb(CN)_2$ 薄膜所致。因此，在使用铅盐（硝酸铅、醋酸盐）时，必须通过实验确定其最佳用量。

（5）黄原酸金薄膜。对浮选精矿氰化时，金的溶解速度随着氰化溶液中乙基黄药的浓度超过 0.4×10^{-6} 而降低。例如，某选金厂在对含金矿石的浮选过程中，将黄药用量由 25g/t 增至 120g/th，金的浮选回收率由 82.7% 增至 87.1%，但氰化的指标则相反，由于在氰化溶液中黄药浓度由 33mg/L 增至 110mg/L，使金的浸出率由 74.2% 降至 55.6%。因而，金的总回收率也从 61.4% 降至 48.4%。这主要是由于在金的表面生成黄原酸金薄膜所致。因此，为了克服浮选药剂对氰化作业指标的不利影响，在保证金的浮选回收率的前提下，应尽量降低浮选药剂的用量，而金精矿在进行氰化之前，通常是采用浓缩机、过滤机或其他方法进行脱药。

4.1.2.2 伴生矿物在氰化过程中的行为

采用氰化法从含金矿石中提取金银时，石英及硅酸盐等矿物不与氰化溶液发生反应，而各种非贵金属的化合物（如：硫化物、氧化物、硫酸盐和氢氧化物等），其中大部分与氰化物发生反应，有碍于金银的溶解，降低金银的沉淀效果，使氰化物消耗增大。

A　铁矿物

在氰化过程中，赤铁矿、磁铁矿、针铁矿、菱铁矿和硅酸铁等氧化铁矿物不被氰化溶液所溶解。相反，氰化溶液不仅能与硫化铁矿发生反应，而且还能与硫化铁矿的氧化产物发生反应。通常遇到的硫化铁矿主要有黄铁矿、白铁矿和磁黄铁矿等。黄铁矿和白铁矿的氧化过程可以划分为下列各阶段：

（1）FeS_2 因风化作用或在湿磨矿时部分分解为 FeS 和 S；

（2）游离的 S 氧化生成 H_2SO_3 及 H_2SO_4，而 FeS 则氧化生成 $FeSO_4$；

（3）$FeSO_4$ 氧化生成 $Fe_2(SO_4)_3$，它再进一步氧化时生成碱式硫酸铁 $2Fe_2O_3 \cdot SO_3$，最后生成 $Fe(OH)_3$。

上述的各种氧化产物都能与氰化物发生反应，使氰化物消耗量增大。

磁黄铁矿在有水和空气的条件下立刻会分解成硫酸、硫酸亚铁、碱式硫酸铁，碳酸亚铁和氢氧化亚铁等，这些产物也都能使氰化物消耗增加。此外，磁黄铁矿含有的一个结合得不牢固的硫原子，与氰化物发生反应生成硫氰酸盐和硫化亚铁：

$$Fe_5S_6 + NaCN === NaCNS + 5FeS \qquad (4-5)$$

而硫化亚铁易被氧化成硫酸盐，并与氰化物发生反应生成亚铁氰化物：

$$FeS + 2O_2 === FeSO_4 \qquad (4-6)$$

$$FeSO_4 + 6NaCN === Na_4Fe(CN)_6 + Na_2SO_4 \qquad (4-7)$$

必须指出，大部分黄铁矿在矿床中氧化得很慢，并在堆放，磨矿和氰化过程中不易氧化，而只在矿浆中通入空气和其与溶液长期接触时才会氧化分解，因而对金银氰化的影响较小。但大部分白铁矿和磁黄铁矿（有时一部分黄铁矿）在矿床、堆放、磨矿和氰化过程中均易氧化分解，尤其是磁黄铁矿氧化时，所生成的硫酸盐最多，氧的消耗也最大，所以它的存在对于金银氰化是极为不利的。在这种情况下，易氧化的硫化铁矿在氰化之前应实行氧化焙烧和洗矿，而难氧化的硫化铁矿则应先用碱液浸出使亚铁变成 $Fe(OH)_3$ 沉淀。

此外，在矿石的破碎和磨矿过程中，因机械的磨损而混入矿浆中的金属铁粉（0.5~2.5kg/t 矿石），也将缓慢地与氰化溶液发生作用，使得氰化物的消耗增加。

$$Fe + 6NaCN + 2H_2O === Na_4Fe(CN)_6 + 2NaOH + H_2\uparrow \qquad (4-8)$$

B　铜矿物

矿石中不同种类铜的化合物和金属铜，例如：氧化亚铜、氧化铜、氢氧化铜及碱式碳酸铜（孔雀石、蓝铜矿）都能与氰化物发生反应生成铜氰络盐而消耗氰化物。如：

$$2CuSO_4 + 4NaCN === Cu_2(CN)_2 + 2Na_2SO_4 + (CN)_2\uparrow \qquad (4-9)$$

$$Cu_2(CN)_2 + 4NaCN === 2Na_2Cu(CN)_3 \qquad (4-10)$$

$$2Cu(OH)_2 + 8NaCN === 2Na_2Cu(CN)_3 + 4NaOH + (CN)_2\uparrow \qquad (4-11)$$

$$2CuCO_3 + 8NaCN === 2Na_2Cu(CN)_3 + 2Na_2CO_3 + (CN)_2\uparrow \qquad (4-12)$$

$$2Cu_2S + 4NaCN + 2H_2O + O_2 === Cu_2(CN)_2 + Cu_2(CNS)_2 + 4NaOH \qquad (4-13)$$

$$Cu_2(CNS) + 6NaCN \Longrightarrow 2Na_3Cu(CNS) \cdot (CN)_3 \tag{4-14}$$

可知，在氰化溶液中，蓝铜矿、赤铜矿、孔雀石和金属铜等较容易被溶解甚至完全被溶解，硅孔雀石和黄铜矿的溶解度最小。硫砷铜矿和黝铜矿能消耗大量氰化物，砷、锑的溶解则使氰化溶液被污染。通常铜矿物的溶解度随温度的下降而降低。

由于氰化溶液与许多铜矿物之间的作用非常强烈，因此，当有过量的铜矿物存在时，很难用氰化法提金。铜矿物的特性是在氰化物浓度降低时，铜矿物与氰化溶液之间作用的强烈程度急剧下降。因此，在工业生产中，一般是采用低浓度氰化物溶液来处理含铜的金矿石，这是依铜矿物的这种特性为根据的。

为便于氰化顺利进行，在生产过程中是将氰化原矿中铜的含量控制在 0.1% 以下。

C 锌矿物

通常在金矿石中锌的含量较低。氧化的锌矿物很容易溶解于氰化溶液中，未氧化的硫化锌（闪锌矿）会轻微地与氰化物溶液发生作用生成锌氰酸盐及硫氰酸盐。一般说来，锌矿物对金溶解的影响不如铜矿物强烈，但是，锌矿物的溶解也会消耗氧和氰化物，已溶锌在氰化溶液中的含量达 0.03% ~ 0.1% 时，对金银的溶解有不利影响。

D 汞及铅矿物

金属汞在氰化溶液中溶解得很慢，但其化合物却溶解得很快，即汞及其化合物在溶解过程中要消耗氧及氰化物：

$$HgO + 4NaCN + H_2O \Longrightarrow Na_2Hg(CN)_4 + 2NaOH \tag{4-15}$$

$$2HgCl_2 + 4NaCN \Longrightarrow Hg + Na_2Hg(CN)_4 + 2NaCl \tag{4-16}$$

$$Hg + 4NaCN + H_2O + \frac{1}{2}O_2 \Longrightarrow Na_2Hg(CN)_4 + 2NaOH \tag{4-17}$$

方铅矿经常在金矿石中遇到，在其未氧化的情况下与氰化物的作用很弱，但若经长时间的接触能生成 NaCNS 和 Na_2PbO_2。

在金的置换过程中，为了置换沉淀金时在锌表面形成锌–铅局部电池，以及消除铜和铁等的硫化物对金溶解的有害影响，往往加入适量的铅盐（醋酸盐、硝酸盐），以提高浸出和置换沉淀的指标。因此，亚铅酸盐及汞的化合物对氰化作业还有积极作用，因为它们可以从溶液中，消除碱金属硫化物。如白铅矿 $PbCO_3$ 被碱溶解成 $CaPbO_2$，它能与可溶性硫化物发生反应，但其浓度若超过置换沉淀时的需要量则会增加锌粉的消耗，并降低金泥品位。

E 砷、锑矿物

砷、锑矿物对金银氰化过程极为有害。用氰化法直接处理含砷、锑高的矿石是很困难的，有时甚至是不可能的。

砷在金矿石中经常以硫化物（雄黄、雌黄、毒砂等）形态存在，雄黄（As_2S_3）和雌黄（As_2S_2）易溶于碱性氰化溶液中：

$$2As_2S_3 + 6Ca(OH)_2 \Longrightarrow Ca_3(AsO_3)_2 + Ca_3(AsS_3)_2 + 6H_2O \tag{4-18}$$

$$Ca_3(AsS_3)_2 + 6Ca(OH)_2 \Longrightarrow Ca_3(AsO_3)_2 + 6CaS + 6H_2O \tag{4-19}$$

$$2CaS + 2O_2 + 2H_2O \Longrightarrow CaS_2O_4 + Ca(OH)_2 \tag{4-20}$$

$$2CaS + 2NaCN + 2H_2O + O_2 \Longrightarrow 2NaCNS + 2Ca(OH)_2 \tag{4-21}$$

$$Ca_3(As_2S_3) + 6NaCN + 3O_2 \Longrightarrow 6NaCNS + Ca_3(As_2O_3) \tag{4-22}$$

$$As_2S_3 + 3CaS = Ca_3As_2S_3 \qquad (4-23)$$

$$6As_2S_3 + 3O_2 = 2As_2O_3OS + 4As_2S_3 \qquad (4-24)$$

$$6As_2S_2 + 3O_2 + 18Ca(OH)_2 = 4Ca_3(AsO_3)_2 + 2Ca_3(AsS_3)_2 + 18H_2O$$

$$(4-25)$$

毒砂（FeAsS）在氰化溶液中很难溶解，但它与黄铁矿相似，能被氧化生成 $Fe_2(SO_4)_3$、$As(OH)_3$、As_2O_3 等，而 As_2O_3 在缺乏游离碱的情况下，能与氰化物作用生成 HCN：

$$As_2O_3 + 6NaCN + 3H_2O = 2Na_3AsO_3 + 6HCN\uparrow \qquad (4-26)$$

辉锑矿虽然不直接与氰化溶液作用，但能很好地溶于碱，生成亚锑酸盐及硫代亚锑酸盐：

$$Sb_2S_3 + 6NaOH = Na_3SbS_3 + Na_3SbO_3 + 3H_2O \qquad (4-27)$$

$$2Na_3SbO_3 + 3NaCN + 3H_2O + \frac{1}{2}O_2 = Sb_2S_3 + 3NaCNS + 6NaOH \qquad (4-28)$$

锑的硫化物又重新溶于碱中进一步吸收氧，只有当全部锑的硫化物变成氧化物后，这些反应才能结束。

综上所述，砷、锑硫化物的分解会大量消耗矿浆中的氧及氰化物，从而降低了金的溶解速度；如果砷、锑的硫化物在碱性矿浆中，分解所生成的亚砷酸盐、硫代亚砷酸盐、亚锑酸盐、硫代亚锑酸盐，它们都与金表面相接触，并在金表面上生成薄膜，从而严重地阻碍了金、氧和 CN - 离子三者之间的相互作用。

如果用氰化法处理含砷、锑矿物较多的金矿石时，一般是采用预先氧化焙烧的方法除掉砷和锑，然后才能用氰化法进行浸出。

F　硒和碲矿物

金属硒是不溶于氰化溶液的，但其化合物在常温下却能溶解，并生成硒氰化物，例如生成 NaCNS，当硒的含量很高时将会增加氰化物的消耗。

在金银矿石中，伴生的碲矿物有含金银的碲金矿（$AuTe_2$）和不含金银的碲铋矿（Bi_2Te）。碲铋矿不溶于氰化溶液中。一般说来，碲矿物在氰化溶液中很难溶解，但碲矿物若以微粒状态存在时较易溶解，碲溶解后生成碲化碱（Na_2Te），继而生成亚碲酸盐结果会使氰化物分解并吸收溶液中的氧，因此，碲矿物对氰化法提金是很不利的。近来一些选金厂采用提高磨矿细度、添加过量石灰的方法使碲溶解；也可以采用预先氧化焙烧的方法除碲。

G　含碳矿物

用氰化法处理含碳（或含石墨）矿石时，曾发现已溶金过早沉淀，并随尾矿流失，这主要是因为碳对已溶金 $Na_2Au(CN)_2$ 吸附作用的结果。

消除碳对氰化的不良影响，可采用下述方法：

（1）在氰化之前加入少量的煤油、煤焦油或其他药剂，使得在含碳矿物表面形成一种能抑制其对已溶金吸附作用的薄膜。

（2）在氰化之前，将氰化原矿实行氧化焙烧。

（3）预先用次氯酸钠处理含碳矿石，其条件如下：在碱性介质中，次氯酸钠用量 9kg/t，温度 50~60℃，时间 3~4h。

理论上氰化钠的消耗量（根据金溶解的最基本反应式）是 1g 纯金需要 0.49g，而实际上的消耗量为理论上的消耗量 20～200 倍。这样大的消耗量是由于处理矿石时，氰化溶液的泄漏损失、洗涤后残留在尾矿中的损失，以及矿石中相对含量大得多的各种矿物及其分解产物与氰化物相互作用所造成的结果。

4.2　氰化药剂

在金的氰化浸出中常用的药剂主要有两类，即浸出剂氰化物和保护碱。

4.2.1　氰化物

氰化物是指化合物分子中含有氰基［—C≡N］的物质，根据与氰基连接的元素或基团是有机物还是无机物可把氰化物分成两大类，即有机氰化物和无机氰化物，前者称为腈，后者常简称为氰化物，无机氰化物应用广泛、品种较多，在本书中，按其组成、性质又把它分为两种，即简单氰化物和络合氰化物。

$$
\text{氰化物}
\begin{cases}
\text{无机氰化物}
\begin{cases}
\text{简单氰化物}
\begin{cases}
\text{易溶的：} HCN、NaCN、KCN、NH_4CN、Ca(CN)_2 \\
\text{难溶的：} Zn(CN)_2、Cd(CN)_2、CuCN、Hg(CN)_2
\end{cases} \\
\text{氰化物}
\begin{cases}
\text{稳定性差的：} Zn(CN)_4^{2-}、Cd(CN)_4^{2-}、Pb(CN)_4^{2-} \\
\text{稳定性强的：} Cd(CN)_4^{2-}、Ni(CN)_4^{2-}、Ag(CN)_2^{-} \\
\quad Au(CN)_2^{-}、Fe(CN)_6^{4-}、Co(CN)_6^{4-} \\
\quad Fe(CN)_6^{3-}
\end{cases}
\end{cases} \\
\text{有机氰化物：乙二腈、丙烯腈等}
\end{cases}
$$

黄金行业所涉及的各种氰化物均属无机氰化物，因此重点介绍常见的各种无机氰化物。工业上使用的氰化物，考虑的是具溶金的相对能力、稳定性、价格、再生条件和对杂质的溶解能力等，常用的有氰化钠、氰化钾、氰化钙、氰化铵。这四种氰化物对金的相对溶解能力取决于单位重量的氰化物中氰根数量和金属的原子价及氰化物的分子量。上述几种氰化物对金的相对溶解能力见表 4－1。

表 4－1　常见几种氰化物对金的相对溶解能力

名　称	分子量	化合物	获得同等溶金能力时的相对消耗量	相对溶金能力（以 KCN 为 100）
NH_4CN	44	1	44	147.7
NaCN	49	1	49	132.6
KCN	65	1	65	100.0
$Ca(CN)_2$	92	2	46	141.3

由表 4－1 可以看出，溶金的相对能力大小顺序为：$NH_4CN > Ca(CN)_2 > NaCN > KCN$，在含有 CO_2 的空气中，稳定性的大小顺序为：$KCN > NaCN > NH_4CN > Ca(CN)_2$。在氰化提金生产中，最广泛应用的是固体氰化钠。氰化钙在使用时较氰化钠麻烦些，如果方法不当，还会产生不利于金浸出的一些副作用。这是由于其中含有各种氰化物及杂质对浸出会产生不同的作用。

4.2.1.1 常见的氰化物

A 氰化钠

氰化钠俗称山奈或山奈钠，无水物为白色立方晶系结晶，密度 1.596。其二水物 [NaCN·2H$_2$O] 为白色叶状结晶。含有一个或两个结晶水的氰化钠结晶体在 34.7℃ 以上时失去结晶水，成为无水物。

氰化钠溶于水、氨、乙醇和甲醇中，水溶液呈碱性，在水中的溶解度如下：晶，工业晶为白色颗粒状或粉状，分子式为 NaCN，英文名称为 Cyanide 或 Cyanogran。熔点 563.7℃，沸点 1496℃，温度对氰化钠溶解度的影响见表 4-2。

表 4-2 温度对氰化钠溶解度的影响

温度 t/℃	-4.0	10.0	20.4	29.5	35.0
溶解度/%	28.90	32.50	37.02	41.56	45.00

氰化钠的制造方法主要有以下几种：

（1）甲烷合成法。利用甲烷、氨和空气进行催化反应制取氰化氢，然后用氢氧化钠吸收、浓缩、结晶、干燥、成型、包装得到成品。盛产天然气的国家大多以这种技术生产氰化钠。我国长春市第五化工厂就是采用这种方法。

（2）轻油裂解法。利用轻质柴油与氨混合，在电弧炉中进行裂解反应，以石油焦做载体，以氮气进行密闭防氧化。生成氰化氢后，用氢氧化钠吸收制造氰化钠。其反应如下：

$$C_6H_{14} + 6NH_3 == 6HCN + 13H_2 \uparrow \qquad (4-29)$$
$$HCN + NaOH == NaCN + H_2O \qquad (4-30)$$

（3）氨钠法。以木炭、金属钠、液氨为原料，在反应锅中直接合成氰化钠。其反应式如下：

$$2Na + 2NH_3 == 2NaNH_2 + H_2 \uparrow \qquad (4-31)$$
$$2NaNH_2 + 2C == 2NaCN + 2H_2 \uparrow \qquad (4-32)$$
$$NaCN_2 + C == 2NaCN \qquad (4-33)$$

木炭经过干燥后 700℃ 时加入氰化钠反应器中，在搅拌条件下定量加入金属钠并通入氨进行反应，操作温度控制在 400~500℃，反应完成后，将熔融的氰化钠抽入过滤器进行除杂，将上层氰化钠熔融液取出放入成型装置，经冷却、固化、粉碎、包装得到成品。

（4）氰熔体法。将氰熔体与硫酸反应生成氰化氢，再用氢氧化钠吸收生成氰化钠。

（5）丙烯腈生产厂副产氰化钠。将丙烯腈生产过程中产生的含氰化氢气体用氢氧化钠吸收，再经蒸发等工序制造出氰化钠。大庆石油化工总厂即用此方法生产液体氰化钠。

B 氰化钾

白色圆球形硬块，粒状或结晶性粉末，剧毒。在湿空气中潮解并放出微量的氰化氢气体。水、乙醇、甘油，微溶于甲醇、氢氧化钠水溶液，水溶液呈强碱性，并很快水解。密度 1.857g/cm^3，沸点 1497℃，熔点 563℃。接触皮肤的伤口或吸入微量粉末即可中毒死亡。与酸接触分解能放出剧毒的氰化氢气体，与氯酸盐或亚硝酸钠混合能发生爆炸。

与氰化钠用途相同，可以通用。较氰化钠在电镀时更具有高度导电性能，镀层细致等优点，使用更为适宜，但价格较贵。用于矿石浮选提取金、银。钢铁的热处理，制造有机腈类。分析化学用作试剂。此外，也用于照相、蚀刻、石印等。

C 氰化钙和氰熔体

纯净的氰化钙是白色结晶，工业上应用的是灰黑色无定形薄皮或粉末。易溶于水，与酸或潮湿空气接触生产氰化氢气体。氰熔体为灰黑色片状、粉状或块状物，分子量150.56，分子式 $Ca(CN)_2 \cdot NaCl$。氰熔体系多种固体熔融后得到的混合物，主要含氰化钙、氯化钠和氧化钙，其中氰化物易溶于水，纯净的氰化钙是白色结晶。由于在 350℃ 以上就开始分解，它的熔点是用外推法研究出来的，在 640℃ 左右。氰熔体中含氰化物以氰化钠计约 40%，密度 1.8 ~ 1.9。用水浸取氰熔体，可制得氰化钙溶液，与酸作用产生氰化氢，在空气中，氰熔体吸收 CO_2 和水蒸气，水解产生氰化氢，导致产品质量大幅度下降。

氰熔体用于制造各种氰化物。还用于钢铁表面的热处理，具有渗碳、渗氮的双重作用。可用作果树的杀虫剂和用于仓库的消毒。

4.2.1.2 氰化物安全使用常识

氰化物是黄金工业的重要浸金溶剂，大部分黄金生产企业采用氰化法，而氰化物又是一种即有剧毒又容易降解的特殊化学产品，可经人体皮肤、眼睛或胃肠道迅速吸收，口服氰化钠 50 ~ 100mg 即可引起猝死。本节将论述在出现氰化物中毒、泄漏时，应如何开展紧急救援行动。

A 氰化物中毒

(1) 接触途径。氰化物可经呼吸道、皮肤和眼睛接触、食入等方式侵入人体。所有可吸入的氰化物均可经肺吸收。氰化物经皮肤、黏膜、眼结膜吸收后，会引起刺激，并出现中毒症状。大部分氰化物可立即经过胃肠道吸收。

(2) 中毒症状。氰化物中毒者初期症状表现为面部潮红、心动过速、呼吸急促、头痛和头晕，然后出现焦虑、木僵、昏迷、窒息，进而出现阵发性强直性抽搐，最后出现心动过缓、血压骤降和死亡。急性吸入氰化氢气体，开始主要表现为眼、咽、喉黏膜等刺激症状，高浓度可立即致人死亡。经口误服氰化物后，开始主要表现为流涎、恶心、呕吐、头昏、前额痛、乏力、胸闷、心悸等，进而出现呼吸困难、神志不清或昏迷，严重者可出现抽筋、大小便失禁，最后死于呼吸麻痹。若大量摄入氰化物，可在数分钟内使呼吸和心跳停止，造成所谓"闪电型"中毒。

B 应急处理

(1) 救援人员的个体防护。若怀疑救援现场存在氰化物，救援人员应当穿连衣式胶布防毒衣、戴橡胶耐油手套；呼吸道防护可使用空气呼吸器，若可能接触氰化物蒸气，应当佩戴自吸过滤式防毒面具（全面罩）。现场救援时，救援人员要防止中毒者受污染的皮肤或衣服二次污染自己。

(2) 病人救护。立即把中毒人员转移出污染区。检查中毒者呼吸是否停止，若无呼吸，可进行人工呼吸；若无脉搏，应立即进行心肺复苏。如有必要，应对中毒者提供纯氧和特效解毒剂。对中毒者进行复苏时要保证中毒者的呼吸道不被堵塞。如果中毒者呼吸窘迫，可进行气管插管。当中毒者的情况不能进行气管插管时，在条件许可的情况下可施行环甲软骨切开术。

（3）病人去污。所有接触氰化物的人员都应进行去污操作：

1）应尽快脱下受污染的衣物，并放入双层塑料袋内，同时用大量清水冲洗皮肤和头发至少5分钟，冲洗过程中应注意保护眼睛。

2）若皮肤或眼睛接触氰化物，应当立即用大量清水或生理盐水冲洗5分钟以上。若其戴有隐形眼镜且易取下，应当立即取下，困难时可向专业人员请求帮助。

3）如果是口服中毒，应插胃管并尽快给服活性炭，洗胃液和呕吐物必须单独隔离存放。

（4）解毒治疗。对中毒者应立即辅助通气、给纯氧，并作动脉血气分析，纠正代谢性酸中毒（pH < 7.15 时）。对轻度中毒者只需提供护理，对中度中毒或严重中毒者，建议参考下列疗法：

1）紧急疗法：在紧急情况下，施救者应首先将亚硝酸异戊酯 1~2 支（0.2~0.4mL）放在手帕或纱布中压碎，放置在患者鼻孔处，吸入 30s，间隙 30s，如此重复 2~3 次。数分钟后可重复 1 次，总量不超过 3 支。亚硝酸异戊酯具有高度挥发性和可燃性，使用时不要靠近明火，同时注意防止挥发。

施救人员应当避免吸入亚硝酸异戊酯，以防头晕。

2）注射疗法：可选药剂为 4 - 二甲氨基苯酚疗法（4 - DMAP）或亚硝酸钠疗法。

4 - 二甲氨基苯酚疗法（4 - DMAP）：立即静脉注射 2mL 10% 的 4 - DMAP，持续时间不少于 5 分钟（用药期间检查血压，若血压下降，减缓注射速度）。

亚硝酸钠疗法：以 3% 亚硝酸钠 10~15mL 静脉缓慢注射，速度以每分钟 2~3mL 为宜。

在用过 4 - 二甲氨基苯酚或亚硝酸钠后，再用同一针头以同样速度静脉注射 25% 硫代硫酸钠 50mL（推注 10% 硫代硫酸钠溶液的标准为 100mg/kg）。若在 0.5~1h 内症状复发或未缓解，应重复注射，半量用药。

在使用上述药物的同时给氧，可提高药物的治疗效果。应注意对症治疗及防止脑水肿，可以静脉输入高渗葡萄糖和维生素 C，也可以使用糖皮质激素，但不宜用美蓝（亚甲蓝）。对于神志清醒但有症状的中毒者也可以使用硫代硫酸钠，但不应使用亚硝酸钠或 4 - 二甲氨基苯酚疗法。

C　氰化物泄漏

（1）水上泄漏的应急处理。氰化物泄漏入水后，首先应当分析其水溶性。绝大多数重金属无机氰化物难溶于水，例如氰化锌、氰化亚铜、氰化汞等；其他类氰化物大都易溶于水，例如氰化钠、氰化钾、氰化钙、氰化铵、氰化氢等。低分子量的有机氰化物（或称腈类）在水中溶解度较大，例如乙腈能与水混溶，丙腈和丙烯腈也可溶解于水，但丁腈以上难溶于水。工业储存和运输过程中以碱金属盐类氰化物、丙烯腈等液态腈类较为常见，这类物质在水中大都能溶解，事故处理较艰难。

在运输过程中，如氰化钠或丙烯腈在水体中泄漏或掉入水中，现场人员应在保护好自身安全的情况下，开展报警和伤员救护，及时采取以下措施。

（2）现场控制与警戒。在消防或环保部门到达现场之前，如果已有有效的堵漏工具或措施，操作人员可在保证自身安全的前提下，进行堵漏操作，控制泄漏量。否则，现场人员应边等待当地消防队或专业应急处理队伍的到来，边负责事故现场区域警戒。

根据 2000 版《北美化救指南》，大量氰化钠（ > 200kg）在水中泄漏时，紧急隔离半径应不小于 95m。现场人员应根据氰化钠泄漏量、扩散情况以及所涉及的区域建立 500～10000m 左右的警戒区。应组织人员对沿河两岸或湖泊进行警戒,严禁取水、用水、捕捞等一切活动。

(3) 环境清理。根据现场实际,现场可沿河筑建拦河坝,防止受污染的河水下泄。然后向受污染的水体中投放大量生石灰或次氯酸钙等消毒品,中和氰根离子。如果污染严重的话,可在上游新开一条河道,让上游来的清洁水改走新河道。

微溶或不溶性腈类液体泄漏到水中时,对于密度比水大的(例如苯乙腈),应当尽快采取措施,在河底或湖底位于泄漏地点的下游开挖收容沟或坑,同时在收容沟或坑的下游筑堤防止泄漏物向下游流动。对于密度比水小的(例如戊腈、苯乙腈),应尽快在泄漏水体的下游建堤、坝,拉过滤网或围漂浮栅栏,减小受污染的水体面积。

(4) 水质检测。检测人员定期检测水质,确定氰化物污染的范围,必要时扩大警戒范围。检测人员及现场处理人员应佩戴橡胶耐油防护手套。

4.2.2 保护碱

4.2.2.1 保护碱的作用

在水冶过程中氰化物的损耗有机械方面原因和化学方面的原因。机械原因在于,矿浆装入容器过满或不密闭而泄漏、喷散,矿浆的脱水和洗涤的不完全以及被含氰污水带走等。氰化物损失的化学原因在于:(1) 氰化物的水解;(2) 因 CO_2 的作用生成挥发性的 HCN;(3) 矿石中的其他矿物与氰化溶液作用生成硫氰化物及其络盐。氰化钾或其他氰化物在水解时会发生下列可逆反应:

$$KCN + H_2O \rightleftharpoons KOH + HCN\uparrow \quad 或 \quad CN^- + H^+ \rightleftharpoons HCN\uparrow \quad (4-34)$$

所生成的 HCN^- 部分从溶液中挥发出来,造成了氰化物的损失并污染车间周围气氛。当把碱加入到溶液中时,氰化物的水解作用减少了,因为此时平衡系统移往生成 KCN 的方向(向左)。

经过理论计算分析,当溶液含有 0.01% 的 NaOH,即可以防止氰化溶液的水解。

在溶液中存在的 CO_2 和因硫化物氧化所生成的酸(H_2SO_4、H_2CO_3)也会与氰化物作用生成 HCN↑:

$$2KCN + H_2CO_3 \rightleftharpoons K_2CO_3 + 2HCN\uparrow \quad (4-35)$$

$$2KCN + H_2SO_4 \rightleftharpoons K_2SO_4 + 2HCN\uparrow \quad (4-36)$$

$$2KCN + H_2SO_3 \rightleftharpoons K_2SO_3 + 2HCN\uparrow \quad (4-37)$$

碱的加入使酸被中和,于是阻止了这种作用的进行:

$$H_2SO_4 + Ca(OH)_2 \rightleftharpoons CaSO_4 + 2H_2O \quad (4-38)$$

黄铁矿氧化时,除生成 H_2SO_4 以外,还会生成 $FeSO_4$,它与 KCN 作用也会造成氰化物的损失:

$$FeSO_4 + 6KCN \rightleftharpoons K_4Fe(CN)_6 + K_2SO_4 \quad (4-39)$$

溶液中如有碱和氧时,$FeSO_4$ 便氧化为 $Fe_2(SO_4)_3$,而 $Fe_2(SO_4)_3$ 再与碱作用会生成 $Fe(OH)_3$ 沉淀。$Fe(OH)_3$ 不与 KCN 发生作用。

从以上论述可见,加碱于氰化溶液,可以使氰化物不分解或者防止氰化物与 $FeSO_4$ 发生作用,即可以保护氰化物免其损失。所以,把加入氰化溶液中的碱称为保护碱。

但值得注意的是，碱度过高会降低金的溶解速度，并在置换沉淀作业中使锌消耗量增加，还会增加氰化物溶液对于某些矿物的活化。因此，氰化浸出过程中，矿浆 pH 值一般控制在 11~12 范围内。

4.2.2.2 常用的保护碱

A 石灰

石灰是金氰化浸出最常用的碱，其货源充足、价格便宜。石灰的主要成分是氧化钙（CaO），白色或灰白色的块状或粉状物，含铁时微黄。它的密度为 $3.35g/cm^3$，熔点 2580℃，沸点 2850℃。它易溶于酸，微溶于水。石灰遇水生成消石灰 $[Ca(OH)_2]$，并放出热量。它溶于酸、甘油的溶液，不溶于醇。石灰的组成中含酸性氧化物少时，气硬性强；反之则水硬性强。石灰在空气中吸潮，并与二氧化碳作用生成碳酸钙（$CaCO_3$），使其表面变硬。石灰受热时发出强烈的光，称为石灰光。

消石灰 $[Ca(OH)_2]$ 是微白色粉末。在 580℃ 时失水变成生石灰（CaO）。它的密度为 $2.24g/cm^3$，熔点为 580℃，它溶于酸、甘油，极难溶于水，在常温下（10℃）溶解度为 0.17%。消石灰是一种强碱，它吸收空气中的二氧化碳生成碳酸钙（$CaCO_3$），与水组成乳状悬浮液，澄清之水溶液称为石灰水，能吸收二氧化碳形成碳酸钙沉淀。

石灰广泛地应用于建筑业、冶金工业、农业、金属加工业、矿业、食品、石油化工工业、造纸、制革工业上。在氰化生产中，常以干法与水生成的石灰乳加入工艺过程中。

B 氢氧化钠

氢氧化钠又称烧碱、火碱，是无色透明结晶体，常制成块状、片状或粒状。密度为 $2.13g/cm^3$，熔点为 318.4℃，沸点为 1390℃。吸湿性强，易溶于水，并会放出大量的热，水溶液有滑腻感；也溶于乙醇和甘油，不溶于丙酮和乙醚。对皮肤、织物、纸等有很强的腐蚀性。

在氰化生产中，当需用较强的碱度或使用石灰，钙离子产生阻滞金的溶解作用时，采用氢氧化钠是适宜的。另外使用氢氧化钠可以避免类似使用石灰时在设备和管道内部结钙。

氢氧化钠是主要的化工原料，在冶金、造纸、化纤、纺织、电镀、制革等工业上都有广泛应用。

4.3 氰化浸出方法

4.3.1 渗滤氰化法

渗滤氰化法适合于处理矿砂、疏松和多孔的物料以及烧渣等。用渗滤氰化法可以处理 -10mm 的物料。此法最忌矿石中含有黏土、矿泥或细磨的物料，因此，在用渗滤氰化法之前，必须将矿泥分离出来。而矿泥和细磨的物料通常是用搅拌氰化法处理。

渗滤氰化法是较简单和便宜的提金方法。这种方法的优点是溶剂消耗少，不耗电或耗电少，以及省去了使用昂贵的浓缩机或过滤机。与搅拌氰化法相比较，渗滤氰化法的缺点是：作业时间长、设备较大而占地面积大、洗涤不完全及金的提取率较低。渗滤氰化法在我国多适用于小型金矿，特别是群众采金。

4.3.1.1 渗滤氰化操作过程

先将欲浸的矿砂装满渗滤浸出槽（池），后用氰化溶液浸出。氰化溶液慢慢地渗滤过矿砂层以使金溶解。含金溶液（贵液）透过比槽底稍高一些的滤底（假底），并由挡壁上的管道流出。此管道位于槽底和滤底之间。矿砂经氰化溶液处理之后，再用水洗涤，以把残留在矿砂层中的含金溶液洗出。

从槽中流出的含金溶液送入置换沉淀装置，以使金沉淀析出。将沉淀后的脱金溶液（贫液）送入贫液池待用，并补加适当数量的氰化物，使其浓度增大以备处理下一批新矿砂用。用水洗涤后的矿砂就是渗滤氰化的尾矿，用人工或机械卸出，然后再进行下一批作业。

4.3.1.2 渗滤浸出槽

渗滤浸出槽是带有滤底的木槽、水泥槽或铁槽（见图 4－1）。槽底为平的或微倾斜的。槽的形状为圆柱体、长方形或正方形。槽的直径大小根据槽的容积和高度来决定，约为 5～12m。槽的高度根据溶液对矿砂的渗滤能力来决定，通常为 2～2.5m。如果溶液渗滤速度小，则采用较小的（1.5m）高度；如果容易渗滤，则可增加到 4m。槽的容积根据矿砂处理量来决定，一般为 75～150t，而在较大的提金厂中可达 800t，甚至更多。我国的小型渗滤氰化厂多采用长方形水泥槽，其容积较小，通常可处理 15～30t 矿砂。

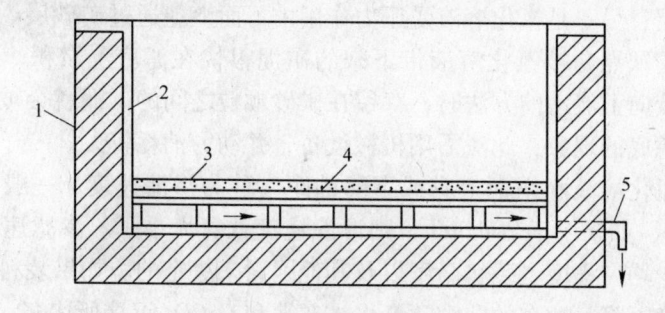

图 4－1　渗滤浸出槽
1—槽体；2—水泥衬里；3—矿砂层；4—假底；5—出液管

滤底或称假底，距槽底 100～200mm，有各种不同的构造。滤底通常是由用方木条组成的隔板及在其上铺以滤布所构成。在格板上铺设的滤布（帆布、麻袋）或席子能防止矿砂透漏，并使含金溶液顺利通过。在位于槽底和滤底之间的槽壁上开有管道，以使含金溶液经管道流出。有的渗滤浸出槽，其槽底中心设有工作门，供卸出尾矿之用。渗滤浸出槽安装在水泥或石砌的基础上，槽底的标高通常高于地面，以便能由工作门卸出氰化尾矿。在有条件的情况下，渗滤浸出槽可用铁板焊成或铆制而成。

4.3.1.3 矿砂的装入

装料的基本要求是矿砂在渗滤浸出槽内均匀分布，在粒度和疏松程度方面应达到一致，以保证渗滤情况良好。装料时应防止矿砂颗粒的析离现象及在料层中形成缝隙或孔洞，否则溶液不能均匀渗过料层而使金的浸出率降低。矿砂的装入有干法与水力法两种装料方法。

A　干式装料法

干法装料适用于含水分 20% 以下矿砂。装料时可以用人工或机械。人工装料是用小矿车将矿砂倒入槽内，然后人工把它耙平。这种装料法，矿砂层疏松且均匀，劳动强度较大。机械装料是将矿砂用皮带运输机运送到渗滤浸出槽的中央，矿砂经流槽卸到快速转动的圆盘上。圆盘表面带有放射形的突出肋条，矿砂随着圆盘转动所产生的离心力作用而被抛出，并分布在槽内形成疏松且充气良好的料层。此法的缺点是干矿砂颗粒易发生析离现象，使装料不均匀。

干法装料的优点是在装料后矿料层中存在很多空气，有利于提高金的浸出率，但缺点是湿磨的矿砂在装入之前必须预先进行脱水，致使作业复杂化。

B 水力装料法

多应用于全年生产的大型厂矿中。采用水力装料法时，矿砂先用水稀释之后，用砂泵扬送或沿流槽自流到渗滤浸出槽内。在槽内，矿砂沉降下去，多余的水和一些矿泥一起经由环形溢流沟排出。当槽内装满矿砂时，停止装料并使槽内的水渗过滤底流出。

水力装料法的缺点是矿砂中的充气不足，因而在浸出过程中使金的溶解速度降低，并且槽内的水分增加。

在装料的时候，通常也将一定数量的保护碱（石灰）一起装入渗滤槽中。

4.3.1.4 氰化溶液的流动方向

矿砂在进行渗滤浸出时，氰化溶液的流动方向有两种：一是氰化溶液受重力作用由上而下地通过矿砂层；另一是氰化溶液受压力作用由下而上地通过矿砂层。通常采用的是前一种方法，此法的缺点是被氰化溶液带下来的矿泥很快在滤底上淤积，从而降低渗滤速度。采用氰化溶液向上流动的方法时，存留在矿砂颗粒之间的矿泥就会被搅动起来，因此不致与发生堵塞滤底的现象；此法需用机械设备，并动力消耗较大。

单位时间内氰化溶液水平面上升或下降的距离称为渗滤速度。一般渗滤速度保持在 $50 \sim 70 mm/h$ 为好，如果小于 $20 mm/h$，则渗滤速度就算太小了。渗滤速度是根据矿砂颗粒的大小和形状、均匀程度、装料高度以及其他因素来决定的。如果装料中含有较多量的矿泥，则渗滤速度下降，滤布的孔隙逐渐将被矿泥和 $CaCO_3$ 沉淀所堵塞。为了使滤布保持良好状态，生产中要定期用水喷洗滤布，而为了溶解停留在滤布孔隙中的 $CaCO_3$ 则常用稀盐酸洗涤。

4.3.1.5 氰化物浓度及其消耗量

用渗滤法浸出时，通常是用浓度逐渐降低的几批氰化溶液进行浸出的。开始用浓氰化溶液 （$0.1 \sim 0.2$；NaCN）；其次用中等浓度的氰化溶液 （$0.05\% \sim 0.08\%$；NaCN）；最后用稀氰化溶液 （$0.03\% \sim 0.06\%$；NaCN）。通过矿砂层的氰化溶液总量为干矿砂量的 $0.8 \sim 2$ 倍。生产中，氰化物浓度、氰化溶液总量以及每批氰化溶液的数量取决于所处理物料的性质和数量，一般是根据实验来确定其最佳数值的。

药剂的消耗量取决于所处理物料的性质。通常，每吨干矿砂消耗氰化物（NaCN）$0.2 \sim 0.75 kg$，石灰（CaO）$1 \sim 2 kg$（或 NaOH $0.7 \sim 1.5 kg$）。

4.3.1.6 渗滤氰化方式

渗滤氰化法根据氰化溶液的加入或放出方式可分为间歇法和连续法两种。

采用间歇法时，首先是将加入渗滤浸出槽内进行浸出的第一批较浓的含金溶液放出去，然后，矿砂在没有氰化溶液浸渍的情况下静置 $6 \sim 12 h$，使之为吸入的空气所饱和。随后把中等浓度的氰化溶液加入槽内，并在槽内停留 6 ~ 12h，此后，再放出第二批含金溶液，而矿砂则静止几小时使其再一次为空气所饱和。最后，把稀氰化溶液加入槽内进行第三次浸出，并放出第三批含金溶液后，用水洗涤槽内氰化尾矿，每批氰化溶液浸出矿砂的时间约 6 ~ 12h。采用连续法时，是连续不断地将氰化物溶液注入槽内，并连续不断地将渗过装料层的含金溶液放出。氰化溶液在槽内的水平面应经常略高于矿砂面。

间歇渗滤氰化方式具有很多优点，因为矿砂间歇地被空气所饱和，则使溶液的含氧量增大，因而能提高金的提取率（与连续渗滤法比较，大约提高 25%）。用石灰作保护碱时，是将石灰均匀地随同矿砂一道加入槽内。用苛性钠时，则是把它溶解于氰化溶液中。

渗滤氰化作业的时间取决于矿砂的性质、渗滤速度、装料和卸料的机械化程度以及氰化溶液的数量等。在生产实践中，一批装料的全部处理时间通常为 4 ~ 8 日。当处理分级不好或含有矿泥的矿砂时，有时长达 10 日，甚至 14 日。

4.3.1.7　氰化尾矿的卸出

渗滤氰化尾矿的卸出也是用干法或水力法进行的。

干法卸料有几种形式：当渗滤浸出槽底有工作门时，可在其上方用管子打一道口，使氰化尾矿沿此耙落在工作门的小车上；若无工作门，用人工将氰化尾矿装在小车上，运至尾矿场；干法卸矿也可以用挖掘机来进行。我国通常采用后两种形式的干法卸料；而第一种形式的干法卸料很少应用。

水力法卸矿是将高压水流用来冲刷氰化尾矿，此时，氰化尾矿沿预先安排好的通道向下流入沟中，再用水稀释使之自流或者用砂泵输送至尾矿场。用这种卸矿法很方便，成本较低，但是需要消耗大量的水（3 ~ 6m³/t，水压为 1.5 ~ 3.0kg/cm²），以及需要有适于尾矿自流的地形。

4.3.1.8　渗滤氰化法的金提取率

用渗滤氰化法处理矿砂时，金的提取率取决于金粒的大小、磨矿细度、渗滤速度、硫化物的含量、作业的延续时间、氰化溶液的数量和氰化物浓度以及氰化尾矿洗涤程度等因素。

用渗滤法处理含金石英矿砂时，金的提取率可达 85% ~ 90%，但当矿石磨得不够细和分级不够充分时，则金的提取率将降低到 70% ~ 60%。

为了提高渗滤氰化法金的提取率，通常可采取下列措施：

（1）矿石经磨矿之后，必须要很好地进行分级，并按粒级分别进行氰化，以便提高渗滤速度。

（2）用干法装料时，应尽量降低矿砂中的水分，使空气充满矿砂颗粒间的空隙，以提高金的溶液速度。

（3）矿砂在浸出之前预先用水、碱或酸进行洗涤，以降低氰化物的消耗和提高金的提取率。

（4）氰化溶液在浸出之前预先充气，以增加溶液中的含氧量和提高金的溶解进度。

（5）将压缩空气鼓入矿砂层，使各种还原剂氧化，同时使亚铁化合物氧化成高价铁化合物，从而可加快金的溶解。

4.3.2　搅拌氰化法

搅拌氰化法适用于粒度小于 0.3 ~ 0.4mm 物料的浸出。此法具有占地面积小、浸出时间较短、机械化程度高及金提取率高等优点。

搅拌氰化法的操作过程如下：经磨矿和分级的矿浆进入浓缩机脱水，造成适宜的浓度；浓缩后的矿浆在搅拌、充气和加入氰化溶液的情况下进行浸出，浸出后的矿浆送往含溶液与氰化尾矿的分离作业，含金溶液给入置换沉淀作业，用锌粉或锌丝沉淀金。氰化尾矿堆存或废弃。

当金矿石含有大量黏土、赭石和页岩（磨矿时易产生次生矿泥）以及微粒金含量很高时，可采用完全搅拌氰化法（简称全泥氰化）提取金，这时往往将金矿石在脱金溶液中进行磨矿，以降低氰化物消耗和加快金的溶解。

4.3.2.1 浸出方式

搅拌氰化法按浸出方式可分为连续搅拌氰化法和间歇搅拌氰化法两种。

用连续搅拌氰化法提取金时，矿浆是依次流入串联的几个搅拌浸出槽中。如果矿浆不能从第一个搅拌浸出自由流入第二个搅拌浸出槽，可用泵扬送。而在一般条件下尽量减少使用泵输送。

间歇搅拌氰化法提取金时，是将矿浆装入几个平行工作的搅拌浸出槽中，当金的浸出过程结束时，将矿浆排入贮存槽以供过滤之用。此后，将另一批新矿浆装入搅拌浸出槽中继续浸出。

应当指出，连续搅拌氰化法较间歇搅拌氰化法具有下列优点：

（1）因为节省了装料和卸料所花的时间，所以提高了搅拌浸出槽的生产能力；

（2）在过滤之前不设贮存槽，所以减少了厂房占地面积以及不消耗为使矿浆呈悬浮状态所需的电能；

（3）使生产过程自动化，节省人力。因此，大多数的选金厂都采用连续搅拌氰化法，只有在对难溶金矿石实行阶段浸出以及每段浸出需用新的氰化溶液的情况下，才采用间歇搅拌氰化法。

4.3.2.2 搅拌浸出槽

用搅拌氰化法提金时，矿浆是在具有搅拌作用的浸出槽中进行浸出的。根据搅拌作用及搅拌方式的不同，搅拌浸出槽可分为机械搅拌浸出槽、空气搅拌浸出槽以及空气和机械联合搅拌浸出槽。

A 机械搅拌浸出槽

矿浆在搅拌浸出槽中用不同类型的搅拌装置（如，螺旋桨、叶轮及涡轮等搅拌装置）进行搅拌。图4-2所示搅拌浸出槽，是目前在选金厂中较普遍应用的一种机械搅拌浸出槽。当螺旋桨快速转动时，槽内的矿浆经由各支管流入矿浆接受管中，从而形成了旋涡。空气则被吸入此旋涡中，使矿浆中含氧量达到饱和程度。在螺旋桨旋转时，矿浆被排往槽壁，并在其附近提升重新经内各支管进入矿浆接受管。这种搅拌浸出槽的优点是能够均匀而强烈地搅拌矿浆，同时，将充足的空气吸入矿浆中。在生产中，有时往槽内垂直插入几根压缩空气管

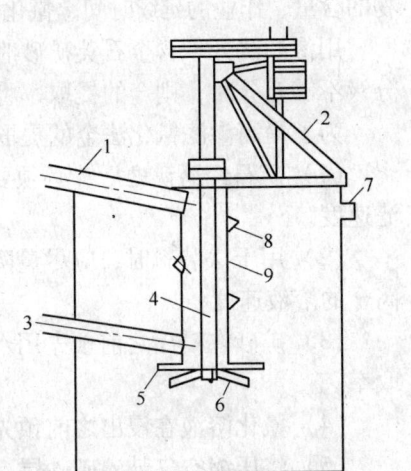

图4-2 搅拌浸出槽

1—流槽；2—支架；3—进料管；

4—竖轴；5—盖；6—螺旋桨；

7—排料管；8—支管；9—矿浆接受管

或者在槽体内（外）缘安设空气提升器，以提高充气和搅拌能力。

B 空气搅拌浸出槽

空气搅拌浸出槽是根据压缩空气的气动作用来搅拌矿浆的。在槽内安有各种类型（如帕丘卡、科罗沙等）的空气提升器。图4-3为空气搅拌浸出槽。该槽是带有60°圆锥底的直径3.7m、高13.7m的圆柱形槽。在槽内设有两端开口的中心循环管，矿浆由进料口进入槽内。压缩空气经主风管从槽的下面进入中心循环管内，以气泡状态向上升起。此时，由于位于中心循环管与槽体之间的矿浆柱压力大于在中心循环管内的矿浆柱压力，所以矿浆总是处于运动状态中，同时中心循环管上升并在其上端溢流出来。随后，矿浆由中心循环管与槽壁之间的环形空间下降而得到循环，从而能使矿浆经常保持悬浮状态。

在浸出结束时，如用间歇搅拌氰化法浸出，矿浆则由下部排料口排出；用连续搅拌氰化法浸出时，矿浆由上部排料口排出。这种搅拌浸出槽的优点是压缩空气能把矿浆搅拌得很强烈，并能使氰化溶液的含氧量达到饱和程度。

C 空气和机械联合搅拌浸出槽

空气和机械联合搅拌浸出槽是在槽中央安有空气提升器和机械耙或者在周边安有空气提升器、槽中央安有循环管和螺旋桨的圆形槽。图4-4是在选金厂应用得较广的一种空气和机械联合搅拌浸出槽。

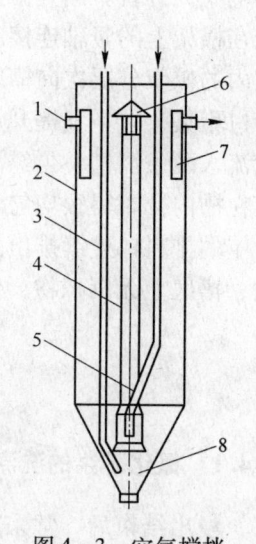

图4-3 空气搅拌
浸出槽
1—矿浆给入管；2—槽体；
3—辅助风管；4—中心循环管；
5—主风管；6—防溅帽；
7—矿浆排出管；8—锥底

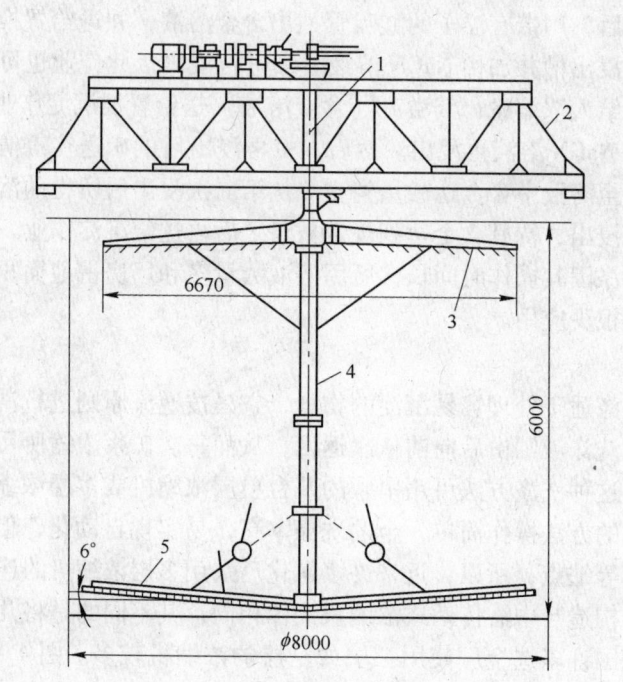

图4-4 空气和机械联合搅拌浸出槽
1—竖轴；2—横架；3—溜槽；4—空气提升管；5—耙

槽的直径为 3.5 ~ 15m，高为 1.8 ~ 7.5m，槽底为平底。在槽中央安有直径 125 ~ 250m 的电气提升管。电气提升管下端装有耙子，其上部装有带孔洞的溜槽。电气提升管上端与悬在横架上的竖轴连接。竖轴通过传动装置用电机带动旋转，其转速为 1 ~ 4r/min。进入槽内的矿浆分层次向槽底沉落，而沉落在槽底的浓矿浆借助于耙子的旋转作用向空气提升管口聚集，在空气提升管中的压缩空气影响下，浓矿浆沿空气提升管上升并在其上部溢出后流入两条溜槽，再经溜槽上的开孔流回槽内。因为溜槽是随同竖轴做旋转运动，所以矿浆在槽内分布得很均匀。矿浆由位于槽上部的进料口不断进入，并通过位置恰与进料口相对应的排料口连续排出。这种形式的搅拌浸出槽与空气搅拌浸出槽相比，具有槽的高度不大，槽底上无沉积物，金的溶解速度快，氰化物耗量少等优点。

4.4   常规洗涤和金置换工艺

4.4.1   氰化矿浆的洗涤

浸出结束后，常采用的含金溶液与氰化尾矿分离流程包括：氰化矿浆的浓缩、过滤，并用脱金溶液或者水在过滤机上洗涤滤饼。从氰化矿浆中分离出含金溶液可采用三种方法进行洗涤：倾析法洗涤、过滤法洗涤和流态化法洗涤。

4.4.1.1   倾析法洗涤

倾析法洗涤根据分离含金溶液的方式可分为间歇法和连续法两种。

   A   间歇法

通常间歇倾析法洗涤与间歇搅拌氰化相配合使用。此法是将浸出后氰化矿浆送入澄清槽，待矿浆澄清之后，用带有浮子的虹吸管抽出含金溶液，并送给置换沉淀作业。而剩余的浓矿浆返回搅拌浸出槽并加稀 NaCN 溶液继续进行浸出。此作业也可以用浓缩机加以实现，即将氰化矿浆给入浓缩机，其溢流（含金溶液）送给置换沉淀作业，而浓缩产品则送回搅拌浸出槽加稀 NaCN 溶液再浸出。然后，将再浸出后的矿送往澄清槽或浓缩机，如此反复进行几次，直至溶液中含金达微量为止。从第二次浸出后所得的溶液含金较少，一般用于下一批物料的浸出，待其含金达到规定数量之后再送给沉淀作业。

间歇倾析法洗涤因其操作时间长、所用溶液数量多和厂房占地面积大等许多缺点，所以，目前在工业上很少应用。

   B   连续法

连续倾析法洗涤适于处理容易沉淀的物料，它是按逆流原则进行洗涤的，即矿浆由前向后依次流入，而洗涤液则由后向前依次返回，从而每次矿浆浓缩所用的洗涤液均为下一次浓缩时的溢流。这种洗涤方法可用串联的几台单层浓缩机或多层浓缩机加以实现。串联的几台单层浓缩机的方法操作简单，金的洗涤率高，易实现自动化，但因占地面积大，矿浆须多次用泵输送等缺点，所以，近来许多氰化厂采用多层浓缩机的连续倾析洗涤流程。

多层浓缩机的构造与中心传动式浓缩机大体相同，其不同的是将几个（2 ~ 5）浓缩机重叠在一起。而我国许多选金厂使用二层或三层的浓缩机较多。图 4 - 5 为三层浓缩机连续倾析洗涤原理图。在多层浓缩机中央安有中心垂直轴 1，各层浓缩机的耙架 2 固定在轴 1 上，而轴 1 由电动机通过传动装置做旋转运动。氰化矿浆经进料口 3 先进入 I 层浓缩机，此后相继进入Ⅱ层和Ⅲ层浓缩机。Ⅲ层浓缩机的浓缩产品即氰化尾矿由排料口4排放。洗涤液（脱金溶液）通过洗涤液管5进入Ⅲ层浓缩机中洗涤矿浆，其溢流沿溢流管6进入洗涤液箱11的Ⅱ格中，并经由管7进入Ⅱ层浓缩机中洗涤矿浆。而Ⅱ层浓缩机的溢流沿溢流管8进入洗涤液箱的Ⅰ格中，再经洗涤液管9进入Ⅰ层浓缩机中洗涤矿浆。而Ⅰ层浓缩机的溢流即为含金溶液，并由溢流槽10流出。

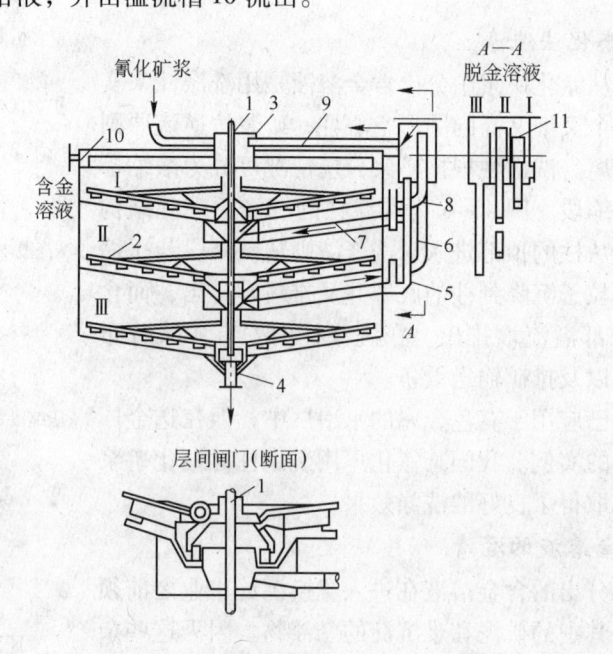

图4-5　三层浓缩机连续倾析洗涤原理图

1—中心垂直轴；2—耙架；3—进料口；4—排料口；5，7，9—洗涤液管；

6，8—溢流管；10—溢流槽；11—洗涤液箱

4.4.1.2　过滤法洗涤

当采用过滤法洗涤时，通常用真空过滤机从氰化矿浆中分离出含金溶液，用压滤机的情况较少。真空过滤机按其操作方式可分为连续式和间歇式两类。属于连续式的有圆筒真空过滤机和圆盘真空过滤机，属于间歇式的则有框式真空过滤机和压滤机。间歇式过滤机适于处理难过滤的泥质氰化矿浆的过滤，因为这种设备可对滤饼实行长时间的洗涤，但这种设备具有生产能力低、附属设备多、厂房占地面积大等很多缺点，所以，只有连续式过滤机能在许多选金厂得到应用。

真空过滤机的过滤程序如下：经浸出后的矿浆给入过滤机中，含金溶液在过滤机中受吸力的影响（这种吸力是由真空泵产生的）则穿过滤布，而固体粒子停留于滤布的表面形成紧密沉淀状物料，称为滤饼（滤渣）。滤饼再经洗涤，则成为氰化尾矿。

氰化矿浆的过滤同浮选（或重选）精矿的过滤法不同，它是从滤饼中洗出含金溶液的，所以滤饼必须进行多次洗涤，如开始用稀NaCN溶液洗涤，继而用水洗涤。当用同滤饼含液量相等的洗涤液进行洗涤时，可从滤饼中洗出80%~85%的含金溶液；而用滤饼含液量的两倍洗涤液进行洗涤，可从滤饼中可以洗出98%的含金溶液。为了较彻底地从氰化矿浆中分出以溶金，需对其实行两段过滤洗涤，即将氰化矿浆进行Ⅰ段过滤之后，其滤饼用稀NaCN溶液或水调浆成浓度为50%的矿浆，然后再进行Ⅲ段过滤洗涤。

当对氰化矿浆（特别是泥质矿浆）实行过滤时，金常常会再溶解，这是因为过滤机在吸力时，滤饼中的絮团被破坏并使其所含的未溶金继续溶解所致。氰化矿浆的浓度较低，通常为30%。为了提高过滤机的处理能力和过滤效率，生产实践中往往在过滤机之前增设浓缩机，并向其中加入一定数量的凝聚剂——聚丙烯酰胺，使过滤机的给矿浆浓度达55%以上。

4.4.1.3　流态化法洗涤

采用流态化法从氰化矿浆中分出含金溶液是用洗涤柱来实现的。洗涤柱是一个又细又高的圆形空心柱，矿浆按逆流原则在柱中进行固溶分离。洗涤柱根据矿浆分层情况可分为浓缩扩大段、洗涤段和压缩段。图4-6为洗涤柱的洗涤原理和结构示意图。氰化矿浆从柱的顶部进入，洗涤液则从洗涤段与压缩段界面给入。固体粒子沉降到柱的底部并从排料管排出，而含金溶液则从柱的顶部溢流堰排出。在洗涤柱内安有矿浆分布器、洗涤液分布器以及排矿输送设备。

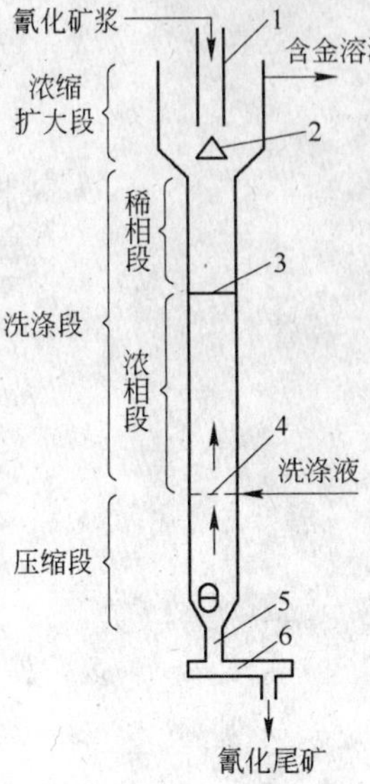

目前，洗涤柱已应用于有色金属的水冶厂中，但在选金厂生产中还未有应用的实例。我国某氰化厂用洗涤柱对氰化矿浆作过洗涤试验，并取得了良好的洗涤效果。

图4-6　洗涤柱的洗涤
原理和结构示意图

1—导流筒；2—矿浆分布器；
3—相界面；4—洗涤液分布器；
5—排料管；6—排料阀

4.4.1.4　含金溶液的澄清

从氰化矿浆中分出的含金溶液在进入置换沉淀作业之前须加以澄清，以消除其中的矿泥和难沉淀的悬浮物。因为这些杂质若进入置换沉淀作业就会污染锌的表面，降低了金的沉淀率及消耗溶液中的氰化物。

目前，最广泛应用的含金溶液澄清设备为框式过滤机，其次为压滤机；也可用砂滤箱和沉淀池。

砂滤池是池内的滤底上铺有滤布（帆布或麻袋片），滤布上分别装有厚120~150mm的砾石及厚60mm的细砂层的普通过滤箱。砂滤池应设两个，以便定期替换使用。在替换时须将细砂更新。砂滤池和沉淀池一样，因为它们的单位面积生产率低、澄清效果差，所以它们常与耙式浓缩机等配合使用。

含金溶液澄清作业经常因滤布被碳酸盐、硫化物以及矿泥沉淀物所堵塞，对正常生产有很大影响。目前，为了消除这些杂质的有害影响，要采取下列措施：

（1）缩短含金溶液与空气的接触时间，取消在过滤机与澄清机之间的所有中间槽；

（2）用不含二氧化碳的压缩空气对矿浆进行搅拌，以降低碳酸盐和碳酸钙在溶液中的浓度；

（3）用酸的钝化剂（高分子有机配合物，它能防止酸对钢件的腐蚀作用）可以消除滤布、管道以及金属部件上的碳酸盐沉淀；

（4）用1%或1.5%的HCl洗涤滤布清除碳酸盐沉淀。

4.4.2　锌置换沉淀

金属锌置换沉淀法是用锌丝置换沉淀箱或锌粉置换沉淀器加以实现的。当含金溶液

（含金氰化溶液）通过置换沉淀设备时，金和银即自含金溶液中呈金属粉末状沉淀出来。而含 NaCN、碱或微量金的溶液，即脱金溶液（贫液）送往贫液池中，可作为循环溶液用于下一批物料的氰化浸出。在置换沉淀过程中会生成含锌很高的金泥。当聚集的金泥量达到一定程度后，随即从置换沉淀设备中卸出，并送去脱锌处理，金泥熔炼成金银合金。

4.4.2.1　金属锌置换沉淀金的原理

当锌与含金溶液作用时，金会被沉淀，而锌则溶解于 NaCN 和 NaOH 溶液中。金的沉淀是由于生成电偶的结果，锌为阳极，铅（铅常以杂质状态进入商品锌中）为阴极。络盐 $NaAu(CN)_2$ 在溶液中分解成 Na^+ 和 $Au(CN)_2^-$。在所形成的电流影响下，离子 $Au(CN)_2^-$ 与锌（阳极）起作用，此时锌进入溶液中成为离子 $Zn(CN)_4^{2-}$，而金则成为金属粉末状态沉淀。

锌置换贵液中的金是按如下反应式进行的：

$$2Au(CN)_2^- + Zn \rightleftharpoons 2Au\downarrow + Zn(CN)_4^{2-} \tag{4-40}$$

当溶液中含氰化物浓度和碱浓度较小时，溶解于溶液中的氧会使已生成沉淀的金再溶解，并使锌生成氢氧化锌沉淀。上述反应中生成的 $Na_2Zn(CN)_4$ 也会分解成成氰化锌沉淀：

$$Zn + \frac{1}{2}O_2 + H_2O \rightleftharpoons Zn(OH)_2 \tag{4-41}$$

$$Na_2Zn(CN)_4 + Zn(OH)_2 \rightleftharpoons 2Zn(CN)_2\downarrow + 2NaOH \tag{4-42}$$

生成的氢氧化锌和氰化锌，会在金属表面形成白色薄膜沉淀，妨碍金、银从氰化溶液中完全沉淀析出。

在含氰化物和碱较高的溶液中，锌除生成 $Zn(CN)_4^{2-}$ 的络阴离子外，还会按下式发生溶解并放出氢。

$$4NaCN + Zn + 2H_2O \rightleftharpoons Na_2Zn(CN)_4 + 2NaOH + H_2\uparrow \tag{4-43}$$

$$2NaOH + Zn \rightleftharpoons Na_2ZnO_2 + H_2\uparrow \tag{4-44}$$

这一反应使锌的消耗量增大，并放出大量的氢。但氢与溶液中溶解的氧反应生成水，可降低甚至阻止已生成沉淀的金发生反溶解，也可使金属锌不再被氧化。

在正常锌粉置换条件下，进入置换沉淀箱的含金溶液中，氰化物浓度应控制在 0.02% 左右，氧化钙 0.01% 左右。锌丝置换时，由于有些工厂不进行溶液的除气，氰化物和碱浓度要相应高些。当然，最好是含金溶液送锌丝置换前先经除气塔除去溶液中溶解的氧，以彻底消除对置换沉淀金的有害影响。

通常氰化液的含铅量较少，由于铅与锌结合能改善金的沉淀，故常向母液中加入适量的硝酸铅或醋酸铅。但过量的铅会引起发生许多边缘反应而导致锌的消耗增大与金的沉淀缓慢和不完全，或因生成 $Pb(OH)_2$ 沉淀而使沉淀物遭受污染，故一般只向每吨母液中加入 5~10g 硝酸铅。

铜的存在会生成金属铜沉淀而消耗锌。汞会和锌生成合金。硫离子的存在，会生成 ZnS 和 PbS 沉淀而污染金属锌。由于氰化物中含有钙和氢氧根离子，所以镍的存在也会严重影响沉淀物。

经实验表明：当氰化液中含金 15mg/L、含 NaCN 0.035%~0.07%、含 NaOH 0.015%、含氧 0~3.1mg/L，锌的添加量为 8g/L。当 NaCN 浓度增加时，由于易生成沉淀而使锌的消耗量增加。当溶液中含氧 1mg/L，金的回收率可达 97%～100%，而含氧增加至 30mg/L 时，金的回收率仅为 78%～80%。

4.4.2.2　锌丝置换沉淀法

锌丝置换法从氰化液中置换回收金的工艺始于 1889 年。锌丝置换沉淀箱（见图 4-7）一般为木质的、钢的或混凝土的。通常分为 5～10 格，总长 3.5～7m，宽 0.45～1m，深 0.75～0.9m。筛网安于铁框上，孔径 3.36～1.68mm（网目为 6～12 目）。锌丝是用金属锌在车床上削成厚 0.02～0.04m，宽 1～3mm 的锌屑，或将熔融金属锌连续均匀地倾注在用水冷却的高速旋转生铁圆筒上制成粒。

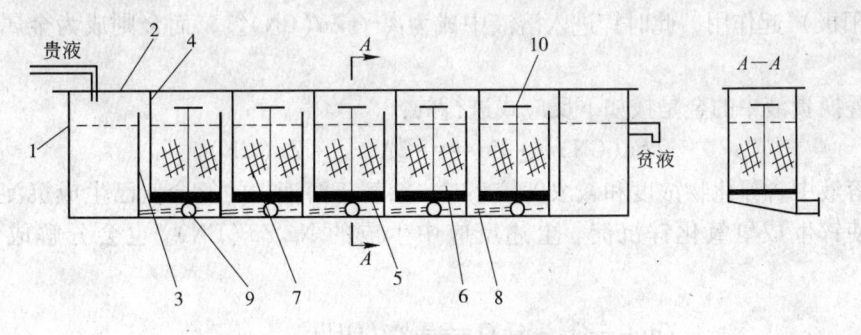

图 4-7　锌丝置换沉淀箱

1—箱体；2—箱缘；3—下挡板；4—上挡板；5—筛网；6—铁框；
7—锌丝；8—金泥；9—排放口；10—把手

含金溶液在箱中流过时，与锌丝接触的时间约 17～20min；在此时间内，约能使 99% 以上的金被置换下来。生产实践中，定期将固定于筛网中心的把手轻轻提起上下抖动，可使锌丝松动并放出氢气泡，以及使金泥脱离锌丝而下沉槽底。经一段时间后，将箱内能继续使用的旧锌丝移至箱的前几格中，新锌丝则加入后面几格中，这样能使含金低的溶液与置换力强的新锌丝接触，提高金的沉淀率。装入锌丝时必须抖松后均匀铺撒，特别要留意每格中的四个角，以免溶液从空洞处流过，降低置换效果。

沉淀箱通常每月出金泥 1～2 次。取出的锌丝经圆筒筛分离金泥后，筛出的锌丝供下批置换用。金泥由排放口放出，通过滤箱或压滤机过滤回收。

锌丝置换法虽具有设备简单、容易操作等优点，但锌丝消耗量大（生产 1kg 金需锌 4～20kg）、NaCN 消耗量也大（因用于锌丝置换法的贵液一般不经除气，锌在高氧溶液中会氧化生成白色沉淀）、金泥含锌高且设备占地多。故锌丝置换法在大中型矿山现已多为锌粉置换法所取代。

4.4.2.3　锌粉置换沉淀法

锌粉置换沉淀法从含金溶液中回收金始于 1894 年，它是目前最广泛使用的方法。锌粉置换法的设备早期采用压滤机和置换槽。后来发展起来的梅里尔·克劳法是锌粉置换沉淀法中一种典型的方法。它的设备和方法不但经受了梅里尔·克劳工厂多年生产实践的考验，而且还被世界上一些主要氰化工厂所选用。

锌粉置换沉淀法用的锌粉，是通过蒸馏锌制得的。锌粉应含锌 95%～97%，铅 1% 左右，粒度小于 0.01mm（美国规定小于 0.04mm 含量占 97%）。其中的粗粒锌和 ZnO 都会降低置换沉淀效果。使用炼锌厂产的蓝粉，含 ZnO 约 10% ~ 15% ，对沉金不利。因这些 ZnO 不起沉淀金的作用而完全进入金泥中。锌粉容易氧化，应在密封容器中贮存和运输。

A 压滤机锌粉置换沉淀法

这种方法是由一种胶带式或其他形式给料器，连续向锥形混合槽给入锌粉，并于过滤机中置换（图 4-8）。除气槽的除氧溶液部分放至锥形混合槽与锌粉混合成锌浆从槽底排出，与用潜水离心泵（离心泵浸于含金溶液池中，以防止吸入空气）抽送的其余除气液合并，一起送压滤机或框式过滤机，用过滤机过滤同时产出金泥并分离贫液。

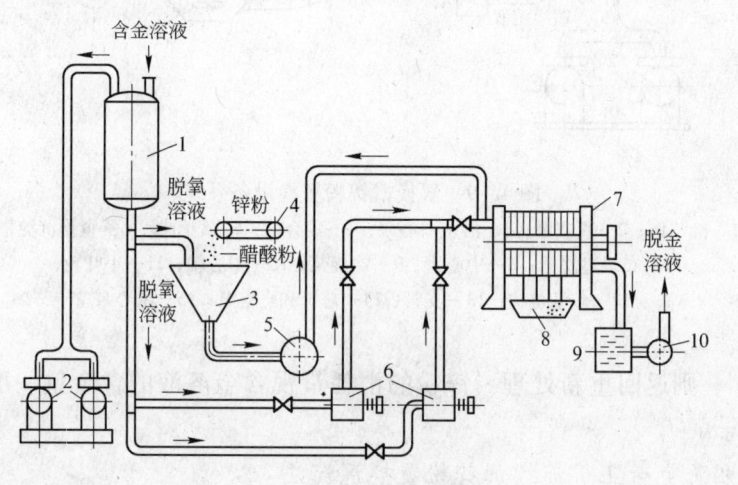

图 4-8 压滤机锌粉置换设备系统
1—除气塔；2—真空泵；3—锥形混合槽；4—给粉器；5，10—离心泵；6—潜水离心泵；
7—压滤机；8—金泥槽；9—贫液槽

B 置换槽锌粉置换沉淀法

这是一种于置换沉淀器中进行金置换和沉淀的方法，其所用的设备见图 4-9。置换沉淀器为一锥形底的圆槽。与槽内相对应的四壁安装有四只铺布袋过滤片的框架，呈放射状固定于中心管上。框架呈"U"形，一端铺设过滤片，另一端与脱金贫液总管上的支管相连。脱金液总管环绕槽体外面，通过支管与滤框相通，总管则与真空泵和离心泵相连。

除气溶液和锌粉供入混合槽混合后，由槽底自流给入置换沉淀器，并在螺旋桨和小叶轮的作用下，锌浆沿中心管上升。借助真空泵的吸力金泥沉积于滤布上，贫液透过滤布经支管由总管排出。根据生产实践，金的置换沉淀主要不是发生在与锌粉混合的时候，而是发生在含金溶液穿过滤布表面锌粉层的过滤时候。为使置换沉淀槽开动之后能迅速在滤布表面上形成锌粉沉淀层，故须在开始过滤时，直接往敞口置换沉淀槽内加入形成锌粉沉淀层总量一半以上的锌粉，以有利于金泥的沉淀。尽管置换沉淀槽是敞口的，空气直接与锌浆表面接触，但由于过滤速度很快，且慢速转动的螺旋桨和小叶轮（搅拌上层锌浆用）的搅拌力很弱，所以锌浆没有吸入多少氧。由于间歇卸出金泥，所以当进行连续置换沉淀时，应备有 2~3 只置换沉淀槽供交替使用。

硝酸铅或醋酸铅是用滴液管从混合槽上滴入锌粉面上，使其在锌粉表面生成铅膜以强化锌粉的置换能力。铅盐的加入量为锌粉重量的 10% 。含金溶液的 NaCN 和 CaO 分别低至 0.014% 和 0.018% 时，金的沉淀效果也很好，脱金贫液每小时用比色法测定一次，如含金

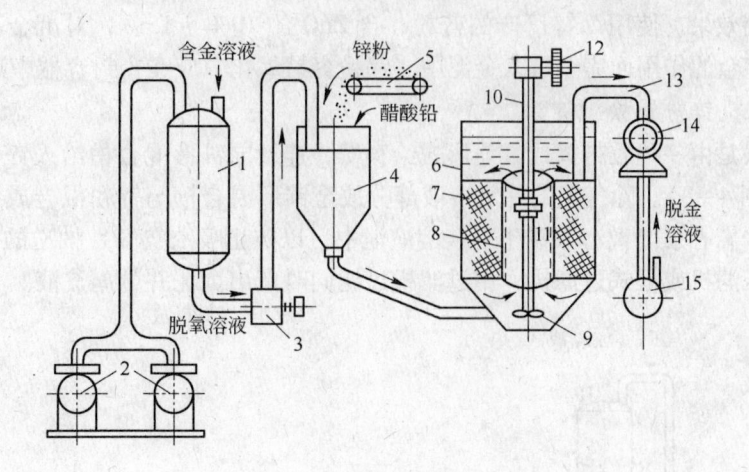

图 4 - 9　置换槽锌粉置换设备系统

1—除气塔；2—真空泵；3—潜水离心泵；4—混合槽；5—给粉器；6—置换沉淀槽；
7—布袋过滤器；8—中心管；9—螺旋桨；10—中心轴；11—小叶轮；
12—传动机构；13—支管；14—总管和真空泵；15—离心泵

超过 $0.15g/m^3$ ，则返回重新处理。锌粉的消耗量视含金溶液的含金量一般为 $15g/m^3$ 到 $50g/m^3$ 。

C　梅里尔·克劳工厂连续加锌粉置换沉淀法

梅里尔·克劳法（见图 4 - 10）的置换作业是将除气后的母液直接抽送乳化器，通过锌粉加料机将锌粉连续加入乳化器并与溶液乳化。锌粉加入量为每吨液 15～70g。金的沉淀实质上在加锌后立即发生。乳化后的溶液于真空沉淀室中置换并沉淀出金。经适当时间，溶液中 99% 以上的金被还原沉淀，贫液中含金约 0.02g/t。从溶液中过滤沉淀物通常使用框式过滤机或压滤机，更广泛使用的是斯特拉过滤机连续生产时，从过滤机中清理沉淀物的周期为 3～28d。清理出的沉淀物送熔炼合质金锭。

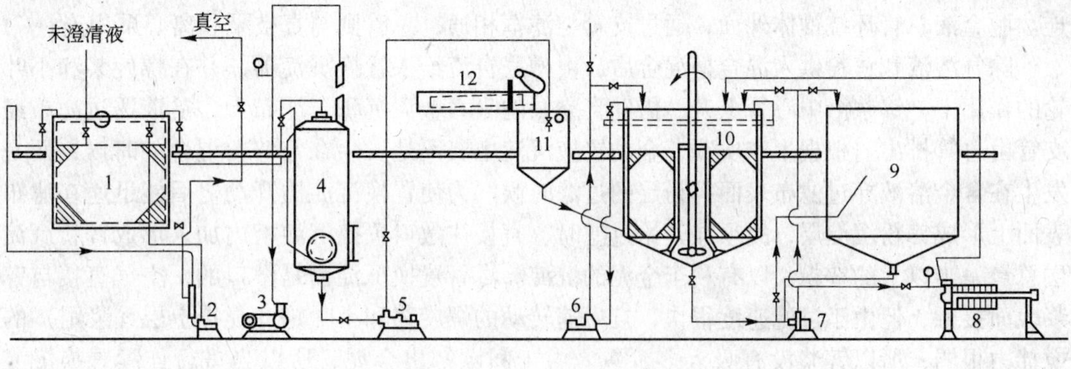

图 4 - 10　梅里尔·克劳法的设备系统

1—隔膜框式澄清机；2—隔膜泵；3—真空泵；4—克劳除气塔；5—潜水离心泵；
6—贫液返回泵；7—砂泵；8—压滤机；9—沉淀贮罐；
10—真空沉淀槽；11—乳化槽；12—锌加料机

4.5 现代氰化提金工艺

4.5.1 炭浆法

活性炭具有从气相和液相中吸附、分离、净化某些物质的特性，在古代就被人们所知，并应用于生活和生产领域。从 1847 年俄国拉佐夫斯基发现活性炭能从溶液中吸附贵金属开始，人们开始对活性炭吸附金进行研究，终于在 1934 年人们利用活性炭从矿浆中吸附出金，但直到 1952 年美国扎德拉（J. B. Zadra）用热的氢氧化钠和氰化钠混合液从载金炭上解吸金获得成功，才使炭浆法得到工业应用。在 1961 年，美国科罗拉多州的卡尔顿选金厂首次将炭浆工艺用于小规模生产；在 1973 年，美国南达科他州的霍姆斯特克选金厂才将完善的炭浆工艺用于日处理量为 2250t 的选金厂的生产中。此后，南非、澳大利亚、津巴布韦等国相继建立了几十座炭浆提金厂。中国从 20 世纪 70 年代末期开始研究炭浆工艺，1985 年在灵湖矿和赤卫沟矿建立了炭浆提金厂，此后相继建成了十几座炭浆法选金厂。

一般根据炭浆法工艺特点不同可分为炭浆法（CIP）和炭浸法（CIL）。

炭浆法（CIP）一般是指在氰化浸出完成之后，再进行活性炭吸附金的工艺过程。炭浸法（CIL）则是浸出与吸附过程同时进行的工艺。两者都是从矿浆中吸附金，无本质的区别。只不过炭浆法是浸出与吸附分别在各自的槽中进行；而炭浸法则是浸出与吸附在同一槽中进行，这种槽称之为浸出吸附槽或炭浸槽。实际上，在炭浸工艺中，往往第 1 个或第 2 个槽并不加炭（称预氰化），因此，两者之间并无严格的界限，只是炭浸法的搅拌槽数少一些而已。炭浆法的经典设备联系如图 4-11 所示。

炭浆法与常规氰化洗涤工艺相比，它的最主要优点是省去了矿浆的洗涤和固液分离，直接使用粒状活性炭从矿浆中吸附金，以代替浸出矿浆的洗涤、固液分离和浸出液的澄清、除气等作业，它使得工业生产过程得以简化，效率明显提高，设备和基建投资大减，生产成本下降。在通常情况下，采用炭浆法可节省投资 25% ~ 50%，生产成本下降 5% ~ 35%。

4.5.1.1 活性炭的性质

活性炭是一族吸附物的总称。用于从氰化浸出矿浆中吸附回用于生产活性炭的原料有果壳、果核、树木、煤炭等，用于从氰化矿浆中吸附金的活性炭也是一种专用炭，目前的最佳品种为椰壳炭，其次是杏核、橄榄核、桃核等果核炭。

活性炭没有确定的结构式或化学组成，不同产品通常只能由它们的吸附特性来区分，并已有研究表明，活性炭的典型结构与石墨的典型结构相似。用于吸附金的活性炭是采用高温热活化方法制得的，将椰壳或果核等在 500 ~ 600℃下，用惰性气体（隔绝空气）保护进行脱水和炭化，然后再在 800 ~ 1100℃下用 CO、CO_2、H_2O 或它们的混合气体进行活化。在活化过程中，大约有 20% 的炭被气化：

$$C + CO_2 \rule[0.5ex]{1.5em}{0.4pt} 2CO \qquad (4-45)$$

$$C + H_2O \rule[0.5ex]{1.5em}{0.4pt} CO + H_2 \qquad (4-46)$$

活性炭的元素组成以碳为主，有少量的氧和氢。它们中常有一部分与活性炭表面结

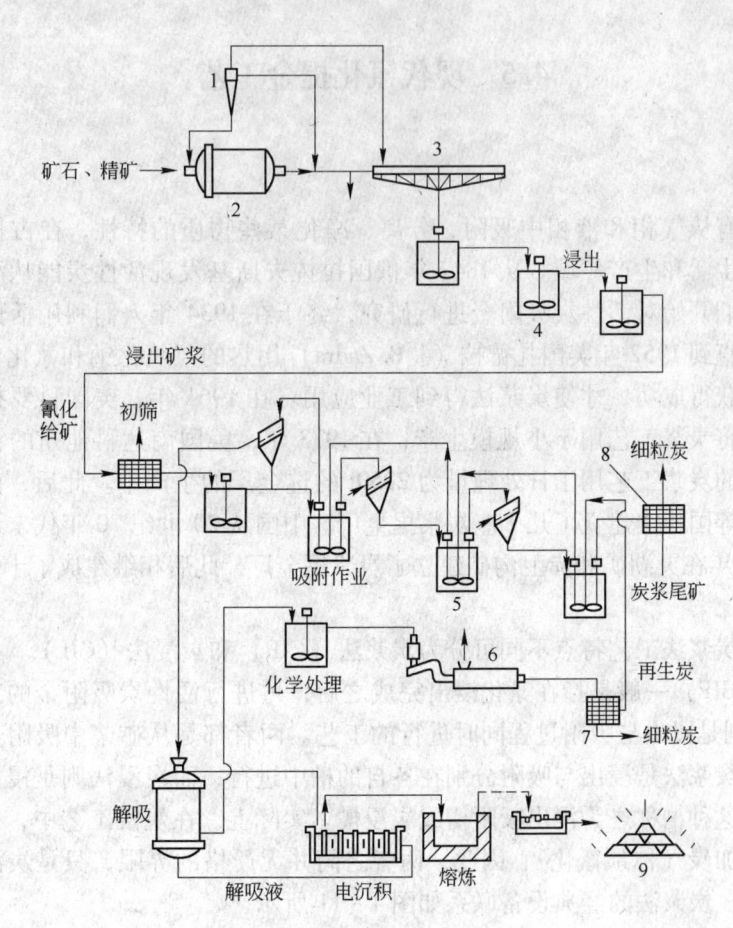

图4-11 炭浆法的经典设备联系

1—水力旋流器；2—球磨机；3—浓密机；4—氰化浸出槽；5—炭浆吸附槽；

6—再生窑；7—炭筛；8—炭回收筛；9—多尔金锭

合，以官能团的形式存在。活性炭中常见的官能团有羧基、酚羟基和醌型羰基，也发现有普通内酯、荧光素型内酯、羟酸酐和环状过氧化物等。它们位于活性炭层中环状网的破裂边缘上，这些表面氧化物对活性炭的化学吸附起着重要作用。由于炭的表面上同时有一定数量的羧基和酚基，因而活性炭既适于从酸性介质中吸附物质，也适于从碱性介质中吸附物质。活性炭的活性来自于巨大的比表面和存在于表面的官能团二者结合所产生的。图4-12为活性炭孔隙结构示意图。

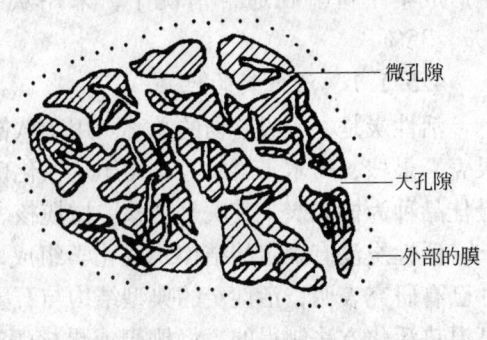

图4-12 活性炭孔隙结构示意图

对于活性炭的选择，最重要的条件有两点：一是对金具有良好的吸附特性；二是炭粒必须具有很强的耐磨性能。吸附特性好的炭对金、银有较好的选择性和较大的吸附容量与回收率；耐磨性能强的炭能最大限度地降低磨削损失，减少载金炭粉末随矿浆流失所造成金的损失。这是由于活性炭吸附使用的炭，在生产过程中一般都要先配制成炭悬浮液，并经喷射或液压输送、压缩空气或机械搅拌、筛分等作业。特别是每一批炭的质量都不可能是均一的。其中部分炭粒和所有炭粒的边部与棱角（因不是球形粒）部分，机械强度小，抗磨性弱，最易磨损。而它们又正是炭中最具活性的部分，其吸附性能好，吸附容量大。它的磨损不但会增大金、银的损失，还会造成整批炭吸附件能下降，引起作业指标波动，也需在作业过程中增加炭的投入里。为此，工业生产中对每一批新炭，都应在使用前先经筛选除去木屑、杂物，再在机械搅拌槽中和磨料（与矿石相同的不含金废石）一起进行搅拌，磨碎那些机械强度弱的炭粒和边角，使炭粒呈近似球粒，并经筛分除去炭末供使用。在生产中应注意炭在炭浆法作业和循环使用过程中的磨损指标，尽可能选用耐磨性能好的牌号炭。良好的活性炭，除了具备表4-3的性能外，通常还可用下列三项技术指标来确定。

（1）在含金1mg/L溶液中平衡吸附24h，活性炭的载金容量应达25g/kg；

（2）在含金10mg/L溶液中搅拌吸附1h，活性炭对金的吸附率应达60%；

（3）将活性炭置于瓶中在摇滚机上翻滚24h，磨损率应小于2%。

表4-3 活性炭的物理化学性质

分　类	技术特性	指　标
物理特性	颗粒密度/g·mL^{-1}	0.8~0.85
	堆密度/g·mL^{-1}	0.48~0.54
	孔穴大小/nm	1.0~2.0
	孔穴体积/mL·g^{-1}	0.7~0.8
	球盘硬度/%	97~99
	粒度/mm（目）	1.16~2.35(14~8)
	灰分/%	2~4
	水分/%	1~4
化学吸附特性	比表面（BET法）/m^2·g^{-1}	1050~1200
	碘值/mg·g^{-1}	1000~1500
	四氯化碳值/%	60~70
	苯值/%	36~40

4.5.1.2 活性炭吸附金的机理

无论是活性炭从矿浆中吸附金，或者是从澄清的含金氰化液中提取金，都是活性炭对金氰化合物的吸附，机理都是一样的。

一般认为，活性炭的吸附性强主要是由于它具有巨大的内表面积和孔隙分布，而它的外表面积和氧化表面的特征所起的作用则较小。外表面只是提供与内孔数目相当的通道、氧化表面只是使疏水性的炭骨架具有亲水性，从而使活性炭对于许许多多的极性和非极性的有机物、无机物的离子基团具有亲和力。

活性炭通过吸附起作用，即通过吸附将某些固体物质固着到构成炭内孔洞壁的内表面上。所以，内表面越大，有效吸附面积越大，活性炭的吸附作用就越强。吸附作用是由于构成孔洞壁表面的碳原子上的力不平衡引起的，为了调节这种不平衡，炭就要从气相或液相中吸附分子和离子，并将之吸引和固着在炭表面上。对于被吸附的分子和离子来说，它们必须借扩散作用达到炭的微孔的内表面才能被吸附。

金氰络合物向活性炭上的吸附过程大致可以分两步：首先是金氰络合物从溶液中向活性炭表面迁移，第二步是金氰络合物内活性炭表面向其内部吸附点渗透。很有可能是活性炭的外表面首先被金氰络合物等所饱和，继而向炭的内部扩散。当然，向炭内部扩散将会对吸附速率有较大的影响。

活性炭吸附金氰络合物的过程，国内外不少学者曾提出了众多的观点。这些观点大致可分为四个类型：

(1) 以金属形态被吸附。早在 1913 年，柏林就提出，活性炭对金的吸附是金氰络合物离子 $Au(CN)_2^-$；在活性炭表面上还原成金属金而被吸附。他认为这与炭上吸附的还原性气体特别是一氧化碳气体有关，在炭表面上被吸附的气体处于高度浓缩状态，因而很活泼，可以使金还原，从而使金以金属态被吸附。随着现代技术的发展，已经有学者采用 X 射线光电子能谱（XPS）对炭上被吸附物中的金的价态的研究发现，被吸附的金的表观价态为 +0.3 价。

(2) 以金氰络合物离子 $Au(CN)_2^-$ 形式被吸附

$$CO_2 + \overset{O}{\underset{OH^\ominus}{\bigoplus C}}{}^{\oplus}\!\!\!-\!\!\!\langle{}^R_{OH^\ominus} + KAu(CN)_2 \rightleftharpoons \overset{O}{\underset{Au(CN)_2^-}{\bigoplus C}}{}^{\oplus}\!\!\!-\!\!\!\langle{}^R_{Au(CN)_2^-} + KHCO_3$$

这种理论认为，炭表面上存在带正电荷的格点，这些正电荷格点是这样产生的：活性炭在室温下与空气中的氧接触，形成具有碱性特征的表面氧化物，这种氧化物在炭上的结合是不牢固的。当炭与水作用时，它会转入溶液中并形成 OH^- 离子，这样炭表面带上正电荷：

$$C + O_2 + 2H_2O \Longrightarrow C^{2+} + 2OH^- + H_2O_2 \qquad (4-47)$$

由于炭给出电子而荷正电，为保持电中性，就要吸附 $Au(CN)_2^-$ 阴离子。而反应在低 pH 值条件下向右移动，产生更多正电荷格点，就要吸附更多的 $Au(CN)_2^-$ 阴离子。上式还说明氧的存在还有利于活性炭吸附金。并研究证明，炭对下列离子的吸附强度顺序为：

$$Au(CN)_2^- > Ag(CN)_2^- > CN^-$$

(3) 以金氰络盐 $M^{n+}[Au(CN)_2^-]_n$ 被吸附。提出这一机理是基于以下事实：氰化物溶液中存在阴离子（如 Cl^-，ClO_4^-），甚至其浓度高达 1.5mol/L，也不降低金的吸附容量。但是当溶液中有中性分子（如煤油）存在时，会使金的吸附量下降。

艾伦认为，金的氰化物是以 $NaAu(CN)_2$ 的形式被活性炭所吸附。格罗斯等人认为，当炭上含有钙质时，金的氰化物在炭上吸附的机理是：

$$2KAu(CN)_2 + Ca(OH)_2 + 2CO_2 \Longrightarrow Ca[Au(CN)_2]_2 + 2KHCO_3 \qquad (4-48)$$

其吸附机理是基于钙离子与 $Au(CN)_2^-$ 阴离子之间的作用。

活性炭上不含任何金属离子时的吸附机理：

$$KAu(CN)_2 + H_2O + CO_2 \Longrightarrow HAu(CN)_2 + KHCO_3 \qquad (4-49)$$

此时是以金氰酸的形式被吸附。

在碱性溶液中的吸附，是以中性组合物 $M^{n+}[Au(CN)_2^-]_n$ 的形式保留在炭上。达维森认为，溶液中的金是以 $M^{n+}[Au(CN)_2^-]_n$ 的形态被炭所吸附，当 M^{n+} 为土金属要比为碱金属阳离子时形成的配合体更为牢固，$M^{n+}[Au(CN)_2^-]_n$ 吸附强度取决于金属阳离子，其顺序为：

$$Ca^{2+} > Mg^{2+} > H^+ > Li^+ > Na^+ > K^+$$

这样活性炭灰分中的 Ca^{2+} 及溶液中的 Ca^{2+}、H^+ 都可能取代 Na^+、K^+。其吸附作用，既可通过炭的极大表面上吸附作用，也可通过孔隙中的沉积作用，以离子对或中性分子的形式被吸附。

（4）以氰化金 AuCN 沉淀形式吸附。早期有人认为在活性炭的孔隙中能沉淀出不溶性的 AuCN。AuCN 的产生是氧化 CN^- 的结果：

$$KAu(CN)_2 + \frac{1}{2}O_2 === AuCN + KCNO \qquad (4-50)$$

也有人认为是酸分解的结果：

$$Au(CN)_2^- + H^+ === AuCN + HCN\uparrow \qquad (4-51)$$

可见，活性炭对已溶金的吸附的认识是丰富的。尽管活性炭时金氰络合物的吸附有着众多的、目前难以统一的认识，但这并不影响炭浆提金工艺的进行和发展。相信随着人们对这一机理的正确认识，必将会促进炭浆工艺进一步发展。

4.5.1.3 活性炭吸附金的动力学

活性炭吸附金的动力学受扩散控制。被吸附的分子或离子要通过扩散达到炭微孔的内表面上，所以吸附过程所需时间则由扩散路程所决定。我们知道，回收金所用的活性炭全部表面中有 90% 是微孔的（10A 左右）。这些表面使体积大的金氰络合物难以接近，或者只有经过曲折的缓慢的扩散之后才可接近，从而逐步达到这一体系的平衡。金氰络合物与炭之间的反应有所谓真平衡，以及包括炭的大孔和间隙孔中迅速吸附在内的准平衡。工业生产实践和试验研究表明，金氰络合物在炭上的起始吸附速度是很快的，因受吸附时流体力学控制，这种控制反应的起始膜扩散及在大孔和间隙中的吸附，将会在 4~48h 内建立起准平衡。此后，金氰络合物在炭上继续缓慢地、几乎是无限地被吸附，以逐步接近真平衡。事实上，在这些反应中要建立起真平衡是很困难的。

从炭浆厂第一级吸附后取出的炭进行的化学分析结果表明，即使一次接触300h，金在炭和溶液之间也不会达到真平衡。由于活性炭在炭浆流动中任何一级的平均停留时间很少有超过48h，显然，在实际生产中根本不会达到所谓的真平衡。

在孔扩散的吸附时间内，金氰配合物扩散进入炭的微孔中的速度可能很慢，是由于炭的微孔通道的截面尺寸与金氰络合物的离子直径很接近，所以，它们之间的传质阻无限大。因此，十分缓慢地扩散进微孔中的金要再扩散出来也同样是十分缓慢的。然而，金在活性炭上的吸附这个可逆的过程，无论是在高浓度溶液中达到的平衡，还是在低浓度溶液中达到的平衡，溶液中和炭上含金量之间的平衡关系都是相同的。

根据研究条件下的颗粒系统的动力学不同，真平衡条件下的吸附量是准平衡条件的 3~5 倍。但从操作观点看，真平衡对于关心完成生产任务的炭浆厂来说没有多大价值，而准平衡对于生产的影响倒是重要的。由于反应动力学因素对准平衡和真平衡的影响大致相同，所以在生产操作中，对于达到平衡的技术条件是统一的。

由于炭粒之间、每一批炭颗粒中孔洞大小分布不均匀，所以准平衡不是个确定值，它在理论上也没有明确的定义。而真平衡的测试也不那么容易，一般都是采用经验或半经验的方法来模拟这一反应。

显然，选择炭浆厂操作参数的原则，是要使炭在其大孔和间隙孔平衡范围内进行吸附，不仅要求吸附速度快、在吸附槽中混合效果好，而且在给定的操作条件下解吸速度也最快、最终解吸率也最高。也就是说，要综合考虑吸附与解吸的技术条件。

活性炭从含金氰配合物溶液中吸附金的一级反应速度常数，可用下式表示：

$$\frac{dC_1}{dt} = KC_2 \tag{4-52}$$

式中，C_1 和 C_2 分别表示在 t 时刻活性炭上和溶液中的金浓度；K 为一级反应速度常数。

4.5.1.4 影响吸附过程的主要因素

从活性炭吸附金的基本理论可知，影响吸附的因素大致可分为两类，即影响吸附速度的因素和影响平衡（或准平衡）的因素。对于前者来说，包括炭的粒度、矿浆浓度及混合效应；影响平衡的因素包括 pH 值、离子强度、游离氰根浓度、与金吸附有影响的其他成分浓度、过程的温度以及炭吸附的操作技术条件等。现结合炭浆法的生产过程，将影响活性炭吸附金的主要因素作一介绍。

A 矿浆中金浓度

矿浆中已溶金的浓度越高，活性炭对金吸附平衡后的平衡浓度越高，而活性炭吸附金的容量是随平衡浓度的增高呈直线关系增大的。所以，矿浆中金的浓度越高，活性炭吸附金的容量越大，南非某炭浆厂试验资料表明，当矿浆中金浓度由 95g/t 增加大 164g/t 时，载金炭的载金量从 9960g/t 增加到 37900g/t。活性炭吸附金的容量随平衡浓度变化的情况见图 4-13。很明显，金的平衡浓度越高，活性炭上平衡载金量越多。

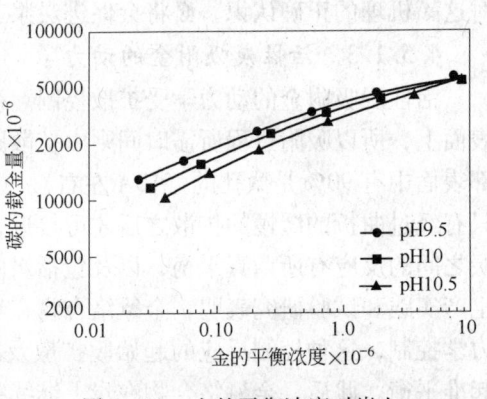

图 4-13 金的平衡浓度对炭上平衡载金量的影响

B 活性炭的类型和粒度

不同类型的活性炭由于质量标准和性质的不同，对金的吸附容量也不相同。试验表明，椰壳和果核制造的活性炭比木材、煤质和石油焦炭制成的活性炭对金的吸附容量要高一些。相同类型的活性炭，颗粒的大小对吸附速度影响显著。从图 4-14 可以看出，尽管粒度细的比粒度粗的活性炭吸附金的速度快，在相同时间内吸附金的容量大，但粒度并不会影响最终吸附容量。

C 矿浆浓度

在吸附槽中活性炭与含氰化矿浆相互接触，矿浆中固体含量将影响活性炭吸附金的速度。当矿浆浓度较高时，由于高浓度矿浆使矿浆和活性炭混合程度降低或者矿浆中的细泥机械地"黏结"在炭表面，降低活性炭吸附金的速度。当矿浆浓度较低时，活性炭颗粒容易在吸附槽底部发生沉积，减少活性炭颗粒与矿浆的作用时间。在炭浆厂生产中，为了保证活性炭和炭浆的有效混合和悬浮，矿浆浓度一般都要保持在 40% ~ 50%。

D　活性炭与矿浆的混合程度

活性炭与矿浆的混合程度可以用搅拌速度表示。在带有挡板的吸附槽内，搅拌速度对活性炭吸附金的速度的影响见图4-15。由图4-15可知，随着搅拌速度的增加，即混合程度变好、活性炭吸附金氰络合物的速度急剧增加。尽管这些试验中物料的搅动程度可能大大超过大型吸附槽所达到的程度。但是，仍可以得出结论：活性炭与矿浆的混合程度对炭浆厂的生产来说，尤其是在每槽吸附的起始阶段更加重要。这是由于活性炭与矿浆一开始接触，活性炭就很快地吸附固-液界面处的金，并加快了矿浆中已溶金向活性炭表面扩散。但应指出的是，过分激烈地搅拌将会增加活性炭的磨损，并对炭吸附强度和吸附层的稳定性，以及炭的合适悬浮都有很大的影响。同时还会增加功力的消耗。所以，在实际生产中应注意控制搅拌速。

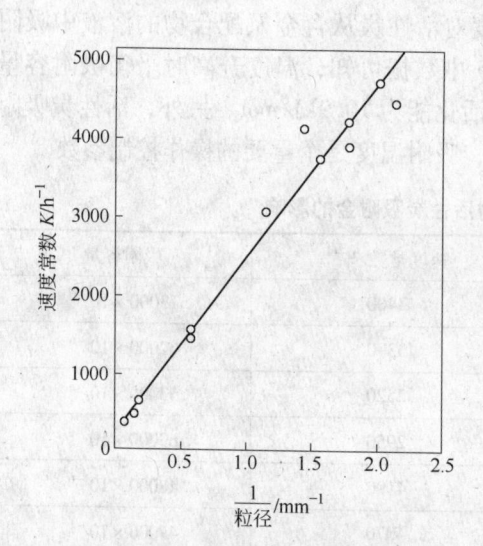

图4-14　活性炭粒径对吸附速度的影响

（离子强度0；pH6.5；溶液中金浓度30mg/L）

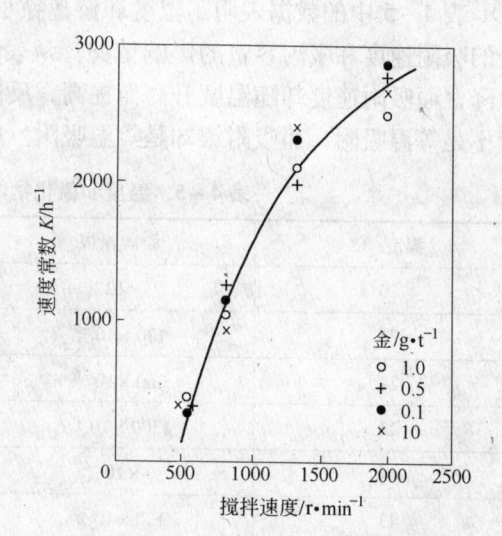

图4-15　搅拌速度对活性炭吸附速度的影响

（离子强度0；pH6.5；溶液中金浓度30mg/L）

E　矿浆酸碱度

表4-4表示矿浆pH值对活性炭从氰化溶液中吸附以溶金矿的速度和吸附容量的影响。

表4-4　氰化矿浆pH值对金吸附速度和吸附容量的影响

矿浆 pH 值	11.3	9.1	7.1	4.2	3.1	1.5
速度常数/h^{-1}	3010	3000	3660	3900	4420	4880
吸附容量	75000×10^{-6}	86000×10^{-6}	92000×10^{-6}	122000×10^{-6}	143000×10^{-6}	216000×10^{-6}

由表4-4可知，随着酸度的增加，活性炭的吸附速度和吸附容量均有所提高，而且对于吸附容量的影响远大于动力学效应。

还有研究表明，炭浆厂正常生产条件下的pH值和氰化物存在时，吸附过程是可逆的。然而在pH值较低时，这一过程就变得不可逆了，从而有利于活性炭对金的吸附；也有人认为，在有活性炭存在条件下，较低pH值有利于氰化物氧化，并在溶液中释放出二氧化碳和氨，而这有利于炭对金的吸附。

但是，从对氰化物体保护这一观点来说，不允许太低的 pH 值，以利于在吸附阶段中继续对金的氰化浸出和环境保护。所以，对于炭吸附过程中，酸碱度的控制仍维持着在氰化浸出后矿浆保留的 pH 值为宜。

F　温度和氰根浓度

活性炭对金氰络合物的吸附反应是一个放热（-420kJ/mol）反应。因此，随着温度升高，活性炭对金氰络合物的吸附明显减弱。根据温度升高时离子有较高的溶解度这一现象，也可以很好地说明温度的影响，即随温度升高活性炭对金的吸附率降低。一般来说，氰根离子与金氰化合物离子均会在活性炭表面产生竞争吸附。因此说，氰根离子的存在对金的吸附是十分不利的。

表 4-5 中的数据表明了温度和游离氰根浓度对活性炭从含金氰配合物的溶液中吸附金的吸附速度和吸附容量的影响情况。从表 4-5 中数据可知，温度升高时平衡吸附容量下降，而吸附速度却随温度升高而提高，反应的活化能为 10.9kJ/mol。另外，活性炭吸附金不是等温吸附，而吸附银却是等温吸附。所以，吸附温度是个重要的操作控制参数。

表 4-5　温度和氰化钠浓度对活性炭吸附金的影响

温度/℃	游离氰根	速度常数/h^{-1}	吸附容量
20	0×10^{-6}	3400	73000×10^{-6}
25	130×10^{-6}	3390	62000×10^{-6}
24	260×10^{-6}	2520	57000×10^{-6}
23	1300×10^{-6}	2950	69000×10^{-6}
44	0×10^{-6}	4190	48000×10^{-6}
43	130×10^{-6}	4070	47000×10^{-6}
42	260×10^{-6}	3150	42000×10^{-6}
43	1300×10^{-6}	3010	33000×10^{-6}
62	0×10^{-6}	4900	25000×10^{-6}
62	130×10^{-6}	4920	29000×10^{-6}
62	260×10^{-6}	3900	29000×10^{-6}
62	1300×10^{-6}	4060	26000×10^{-6}
81	260×10^{-6}	5330	20000×10^{-6}

氰化物浓度是矿浆工艺中对吸附容量反映最敏感的操作参数之一。氰化物浓度过高，一些难溶的金属将被溶解，炭吸附杂质多且氰化物消耗量增大，氰化物对环境污染加重。但氰化物浓度过低，会降低金在吸附作业中的浸出率。南非爱德华·巴特曼有限公司的研究表明，矿浆进入吸附槽后，溶解出的金一般占进入吸附槽未溶金的 15%～35%。吸附是个金氰配合物浓度不断降低的过程，保持适宜的氰化物浓度对该阶段的浸出和吸附都是有利的。过高的氰化物浓度，会造成与金、银的氰络合物的竞争吸附，又造成尾矿中游离氰根浓度过高，这是不利的。

G　无机物

溶液中的适量钙、镁等二价阳离子，对金的吸附有一定的促进作用，但钙、镁离子又容易吸收空气中的二氧化碳，生成碳酸盐在活性炭上沉淀，造成炭的孔道堵塞和减少炭表面吸附面积，从而又对吸附金的速度起钝化作用。在吸附－解吸的每一个循环中用盐酸清洗活性炭一次，可有效消除碳酸钙的有害影响。溶液中的铜、锌、铁、镍等金属离子和硅酸都会被活性炭吸附，它们与金在活性炭表面竞争吸附，会减少活性炭吸附金的格点数量而使其对金的吸附容量减小。

H　有机物

甲酸、乙醇、丙酮、乙醛之类的有机溶剂能明显地改善从炭上解吸金的速度，但对吸附容量的影响很小。浮选药剂及机械油之类在水中不溶的有机化合物，由于它们对活性炭有较大的亲和力，所以对活性炭从含金氰配合物溶液中吸附金均有有害影响。有一个有意义的发现则是这些对有机物有吸附作用的固体存在时，这些有机物对炭吸附的不利影响会明显降低，可能是由于部分有机物会吸附到惰性固体表面上。

有机物对吸附速度产生影响而影响吸附的容量。这可能是由于在炭粒表面上吸附了一层有机溶剂膜，形成了妨碍吸附的壁垒，而溶剂并没有大量地渗进炭粒的孔洞中。

I　炭吸附的操作因素

活性炭在矿浆中的密度、炭吸附的段数、炭吸附时间、串炭速度以及炭的载金量等操作因素对活性炭吸附金有着显著影响，而这些因素之间也是相互联系的。

在炭浆生产中，经过氰化浸出的含有已溶含金的矿浆是在一个动态体系中完成活性炭对金的吸附的。矿浆中含有的已溶金的量是确定吸附段数、吸附时间和矿浆中的炭密度的主要因素。在这些因素中，炭密度是相对于吸附段数、吸附时间的，在既定的吸附段数和吸附时间条件下，增大炭密度可提高炭吸附矿浆中已溶金的速度。保持一定的炭密度、矿浆中较高的含金浓度需要较多的吸附段数。矿浆中炭密度大，可以减少吸附段数和吸附时间。但过大的炭密度会使吸附段数利吸附时间减少，吸附系统的设置则难以合理。活性炭对矿浆中已溶金的吸附时间也影响着吸附段数的确定。较长的吸附时间应设置较多的吸附段数。较多的吸附段数有利于炭和浆的混合，还可以使炭的相对装料量、金的相对吸附量有所降低，但会增大基建投资、操作费用及整个系统中金的损失。对于已经确定的吸附段数，相应的吸附时间和矿浆在吸附槽中的流速也已经确定，生产中常出现的矿浆流速的变化，即使吸附段数不会发生变化，但会造成炭的吸附时间变化，最终将影响炭对金的吸附率。

活性炭在吸附阶段的串炭速度，应保持单位时间内进出吸附作业的金属量大致平衡这一水平上，以免系统中金积压或炭载金量过低。较低的串炭速度和串炭量，能提高炭载金量，虽可减少解吸和再生费用，但系统中滞留的金属量增多，不利于企业资金周转。

4.5.1.5　炭浆法主要吸附设备

A　吸附槽

吸附槽按其所处的工艺流程有两个名称。在先浸出后吸附的炭浆法（CIP）流程中称为吸附槽，在边浸出边吸附的炭浸法（CIL）流程中的称为炭浸槽。两种不同的称谓只是为了说明流程结构的不同，吸附槽本身结构并无区别。国内外的炭浆厂所采用的吸附槽类型颇多,但主要可分为空气搅拌槽和机械搅拌槽两种。前者对炭的磨损较小,但功耗较高从而增大生产成本;机械搅拌槽虽然功耗较低,但对炭的磨损较大。机械搅拌式吸附槽构造示意图如图 4 - 16 所示。

图 4 - 16 所示是一种典型的机械搅拌式吸附槽构造。从浸出作业或前一吸附槽以及空气提升器输送过来的矿浆沿着进浆管 1 进入搅拌吸附槽 2 中,电动机和传动装置 3 带动竖轴 4 使叶轮 5 旋转,从而使矿浆和炭呈悬浮状态。轴 4 系中空轴,压缩空气通过此中空轴进入吸附槽内。级间筛 6 使浆、炭分离,矿浆沿管 8 流入下一槽。活性炭仍留在槽内继续进行吸附。空气清扫器 7 吹散附着在级间筛 6 上的炭,保护筛网畅通。空气提升器 9 将槽 1 内的炭浆提升到的一级槽内,或提升到载金炭回收筛上得载金炭产品。压缩空气通过进气管 10 进入空气提升器 9 将炭与矿浆携带提升沿管道 11 进入前一级吸附槽内。

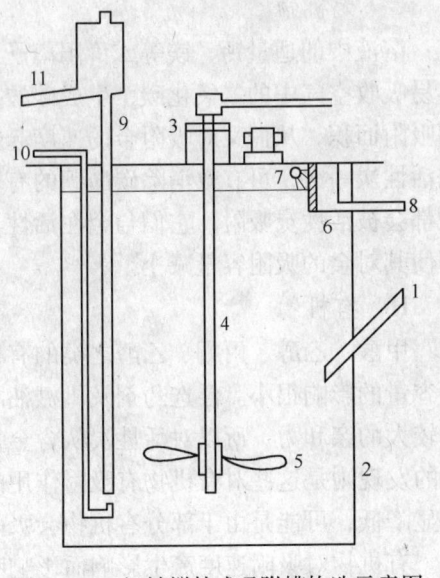

图 4 - 16   机械搅拌式吸附槽构造示意图
1—进浆管;2—吸附槽体;3—传动装置;4—竖轴;
5—叶轮;6—级间筛;7—空气清扫器;8—排浆管;
9—空气提升器;10—进气管;11—排浆管

B   级间筛

炭浆厂常用的吸附槽的级间筛的形式较多,常见的级间筛有以下几种(见图 4 - 17):(1)周边筛,置于吸附槽壁的内侧上沿,其筛分面积较大,但空气清扫装置无法布置,但有的炭浆厂将搅拌桨安装在传动轴上部,在传动轴转动时搅动周边筛网附近的炭浆达到清扫筛网的目的;(2)"T"型筛,这种筛子较易安装空气清扫器和合理搭配清扫风量;(3)桥式筛,这种筛子也比较容易安装空气清扫器和合理搭配清扫风量;(4)圆筒筛,它弹性地固定在吸附槽的支架上,运动的矿浆及筛子的晃动可以保持筛网畅通。

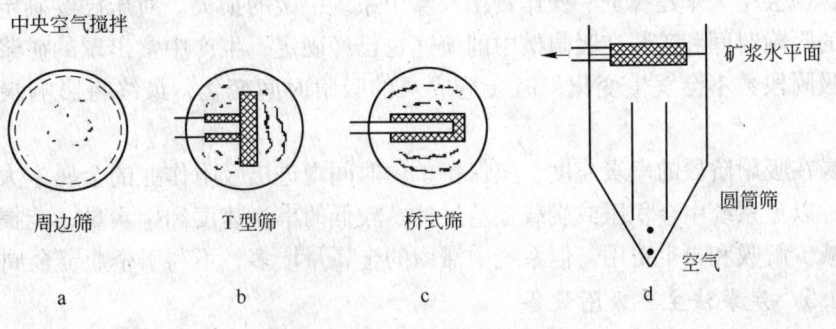

图 4 - 17   常见的几种级间筛

级间筛筛孔的大小按使用的活性炭不同在 20 ~ 30 目间选用,筛子一般由若干个可以随时拆装的小筛组成,以便能及时更换损坏的筛网,筛子装配设计要尽量简便,以利更换,且周边要能压紧以免漏浆。筛框的上沿要高于浆面安装,以免因搅拌时翻起的矿浆或筛网被炭所堵塞使浆面上升而造成矿浆溢入筛子而流走。

C 炭的提升设备

在吸附槽级间运输炭浆一般使用提炭泵和空气提升器。

（1）离心式提炭泵（见图 4-18）。该泵的叶轮 3 为间歇隐藏式，安装在泵壳上，靠离心力提升矿浆，大部分矿浆不与叶轮相接触，由进浆口 1 进入泵体内从旁边的出浆管 9 排出。这种提炭泵的效率较低，仅 10% 左右。为了减少对炭的磨损，可增大管道转变处曲率半径，或调低皮带转速。

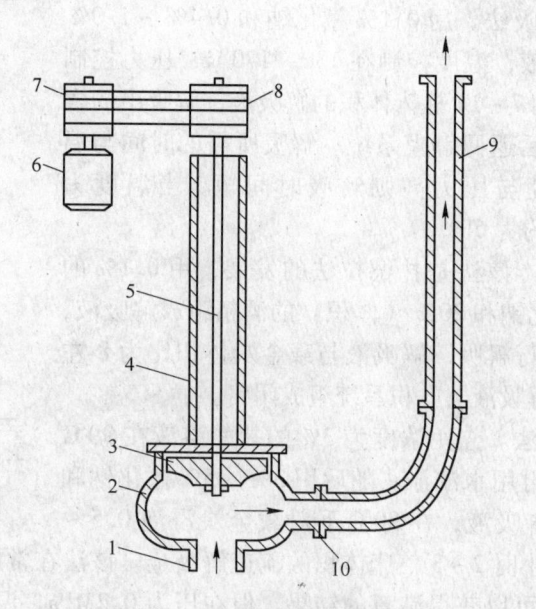

图 4-18 离心式提炭泵

1—进浆口；2—泵壳；3—叶轮；4—竖筒；5—轴；6—电机；7—主动皮带轮；
8—被动皮带轮；9—出浆管；10—出浆口

（2）凹槽叶轮离心泵是目前最成功的提炭泵。它有较大的间隙能使炭通过，从而使炭与泵之间的磨损较小。为了避免过度破碎磨损，泵速一般低于 1000r/min，并以橡胶衬里。这种设备堵塞小且碎炭少。技术操作的要求也比较严格。

（3）常用的空气提升器构造示意图如图 4-19 所示。压缩空气由下部喷射进入空气提升器中，携炭浆由上部溢流排浆管排出。为了防止空气被切断时矿浆回流到空气管中，用一个橡胶环盖在空气喷口处，此橡胶瓣不会影响压缩空气向槽内矿浆中扩散，但使用一段时间后要更换。

吸附槽间的输炭量（即串炭量）与空气提升器中的空气压力、矿浆中的炭密度、原矿性质、矿浆浓度、炭载金量等因素有关。炭浆厂现场一般制订有合理的提炭技术操作规程，以保证各槽中炭密度合乎工艺要求。

4.5.1.6 载金活性炭的解吸

从矿浆分离出来的载金活性炭，经洗涤和除去木屑等杂物后送去解吸金（银）。载金活性炭的主要解吸方法有：

（1）常压解吸法。这一方法是最早在工业上应用的载金活性炭解吸方法，它是由美国矿业局的 Zadra 研究成功的，因此，常称为扎德拉法。用 0.1% ~0.2% 的氰化钠和 1% 的氢氧化钠混合溶液，在 85 ~ 95℃下从载金炭上解吸金。解吸液用电积法回收金。解吸液与载金炭的体积比为 8 ~15，并采用解吸液和电积溶液循环的方式，解吸槽流出的含金贵液经预热并加热到所需的温度，以每小时 1 ~2 柱床体积的流速给入解吸柱内，在常压下解吸 24 ~26h，即可将炭解吸到充分低的金品位。

（2）高温高压解吸法。用 0.1% 氰化钠和 0.4% ~1.0% 氢氧化钠溶液作解吸液，温度控制在 130 ~170℃，压力控制在 300 ~600kPa，使用 7 ~12 柱床体积的解吸液，解吸出的含金贵液经电积回收金后返回解吸系统。解吸所需的时间与温度和压力有关；温度与压力高则解吸时间短。当温度为 1400℃时解吸时间大约为 6h。

（3）酒精解吸法。该法是扎德拉法的发展，用 0.1% 的氰化钠和 1% 的氢氧化钠和 20%（体积）的酒精组成解吸液，在温度 80 ~85℃下进行解吸，解吸液与载金炭体积比为 8 左右，解吸时间 12h。解吸液与电积系统组成闭路。

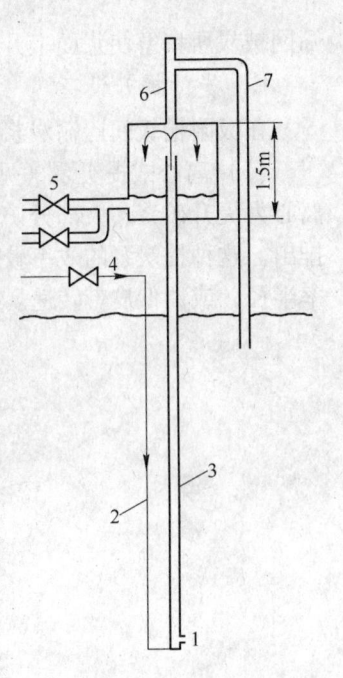

图 4 - 19　空气提升器
1—空气喷射管；2—空气管道；
3,6—空气提升器；4—空气；
5—旁通；7—溢流管

（4）水溶液解吸法。先用浓度为 3% 的盐酸溶液在 90℃下洗涤载金炭，然后再用水洗涤。随后用 3% ~5% 氰化钠和 1% 氢氧化钠组成的解吸液，在 90℃下对载金炭浸泡 0.5 ~ 1h，接着用纯水以每小时 2 ~3 倍床体积的流速解吸金。该法在常压、温度为 95 ~98℃的条件下淋洗 8 ~12h，可以获得满意的结果。但在压力 0.2MPa，温度 110℃时，以同样的流速在 6 ~8h 可解吸完全。

（5）整体压力解吸法。整体压力解吸法是一种从载金炭上回收金的高效解吸系统，其基本流程与高温高压解吸法相似，但由于电积作业也处于压力系统之内，不存在沸腾和喷溅问题，解吸贵液给入电积作业时无需冷却，因此，系统中没有热交换装置。

国内普遍采用常压解吸工艺高温高压解吸工艺。

4.5.1.7　炭再生

活性炭再生包括酸洗和加热再生两部分。酸洗只能除去活性炭上吸附的无机化合物，恢复其碘值和四氯化碳值，降低活性炭的灰分，对活性炭的吸附容量和吸附速度改善不完全。加热再生则可以除去活性炭上吸附的有机灰分，并使大部分无机灰分受热分解。

A　酸洗

在活性炭的吸附过程中由于碳酸钙等的沉积，炭的表面上常常发生堵塞，可采用稀盐酸或硝酸将其溶解，通常认为这是化学反应所致，所以酸洗活化再生又称为化学活化再生。

酸洗用 3% ~5% 的盐酸或硝酸溶液与脱金炭在耐腐蚀的酸洗容器中进行，在室温下作用 1h 左右，即可除去几乎所有的酸溶无机物。酸处理后，用清水洗涤，再用 1% 的氢氧化钠溶液中和洗涤，直到洗出的溶液呈中性为止。在酸处理过程中，会产生剧毒的氢氰酸，需要注意安全。

B 加热活化

加热活化主要除去吸附在炭上的有机物，而且还能扩张炭的孔隙，在炭的表面生成氧化物活性中心，使炭的活性得以充分恢复。

加热活化通常在再生回转窑进行，首先将含水量达 40% ~ 50% 的湿炭给入回转窑，在 100 ~ 1500℃ 下进行干燥，在此温度下，一部分物质受热分解，或因水蒸气的蒸馏作用而被除去。

干燥后的活性炭在回转窑中通过加热区，温度升至 600 ~ 7000℃，在加热过程中，沸点较低的组分挥发脱附，仍处于吸附状态的高沸点组分受热分解，分解物一部分脱附，固体残留物则炭化仍留在活性炭上，炭化了的有机物须用水蒸气、二氧化碳等气体使之汽化，并从微孔中除去。

加热活化的化学反应属于水煤气反应：

$$2C + O_2 + H_2O === CO\uparrow + CO_2\uparrow + H_2\uparrow \qquad (4-53)$$

$$C + H_2O === H_2\uparrow + CO\uparrow \qquad (4-54)$$

$$C + CO_2 === 2CO\uparrow \qquad (4-55)$$

4.5.2 树脂矿浆法

树脂矿浆法和炭浆法一样，同属于无过滤提金工艺，直接将离子交换树脂加入氰化矿浆中吸附提金。

树脂矿浆法使用的离子交换树脂是一类由交联结构的高分子骨架与能离解的基团两个基本组分所构成的不溶性、多孔的、固体高分子电解质。它能在液相中与带相同电荷的离子进行交换反应，并且可利用适当的电解质进行冲洗，使树脂恢复成初始状态，供再次利用。早在古希腊时期人们就会用特定的黏土纯化海水，1954 年纳霍德最早提出了用离子交换树脂提金的方法，1949 年，英国使用 IR-4B 弱碱性阴离子交换树脂从碱性氰化液中提金的试验获得成功，金、银的吸附回收率分别达到 95.4% 和 79%。1967 年，前苏联建成了世界上第一个离子交换树脂提金工艺试验装置，其原矿处理能力达 200t/d。

一般根据树脂矿浆法工艺特点不同可分为树脂矿浆法（RIP）和树脂浸出法（RIL）。

树脂矿浆法（RIP）一般是指在氰化浸出完成之后，再进行离子交换树脂吸附金的工艺过程。树脂浸出法（RIL）则是浸出与离子交换树脂吸附过程同时进行的工艺。两者都是从矿浆中吸附金，无本质的区别。只不过树脂矿浆法是浸出与吸附分别在各自的槽中进行；而树脂浸出法则是浸出与吸附在同一槽中进行，这种槽称之为浸出吸附槽或树脂浸出槽。实际上，在树脂浸出工艺中，往往第 1 个或第 2 个槽并不加离子交换树脂（称预氰化），因此，两者之间并无严格的界限，只是树脂浸出法的搅拌槽数少一些而已。树脂矿浆法提金工艺包括：氰化矿浆中金的吸附，载金树脂上金的解吸回收和树脂的再生。树脂矿浆法的经典流程如图 4-20 所示。

树脂矿浆法有炭浆法不可比拟的特点：（1）从吸附速度和吸附平衡容量来看，树脂优于活性炭，所以树脂的总投入量和设备规格比炭浆法要小；（2）载金树脂可在室温下解吸金，而活性炭必须在高温下解吸金；（3）树脂较易再生，活性炭需要在 700℃ 下再生，需要一套活化设备；（4）活性炭易吸附大规模碳酸盐而被污染，故必须酸化处理，而树脂无

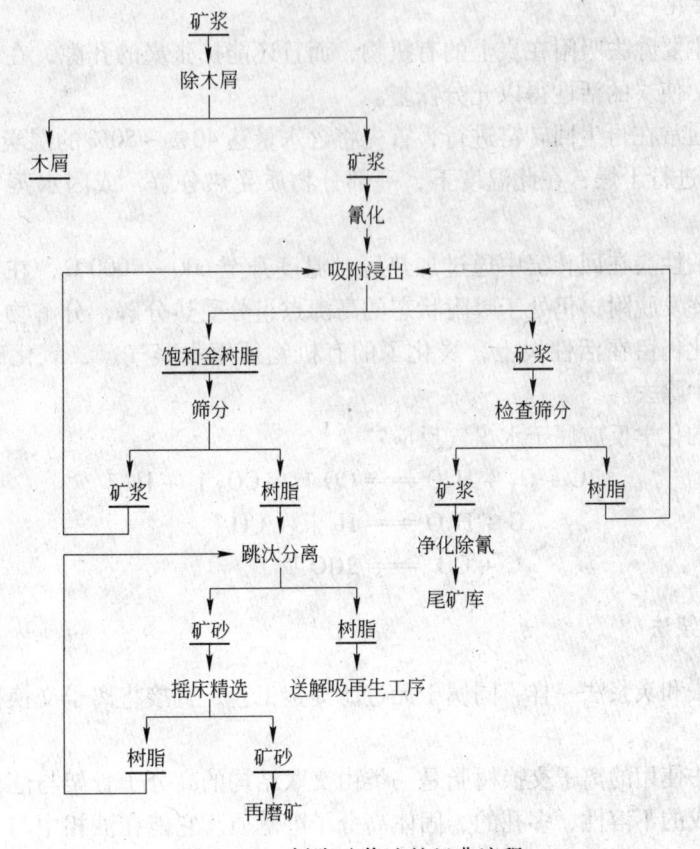

图 4-20　树脂矿浆法的经典流程

此缺点；（5）树脂不易被浮选药剂、机油、润滑油或溶剂等有机物污染，而活性炭则易被上述物质所污染，故能强烈抑制炭对金的吸附；（6）赤铁矿、页岩、黏土与碳质焙烧产物能抑制金在活性炭表面上的吸附，但上述物质对金在树脂上的吸附影响极小。因此树脂矿浆法对所处理的物料的适应性强于炭浆法；（7）球性表面光滑的树脂与多棱的活性炭相比不易卡在筛网上；（8）树脂的使用寿命比活性炭强，约为 6 倍多，树脂的磨损也比活性炭要小得多；（9）树脂矿浆法提金工艺的设备的占地面积小，电力消耗与操作人员少，可节省投资与生产费用；（10）树脂比炭对氰离子吸附容量高，因而树脂矿浆法比炭浆法的污水处理费用低，并能回收部分氰化物；（11）炭不如树脂的机械强度高：被磨损的碎炭屑易随尾矿流失，损失金；（12）当矿石中含有炭物质并具有活性时，用树脂矿浆法较为适宜。如浸出初期矿浆中的树脂就能排除碳质吸附金的可能性，因此炭的吸附活性较树脂低得多；（13）由于树脂的耐磨性高于碳数倍之多，因此树脂矿浆法不仅能处理氧化矿，也可处理浮选精金矿。

　　树脂矿浆法不及炭浆法之处：（1）活性炭对金、银吸附的选择性优于树脂；（2）载金活性炭与脱金矿浆易分离；（3）树脂的密度比活性炭小，需要充分搅拌，否则易积聚在矿浆槽的上部而不利于吸附，因而需要加强搅拌。

　　一般来说采用离子交换树脂从矿浆中吸附金，最关键的问题是：（1）合成对金选择性好、吸附容量高、机械强度大、化学稳定性好的树脂；（2）制定合理的载金树脂解吸工艺，既能确保金的解吸完全，又能通过净化除去其中吸附的大量贱金属杂质，恢复树脂的初始吸附容量，使树脂能多次返回循环使用；（3）要有处理能力大，适合于树脂从浓矿浆小吸附金（银）的设备。

4.5.2.1　离子交换树脂的性质和分类

离子交换树脂是一类由交联结构的高分子骨架与能离解的基团两个基本组分所构成的不溶性、多孔的、固体高分子电解质的总称。它是不溶性的固态三维聚合物，其中含有由柔韧的聚合物高分子相互交错线形物构成的在溶液中能离解的离子化基团。这种离子化基团是由树脂交联键－桥键的聚合物分子烃链形成的树脂基体网状结构骨架、与牢固结合在骨架上不动的刚性连接的固定离子和与固定离子电荷符号相反的反离子所构成，其离子交换树脂三维空间立体结构如图4－21所示；而树脂中的反离子就是能与溶液中的离子进行交换的离子，按照反离子的电荷符号，可将树脂分为阳离子交换树脂和阴离子交换树脂。如以 R 表示带固定离子聚合物的基体，A 表示树脂中可交换的反离子，则离子交换树脂可以表示为 R－A。当 A 带负点，为阴离子交换树脂，当带正点则为阳离子交换树脂。若以 B 表示溶液相中的交换离子，则两离子的交换反应可以表示为：

$$R-A \; + \; B \; \Longrightarrow \; R-B \; + \; A \tag{4-56}$$
（固相）　　（液相）　　（固相）　　（液相）

其交换过程为：（1）B 自溶液中扩散到树脂表面；（2）B 从树脂表面进入树脂内部的活性中心；（3）B 与 R－A 在活性中心上发生复分解反应；（4）解吸附离子 A 自树脂内部扩散至树脂表面；（5）A 离子从树脂表面扩散到溶液中。在这 5 个步骤中，（1）和（5）、（2）和（4）是相同的，只是离子不同，移动的方向相反。由于离子交换过程是多步骤过程，因此它的总速度（过程交换速度）是由进行得最近的那一步骤决定的。其交换过程示意图如图4－22所示。

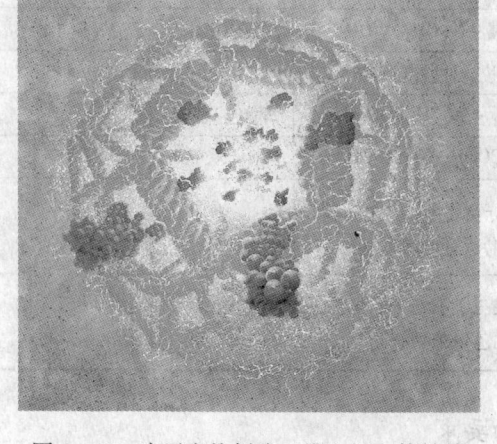

图4－21　离子交换树脂三维空间立体结构

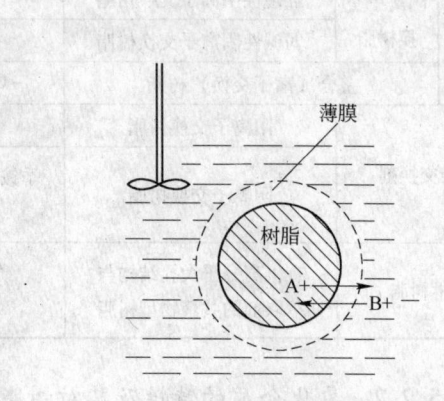

图4－22　离子交换树脂交换过程示意图

大量研究证明，交换的化学反应步骤（3）一般是很快的，故它不决定离子交换过程的总速度，而在离子交换动力学中起决定作用的是扩散过程。研究数据表明，离子交换速度与树脂粒度有关。当减小粒度时，交换过程速度就会加快。可见，离子交换的速度是由树脂颗粒的离子扩散或树脂颗粒周围液体不动层（液膜）中的离了扩散速度所决定。前者通称胶层扩散，后者通称膜层扩散。其中，胶层扩散多半比膜层扩散进行得慢些。故从矿浆中回收金的离子交换过程中，交换速度主要取决于胶层扩散。但在载金树脂的金、银解吸过程中，离子交换速度大概受膜层扩散控制，因此过程是在没有搅拌的树脂固定床层中进行的。此外，膜层厚度大、膜层内外界面溶液的浓度差和离子的扩散速度都小。尽管为加快膜层的扩散可以提高溶液的温度，但是树脂的热稳定性差，故液温一般不宜超过 $50 \sim 60 ℃$。超过此温度范围就会损坏树脂的活性基团而降低树脂的吸附容量。

阴离子交换树脂和阳离子交换树脂的交换反应可用下式表示：

阴离子交换树脂： $\overline{R - OH} + Na^+ + Cl^- \Longrightarrow \overline{R - Cl} + Na^+ + OH^-$ (4 – 57)

阳离子交换树脂： $\overline{R - H} + Na^+ + Cl^- \Longrightarrow \overline{R - Na} + H^+ + Cl^-$ (4 – 58)

按其孔径大小、官能团性质以及适用范围等分类如表 4 – 6 所示。

表 4 – 6   离子交换树脂分类

分　类		功能基团	使用 pH 范围	交换容量（干）/mmol·g^{-1}
凝胶型树脂	阳离子交换树脂 强酸性阳离子交换树脂	$-SO_3H$	1 ~ 14	4 ~ 5
	阳离子交换树脂 弱酸性阳离子交换树脂	$-COOH$ 或 $-OH$	6 ~ 14	≥9
	阴离子交换树脂 强碱性阴离子交换树脂	季铵碱 $-N(CH_3)^+OH^-$	0 ~ 12	2.5 ~ 4
	阴离子交换树脂 弱碱性阴离子交换树脂	伯胺、仲胺或叔胺	0 ~ 9	5 ~ 9
	螯合（离子交换）树脂	$-CH_2 - N(CH_2COOH)_2$	弱酸 ~ 弱碱	
	氧化还原（离子交换）树脂	含氧化或还原基团	—	
大孔型树脂	阳离子交换树脂 强酸性阳离子交换树脂	$-SO_3H$	1 ~ 14	4 ~ 5
	阳离子交换树脂 弱酸性阳离子交换树脂	$-COOH$ 或 $-OH$	6 ~ 14	~ 9
	阴离子交换树脂 强碱性阴离子交换树脂	季铵碱 $-N(CH_3)^+OH^-$	0 ~ 12	3 ~ 4
	阴离子交换树脂 弱碱性阴离子交换树脂	伯胺、仲胺或叔胺	0 ~ 9	~ 5
	螯合（离子交换）树脂	$-CH_2 - N(CH_2COOH)_2$	弱酸 ~ 弱碱	
纤维交换剂	阳离子交换树脂	$-COOH$ 或 $-SO_3H$		
	阴离子交换树脂	季铵碱 $-N(CH_3)^+OH^-$ 或 伯胺、仲胺或叔胺		
萃淋树脂	有机高分子大孔结构与萃取剂的共聚物型树脂	磷酸三丁酯与苯乙烯 – 二乙烯苯聚合物		

4.5.2.2　氰化介质的特性及其对树脂的要求

氰化液中金、银均以氰化络合物形态存在，呈负电性，介质 pH 值较高（一般大于10）。这就决定了在氰化液中进行离子交换吸附时必须使用碱性阴离子交换树脂。碱性阴离子交换树脂加入含金的氰化物溶液或氰化矿浆时，溶液中金、银与氰根的配离子会与树脂发生反应：

$$\overline{R - OH} + Au(CN)_2^- \Longrightarrow \overline{R - Au(CN)_2} + OH^- \qquad (4 – 59)$$

$$\overline{R - OH} + Ag(CN)_2^- \Longrightarrow \overline{R - Ag(CN)_2} + OH^- \tag{4-60}$$

在实际的氰化液中同时还伴随有大量的贱金属配合阴离子，$Cu(CN)_2^-$、$Ni(CN)_4^{2-}$、$Zn(CN)_4^{2-}$、$Fe(CN)_6^{4-}$、$Fe(CN)_6^{3-}$、$Co(CN)_6^{3-}$ 等。浸出液中贱金属杂质含量的总和一般要比金高数十倍。此外，浸出液中还有游离的 CN^-。当矿石中有硫化物时，溶液中还可能有下列阴离子：$S_2O_3^{2-}$、$S_2O_4^{2-}$、$S_xO_6^{2-}$（$x = 2$，3，4）及 SCN^- 等。它们与树脂发生的副反应：

$$2\overline{R - OH} + Cu(CN)_3^{2-} \Longrightarrow \overline{R_2 - Cu(CN)_3} + 2OH^- \tag{4-61}$$

$$2\overline{R - OH} + Ni(CN)_4^{2-} \Longrightarrow \overline{R_2 - Ni(CN)_4} + 2OH^- \tag{4-62}$$

$$2\overline{R - OH} + Zn(CN)_4^{2-} \Longrightarrow \overline{R_2 - Zn(CN)_4} + 2OH^- \tag{4-63}$$

$$4\overline{R - OH} + Fe(CN)_6^{4-} \Longrightarrow \overline{R_4 - Fe(CN)_6} + 4OH^- \tag{4-64}$$

$$3\overline{R - OH} + Fe(CN)_6^{3-} \Longrightarrow \overline{R_3 - Fe(CN)_6} + 3OH^- \tag{4-65}$$

$$3\overline{R - OH} + Co(CN)_6^{3-} \Longrightarrow \overline{R_3 - Co(CN)_6} + 3OH^- \tag{4-66}$$

$$\overline{R - OH} + CN^- \Longrightarrow \overline{R - CN} + OH^- \tag{4-67}$$

$$2\overline{R - OH} + S_2O_3^{2-} \Longrightarrow \overline{R_2 - S_2O_3} + 2OH^- \tag{4-68}$$

$$2\overline{R - OH} + S_2O_4^{2-} \Longrightarrow \overline{R_2 - S_2O_4} + 2OH^- \tag{4-69}$$

$$x\overline{R - OH} + S_xO_6^{2-} \Longrightarrow \overline{R_x - S_xO_6} + xOH^- \quad (x = 2,3,4) \tag{4-70}$$

$$\overline{R - OH} + CNS^- \Longrightarrow \overline{R - CNS} + OH^- \tag{4-71}$$

在副反应进行过程中，树脂上部分活性基团为杂质的配合阴离子所占据，从而降低了树脂吸附金（银）的容量。通常，从矿浆中吸附到树脂上杂质比金（银）高几倍。同时，在离子交换树脂相中，还存在有高配位数的银氰配合物 $Ag(CN)_3^{2-}$，$Ag(CN)_4^{3-}$。这是因为离子交换树脂中吸附有大量的 CN^- 离子，它与 $Ag(CN)_2^-$ 进一步发生配位反应形成这些高配位数的离子。

因此对提金树脂的一个重要的要求是：在碱性矿浆中能选择性地吸附金和银，具有较高的吸附容量，化学稳定性好。但事实上很难找到只吸附金而不吸附贱金属杂质的所谓特效的碱性树脂。据报道碱性树脂对氰化液中各种离子的亲和力按下列顺序增加：

$$Au(CN)_2^- > Ag(CN)_2^- > Cu(CN)_2^- > Zn(CN)_4^{2-} > Cu(CN)_3^{2-} >$$
$$Ni(CN)_4^{2-} > Fe(CN)_6^{4-} > CN^-$$

另有研究认为，强碱性和弱碱性树脂的亲和力顺序为：

$$Cu(CN)_2^- > Au(CN)_2^- > Zn(CN)_3^- > Ag(CN)_2^- > Cu(CN)_3^{2-} > Zn(CN)_4^{2-} >$$
$$Ag(CN)_3^{2-} > Ni(CN)_4^{2-} > Cu(CN)_4^{3-} > Fe(CN)_6^{4-} > CN^-$$

因此，人们只能要求树脂吸附金容量与吸附贱金属容量之比明显高于溶液中金与贱金属杂质浓度之比。

为了改善由于树脂的选择性不佳而致使离子交换提金工艺的技术和经济效果不好这一状况，通常采用选择性洗提树脂和酸处理的办法，这样可以从树脂上分别回收金属和其他金属，并使树脂上吸附的游离氰化物获得再生和返回使用。另一个途径是研制吸附选择性好的新型树脂。此外，当用于矿浆吸附时，由于在树脂颗粒之间，树脂颗粒与吸附槽壁之间及树脂与矿粒之间存在着碰撞摩擦，易使树脂破裂；同时，剧烈的温度波动对树脂的机械强度也有不利影响，所以树脂还应该具有良好的机械强度。

目前各国都在研制与改进黄金专用树脂，就对金的选择性而言，弱碱性阴离子树脂交换比强碱性阴离子树脂交换效果要好，但其强度低，且吸附动力学和解吸指标差。强碱性阴离子交换树脂与混合碱性大孔结构阴离子交换树脂吸附动力学性能优越。所以人们普遍认为：混合碱性大孔结构阴离子交换树脂是较为理想吸附金的树脂。

4.5.2.3　影响树脂吸附金的因素

(1) 氰化浸出液中金的浓度对树脂吸附速度的影响：随着金浓度的增高，树脂的载金量提高。其实吸附速率快，吸附率高。图 4 - 23 示出在不同金的浓度下，吸附时间与吸附率的关系。

(2) 矿浆的酸碱度的影响：树脂吸附金的最大载金量与选择性受矿浆的 pH 值的影响。一般控制在 9.5 ~ 10.5，超过 11 则不利。美国的 PAZ - 4 树脂在 pH 值为 12 时亦可达到较好值（见图 4 - 24）。

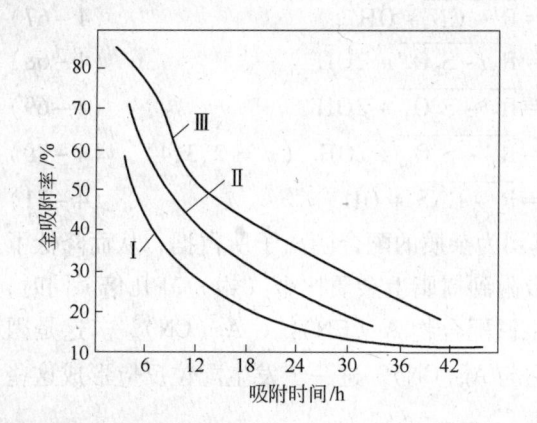

图 4 - 23　树脂吸附时间与金吸附率关系

Ⅰ—金浓度为 3.02mg/h；　Ⅱ—金浓度为 3.36mg/h；

Ⅲ—金浓度为 4.0mg/h

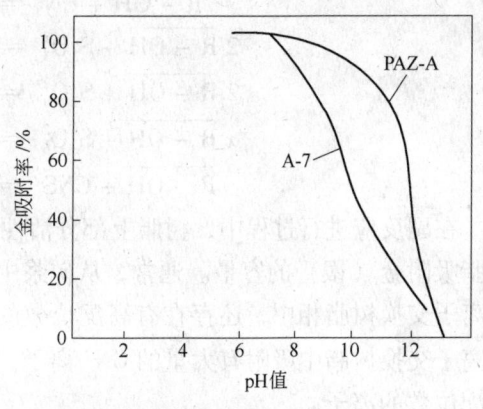

图 4 - 24　强碱性树脂 PAZ - 4 与 A - 7 吸附氰亚金酸根络离子的平衡曲线

（Au：0.1g/L，树脂重量：1g，

t：25℃，溶液体积：0.1L）

(3) 离子强度的影响：离子强度对吸附速度影响极小，但对吸附平衡容量，影响相当显著。

(4) 温度的影响：吸附速度随温度的提高而加快，但一般宜在常温下进行，因为树脂不耐高温。

(5) 搅拌速度的影响：吸附速度随搅拌强度的提高而加强。但搅拌强度过大会增加树脂的磨损；搅拌强度过小会使树脂在矿浆中分层而上浮（因树脂较轻，其密度约为 1.1，载金树脂仅为 1.2，矿浆密度一般为 1.36 ~ 1.4），因此搅拌强度要适度，使树脂在矿浆中均匀分布，以保证树脂与氰化矿浆有良好的接触。

(6) 竞争离子的影响：氰化原料中含有贱金属的种类以及它们的数量对树脂吸附金的选择性有较大影响。如矿浆中的铜，镍几乎与金氰络合物在树脂上具有同样的吸附率（见表 4 - 7）。该表同时说明，在低 pH 值下树脂的选择性几乎完全丧失。

表4-7 在 pH=6.7 时，树脂对各种金属的吸附率

元　素	料　液	贫	吸附率/%
Au	1.5×10^{-6}	$<0.002 \times 10^{-6}$	>99.87
Ag	0.2×10^{-6}	$<0.05 \times 10^{-6}$	>70.2
Ca	733.0×10^{-6}	723×10^{-6}	1.4
Co	0.75×10^{-6}	$<0.2 \times 10^{-6}$	>72.4
Cu	8.1×10^{-6}	$<0.2 \times 10^{-6}$	>97.6
Fe	0.6×10^{-6}	$<0.2 \times 10^{-6}$	>64.3
Ni	4.9×10^{-6}	$<0.2 \times 10^{-6}$	>95.9
Pb	0.7×10^{-6}	0.3×10^{-6}	57
Si	7.8×10^{-6}	7.7×10^{-6}	1.3
Zn	11.9×10^{-6}	6.0×10^{-6}	49.6

（7）氰化矿浆中残留的药剂对树脂吸附金的影响：树脂从浮选精矿的氰化矿浆中吸附金或氰化有混汞作业，矿浆中的浮选药剂以及汞等残留物对树脂吸附金有较大的不利影响。捕收剂黄药吸附在树脂的活性基团上，降低了树脂对金的吸附。吸附了黄药的树脂再生时会与苛性纳、硫酸作用析出元素硫并在树脂中生成难溶的硫化物沉淀使树脂逐渐中毒；浸出吸附过程的观察与操作因起泡剂的存在产生困难，供入的压缩空气会使起泡剂产生大量气泡，严重时在矿浆液面上形成 1.5~2m 高的泡沫层，以致肉眼与仪器都不能确定矿浆的真实液位，从而常使浸出吸附槽的有效容积的利用率降低 20%~30%。在作业前采取浓密机脱药或添加脱药剂的措施。

矿浆中的汞也是对吸附作业很不利的杂物之一。汞与矿浆中的氰化物作用生成的汞氰络合物会被树脂吸附。其吸附容量大致与金相当，因而降低金的吸附回收率。在树脂再生过程中，汞被硫脲解吸下来，并在电解时于阴极析出。形成汞蒸气与 HCN 气体造成对环境的污染。因此应设法除去矿浆中的汞。

4.5.2.4 载金饱和树脂再生

A 树脂再生的目的与作用

载金饱和树脂再生的目的是为了解吸、回收树脂上的金、银，并使树脂恢复到初始的吸附性质（初始的吸附容量）以便再用。

由吸附塔卸下的饱和树脂其活性基团几乎完全被金、银络阴离子、铜锌等金属络阴离子 CN^- 所占据。解析饱和树脂除解吸金、银外，还要最大限度地除净这些杂质，才能恢复树脂初始的吸附性质和有效的容量。表4-8 中列出再生前后某阴离子交换树脂中各组分的含量。

表4-8 某阴离子交换树脂再生前后吸附物质的含量　　　　　　（mg/g）

组分	Au	Ag	Zn	Co	Fe	Ni	Cu	CN^-	Cl^-	CH^-
饱和树脂	15.2	21.3	8.0	4.1	2.8	1.6	0.95	22	7.4	13.4
再生后树脂	0.3	0.5	0.6	0.1	0.9	0.6	0.8	0.5	2.5	46.0

上述数据表明：再生前后，树脂上存在的组分差异很大。饱和树脂所含的金占所含杂质金属与杂质（不包括 CN^-、Cl^-、OH^-）总量不及 50%。这些金属杂质量直接影响树脂再生工艺流程的选择。再生后树脂上残留的金、银及杂质量为饱和树脂总吸附量的 5%～6%。在再生过程中，树脂上 94%～95% 的金与杂质除掉了，基本上恢复了树脂的吸附性能。

B 树脂再生的基本原理

饱和树脂再生的基本方法是吸附（或洗脱）。它是将所吸附的离子回收到溶液（解吸液）中的过程。习惯将含洗脱离子的解吸液叫洗出液（或再生液）。

再生的基本原理是：解吸液中的离子 B 将树脂上吸附的离子 A 按下列离子交换反应解吸出来：

$$\overline{R - A} + B \Longrightarrow \overline{R - B} + A \tag{4-72}$$

例如用硫氰酸盐或锌氰络合阴离子从树脂上解吸金氰络阴离子的交换反应为：

$$\overline{R - Au(CN)_2^-} + SCN^- \Longrightarrow \overline{R - SCN^-} + Au(CN)_2^- \tag{4-73}$$

$$2\,\overline{R - Au(CN)_2^-} + Zn(CN)_4^{2-} \Longrightarrow \overline{R_2 - Zn(CN)_4^{2-}} + 2Au(CN)_2^- \tag{4-74}$$

解吸过程是：当数倍于树脂体积的解吸液解吸树脂时，最初的几份洗出液中并不含有离子 A，这是因为树脂并未被解吸液中的树脂 B 所饱和，因此置换 A 过程尚未发生。当几份解吸液洗脱后，解吸液中的 B 离子开始强烈的解吸树脂上的离子 A，这时排出的洗出液中离子 A 的浓度逐步提高，直至洗出液中 A 离子浓度达到最大值。此后，继续向解吸柱通入解吸液，则因树脂上的 A 离子已逐渐减少，进入解吸液中的 A 离子也因之减少，从解吸柱排出的洗出液中的 A 离子浓度逐渐降低，

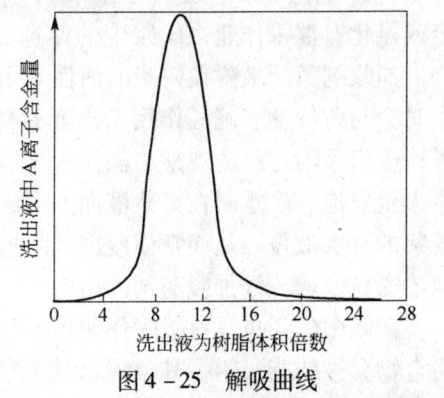

图 4-25 解吸曲线

树脂上 B 离子的含量逐渐增高最后树脂被 B 离子所饱和。生产实践中，须通过实验来确定洗出液中 A 离子浓度达到最高时所需解吸液的体积数和完全解吸所需的总体积数。图4-25中所示的解吸曲线是根据测定解吸柱排出液中所解吸 A 离子含量所绘制的，它的形状类似于正态分布的高斯曲线。由该曲线可知，欲从树脂上完全解吸 A 离子，如 $Au(CN)^{2-}$，解吸液的体积应为树脂体积的 20 倍以上。曾对阴离子交换树脂 AM-2B 的解吸特征进行研究，欲从树脂上完全解吸金，解吸液的体积应为树脂体积的 20 倍以上。使用 9 份树脂体积的解吸液，树脂上金的解吸率就可达 97%。因此，在生产中为了使大部分金回收到尽可能少的洗出液中以获得浓度高的贵液，通常将总洗出液划分为两部分：将前 9 份洗出液（贵液）送去回收金，第 10 份以后含金较贫的洗出液返回解吸作业解吸液用。这样既减少了生产与投资费用，又有利于技术操作。

从解吸曲线的形状即可判定解吸效率的高低：解吸曲线峰值越高，解吸区（包括离子浓度最大值）越窄，则所用解吸液的解吸效果越好。在生产实践中，提高解吸过程的温度对缩窄解吸区的宽度、加速解吸过程具有重要意义。但温度过高会破坏树脂的热稳定性。以 AM-2B 阴离子交换树脂为例，其适宜的解吸温度为 50～60℃。

载金树脂解吸中所得的含重金属杂质的洗出液一般不再作处理。因为回收它们在经济

上不划算。杂质的解吸区宽度和杂质的解吸率对树脂的再生有一定的影响，在选择解吸液时，应予考虑。

C　树脂再生工艺流程

a　再生工艺方法的选择

从载金树脂上解吸金的方法有以下几种：

(1) 酸性 – 硫脲从强碱性树脂解吸金；

(2) 锌氰配合物从强碱性树脂解吸金；

(3) 苛性钠溶液从弱碱性树脂解吸金；

(4) 硫氰配合物从强碱性树脂解吸金；

(5) 氰化物溶液从弱碱性树脂解吸金法；

(6) 用丙酮与盐酸法解吸金；

(7) 用乙酸乙酯和硝酸（水稀释）法解吸金；

(8) 用次氯酸钠从强碱性树脂解吸金；

(9) 电解法解吸金。

上述几种从载金树脂上解吸金的方法各有优点，需要根据具体情况选择比较合适的方法。一般而言，(1)、(2)、(3) 三种方法在技术上可行、在经济上合理。不过用 (1)、(2) 两种方法在生产中会产生有害气体，应予以去除或防范。(4) 法成本虽较低，可是硫氰酸盐法解吸速率与总解吸速率较高，但尚无有效的回收硫氰酸盐的方法。用第 (6)、(7) 两种方法，会产生可燃性气体，要防范火灾发生。(9) 法被认为是从树脂上回收金的新方法，该法使树脂上金的解吸过程与溶液中电解沉积金的过程同时进行，能使树脂处理的总循环时间缩短三分之一左右，并可降低洗提剂用量 50% 以上，但当杂质含量较高时，在电解过程中这些杂质也将在阴极上沉积，使阴极上沉积的金不纯，而需进一步精炼。

b　吸附与解吸方案设计

吸附与解吸两个工艺过程相继而又互相联系，究竟采取何种解吸方式（即选择性解吸与非选择性解吸）一般应根据树脂载荷的贱金属的多少而定。国外对此有不同的看法。南非与美国的看法是趋向于树脂选择性的吸附，载金树脂非选择性解吸，吸附段数相对减少。为此，就要研制出性能良好的强碱性与弱碱性树脂及相应解吸药剂与解吸方法及吸附设备等。独联体（前苏联）的看法是采用非选择性吸附和选择性吸附从载金树脂上选择性分多步解吸方法。吸附段数为 11 ~ 12 段。由于独联体是最早将树脂矿浆法用于生产中提取金的地区，因此目前在树脂矿浆法的理论与实践中处于世界领先地位，并已证实：含 16% 强碱性基团的弱碱性树脂对金氰络合物有良好的选择性吸附性能。如含 36% 强碱性基团就无选择性了。

近年来，我国一些研究与生产单位对树脂矿浆法作了许多研究，认为：应根据所处理的含金物料的性质来确定选择性吸附与非选择性吸附。解吸亦应依据载金树脂上杂质金属的多少而定。一般应采取选择性吸附与非选择性解吸为宜。解吸段数要根据实验提供的参数作为设计依据：宜少不宜多。吸附段数多了，必然使树脂一次添加量增多。这样既增加树脂磨损，又使金属在吸附槽内积压过多，积压了资金。

c　树脂（解吸）再生流程举例

图 4 –26 所示为国内提金厂采用某阴离子交换树脂的再生工艺流程。现按各个作业分

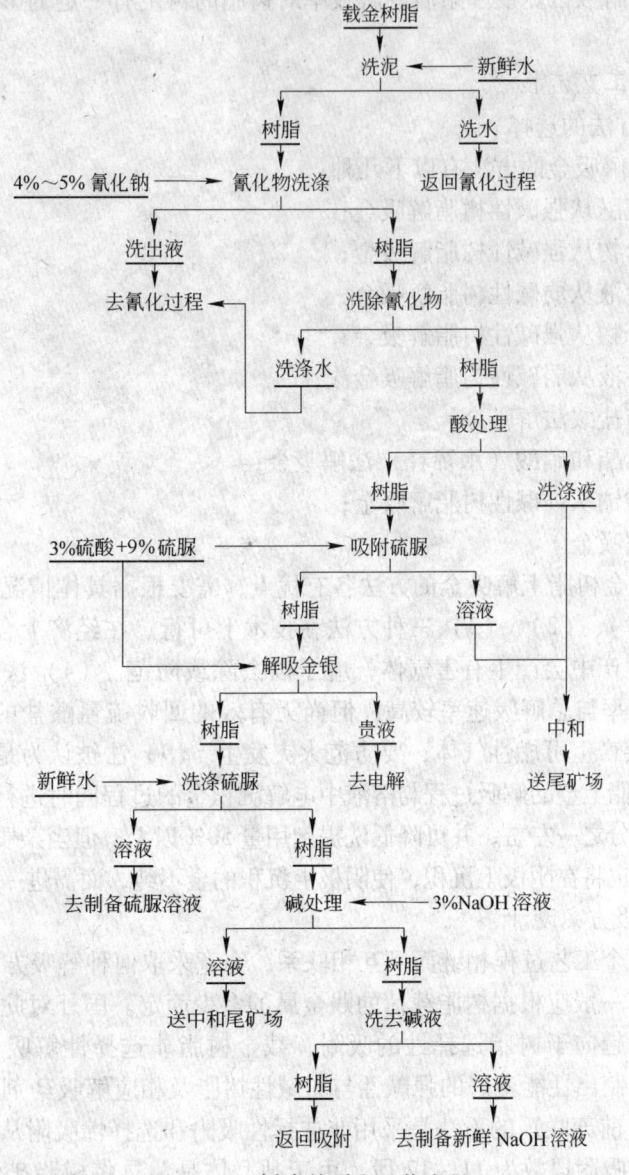

图 4-26　树脂的再生工艺流程

述如下:

(1) 洗泥。树脂中含有矿泥与木屑会吸附溶剂、污染其他工序的工艺溶液。因此, 解吸柱中的载金树脂需要新鲜水由上而下地进行 3~4h 的洗涤, 每一个体积的树脂需要 2~3 体积新鲜水。在处理浮选精矿的矿浆时, 最好用热水洗涤树脂, 以便充分洗去吸附于树脂上的浮选药剂。洗涤后的洗水返回氰化过程。洗涤的完全程度以肉眼观察水中的悬浮物含量来控制。

(2) 氰化处理。脱出矿泥中的树脂, 用 4%~5% 的 NaCN 解吸液处理 30~36h 时, 从树脂上仅能除去不到 80% 的铜与 59%~60% 的铁, 且同时约有 15% 的金和 50%~60% 的银液被洗出。氰化处理亦不利于工人的卫生防护。因此, 只有在铁与铜树脂上积累到严重影响树脂对金的吸附时，才进行氰化处理。

（3）洗涤氰化物。氰化处理后，树脂颗粒间隙中残存的氰化液约占解吸总容积的50%，才用5倍于树脂体积的清水洗涤15~18h，以清除残存的氨化液和树脂表面吸附的CN^-氰离子。洗涤水返回用于配制氰化液。

（4）酸处理。树脂经洗涤除去氰化物后，使用3%的H_2SO_4溶液，溶解除去树脂中的锌与部分钴，并使氰化物和CN^-呈HCN形式挥发除去。酸处理时间为30~36h，一体积的树脂耗用6体积的酸液。排除之洗液，在贮槽用碱液中和后，泵入尾矿库。

（5）解吸金。采用硫脲作为金的解吸剂。硫脲在解吸金时，生成$[AuCS(NH_2)_2]^+$配合离子由树脂进入溶液。

采用硫脲溶液解吸AN-2b载金树脂时发现。开始的1.5~2.5体积的洗出液中几乎不含有金与硫脲（此时，解吸液硫脲被树脂吸附）。为了防止对后排出的贵液起稀释作用，一般将金的解吸作业分为两步：

第一步，树脂对硫脲的吸附，采用1~1.5倍树脂体积的95%硫脲和3%硫酸溶液处理树脂30~36h。排出的贫金液作为解吸液返回以确保后继的高浓度金的洗出液。

第二步：从树脂上解吸金。其操作时间长达75~90h。这是由于金的解吸速度较小，树脂对金氰配合离子的亲和力最大。同时，又要尽量使金富集到最小体积的洗出液中去。解吸液的成分：硫脲8%~9%，硫酸2.5%~3.0%。解吸时，由于硫酸根阴离子的进入破坏了树脂相中的氰金配合物，然后生成带正电的硫脲配合金离子$[AuCS(NH_2)_2]^+$并从树脂相转入溶液相，同时还析出HCN，其反应为：

$$2R-Au(CN)_2^- + 3H_2SO_4 + 2CS(NH_2)_3 \Longrightarrow$$
$$R_2-SO_4^{2-} + 2[AuCS(NH_2)_2]HSO_4 + 4HCN \qquad (4-75)$$

从式中可见，在此过程中SO_4^{2-}进行交换起重要作用，它使硫脲的消耗量局限于机械损失和副反应上。解吸金后，树脂转化为硫酸根离子型。

金的解吸一般是在几个串联的圆柱中逆流进行的。这样可保证产生含金高的洗出液和获得较高的金解吸率。

（6）洗涤硫脲。树脂解吸金后，其表面和树脂颗粒间隙中都残留着硫脲，这些硫脲需返回解吸过程。为此，一体积的树脂用三体积的水洗涤，务必将硫脲洗净，否则随树脂进入吸附过程，会在树脂相中生成难溶的硫化物沉淀，降低树脂的交换容量。

（7）碱处理。经解吸并洗去硫脲的树脂，需进行碱处理以除去树脂相中的硅酸盐的不溶物，并使树脂由SO_4^{2-}型转换成OH^-型。处理过程中约消耗4~5个树脂体积的3%~4%浓度的NaOH溶液。处理后的残液用来中和酸处理排出之酸液，然后弃去。

（8）清洗除碱。用清水洗去树脂颗粒间残存的碱液和树脂中过剩的碱。排出的洗水，用于再次配制碱液。

d　树脂再生作业制度与过程的调节

（1）再生作业制度。可分为：间断的、半连续的与连续的三种作业制度。

树脂间断再生是在一个或几个再生柱中进行，即再生柱中装入饱和树脂后，在同一再生柱内每道再生工序依次进行。树脂间断再生法不需要许多再生柱和相应的场地，但不足之处是：再生树脂的质量不高，因此只在小规模的再生作业中使用。

半连续再生作业制度是饱和树脂再生时使用多个再生柱，在一个柱子内只完成一个再生工序（如酸洗或解吸等作业）。这种作业方法金属回收率高，洗出液中含量高。该法在独联体各国广泛使用。

连续再生法是饱和树脂在一系列的再生柱中进行，树脂与解吸液逆向运作并进行连续解吸。这种作业方法解吸率高，易实现自动化作业。由于在固定树脂床的再生柱内不能造成解吸液与树脂的逆向运行，所以需要使用特殊结构的再生柱。该法尚在实验研究阶段，故在此不再赘述。

（2）树脂再生过程的控制与调节。饱和树脂再生时应注意以下几点：

1）间断再生作业要求严格调节和控制按规定速度向再生柱内供入解吸液。

2）在半连续再生作业中，树脂严格地以一定的体积沿各个柱转送，以达到所规定的解吸液和树脂的体积比。进行金的解吸时，如规定每班转运树脂300L，在同一时间内需要向再生柱供入1500~1600L的解吸液，并产出相同体积的洗出液。采用流量计或高位槽来控制液体流量。

3）半连续生产作业时，树脂在柱间的转送采用空气提升器。为防止降低转送速率，在转送树脂时把溶液供入量减至最小。

4）饱和树脂再生前虽经洗泥作业，但难免残存的矿砂积累在再生柱的下部，从而导致溶液通过速度逐步降低至最小，降低再生处理能力。因此，在正常情况下，每月清理一次再生柱，将积累的树脂与污染物清出，并将整个柱体清洗干净。清洗所得含贵金属产物返回吸附过程处理。

5）树脂在吸附与再生过程中总是存在着各种具有一定毒性的化学药剂（氰化物、硫脲、浓酸、浓碱等），因此在操作中应做到如下几点：各种使用剧毒药剂的设备与管路，要涂上鲜明颜色（如氰化物管路涂上红色）；易溢出有害物质的设备需要密封并设有排风系统与车间的排风系统。通风系统要保证连续工作；应加强环境与操作人员的安全防护。

6）再生工段的溶液与树脂都含有金、银等贵金属，严禁设备与容器的泄漏。为防止溶液溢出造成的金银损失，工段内应有生产排水沟。将溶液集中于专门的池中，然后再泵回吸附工段。

4.5.2.5　硫脲贵液中金与银的回收

A　回收方法概述

使用硫脲-硫酸溶液解吸载金树脂获得含金、银的贵液。从贵液中获得金、银成品有下述几种方法：置换沉淀法、化学沉淀法与电沉积法。

置换沉淀法是用贱金属锌、铅和铝置换贵金属液中的金与银。该法的严重缺点是：金属沉淀剂的消耗量大、易在硫脲溶液中积累，导致在返回使用的硫脲脱金液时，解吸速度降低。为防止此弊端要及时更换新鲜解吸液，从而导致硫脲耗量增加。

化学沉淀法是用碱液沉淀回收金、银。此过程在加温（50~60℃）下进行，此时硫脲配合物中的金转化为氢氧化物而析出沉淀。将此沉淀物过滤，然后进行灼烧。灼烧后的沉淀物含35%~50%的贵金属，再加工沉淀物提高贵金的含量。该法虽简单但具有成本高（碱性介质中增大硫脲分解）、效率低（生成的硫酸钠积累于返回的解吸液中，影响解吸率）的缺点。

目前，电沉积法已成为树脂矿浆法提金厂中获得成品金的基本方法。电（沉）积法是在串联的电解槽中进行。为提高金属沉积量，由多孔的石墨作阴极，钛网作阳极。槽体由钛材料制成。国外生产实践表明：1kg 石墨能沉积 50kg 的金。

该法与上述两法相比，具有不需冗长的金泥富集工序和为精炼作准备的一些作业。产品中金、银含量高（Au + Ag = 90% ~ 95%），硫脲等药剂消耗少。由于消除对硫脲溶液的污染因而能长时间循环使用，以及能改善树脂的再生指标等优点。故电击沉淀法已取代其他方法，成为现今一切吸附工厂从贵液中提取金、银的基本方法。

B　电沉积法基本原理

来自再生工段的贵液，其中金与银是以硫脲的配合阳离子 $[AuSC(NH_2)_2]_2^{2+}$ 和 $[AgSC(NH_2)_2]_2^{2+}$ 形式存在。在电沉积过程中，金的配合离子被还原，在阴极表面上析出金。图 4-27 示出从酸性硫脲溶液中电沉积金时，阴极电位与通过电解溶液电流强度之间的关系曲线。从硫脲溶液中析出金的有利区域为电压在 -0.3 ~ 0.4V（图中的阴影部分）。当阴极电位负至 -0.5V 时，氢气与某些杂质金属会与金一道析出，从而对金析出不利。硫酸在溶液中以 SO_4^{2-} 状态存在。在电沉积过程中发生氧化并分解：

$$SO_4^{2-} \Longleftrightarrow 2e + SO_4 \qquad (4-76)$$

$$SO_4 \Longleftrightarrow SO_3 + \frac{1}{2}O_2 \qquad (4-77)$$

生成的氧或其他原子化合或从溶液中以气态逸出。SO_3 又与 H_2O 作用生成 H_2SO_4。

在电积过程中游离的硫脲会在阳极上强烈氧化并分解出元素硫使电解质变混浊，污染阴极沉积物并消耗大量的硫脲。为消除这一有害反应，贵液的电沉积是在装有离子交换膜的隔膜电解槽阴极区进行。隔膜电解槽阳极区的阳极液使用 2% 硫酸液。离子交换膜具有良好的导电性与低流体渗透性、足够的机械强度。它不妨碍 SO_4^{2-} 通过进入阳极区，但硫脲分子不能穿透隔膜进入阳极区。

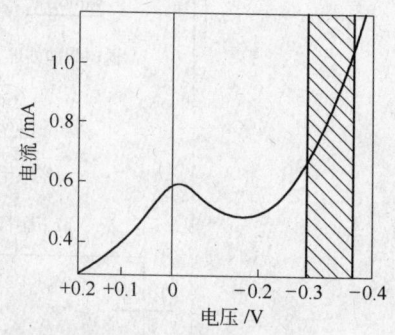

图 4-27　电沉积过程中电流电位曲线

应该指出：从贵液中采用电沉积法工艺回收金、银与电解精炼时的可溶阳极电解法是不同的：其中包括极板材料、设备、工艺条件与操作方法均各具特点。

C　电沉积法的选择

贵液的电积方法有间歇循环作业法和连续流水作业法。

间歇循环法是将一批贵液泵入高位槽，自流进入电解槽的各阴极室中。由各阴极室排出的溶液在经离心泵或空气提升器抽送至高位槽。溶液在闭路循环中电积至规定的金、银浓度后，废液返回配制硫脲解吸液，然后进行第二批贵液的电积。故此过程属分批间歇性作业。

连续流水法是将贵液抽送高位槽，并自流从电解槽中的一个阴极室进入另一个阴极室。由最后阴极室排出的废液制成硫脲解吸液返回再用。间歇循环法与连续流水法所依据的原理基本相同，但因连续流水法能与树脂解吸过程获得贵液连续排出相适应，故而得到广泛应用。

D　电沉积法提金工艺流程

电沉积法提取金的工艺流程如图 4-28 所示。贮槽中的贵液抽送至压滤机进行过滤，以除去悬浮的矿泥颗粒、木屑和破碎树脂等，以免石墨阴极被堵塞而降低电沉积效率和阴极沉积物的质量。过滤后的贵液溢流进入高位槽并从这里自流入电解槽阴极室进行电沉积过程。随着电积提金过程的进行，贵液中的金、银不断地沉积于石墨阴极间隙中（石墨阴极由片状极板组或多孔极板组组成）。当电极间隙逐渐被金所充满时，经过阴极极板组的贵液流速也逐渐降低。当阴极液流速极速降低至一定数值时，说明金在石墨上的沉积已达到最大值。此时应停止电积，从槽中取出石墨阴极组，卸下含有金、银的沉淀物进行水洗或干燥。洗液与电解槽排出之脱金液一起，经调整成分（主要是硫脲成分与硫酸）返回再生作业隔膜电解槽阴极区的阴极液，由另一高位槽自流供入。由阴极石墨区排出的酸液用作饱和树脂再生前的酸处理。石墨基体的沉积物置于钛盘上，在电阻炉内，经 500 ~ 600℃ 温度下的灼烧。烧掉石墨材料后，金属块经称重、取样送熔炼或交库。

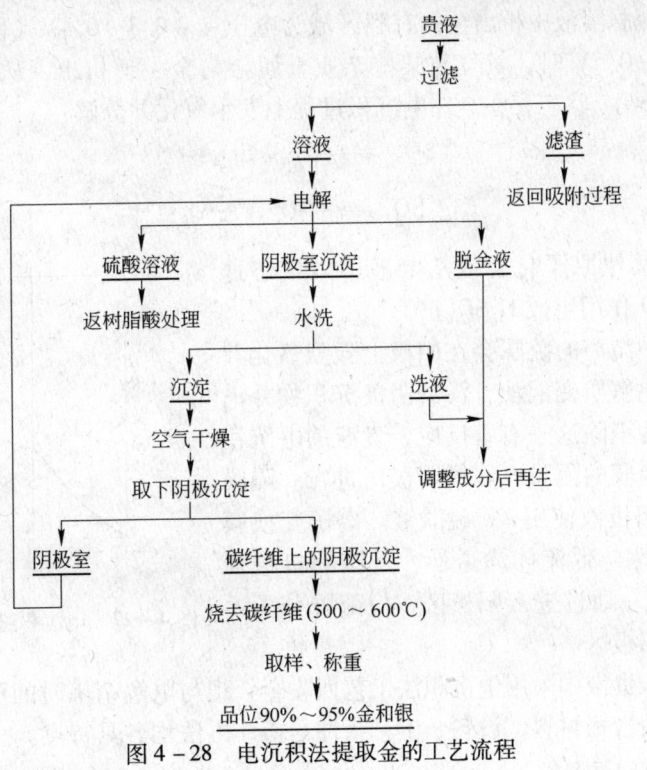

图 4 – 28　电沉积法提取金的工艺流程

E　电积过程的工艺参数

贵液电积提金的主要工艺参数有电流密度、溶液温度、流速和槽电压等。在正常情况下，电流密度决定阴极上金属沉积速度和沉积量。通常使用的电流密度为 20 ~ 50A/m²。实践证明，电流密度由 20A/m² 增加至 60A/m² 时，贵金属在阴极上的沉积速度与电流密度的增加成正比关系。当电流密度超过 60A/m² 后，电流效率则出现下降现象，并会大大增加电能和阴、阳极材料的消耗。电积过程中，随着电解液温度的提高，金在阴极上的沉积速度加快。当液温由 25℃ 上升至 50℃ 时，金的沉积速度约增加 1.9 倍。由于加大溶液流速能提高电积过程的速度，间歇循环法比连续流水法易于提高溶液的线速度。生产实践证明，适当提高电流密度、溶液温度和流速，可使金、银沉积速度提高 3 ~ 5 倍。在通常情况下，金的阴极析出的电位为 +0.2V。

F 电积过程的操作与安全

为了保证电积正常进行，阴极液应经过仔细过滤，并使阴、阳积液均匀循环。当停止供入阴极液或阳极液、或者溶液循环受阻时，应立即停止电积。

供入电解槽的电压不得超过 12V。电解槽下应设绝缘层使槽体与地面绝缘。与槽体连接的管路也应加绝缘垫。电解槽的装卸以及阳极室阴极组的装配与拆卸都应在断电的情况下进行。

硫脲与硫酸都是腐蚀性液体、操作时要切实注意安全。电积过程中由于发生副反应，会在阳极析出氧，并在阴极析出氢。这两种气体容易引起火灾，且会使溶液雾化。

尽管在正常电极条件下析出的气态产物不多，但它是硫酸蒸气和硫脲分解产物（NH_3、H_2S 等）的毒性混合物，故电解槽上必须安装排风机，并在连续排风的条件下进行生产操作。

4.5.3 堆浸法

堆浸法最早于 1752 年用于氧化铜矿石的浸出。20 世纪 50 年代末起用于处理低品位和边界品位的铀矿石。用堆浸法处理低品位金矿石的工艺，是美国矿务局 1967 年发展起来的。由于该法工艺简单、设备少、见效快、生产投资和成本低，首先用于美国科特兹金矿后，取得了很好的效果而被人们广泛重视。它的出现，给早期被认为无经济价值的许多小型或低品位金、银矿带来了生机，也使从早期采矿废弃的含金废石中提金成为可能。70 年代后期金价的猛长，更加速了此法的发展。至 1982 年止，在美国内华达州、科罗拉多州和蒙大拿州等地较大的堆浸厂已发展到 27 个，金、银产量分别占美国 1982 年矿产金、银总量的 20% 和 10%。此后，堆浸法还在加拿大、南非、澳大利亚、印度、津巴布韦和前苏联及我国等国家广泛应用。

堆浸法作为现代提取金、银的最新技术之一，除了它的方法简便外，基建和设备投资约为氰化厂的 20%～50%。生产成本约为氰化厂的 40%。因而，人们普遍把它看成从低品位矿石中提金的最理想方法。尽管如此，但由于各地矿石的矿物特性、结构、组分不同，影响堆浸作业的因素很多。尤其是矿石的裂隙发育程度和渗透性能、金粒大小和赋存状态、有害杂质和黏土细泥含量等一些关键因素不同，而必须事先搞清不同矿石应采用的适宜破碎粒度、氰化物用量、浸出时间、金的浸出率指标等情况。若不经过严格的可行性试验和经济核算就盲目投产，很可能导致堆浸失败。如首先采用堆浸法的美国，在开展堆浸初期，约有四分之一的堆浸场因作业条件不当或无经济效益而失败。在其他国家，失败的例子也时有发生。

现今，世界许多矿山用堆浸法处理低品位贫矿和含金废矿石的规模已发展到每年5000t 到 200 万吨（日处理规模 500t 到 20000t），含金品位最低为 0.5～0.6g/t，边界品位0.38g/t。所用矿石通常破碎至 −10mm，且大多进行制粒。堆浸法金的回收率在许多矿山虽只有 50%～65%，最高 70% 左右，用于氰化贫矿和废矿堆获利仍多。在我国由于现今的机械化程度低，规模多较小。使用矿石的含金品位多为 1g/t 或以上。

适宜于堆浸的矿石，应是渗透性好、包裹金含量少、金粒呈细粒、碳和有害杂质含量低、成酸组分含量少的矿石。当处理含矿泥或黏土多的氧化矿或细碎矿石必先制粒。即用硅酸盐水泥 5～10kg/t 矿加水（或含氰贫液或废液）制成含水约 10% 的球粒。经固化 8～

24h 再筑堆浸出，它可以堆矿均匀，渗透性好，浸出率也高。加入氰化物或含氰贫液、废液制粒，还可缩短堆浸时间，提高金的浸出率。块矿堆浸时，可按每吨矿石加 1.36 ~ 2.2kg 石灰（或 NaOH）混合筑堆，它能使矿堆初始浸出的排出液 pH 值不致明显降低。有些人认为使用 NaOH 比石灰更合适，它不会在堆顶和喷淋设备及管路中结垢。但 G. Potter 透露，美国矿业局盐湖城冶金研究中心的一项还未发表的研究报告表明，当使用 NaOH 代替石灰和将 pH 提高到 10.2 以上时，活性炭吸附金、银的作用将受到抑制。

堆浸法氰化钠的消耗量通常为 0.25 ~ 0.5kg/t（最高有达 1 ~ 1.5kg/t 的），加石灰使 pH 达 9.5 ~ 10.5。pH 值过高，石灰易使喷嘴和管道结垢。浸出液的喷出速度常为 0.08 ~ 0.2/(m² · min)，且要求液滴粗，喷洒均匀，无死角。浸出液经提金后的贫液，在添加 NaCN 和石灰调整至要求浓度后返回用于堆浸。使用石灰最好先加水乳化，再取澄清液使用，可防止或减轻喷头和管路结垢。

A 矿山就地浸出

能进行就地浸出的矿山，其矿石必须已在原地裂碎，浸出液供入地下后能均匀地顺裂隙渗流至矿石中，并在浸出后能集中回收浸出液。就地浸出系统示意图如图 4 - 29 所示。对于露出地表的矿体，可以采用在地面喷洒浸液，浸液渗过矿体进行浸出后汇集于回收井中回收的方法。当矿体位于地下时，则采用向注入井中灌注浸出液，再从邻近回收井中回收的方法。

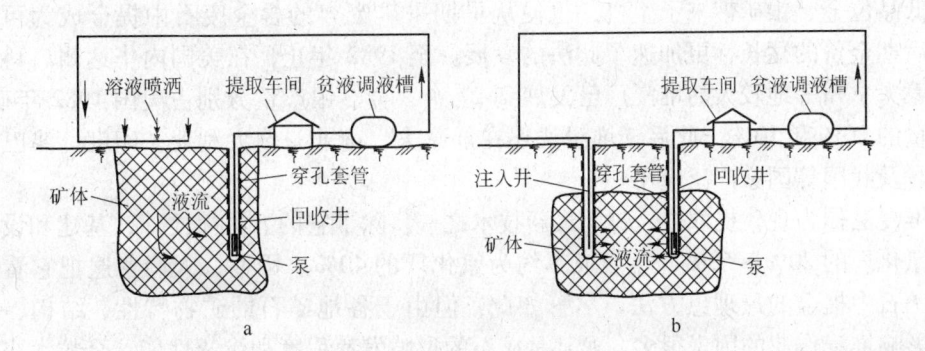

图 4 - 29 就地浸出系统示意图

a—地表矿体；b—地下矿体

B 矿石和含金废矿石的堆浸

堆浸法是将开采的矿石或从老矿山早期废弃的贫矿堆或废石堆采集来的含金废矿石，运至不透水的垫层上筑成堆，然后向矿堆上喷淋浸出液浸出（见图 4 - 30）。来自开采矿山的矿石，筑堆前通常（但不总是）要先进行破碎。

a 矿石的预处理

用于堆浸的矿石通常先破碎到小于 14.3mm 含量占 80%。一般说来，矿石的粒度越细，金、银的浸出效率越高，但这会增加碎矿的费用。此外，矿石过分细碎，将必然产生小于 0.15mm（100 目）的粉矿，这样细的粉矿对堆浸作业不利。因为当小于 0.15mm（100 目）粉矿较多时，会使矿堆严重偏析，导致矿堆的渗透性变差和孔隙度降低，这样，浸液就不能均匀地渗透到矿堆中，从而影响浸出作业的正常进行。

为了克服粉矿、特别是黏土矿石粉矿的不良影响，美国矿务局 1978 年研制成功粉矿

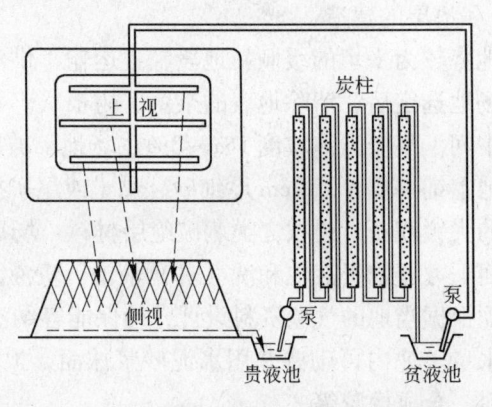

图4-30 矿堆上喷淋浸出液浸出示意图

制粒堆浸工艺。此工艺现已为美国好几家公司所采用。美国矿务局曾进行过加水和加浓氰化物溶液制粒的对比试验。试验结果表明，加氰化物溶液优于加水。当按矿石中金的溶解反应所需量加入氰化物（控制成的矿粒含水12%配成浓氰化物溶液加入）制得的矿粒，浸出时间可由加水制粒的26天缩短到5天。

因为矿粒氰化过程中氰化物已与金发生反应，反应生成的金氰化物是很容易浸出的。试验表明，加干水泥或水泥浆作黏结剂比加石灰好。按每吨矿加水泥2.2~4.5kg（不另加保护碱），矿粒于8h内即固化。这种固化矿粒较坚固，孔隙度大，渗透性好；喷淋浸液后，矿粒不移动，不产生流沟。而加石灰固化时间需24h。

粉矿制粒的方法在现代大规模堆浸场都采用皮带运输机制粒法和滚筒制粒法。美国坎德拉里亚厂使用多条皮带运输机制粒法（见图4-31），是通过皮带运输机卸料端的混合棒将喷淋的浓氰化物溶液与粉矿、水泥混合制粒。美国阿里盖特里奇厂所采用的滚筒制粒法（见图4-32）是用皮带运输机将矿粉与水泥均匀送入旋转滚筒中，通过喷淋浓氰化液使其黏结成粒。该矿使用小于0.043mm（325目）含量占50%的矿粉，水泥的用量为每吨矿粉9kg。

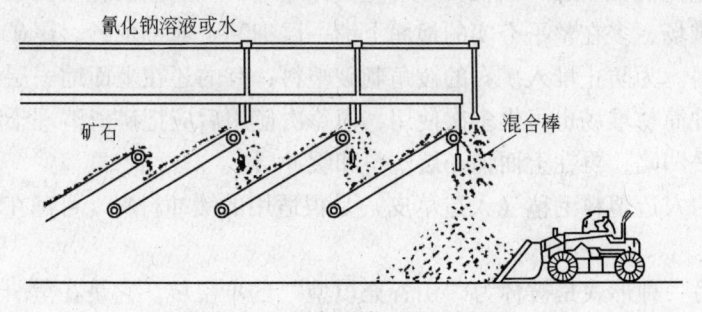

图4-31 多条皮带运输机制粒法

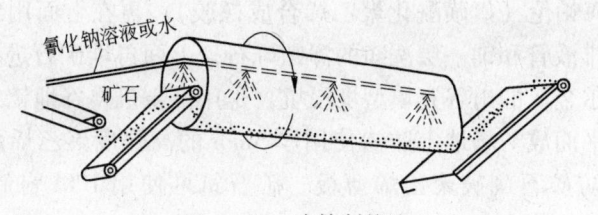

图4-32 滚筒制粒法

b 堆浸场地的选择和垫层的建造

堆浸场地最好选在地势较为平坦的缓倾斜地段,且运输、供水方便,地面较宽阔,尾矿能就近堆放的地方。场地选定后,清除地表的杂草、树根、碎石、推平夯实,建成三面高一面低,能从三面向中间汇集浸出液坡度 1% ~3% 的场地。坡度过大液流速度快,会使泥砂俱下。在修好的场地上铺一层 5 ~10cm 厚细砂、黏土或尾矿掺黏土层,铺平压实,以防场地上留有未清除尽的尖锐碎石、树根之类刺破绝层材料。场地高的二面开排水沟,防止雨水流入。在低的一面下方开挖贵液池和洗(贫)液池。贵液池汇集从矿堆中流出的浸出液、贫液池的容积必须根据当地的气象资料设计,确保能容纳洗液、贫液和最大降雨季节从浸出场地汇集的雨水量。池内可砌砖并用水泥砂浆抹面,上涂沥青等防渗防碱涂料,或底铺细砂整平内衬塑料、合成橡胶等。

场地铺设的垫层材料要认真选择。在作业过程中,只要垫层材料有一点破损,都可能因渗滤而造成贵液的严重损失。故材料的选择应具有价廉易得、渗滤、韧性好、有很高的防穿破性、易于施工等条件。由于堆浸场有的只用 1 或几次,有的是供长期使用的,有的是人工堆矿,有的是用皮带运输机、桥式吊装机或大型自卸卡车、前装机、推土机等大型机械堆矿,所用材料应有区别。根据前期美国的生产实践,热压沥青是多次使用场地的最好垫层材料。在压实的地基上铺一层 50mm 厚的沥青,一层橡胶密封层,然后再铺一层 100 ~150mm 的沥青,就能承受 $6m^3$ 的前装机或 45t 载重卡车的压力。只供一次使用的垫层可在压实的地基上铺一层厚 460mm 的黏土,然后喷洒碳酸钠液以增强其防渗性能。也可在压实的地基上铺设增强塑料板等。在其他国家,垫层材料也有使用聚乙烯、氯磺化聚氯乙烯合成橡胶、聚烯烃塑料的。这些材料抗划破能力好,造价低也易在现场拼接,又可供多次使用。

在我国,有些长期使用的固定堆场是用大块毛石铺底,经铺平压实,再在上面构筑一层厚 100 ~150mm 的混凝土。但混凝土长期使用易龟裂,若基底不坚实均一,还会产生沉降和裂缝。若建此混凝土层,面积大些的应留伸缩缝,并灌注沥青。在小型矿山人工堆矿的临时性简易堆场,多在整平夯实的地面上铺一层细黏土或细河砂、尾矿,填平压实后再铺一层增强塑料。为防止堆入矿石的棱角刺破塑料,有的还在上面铺一层洗净的细河砂作为缓冲层。此种简易堆场也可供多次使用,但每次使用后应把矿渣清理干净,并用筛过的细砂或尾矿填平凹陷,再在上面铺一层塑料和缓冲层。

国外生产的人造塑料毛毡(人造草皮)是很适用的缓冲材料,可铺在堆场垫层上以保护垫层。

堆浸场的另一种形式是被称为"山谷充填型"的堆浸坑。它是在呈凹型一端高一端低的山谷地段开挖并修筑成台阶状的坑(见图 4-33)。然后铺一层细砂或尾矿,在上面覆盖一层厚 0.76mm 海帕伦(氯磺酰化聚乙烯合成橡胶),再在上面用细砂或碎尾矿铺成斜坡。坑的底部埋设排液管和铺一层洗净的浑圆砾石,上面再堆矿石进行蓄水浸出。美国科罗拉多州萨米特维尔金矿的山谷充填型堆浸坑,是用推土机将谷地铲平,铺一层黏土压实后再铺一层细砂整平而成。场地上防渗使用厚 3mm 的高强度聚乙烯薄板,上面再铺一层人造塑料毛毡,以防矿石刺破聚乙烯薄板。矿石筑堆使用 100t 自卸卡车,并用推土机推平。

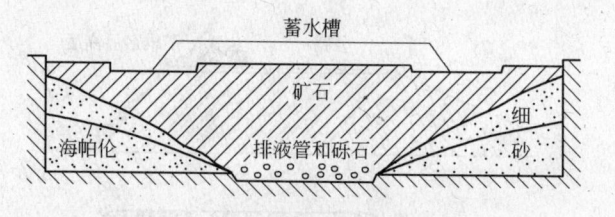

图 4 - 33 蓄水堆浸坑剖面图

c 筑堆方法

筑堆方法有多堆法、多层法、斜坡法和吊装法。常用的筑堆机械有卡车、推土机（履带式）、吊车和皮带运输机。由于筑堆方法直接影响矿堆的渗透性和金的回收率，因而成为堆浸法成败的关键。美国矿务局曾调查过 22 个矿堆，其中有 11 个矿堆因筑堆方法不当而失败。现行各种筑堆法及优缺点如下：

多堆法是先用皮带运输机把矿石堆成许多个高 6.1m 的矿堆（见图 4 - 34），然后用推土机推平。在筑堆过程中粗粒矿必然会滚到堆边上，矿堆表层的矿粒也被推土机压碎压实。这样，当氰化物溶液从堆上喷洒时，溶液通过粗矿粒的渗透速度比细矿粒快而产生严重偏析，或者溶液就根本不能渗入矿堆内部，而从旁边流跑冲垮矿堆边坡。即使部分溶液能渗入矿堆中，但也很易从有空隙的地方流出来，整个矿堆得不到均匀浸出，因而效率低。

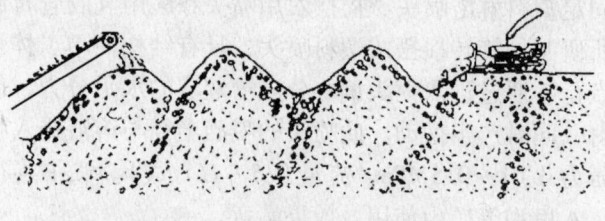

图 4 - 34 多堆法及产生的偏析

多层法是用卡车或装载机堆成一层矿，继用推土机推平。如此这样一层一层往上堆（见图 4 - 35）直至筑成。由于每层矿都被卡车和推土机压实，故矿堆的渗透性很差。

图 4 - 35 多层法

斜坡法是先用废石筑成一条比将要构筑的矿堆高 0.6 ~ 0.9m 的斜坡道路，因而 50t 的载矿卡车只在道路上行驶而不会压碎压实矿石。卡车把矿石卸至斜坡两边，用推土机向两边推平（见图 4 - 36）。矿堆筑好后，便把废石斜坡道铲平，并用松土机松一松矿堆。使用的推土机最好是履带式的，因为它的压强比轮胎的小。此法的缺点是占地面积大。

吊装法是用桥式吊车堆矿后用耙耙平。此法的优点是由于矿堆未被机械压实而渗透性好，溶液也不会偏析，因而浸出效果好，回收率高。但这种筑堆法需要架设吊车轨道，基

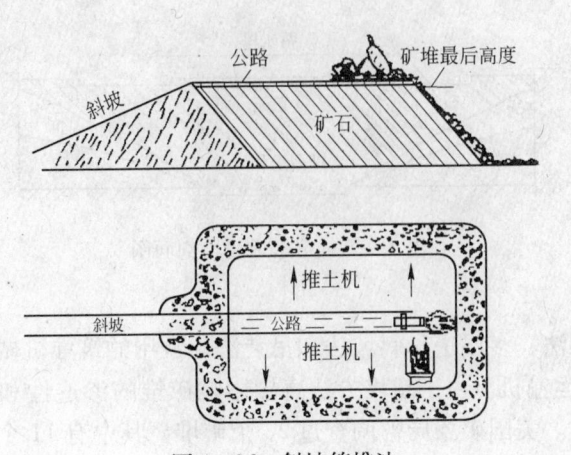

图 4 – 36　斜坡筑堆法

建投资大且筑堆速度慢。

　　d　浸出和洗涤

　　在国外常用于向矿堆上喷洒氰化物溶液的喷射器有巴格达摆动喷射器、雨鸟喷射器、纳尔逊喷射器和旋鸟喷射器。后来又研制出几种在喷头上加装自动调节装置的旋转喷头。在有些国家也多有使用农用喷灌喷头的。在我国，早期使用的喷头多不是专用型的，特别是中小矿山，使用固定塑料淋浴喷头、摇摆农用喷头和医用乳胶管自制喷头的都有。前几年，长春黄金研究所研制的旋转摇摆式塑料喷头，具有结构简单、体积小、质量轻、喷洒均匀、寿命长等优点，它通过进入喷头偏心分液槽液流的水平分力，使喷洒头受逆时针方向的扭矩而旋转喷射，同时产生摆动。此喷头的喷洒半径与溶液进入喷头的压力和流量成正比增加。在工作压力 0.01~0.5MPa、流量 0.5~1.1m³/h，喷淋半径可达 3~7m。这种塑料喷头经二道岭、八里沟等矿山使用，效果满意。

　　浸出液含氰化钠浓度多为 0.3~1g/L，并按先浓后稀原则，开始采用 0.8~1g/L，中期用 0.5~0.8g/L，最后阶段用 0.3~0.5g/L。喷液量一般为 15L/(m² · h)。如一座 10000t 的矿堆，浸出液总流量约为 150L/min。新矿堆从开始喷液起，一般需 3~5d 才有浸出液从堆底流出。在正常情况下，每吨矿石约吸收喷淋液 50~80L，初始排出液 pH 值和 NaCN 浓度明显降低，液中含金约达 $(0.3~15) \times 10^{-6}$g/L，5~6d 内浸出液含金可达最高值，而后逐渐下降。当浸出液含金降至 0.1mg/L 后终止浸出。过程中，由于浸液被矿石吸收和蒸发，应酌情适量加水补充。终止浸出的矿堆，先喷水洗涤几次。如条件允许，在每次洗涤后，最好待洗出液排完再进行下一次洗涤。用于洗涤的水量由蒸发量和尾矿含水量决定。排出的洗液其中含有微量金和氰化钠，集中贮存于贫液槽中供下次洗涤或配制浸出液使用。

　　经水洗后的尾矿堆可以采用多种方法破坏其中残存的氰化物，其中使用漂白粉的方法较为简便。漂白粉的用量一般按矿堆总氰化钠残存量化学计算量的 1.5~2 倍加入。根据某堆场的经验，按矿堆总 NaCN 残存量加漂白粉 16 倍，用水化开洗堆 7d，可基本除尽残存的氰化物。有的矿山则将漂白粉加入废矿中一起运走，在废石堆场自然脱毒。

　　供多次使用的堆场，废矿经脱毒处理后运送废矿场，再在原地堆矿和浸出。只使用一次的堆场，废矿经脱毒后多不运走，而成为"永久"废石堆。

4.5.4　槽浸法

槽浸法虽早已在一些国家采用，仅规范化的槽浸法是在美国研究的堆浸新工艺——"蓄水法"的基础上发展起来的，它的工艺近似于常规渗滤浸出法，故称之为"新型渗滤－槽浸法"。此法已用于氧化铜矿石、铀矿石、金矿石及其他难浸矿的处理。

槽浸法一般采用钢筋混凝土浸出槽，大小依据生产规模设计，距槽底 0.1~0.2m 处设假底，假底上铺两层草席或麻袋之类的可渗透材料，上面再铺一层厚块状矿石。使用不同浸出液可自下而上或自上而下循环，也可进行水平渗透。槽的内衬按照处理不同矿石使用不同浸出液（种酸、碱或其他溶剂）的需要分别选用沥青、耐酸混凝土、环氧树脂、聚乙烯塑料、聚合材料、铅板等。

在金矿石浸出方面，槽浸法用于处理含金高的氧化矿和精矿且要求具有足够的机械强度、孔隙性好、粒度均匀、矿泥含量少。为提高矿石的渗浸效果，对矿砂应预先进行窄的粒度分级，尽可能在一只槽中处理一批粒度相近的矿砂。通过细孔筛筛出的粉矿和矿泥，都要进行制粒，并在固化后集中在一个槽中浸出。制粒的矿粒强度小，在槽内的填充高度一般不超过 3~4m，并减缓浸液的渗滤速度，以防矿粒碎裂。

浸出过程采用间歇浸出法，每次浸出后由浮子泵排空浸液，让槽中通风，使矿粒间充满氧再浸出。完成浸出后，贵液采用活性炭或阴离子交换树脂吸附金，脱金尾液补充 NaCN 和 CaO 后再用于浸出。尾矿用含氰贫液或水循环洗涤 3 次，洗液也抽送吸附柱吸附回收金。第四次洗涤采用 NaOH（pH = 10.5）加活性氯液（如漂白粉浆），经循环洗涤至含氰浓度达到排放标准后，液抽入贮槽供下次再用，脱氰尾矿由机械装卸入尾矿坝。

槽浸法与堆浸法相比，除投资和生产成本较多外，它能增大浸出液的流量和流速，并使浸液与矿粒均匀接触，能强化浸出过程，又不会造成贵液的流失和渗滤损失，可提高浸出和回收率；浸出槽等安装在室内，冬季气温在零度以下也能正常生产，且作业过程中能减少工业用水，贫液和需净化排放的废液也少，全部溶液贮槽的容积只相当于堆浸法的 20%。浸出槽在需要时还可密封，可对难处理矿石进行微生物氧化预处理作业，提高矿石中金的可浸性。

槽浸法与常规渗滤浸出法相比，具有生产规模大（一槽可装矿几百至几千吨）、浸液循环运行良好、与矿粒接触均匀、能强化浸出过程、提高浸出指标等优点，且尾矿中已溶金的洗涤回收和尾渣洗涤脱毒完全。浸液和净化液的返回使用，还能大量节省工业用水和药剂消耗。

参 考 文 献

[1] 王俊，张全祯. 炭浆提金工艺与实践［M］. 北京：冶金工业出版社，2000.
[2] 孙戬. 金银冶金［M］. 北京：冶金工业出版社，2008.
[3]《黄金生产工艺指南》编委会. 黄金生产工艺指南［M］. 北京：地质出版社，2000.
[4] 李培铮，吴延之. 黄金生产加工技术大全［M］. 长沙：中南工业大学出版社，1995.
[5] 张锦瑞，贾清梅，张浩. 提金技术［M］. 北京：冶金工业出版社，2013.
[6] 周源，余新阳，等. 金银选矿与提取技术［M］. 北京：化学工业出版社，2011.

思 考 题

1. 简述氰化浸金的机理。
2. 简述影响金溶解速度的因素。
3. 简述伴生矿物在氰化过程中的行为。
4. 分析石灰在氰化过程中的作用，以及其对氰化过程的影响。
5. 简述氰化物的危害和安全使用常识。
6. 总结各种氰化工作的使用条件。

5 非氰提金方法

【本章提要】 本章主要讲述了难处理金矿的非氰提金方法：含硫试剂、卤素系列试剂及细菌微生物等。对三类非氰提金方法的性质、作用机理、工业实践及综合评价等方面进行了重点阐述，其中含硫提金试剂的性质及应用是本章的重点和难点。

氰化法提金已有 100 多年的历史，具有许多优点，为国内外普遍使用。但是，氰化物有剧毒，浸出速度较慢，对某些矿石（如含 As、Sb、Cu 等）直接氰化浸出率低。随着金矿的大规模开采，易处理金矿资源日趋枯竭，品位低、粒度细、含砷、硫、锑、碳等有害杂质较高的难处理金矿必将成为提金的主要原料，而难处理金矿的冶炼方法成为当前黄金工业的热点问题。用常规的氰化法处理此类金矿，金的浸出率一般不高，已无法适应从难处理金矿中提金的要求。因此，世界各国在寻求新的提金方法来代替或者克服直接氰化的缺点。

非氰提金试剂，主要包括含硫试剂、卤素系列试剂及细菌等微生物有机物溶金试剂等。目前，研究较多或在工业上应用的新的无氰工艺有水氯化法、硫脲法、硫代硫酸盐法、多硫化铵法、细菌浸出法等浸出方法，其中对前两法研究较多。而较为成熟具有工业生产实践的只有水氯化法。

5.1 含硫试剂提金方法

主要的含硫提金试剂有硫脲、硫代硫酸盐、多硫化物、石硫合剂、硫氰酸盐等。

5.1.1 硫脲法提金

硫脲法提金是在酸性介质（pH < 1.5）中，在氧化剂存在条件下，金溶解于硫脲溶液而形成配合金的方法。硫脲法的主要特点是：溶解金银速度快，毒性小，对铜、砷、锑、铅等杂质元素不太敏感；主要缺点是：成本高，腐蚀设备，经济上竞争不过氰化法。但在处理其他载金矿物如阳极泥、含金铀矿、酸浸渣和细菌浸渣有一定的优越性。

5.1.1.1 硫脲的性质

硫脲是一种有机化合物，其结构式为：

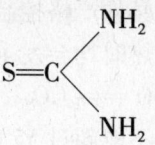

硫脲晶体易溶于水，25℃时在水中溶解度为142g/L，溶解热22.75kJ/mol，298K硫脲的主要热力学数据见表5－1。

表5－1 硫脲的主要热力学数据 (298K)

分子式	状 态	$\Delta H_f^\theta/J \cdot /mol^{-1}$	$S^\theta/J \cdot (mol \cdot K)^{-1}$	$\Delta G_f^\theta/kJ \cdot mol^{-1}$
$CS(NH_2)_2$	晶体	-92.4	302.8	-36.66
$CS(NH_2)_2$	水溶液	-69.8	383.8	-38.20

硫脲的重要特性是在水溶液中与过渡金属离子生成稳定的配阳离子，反应通式：

$$Me^{n+} + x(TU) \Longrightarrow [Me(TU)_x]^{n+} \tag{5-1}$$

式中 TU——硫脲；

　　　 n——化合价；

　　　 x——配位数。

硫脲作为一种强配位体和金属离子键结合，可以通过氮原子的孤电子对或硫原子与金属离子选择结合。几种金属硫脲配合物的累计生成常数$\lg \beta$列于表5－2中。可以看出，除汞的硫脲配离子外，其他金属的硫脲配合物都不如金稳定，故硫脲对金有一定选择性；$Ag(TU)_3^+$、$Cu(TU)_4^{2+}$等与硫脲形配阳离子也比较稳定，当原料中含有这些组分时，将增加硫脲的消耗并降低其金溶解效率。

表5－2 金属硫脲配合物的累计生成常数

配离子	$\lg \beta$	配离子	$\lg \beta$
$Au(TU)_2^+$	21.96	$Zn(TU)_2^{2+}$	1.77
$Ag(TU)_3^+$	13.10	$FeSO_4(TU)^+$	6.44
$Cu(TU)_4^{2+}$	15.40	$Hg(TU)_4^{2+}$	26.30
$Cd(TU)_4^{2+}$	3.55	$Hg(TU)_2^{2+}$	21.90
$Pb(TU)_4^{2+}$	2.04	$Bi(TU)_6^{3+}$	11.94

硫脲在碱性溶液中不稳定，易分解为硫化物和氨基氰，其反应式为：

$$SC(NH_2)_2 + 2NaOH \Longrightarrow Na_2S + CNNH_2 + 2H_2O \tag{5-2}$$

分解生成的氨基氰可转变为尿素：

$$CNNH_2 + H_2O \Longrightarrow CO(NH_2)_2 \tag{5-3}$$

硫脲在酸性溶液中具有还原性质，可被氧化而生成多种产物。在室温下，比较容易氧化生成二硫甲醚 $[HN(NH_2)CSSC(NH_2)NH]$，简称RSSR，其中R为$C(NH_2)NH$：

$$2(TU) \Longrightarrow RSSR + 2H^+ + 2e^- \quad E^0 = 0.42V \tag{5-4}$$

二硫甲醚本身为活性氧化剂，有助于金的浸出。但是，如果溶液电位过高，二硫甲醚又会被进一步氧化成氨基氰、硫化氢和元素硫。降解不仅增加了硫脲的消耗，生成的元素硫还会使金粒表面钝化。所以硫脲浸金必须严格控制浸出液的电位。

硫脲无论在酸性或碱性溶液中，加热时均会发生水解：

$$SC(NH_2)_2 + 2H_2O \Longrightarrow CO_2 + 2NH_3 + H_2S \tag{5-5}$$

因此，硫脲溶金的温度不宜太高，不能超过55℃，一般均在室温下进行硫脲提金。

从硫脲的稳定性考虑，浸金时宜用硫脲的酸性稀溶液作浸出试剂，其 pH 值一般小于 1.5。由于稀硫酸为弱氧化酸，一般采用稀硫酸调节矿浆的 pH 值，应先加酸后加硫脲，以免矿浆局部过热而使硫脲水解失效。

5.1.1.2　硫脲浸金基本原理

金的氧化：

$$Au \Longrightarrow Au^+ + e^- \qquad E^0 = 1.692V \qquad (5-6)$$

而金溶解于硫脲生成配合物：

$$Au + 2(TU) \Longrightarrow Au(TU)_2^+ + e^- \qquad E^0 = 0.38V \qquad (5-7)$$

二硫甲醚 RSSR 的生成：

$$2(TU) \Longrightarrow RSSR + 2H^+ + 2e^- \qquad E^0 = 0.42V \qquad (5-8)$$

生成的 RSSR 是活泼的氧化剂，反应式（5-7）与式（5-8）结合便得到总反应：

$$Au + RSSR + 2H^+ \Longrightarrow Au(TU)^{2+} \qquad E^0 = 0.04V, \Delta G^0 = -7750J/mol \qquad (5-9)$$

反应式（5-9）的金溶解趋势较小。因此，为了使硫脲浸金过程顺利进行，必须引入适当氧化剂。

在含 Fe^{3+} 溶液中，Fe^{3+} 可起氧化剂作用：

$$Fe^{3+} + e \Longrightarrow Fe^{2+} \qquad E^0 = 0.77V \qquad (5-10)$$

反应式（5-7）与式（5-10）相加得到：

$$Au + Fe^{3+} + 2(TU) \Longrightarrow Au(TU)_2^+ + Fe^{2+} \qquad E^0 = 0.39V, \Delta G^0 = -37595J/mol \qquad (5-11)$$

反应式（5-11）比反应式（5-9）具有更大的金溶解趋势。

实验证明，浸出时向矿浆中鼓入氧气可提供较稳定的氧化性气氛，而活性较强的氧化剂如过氧化氢会使硫脲消耗过多。

有研究表明（见表5-3），SO_2 添加剂可解决硫脲消耗量高和金银回收率不稳定的问题，其特点是在浸出矿浆中加入 SO_2，并用硫脲洗涤浸渣。该研究中，矿石的组成为：含 Pb 5%，Zn 6.8%，Fe 26.5%，含 Ag 315g/t，Au 10.6g/t。

表5-3　氰化法、硫脲法及 SO_2 硫脲法浸金效果对比

浸出方法	氰化法	硫脲法	SO_2 硫脲法（6.5kg/t）
浸出时间/h	24	24	5.5
试剂消耗/kg·t^{-1}	7	34.4	0.57
金浸出率/%	81.2	24.7	85.4
银浸出率/%	38.6	1.0	54.8

5.1.1.3　硫脲浸金方法的工业实践

用硫脲溶解金银是由苏联学者 1941 年首先提出的，但此后二三十年间这一发现并未引起世人的关注。直到 20 世纪 60 年代后期，世界各主要产金国才对硫脲浸金开展了大量的研究，取得了实质性进展。前苏联、美国、澳大利亚和加拿大等国家都进行了工业试验，并投入小规模应用。据文献报道：法国从 1977 年开始用硫脲法从锌焙砂中提取金银；墨西哥科罗拉多矿从 1982 年起采用硫脲法处理含金尾矿；澳大利亚新英格兰锑矿从 1984 年开始用硫脲法处理含金锑精矿，前苏联各国也在硫脲法的黄金生产应用开展了很多工作。

　　我国在硫脲提金方法方面也开展了大量的研究和工业实践。长春黄金研究所首先提出了硫脲法提金浸出与置换必须在同一设备中进行的新观点。指出铁板置换不仅具有较高的置换效率，而且能加速溶金反应提高浸出率，从而创立了硫脲提金的"浸出－置换一步法"，即酸性硫脲浸出溶金与铁板置换沉金同在一个装置中完成，这是硫脲向工业化推进的重大突破，把我国的硫脲提金技术推向工业生产阶段。

　　我国某金矿产出石灰岩硫化物含碳金矿石，含泥较多，难洗难浸，采用硫脲法获得成功，该矿硫脲提金工业试验设计流程见图5－1。该流程的特点是硫脲浸出与铁板置换在同一设备中进行，使流程简化、设备减少、操作也较方便。

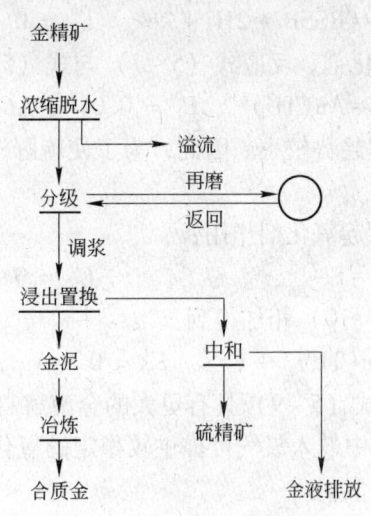

图5－1　某金矿硫脲提金工业试验设计流程

　　硫脲提金"浸－置一步法"工业试验处理的金精矿化学分析见表5－4，主要技术操作条件及技术经济指标见表5－5。

表5－4　金精矿的化学分析　　　　　　　　　　　　　（%）

元素	Au/g·t⁻¹	Ag/g·t⁻¹	C	TiO_2	Fe	Cu	Pb	Zn
含量	106	127	0.996	0.4	39.4	0.414	1.84	0.27
元素	S	Ni	Mn	CaO	Al_2O_3	SiO_2	As	MgO
含量	43.87	0.007	0.13	微	1.00	7.55	0.28	微

表5－5　"浸－置一步法"工业试验主要技术条件和指标

名　称	数　值	名　称	数　值
处理能力/t·d⁻¹	10	硫酸用量/kg·t⁻¹	50
磨矿粒度（－0.045mm）/%	94	溶液 pH	1~1.5
矿浆浓度/%	33±2	金泥品位/%	1~3
硫脲用量/kg·t⁻¹	4	金泥产率/%	0.5~0.7
硫脲起始浓度/%	0.2	浸－置时间/min	40

续表 5 – 5

名　称	数　值	名　称	数　值
置换面积/m² · m⁻³	2.2	浸出率/%	91.45
精矿品位/g · t⁻³	25 ~ 35	置换率/%	98.94
金泥擦洗间隔时间/h	2	硫脲单耗/kg · t⁻¹	3.79
尾矿品位/g · m⁻³	0.3 ~ 0.35	硫酸单耗/kg · t⁻¹	47.283
贫液品位/g · m⁻³	0.166	单位成本/元 · t⁻¹	75.3
贵液品位/g · m⁻³	16.15		

5.1.1.4 硫脲法浸金方法的优缺点

硫脲法浸金方法具有以下优点：无毒性；选择性比氰化物好，对铜、锌、砷、锑等元素的敏感程度明显低于氰化法；溶金速度快，比氰化浸出快 4 ~ 5 倍以上；硫脲溶金在酸性介质中进行，它适用于已经过可产生酸的预处理的难浸矿物浸出；溶液中生成的硫脲金配合物在本质上是阳离子，适合于用溶剂萃取法和离子交换法来回收金。

但是，硫脲法也存在一定的缺点：硫脲易于分解，从而使硫脲消耗量过大；硫脲比较昂贵，经济效益不如氰化法好；硫脲法不适于处理含碱性脉石较多的矿石；从贵液中回收金的工艺不如锌粉置换工艺成熟、简单；在酸性介质中浸金，容易腐蚀设备。

多数研究者都认为硫脲较昂贵，不如氰化物稳定，消耗量大是工业应用的最大障碍。就目前所知，除法国、澳大利亚有为数不多的工业应用外，尚无大型工厂采用此工艺。

总之，近年来国外对硫脲法提取金银表现出极大的兴趣，但又持较谨慎的态度。较普遍的认为与氰化法相比，硫脲法具有减轻环境污染，加快溶金速度，降低铜锌砷锑干扰程度，工艺流程短，投资省，操作较简便等优点。但药剂消耗高，设备费用较多等涉及经济效益的问题还有待进一步解决。

5.1.2 硫代硫酸盐法

硫代硫酸盐一般为硫代硫酸的钠盐和铵盐，其价格便宜，使用简单方便，易溶于水，能与金生成很稳定的配合物。早在 1900 年就进行了用硫代硫酸盐法回收贵金属的研究，以后逐步完善。

在氧存在下，硫代硫酸盐溶液中金溶解按以下反应进行：

$$2Au + 4S_2O_3^{2-} + \frac{1}{2}O_2 + H_2O \Longrightarrow 2Au(S_2O_3)_2^{3-} + 2OH^- \quad (5-12)$$

反应的自由能 $G_2^\theta = -58.24kJ$。平衡常数 $K = 1.6 \times 10^{10}$。因此，从热力学来分析这个反应是可行的。

试验研究证明，铜离子 Cu^{2+} 的存在能大大加快金的溶解反应速率，同时矿浆保持碱性，可用氨水来调节浸出液的 pH 值。NH_3 可与 Cu^{2+} 形成 $Cu(NH_3)_4^{2+}$ 配离子，因此金在氨性硫代硫酸盐溶液中的溶解反应可以写成：

$$Au + 2S_2O_3^{2-} + Cu(NH_3)_4^{2+} \Longrightarrow Au(S_2O_3)_2^{3-} + Cu(NH_3)_2^+ + 2NH_3 \quad (5-13)$$

这个反应说明 $Cu(NH_3)_2^+$ 在浸出过程中起着氧化剂的作用，只要浸出液中保持足够的氧，$Cu(NH_3)_4^{2+}$ 便很快再生成。

我国学者姜涛等对硫代硫酸盐法浸金的机理进行了较为详细的研究，认为 NH_3 优先扩散到金粒表面与金离子配合，生成氨配离子，进入溶液后被 $S_2O_3^{2-}$ 取代，形成更稳定的金硫代硫酸根配离子。

在碱性溶液中 $S_2O_3^{2-}$ 易发生歧化反应：

$$3S_2O_3^{2-} + 6OH^- \Longrightarrow 4SO_3^{2-} + 2S^{2-} + 3H_2O \qquad (5-14)$$

所以 SO_3^{2-} 的存在有利于 $S_2O_3^{2-}$ 的稳定。因此，在浸出时需加入稳定剂 SO_3^{2-}（如亚硫酸钠）使以上反应向左进行。SO_3^{2-} 浓度约为 0.1% ~2%。

影响硫代硫酸盐浸出的因素有硫代硫酸盐的浓度、氨浓度、亚硫酸钠浓度、浸出时间以及浸出温度、铜离子浓度、矿浆浓度等。

硫代硫酸盐法浸金过程在碱性介质中进行，因此对设备无腐蚀。该方法浸金速度快（为氰化法的 1/3 ~1/4）、无毒、对杂质不敏感。该方法对杂质不敏感，对于难处理金矿石（如含 Cu、As、Sb 及碳质的金矿石）的金浸出、回收都优于氰化法。

硫代硫酸盐提金工艺目前存在的问题是：浸出需要将矿浆加热（40 ~60℃），而且温度区间较窄，工艺不易控制；浸出剂硫酸盐的初始浓度较高（12% ~25%），消耗量大，必须循环使用在经济上才可行。

尽管国内外科研工作者已经对此方法的浸出条件进行了广泛的研究，也对其浸金机理作过一定的探讨，并且国外还应用此法进行了小规模的工业试验，但硫代硫酸盐法浸金技术在工业应用上目前仍然存在一些不可忽视的问题。

5.1.3　多硫化铵法

多硫配离子 S^{2-}、S_3^{2-}、S_4^{2-} 及 S_5^{2-} 对金离子有很强的配合能力，在合适氧化剂的配合下，或者借助于多硫离子自身的歧化，多硫化合物能有效地溶解金。如果浸出过程能产生元素 S，那么硫化物也能浸金，因为硫化物和元素 S 很容易转化为多硫化物。

多硫化物法的特点是选择性强、浸出速度快，几个小时为一个浸出周期。和对含 As、Sb 的含金硫化精矿的金浸出率高；该方法也适用于低品位金矿石。多硫化物浸金的主要化学反应方程式如下：

$$2Au + S_x^{2-} \Longrightarrow 2AuS_2^- + (x-2)S \qquad (5-15)$$

多硫化物一般有多硫化钠、多硫化钙和多硫化铵等，最常用的是多硫化铵溶液，成分为质量分数为 8% 的 NH_3、22% 的 S 和 30% 的 $(NH_4)_2S_2$，该溶液为红色澄清液体，有硫化氢气味，遇酸分解析出硫。

多硫化物法主要是针对难处理的含砷金矿提出的，因为用传统的氰化法处理这种矿石既不经济又不安全。对于含 As 或 Sb 达 4.5% 的金矿石，在温度为 25℃ 和常压条件下，用 40% 的多硫化铵溶液浸出，浸出时间为 1 ~2h，金以 NH_4AuS 形式进入溶液，锑以 $(NH_4)_2SbS_3$ 形式进入溶液，砷固定在渣中。实验结果表明，对于特定的矿石，该方法可提取 80% 以上的金，浸出液中的溶解金可用活性炭吸附回收，也可用蒸汽加热的方法从溶液中沉淀出来，此时产生 Sb_2S_3 和硫，放出 NH_3、H_2S 及升华 S，产物可视浸出液成分而定。脱金后溶液可使多硫化铵再生并用于浸金。

多硫化物法的缺点主要有自身的热稳定性差，并且分解产生的 NH_3 和 H_2S 会污染生产环境，工业应用时对设备的密闭性有较高要求。另外，对药剂浓度的要求相当高，耗量也很大，而小型试验中金的浸出率只达 80%，实际生产中这一指标很难保证。

南非是开展多硫化物研究较早的国家，曾进行了工业性试验。我国在应用多硫化物浸出工业含金废渣方面已有相关研究。陕西省地矿局低品位金矿堆浸技术开发研究中心曾对多硫化物浸金进行过反复探索。

5.1.4 石硫合剂法

石硫合剂法（LSSS）是我国首创的新型无氰浸金技术，由廉价易得的石灰和硫黄合制而成。张箭等研究发现石硫合剂实质上就是多硫化物和硫代硫酸盐的混合体，浸金剂的有效成分主要是多硫化钙（CaS_x）和硫代硫酸钙（CaS_2O_3）。其浸金过程是多硫化物与硫代硫酸盐的联合作用，其主要的溶金反应如下：

$$2Au + 2S^{2-} + H_2O + 1/2O_2 = 2AuS^- + 2OH^- \tag{5-16}$$
$$2Au + 4S_2O_3^{2-} + H_2O + 1/2O_2 = 2Au(S_2O_3)^{2-} + 2OH^- \tag{5-17}$$

石硫合剂法的浸金机理为电化学——催化机理，即在含有铜氨的石硫合剂中，NH_3 在阳极催化多硫离子和硫代硫酸根离子与金离子的配合反应，$Cu(NH_3)_4^{2+}$ 在阴极催化氧的还原反应。

由于多硫化物与硫代硫酸盐都适于金的浸出，这种联合作用更有利于处理含 C、As、Sb、Cu 和 Pb 等难浸金矿。对陕西镇安金矿含碳、砷细微金矿石采用了石硫合剂浸金工艺，原生矿浸出率达到 90% 以上，尾矿含金品位降到 0.4g/t 以下。

该方法适用于碱性介质，对设备和材质要求不高，无毒，易于合成，且浸金速度快（金浸出周期为常规氰化法的 1/8 ~ 1/2）。该方法对难浸金矿的适应性强。

虽然石硫合剂浸金法的优点很多，但由于其后续工艺尚不完善，所以没有被大规模应用于生产实践中，还有待进一步的研究。

5.1.5 硫氰酸盐

硫氰酸盐浸金的第一篇报道发表于 1905 年，遗憾的是由于随后氰化法的快速发展，这一方法渐渐被人忽视。硫氰酸盐作为配合剂，浸金率高，浸出速度快且浸取液性质稳定。硫氰酸根离子与金（Ⅰ）和金（Ⅲ）有较强的配合能力。在酸性条件下，分别有溴、二氧化锰、三价铁离子作氧化剂的硫氰酸盐浸金体系，其浸金都是可行的，且已有相关实践报道。

当用 Fe^{3+} 作为硫氰酸盐浸金的氧化剂时，硫氰酸根离子首先与铁离子作用生成稳定的配合物 $[Fe(SCN)_4]^-$，然后再与金作用生成金的硫氰酸盐配合物，其反应可写为：

$$Fe^{3+} + 4SCN^- = [Fe(SCN)_4]^- \tag{5-18}$$
$$[Fe(SCN)_4]^- + Au = Fe^{2+} + [Au(SCN)_2]^- + 2SCN^- \tag{5-19}$$
$$3[Fe(SCN)_4]^- + Au = 3Fe^{2+} + [Au(SCN)_4]^- + 8SCN^- \tag{5-20}$$

和硫脲法相似，硫氰酸盐提金法是在酸性溶液中浸取金银，浸取及过滤设备需要防腐蚀，但其化学性质比硫脲稳定。硫氰酸盐的毒性远比氰化物小，但浸取液中硫氰酸盐的浓度比氰化钠，因此固液分离时残余溶液带出较多的硫氰酸盐，会增大硫氰酸盐消耗量。

5.1.6　含硫试剂提金试剂的比较

表5-6给出了含硫试剂提金过程及最终产物和配合物基本结构。表5-6表明，含硫浸金试剂提金的浸出机理都是含硫离子与金原子以S-Au键结合，形成稳定的配合物。

表5-6　含硫提金配合物的结构特征

方法名称	浸出离子	金离子	配位原子	配合物
硫脲法	$TU/CS(NH_2)_2$	Au^+	S	$[Au(TU)_2]^+$
硫代硫酸盐法	$S_2O_3^{2-}$	Au^+	S	$Au(S_2O_3)_3^{3-}$
多硫化物法	S_x^{2-}	Au^+	S	$[AuS]^-$，$[Au(HS)_2]^-$
硫氰酸盐法	SCN^-	Au^{3+}，Au^+	S	$Au(SCN)_2^-$，$Au(SCN)_4^-$
石硫合剂法	Less	Au^+	S	$Au(S_2O_3)_2^{3-}$，$[AuS]^-$

含硫试剂的主要优点是对矿物适应性好，不仅能够处理简单易处理矿，而且能够处理含砷、硫等复杂难处理矿，表5-7给出了不同含硫浸金试剂适宜的矿物类型。

表5-7　含硫试剂浸金工艺

含硫配合剂	浸金pH	氧化剂	添加剂	矿物类型	回收方法
硫脲	酸性	Na_2O_2、H_2O_2、二硫甲醚、Fe^{3+}、MnO_2	Na_2SO_3	含金硫化铁帽矿，含锑金精矿，铜、铅及硫金矿，含砷硫精矿	树脂吸附，铅、锌粉置换，溶剂萃取，加压氢还原，电沉积法
硫代硫酸盐	pH=9~10	O_2	SO_2、SO_3^{2-}、SO_4^{2-}、NaCl、$NH_3 \cdot H_2O$	含铜、锑、砷碲和锰矿石	铁粉还原，溶剂萃取，活性炭吸附，铜或锌粉还原
多硫化物	pH=8~10	S_x^{2-}、O_2		含砷、锑的金硫化精矿	溶剂萃取，活性炭吸附
硫氰酸盐	酸性	MnO_2、Fe^{3+}、Br_2		含黄铁矿和黄铜矿的金精矿，含砷硫化矿	锌粉还原
石硫合剂	pH=8~10	$KMnO_4$、MnO_2、O_2、空气、H_2O_2	NH_3H_2O、Na_2SO_3、Na_2SO_4	黄铁矿和含砷硫精矿	硫化钠沉淀，铜或锌粉还原，树脂吸附，活性炭吸附，电积法，溶剂萃取

但浸金试剂本身的稳定性差，副反应多，体系复杂。研究表明，含硫浸金系统中氧化剂的氧化和含硫试剂分解占较大的比例，真正用于浸金和矿物吸附所占比例很小。因此需选择适合的氧化剂并加入特定添加剂，提高体系的稳定性。

（1）氧化剂。从表5-7可以看出，空气、O_2、S_x^{2-}、$KMnO_4$、MnO_2、H_2O_2、Na_2O_2、二硫甲醚、Fe^{3+}、Br_2等都可以作为含硫试剂浸金的氧化剂，但并不是每一种浸出试剂适用所有的氧化剂。氧化剂与含硫试剂匹配性好，则提金体系稳定性好，副反应少，浸出剂的耗量低。应该选择好适应体系的氧化剂，使氧化剂真正用在浸金过程中，减少氧化剂和浸金试剂的作用。

(2) 添加剂。由于浸金试剂本身的稳定性较差,中间产物较多,试剂消耗严重。需要如硫代硫酸盐和石硫合剂、体系中加入亚硫酸根或硫酸根,可以有效地降低硫代硫酸根的消耗,表5-7给出了不同含硫浸金试剂的添加剂。

5.2 卤素系列试剂

卤素及其化合物法主要包括水氯化法、碘化法、溴化法。

5.2.1 水氯化法

水氯化法浸金是指在水溶液介质中进行湿法氯化过程,即通过氯化使金矿等物料中金以氯化配位化合物形态的浸出过程。故又称为水溶液氯化法,或液氯化法。水氯化法浸金技术早在1848年就被提出,后发展为19世纪后半期主要浸出金方法之一,曾被用于美国、澳大利亚的一些金矿。氰化法工艺在19世纪末出现并开始广泛应用于从矿石中直接浸出金,液氯化法由于当时直接使用氯气作为原料,生产成本较高,同时耐腐蚀材料在当时不易解决,在各处停止使用。近年来,由于难处理金矿资源化和环保的需求,加之可以使用次氯酸盐等氧化剂取代氯气,以及防腐材料的发展,液氯化法浸金的研究较为活跃,开始了大量的研究,并已获得一些应用。与氰化法相比,该方法具有浸金速度快、试剂价格低、方法简单、污染程度相对较低等优点,并且对影响氰化过程的某些杂质(如铜、硫、砷等)提取的选择性较好,易于净化,今后它有可能再次成为金银提取的重要冶金方法之一。

5.2.1.1 液氯化法浸金的基本原理

金的标准电极电位为:

$$Au^+ + e = Au \qquad E^0 = 1.691V \qquad (5-21)$$

$$Au^{3+} + 3e = Au \qquad E^0 = 1.498V \qquad (5-22)$$

黄金属于高正电位的金属,在自然界中主要以单质的形式存在,在水溶液中结构稳定,这意味着金的溶解需要电极电位高的活性氧化剂。仅从标准电极电位的角度考虑,例如,氯气($E^0_{Cl/Cl^-} = 1.36V$)、次氯酸($E^0_{HClO/Cl^-} = 1.49V$)的标准电极电位均小于金的氧化电位,不足以将金氧化为Au^+或Au^{3+}而浸出。但在有氯离子存在的溶液中,由于金离子与氯离子生成稳定的配离子$AuCl_2^-$,$AuCl_4^-$,使其活度降低,从而使金的溶解电位大幅度降低。

$$AuCl_2^- + e = Au + 2Cl^- \qquad E^0 = 1.113V \qquad (5-23)$$

$$AuCl_4^- + 3e = Au + 4Cl^- \qquad E^0 = 0.994V \qquad (5-24)$$

由式(5-23)和式(5-24)可知:金氯化溶解过程中,热力学上更有利于金以3价金氯配合物的形态溶解。

水氯化法是在含有氯化钠等氯化物的水溶液中加入次氯酸盐等氯化剂,使金生成可溶性金氯配离子的一种浸金方法,浸金反应式如下:

$$2Au + 3Cl_2 + 2Cl^- = 2AuCl_4^- \qquad (5-25)$$

$$2Au + 3ClO^- + 6H^+ + 5Cl^- \Longrightarrow 2AuCl_4^- + 3H_2O \qquad (5-26)$$

对金来说，氯既是氧化剂又是配合剂。$Au-Cl-H_2O$ 体系的电位 - pH 图如图 5 - 2 所示。

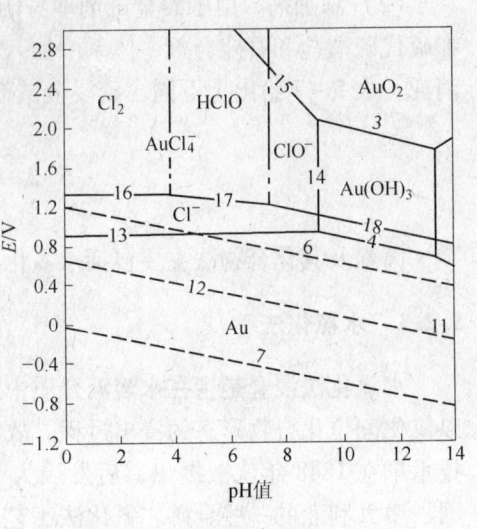

图 5 - 2   25℃时 $Au-Cl-H_2O$
体系的电位 - pH 图

由图 5 - 2 可知，在氯化物体系中，金在 pH 值低于 7.8 和电位高于 0.9V 的条件下以稳定的金氯配合物 $AuCl_4^-$ 形存在。在此稳定区内，氯成为推动金氯化溶解的氧化剂，以 Cl_2 或 HClO 为主，金转化成为稳定的 $AuCl_4^-$ 的形式存在。此稳定区的存在，从热力学的角度说明金从矿物中通过氯化的方式被浸出具有可行性。但 $AuCl_4^-$ 的稳定性与金的氰化配合物 $Au(CN)_2^-$ 相比较差（$AuCl_4^-$，$Au(CN)_2^-$ 的稳定常数分别为 1×10^{26}，2×10^{38}），在弱碱性范围内提高 pH 值时，金以氢氧化物 $Au(OH)_3$ 的形态开始沉淀。

5.2.1.2   金的沉淀

从氯化物含金溶液中沉淀金的方法主要有：

（1）用二氧化硫进行沉淀：

$$2AuCl_3 + 3SO_2 + 6H_2O \Longrightarrow 2Au \downarrow + 6HCl + 3H_2SO_4 \qquad (5-27)$$

SO_2 还原制的粗产品，再电解精炼。SO_2 沉淀金便宜、方便、沉淀较纯净、金的回收率高。

（2）用硫化钠沉淀金：

$$2AuCl_3 + 3Na_2S \Longrightarrow 6NaCl + Au_2S_3 \downarrow \qquad (5-28)$$

（3）用硫化氢沉淀金：

$$2AuCl_3 + 3H_2S \Longrightarrow 6HCl + Au_2S_3 \downarrow \qquad (5-29)$$

（4）用木炭进行沉淀：

$$4AuCl_3 + 3C + 6H_2O \Longrightarrow 4Au + 12HCl + 3CO_2 \qquad (5-30)$$

还可以用硫酸亚铁、硫氢化钠沉淀、活性炭吸附、二丁基卡必醇萃取然后用草酸还原反萃直接得到纯金等方法。

5.2.1.3   硫化物等还原性杂质的影响

氯是一种强氧化剂，能与大多数元素起反应，由于氯的活性很高，不存在金粒表面被钝化的问题。因此，在给定的条件下，金的浸出速度很快，一般只需要 1 ~ 2h。据文献报道，用纯金片进行的试验结果表明，通入氧时金在氰化物溶液中的最大溶解速度为 $5.7mg/(cm^2 \cdot h)$，通空气时为 $1.7mg/(cm^2 \cdot h)$，而在氯化物溶液中金的最大溶解速度可达 $73mg/(cm^2 \cdot h)$。

从金与 Cl_2 的反应可知，浸金所需 Cl_2 是很少的，但由于金的赋存矿物（诸如 FeS_2、Cu_2S、CuS、$CuFeS$、FeAsS 等贱金属硫化物）也消耗氯气，且一般先于金反应浸出，反应通式为：

$$MeS + Cl_2 =\!=\!= Me^{2+} + 2Cl^- + S^0 \qquad (5-31)$$

$$MeS + 4Cl_2 + 4H_2O =\!=\!= Me^{2+} + SO_4^{2-} + 8HCl \qquad (5-32)$$

表5-8列出了金矿含硫量对氯气消耗的影响，可以看出，硫化物含量增加，氯化物耗量迅速增大。因此，一般认为水氯化法提金适于硫含量低于0.5%的金矿。

表5-8 金矿含硫量对氯气消耗的影响

含硫量/%	实测 Cl_2 耗量/kg·t^{-1}	理论推测 Cl_2 耗量/kg·t^{-1}
0.15	2.5	12
0.2	2.5	16
1.0	18	18
39	743	3120

在实际氯化浸金中，先加入一定量的 HCl，后加一定量的氯盐（NaCl）增加 Cl^- 浓度，在未通 Cl_2 前，一些贱金属硫化物（MeS）被盐酸浸出，可减少 Cl_2 的耗量：

$$MeS + 2HCl =\!=\!= H_2S + MeCl_2 \qquad (5-33)$$

在酸性溶液中，一些硫化物被氧化时从易到难的顺序是：FeS、PbS、ZnS、CuFeS、FeS_2、Cu_2S、CuS、Ag_2S。

5.2.1.4 金的氯盐浸出

金的氯化浸出的另一种方法是氯盐浸出，$FeCl_3$ 溶液浸金的反应为：

$$Au + 3FeCl_3 + Cl^- =\!=\!= AuCl_4^- + 3FeCl_2 \qquad (5-34)$$

在氯盐浸出条件下，一些贱金属硫化物（MeS）也与 $FeCl_3$ 反应，通式为：

$$MeS + 2FeCl_3 =\!=\!= MeCl_2 + 2FeCl_2 + S^0 \qquad (5-35)$$

反应形成的硫（S^0）附在矿粒表面，阻碍浸金反应，但可应用热过滤，漂选或溶剂萃取除去。

$FeCl_3$ 氯盐在热力学上可用于浸金，由于 $FeCl_3$ 氧化性较弱（Fe^{3+}/Fe^{2+} 电对的电位 $E^0 = 0.7714V$），用于浸金所需 $FeCl_3$ 和 Cl^- 浓度较大，其工艺研究未见用于工业生产。但由于 $FeCl_3$ 价格便宜、易于再生、无污染等特点，常用于提金工艺中的预处理，预先浸出贱金属 Cu，Pb，Zn 和 Ag 等组分，分离浸出液后，预处理渣再浸出金，从而改进或开发出新的提金工艺。诸如：氯盐浸出－氰化炭浆提金工艺、氯盐浸出－焙烧－氰化炭浆提金工艺、氯化铁预浸－硫脲提金工艺、氯化铁预浸铜－氰化提金工艺、氯化铜预浸铜－氰化提金工艺等。研究和工业生产表明：对含金量多的金属硫化矿和含金高铜硫化矿可显著地提高金回收率，降低原工艺的药剂耗量。

5.2.1.5 水氯化法的优缺点及生产实践

水氯化法的优点是浸出速度快、对难处理矿石的金浸出率高，而且原料丰富。

氯化法的缺点主要包括：在处理硫化矿时，部分硫化物发生溶解，使 Cl_2 消耗量太大，后续处理工序复杂化；使用 Cl_2 对设备腐蚀严重。

水氯化法适于处理比较单一的含金原料或含碳质金矿、经酸洗过的含金矿石、锑渣、含砷精矿或矿石等。国外如南非、前苏联、美国曾分别投产用于金精矿焙砂、脱砷焙砂和含砷碳金矿石水氯化法浸金，取得较高浸出率。目前正朝着以氯化法为主的无氰提金方面发展，提出炭氯法、离子交换树脂氯化法、氯化物－氧气浸出法等新方法。

美国研究的名为碳氯浸的方法是将粗粒活性炭与碳质难浸金矿一起搅拌。氯气在酸性条件下与矿浆作用。金溶解为金氯配合物，然后在炭粒表面还原成金属金。浸出完成后，载金炭从细磨矿浆中筛出，进行金回收处理。该法的特点是：难浸矿石的预处理、浸出与回收金在同一系统中进行。美国还发明了一种与之相近的方法，采用氯化物浸出、离子交换树脂提金，适用于处理碳质矿石或碳质矿与氧化矿的混合矿石。

据报道，美国 Freerport 矿业公司的 Jerrit Canyon 选金厂采用空气氧化、氯化浸金法处理含砷的碳质金矿石，氯化时间 18h，矿浆浓度 55% 左右，温度 $49 \sim 54℃$，氯气平均耗量为 17.5kg/t，金浸出率达 94%。

秘鲁和法国报道了一种金的盐水浸出法新工艺，即用高浓度的 NaCl 溶液和 H_2SO_4，同时以 MnO_2 作氧化剂，在溶液中产生元素氯。在水溶液的作用下后者就能很快溶解金。

南非投产了一座大型水氯化法处理重选金精矿试验厂，精矿在 800℃ 下氧化焙烧脱硫，焙砂在通气的盐酸溶液中浸出，金的浸出率高达 99%。

在国内，广州有色金属研究院在山东乳山金矿进行了水氯化法（次氯酸）的工业试验，金浸出率 94%。

湖南有色冶金研究所对龙山砷锑金硫精矿进行过研究，先将锑浸出，脱锑渣采用焙烧脱砷，焙渣采用 $FeCl_3$ 浸出，金的浸出率达 98% ~99%，浸出渣中金含量从 3 ~5g/t 降到 0.75 ~1.5g/t。与氰化法相比，金的浸出率提高 4% ~6%。

北京矿冶研究总院对从贵州苗龙砷、锑、硫、碳含量较高的细粒嵌布金矿石中所得的含 Au65g/t 的浮选金精矿，对其焙烧脱除杂质后的焙砂采用水氯化法浸出，金浸出率达 9.48%，浸出时间仅为氰化浸出时的 5%。

5.2.2　溴化法

溴化法作为非氰浸金法同氯化法相似，因为卤素变为卤离子时氧化电位高，足以溶解金，而且溴离子是 Au^+ 和 Au^{3+} 的强配位体，从热力学上来说，有利于浸金反应的发生。金在溴及溴化物中的溶解反应如下：

$$2Au + 3Br_2 + 2Br^- = 2[AuBr_4]^- \qquad (5-36)$$

含溴的溶金剂在美国等 20 世纪 80 年代末已获得专利，但是直到近些年由于环保和矿石性质变化等原因，才开始重新进行认真的研究。1990 年前后，加拿大和澳大利亚等国相继发表了很多文章，宣称要以生物浸出－D 法和 K－浸出法等溴化浸出法与氰化浸出法相抗衡。

在生物浸出－D 法中，采用了一种称之为 Bio－D 的浸出剂，由美国亚利桑那州的 Bahamian 精炼公司于 1987 年研究成功。它是一种由溴化钠与氧化剂配置的浸出剂，提金速度快，能在较低温度下进行，可用于弱酸性至中性溶液中，其稀溶液无毒，试剂易再生，并具有生物降解作用，多数矿石浸出 2.5h 就可达到 90% 的浸出率。

K－浸出法是由澳大利亚 Kalias 公司发明的，实质是利用一种采用溴化物作浸出剂的新工艺，可在中性条件下从矿石中浸金。

另据报道，美国亚利桑那州的 Bahamian 精炼公司于 1987 年开发了一种浸出金银矿石的新方法，用于替代氰化法。使用的浸出剂实质上就是溴化钠和卤素。

溴化法提金浸出速率快，其溶金速度远超过氰化法，为王水溶解的几倍。对 pH 变化的适应性强，无毒，可循环利用，而且药剂费用低，与氰化法相近。但溴化法提金工艺仍处于开发试验阶段，用于工业生产也还需要做不少工作，但仍是一种有前途的新型溶金剂。

5.2.3 碘化法

碘是一种氧化性很强的氧化剂，碘化物是一种浸金的优良配位剂，用碘作浸出剂和用溴作浸出剂的浸金过程应该是一样的。

据俄罗斯贵金属勘探研究院对金的阴离子配合物 $[AuX_2]^-$（X 为阴离子）的稳定性比较表明：$CN^- > I^- > Br^- > Cl^- > SCN^-$，金碘配合物强度比金氰配合物差，但比溴、氯、硫氰化物要强，在卤素元素中，$[AuI_2]$ 配离子在水溶液中最稳定。同氰化物相比，碘是无毒药剂，因此，研究用碘及碘化物溶液从矿石中浸金是合适的。

碘化法浸金过程一般在弱碱性介质中进行，设备防腐易于解决，加之药剂用量少，污染轻，是非常有前景的金浸出方法。但是碘化浸金的研究起步较晚，无论是理论研究还是浸金工艺研究，都很不完善、很不系统，有待深入研究。

我国有学者对贵州戈塘金矿碳质矿样进行了分选和碘化浸出试验。该矿样中载金矿物分散，既有硫化物、氧化物、有机物载金，又有脉石矿物载金，金的嵌布粒度极细。对该矿氰化直接浸出金的浸出率不足 50%，用碘和碘化物（碘化钾、碘化钠和碘化氨）溶液浸出，金的浸出率最高可达 95%，浸出时间 4~6h。

5.3 金的微生物浸出

人类对微生物浸矿技术的认识和深入研究是从 1947 年美国人 Colmer 自氧化亚铁硫杆菌从矿山酸性矿坑水中分离、鉴定及证实其浸矿生物化学作用（细菌的氧化作用）开始的。

自 1958 年美国利用微生物浸铜和 1966 年加拿大利用微生物浸铀的研究及工业化应用成功之后，已有 30 多个国家开展了微生物在矿冶工程中的应用研究工作。而且继铜、铀、金的微生物湿法提取实现工业化生产之后，钴、锌、镍、锰的微生物湿法提取也正由实验室研究向工业化生产过渡。我国对微生物浸矿技术方面的研究是从 20 世纪 60 年代末开始的，并已先后在铀、铜等金属的生产应用中取得成功。

金的微生物浸出包括两个方面，一是微生物直接浸出，即利用微生物及其代谢产物直接溶浸矿石中的金；二是微生物氧化，即利用微生物其代谢产物来氧化、分解含金黄铁矿、砷黄铁矿等硫、砷化合物，从而使呈显微、亚显微状嵌布于其中的金解离出来，有利于进一步回收金。对后一内容的理论与实践将在难浸金矿石的预处理中论述。

微生物直接浸金基于氨基酸、肽、核酸素等对金有一定的溶解作用。一般采用生物制品的水解改性剂及微生物发酵产物浸金。

5.3.1 氨基酸类浸金试剂

最简单的生物有机物是氨基酸，它广泛存在于食品、饲料和医药工业的下脚料中，如甘氨酸、组氨酸等。氨基酸类分子的特点是分子中含有氮氧两个配位原子，从热力学上看，它们可以与金形成有利的可溶配合物，因此可以作为浸金试剂。在氨基酸与金相互作用时，生成了 $[AuA_2]^-$ 配合阴离子，以乙氨酸为例，金按下列反应式进行的溶解：

$$2Au + 4NH_2CH_2COOH + 2NaOH + O_2 === 2Na[Au(NH_2CH_2COO)_2] + 3H_2O \qquad (5-37)$$

配合物中金的配合是通过羧基阴离子（离子键）和氨基酸的氨基氮（供体-受体键）实现的：

$$\left[\begin{array}{c} H_2C-H_2N \quad NH_2-CH_2 \\ \searrow \quad \swarrow \\ O=C-O-Au-O-C=O \end{array}\right]$$

氨基酸浸金也必须在适合的氧化剂存在的条件下进行。一般情况下氨基酸浸金的最好氧化剂是高锰酸钾，它可以使氨基酸部分氧化为胺类化合物，并且破坏阻碍金溶解的碳水化合物。

生物有机浸金剂来源广泛，成本低，无环境污染，对就地浸出和堆浸提金有发展潜力。工业试验表明：氨基酸及腐殖酸的堆浸成本比氰化物略高，但明显地比硫脲低。

5.3.2　金的细菌浸出

1900 年伦格维茨发现金同腐烂的植物相混合时，金会溶解。当时他认为，金的溶解是植物被氧化而生成硝酸和硫酸的结果。后来，马尔琴在考察象牙海岸的露天金矿时发现，矿井水中的活菌能够溶解脉金，并使其迁移和再沉淀。

六十年代初，法国人巴列斯用细菌浸出红土矿物中的金，在 pH 值为 8，经 280 天的半工业性试验，金回收率为 82%。浸出液中金的最大浓度为 1.5mg/L。

前苏联等国研究结果表明，微生物巨大芽孢杆菌等细菌及其代谢产物——各种氨基酸能有效地从矿石中溶解金。用巨大芽杆菌、肠膜芽孢杆菌等细菌浸出细粒浸染金 2~3 个月，浸出液中金浓度达到 1.5~2.15mg/L。分析这些细菌的代谢产物发现，起培养液中氨基酸达 2% 以上。用紫外线照射诱变后，浸金能力增加了 3~5 倍，原因是诱变菌珠的代谢产物中积累了更多的氨基酸。

对于微生物直接浸金的机理，目前的研究结果是：有些微生物能浸出矿石的金，是因为这些细菌能分泌大量的氨基酸。在碱性和酸性溶液中，用电泳分离纯的或载金的蛋白质，发现蛋白质和金形成带正电或负电复合物。这些复合物通过氨基酸基团的氮原子连接。这与用红外光谱分析氨基酸和金形成的复合物获得的结果是一致的。在碱性溶液中，甘氨酸、丙氨酸、缬氨酸和苯丙氨酸通过氨基和羧基与金离子连接。在组氨酸中，金和氨基酸的复合物是通过氨基和咪唑环的氮原子连接的。由此可见，微生物浸出矿石中的金，与微生物细胞成分蛋白质和碳水化合物、微生物的代谢产物氨基酸有关，特别是和其中的氮原子有直接的关系。

参 考 文 献

[1] S. N. 格罗捷夫，范先锋. 金生物浸出的现状和前景 [J]. 国外金属矿选矿，1995，07：15~16.
[2] 唐林生，傅丽荣. 非氰浸金剂研究进展（上）[J]. 中国化工，1995，05：31~32.
[3] 唐林生，傅丽荣. 非氰浸金剂研究进展（下）[J]. 中国化工，1995，06：46~47.
[4] 钟平，黄振泉. 氯化提金方法与工艺的研究和应用 [J]. 江西化工，1996，04：18~22.

[5] 赵文焕. 强化氯化法提取金银工艺研究 [J]. 湿法冶金, 1996, 01: 24~33.

[6] 钟平, 胡跃华, 黄桂萍, 黄振泉. 氯化提金研究和工艺应用现状 [J]. 赣南师范学院学报, 1997, 06: 64~69.

[7] 熊英, 郑存江, 柏全金. 生物制剂浸金试验研究 [J]. 有色金属矿产与勘查, 1997, 05: 53~54.

[8] 张丽霞. 盐酸溶液中金的溶剂萃取与精炼 [J]. 湿法冶金, 1998, 02: 16~20.

[9] 刘宝剑, 毛学锋. 黄金提取工艺综述 [J]. 西北师范大学学报 (自然科学版), 1998, 01: 106~111.

[10] 李桂春, 卢寿慈. 非氰化提金技术的发展 [J]. 中国矿业, 2003, 03: 1~5.

[11] 李民权, 关玉蓉. 氯化浸金机理研讨 [J]. 黄金, 2003, 02: 35~38.

[12] 苑玉洁, 雷建卢. 难浸金矿石处理研究进展 [J]. 三门峡职业技术学院学报, 2003, 01: 70~73.

[13] 王玉棉, 李军强. 微生物浸矿的技术现状及展望 [J]. 甘肃冶金, 2004, 01: 36~39.

[14] 宋永辉, 兰新哲. 含硫试剂提金研究的几点思考 [J]. 有色金属, 2004, 01: 66~69.

[15] 刘升明, 王淀佐, 孙体昌, 陈景河. 微生物浸金的研究现状与展望 [J]. 矿产综合利用, 2004, 06: 24~28.

[16] 鲁顺利. 非氰化法提金工艺研究现状 [J]. 云南冶金, 2011, 03: 32~36, 41.

[17] 钟俊. 非氰浸金技术的研究及应用现状 [J]. 黄金科学技术, 2011, 06: 57~61.

[18] 金创石, 张廷安, 牟望重, 郑大录, 曾勇, 蒋孝丽. 液氯化法浸金过程热力学 [J]. 稀有金属, 2012, 01: 129~134.

[19] 王中海, 周源, 钟洪鸣, 田树国. 微生物浸矿技术发展现状 [J]. 金属矿山, 2007, 08: 4~6.

[20] 白成庆. 非氰浸金试剂的应用现状及发展 [J]. 矿业快报, 2008, 12: 12~17.

[21] 吕进云, 李桂春. 几种典型的非氰提金法研究进展 [J]. 现代矿业, 2009, 08: 11~13, 43.

[22] 徐家振, 符岩, 金哲男, 裘治华, 赵永, 奚英洲. 氯酸钠氯化提金的研究 [J]. 材料与冶金学报, 2002, 01: 77~80.

[23] 王金祥. 生物技术与黄金选冶 [J]. 有色矿山, 2002, 03: 50.

[24] 刘庆杰, 尹淑云. 氯化提金生产实践 [J]. 有色金属 (冶炼部分), 2000, 01: 25~26, 33.

[25] 彭阳, 严国俊. 微生物浸矿菌群的选育及培养 [J]. 广东化工, 2013, 01: 65~66.

[26] 胡杰华, 黄丽. 难浸金矿生物堆浸工艺若干控制要点浅析 [J]. 黄金科学技术, 2013, 01: 78~81.

[27] Г. Г. Минеев, 张教五. 微生物和化学溶剂浸出金的工艺原理 [J]. 黄金, 1985, 05: 35~37.

[28] 裘荣庆. 微生物提取金银的研究与应用 [J]. 国外金属矿选矿, 1991, 04: 18~23.

[29] 中南矿冶学院冶金研究室. 氯化冶金 [M]. 北京: 冶金工业出版社, 1978.

[30] 黎鼎鑫, 王永录. 贵金属提取与精炼 (第2版) [M]. 长沙: 中南大学出版社, 1990.

思 考 题

1. 含硫提金试剂分为哪几大类型? 简述每种试剂在提金过程中的优缺点。

2. 从氯化物的含金溶液中沉淀金的方法有哪些? 对其进行举例分析。

3. 影响卤素提金效果的因素有哪些? 其作用机理是什么?

4. 试分析金的微生物浸出方法最突出的特点有哪些?

6 难处理金矿的选冶方法

【本章提要】 本章主要讲述了难处理金矿的类型与难选冶的原因，对焙烧氧化法、加压氧化法、化学氧化法和生物氧化法等难处理金矿氧化预处理工艺进行了详细的介绍。同时也简单介绍了氨氰助浸、加温加压助浸、机械活化浸出、富氧浸出和过氧化物助浸等强化氰化工艺，以及非氰化浸出工艺的基本原理及研究现状。本章重点是：难处理金矿的类型与难选冶的原因、焙烧氧化法预处理工艺基本原理、工艺特点与应用、加压氧化法基本原理、工艺特点与应用、强化氰化与非氰化浸出的基本原理。

随着金矿的大规模开采，易开采的砂金矿和易浸的脉金矿石日渐减少，复杂难处理金矿将成为今后黄金工业的主要资源。据统计，复杂难处理金矿占世界黄金总储量的 60% 以上，世界黄金总产量的 1/3 左右是产自难处理金矿，随着黄金工业的发展这一比例必将进一步升高。在我国已探明的黄金储量中，30% 以上为难处理金矿。因此，难处理金矿的选冶技术成为当前黄金工业的关键问题。

6.1 概 述

6.1.1 难处理金矿的类型

难处理金矿石一般都具有难选或难冶的特性，这类矿石在开发或利用过程中，依靠常规的或者单一的选冶技术方法很难有效地提取金银及其他有益元素，往往要采用多种选冶方法组成复杂的工艺流程来提取。难选冶的金矿石主要是一些复杂多元素共生矿、贫矿，同时还表现出几个特点，一是传统加工生产工艺复杂，流程长，且金银综合回收率不高；二是选冶过程影响因素多，生产波动性大；三是生产成本较高，经济性欠佳；四是工艺技术受环保政策限制。

对于难处理金矿的类型划分并没有统一标准，根据难处理金矿的工艺矿物学特点及其难处理的原因，难处理金矿资源大致可以分为以下三种类型：

（1）微细浸染型金矿。此类矿石金矿物粒度非常细小，金以微细粒和显微形态包裹于非硫化脉石矿物（硅石或碳酸盐）或者金被包裹在硫化矿物（黄铁矿和磁黄铁矿等）中，此类矿石通过磨细也不能使包裹的金粒与氰化药剂接触。在被脉石包裹的金矿石中，通常金属硫化物含量少，约为 1% ~2%，嵌布于脉石矿物晶体中的微细粒金占到 20% ~30%，采用常规氰化提金或浮选法富集，金回收率均很低。金被包裹在硫化矿物（黄铁矿和砷黄铁矿等）中，是最大的一类难处理金矿石。尤其是含砷的硫化物包裹型金矿中，金与砷、硫嵌布关系密切，砷与硫为金的主要载体矿物，而砷、硫等却是对氰化浸出有干扰的有害元素，金的氰化回收率低于40%，属于极其难处理金矿。

（2）碳质金矿。该类金矿中含有天然的碳质物料、球状的黄铁矿和其他黏土物料以及有机碳等组分，在金氰化浸出时，这些活性炭型的有机碳组分会抢先从矿浆中吸附金氰配合物，金氰配合物被上述有机碳从溶液中所劫持，从而难以使金氰配合物完全进入溶液，降低金的回收率。矿物中碳存在形式不同，对金氰配合物的吸附能力不同，对氰化浸出的影响也就有大有小。

（3）复杂多金属硫化矿型金矿。这类金矿常与铜、锌、锑、汞等硫化矿物及其氧化矿物共生，这类矿石属于易选难冶型资源，硫化物是金的主要载体矿物，通过浮选较容易混合富集，但很难经济地分选出单一硫化精矿，只能富集得到混合金精矿，通常含有砷、锑及铜、铅、锌等金属元素，这就给下一步的提金工艺带来很多困难，在氰化浸出时，这些多金属矿物会与氰化药剂作用，导致大量消耗氰化物，恶化浸金效果，同时给综合回收氰化后尾渣中铜、铅、锌等有价元素增加了难度，尤其是高砷、高硫及含锑、含碳的多金属硫化矿石，它们是最难处理的金矿石之一。

6.1.2　难处理金矿难选冶的原因

难处理金矿石之所以难处理，矿石中金的赋存状态、伴生元素及其共生关系等工艺矿物学特性是其根本原因，究其原因有矿物学、化学和电化学三个方面：

（1）工艺矿物学方面原因

1）矿石中的金嵌布粒度极细，矿石中大多数金以显微或次显微甚至晶格金的形式存在，金与硫化物生成的固溶体，或者金被黄铁矿、砷黄铁矿、黄铜矿等硫化矿物包裹甚至是被石英、碳酸盐、硅酸盐等非硫化脉石矿物包裹，这类矿物不仅可能因为没有载体矿物不易浮选富集而且由于金矿物粒度极细，采用常规磨矿方法将其磨细也无法使金解离出来，造成氰化物不能与金矿物接触。

2）矿石中含有机碳、黏土类、泥类矿物，这类矿物不仅容易污染金的表面，恶化氰化浸出过程或浮选富集过程，而且往往因为其属于"劫金"矿物。由于"劫金"物的存在，会在浸出金的同时吸附金的配合物，导致已溶出的金吸附在这些矿物上，形成"劫金"现象，降低了金回收率。如有机碳、石墨、腐烂的植物纤维、石油页岩等，特别是石墨类的有机碳，有人称这种碳为"劫金碳"。

3）矿石中含有与浸出药剂作用很慢或者阻碍浸出药剂作用的矿物，如某些硫金矿、碲银金矿、碲锑金矿、碲铜金矿等金矿石，这些金矿石中的金呈硫化金矿物形式存在，它们与氰化物的作用很慢，方金锑矿、黑铋金矿等就很难溶解，而富含银的银金矿易形成硫化银包裹层，阻止氰化液渗入，故含这些金矿物的矿石就很难用常规的工艺进行选冶。

（2）化学方面原因。某些金矿石含有砷、锑、汞、铜、锌等的硫化矿物及其氧化产物等有害杂质，在氰化浸出时，这些矿物多不稳定，在氰化液中有较高的溶解度，与氰化物发生作用，大量消耗氰化物、溶解氧和碱，生成阻碍金浸出的沉淀或氧化膜，同时使氰化物溶液迅速"疲劳"，如铜金矿石会消耗大量的氰化物，磁黄铁矿、半氧化硫铁矿等易氧化硫化物都是耗氧物质，含铁矿物碱性浸出时在金粒表面生成氢氧化铁薄膜，含铜矿物形成次生薄膜，阻碍金溶解。

（3）电化学方面原因。由于金矿石中不仅含有金，还含有其他金属矿物，尤其是金矿中含有硫、铋、锑等导电矿物时，金会与碲、铋、锑等导电矿物生成一些化合物，锈蚀金、汞、铋等，使金的阴极溶解被钝化，致使矿石选冶处理困难。另外，导电的金属硫化矿物在氰化过程中与金粒接触时，也会引起金的溶解钝化，降低金的溶解速度。只有采取措施将导电的硫化矿物转换成非导电的氧化矿物，才能使金较完全溶解。

难处理金矿石难选冶的原因是多方面的，这些原因造成的后果可以归结为三种：一是浸出药剂受到阻碍，无法直接接触到目的矿物金，使金无法顺利溶解；二是矿石中的干扰元素与金争夺浸出药剂或氧；三是劫金效应的影响，溶解后的金重新被吸附。某一金矿石只要符合上述一个原因，就属于难处理金矿石的范畴，在生产实践中，构成难处理金矿难选冶的原因很多，即难处理金矿中大多属于"双重"或"多重"难处理金矿。因此要想获得较高的回收率和经济指标，必须首先弄清楚金矿石难浸的原因，针对这些不同原因造成的不同后果再结合矿石本身的性质，采取不同的方法来处理这些难选冶金矿石。

6.1.3 难处理金矿的主要处理方法

上世纪 90 年代以来，黄金选冶技术步入快速发展的轨道，取得了喜人的成绩，主要表现在三个方面：一是对常规的提金工艺技术的深入研究和完善；二是新工艺、新技术、新设备、新材料和新药剂的研究和开发；三是选冶技术与物理、化学、生物学等相关学科的有机结合，并在技术上实现新的突破，并取得了可供工程化应用的成果。难选冶金矿石的主要处理方法大致有三类：氧化预处理后浸出、强化氰化浸出和非氰化浸出。

（1）氧化预处理后浸出。难处理金矿石氧化预处理是从物料自身出发，通过改变矿物原料的物理化学性质实现提高难处理金矿石金的回收率，通过预氧化处理氧化包裹金的硫化物，去除砷、锑、有机碳等妨碍浸出的有害杂质，改变矿物的理化性能，形成多孔状物料，使浸出药剂有机会与金粒接触，从而使金易于浸出。因此氧化预处理的实质是破坏包裹金矿物的晶体，使被包裹的金暴露出来，能与浸出药剂接触。有三种途径可以达到使金与包裹体解离的目的：一是通过氧化作用使包裹金的硫化物氧化；二是通过超细磨打开包裹；三是利用其他方法造成难处理金矿石颗粒产生裂缝和扩展裂纹。这三种途径都可以使金暴露，根据这三种途径，主要的预处理方法有：焙烧法、加压氧化法、生物氧化预处理、化学氧化处理、微波氧化处理、超声波处理、超细磨处理等。

（2）强化氰化浸出。强化氰化浸出是根据浸出动力学原理及影响浸出的因素，从浸出的外部工艺条件入手，采取不同于常规氰化的技术措施来强化金的浸出过程，从而提高金的回收率，以有效地回收难处理金矿石中的金。强化氰化浸出的主要方法有：吸附浸出、富氧助浸、药剂助浸、加压浸出、加温浸出、搅拌强化、多段浸出、高浸出药剂浓度浸出等。

（3）非氰化浸出。非氰化浸出则是采用非氰浸出剂替代氰化物从难处理金矿石中浸出金。非氰化浸出的主要方法有：硫脲法、氯化法、硫代硫酸盐法、石硫合剂法、溴化法、多硫化物法、碘化法、类氰化合物法、生物制剂法、有机腈法、Haber 法等。

6.2 难处理金矿氧化预处理

难处理金矿石中金通常以极微细的状态被硫化物、砷化物或者脉石包裹，而且在浸出金的过程中被砷及其他有害元素干扰，用传统的氰化浸出不能有效的回收金，金的浸出率一般为10%～50%，因此在浸出提金之前必须对难处理金矿石进行预处理，消除有害元素的不良影响，同时使金能够解离出来，以便常规氰化工艺能够有效地回收金。已经工业化应用的氧化预处理工艺主要包括四种：焙烧氧化法、加压氧化法、化学氧化法和生物氧化法。

6.2.1　焙烧氧化法

焙烧氧化法是在高温鼓气的条件下破坏包裹金的硫化矿物，使其分解为多孔的氧化物，让包裹其中的金充分暴露出来而有利于浸出。焙烧氧化法是最传统的预处理方法，在20世纪初期就已投入到工业化生产，一直作为处理高砷硫金矿等难处理金矿资源的主要手段，世界各主要产金区几乎都仍有为数不少的企业在使用这种预处理方法，焙烧氧化法是一种技术可靠、操作简单、适应性强的预处理方法，既可用于原矿处理，亦可用于精矿处理。焙烧氧化的方法主要有：传统氧化焙烧法、循环沸腾炉焙烧法、加氧焙烧法、固砷硫焙烧法以及微波焙烧法。

6.2.1.1　焙烧氧化工艺的基本原理

根据金矿石含砷的高低，焙烧氧化工艺可选用一段焙烧法或二段焙烧法，对于含砷低的金矿石（或精矿），选用一段焙烧法脱除硫和碳；对于含砷高的矿物，一般采用两段焙烧工艺，根据砷和硫的升华温度不同，在一、二段控制不同的温度实现先脱砷再脱硫，第一段在较低温度下（450～550℃）控制弱氧化或中性气氛焙烧脱砷和部分硫，砷黄铁矿、黄铁矿转变成磁铁矿和磁黄铁矿，得到低砷含量的焙砂；第二段在较高温度（650～750℃）氧化性气氛中氧化彻底脱硫和碳，磁铁矿和磁黄铁矿转变成赤铁矿。因此两段焙烧法又称为中性－氧化二步焙烧法。难处理金矿石（或精矿）两段焙烧原则流程示于图6－1。

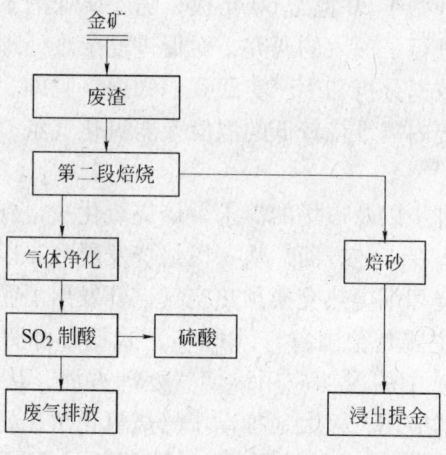

图6－1　难处理金矿石两段焙烧原则流程

难处理金矿石焙烧时，随着温度、气氛及矿物组成不同，可能发生的主要化学反应为：

$$3FeS_2 + 8O_2 = Fe_3O_4 + 6SO_2 \qquad (6-1)$$

$$4FeS_2 + 11O_2 = 2Fe_2O_3 + 8SO_2 \qquad (6-2)$$

在氧气不足和450℃左右的条件下，砷黄铁矿中的砷转变为气相形式的硫化物或氧化物，三价砷氧化物在25.900℃范围内是以二聚体As_4O_6形态存在：

$$3FeAsS \Longrightarrow FeAs_2 + 2FeS + AsS \qquad (6-3)$$

$$12FeAsS + 29O_2 \Longrightarrow 4Fe_3O_4 + 3As_4O_6 + 12SO_2 \qquad (6-4)$$

在有氧和600℃以上的条件下，砷黄铁矿和黄铁矿中的砷和硫升华为As_4O_6和SO_2的形式：

$$16FeAsS + 12FeS_2 + 45O_2 \Longrightarrow 14Fe_2O_3 + 4As_4S_4 + 24SO_2 \qquad (6-5)$$

$$As_4S_4 + 7O_2 \Longrightarrow As_4O_6 + 4SO_2 \qquad (6-6)$$

6.2.1.2　焙烧氧化工艺特点

氧化焙烧工艺适应性强，几乎能处理含各种有害杂质的金矿，尤其是对含有机碳的矿石更具有针对性强的特点，同时可以综合回收砷、硫等伴生元素，但是该工艺的操作控制要求严格，尤其是温度的控制，温度是焙烧过程中最重要的控制条件，温度低于500℃，就会造成硫化矿氧化不完全的"欠烧"现象，温度高于700℃会发生"过烧"现象，生成熔融结晶体，出现二次包裹，"欠烧"和"过烧"都会影响到金的回收率。由于焙烧过程会产生大量的二氧化硫和三氧化二砷等有害气体，随着环保要求的提高，该工艺收尘系统复杂，废气的治理成本高，因此其应用范围受到限制。

6.2.1.3　焙烧氧化技术的研究与应用

焙烧氧化预处理仍是难处理金矿石最常用的预处理方法之一，因此各国学者对焙烧理论和工艺的研究也较多。科研工作者通过对砷黄铁矿的焙烧行为和$Fe-As-S-O$的平衡关系的分析研究，得出了焙烧温度对金氰化浸出率的影响规律：砷以固态形式留在焙砂中不是以五氧化二砷的形式存在，而是通过氧化铁直接与焙烧气氛中存在的三氧化二砷和氧化体进行多相反应生成砷酸铁把砷固定下来，因此氧化铁对砷的固定极其重要。

我国含砷金矿预处理开始于20世纪60年代，随着矿业的不断发展，研究人员对焙烧的机理、热力学及工艺等进行了深入的研究，对促进复杂难处理金矿的开发利用起了很大的推动作用。通过热力学数据分析和生产实践我们知道：脱砷、脱硫需要有不同的温度和氧化氛围要求，脱砷的系统内需维持较低的温度及弱氧化气氛，脱硫系统则要求较高的温度和氧化性气氛。

随着科学技术的不断进步以及市场的需求，焙烧氧化法得到了新的发展，焙烧工艺和设备都取得了丰硕的成果。在工艺方面，从一段焙烧发展到二段焙烧甚至多段焙烧，从利用空气焙烧发展到富氧焙烧和烟尘热交换预热空气，开发出了循环沸腾焙烧和固化砷硫焙烧新工艺；在设备方面，主要是德国鲁奇（Lurgi）式循环沸腾炉和瑞典波立登公司研制成功的密闭收尘系统在金矿中的成功应用；烟气处理方面，从直接排空到收砷制酸后排放。这些新工艺和新设备的应用，极大地推动了焙烧氧化法在处理含砷难处理金矿上的应用。美国的Big Springs金矿和Jerritt Canyon金矿采用的是两段焙烧，日处理量分别达到1100t和4000t，印度尼西亚的PTNMR、澳大利亚的Gidji、美国的Gortez金矿、Newmont ROTP等企业用的都是原矿循环沸腾焙烧，Fuller则采用的是闪速焙烧工艺。

采用焙烧氧化预处理技术是国内最常见的处理难处理金精矿的生产工艺。1986年我国第一座50t/d氧化焙烧工艺在山东国大黄金股份有限公司建成投产。一段焙烧可以处理铜或多金属的复杂金精矿，但不能处理含砷难浸金精矿。2002年5月，山东国大黄金冶炼厂采用国内研发的技术，在原一段焙烧工艺的基础上，改造建成了我国第一座二段沸腾焙烧工艺的黄金冶炼厂，用来处理含砷难处理金精矿。2004年，山东烟台恒邦冶炼股份有限公司引进瑞典波立登公司二段焙烧处理含砷金精矿专利技术，潼关中金冶炼有限责任公司也从瑞典奥图泰引进了该技术。二段焙烧的应用得益于瑞典波立登二段焙烧技术的引进消化和国内技术的自主研发，其处理对象是高砷-高硫的复杂金精矿，同时可以回收硫酸和砒霜。

我国已有12座以上的焙烧冶炼厂采用流态化床的沸腾焙烧方式处理复杂金精矿，这些冶炼厂的焙烧工艺既有一段焙烧，也有二段焙烧。其中：采用一段焙烧工艺的总生产能力达4100t/d以上，采用二段焙烧提金的生产能力达到1000t/d以上；正在规划建设一段或二段焙烧氧化的生产规模达500t/d以上。国内主要采用焙烧氧化预处理金精矿的冶炼企业见表6-1。

表6-1 我国主要采用焙烧氧化预处理金精矿的冶炼企业

企业名称	规模/t·d^{-1}	技术来源	焙烧段数
山东国大黄金冶炼厂	800	国内科研单位与企业合作开发	
山东恒邦黄金冶炼公司	860	国内技术开发	
河南中原黄金冶炼厂	800	国内设计院与企业合作开发	
河南灵宝黄金冶炼厂	850	国内技术开发	一段焙烧
灵宝开源黄金冶炼厂	150	国内技术开发	主要处理
灵宝博源黄金冶炼厂	150	国内技术开发	含铜硫复杂金精矿
河南金源晨光黄金冶炼厂	150	国内技术开发	
潼关中金冶炼公司	150	国内技术开发	
山东国大黄金冶炼厂	150	国内研究院与企业合作开发	
山东恒邦黄金冶炼公司	380	瑞典波立登引进+消化吸收	
潼关中金冶炼公司	200	瑞典奥图泰引进技术	二段焙烧
招金星塔黄金冶炼厂	100	国内研究院合作开发	主要处理
紫金矿业黄金冶炼厂	200	国内研究院合作开发	含砷高硫复杂金精矿
青海大柴旦矿业公司	300	国内研究院合作开发	
中南黄金冶炼公司	200	引进消化技术	

另外我国针对低硫化物、含砷、含碳、微细粒包裹型金矿石的原矿直接焙烧技术也取得了重大成果。长春黄金研究院研发出内循环式沸腾焙烧炉，并采用欠氧高温焙烧、砷硫固化自洁和焙砂固气交换余热利用技术，形成了具有完全自主知识产权的原矿干式磨矿、沸腾焙烧、氰化炭浆法提金的新工艺。利用此技术在贵州省黔西南州紫木凼金矿建成了年处理33万吨含砷难处理金矿石的焙烧提金生产厂，该原矿经沸腾焙烧预处理后，金浸出率由直接氰化的低于10%提高到82%以上，原矿中砷的固化率达98%以上，硫的固化率达90%以上。

微波焙烧是根据在微波场中有用矿物和脉石矿物的升温速率不同，选择性加热有用金属矿物，使不同矿物之间形成明显的局部温差，利用产生的热应力使矿物表面产生裂隙，有效地增加有用矿物的反应面积和促进有用矿物的单体解离，有效打开包裹于其中的微细金颗粒。微波焙烧技术有了很大的研究进展，加拿大艾玛（EMR）微波公司1994年研制开发了微波焙烧含砷难处理金矿石的工艺，并建成日处理10t的微波焙烧厂进行了半工业化试验，并取得了较好的效果。我国对微波焙烧技术的研究开展的较早，1997年长春黄金研究院与吉林大学等单位合作，对乌拉嘎金矿金精矿进行了较系统的微波焙烧试验研究，同年河北沙坡峪金矿进行了20t/d的微波焙烧工业试验，另外四川某金矿对含As 1.12%、含碳2.87%的难处理金精矿进行了多条件微波焙烧试验，常规氰化金浸出率达到86.5%。

传统的焙烧法具有一定的优势，但从长远来看该技术受硫酸市场波动、砷回收后的处置与销售以及国家节能减排对烟气总排放量等因素的制约和限制也越来越明显了，同时有些金属如银的回收率较低也使其在综合回收方面存在缺陷。

6.2.2 加压氧化法

加压氧化法的基本原理是在高温高压、有氧的条件下，加入酸或碱利用化学力破坏分解矿石中包裹金的硫、砷化合物或钝化有害部分，使金暴露出来易于氰化浸出，达到提高金氰化回收率的目的。通常情况下，操作条件为温度200℃，氧分压500kPa，物料停台时间为45~200min。加压氧化处理工艺已是较广泛采用的有效的难浸金矿预处理方法。加压氧化预处理不仅可以处理低硫金精矿，而且能够直接处理原矿石。加压氧化处理工艺根据氧化介质不同有酸性介质和碱性介质两种工艺，世界上已建成投产的加压氧化预处理工厂大多在酸性介质条件下进行。

6.2.2.1 加压氧化工艺的基本原理

加压氧化工艺分为酸性加压氧化工艺和碱性加压氧化工艺。酸性加压氧化是基于在高温高压下，通过在酸性介质中黄铁矿、毒砂等硫化矿物与氧发生一系列反应，使矿物发生氧化而将金矿物暴露出来。硫化矿物的氧化程度取决于工艺过程的压力、温度、氧气流量和矿浆浓度等因素。酸性加压氧化通常在温度170~225℃、总压力1~3.2MPa、氧分压350~700kPa条件下操作，设备采用衬铅或耐酸砖衬里的多室碳素钢制成的卧式高压釜，在60~180min内可使硫化物基本达到完全氧化。

碱性加压氧化是在腐蚀性较小的碱性体系中通入高压氧完成对金形成包裹的毒砂等硫化矿物的破坏分解，适合处理高碳酸盐含量、低硫化物含量的难处理金矿石。一般在温度100~200℃、总压力>3MPa条件下操作。因此根据物料性质不同，可以选择采用酸性加压氧化工艺还是碱性加压氧化工艺，当原料为酸性或弱碱性时，采用酸性加压氧化法。当原料为强碱性（含CO_3^{2-}>10%，S<2%）时，采用碱性加压氧化法。难处理金矿石的加压氧化预处理原则流程见图6-2。

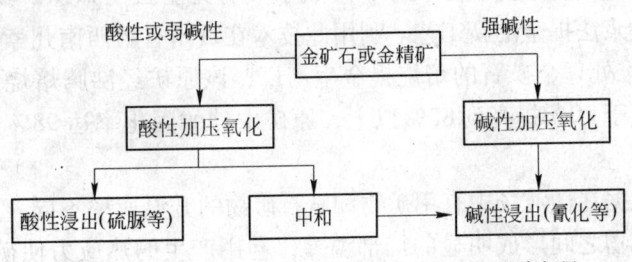

图6-2 难处理金矿石的加压氧化预处理原则流程

在酸性加压氧化过程中，黄铁矿和毒砂等硫化物在硫酸介质中氧化分解，生成 $FeAsO_4$，Fe_2O_3，$Fe(OH)SO_4$ 等沉淀物，主要的化学反应如下。

$$2FeS_2 + 7O_2 + 2H_2O \Longrightarrow 2FeSO_4 + 2H_2SO_4 \tag{6-7}$$

$$4FeSO_4 + 2H_2SO_4 + O_2 \Longrightarrow 2Fe_2(SO_4)_3 + 2H_2O \tag{6-8}$$

$$4FeS_2 + 15O_2 + 2H_2O \Longrightarrow 2Fe_2(SO_4)_3 + 2H_2SO_4 \tag{6-9}$$

$$2FeAsS + 6.5O_2 + 3H_2O \Longrightarrow 2FeSO_4 + 2H_3AsO_4 \tag{6-10}$$

$$2FeAsS + 3.5O_2 + H_2SO_4 + H_2O \Longrightarrow 2FeSO_4 + 2S + 2H_3AsO_4 \tag{6-11}$$

$$2FeAsS + 7O_2 + H_2SO_4 + 2H_2O \Longrightarrow 2H_3AsO_4 + Fe_2(SO_4)_3 \tag{6-12}$$

$$7Fe_2(SO_4)_3 + FeS_2 + 8H_2O \Longrightarrow 8H_2SO_4 + 15FeSO_4 \tag{6-13}$$

$$2H_3AsO_4 + Fe_2(SO_4)_3 + 4H_2O \Longrightarrow 2FeAsO_4 \cdot H_2O + 3H_2SO_4 \tag{6-14}$$

$$Fe_2(SO_4)_3 + 3H_2O \Longrightarrow Fe_2O_3 + 3H_2SO_4 \tag{6-15}$$

$$Fe_2(SO_4)_3 + 2H_2O \Longrightarrow 2Fe(OH)SO_4 + H_2SO_4 \tag{6-16}$$

$$3Fe_2(SO_4)_3 + 14H_2O \Longrightarrow 2(H_2O)Fe_3(SO_4)_2(OH)_6 + 5H_2SO_4 \tag{6-17}$$

在碱性加压氧化过程中，黄铁矿、毒砂等硫化矿物被氧化成硫酸盐及赤铁矿等化合物。主要的化学反应如下。

$$2FeS_2 + 7.5O_2 + 8NaOH \Longrightarrow Fe_2O_3 + 4Na_2SO_4 + 4H_2O \tag{6-18}$$

$$2FeAsS + 10NaOH + 7O_2 \Longrightarrow Fe_2O_3 + 2Na_3AsO_4 + 2Na_2SO_4 + 5H_2O \tag{6-19}$$

由以上反应式可以得出，无论是酸性还是碱性加压氧化，生成的产物都较稳定，不会造成污染，反应生成的沉淀物组成及性质、砷和铁的沉淀率与原矿组成性质以及操作的温度、压力、矿浆液固比等参数有关。另外，在反应过程中应注意避免元素硫的产生，据报道加压氧化在温度为 $100 \sim 160 ℃$ 时可能形成单质硫，而硫在温度为 $120 \sim 160 ℃$ 区间时呈熔融状态捕集包裹未反应的硫化物，阻碍硫化物的进一步氧化，从而会影响金的浸出率，当温度超过 $160 ℃$ 时，硫会进一步氧化为硫酸，因此高温高氧分压有利于抑制单质硫的产生，反应温度最好控制在 $160 ℃$ 以上。

6.2.2.2 加压氧化工艺技术特点

加压氧化工艺除了对含有较高有机碳的原料处理效果不好之外，对各种矿石和精矿的适应性都很强，对物料组成敏感性低，无论硫、砷品位高低以及有害干扰杂质元素锑、铅的多少，该工艺都可以适应。加压氧化工艺是一种湿法工艺流程，反应速度快，预氧化时间短，通过加压氧化作用，氧化黄铁矿和毒砂后的产物都是可溶的，反应较为彻底，金的回收率较高，氧化过程不产生烟气污染问题，产生的废渣以较为稳定的砷酸盐沉淀形式存在，环保风险小，属于环境友好型工艺。但加压氧化工艺存在一个缺点，即尚无合适的工艺综合回收利用砷、硫矿物，同时在预氧化过程中由于银总是损失在黄钾铁矾中造成银回收率较低，而且要注意控制温度和氧分压，避免元素硫生成，对设备材质要求高，投资大，生产成本高，因此加压氧化工艺更适合规模大或者品位高的大型金矿，具体规模应根据实际情况从经济角度进行测算，一般来说处理能力应在 $1200t/d$ 以上。

6.2.2.3 加压氧化技术的研究与应用

加压浸出工艺最早由俄国的科学家在 1889 年提出，并应用于 NaOH 浸出铝土矿，在 20 世纪 50 年代中期，美国化学工程公司（Chemical Construction）、美国氰胺公司（Amebean Cyanamid）和美国 Sherritt Gordon 公司在该领域做了大量研究工作，开发了加压氧化工艺技术，并将该技术应用于有色金属的提取。自60年代以后，加压浸出技术已用于铝、铀、铜、钨、镍、钴、锰和锌等多种金属的提炼工艺。加压氧化工艺成功应用于难处理金矿工业生产也只有不到30年的历史，1985年美国加利福尼亚州 Homestake 矿业公司的麦克劳林（Mclaughlicn）金矿，建立了世界上第一家采用加压氧化预处理工艺的工厂，用于处理含砷硫难处理金矿石，日处理矿石2700t。含金5.8g/t、硫3%的黄铁矿型金矿石细磨后，在进入高压釜前用洗涤氧化矿浆得到的酸性液处理，使物料中的大部分碳酸盐分解，然后进入3台直径4.2m、高16.2m的高压釜中加压氧化，在温度160~180℃、氧分压140~280kPa、停留时间90min的条件下氧化，硫的氧化率达到85%以上，预处理后再进行氰化浸出，金回收率达90%以上。自此，美国、加拿大、巴西、希腊和巴布亚新几内亚等国家先后建立了至少15家以上的加压预氧化厂投入运行，加压氧化法也成为一种重要的难处理金矿预处理工艺。世界上主要的加压氧化法处理难选冶金矿的工厂如表6-2所示。

表6-2 世界上主要的加压氧化法处理难选冶金矿的工厂

工　厂	国　家	介质	原料	设计能力/t·d^{-1}	投产年份
Mclaughlicn	美国	酸性	原矿	2700	1985
Sao Bento	巴西	酸性	精矿	240	1986
Mercur	美国	碱性	原矿	680	1988
Getchell	美国	酸性	原矿	2730（一期）	1988
Getchell	美国	酸性	原矿	1360（二期）	1990
Gold Strike	美国	酸性	原矿	1500（一期）	1991
Gold Strike	美国	酸性	原矿	10000（二期）	1993
Porgera Joint Venture	巴布亚新几内亚	酸性	精矿	2500	1991
Campbell Red Lake	加拿大	酸性	精矿	70	1991
Olympias	希腊	酸性	精矿	315	1990
Lihir	巴布亚新几内亚	酸性	原矿	9500	1997
Lone Tree	美国	酸性	原矿	2500	1994
Nerco Con	加拿大	酸性	精矿	100	1992

加拿大、美国、俄罗斯等国家对加压氧化工艺开展了较为深入研究，加拿大化建公司、美国氰胺公司、加拿大雪特研究中心以及前苏联都有诸多关于含砷金矿石及精矿的加压氧化方面的报道。我国新疆阜康镍冶炼厂、金川有色金属公司、吉镍公司和云南澜沧铅锌矿都已经成功地将加压氧化技术应用到提取镍和锌的领域，这标志着我国加压氧化技术已经基本成熟。

在含砷难处理金矿的加压氧化预处理方面，北京有色冶金研究院、长春黄金研究院、中科院化工冶金研究所、核工业北京化工冶金研究院等研究机构都对此做了大量工作，并取得一定的成果。我国北京化冶所在酸性加压氧化工艺方面做了大量工作，在较低压力下氧化，Au浸出率达99%。广东有色金属研究院对广东莲花山钨矿含As 20.2%、Co 0.96%、Au 6g/t的砷钴尾矿，采用酸性加压氧化，Au浸出率可达81.75%。中南大学就武山铜精矿进行碱性热压处理,可使精矿残砷<0.2%。1997~1999年,长春黄金研究院与核工业北京化工冶金研究院合作,采用原矿碱性加压氧化－釜内强化氰化提金工艺,在温度为100~140℃,用压缩空气替代纯氧,从吉林省浑江金矿难处理的金矿石中回收金,强化氰化浸出时间仅用20~60min,金浸出率由常规氰化24h浸出的45%提高到92%。2002年6月山东金翅岭金矿采用压热催化氧化预处理－氰化提金(COAL法)的工厂建成,日处理100t含砷难处理金银精矿,经过一年多的改进,该工艺于2003年10月通过技术鉴定。该工艺体系不受原料含砷量和含锰量限制,最高含砷量和含锰量分别可达22%和16%,工艺在硫酸(50g/L)介质条件下以硝酸(7g/L)为氧化催化剂,氧气为氧化剂,以多基团大分子网络表面活化剂SAA为活化调节剂,实现了在温度95~100℃、压力0.4MPa的工艺生产条件下催化氧化酸浸(国外的加压氧化酸浸工艺要求温度180~2200℃、压力2.2MPa),金回收率达到95%以上,压热催化氧化预处理－氰化提金的工厂虽然已经在金翅岭金矿投产,尽管该工艺的核心设备高压釜和基建投资分别约为国外的1/14和1/10,但基建投资和生产成本还是比较高,在处理单一金矿方面还很难与其他工艺竞争,但是在处理高品位多金属精矿方面具有较强的优越性。

通过对FeAsS－H_2O体系的Eh－pH图分析,在整个pH范围,由于毒砂氧化的电极电位很低,所以用一般的氧化剂(如空气)就能将其氧化分解,而与毒砂相比,黄铁矿氧化的电位较高,比较难以氧化,因此硫化矿物的氧化过程中应重点考虑黄铁矿的行为。研究还发现矿物中碳酸盐可用循环矿浆中的酸性液体中和,从而降低了反应釜排放气体中的二氧化碳含量。相对增加进釜的固体含量以及降低进釜矿浆的硫含量、热值含量,可以最大程度的防止元素硫的产生和团聚。加压氧化一般要求Fe^{3+}达0.5g/L以上,因为在反应釜中三价铁离子具有催化黄铁矿分解的作用,为保证Fe^{3+}浓度,H_2SO_4浓度要达到20g/L以上。

为了提高加压预氧化后银的回收率,可在80~95℃温度下用石灰对氧化矿浆进行常压处理,这样可在氰化前使含铁氧化物的硫酸盐转化为氢氧化铁和石膏。这样做不仅使大部分银从银铁矾或其他黄钾铁矾中解离出来,同时还能提高金的回收率。澳大利亚Dominion矿物公司研发了超细磨－低温低压氧化难处理金矿石技术(Activox)。该技术通过超细磨(5~15μm),提高矿物表面活性,降低压力,从而使反应釜材质、防腐问题变小,是一项比较有发展前途的技术。今后加压氧化工艺仍需进行完善和补充,主要围绕改进高压釜及其附属设备,浸金工艺由两步法改为一步法以及低温低压碱性预氧化等方面开展工作。

尽管加压氧化预处理工艺是一种处理含砷难选冶金矿石行之有效的工艺,但是需要高温、高压,对设备和技术要求高,而且投资规模大,因此其处理高品位、多金属复杂难处理金精矿时更有优势。

6.2.3 化学氧化法

化学氧化法又称水溶液氧化法,是一种在常压下利用化学试剂处理难浸金矿的预处理方法,通常是用强的氧化试剂来氧化含金矿石,沉淀矿浆体系中已溶解的有害组分或者去除金粒表面的覆盖膜等,使金暴露解离,常用的化学试剂包括石灰、硫化钠、氯气、硝酸、氢氧化钠、硫化铵、三氯化铁、氯化铵、硝酸铅等,主要适用于含碳质和含砷的黄铁矿金矿石。常用的化学氧化处理方法有:氯化氧化法、次氯酸盐法、碱预处理法、硝酸氧化法、过氧化物法（PAL 法）、电化学氧化法等。

6.2.3.1 硝酸氧化法

硝酸氧化法是一种以硝酸作催化剂，在低温、低压条件下氧化砷黄铁矿和黄铁矿的预处理方法。硝酸氧化法又可细分为 HMC 法、阿辛诺（Arseno）法、瑞道克斯（Redox）法、尼巢克斯（Nitrox）法。HMC 法始于西澳大利亚。Arseno 法是由阿辛诺（Arseno）矿冶公司研究成功的在低压低温条件下从难选冶含砷金矿石和精矿中提取金的一种工艺。Arseno 法不同于加压氧化法，它是一种催化氧化法，是为处理含砷矿物发展起来的，对矿物中含硫量不很敏感。Nitrox 法基本是一种常压氧化工艺，即在常压和 90℃温度下，用硝酸处理含砷难浸金矿石 2 ~ 3h，就可以使物料中存在的铁、硫、砷和其他贱金属完全氧化，金的浸出率可达 90% 以上。Redox 法 1994 年开始工业化应用，是 Arseno 法在高温下操作的延伸与发展。Arseno 法、Nitrox 法和 Redox 法这三种工艺都是利用氮的氧化物使硫化矿氧化分解，然后对氧化剂再生，其主要区别在于 Nitrox 法是氧化后先进行石灰中和沉淀，之后进行 NO_x 分离，而 Arseno 和 Redox 法是先分离 NO_x 后沉淀。

1994 年 7 月，哈萨克斯坦的 Bakyrchik 金矿在世界上首次工业上采用高温 Redox 法处理金精矿，生产能力为 0.5t/h，金总回收率达到 88%。巴布亚新几内亚的怀特道格金矿采用 Arseno 法在 100℃和 500kPa 的条件下将金精矿氧化后再进行氰化，金浸出率大于 90%。前苏联研究用硝酸处理含砷金矿后浸渣氰化，金回收率可达 95% 以上。我国中南大学在化学常压催化氧化含砷难浸金矿方面做了大量的研究工作，研究采用各种添加剂对多种含砷难浸金矿经过氧化预处理，金的浸出率可达到 98% 左右。针对甘肃舟曲微细浸染型高砷金矿石，长春黄金研究院采用在 HNO_3 3mol/L，氧压 0.8kPa、温度 100℃条件下氧化后氰化浸出提金，金总回收率为 86.18%。陕西庞家河金矿的原矿和精矿在温度 80 ~ 90℃低压硝酸催化氧化后加压氰化，金浸出率均达 92%。用稀硝酸处理含硫金精矿，添加 $(NH_4)_2S$ 溶剂可以很好地解决氧化过程中单质硫的生成，氰化金的浸出率由 66% 提高到 85.8%。硝酸氧化法的缺点是酸耗量较大，我国广东有色金属研究院用硝酸氧化法处理新疆哈图金矿的金精矿，硝酸耗量为每吨精矿 639kg，即使增加硝酸回收工艺，硝酸耗量也达每吨精矿 470kg。

6.2.3.2 电化学氧化法

电化学氧化法是一种湿法冶金过程，它以一定的电解质体系作为介质，通过电极反应氧化含砷硫化物的金矿。它的电解质体系通常是导电性较强的硫酸、硝酸、盐酸、苛性钠等溶液。用电化学氧化法的处理含砷金矿石的目的就是使矿物生成砷酸铁和硫酸铁，从而把包裹在硫化物中的细粒分散金充分解离出来。砷黄铁矿和黄铁矿的化学稳定性与所用溶剂的性质有关，在碱性溶液中氧化时，电极电位改变最小，电能消耗最低，有利于这两种矿物的氧化。前苏联用 NaOH 溶液作为砷黄铁矿的电化学氧化浸出液，在 NaOH 浓度为 2.5 ~ 3.75mol/L，溶液温度不超过 50 ~ 60℃的最佳条件下氧化含砷金精矿，可浸出 72% ~ 78% 的砷黄铁矿。对于不同的矿物，浸出速度取决于电解槽容积、溶液含氧量、阳极电流密度、矿石的粒度及成分。某品位为 10g/t 的金矿石，在电压 6.8V，电流 0.75 ~ 1.0A 条件下处理 10min，金浸出率可达到 84%。这主要是因为在电场的作用下，含金黄铁矿和砷黄铁矿的微观结构会发生变化，矿物的孔隙率提高了 2 ~ 6 倍，从而使金易于浸出。俄罗斯已进行了每批次 500kg 规模的电化学预处理扩大试验，澳大利亚 Linge 用含 Au 128g/t、

FeAsS 63%、FeS$_2$ 21%、NiAsS 8% 的原料进行了砷黄铁矿电化学氧化试验研究。阴极与阳极被离子隔膜隔开，阳极在矿浆浓度 10%、HCl 0.1mol/L、NaCl 3mol/L 和温度 60~70℃ 的条件下反应产生氯气，氯气与水反应生成次氯酸，进而对矿物进行氧化并同时溶解金。阴极为 0.1mol/L 的 NaOH，反应产生碱和氢气，碱可作为副产品销售。在硝酸法中为避免元素硫的生成，须在高温或高压下氧化矿物，而采用电化学氧化则可以避免高温和高压。澳大利亚 Flatt 和 Woods 通过在温度为 20~80℃，HNO$_3$ 为 0.22mol/L 的条件下，控制阳极电位为 1.5V(vs. SHE)，避免了元素硫的生成。

一般认为，电化学能够强化难浸矿石和精矿的分解过程，可以处理含砷较高的金矿，使金的回收率大幅提高。电化学氧化通过电位调控可以避免硝酸氧化法中元素硫的生成，无需在高温高压下作业，同时氧化速度较快，不会带来大气污染，因此电化学法的研究受到了科研工作者的重视，但该方法尚存在较多的局限性，还处在试验阶段，有待于在实际工作中进一步研究和完善。

6.2.3.3 碱浸预处理

碱浸预处理是在氰化浸出前向碱性矿浆中预先充气，使一些影响氰化浸出的矿物如硫化铁、毒砂、辉锑矿和可溶性硫化物等充分氧化，减少或者消除对后续氰化工艺的干扰，对于含金的毒砂矿物来说，碱浸预处理使其表面氧化形成砷酸盐化合物，碱浸预处理常用的药剂有 NaOH、KOH、Ca(OH)$_2$ 以及氨水等。一般来说加碱预氧化－氰化工艺对有机碳含量较高的金矿石不太适用。

由于碱预处理在生产实践中便于操作和实施，因此国内外不少学者对其进行了试验研究工作，取得了一定的成果。前苏联对难浸含金硫化精矿细磨至 −40μm 后，再用氢氧化钠或氢氧化钾碱法处理分解，取得了较好的效果，通过试验得出 NaOH 最佳用量为 200kg/t 精矿，采用 Na$_2$CO$_3$ 和 Ca(OH)$_2$ 的混合物的效果要比单一使用 NaOH 效果好，碱的消耗量取决于精矿中砷和硫的含量。针对巴布亚新几内亚的波尔盖拉金精矿采用碱法预处理后，金的浸出率由常规氰化的 25%~30% 提高到 60%~70%，同时发现使用 NaOH 比使用 Na$_2$CO$_3$ 或 Ca(OH)$_2$ 的效果好，我国对含铜、碳、铅、砷等对氰化浸金有害的元素的某难选氧化矿进行了研究，试验采用氨浸预处理后氰化浸出，可使金浸出率提高 68.37%。

氨浸也是碱浸预处理的一种，在氨浸体系中 As 以 As^{5+} 离子状态进入溶液并转变成 AsO$_4^{3-}$ 离子，进而可以生成难溶于水的 NH$_4$CaAsO$_4$ 沉淀出来，溶液中产生的硫代硫酸盐 (S$_2$O$_3^{2-}$) 和硫氰酸盐 (SCN$^-$) 可以将 Au 溶解后进行回收。夏光祥等对氨浸法预处理进行了比较系统的研究，通过硫氨法脱砷－氨性催化氧化－氰化法处理甘肃坪定金矿石及贵州丹寨金精矿，经预处理后金的氰化浸出率分别达到 85% 及 80%~85%，取得了较满意的效果。广西大学对贵港含砷 8.41%、含金 75.80g/t 的高砷金精矿进行了碱浸除砷预处理氰化提金试验研究，金的浸出率最高达到 87.1%，试验中还发现碱浸反应的进行很大程度上决定于动力学性质，而常温常压碱浸过程又主要受扩散控制。中国科学院金属研究所研制成功了具有自主知识产权的含砷难浸金矿常温常压强化碱浸预处理提金新工艺，采用该工艺对我国十余种典型难处理金矿石预处理试验后，矿石中砷转化率一般在 90% 以上，硫氧化率 20%~40%，金浸出率从预处理前的 8%~20% 可以提高到 93%~98%，并且已成功在丹东建立了 10t/d 的示范线，开展工业化试验研究。该工艺的特点是充分利用塔式磨浸机的超细磨机械活化和强化碱浸过程中砷硫的选择性氧化原理，在塔式磨浸机的机械活化作用以及搅拌的强化作用下，在常温常压下引发砷硫矿物在高温高压下才能发生的氧化反应，实现脱砷脱硫使金单体解离，达到预氧化目的，然后再进行氰化提金。该工艺具有技术新颖，指标先进的特点，为难处理金精矿预处理提供了一条新的途径，但是工业化应用还需进一步深入研究。

化学法碱浸预处理技术在国内已有了工业化应用。2003 年紫金矿业公司贵州水银洞金矿 300t/d 采用化学法碱浸预处理 – 氰化提金工厂投产，该厂采用的是福建紫金矿冶设计研究院提供的技术，直接用氢氧化钠氧化分解硫、砷矿物，主要处理含 Au 13g/t、As 3% ~ 6%、Sb 0.025% ~ 0.075%、Cu 0.025% ~ 0.075%、S 48% ~ 53% 的卡林型金矿石，金的综合回收率超过 90%，氢氧化钠单耗约为 70kg/t。

化学法碱浸预处理的工艺流程简单，不需要高温高压，由于在碱性溶液中反应，对设备防腐要求相对较低，因此基建投资较低。但因为是在氢氧化钠介质中氧化和溶解硫化物，碱浸预处理过程需要消耗大量的氢氧化钠，而且预处理时间长、氧耗量大引起电耗大，生产成本相对较高，只有矿石中含硫很低，而金又主要赋存在硫化物中时才适用这种工艺。

除了上述介绍的三种化学氧化法之外，还有不少其他的方法，这些方法虽然在试验室研究或半工业试验研究中都获得较好的效果，但进入工程化应用尚需解决许多技术经济问题。

6.2.4　生物氧化法

生物湿法冶金技术（Biohydrometallurgy）是在微生物、空气和水等天然物质组成的体系中，利用微生物的作用将矿物中有价金属以离子形式溶解到浸液中直接提取，或将矿物中有害元素溶解并除去以有利于有价元素的回收，是一种矿业、冶金及生物工程等多学科交叉形成的新型技术方法。它是近二、三十年发展起来的一种新的生物技术。生物冶金技术的研究与应用领域主要包括铀、镍、铜、锌等金属矿物的提取以及煤矿、铝土矿的脱硫、脱硅。生物冶金技术在黄金领域中主要用于含砷难处理金矿资源的氧化预处理，即生物氧化预处理提金技术。

6.2.4.1　生物氧化预处理基本原理

生物氧化预处理是利用化能自养的嗜酸微生物对硫化矿物的氧化能力，将包裹微细金颗粒的硫化矿物氧化分解，致使金颗粒呈裸露状态留存于氧化后的渣中，以利于更有效地进行氰化或采用其他方法浸出提金，也避免了其他预处理工艺产生有害废气和能耗高等缺点。因此研究生物氧化预处理含砷难选冶金矿对提高氰化提金的适应性有着极其重要的意义。

细菌氧化是一个化学氧化、细菌氧化及原电池反应同时发生的复杂过程，细菌氧化硫化矿物的作用有三种类型：直接作用、间接作用和复合作用。直接作用是指浸矿细菌附着在矿物表面上直接氧化矿石中的硫化矿物；间接作用是由细菌代谢过程中产生的硫酸高铁和硫酸对硫化矿物的氧化；复合作用并不是一种新的作用，而是指细菌浸出过程中直接和间接作用同时存在的情况。细菌氧化过程中可能的反应如下：

直接作用：

$$2FeS_2 + 7.5O_2 + H_2O \Longrightarrow Fe_2(SO_4)_3 + H_2SO_4 \qquad (6-20)$$

$$4FeAsS + 13O_2 + 6H_2O \Longrightarrow 4H_3AsO_4 + 4FeSO_4 \qquad (6-21)$$

间接作用：

$$FeS_2 + Fe_2(SO_4)_3 === 3FeSO_4 + 2S \qquad (6-22)$$

$$4FeAsS + 4Fe_2(SO_4)_3 + 5O_2 + 6H_2O === 4H_3AsO_4 + 12FeSO_4 + 4S \qquad (6-23)$$

$$2FeSO_4 + H_2SO_4 + 0.5O_2 === Fe_2(SO_4)_3 + H_2O \qquad (6-24)$$

$$S + 1.5O_2 + H_2O === H_2SO_4 \qquad (6-25)$$

生物氧化预处理是从自然界的微生物中优选出嗜硫、铁的浸矿菌株，对其进行适应性培养、驯化，在适宜的条件下，利用这些优选菌种新陈代谢的直接作用或代谢产物的间接作用，直接或间接氧化分解硫化矿物，分解后将包裹金的砷黄铁矿、黄铁矿等矿物成分以离子状态存在于溶液中，而金单体解离或者呈暴露状态留存于氧化渣中，为随后的氧化渣氰化提金创造有利条件，从而实现金的高效回收。同时，在氧化过程中进入溶液的有害元素砷、硫等形成相对稳定的无害盐类物质，经中和沉淀后堆存，对环境不产生污染。生物氧化预处理的原则流程见图6-3。

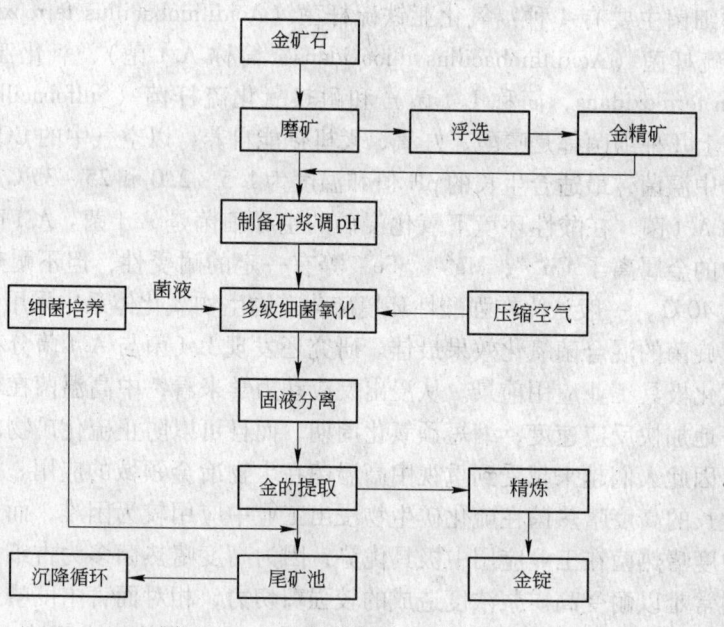

图6-3 生物氧化预处理的原则流程

6.2.4.2 生物氧化预处理工艺特点

与压热氧化或焙烧流程相比，生物氧化法基建投资比较低，其建设规模可大可小，生产工艺基本采用常规的矿物处理设备，生产使用的原材料容易供应，一般都可以就地解决，不需要高压、纯氧，能耗低、生产成本也比较低，生产工艺简单，运行稳定可靠，操作方便，能较快地掌握它的特性，有可能进一步降低成本、改善操作。细菌可以有选择地氧化砷黄铁矿，当矿石中金主要与砷黄铁矿共生时，在砷黄铁矿和黄铁矿混合的矿物中，只氧化砷黄铁矿就能使金解离，不需要氧化全部硫化物。氧化过程不产生硫、砷、汞等气体，不需要处理这些气体的环保设施，砷最后生成砷酸铁等氧化沉淀物进入尾矿库，比生成气体在环保上容易管理，对环境友好。但是由于在酸性溶液中氧化，氧化停留时间长、矿浆浓度低，因此需要容积很大的生物氧化槽，而且材质上需要防腐材料或内衬防腐材料，本身氧化过程是一个放热反应，细菌对温度要求较为苛刻，一般需要消耗额外的能量进行冷却。同时工艺要求连续性强，生产中出现的"误操作"可能会导致细菌大量死亡，需要较长时间（几个星期甚至更长）才能把细菌的生物量恢复起来。与焙烧氧化和压热氧化相比，对于含碳矿石（包括碳酸盐类型和有机碳类型）的适应性相对较差。

6.2.4.3　生物氧化预处理技术的研究与应用

针对难处理金矿的尤其是含砷难选冶金矿的细菌氧化预处理技术研究及工业化推广应用非常活跃，南非、澳大利亚、美国及加拿大等国家的研究及商业开发利用一直走在世界前列。

A　浸矿细菌

对生物预氧化过程起作用的微生物根据其适宜的温度范围主要可分为嗜温细菌组（Mesophile）、中度嗜热细菌组（Moderate thermophile）及高温嗜热菌组（Extreme thermophile）三组。可用于生物湿法冶金的微生物已报道的有 20 余种，工业生产中用于预氧化处理金矿石的细菌主要有 4 种：氧化亚铁硫杆菌（Acidithiobacillus ferrooxidans，简称 A. f 菌）、氧化硫硫杆菌（Acidithiobacillus thiooxidans，简称 A. t 菌）、氧化亚铁钩端螺旋菌（Leptospirillum ferrooxidans，简称 L. f 菌）和耐热氧化硫杆菌（Sulfobacillum thermosul fidooxidans）以上几种细菌都是嗜酸、好氧，无机化能自养，以空气中的 CO_2 为碳源，其中前三种均属于中温菌，最适合生长的 pH 值和温度为 1.5 ~ 2.0 和 25 ~ 35℃。其中使用最多的是 A. f 菌和 A. t 菌，在酸性环境下氧化浸矿的主导细菌是 A. f 菌。A. f 菌容易分离、培养，对溶液中的金属离子 Cu^{2+}，Mg^{2+}、Fe^{3+} 等有一定的耐受性，但不耐热，使用的温度一般不能超过 40℃。一般认为在强酸性环境硫化矿物生物氧化体系中采用氧化铁铁杆菌和铁氧化钩端螺旋菌的混合菌氧化效果最佳。研究还发现 L. f 菌与 A. f 菌分布广泛，对硫化矿物的生物氧化极具工业应用前景。从浸出反应动力学来看，中高温菌在较高温度条件下不仅可以显著地加快反应速度，缩短预氧化周期，而且可以防止硫化矿物的过度钝化而阻碍浸出反应，因此人们越来越受到重视中高温菌在生物冶金领域的应用。研究表明：高于 60℃ 环境下生长的高度嗜热菌在硫化矿生物浸出工业中应用较为困难，而最佳生长温度为 45 ~ 55℃ 的中度嗜热菌在工业应用中极具优势，因为高度嗜热菌多为古细菌，其大部分缺少细胞壁，通常难以耐受高矿浆浓度造成的较强剪切力，相对而言中度嗜热菌就具有较高矿浆浓度的耐受能力。澳大利亚 Bac Tech 公司培养出一种耐热温度可达 45.90℃，最适宜生存温度为 60℃ 的高温耐热菌，而且在缺氧条件下可以存活数小时，已完成该细菌的半工业试验，计划将在哈萨克斯坦采用该工艺建厂生产。我国中科院兰州化学物理所分离的 T -901 菌株和李雅芹等人花费 10 年分离的 MP30 菌株都为中度嗜热菌，能同时氧化铁和硫，氧化金属硫化物矿物最适宜温度为 45.50℃。为了适应北美气候，加拿大学者培育出了低温下高活性的 A. f 菌，其适宜的温度范围为 5.35℃，并对该 A. f 菌难处理硫化矿的低温氧化行为进行了研究。

细菌作为活的机体，一方面需要各种营养成分来保证自身的成长，另一方面又作为催化剂参与反应，因此优良菌种的获取是微生物技术的关键和核心。微生物赖以生存并繁殖的营养介质就是培养基，主要由 N、K、P 及微量元素组成。培养基有液体培养基和固体培养基之分。液体培养基主要用于粗略的分离和培养某种微生物，而固体培养基主要是用于微生物的纯种分离，常用的浸矿培养基有 9K 和 Leathen 培养基。国内外学者的研究表明浸矿菌的生物量与浸出速率和浸出率有明显的正相关性，细菌的活性、浓度和生物量（Biomass）直接影响着生物氧化的效果，因此不少学者通过对浸矿微生物营养学的研究试图促进生物冶金效率低的问题的有效解决。俄罗斯科学家将饲料工业废弃的胶原蛋白降解成制剂应用于冶金微生物浸矿过程中，对浸矿效果有良好的促进作用；在 BIOX 工艺的营养液中含有 5% 的酵母水解物。现阶段国内从微生物生长所需营养条件角度进行的研究较少。

浸矿细菌在使用前，需要进行在工业环境中各种条件下的适应性驯化，以使其尽快进入生长对数期，廖梦霞等人经过近 10 年的选育、分离、驯化，培育出了耐砷 18g/L 的高效浸矿工程菌株 Mdl。

生物氧化预处理过程是一个复杂的反应过程，需要依靠细菌来完成，其本质是细菌的生命活动。细菌所表现出的浸出机理是直接作用还是间接作用，都是由其内在的生理、生化特性决定的，用于生物预氧化难处理金矿的菌群数量以及细菌对硫化矿的氧化能力都受环境影响。由此可见，只有选用氧化能力强、繁殖速度快的菌株作菌种并保证细菌生长、繁殖环境，才能提高氧化速率及氧化率。

B 细菌浸出工艺及反应器

细菌浸矿根据菌液与矿石接触方式不同分为渗滤浸出和搅拌浸出两大类。对于生物氧化难处理金矿石的渗滤浸出和搅拌浸出这两种主要方式而言，搅拌浸出的周期短，浸出率高，但由于矿浆浓度不能过高造成需要的容积较大及投资大，操作成本较高，因此主要用于处理高品位矿石或金精矿。生物渗滤浸出在操作以及成本方面具有优势，但由于矿石颗粒大，通风条件不好、温度易变化等因素造成反应慢，处理效率低，反应周期长，即便使用精心设计的堆浸反应器，处理过程也需要数月。工业生产中，金属硫化矿的生物浸出主要采用搅拌浸出的方式进行。由于搅拌的剪切力作用使高效菌种难以附着在矿石表面或容易受到矿浆中矿物颗粒的撞击而损伤，解决措施的研究多集中在固定化细胞技术和反应器的改进两个方面。

高效反应器的设计和应用是提高生物冶金生产效率的关键，但在这方面的研究还处于发展阶段。生物氧化浸矿反应器内存在三相即液相、固相、气相。液相除了是固体矿物悬浮的载体，又是细菌的生长繁殖、固体颗粒的化学作用、固体颗粒与细菌的碰撞、金属离子的释出、氧和二氧化碳的均匀分布和有效溶解等几个单元过程发生的媒介；固相（硫化矿物）为细菌的生长提供能源；气相提供细菌生长所需的氧和生物合成所需的二氧化碳。这三相之间的相互作用，构成了生物浸矿反应器运行的基本影响因素。因此，生物氧化浸矿反应器的两个最重要的性能要求是良好的氧传质系数和柔和的搅拌条件，这是构成反应器设计的基础。

工业生产中最常用的反应器有搅拌槽式反应器（STR）、气升式反应器（ALR）和泡沫柱反应器（BCR），此外基于增加氧的传递速率（OTR），同时又只产生小到可以忽略不计的剪切力这两个原则开发的新型生物氧化浸出反应器有长槽式鼓气生物反应器、低能耗生物反应器、斜倾式（DIP）反应器及转筒式生物反应器（Biorotor）等。气升式反应器（ALR）具有构造简单和高效的气相混合分散及传热速率等优点。搅拌槽式反应器（STR）和泡沫柱反应器（BCR）由于其中的液体达到均匀流动状态，并在搅拌桨或喷淋头处产生不同的剪切力场，因而耗能较高，气升式反应器（ALR）能量耗散均匀，产生的剪切力小，适合微生物生长和在矿物颗粒表面的吸附。在达到相同气液传质速率的前提下，气升式反应器（ALR）比搅拌槽式反应器（STR）耗能低，而且投资费用也远低于STR。相比于泡沫柱反应器（BCR），气升式反应器（ALR）的内循环回路增加了热质传递能力，也减小了混合所需消耗的能量，在固体颗粒的悬浮方面优于BCR。

常用的生物反应器是搅拌槽式反应器（STR），通常是连续搅拌槽式反应器（Continuous Stirred Tank Reactor，CSTR）。采用的搅拌器也由早期径流型搅拌器改变为现在的轴流型搅拌器（即A315搅拌器）。为了提高细菌预氧化的矿浆浓度，研究中提出了一种间歇式生物氧化方式（Batch Biooxidation），采用这种氧化方式可以在矿浆浓度为40%甚至50%的条件下进行生物预氧化，适用于处理低品位硫的难浸金矿。生产实践中一般采用先并后串的方式连接生物反应器。

根据三相内循环流化床结构模型，科研工作者设计出试验室规模的气升式生物反应器。在气升式反应器中用从山东某酸性矿坑水中筛选驯化后的中度嗜热混合菌氧化预处理广西贵港某金矿高砷（As13.69%）难处理金精矿，取得了良好的效果，砷脱除率达到95%。

现在有学者提出将细菌繁殖和矿物氧化两个过程分开设计反应器，即分离氧化器—发生器设备。发生器是作为细菌培养单元设备，分离氧化器是矿物氧化单元设备，先在发生器中使细菌在最适宜的温度、酸度、搅拌强度、通气速度、金属离子浓度、矿浆浓度等条件下生长繁殖。然后在分离氧化器中用泵将细菌氧化生成的高铁生化溶液给入硫化精矿粉搅拌浸出槽，进行硫化矿氧化浸出。细菌培养单元的发生器主要有旋转生物反应器、流动床反应器和填充床生物反应器。旋转生物反应器和流动床反应器构造复杂而不易于工业化应用，而填充床反应器由于安装和操作相对简单而备受关注。根据生物氧化的间接性机制（Indirect Biooxidation），设计出小型难处理精金矿的氧化单元设备——硫酸铁浸出反应器，该反应器缩短了矿物的氧化周期和降低了操作成本。

为克服单级反应器的缺陷，有效解决高温条件下利用中温微生物A.f菌进行浸出这一现实矛盾问题，提出了生物—化学两级循环反应器。采用生物—化学两级循环反应器浸出甘肃坪定高砷（As 12.58%）难处理金矿石，该反应器预处理5d后的氧化渣金的氰化浸出率高达91.76%，比传统生物氧化法预处理10天后金的氰化浸出率还要高出11.45%。该试验研究确定了适宜的工艺条件，为今后利用生物—化学两级循环反应器大规模预处理难选冶金矿石打下基础。

生物氧化提金技术的研究与开发方向主要集中在：加强细菌氧化机理及浸矿动力学等理论研究，研究开发加快生物氧化速率，缩短生物氧化周期及提高浸出效率的技术措施，进一步加强对工业生产实践的指导作用；研制大型节能高效的生物氧化反应器，使细菌氧化设备系列化和大型化；通过遗传工程、基因重组、蛋白组学、诱变等生物手段来加快菌种耐热性、耐砷能力及对环境与复杂矿石适应能力的研究；围绕工业化应用推广，就如何提高工艺的可操作性、降低生产成本和综合回收进行研发，开发氧化液综合回收及环保处理的新工艺，提高自动控制水平，集成优化生物氧化预处理及提金工艺流程等。

难处理金矿除了以上4种主要的预处理方法外，还有真空脱砷法、挥发熔炼法、离析焙烧法、湿法常压分解法等其他预处理方法。从国内外难选冶金矿石预处理技术的应用和发展趋势分析，焙烧氧化工艺、加压氧化工艺、化学氧化工艺和生物氧化工艺将成为21

世纪难处理金矿资源的基本预处理工艺。这4种工艺都可以使被包裹的金解离出来以利于浸出提金，但是每种工艺又都有自身特点，因此在选择应用预处理工艺时，应根据所处理的矿石工艺矿物学特性，环保要求、经济效益及矿区地域等情况进行综合分析，充分考虑原料、产品市场需求及工艺的适应性。由于各种预处理工艺各有利弊，因此，难处理金矿石预处理的一个发展方向就是采用联合工艺。采用联合应用工艺在国内外都有了工业应用的实例，如巴西的 Sao Bento 金矿采用的就是生物氧化—加压氧化工艺处理含有碳酸盐及砷黄铁矿的金精矿，我国的山东金翅岭金矿采用了压热催化氧化—生物氧化工艺处理复杂多金属含砷金精矿。

6.3　强化氰化与非氰化浸出

难处理金矿氰化过程中普遍存在着浸出率低、速度慢的问题，为强化难处理金矿的氰化浸出过程，国内外进行了大量的研究工作，难处理金矿强化氰化工艺包括：氨氰助浸、加温加压助浸、机械活化浸出、富氧浸出和过氧化物助浸、添加重金属离子等。随着对氰化浸金理论的研究及各种高效设备的使用，难处理金矿强化氰化工艺较以前已有了很大的提高。

6.3.1　富氧浸出和氧化剂助浸

氧在氰化浸金中起了极其重要的作用。为提高金的浸出效果，应尽可能的改善供氧条件，采用加大充气量，充氧工艺，液氧工艺，由此延伸出了加氧炭浸工艺和加氧树脂浸出工艺，都能提高矿浆中溶解氧含量，从而提高金的溶解速度。

近几年来，通过将矿浆中充空气改为充氧以提高氧溶解浓度，从而强化氰化浸出过程，此方法称为富氧浸出提金工艺（CILO），在国内外已被广泛采用。实践证明：富氧浸出工艺只要5.6h就能得到与炭浸工艺（CIL）24～28h相同的浸出率。一般来说，采用富氧浸出工艺时，金浸出率可提高1%～3%，氰化物用量可降低10%～30%，从而提高浸出设备处理能力一倍以上，节省了建设投资，降低了生产成本。山东乳山金矿进行了矿石预氧化处理、阶段磨浸提金工艺研究。结果表明：在碱性介质中，用氧气或空气预氧化处理精矿，可消除伴生矿物的竞争干扰、降低氰化物消耗量、减少金表面的钝化和污染、缩短浸出时间、提高金的浸出率。河北东坪金矿采用充富氧工艺后，设备投资低161.6万元，总投资低216.5万元，且金回收率得到提高，年增效益5万元；陕西马鞍桥金矿采用富氧工艺后，炭浸工艺处理量扩大到500t/d，大大节省了基建费用和设备费用；河北省张家口金矿欲采用富氧炭浸工艺，将炭浆厂的生产能力扩大一倍。因此，富氧浸出是强化难处理金矿石浸出的有效方法。

氧化剂助浸工艺是指在浸出过程中使用各种氧化剂，但氧化剂必须满足一定的要求。首先，它不能与氰化物反应，在各种氰化物浓度下，它都必须能在溶液中很稳定的存在；其次，它必须在金的阳极溶解电位范围内具有氧化活性，而且要能与氰化反应产物共存；另外，它必须易溶、稳定而且不易被金的表面吸附，以免由此引起阳极钝化。

在各种氧化剂中使用较多的除氧外就是双氧水。双氧水对提高含高硫、高硫高铜和高硫含砷等多种硫化物金矿石的浸出速度和浸出率有明显效果。特别的，在使用双氧水助浸时，溶液中溶解氧的含量并不一定比充入纯氧时高，但仍能达到很好的助浸效果。这是因为：（1）过氧化氢直接参与溶金反应；（2）过氧化氢新分解出来的活性氧具有很强的反应活性，加速了浸金过程；（3）浸金过程的自由基反应机理认为，过氧化氢被催化分解出来的具有极强反应活性的自由基，促使了浸金反应的发生。

在过氧化氢存在条件下，金的氰化速率受 pH 的影响很大，温度对氰化过程也有重要影响。在使用 H_2O_2 和较高温度下进行氰化时，氰化速率受到氰化物迁移的限制，而在较低的温度时它受化学控制。在体系中加入合适的离子组分可提高 H_2O_2 活性、缩小金的钝化区域，从而提高金的氰化速率。澳大利亚 Pine Greek Goldfields 公司一家 4000t/d 规模的选矿厂采用 H_2O_2 助浸后，金的浸出率提高了 9%，氰化物耗量降低了 40%。南非东特兰士瓦的两个金矿选厂，采用 H_2O_2 助浸后，浸出 6h 就能达到原工艺浸出 24h 所能达到的浸出率，且浸渣中含金量从 1.1g/t 下降到了 0.3g/t。南非 Osprey 金矿采用 H_2O_2 助浸后，在一年多的生产期间金的回收率平均提高了 11.3%。我国广西龙头山金矿采用 H_2O_2 助浸后，金浸出率提高了 4.31%。北美某厂对浮选精矿进行氰化浸出，浸出 5~9d，金银的浸出率分别达到 98% 和 90%，而采用 H_2O_2 助浸后，只需原来 1/4 的时间，就可达到同样的金浸出率，银的浸出率也提高到了 98%。巴布亚新几内亚采用 CaO_2 作氧化剂处理一种金银矿石，加入 CaO_2 0.75~1.5kg/t 后，银的浸出率提高了 5%~30%，并可使氰化物用量降低 30%。澳大利亚昆士兰州 Selnyn 矿采用 Auplus 添加系统使金的浸出率明显提高，该系统使用过氧化氢和过氧化钙添加系统，很容易将氧化剂引入金的浸出系统。对某多金属石英脉含金矿石（主要金属矿物黄铁矿、黄铜矿、方铅矿、闪锌矿、赤铁矿、金银矿等）进行氰化浸出试验，分别采用 H_2O_2、CaO_2、$CaClO_2$、BaO_2、$KMnO_4$ 等氧化剂进行助浸。研究结果表明采用 BaO_2 作氧化剂效果最好，金、银的溶解随其添加量的增加而升高，而氰化物的消耗不变。

我国黑龙江省老柞山金矿 1995 年 12 月采用 H_2O_2 助浸取得较好效果，不仅节省氰化物，而且明显提高了金的浸出率。添加 H_2O_2 后，氰化物单耗降低了 0.5kg/t，金的浸出率提高了 1.7%，每年多产黄金 13.3kg。龙头山金矿针对其矿石中金的粒度较粗，用现有设备所能达到的浸出时间不能满足要求，导致金浸出率低的问题，进行了 H_2O_2 富氧浸出工业试验，金的浸出率可提高 4.81%，每年可增加经济效益 60.65 万元。

6.3.2 氨氰助浸工艺

氨氰浸金工艺是指在氰化时加入氨，使其在形成 $Au(CN)_2^-$ 的同时，使铜生成铜氨配离子 $Cu(NH_3)_4^{2+}$，此有利于金的浸出和铜的沉淀，从而减少氰化物的无益消耗。美国和澳大利亚相继报道过用该体系成功地从各种铜金矿石中选择性浸出金的例子。1986 年有一小型尾矿处理厂使用 NH_3/CN^- 体系浸出含铜金矿石，获得了成功。在毛里塔尼亚的 Akjoujt 工厂，使用 NH_3/CN^- 作浸出剂处理 Torco 离析焙烧厂的铜金尾矿。我国珲春金铜矿采用氨氰体系浸出，使金浸出率提高了 38.98%，铜浸出率仅为 2.02%。用氨氰体系对精矿进行炭浸，指标优于直接浸出。黑龙江省老柞山金矿采用氨氰浸金技术处理含铜金矿石（含铜 0.35%），在氰化钠用量降低的情况下，金回收率提高了 6.38%，既降低了氰化物的消耗，又大幅度提高了金的浸出率。研究过程中发现，在含有 Cu^{2+} 和氨的溶液中，氨对于金和铜的浸出速率只有很小的影响，而往氰化溶液中加入 Cu^{2+} 则明显降低了这两种金属的浸出速率，Cu^{2+} 和氨达到一适当比例时金的浸出速率明显提高，用电位 – PCN 图能说明氨和铜对氰化浸出的影响。巴西 CVRD 工艺中心对复杂铜金矿石进行了氨助浸试验研究。第一种工艺采用氨助浸氰化堆浸工艺，结果表明降低了氰化物耗量，增加了低品位金铜矿石的反应动力学；第二种采用氨浸浮选和减少氰化浸出组成的工艺，结果表明，在处理高品位铜金矿石时可使两种金属达到较高的回收率，经济上可行。

6.3.3 加温加压助浸工艺

加压氰化法是综合利用流体力学、空气动力学原理，在高压空气作用下，将压缩空气以射流状态均匀弥散到矿浆中，形成强力旋搅，使固、液、气三相充分接触，使浸出所需的氧气和氰化物迅速扩散到矿物表面发生氰化反应，缩短浸出时间，以显著提高金浸出率。

1978 年西德鲁奇化学冶金公司研究了加温加压—管道氰化浸出，浸出 15min 可使金浸出率达到 94% ~96%。加温加压浸出工艺的优点越来越被黄金工业生产所证实。在加温加压条件下金能迅速溶解，浸出时间仅 15 ~30min，且金的浸出率高，可处理复杂的含金矿石和难浸矿石，还能减少氧和氰化物的损耗。Filbast 气体剪切反应器是新研制的一种在线加压浸出系统。该反应器能产生非常高的剪切力，从而达到使金快速溶解所需的溶解氧浓度和压力。已有 4 个金矿正在使用 Filbast 工艺处理各种类型的矿石，包括几乎不能处理的含高活性磁黄铁矿、砷黄铁矿和形成高黏度矿浆的风化黏土矿石。

6.3.4 其他强化浸金工艺

6.3.4.1 机械活化浸金工艺

机械活化浸金工艺就是在磨矿的同时加入浸金剂进行氰化浸出。球磨能使金粒充分暴露且保持新鲜。在矿物原料细磨过程中，机械作用力所引起的物理化学过程与作用力强度及矿物特性有关，其结果导致矿物原料物理化学性质的变化，即机械活化作用。机械活化不仅能缩短工序，而且能改善浸出条件。球磨过程中的强烈搅拌，在动力学上有利于氰化浸出。

采用机械活化法处理含砷金精矿，在搅拌球磨机中同时进行硫化矿物的碱（NaOH）分解和金的氰化浸出，可使某含砷难处理金精矿金的浸出率达到 83.4%；而采用传统的氰化提金工艺金浸出率只有 5.6%，常规充气碱预处理后氰化金浸出率也仅有 15.8%。另外，该工艺的氰化浸出时间比常规氰化缩短近 3/4，只需 6h 即可完成。

1989 年中国科学院金属所研制出塔式磨浸机，对河北省某蚀变岩型氧化矿石进行了机械活化氰化提金工艺的研究。对粒度小于 3mm 的原矿石经 5h 的浸出，当磨矿粒度为 $-74\mu m$ 的占 95% 时，金浸出率可达 93.8%。可见机械活化浸金工艺能强化氰化浸出效果，有效缩短浸出时间。山西省五台殿头黄金冶炼厂采用 TW 型塔式磨浸机对含砷难浸金精矿进行机械活化氰化浸出，处理量为 30t/d，在磨矿细度 95% ~98% -400 目条件下，金浸出率提高了 8%，金回收率达 87% ~88%。该设备具有强化浸出、提高金浸出率的优点。辽宁省丹东振安金矿采用 TW – 10 – A 型塔式磨浸机，成功地提高了其二段磨矿细度和金氰化浸出率，氰化尾渣含金品位降至 0.2 ~0.3g/t，平均降低了 0.2g/t，金的浸出率提高了 4.8%，达到 92.9%～95.20%。吉林省桦甸金矿黄金冶炼厂使用 TW 型塔式磨浸机后表明，采用该设备使冶炼厂生产规模从 25t/d，90% - 200 目扩大到 50t/d，90% - 325 目，设备应用非常成功。TW 型塔式磨浸机运行平稳，操作简便，高效节能，同时能提高金浸出率，产出投入比较高。

6.3.4.2　重金属离子的影响

氰化物溶液中金溶解的钝化现象早已为人所知，一般认为金钝化可能是氰化过程中生成了 AuCN 配合物。在氰化物溶液中，不管是金的溶解或金的电解沉积，都明显有 $AuCN_{ads}$ 中间物产生，氰化物通过离金表面最近的碳以直线的形式吸附在金的表面。根据这一模型，如果氰化物由单分子配位体转化为二合配位体，并通过它的氮端连接相邻的金原子，金就会发生钝化。总之，在氰化物溶液中，金在溶解的过程中会发生钝化。国内外黄金工作者曾对添加重金属离子消除或抑制金钝化现象做了比较详尽的研究。

众所周知，在有铊、铅、汞和铋等重金属离子存在的溶液中，金在第一个阳极峰电位区的钝化受抑制。因此，为了保证高的浸金速率，通常在氰化浸金溶液中加入铅盐。事实上，在溶液中只要含少量上述金属就足以催化金（一般浓度小于 1mg/L）。在氰化物水溶液中，重金属离子对金的催化是由于它们能使 $AuCN_{abs}$ 聚合薄膜以某种方式分裂。还有一种观点表明，这些金属所起的催化作用并不是因为其本身具有催化特性，而是它阻止了中间产物或其他副产物的强烈吸附作用。这些物质由于具有很强的吸附作用，通过一种所谓的"自毒"机理抑制反应的进一步进行。对酸性溶液中金属如铋、铜、铅和铊等对氧在金电极上还原的影响的研究表明，铋使氧的还原速率提高了约 40 倍，而铊和铅的作用相对较弱，氧的还原速率提高不到两倍。

重金属离子在实际矿石浸出中应用最多的是铅盐。在氰化浸出前和浸出过程中添加铅盐有利于金的氰化过程和减少氰化物的耗量。如果在浸出过程中加入 200g/t Pb(NO_3)$_2$，可使氰化物耗量从 1.04kg/t 降低到 0.70kg/t；如果在氰化浸出前预浸时加入适量 Pb(NO_3)$_2$，也可降低氰化物耗量。由于 Pb(NO_3)$_2$ 能使钝化的金粒表面恢复活性，防止产生硫化金薄膜的钝化作用，同时沉淀可溶性的硫化物，降低矿浆中可溶性金属的含量。另外，在氰化浸金过程中铅盐能够作为氧化剂溶解金，生成的 $AuPb_2$ 合金覆盖在金的部分表面，与金形成原电池，促进金的溶解；但向氰化液中加入过多的铅盐将使原电池的作用停止或者阻止 CN⁻ 与 Au 的配合反应，导致 Au 的溶解速度急剧下降。

6.3.5　非氰化浸出

氰化法最大的缺点是氰化物的毒性无法克服，研究者们不断寻找新的高效无毒浸金试剂，以提高难处理金矿利用效率，并彻底解决氰化浸金的环境污染问题。非氰无毒无污染提金技术的开发及应用，将成为以后难处理金矿提金工艺发展的重点。

6.3.5.1　硫脲法

20 世纪 40 年代前苏联开始对硫脲浸金研究以来，硫脲浸金成为最有希望取代氰化法的一种方法，法国从 1977 年开始用硫脲法从锌焙砂中提取金银，墨西哥科罗拉多矿从 1982 年起采用硫脲法处理含金尾矿。我国研制的硫脲 - 铁板置换工艺已在广西某矿转入工业生产。因此可以认为，硫脲提金新工艺已开始由研究阶段进入工业生产阶段，其工艺过程也在日益完善。

硫脲浸金的优点是：（1）无毒性；（2）选择性比氰化物好，对铜锌砷锑等元素的敏感程度明显低于氰化法；（3）溶金速度快，比氰化浸出快 4~5 倍以上。缺点是：（1）硫脲价格昂贵，经济上竞争不过氰化法；（2）硫脲易于氧化分解，造成硫脲的耗量过大；（3）从贵液中回收金的工艺与锌粉置换工艺相比较复杂。虽然硫脲法近期内还很难替代氰化法，但硫脲法提金工艺的前景十分广阔。

6.3.5.2 氯化法

氯化法提金是在酸或盐的水溶液中加入氯气、次氯酸、氯酸盐等氧化性氯化物，使金生成金氯配离子溶出。

由于氯的活性很高，不存在金粒表面被钝化问题，因此一般情况下，金的浸出率高、浸出速度很快，且浸出原料丰富、便宜易得。这种方法更适于处理碳质金矿、经酸洗过的含金矿石、含砷精矿等。但氯化法在处理硫化矿时会有一部分或大部分硫化物溶解，氯气消耗量大，后面的处理工序也更复杂；同时，使用氯气生产环境差，对设备腐蚀严重。

6.3.5.3 硫代硫酸盐法

硫代硫酸盐法提金是基于金能与硫代硫酸盐形成稳定的配合物。硫代硫酸盐法具有浸金速度快、无毒、对杂质不敏感和浸金指标较高等优点，浸出一般在 50~60℃进行，为防止 $S_2O_3^{2-}$ 的分解需要加入 SO_2 或亚硫酸盐作稳定剂，浸出过程以氨水保证碱性环境，$Cu(NH_3)_4^{2+}$ 是常见的浸出催化剂，因此该法尤其适于含铜金矿石。硫代硫酸盐法存在的主要问题是：（1）硫代硫酸盐耗量高；（2）硫代硫酸盐的循环使用问题。

6.3.5.4 多硫化物法

多硫化物法是我国首创的新型无氰提金技术。在浸金过程中，多硫根离子 S_x^{2-} 具有氧化和配合的双重作用。多硫化物一般包括多硫化钠、多硫化钙等，它们适用于处理含砷、含锑的难处理含金硫化精矿。多硫化物的特点是无毒、易于合成、选择性强、浸金速度快、浸出率高，对高铅难浸金精矿可达到满意的效果，对顽固型金精矿适应性良好，也适用于低品位金矿石。同时，由于在碱性介质使用，对设备和材质要求不高。多硫化物法的主要缺陷是自身的热稳定性差，分解产生硫化氢和氨气，恶化生产环境，工业生产时对设备的密闭性能要求严格。

参 考 文 献

[1] 李玉昭，王启运. 黄金选冶 [M]. 西安：西安冶金建筑学院出版社，1993.

[2] 杨玮. 复杂难处理金精矿提取及综合回收的基础研究与应用 [D]. 长沙：中南大学，2011.

[3] 田树国. 高砷金矿常温常压碱浸预处理工艺研究 [D]. 南昌：江西理工大学，2009.

[4] 杨松荣. 含砷难处理金矿石生物氧化提金基础与工程化研究 [D]. 长沙：中南大学，2004.

[5] 李云，王云，袁朝新，等. 难处理复杂金矿循环流态化焙烧提金技术 [J]. 有色金属（冶炼部分），2011（03）：31~33.

[6] 黎铉海. 机械活化强化含砷金精矿浸出的工艺及机理研究 [D]. 长沙：中南大学，2002.

[7] 黄昆. 加压氰化法提取铂族金属新工艺研究 [D]. 昆明：昆明理工大学，2005.

[8] 杨永斌. 协同强化浸金的电化学动力学与应用研究 [D]. 长沙：中南大学，2008.

[9] 白成庆，硫代硫酸盐溶金机理研究 [D]. 昆明：昆明理工大学，2008.

[10] 李骞. 重金属离子强化氰化浸金电化学及应用研究 [D]. 长沙：中南大学，2004.

[11] 郭持皓，刘大学，王云. 青海某含砷金矿工艺矿物学及选矿工艺 [J]. 有色金属工程，2011 (06)：28~30.

[12] 任永刚. 二氧化氯浸出复杂硫化金精矿的研究 [D]. 西安：西安建筑科技大学，2006.

[13] 郑粟. 高稳定性碱性硫脲体系清洁浸金的理论基础研究 [D]. 长沙：中南大学，2006.

[14] 高国龙，李登新. 高硫高砷难浸金精矿工艺矿物学研究 [J]. 中国矿业，2010，12：56~58.

[15] 赵明福，郑艳平，宋斌杰. 某贫硫化物复杂含金矿石选冶技术研究与应用 [J]. 黄金，2005，26 (07)：34~39.

[16] 李德良，杨健，邓文. 复杂金矿的预处理工艺研究 [J]. 矿产保护与利用，1997，4：25~29.

[17] 尚鹤. 含砷碳质难处理金矿生物预氧化菌种的选育驯化及群落分析 [D]. 北京：北京有色金属研究总院，2012.

[18] 郭欢. 硫氰酸盐溶液从难处理复杂硫化金精矿中氧压浸金研究 [D]. 长沙：中南大学，2011.

[19] 李宗站. 难浸金精矿常温常压强碱预处理及溴化浸出试验研究 [D]. 淄博：山东理工大学，2011.

思 考 题

1. 根据难处理金矿的工艺矿物学特点及其难处理的原因，难处理金矿资源大致可以分为哪三种类型？

2. 难处理金矿难选冶的原因主要有哪些？

3. 焙烧氧化法工艺的适用范围及优缺点是什么？

4. 加压氧化法工艺的适用范围及优缺点是什么？

5. 强化氰化法主要包括哪几种处理工艺？

6. 非氰化浸出主要有哪些非氰药剂？目前工业应用的难点是什么？

7 含金矿石选冶实践

【本章提要】 本章主要介绍了含金矿石的常见选冶工艺流程。同时按照金矿石选冶工艺的难易程度将金矿石分为一般含金矿石与难处理金矿石分别进行了详细的讲解。其中一般含金矿石主要介绍了含金石英脉矿石、含金黄铁矿矿石与含金有色金属矿石的选冶工艺；难处理金矿石主要介绍了含砷金矿石、碳质金矿石、金－锑矿石与金－碲矿石等的选冶工艺。本章重点包括：金矿选冶流程的类型与选择、含金石英脉矿石的特点与选冶工艺、硫化矿型含金矿石的特点与选冶工艺、含砷及碳质金矿石的特点与选冶工艺。

7.1 含金矿石选冶流程的选择

含金矿石的选冶流程是由各种选金方法（重选、浮选、氰化）联合组成的从含金矿石中提取金的一种生产过程。流程选择的主要依据是矿石性质与对产品形态的要求。其中，矿石性质主要包括矿石含金品位，金的嵌布粒度及共生关系，有价成分的种类、价值和含量，矿石泥化情况及矿物可浮性等。产品形态指选厂生产的金是以金属形态（合质金、纯金）产出，还是以精矿粉形态产出。如果产出的是精矿粉，则精矿品位与粒度组成也是流程选择的依据。

流程的选择对选金指标有很大的影响，合理的选金流程应能在生产中用最低的生产成本来获得较高的选别指标。流程选择时还要考虑基建投资、建厂地区的技术经济条件和原材料供应等情况。要贯彻执行国家有关经济建设方针，本着多、快、好、省的精神，因地制宜进行选择。用于实际生产的选金流程方案有很多，通常采用的流程有如下几种：

（1）重选—氰化联合流程。重选—氰化联合流程适用于处理石英脉含金氧化矿石。原矿先进行重选，经重选富集所得精矿进行氰化。一般来说，只要矿石中含有粗粒金，就应在氰化作业之前采用重选法先回收粗粒金。

（2）单一浮选。单一浮选流程适用于处理金粒较细，可浮性高的硫化物含金石英脉矿石及含有多种有价金属（铜、铅、锌）的含金硫化矿石和含碳（石墨）矿石等。这几类矿石采用单一浮选流程处理，能把金和其他有价金属最大限度的富集到精矿中，而且可以获得废弃尾矿，生产成本较低。浮选法选金在我国选金厂中应用的比较普遍。

（3）全泥氰化（直接氰化）。金以细粒或微细粒分散状态产出于石英质脉石矿物中，矿石氧化程度较深，同时不含 Cu、As、Sb、Bi 及含碳物质。这样的矿石最适于采用全泥氰化法处理。其优点是氰化物消耗少，浸出率高，生产效率高，过程便于自动控制。缺点是一次基建投资费用高，全部物料需磨细到 -200 目或更细，电能消耗大。

（4）浮选—氰化联合流程。浮选—氰化联合流程主要可分为下列三个方案：

1）浮选—精矿氰化流程。该流程适于处理金与硫化物共生关系密切的石英脉含金矿石和石英－黄铁矿型金矿石。这两种矿石经浮选富集后，尾矿可以废弃。精矿用氰化法处理回收金；氰化尾矿或废弃，或作制酸原料。浮选精矿氰化与全泥氰化流程比较具有以下优点：不需将全部矿石细磨，节省动力消耗，同时所需大型设备（洗涤、搅拌等设备）少，厂房面积小，基建投资少。

2）浮选—焙烧—氰化流程。该流程适于处理原矿硫化物含量高的含金黄铁矿矿石和难溶的金－砷金矿和金－锑金矿等复杂含金矿石。浮选精矿首先进行焙烧，目的是除去有害氰化过程的砷、锑等。经焙烧处理的物料进行氰化，可以显著改善浸出效果。

3）浮选－尾矿氰化流程。对于含有害氰化的可浮性矿物，而金只是部分地与这些矿物结合，通常采用浮选－尾矿氰化流程。这类矿石主要包括含多种硫化物的金－碲矿石、金－砷矿石和金－铜矿石等。先采用浮选法分离出各种有害氰化过程的组分，再进一步采用特殊方法处理（比如金－铜精矿送冶炼，金－砷精矿焙烧后氰化），同时对浮选尾矿进行氰化浸出。

（5）重选－浮选联合流程。此流程以浮选法为主，适用于金与硫化物紧密共生并且只能用冶炼方法才能回收的金矿石。当矿石中含有粗粒金时，一般应在浮选作业之前采用重选法先回收粗粒金；当浮选尾矿中还含有少量难浮的含金硫化物颗粒（多为磁黄铁矿）时，需采用摇床、溜槽等重选方法再进行金的回收。

一般来说，处理含金矿石时，最好在矿山生产出金属形态的成品金或半成品金。因为矿山就地产金不仅可以免除中间产品的运输和冶炼加工过程，加快产品销售和企业资金周转，有利于矿山经济活动，而且符合自力更生的方针和战备的要求。因此，黄金矿山建设时应尽量考虑采用氰化工艺。如果矿石金的粒度过细、矿石中含有不利于氰化的有害物质时，应考虑先经重选或浮选处理，然后再采用氰化浸金。当采用就地产金的流程存在困难（比如原矿性质不宜氰化，或氰化作业对污染环境严重，以及矿山交通运输又比较方便时），则采用生产半成品（精矿粉）的工艺流程也是比较合理的。

如果选金流程以浮选为主，产品主要是精矿粉时，那么对精矿的质量要求（主要是含金品位和精矿粒度组成）便成为选择流程时需要考虑的一个重要问题。在浮选含金矿石时，获取粗粒精矿具有很大意义。在生产实践中获取粗粒精矿的方法有：采用阶段磨矿－阶段选别流程，脱泥和泥沙分选流程，在磨矿分级回路中增加中间选别作业，在浮选前进行重选等。

综上所述，流程的选择与矿石性质密切相关。对于某些复杂含金矿石，特别是难选的多金属含金矿石，为了最大限度地提高金回收率和有效地回收各种有价成分，选择或制定包括重选、浮选、焙烧、氰化等方法在内的联合选金流程无疑是十分必要的。

7.2   一般含金矿石选冶实践

7.2.1   含金石英脉矿石的选冶实践

含金石英脉矿石的矿物组成比较简单，主要由石英构成，其含量为50%～95%。金属矿物含量0～15%，黄铁矿是最主要的硫化矿物，其次还有磁黄铁矿以及少量方铅矿、黄铜矿等。金矿物主要为游离自然金，赋存状态简单，绝大部分与石英和黄铁矿共生，矿石中除金外，其他元素一般无回收价值。根据矿石物质组成、氧化程度、金与其他矿物的共生关系，可以将含金石英脉矿石分为如下几类，见表7-1。

表7-1 含金石英脉矿石的分类

矿石类型		特 征	可选性及选矿方法
含少量硫化物石英脉含金矿石	(1) 金与硫化物无密切共生关系	矿石中基本成分是石英，金属矿物为自然金，几乎没有重金属硫化物，金粒以粗粒居多	粗粒嵌布的矿石很容易用重选法回收金，细粒嵌布的矿石用金泥氰化处理
	(2) 金与硫化物共生关系密切	金属矿物以黄铁矿为主，硫化物含量1%~5%，脉石矿物以石英为主，自然金60%以上和硫化物共生，金以中细粒居多	属易处理矿石，可采用氰化法和浮选法处理，浮选精矿还需氰化处理
	(3) 金与石英关系密切	金属硫化物含量较少，70%的金与石英等脉石矿物共生，粒度较细，矿石基本不含砷、锑、铜等不利于氰化的元素	处理方法以氰化法和浮选法为主，重选辅助回收粗粒金；细粒贫矿石难选，主要处理方法为金泥氰化
含多量硫化物石英脉含金矿石	(4) 黄铁矿含金石英脉矿石	矿物组成与矿石(2)相近，主要差别在于硫化物含量高（5%~15%），金75%以上与黄铁矿密切共生	极易浮选，回收率可达95%以上，浮选精矿含矿较高，可综合利用（制酸）
	(5) 黄铜矿及黄铁矿含金石英脉矿石	金主要赋存在黄铜矿和黄铁矿中	极易混合浮选，而分离浮选指标迅速下降，金、铜、硫均可综合利用
含金石英脉氧化矿石	(6) 部分氧化矿石	主要金属矿物为褐铁矿，亦有少量黄铁矿，脉石以石英为主，金赋存于脉石矿物和金属矿物的裂隙中	以重选+氰化法为主，也可以采用浮选+氰化法
	(7) 氧化矿石	不含硫化物，金大部分赋存在主要脉石矿物中，以及经风化后的金属氧化物残留颗粒中，含泥质	粗粒金用重选法回收，然后分级，矿泥搅拌氰化，矿砂渗滤氰化

7.2.1.1 含少量硫化物石英脉含金矿石

含有1%~5%的金属硫化物是这类矿石在物质组成方面的主要特点。这种矿石在石英脉含金矿石中最为常见。根据金在矿石中的产出状态，该矿石又可分成金与硫化物共生关系密切的和金与石英等脉石矿物共生关系密切的两类。这两种矿石虽然同属含少量硫化物的石英脉类型，但是，由于金和硫化物结合共生的相对含量不同，因而可浮性差异表现特别明显。

A 与硫化矿共生关系密切的矿石

此种矿石在矿物组成上比较简单，黄铁矿是最主要的金属硫化物，而铜、铅、锌、铋等其他硫化物含量很少。自然金在黄铁矿中的相对含量一般在60%以上，其余的金存于石英等脉石矿物和其他金属硫化物中。这类矿石通常采用浮选法处理。

如果产于脉石中的那一部分金粒度很细，磨矿后单体解离度不高，势必会影响分选效果，使一部分金呈连生体状态从尾矿中损失。在这种情况下，可以采取提高磨矿细度，延长浮选时间等措施强化选别过程。否则需要对浮选尾矿再进行氰化处理。

当磨矿产品中含有粗颗粒游离金时，应在浮选前进行重选作业予以回收。浮选和氰化前进行重选的目的，一方面是为了及时回收游离金，同时还能够改善下一步选别作业的选别效果，稳定浮选和氰化作业的尾矿品位。在一般情况下，对于含粗粒游离金较多的石英脉含金矿石，用跳汰机处理磨矿产品可以得到回收率50%以上的重选精矿。而对于金粒嵌布很细即不含或只含少量粗粒金的矿石，采用跳汰机处理的回收率则不高，只能达20%左右，这时可考虑不增加重选作业。另外，如果浮选或氰化作业的尾矿品位不会因为取消重选作业而受到影响，那么也可考虑不增加重选作业。

B 与石英共生关系密切的矿石

这类矿石的主要特点是：金属硫化物含量低，自然金70%以上与石英共生。矿石中金属矿物以黄铁矿为主。此外还有少量黄铜矿、磁黄铁、辉铋矿、方铅矿等。该类矿石一般可采用浮选或全泥氰化法处理。采用氰化指标较高，容易得到废弃尾矿，但由于氰化法基建投资较高，设备多，生产过程复杂，所以在我国仍比较普遍地采用浮选法处理。

我国山东某金矿为含金黄铁矿石英脉－蚀变岩的过渡型金矿床。脉石以石英为主，其次为绢云母与斜长石，脉石矿物含量占93.1%，金属矿物以黄铁矿为主，占4.94%，还含有少量磁黄铁矿、闪锌矿等硫化矿物。黄铁矿和磁黄铁矿多以粗粒嵌布，易于单体解离。金以粗粒金和细粒金嵌布为主。对这种矿石，由于金粒度粗细不均匀分布，约占20%左右的粗粒金和巨粒金，采用重选回收；而约占69%左右的细粒金产于硫化矿物中，可以采用浮选法回收；产于脉石中的细粒金，需经加强磨矿达到单体解离后再进行回收。该厂采用重选—浮选联合流程，工艺流程图如图7-1所示。经过选别，精矿品位达到144.0g/t，尾矿品位0.55g/t，选矿金的总回收率为93.0%。

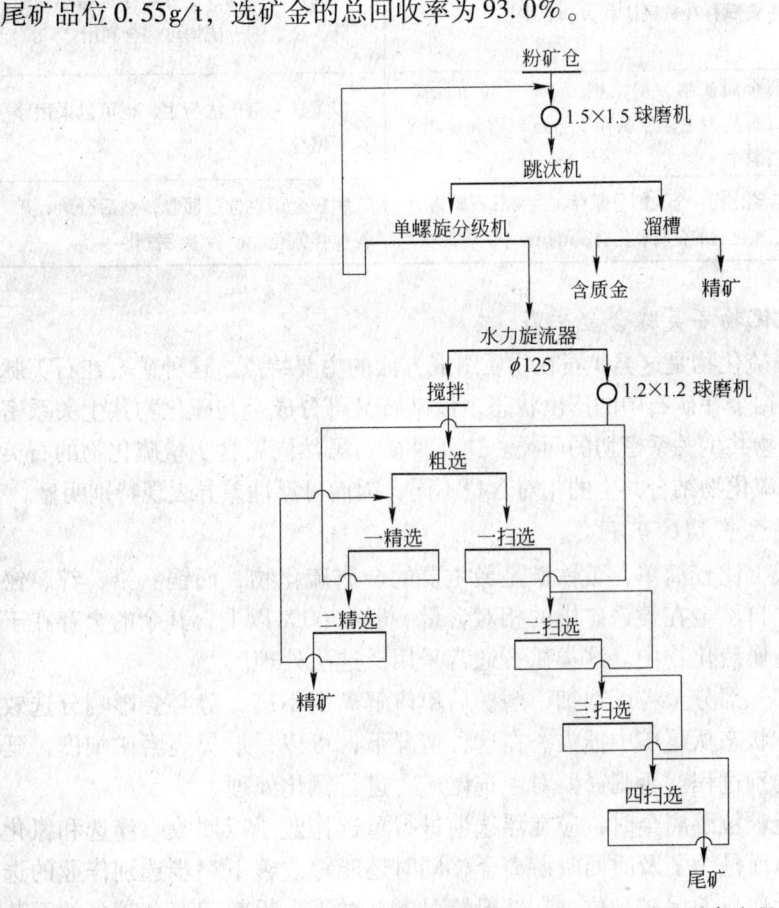

图 7-1　我国山东某金矿重选—浮选联合流程

7.2.1.2 黄铁矿含金石英脉矿石

这类矿石的矿物组成与含少量硫化物石英脉矿石相近，主要差别在于硫化物含量较高（7% ~ 15%）。金属矿物主要是黄铁矿，同时还包括磁黄铁矿、方铅矿、闪锌矿、黄铜矿、斑铜矿等硫化矿物。这类矿石中黄铁矿含量一般占金属矿物总量的80%以上。脉石矿物主要是石英，其次是方解石、长石、绿泥石、绢云母等。自然金与黄铁矿关系非常密切，所以该矿石很适于浮选法处理，回收率可达93% ~ 96%。如果矿石中含粗颗粒游离金，应在浮选前增设重选作业加以回收。当浮选尾矿中存在难选的含金硫化矿物颗粒，可采用摇床进行扫选回收。因此，常把黄铁矿含金石英脉矿石称作"浮选型金矿石"。

我国某选金厂处理的黄铁矿含金石英脉矿石中，石英含量50%以上，长石、黄铁矿、绢云母和方解石等占10%，黑云母、石墨、磁铁矿及绿泥石等约占10%。99%以上的金与黄铁矿共生，属易选矿石。黄铁矿多为中细粒，粒径1mm左右。自然金颗粒较小，平均粒径0.016mm左右。选厂生产流程如图7-2所示，操作条件和技术指标列于表7-2。

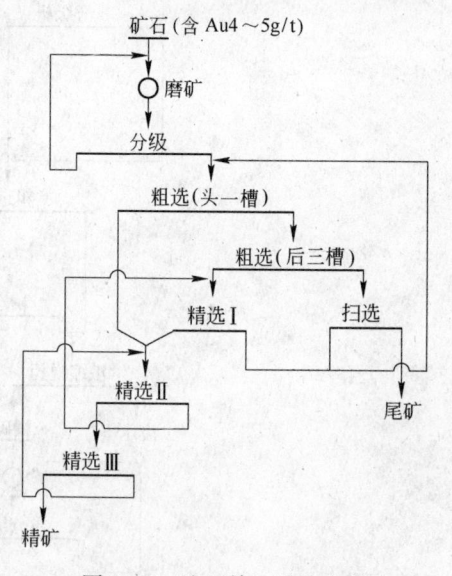

图7-2 选厂单一浮选流程

表7-2 选厂操作条件与技术指标

选别阶段	操作条件				技术指标	
	磨矿细度	浮选浓度	黄药/$g \cdot t^{-1}$	2号油/$g \cdot t^{-1}$	精矿品位/$g \cdot t^{-1}$	回收率/%
粗选	-0.074mm	50% ~ 55%	55	40	70 ~ 90	95 ~ 96
扫选		38% ~ 40%	35	15		

又例如，我国某金矿产出的矿石为黄铁矿含金石英脉类型。金属矿物主要为黄铁矿、黄铜矿，脉石矿物主要为石英，金主要是银金矿和自然金。金与硫化物共生关系密切，相对含量为75%左右，多产于黄铁矿裂隙中，其余则产于石英裂隙中。金粒直径一般在0.042 ~ 0.04mm，金表面纯净。该矿采用重选—重选尾矿浮选—浮选精矿氰化的联合工艺流程处理（见图7-3）。精矿粉中可回收94%的金。

7.2.1.3 含金石英脉氧化矿石

含金石英脉氧化矿石一般存在于较浅的表面氧化带中。根据氧化程度的不同可分为部分氧化矿石和氧化矿石。含有含金的氢氧化铁是该矿在矿物组成上的主要特点。褐铁矿为主要金属矿物。硫化物较少，有黄铁矿、磁黄铁矿等。脉石矿物有石英、玉髓质石英，长石及其蚀变矿物。自然金绝大部分赋存在主要脉石矿物和金属氧化矿物中。原矿含金品位较高，多在10 ~ 20g/t。金粒表面常有氧化薄膜，污染程度随矿石氧化率的增高而加深。选金流程多采用"重选—氰化"流程。部分氧化矿石可以用浮选法处理。具体处理方案须根据矿石物质组成、氧化程度、金粒产状来决定。

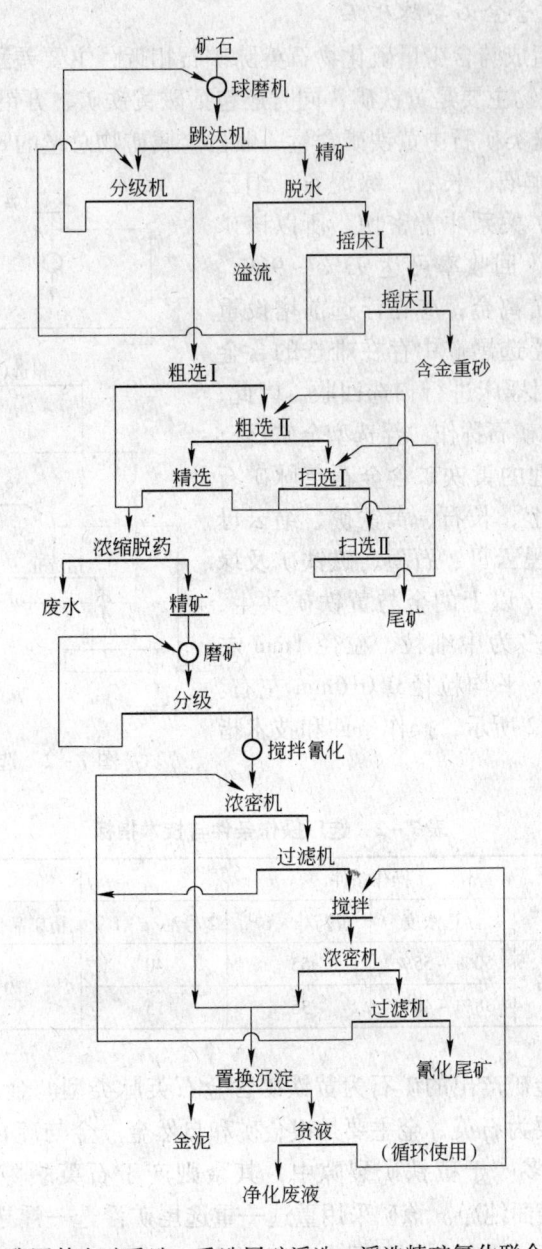

图 7-3　我国某金矿重选—重选尾矿浮选—浮选精矿氰化联合工艺流程

　　当矿石中金颗粒粗大、金粒表面洁净、原矿不含泥质物质时，采用重选法可以从矿石中回收 70% ~80% 的金。如果矿石中金呈细粒浸染，矿石氧化程度不深的矿石通常采用硫化浮选处理，即先加入硫化钠、硫酸铜等调整剂提高含金矿物的浮游活性，然后用丁基黄药、25 号黑药及皂类脂肪酸作捕收剂进行浮选，其回收率为 80% 左右。

　　如果矿石氧化程度较深，金粒很细且分散在非硫化矿物中。对于这种类型的矿石唯一可行的处理方法是全泥氰化法。采用全泥氰化法处理时，矿石中金的浸出率可以达到 96% ~98%，因此，常把金呈细粒浸染的石英脉含金氧化矿石称作"氰化型金矿石"。

　　我国某金矿产出石英脉含金氧化矿石，矿物组成比较简单，主要矿物有白铁矿、黄铁矿、石英、方解石，其次为褐铁矿、自然金等。金粒表面纯净，粒度较大，一般在0.1mm左右。三分之二的金赋存于氧化矿中，少量存在于硫化物矿中。采用重选—氰化工艺流程可获得95%的金回收率。该矿石试验流程如图7-4所示。

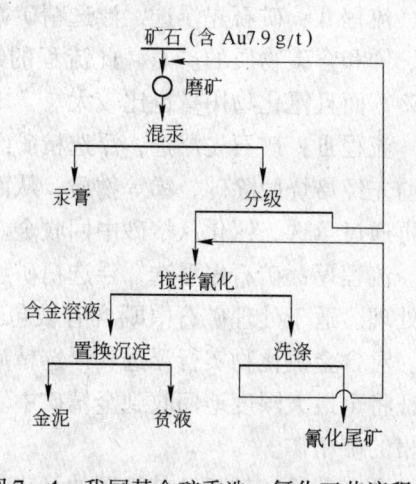

图7-4 我国某金矿重选—氰化工艺流程

7.2.2 含金黄铁矿矿石的选冶实践

含金黄铁矿矿石又称简单硫化物含金矿石，这种矿石组成简单，黄铁矿含量高，金与黄铁矿共生。确定这类矿石的选冶工艺时，必须了解矿石的物质组成以及金在黄铁矿中的共生关系。总的来看，这种矿石的矿物种类简单，黄铁矿含量高，金与黄铁矿共生关系密切是该矿石的基本特点。矿石中除黄铁矿外，还可能含有少量黄铜矿、磁黄铁矿，方铅矿等金属矿物。脉石矿物主要是石英、方解石。黄铁矿含量为20%~45%，占金属矿物总量的90%以上。金黄铁矿矿石的处理原则是使硫化物与脉石分离，使金溶解于氰化物溶液中。为了除去吸收氰化物的锑、砷、碳等物质，在氰化前需要进行焙烧或者细菌氧化处理。含金黄铁矿矿石选别原则流程如图7-5所示。

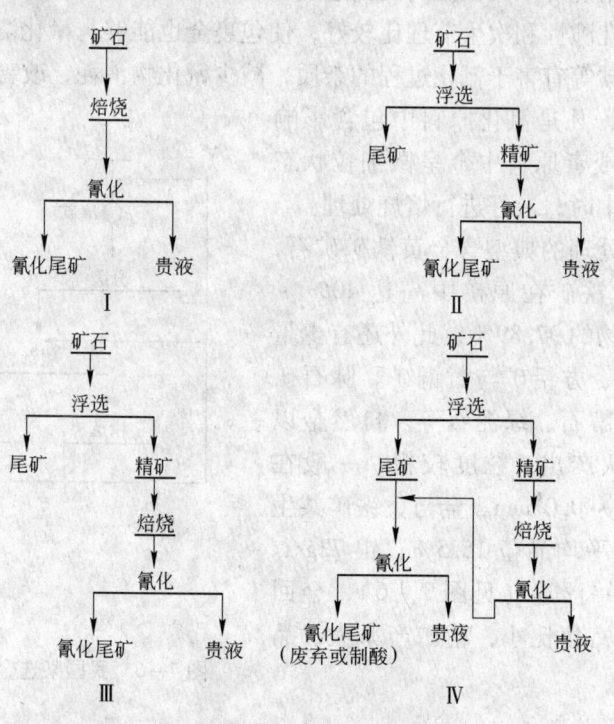

图7-5 含金黄铁矿矿石选别原则流程

流程Ⅰ：矿石直接焙烧，然后氰化处理。此流程适于生产规模小、品位高的矿山采用。

流程Ⅱ：矿石先浮选，浮选精矿氰化处理。此流程适于处理硫化铁含量较低，且不含砷、锑和含碳物质的矿石。此流程的缺点是氰化作业效率低。金回收率只能达到 80% ~ 86%，而且氰化物用量也比较大。

流程Ⅲ：矿石先浮选，浮选精矿经焙烧后氰化处理。其特点是黄铁矿精矿进入氰化作业前先经焙烧脱除砷、锑等物质，从而可以改善浸出效果。或者浮选精矿先焙烧制酸，然后再通过重选，氰化从焙砂中回收金。这是今后处理金-黄铁矿矿石的发展途径。

流程Ⅳ：矿石先浮选，浮选精矿经焙烧后氰化处理，氰化后与浮选尾矿合并再进行氰化处理。适于处理矿石中既含有被包裹在硫化物中的细粒金，又含有同非硫化物连生的金。对含金硫化物实行浮选和浮选精矿进行氰化是上述流程的共同点。浮选作业必须首先保证将金最大限度地回收到金精矿中。在这个前提下，采取必要的精选次数，还可以选出合格的硫精矿。

含金黄铁矿矿石及其精矿的氰化，一般说来可按常规氰化条件进行。为了提高浸出效率，可以采取阶段氰化浸出与高浓度氰化溶液浸出等方法进行处理。

对于含有磁黄铁矿的矿石，采用一般氰化条件浸出效果不佳。对这类矿石应采用低碱度氰化溶液浸出，加氧化铅或可溶性盐浸出，或将物料进行预先碱处理和洗涤之后氰化。

氧化焙烧是提高含金黄铁矿矿石及其精矿浸出效率的一个重要准备作业。氧化焙烧的实质是在氧化气氛中对物料进行加热处理，以便使硫化物和硫酸盐转变成氧化物而被除掉。氰化物料经过焙烧可以大大提高浸出速度和浸出效率。因为矿石经过焙烧后金粒暴露得比较充分，矿石孔隙性和次生节理比较好，使包裹金也能够与氰化溶液接触，通过焙烧可以脱除砷、锑、碳等有害于氰化过程的杂质，减少氰化物消耗，改善浸出作业和置换沉淀作业效果。所以，凡是氰化原料中包含影响氰化作业的物质，或者原料中金呈微细粒状被包裹在金属矿物中时，最好进行焙烧处理。

我国某选金厂处理的典型含金黄铁矿矿石，矿物组成简单，黄铁矿在原矿中高达 40% ~ 45%，占总金属矿物的 97.89%；此外还有少量的磁铁矿、闪锌矿、方铅矿与黄铜矿。脉石矿物主要是石英、方解石、绿泥石等。自然金以片状和不规则粒状产出，粒度较粗，一般在 0.1 ~ 0.2mm，最小为 0.07mm。金与黄铁矿共生关系密切，矿石金平均品位 15.5%；银 72g/t。该厂生产流程为单一浮选（见图 7-6），金回收率较高，但选矿富集比小，精矿产率大，品位较低。

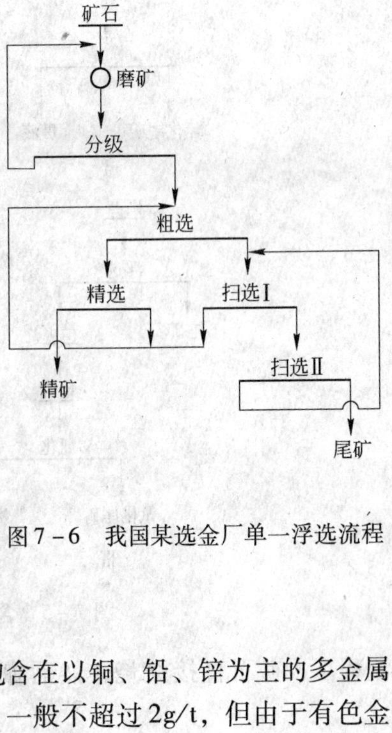

图 7-6　我国某选金厂单一浮选流程

7.2.3　含金的有色金属矿石选冶实践

有色金属矿石中常伴生少量的金，这些金通常包含在以铜、铅、锌为主的多金属矿及铜及铜-镍矿石中。在这类矿石中金品位通常不高，一般不超过 2g/t，但由于有色金属矿床规模大，矿石开采量大，所以伴生金产量在金的总产量中占有较大的比重。一些重要的产金国家，比如美国每年生产的金有 40% 来自铜、铅、锌、镍的副产品，苏联为 20% ~ 80%，日本则有 65% 的金来源于铜铅锌多金属矿石。据调查，我国一些较大的铜矿床均含有一定数量的金，品位为 1 ~ 2g/t，个别的伴生金矿床金品位较高，可达 3 ~ 4g/t。由于处理矿石时金的选别条件与有色金属矿物的选别条件不完全相同，所以，这些伴生金在有色金属矿物的选别过程中有的能顺便加以回收，有的则需要提供一定的条件，或者需要采用专门的提金手段才能加以回收。所以在回收这部分伴生金时，应该首先考虑将有色金属矿物作为合格产品产出，并考虑尽可能将金富集到有色金属精矿产品中。

一般说来，采用浮选法处理有色金属矿石时，与黄铁矿、黄铜矿、方铅矿连生的细粒金都能富集到各种浮选精矿中，作为副产品送冶炼厂处理。如果自然金颗粒较粗，则应在铜铅浮选前的磨矿一分级循环中加重选作业。这样既能保证粗粒金的充分回收，又能减少金在尾矿中的流失。采用重选回收粗粒金时，必须注意防止由于矿浆浓度低，水量大而给下一步分级与选别作业造成不良影响，应考虑对重选尾矿进行脱水处理。

对于含少量金的多金属矿石的处理，关键在于掌握金在矿石中的产状，金与各种矿物的共生关系，并以此为依据制定合理的选金流程。比如当金在矿石中主要以游离金形态产出时，应采用重选流程回收金。当金与某一种矿物共生关系密切时，可采用优先浮选流程，将金富集到该精矿。如果金分散产出于各种硫化矿物中，则需采用先混合浮选后分离浮选流程，将金分别富集到各个产品精矿中进行冶炼回收，或者将混合浮选精矿进行氰化，氰化尾矿再进行分离浮选。

多金属含金矿石浮选时，掌握抑制剂用量很重要。比如在含金的原生铜矿石中，一般都含有黄铁矿，为了抑铁浮铜，多采用石灰作抑制剂。由于石灰对金也有较强的抑制作用，所以在浮铜时，必须掌握石灰的用量范围。这样不仅能避免金随黄铁矿从尾矿中流失，而且又能够选出品位较高的铜精矿。如果黄铁矿也作为单独的硫精矿产出，那么在铜硫分离过程中，石灰用量就可以往一个较大的范围内调节。因为进入硫精矿的金，可以在以后的氰化过程或冶炼过程中加以回收。

我国某选金厂处理的矿石为含金铜矿石。金属矿物主要有黄铁矿、黄铜矿、磁黄铁矿、闪锌矿、方铅矿、磁铁矿等。脉石矿物主要为石英、绢云母和斜长石等。金为银金矿和自然金，主要呈不规则粒状分布于黄铁矿、黄铜矿和石英中。金主要与硫化物共生关系密切，属易选矿石。该选厂工艺流程及技术条件、生产指标见图 7 – 7、表 7 – 3 和表 7 – 4。

表 7 – 3　选金厂技术条件

浮选工艺	技术条件	用量水平
混合浮选	磨矿细度	55% – 0.074mm
	矿浆浓度/%	32
	pH	8 ~ 9
	丁基黄药用量/g·t^{-1}	80
	2 号油用量/g·t^{-1}	50

续表7　3

浮选工艺	技术条件	用量水平
分离浮选	磨矿细度	92% -0.074mm
	矿浆浓度/%	15
	pH	10 ~ 12
	石灰用量/kg·t^{-1}	5 ~ 10

表7-4　选金厂生产指标

产品名称	金品位/g·t^{-1}	银品位/g·t^{-1}	铜品位/%	硫品位/%	金回收率/%
原矿	10.40	11.67	0.113	9.30	100.00
金铜精矿	108.00	287.00	4.17	47.00	50.00
硫精矿	25.00	35.00	0.15	43.00	43.40
尾矿	0.30	2.60	0.01	0.62	6.60

　　原矿含金 6.10g/t，含铜 0.1%，经浮选后得到含金铜硫混合精矿，其中含金 66g/t，含铜 0.3%，金的浮选回收率 93.5%。混合精矿经再磨、调浆、加药进行分离浮选，约 50% 的金富集到铜精矿中，送往冶炼厂回收这部分金。其余的金留在铜硫分离浮选的尾矿中，其中含硫 40% 以上，含金 20 ~ 30g/t，这部分金进一步用氰化法提取。

　　又例如，我国某矿处理的斑岩型铜－金矿石可分为氧化矿石和硫化物矿石。氧化带的氧化矿石为含金镜铁矿－褐铁矿石英脉，原生带的硫化物矿石为含金镜铁矿－黄铁矿石英脉。该含金铜矿石矿物组成复杂，金属矿物以黄铁矿、黄铜矿、镜铁矿、褐铁矿为主；非金属矿物有石英、绢云母、碳酸盐、长石等；其他矿物包括磁黄铁矿、辉锑铅矿、闪锌矿、锡石等。褐铁矿中尚包括软锰矿和土状物质。金主要以自然金和银金矿存在。自然金多呈粒状、叶片状集合体产于菱铁矿中及石英裂隙中或在二者交界处；其次产于菱铁矿与镜铁矿的分界处；少许在镜铁矿、赤铁矿、褐铁矿中，以及在黄铁矿裂隙中或石英与黄铁矿交界处。银金矿含量较少，主要产于菱铁矿、石英中，以及在黄铁矿与石英交界处。金粒度为 0.2 ~ 0.002mm。原矿含金 13.4g/t，含银 15.0g/t。选厂生产工艺流程如图 7-8 所示，生产技术指标见表 7-5。

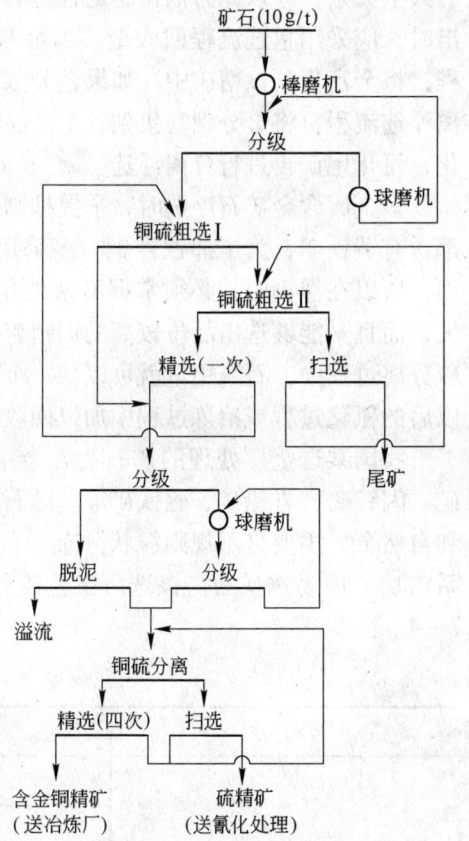

图 7-7　我国某选金厂工艺流程

表7-5 我国某斑岩型铜-金矿石生产技术指标

产品名称	产率/%	金品位/g·t^{-1}	回收率/%
金精矿	1.54	201.36	85.58
尾矿	98.46	0.53	14.42
原矿	100.00	3.62	100.00

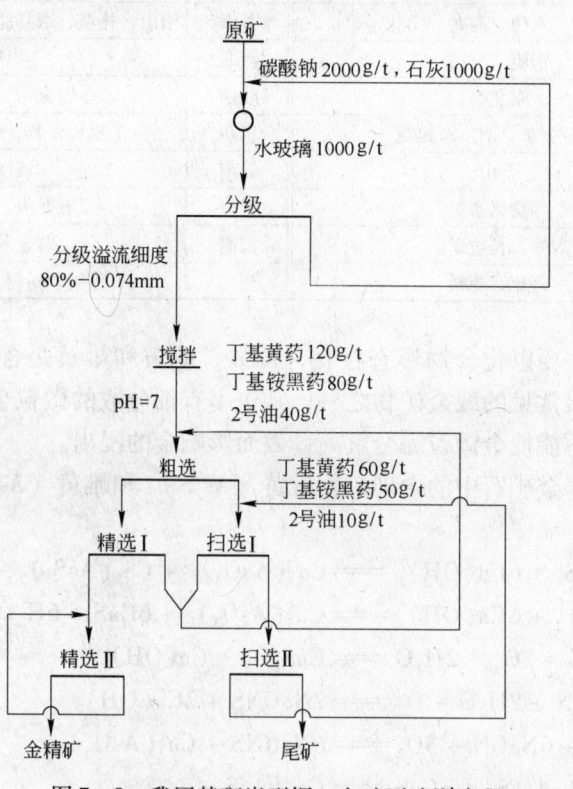

图7-8 我国某斑岩型铜-金矿石选别流程

7.3 难处理金矿选冶实践

7.3.1 含砷金矿石选冶实践

7.3.1.1 含砷金矿石的分布与资源特点

砷在元素周期表中是第 V 主族元素，原子序数是33，原子量74.92。砷与金相似的地球化学特性注定了它们常常共存于矿石中。因此这类矿石种类多、分布广泛、储量可观。据统计，有5%的金矿资源砷金比达2000:1。世界上含砷金矿的主要矿床及其分布见表7-6。

表7-6 世界主要含砷矿床及其分布

矿床类型	含砷矿物	平均砷含量/%	国 家
金矿矿床	砷黄铁矿、斜方砷黄铁矿	0.5	澳大利亚、巴西、加拿大、俄罗斯、美国
硫化砷和含金硫化砷矿床	雄黄、雌黄	2	中国、美国

我国难处理金矿资源储量丰富，分布广泛。在不少地区相继发现了含砷微细粒浸染型金矿，其储量之丰，使之上升为我国一大重要金矿类型。砷是我国微细浸染型金矿的重要标记元素之一，较普遍地存在于几个重要金矿中。表7-7列举了我国主要的含砷金矿的分布情况。

表7-7 我国含砷金矿矿山分布

省份	金矿名称	省份	金矿名称
广西	金牙、六梅、高龙、山花	甘肃	阳山、礼坝、岷县鹿儿坝、礼县、舟曲坪定矿区
安徽	铜陵、马山	河北	半壁山、张北
四川	东北寨	陕西	庞家河、煎茶岭、安家岐
新疆	阿希金矿、萨尔布拉克	贵州	丫他、板其、烂泥沟、戈塘、紫木凼
吉林	金山	云南	镇沅冬瓜要矿区
广西	义兴寨	青海	五龙沟、东大滩、格尔木
广东	六岭、长坑矿区	湖南	黄金洞、安化、溆浦
江西	万年、花桥	辽宁	猫岭、杨树、邻家、刘家、凤城

砷在金矿石中主要以化合物形态存在，毒砂、雌黄和雄黄是含砷金矿中主要的砷矿物。其中，毒砂是最常见的载金矿物之一，常包裹有细分散的微粒金，在此情况下，矿石即使进行超细磨也不能使金微粒完全解离，因而影响金的浸出。

在氰化过程中，金矿石中的含砷矿物雄黄（As_2S_3）和雌黄（As_2S_2）易溶于碱性氰化溶液中：

$$2As_2S_3 + 6Ca(OH)_2 = Ca_3(AsO_3)_2 + Ca_3(AsS_3)_2 + 6H_2O \tag{7-1}$$

$$Ca_3(AsS_3)_2 + 6Ca(OH)_2 = Ca_3(AsO_3)_2 + 6CaS + 6H_2O \tag{7-2}$$

$$2CaS + 2O_2 + 2H_2O = CaS_2O_3 + Ca(OH)_2 \tag{7-3}$$

$$2CaS + 2NaCN + 2H_2O + O_2 = 2NaCNS + 2Ca(OH)_2 \tag{7-4}$$

$$Ca_3(AsS_3)_2 + 6NaCN + 3O_2 = 6NaCNS + Ca_3(AsO_3)_2 \tag{7-5}$$

$$As_2S_3 + 3CaS = Ca_3(AsS_3)_2 \tag{7-6}$$

$$6As_2S_2 + 3O_2 + 18Ca(OH)_2 = 4Ca_3(AsO_3)_2 + 2Ca_3(AsS_3)_2 + 18H_2O \tag{7-7}$$

而另一种含砷矿物毒砂（FeAsS）在氰化溶液中很难溶解，但它与黄铁矿相似，能被氧化生成 $Fe_2(SO_4)_3$、$As(OH)_3$、As_2O_3 等，而 As_2O_3 在缺乏游离碱的情况下，能与氰化物作用生成 HCN：

$$As_2O_3 + 6NaCN + 3H_2O = 2Na_3AsO_3 + 6HCN \uparrow \tag{7-8}$$

在氰化过程中，砷的这几种硫化物的分解会大量消耗矿浆中的氧及氰化物，从而降低了金的溶解速度。同时，砷的硫化物在碱性矿浆中易分解生成亚砷酸盐与硫代亚砷酸盐，它们都与金表面相接触，并在金表面上生成薄膜，从而严重地阻碍了金、氧和 CN^- 离子三者之间的相互作用。因此，在处理含砷矿物较多的金矿石时，一般是采用预先氧化焙烧的方法脱除含砷矿物，然后才能用氰化法进行浸出。

7.3.1.2 含砷金矿预处理的主要方法

对于含砷难处理金矿，通常需要在浸金工序前进行氧化预处理，打开包裹金的组织并消除有害杂质砷对后续提金的影响。应用及研究最普遍的预处理方法主要有焙烧法、加压氧化法及细菌氧化法。

A 焙烧法

氧化焙烧法是通过焙烧精矿，破坏包裹 Au 的组织从而使金裸露，大大提高 Au 浸出率的一种有效方法。该工艺自 1920 年前后在生产上应用以来，一直是高砷硫金矿预处理的基本手段。用焙烧作为砷金矿预处理工艺的国家几乎遍布世界各主要产金地区。

中国含砷金矿预处理起始于 20 世纪 60 年代，到 80 年代由于采金业的迅速发展，对含砷金矿的焙烧研究更加活跃，不少人对焙烧的机理、热力学、工艺等作了深入的研究，对含砷金矿的开发利用起了很大的作用。中国对含砷金矿的预处理有许多金矿采用回转窑焙烧，1978 年 9 月中国第一座较为完整的回转窑系统首先在湖南黄金洞金矿投入生产，随后推广到新疆哈图金矿等地。对回转窑焙烧脱硫工艺，由于物料与炉气逆向而行，炉料由低温区逐渐向高温区转移，炉气气氛也由弱氧化气氛向强氧化气氛转化，从而能在一个窑内满足脱 As、S 对温度及气氛的不同要求，因此脱 As 效果较佳。

毒砂在氧化焙烧过程中总反应为：

$$2FeAsS + 5O_2 === As_2O_3 + Fe_2O_3 + 2SO_2 \tag{7-9}$$

对于含砷难处理金矿，大都采用两段焙烧工艺。第一段焙烧在较低温度（550~650℃）及有限空气量条件下进行，以利于脱砷，焙烧产生的低砷焙砂主要由磁铁矿（Fe_3O_4）组成，其反应为：

$$12FeAsS + 29O_2 === 6As_2O_3 + 4Fe_3O_4 + 12SO_2 \tag{7-10}$$

第二段焙烧则在较高温度（650~700℃）及空气充裕条件下进行，产生多孔的赤铁矿（Fe_2O_3），并使硫完全氧化脱除：

$$4Fe_3O_4 + O_2 === 6Fe_2O_3 \tag{7-11}$$

焙烧过程中最重要的条件是温度，焙烧温度低于 500℃时，硫化矿物氧化速度慢，氧化不完全，氰化浸金效果不理想；焙烧温度过高，当达到 700℃后，就会形成相当数量易熔共晶混合物而使局部熔化，导致物料结块，得不到疏松多孔的焙砂，达不到预处理目的，因此焙烧过程需严格控制炉内气氛。正是由于这个原因，国内采用回转窑焙烧工艺的矿山能够正常生产的较少，所产低砷金焙砂二次烧结严重，不能直接氰化浸金，只能将焙砂送其他冶炼厂处理。

氧化焙烧虽是一种成熟的工业方法，且脱 As 效果较好，但是焙烧过程生成 As_2O_3 和 SO_2（含 As_2O_3 时难以制硫酸），造成严重的环境污染。而且，焙烧还生成不挥发的砷酸盐及砷化物，使 As 不能完全脱除。Au 被易熔的 Fe 和 As 的化合物包裹而钝化，氰化处理含 Fe 焙砂时也达不到高的回收率，要溶解钝化膜需要进行碱性或酸性浸出，再磨碎、浮选等附加作业。用氧化焙烧法虽可提高 Au 的回收率，但在工业上不易实现。

B 加压氧化法

加压氧化技术是从处理镍、锌精矿发展而来，工艺较为成熟。该法的原理主要是在加压容器中，往砷金矿的矿浆中通入氧气（或空气），As、S 被氧化成砷酸盐及硫酸盐（在一定条件下硫的氧化产物为元素硫），从而使砷硫矿物包裹的 Au 裸露，便于溶剂对 Au 的浸出。根据其使用介质不同，可分为酸性加压氧化和碱性加压氧化。

酸性介质中，毒砂氧化生成可溶的硫酸铁和砷酸，从而达到解离金粒的目的：

$$4FeAsS + 2H_2O + 15O_2 + 2H_2SO_4 === 4H_2AsO_4 + 2Fe_2(SO_4)_3 \tag{7-12}$$

碱性介质中毒砂氧化分解后所有铁都留在渣中，而溶液中不仅有硫，还有全部的砷：

$$2FeAsS + 10NaOH + 7O_2 \Longrightarrow Fe_2O_3 + 2Na_3AsO_4 + 2Na_2SO_4 + 5H_2O \quad (7-13)$$

在弱氧化条件（100~160℃）下，同时有大量的硫酸和硫酸铁存在时，加压氧化过中可能形成元素硫，当温度 >120℃时，熔融硫便成为硫化物及 Au 的捕收剂，包裹 Au 表面阻碍氧化及下步氰化提金，因此不希望生成元素硫，通常为促使硫化物完全氧化成硫酸盐，该过程往往在 >160℃进行。

酸性介质加压氧化具有使毒砂和黄铁矿完全分解，后续过程 Au 的浸出率高、无污染等明显的优点，但却需要高压设备，投资大，As 等有价元素得不到回收，浸金试剂消耗较大，在我国应用困难较大。

而碱性介质加压脱砷法的优点是采用碱性介质，加压氧化设备容易解决，无污染。但该法分解不彻底，固体产物形成新的包裹体，后续氰化过程金的浸出率不高，试剂消耗大。同时，采用该方法 As 元素难以回收，超细磨矿还可能会给过滤带来问题。

C　生物氧化法

难处理含砷金矿生物氧化预处理主要是通过细菌及其代谢产物作用来分解载金含砷硫化矿物，达到解离包裹金的目的。通常最适宜氧化分解毒砂的细菌是氧化亚铁硫杆菌（简称 A. f 菌），它通过氧化还原态的铁或硫来获得生长繁殖的能量。细菌细胞内含有各种蛋白酶是生物化学反应的催化剂，它的存在大大提高了硫化矿氧化分解速度。

除了以上三种主要预处理方法外，其他预处理方法有：氯气氧化法、微波预处理法、Caro 酸氧化法、重铬酸钾法、机械化学法、高铁氧化法、电氧化法等。

7.3.1.3　含砷金矿石的处理工艺实例

A　新疆阿希含砷金矿选冶工艺

新疆阿希金矿始建于 1993 年 6 月，于 1995 年 6 月投料试生产，1996 年 9 月通过国家竣工验收正式生产。当前生产能力为采、选 1000 吨/日，年处理矿量 32 万吨，年产黄金 4.2 万两，黄金产量占自治区的 25% 以上。

阿希金矿矿石中主要金属矿物为黄铁矿、白铁矿、菱铁矿和毒砂，非金属矿物主要为石英、绢云母、绿泥石和高岭石等。主要矿物相对含量如表 7-8 所示。矿石中金主要为自然金和银金矿。矿石中可见金分布极不均匀，以独立矿物产出的金含量极低，而以硫化物包裹及脉石包裹的金含量较高。金的产出形式主要有裂隙金、晶隙金及包体金。原矿中金的物相组成见表 7-9。

表 7-8　阿希金矿中主要矿物相对含量

矿物名称	黄铁矿	毒砂	黄铜矿	方铅矿	闪锌矿	菱铁矿	合计
含量/%	5.09	0.57	0.02	0.01	0.01	4.89	10.59
成　分	石英	绢云母	白云石	绿泥石	金红石	重晶石	合计
含量/%	60.92	5.20	10.57	8.84	0.54	3.34	89.41

表 7-9　金的物相组成分析结果

金的相态	单体金	碳酸盐中金	硫化物金	硅酸盐中金	铁氧化物中金
含量/$g \cdot t^{-1}$	2.16	0.14	2.42	1.38	0.07
占有率/%	35.0	2.3	39.2	22.4	1.1

根据阿希金矿的矿石特点，选厂采用"浮选 - 浮尾氰化、浮选精矿细菌氧化 - 氰化提

金"工艺，选厂工艺流程见图7-9所示。阿希金矿经自磨与两段连续磨矿，磨矿细度控制在-0.074mm占92%，浮选采用一次粗选、二次扫选、二次精选的工艺流程，浮选药剂为丁基黄药、丁铵黑药和2号油。浮选尾矿进入1000t/d全泥氰化、树脂提金系统，氰化钠用量为0.8kg/t。浮选精矿采用再磨、二级生物氧化、氧化渣洗涤-氰化-树脂提金、氧化液中和的工艺流程，氧化时间为7d，氰化钠用量为6kg/t。

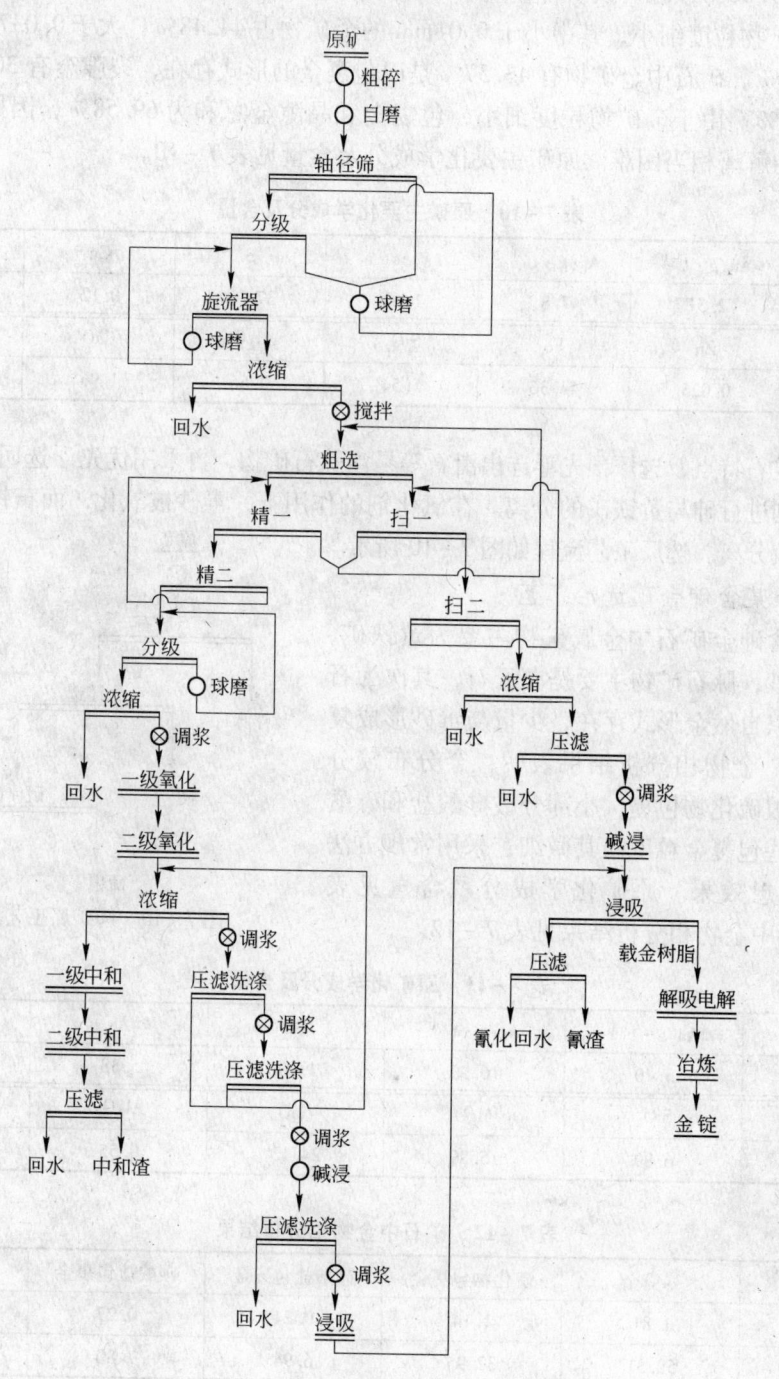

图7-9 新疆阿希金矿选厂工艺流程

B 安徽铜陵某含砷金矿选冶工艺

安徽铜陵某金矿为一大型含金高砷硫化矿矿山，矿石中含砷较高，金与黄铁矿、毒砂等硫化物密切共生，属于一种难处理的矿石。矿石中金的赋存状态复杂，黄铁矿、磁黄铁矿和毒砂中有部分显微金和次显微金。其中黄铁矿，包括胶状黄铁矿、白铁矿和铜、铅矿物，含金量39.86%，磁黄铁矿含金量3.3%，毒砂含金量28.84%，上述矿物含金总量达到72%。金矿物粒度细小，其中小于0.01mm的金矿物占44.48%；大于0.037mm的金矿物仅占11.68%。矿石中金矿物有43.57%是以包裹金的形式存在，裂隙金有30.42%，晶隙金有26.01%。由于金矿物粒度细小，包裹金和晶隙金总和为69.58%，因此在磨矿过程中金矿物的解离相当困难。原矿主要化学成分及含量见表7-10。

表7-10 原矿主要化学成分及含量 （%）

化学成分	Au/g·t⁻¹	Ag/g·t⁻¹	As	S	Cu	Pb
含量	2.51	7.8	1.62	37.98	0.12	0.027
化学成分	Zn	Fe	SiO₂	Al₂O₃	CaO	MgO
含量	0.025	44.36	5.54	0.66	1.96	3.29

针对该矿石特点，选厂预先浮选出滑石等易浮脉石矿物，再采用优先浮选回收金，以漂白粉作氧化剂进行砷与黄铁矿的分离。在氧化剂的作用下，毒砂被氧化，而黄铁矿仍可浮，从而实现砷硫分离。选厂工艺流程如图7-10所示。

C 国外某含砷金矿选冶工艺

某国外含砷金矿石中金属矿物主要为黄铁矿、黄铜矿、毒砂，脉石矿物主要是白云石，其次为石英。金主要以自然金形式存在，少量与毒砂形成复杂连晶关系。金物相分析结果表明，金分布较分散，大部分被硫化物包裹，小部分被硅酸盐和碳酸盐包裹，这些包裹金粒度极其微细，采用常规方法难以获取理想效果。原矿化学成分及含量见表7-11，矿石中金物相分析结果见表7-12。

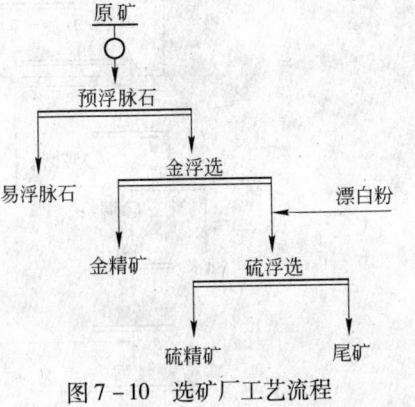

图7-10 选矿厂工艺流程

表7-11 原矿化学成分及含量

化学成分	Au/g·t⁻¹	Ag/g·t⁻¹	Cu	As	Fe
含量/%	3.40	16.90	1.07	5.38	10.18
化学成分	SiO₂	MgO	CaO	Al₂O₃	F
含量/%	6.89	15.89	24.13	0.55	0.037

表7-12 矿石中金物相分析结果

物 相	暴露金	硫化物包裹金	硅酸盐包裹金	碳酸盐包裹金	合 计
含量/g·t⁻¹	1.81	1.14	0.24	0.27	3.46
分布率/%	52.31	32.95	6.94	7.80	100.00

该矿采用优先选铜－硫砷精矿强化浸金－尾矿氰化工艺方案（见表 7－13），并用石灰＋亚硫酸钠组合抑制剂抑砷使铜砷有效分离，可产出直接销售的合格铜金精矿，金、铜综合回收率分别达到 83.47% 和 87.20%。硫砷精矿中这部分金呈微细粒包裹，采用热压预氧化－氰化法回收，金回收率可达 95.41%。

表 7－13 优先选铜－硫砷精矿氰化浸金－尾矿氰化工艺指标

选矿方法	产品名称	产率/%	品 位			回收率/%			
			Cu/%	Au/g·t⁻¹	As/%	Cu	Au		As
						对原矿	作业	对原矿	对原矿
浮选作业	铜精矿	3.77	23.93	31.38	0.42	87.20		36.61	1.82
	硫砷精矿	10.67	0.60	10.38	6.89	6.19		34.27	84.42
	尾矿	85.56	0.08	1.10	0.14	6.61		29.12	13.76
	原矿	100	1.03	3.23	0.87	100		100	100
硫砷精矿热压预氧化－氰化	贵液						95.41	32.70	
	浸渣			0.62					
尾矿氰化	贵液						48.63	14.16	
	浸渣			0.62			51.37	14.98	
合　计						87.20		83.47	

7.3.2 碳质金矿石选冶实践

7.3.2.1 碳质金矿石的资源特点

产于黑色（或含碳）岩系和沉积岩系中的金矿，是世界重要金矿类型之一。20 世纪初黄金工业界就已认识到金矿中的碳质物对氰化浸出的有害影响。从金的提取冶金角度出发，碳质金矿最初定义为一种含有机碳的难浸矿石，矿石中的有机碳能和金氰配合物发生作用，因而不能用常规氰化法加以处理。最著名的碳质金矿包括美国的卡林金矿和乌兹别克斯坦的穆龙套金矿，加拿大、澳大利亚、新西兰及我国均发现了相当多的大型碳质金矿床。

国内外的研究认为，在微细粒金原生矿床的形成过程中，尤其以沉积岩为熔矿岩石的金矿形成过程中，碳质物具有重要作用。卡林金矿、我国四川的东北寨金矿及黔桂滇金三角的一些金矿床中都含较高的碳质和有机碳。一般认为，原生矿石中含有机碳化合物在 0.2% 以上时，将严重干扰金的氰化提取过程，被称为碳质金矿。除了受碳质物的有害影响外，微细粒碳质金矿还具有一般难浸矿的矿物学特性，如金以硫化物或黏土矿物中的微细（显微和超显微）包裹体存在。这类碳质金矿中多数金与黄铁矿或其他硫（砷）化物共生，除了含较高的碳外，铝、钾、镓、钛、钒、铊、磷、钡等几种元素的含量也较高，也含有较多的石英、热液黏土矿物（主要为高岭土）、重晶石和某些 TiO_2 矿物。

为了经济有效地处理碳质金矿，研究者对矿石中碳质物的组成、性质及其对氰化的影响机理，进行了较深入的探讨和研究。然而，由于多数金矿床中矿化矿脉浸入围岩中赋存有碳质物的矿带，使碳质物以复合矿物的形式存在；加上碳质物在矿石中含量较低，嵌布粒度较细（最细达 0.002 ~ 0.005mm），单矿物的分离比较困难，矿石中碳质的存在形式至今尚未完全研究清楚。

在一些微细粒浸染型和变质岩型金矿床中，碳质物是主要载金矿物之一。美国卡林地区的 Jerrit Cayon 金矿中，大部分金以亚显微粒度存在于碳质物中；我国板其金矿的碳质单矿物中含金 53.6g/t；丫他金矿的碳质中含金 27.32g/t；戈塘金矿某些矿样中，包裹在碳质中的金占包裹金的 46.5%，碳质物中的含金量在个别样品中可达到 100g/t 以上。但对多数难处理碳质金矿来说，碳质物中的金所占比例较小，大部分金与黄铁矿等硫化物密切共生。碳质金矿中碳质物主要有三种类型：固体（元素）碳、高分子碳氢化合物的混合物及与腐殖酸类相似的有机酸，后二者合称为有机碳。矿石中存在的碳质物，一般认为是热液活动期带入了少量有机质（可能包括碳氢化合物）的结果。固体碳有石墨、非晶无定型元素碳和晶体发育不良的假石墨（兼有非晶和石墨两种构造体系）三种结构形式，主要成分为碳，一般不含金，但也可能含有一些杂质元素，如 S、Ti、Al 等。固体碳，尤其是无定形碳，在氰化浸出过程中具有活性炭的性能，吸附已浸溶的金氰配合离子。矿石中天然碳的粒度一般都很细。有关碳质金矿中有机质组分的资料较少，有机组分的结构尚不十分清楚。美国的卡林矿的碳质金矿中，有机碳高达 2.15%，有人认为大部分（50% 以上）有机质为腐殖酸类等有机酸；但在该矿较深部位的矿石中，认为大部分碳质物为石墨碳和活性炭。国外一些研究认为，碳质矿石中的有机组分有：

（1）不与氰金配合离子相互作用的长链碳氢化合物；

（2）与氰金酸盐形成配合物的有机酸（类似于腐殖酸）组成。

化学分析表明，矿石中的有机组分中含有 C、H、O、N 和 S 等，某些矿石中的有机质可能不含 N，如美国 Prestea 矿石中的有机质含 66.86%C、18.15%S、10.45%H 及 1.65%O。红外光谱分析结果，证实有机质中存在 CH_2、CH_3、—COOH 及 C＝O 等基团或官能团结构，但不能确定是否存在含—N 和—S 结构的官能团。

碳质物中金的具体存在形式尚不十分清楚。利用核磁共振等现代物理化学检测方法，也未发现金与有机碳质间的化学键结合的充分证据，因而认为以超微粒级包裹体、吸附或胶体吸附是主要形式。不溶性有机质因具有芳核及脂肪族侧链（长链碳氢化合物）等官能团，具有与石墨和活性炭类似的芳香核构成的平行状结构，在氰化浸出中与金氰配合离子的作用和活性炭的吸附机理极为相似。腐植酸型有机碳质，则具有更多的缩合干核和更强的化学配合（螯合）反应的官能团，与金氰配合离子作用，因而碳质中存在某种化学结合金是完全可能的。某些干酪根中发现存在极细微硫化物，从成矿机制出发，有机碳质中的金可能与硫化物包裹体有关。

由此，在金的氰化浸取过程中，矿石中的碳质物主要有两种有害影响：第一，碳质物是金的主要载体矿物之一，含有或包裹有微细粒金；第二，碳质物在氰化浸取过程中吸附已浸溶金，即所谓"劫金"作用。从而妨碍金的氰化浸出。例如，在有腐殖酸存在的条件下，对氧化矿进行氰化，由于 $Au(CN)_2^-$ 被腐植酸络合而使金的回收率基本为零。至于碳质物中的碳氢化合物，它本身并不与 $Au(CN)_2^-$ 发生反应，且大多存在于活性炭表面，所以实际上是降低了碳的劫金活性。

因此，该类型矿石在氰化浸出之前必须经过预氧化处理以消除其难浸因素：即不仅要氧化分解包裹金粒的硫化矿物，而且必须消除碳质物吸附金氰络离子的能力。

7.3.2.2 碳质金矿预处理的主要方法

一种矿石当它含有天然的碳质物料、球状的黄铁矿和其他黏土物料及有机碳等组分时，因为它们都能从矿浆中抢先吸附金氰配合物，故又称之为"劫金"矿石。国内外都发现了大量这类金矿石，为解决它们的处理问题曾采用过很多种工艺方法，对这类矿石进行预处理的方法主要有氧化预处理、炭浸法、抑制法以及生物氧化法等。

A 碳质难浸金矿的氧化预处理

（1）焙烧预处理。氧化焙烧是一种最经典的预处理方法，虽存在着污染等问题，但最终因它具有工艺简单、操作简便和适用性强等优点，所以很多企业至今仍在使用。科研工作者还对焙烧工艺作了很多改进，出现了一些革新技术，不仅减少了污染而且还提高了焙烧效果。美国在1987年还兴建了两座大型焙烧工厂分别用于处理硫化矿和碳质金矿。

鉴于我国难处理金矿的压力氧化设备没有很好的解决，生物氧化又有很多的局限性等不利因素，新型焙烧方法应成为我国的主要发展方向。因为焙烧简单实用，我国具有较好的基础，几乎可以处理各种类型的难处理金矿。然而新装置、新工艺的问世，摒弃了传统焙烧法环境污染严重的弊端。给焙烧法注入了新的活力，新的焙烧法在我国难处理金矿预氧化上有广阔的前景，尤其在碳质金矿的处理方面。

（2）碱性氯化法。对碳质"劫金"矿石可先采用碱性氯化法使其氧化，以使"劫金"组分失效，然后再进行氰化浸金。大量研究表明，这是解决碳质难浸组分比较有效的一种方法。其实质就是往矿浆中通入氯气作为一种强氧化剂，使矿石中的碳质组分氧化。流程中还包括先加热矿浆，再加入 Na_2CO_3 并通入大量空气，这样就可大大降低后续氯气氧化过程中的耗氯量（又称"二次氧化法"）。经氯化处理后再用炭浸法或常规氰化法处理。

（3）闪速氯化法。虽然用氯化法对碳质矿石进行预处理已被证明是有效的，但由于矿石中的硫化物与氯气的反应，比碳质与氯气的反应更快，从而会消耗大量氯气。因此，最近 Newmont 公司已对传统的水溶液氯化法作了改进，使通入的氯气高度分散，在搅拌良好的反应器内于70℃下处理碳质矿石。由于氯气分散效果好，使浸出时间从数小时缩短到30min。这就是所谓的闪速氯化法，此法平均可提高6%的金浸出率，并降低25%氯气耗量。

（4）电化学氧化法。美国矿务局最近开发了一种在矿浆中就地产生次氯酸离子的技术。这种电化学氧化的技术是往矿浆中加入氯化钠之后，将电极放入矿浆中并通以电流，矿浆中就会产生次氯酸盐，它能使碳质矿石氧化。当把这项技术用于处理卡林和 Mereur 型碳质矿石时，都获得了较好的效果。但氯气价格及供电能力使这项技术在经济上受到限制。

B 炭浸法、炭氯浸法处理碳质金矿

处理碳质金矿石的第二种方法是在有活性炭存在的情况下对它们进行浸出，这就是著名的炭浸法工艺。但该工艺只适用于处理一般难浸的金矿石。

在炭浸法的基础上，Devoe - Holbein 公司已研制出一种模拟生物配合过程并能选择性回收特种金属离子的合成树脂。还研制出一种能选择性回收金氰配离子的介质，后者对金氰配离子具有强烈的亲和力，完全能与"劫金"组分进行竞争。其解吸与再生费用也明显低于活性炭，并且在有可溶性铜氰配合物存在的情况下，这些介质也能适用于选择性回收金。

美国在80年代末还发明了一种从碳质金矿中提金的新技术，即采用氯化物浸出和离子交换树脂吸附，可回收溶液中95%的金。该法适于处理含金的碳质矿石或碳质矿与氧化矿的混合矿。例如用1.0%~1.5%（体积）树脂吸附剂与0.1g/L氰化物溶液处理磨细的矿浆，随后使树脂与矿浆分离，解吸回收金，树脂再生。用这种方法处理含3g/t Au、>1% C 的矿石时，金回收率可达到90%以上。

炭氯浸法也可以用来处理难浸的碳质金矿石。该法是将氯气和活性炭加入到已细磨后的矿浆中，故称之为炭氯浸法（CILO）。在上述条件下金溶解成金氯配合物，然后在炭粒表面还原为金属金。浸出完成后从矿浆中筛出载金炭再进行金的回收处理。采用这种方法处理时有机碳的活性降低，但不妨碍金在活性炭上的吸附。在这种情况下金被浸出并被活性炭吸附。对于高碳质矿石所达到的回收率，比处理难浸的原生硫化矿石时要高。用传统的氰化法浸出两种碳质矿石时回收率分别为5.5%和46%，而采用这种炭氯浸法时，在活性炭上的金回收率分别为90%和92%。

C 使用抑制剂和添加剂

通过添加表面活性剂覆盖碳质物表面的活性点，使碳质物不被浮选。或者通过添加吸附金能力比碳质物强的离子交换树脂等抑制有机碳的有害影响。

成都科大研制的一类高效抑制剂能明显降低碳质组分吸附氰化亚金的速度和能力，其抑制能力是煤油的5~10倍。同时还研制出一类高效促进剂，它们能大大加快吸附剂（活性炭或树脂）对氰化亚金的吸附速率和提高金的浸出率。采用该工艺处理碳质黏土含量为10%的黔西南某大型金矿石，二级串联炭浸流程的浸出率和吸附率分别为98%和94.8%，而采用煤油抑制剂对比实验结果分别为78.3%和76.7%。

D 微生物处理法

如前所述，微生物氧化是处理难浸金矿的很有效的途径之一。已有一种用微生物处理钝化碳质物的工艺已取得专利。该工艺是用异样菌（一种菌类的组合物），有brunneneio - Unisetiatus 曲霉菌、黄青霉菌、脱氮产碱杆菌、洋葱假单胞菌和 Freundi 柠檬酸细菌等。对一种用常规氰化法无法浸出的碳质硫化物金矿，先经微生物（氧化亚铁硫杆菌）氧化硫化物后，金浸出率为55.5%，而经微生物氧化后再用这种菌类组合物处理，以钝化"劫金"碳，金浸出率可提高到74.4%。

组成组合物的细菌是以卡林金矿的碳质硫化矿石的样品中得到的。这个组合物叫做"卡林黑"。从组合物分离出的细胞鉴定为 Oryrihabitans 假单胞菌、喜麦芽糖的假单胞菌、无色细菌和土壤细菌。

综上所述，对于碳质金矿的预处理方法主要有：氧化焙烧法、炭浆法、氯化法、抑制法等。传统的氧化焙烧法虽然焙烧温度较高、流程长、生产成本高等缺点，但是由于简单实用，可以处理各种矿石，在我国具有较好的基础，是运用比较广泛的一种。炭浆法只适合不太难浸的金矿石，而且活性炭的回收也是所面临的又一难题。氯化法处理含碳金矿石效果虽然比较好，但是受到氯气价格限制、操作安全隐患等影响。

7.3.2.3 碳质金矿石的处理工艺实例

A 拉尔玛金矿

甘肃拉尔玛金矿为国内中大型金矿床，其金矿石属较典型的碳质含砷、微细粒难选冶金矿石。矿石中主要矿物组成为自然金、黄铁矿、辉锑矿、黑辰砂、灰硒汞矿、重晶石、石英、绢云母等。

矿石中金的赋存状态以自然金为主，其中游离自然金和连生金占68.8%，嵌布在辉锑矿、石英、玉髓和少量重晶石裂隙中；包裹金占31.2%，属石英、重晶石和辉锑矿包裹；另有少量分布于硫化物、石英及重晶石的粒间金。主要的有害杂质有：C、Hg、As、Sb，含量分别为1.54%、0.019%、0.035%、0.01%。碳的含量中有机碳占86%，即占总矿石的1.32%。矿石中砷的含量不高，含砷矿物主要是砷黄铁矿。矿石的化学成分见表7-14。

表7-14 矿石的化学成分 （%）

化学成分	Au/g·t^{-1}	SiO$_2$	As	Al$_2$O$_3$	Fe$_2$O$_3$	Cu	S
含量	4.25	87.83	0.035	4.34	1.68	0.011	3.74
化学成分	Ag/g·t^{-1}	Hg	Sb	CaO	Pb	C	CO$_2$
含量	1.8	0.019	0.01	0.84	0.002	1.32	0.22

该金矿石中金的颗粒特别细，包裹体占近三分之一，非细磨难以解离。多种有害元素，特别是有机碳的存在，导致该金矿石的选冶具有一定的难度。针对金矿石含有机碳高、金颗粒细、包裹体密度大的特性，采用了浮选-浮选精矿焙烧-焙砂氰化的工艺流程。该金矿石浮选工艺流程如图7-11所示。精矿焙烧-焙砂氰化工艺原则流程如图7-12所示。

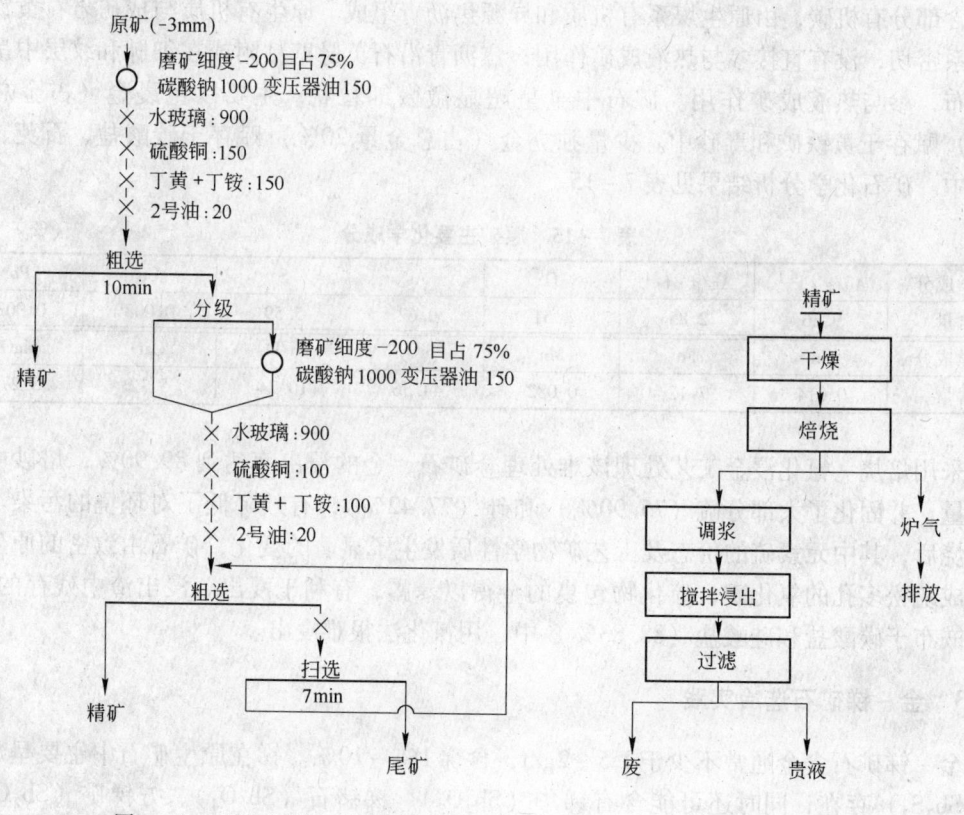

图7-11 选厂浮选工艺流程　　图7-12 精矿焙烧-焙砂氰化工艺原则流程

采用浮选－浮选精矿焙烧－焙砂氰化工艺处理拉尔玛碳质金矿，获得了较好的指标。浮选精矿产率10.41%，金的浮选回收率可达93.04%；浮选精矿经过焙烧，有机碳、砷和硫的脱除率均在95%以上，氰化浸出率达97%。浮选＋氰化总回收率达到90.25%。

B   加纳阿利斯顿金矿

加纳阿利斯顿选金厂处理含碳金矿石。该厂处理能力1200t/d。金属矿物主要有金、毒砂、黄铁矿，其次有闪锌矿飞黄铜矿、磁黄铁矿。脉石矿物主要有石英，其次有方解石、铁白云石、金红石以及碳质片岩。矿石含金9～11g/t，含碳1%。一部分金呈游离状态被包裹在石英之中，而其余部分则与黄铁矿和毒砂共生。该厂采用重选—浮选和浮选精矿焙烧—氰化的联合流程如图7－13所示。矿石经两段破碎至小于6mm，然后进行两段磨矿（一段磨碎至55% － 0.074mm）至65% － 0.074mm。在磨矿分级循环中用溜槽、摇床和跳汰机回收游离金，其金回收率约为60%。然后，重选尾矿进行浮选，浮选精矿进行氧化焙烧，焙砂进行氰化。在浮选及氰化过程中回收了30%的金。

C   贵州某含碳金矿石的处理

贵州省某高碳金矿石中金以超显微细粒形式包裹于金属硫化物（黄铁矿、毒砂）中，占总金量的80%。碳酸盐黏土矿物中，含碳3.51%、硫5.59%、砷0.62%。该金矿属微细浸染卡林型金矿。主要矿化特征是热液蚀变发育，黄铁矿化、毒砂化、雄黄化、硅化、褐铁矿化、方解石化较多。金属矿物有黄铁矿、毒砂、雄黄、辉锑矿，非金属矿物有石英、滑石、高岭石、方解石、白云石、萤石等。其中黄铁矿、毒砂是主要载金矿物。同时矿石含部分有机碳，由原生煤系有机质和异源焦沥青组成。原生有机质与成矿岩石黄铁矿化关系密切，没有直接参与热液成矿作用；焦沥青沿石英脉壁粘附或在细脉和纹层中呈带状分布，参与热液成矿作用。矿石中金呈超显微微细粒状，主要以包裹金（占金总量80%）赋存于黄铁矿和毒砂中。少量独立金（占总金量20%）赋存于碳酸盐、石英、有机质中。矿石化学分析结果见表7－15。

表7－15 原矿主要化学成分   (%)

化学成分	$Au/g \cdot t^{-1}$	$Ag/g \cdot t^{-1}$	C	As	S	Cu	Pb
含量	9.26	2.85	3.51	0.62	5.59	0.008	0.003
化学成分	Zn	Fe	Mn	SiO_2	Al_2O_3	CaO	MgO
含量	0.014	7.12	0.082	44.56	10.74	5.12	3.27

采用焙烧－氰化浸金工艺处理该难处理金矿石，金的浸出率达到89.90%，焙砂中含碳微量，并固化了大部分硫（75.90%）和砷（77.42%），有效降低了对环境的污染。矿石焙烧后，其中元素硫的价态及工艺矿物学性质发生了显著的变化，矿石由致密的原生矿转变成疏松多孔的氧化矿，硫化物包裹的金得以暴露，有利于浸出。浸出渣中残存的金，主要嵌布于碳酸盐和硅酸盐（88.83%）中，用氰化法很难浸出。

7.3.3   金－锑矿石选冶实践

金－锑矿石含金通常不少于1.5～2g/t，含锑1%～10%。锑在原生矿石中主要呈辉锑矿（Sb_2S_2）存在，同时还可能含有锑华（Sb_2O_3）、锑赭石（Sb_2O_4）、方锑矿（Sb_2O_3）、黄锑华（Sb_3O_4OH）和其他氧化物。最常见的伴生矿物为黄铁矿和砷黄铁矿。

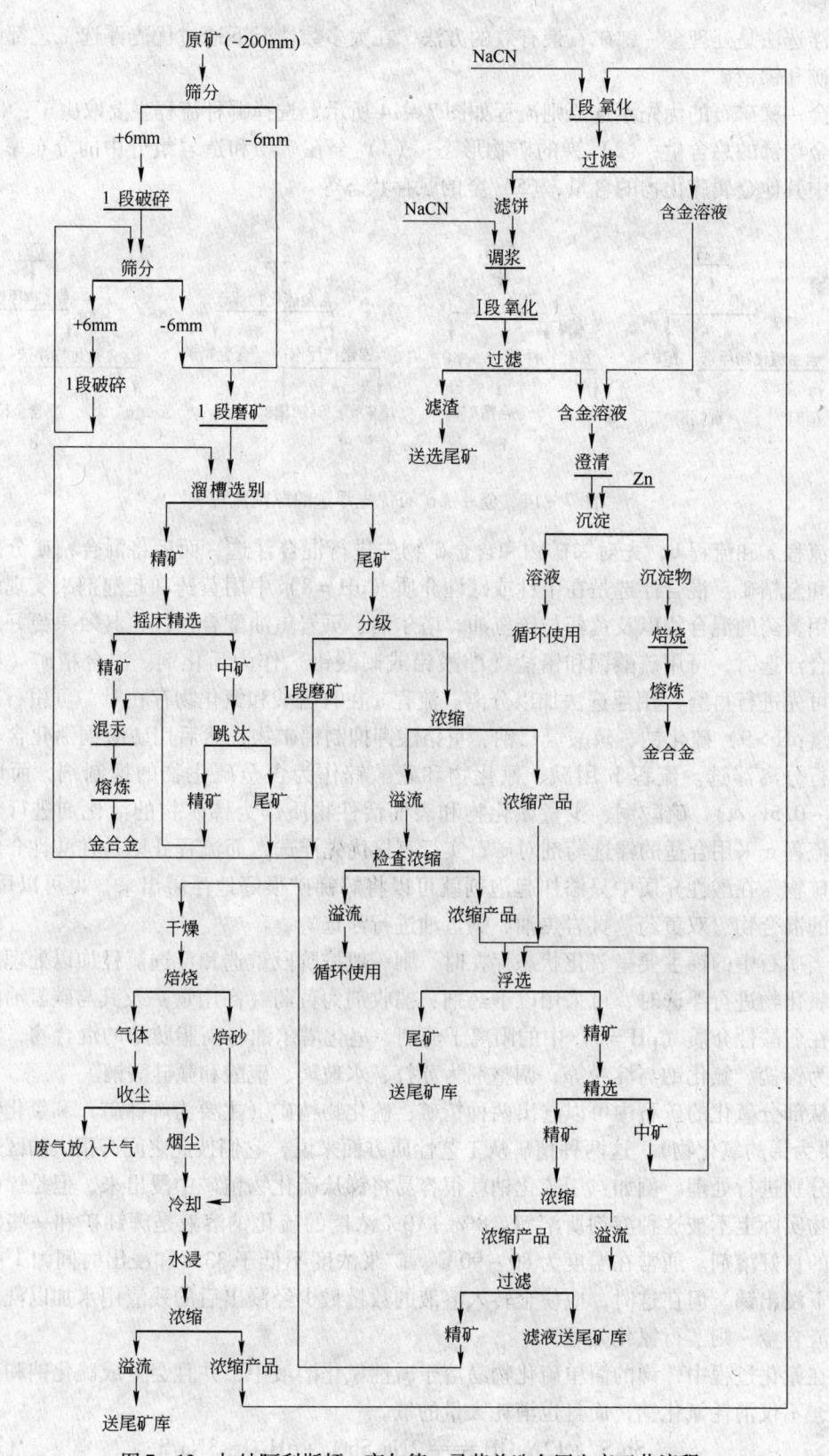

图 7-13　加纳阿利斯顿-高尔德-马英兹选金厂生产工艺流程

浮选法是处理金-锑矿石最有效的方法，在大多数情况下通过优先浮选工艺都能得到金精矿和锑精矿。

金-锑矿石的优先浮选原则流程如图7-14所示。选择哪种流程主要取决于：（1）矿石中金与锑的总含量；（2）锑的矿物形态；（3）金在矿物和造岩组分中的分布率；（4）矿石中其他金属硫化物的含量；（5）金的赋存状态等。

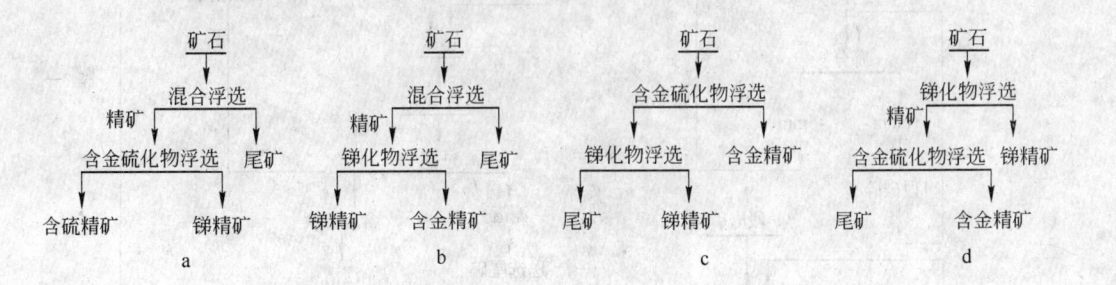

图7-14 金-锑矿石优先浮选的原则流程

流程a和流程b，先对锑矿物和含金矿物先进行混合浮选，而后将混合精矿分离为锑精矿和金精矿。混合浮选是在中性或碱性介质（pH=8）中用黄药和起泡剂来实现的。如果采用黄药的混合物以及黄药与碳氢油、塔尔油、页岩焦油配合使用，其效果更好。当进行混合浮选时，可用硫酸铜和铅盐（醋酸铅或硝酸铅）作为活化剂。混合精矿（如有必要，可先进行再磨）用浮选法加以分离。流程a在有硫酸和氰化物存在时，可用石灰或苛性钠（pH>9）硫化钠、磷酸氢二钠、重铬酸钾抑制锑矿物，然后用硫酸铜活化含金硫化物进行分离浮选。流程b用碱、氰化物和硫酸锌作为含金硫化物的抑制剂，而以铅盐（0.2~0.5kg/t）、硫酸铜、少量氰化物和表面活性物质作为锑矿物的活化剂进行分离浮选。流程c采用合适的浮选药剂对矿石实行直接优先浮选，而流程d则是在酸性介质中浮选锑矿物。在酸性介质中只添加起泡剂就可以将辉锑矿很好地浮游出来，也可以用黑药、黄药的混合物、双黄药、页岩焦油、碳氢油进行浮选。

当矿石中的锑主要呈氧化状态存在时，则一般按阶段重选和浮选流程加以处理。当对锑的氧化物进行浮选时，可采用以下药剂：捕收剂为黄药（高用量）及其与碳氢油的混合物、在弱酸性介质（pH=6）中的阳离子药剂、皂化塔尔油与高脂肪醇的混合物，活化剂一般为铅盐、氟化钠与淀粉等，调整剂为苏打、水玻璃、硫酸和氟硅酸钠。

从部分氧化的矿石中可以选出两种精矿：硫化物精矿（主要为辉锑矿）和氧化物精矿（主要为锑的氧化物）。这两种精矿从工艺性质方面来说，它们彼此之间有很大的区别，所以要分别进行处理。例如：用硫化钠就很容易将锑从硫化物精矿中浸出来，但是锑的高价氧化物实际上不被这种溶剂所溶解。8%~10%浓度的硫化钠溶液是辉锑矿和一些氧化锑矿物的良好溶剂。通常在温度为80~90℃、矿浆浓度不低于33%和浸出时间为1~2h的条件下浸出锑。但在这时，应使金转入溶液的数量最少经浸出后的残渣用水加以洗涤。如果残渣含金，则实行氰化处理。

在氰化过程中，锑的简单硫化物易溶于碱性氰化溶液中，并且会生成硫化钠和硫代锑酸盐，不仅消耗氰化钠，而且也消耗大量的氧。

$$Sb_2S_3 + 12NaOH = 2Na_3SbO_3 + 6H_2O + 3Na_2S \qquad (7-14)$$

$$Sb_2S_3 + 3Na_2S = 2Na_3SbS_3 \tag{7-15}$$

$$2Na_3SbS_3 + 3NaCN + 3H_2O + O_2 = Sb_2S_3 + 3NaCNS + 6NaOH \tag{7-16}$$

因此，处理含有可溶性硫化锑的金矿石时，必须采取相应的措施减弱锑对氰化过程的影响：

（1）焙烧法。金－锑精矿经焙烧就能使锑呈三氧化锑（Sb_2O_3）挥发出来，但焙烧温度不得高于650℃，以免出现降低金的暴露程度的熔化现象。金－锑精矿通常分为两段进行焙烧：第一段焙烧是在温度为500～600℃条件下进行1h，第二段焙烧是在温度为1000℃条件下进行2～3h。三氧化锑用收尘器加以捕收，焙砂先用稀硫酸浸出后，则用氰化法处理。

（2）加压浸出法。在氨溶液介质中进行加压浸出也可以从金－锑精矿中回收金。在溶液中的NH_4OH浓度为33%～35%、温度为170～175℃、氧压力为15～16个大气压和浸出时间为24～30h的条件下，可以从金－锑精矿中回收99%以上的金。此时，因硫化物在氨性介质中氧化所生成的硫代硫酸盐便是金的溶剂。

南非康索里杰依捷德－马尔齐松选矿厂主要处理金－锑矿石。矿石含Au5.63g/t，Sb11.59%。该厂采用重选－浮选和金精矿焙烧－氰化以及锑浮选的流程，生产工艺流程如图7－15所示，其生产指标如表7－16所示。

表7－16　生产指标

产品	品位		回收率/%	
	锑/%	金/g·t^{-1}	锑	金
合格锑精矿	61.94	17.6	91.4	53.5
金合金	—	—	—	34.0
尾矿	1.2	0.87	8.6	12.5
原矿	11.59	5.63	100.00	100.00

7.3.4 金－碲矿石选冶实践

金常与碲结合成化合物，由于碲化物很脆，所以在磨矿过程中容易泥化，从而给浮选过程造成一定的影响。因此，处理金－碲矿石时，一般采用阶段浮选。

金－碲矿石的浮选原则流程如图7－16所示。首先，从矿石中回收金的碲化物和其他易浮矿物。在添加苏打（pH＝7.5～8）与起泡剂时，一部分游离金进入精矿中，而尾矿则用巯基捕收剂进行硫化物浮选。金－碲精矿进行长时间氰化（4～5日），而金－硫化物精矿则先进行焙烧预处理，然后再对焙砂进行氰化。

此外，还可以从混合浮选精矿及其氰化尾矿中分选出含碲产品，其流程如图7－17所示。在必要时，可对精矿进行再磨、洗涤和脱水，然后在苏打－氰化物介质中以碳氢油作为捕收剂进行碲化物浮选。按这一流程可从碲品位为10g/t的矿石（主要呈碲铋矿$BiTeS_2$）中浮选出碲品位为4kg/t、碲回收率为61%的碲精矿。

众所周知，金－碲矿石中金大部分为细粒浸染的碲化物，而金的碲化物比游离金更难溶于氰化溶液，其溶解度随溶液中含氧和碱浓度的提高而增加。同时过氧化钠能够分解碲

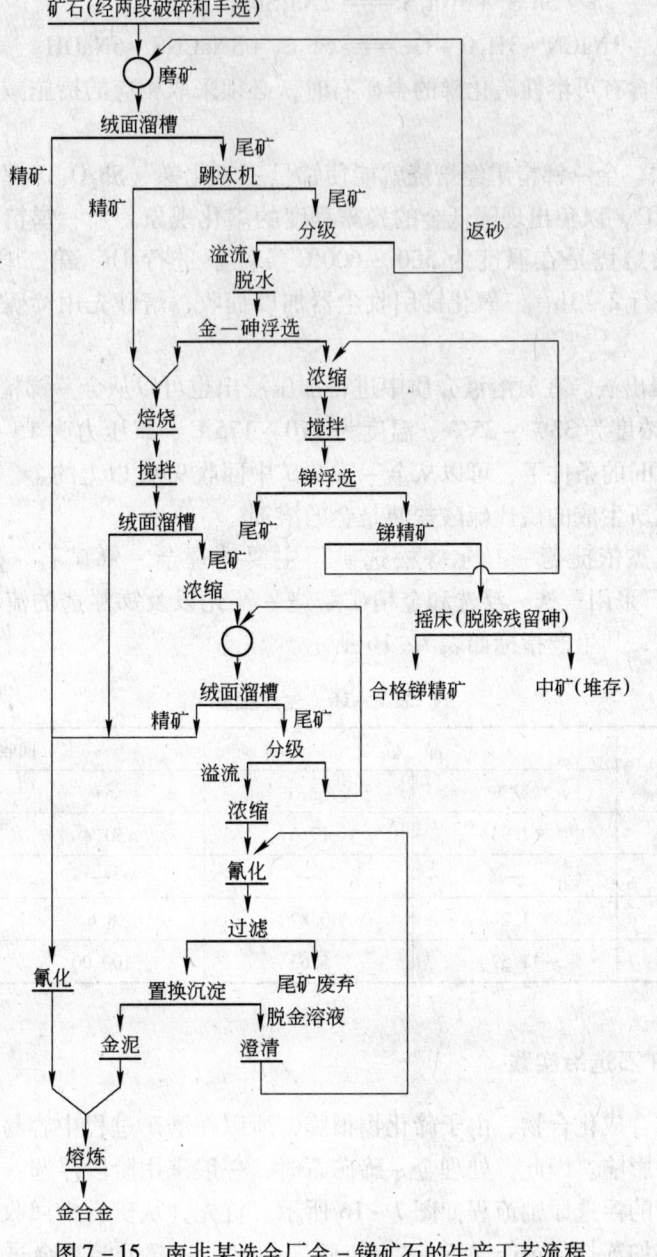

图 7-15 南非某选金厂金-锑矿石的生产工艺流程

化物，溴化氰能氧化和溶解贵金属及其化合物。因此，对金-碲矿石及其精矿实行氰化时，必须采取下列措施：

(1) 将物料细磨，其磨矿细度通常为 99% -0.074mm；

(2) 长时间浸出 (50 ~60h)；

(3) 应用高碱度溶液 (不低于 0.02% CaO)；

(4) 往矿浆中强烈充气。

此外，可往矿浆中加入氧化剂量 (过氧化钠 200 ~500g/t) 进行氰化或溴氰化 (溴化氰用量为氰化钠的 1/3)。

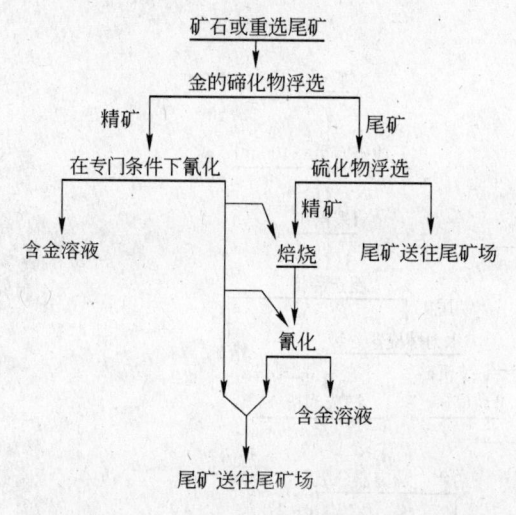

图 7-16　金-碲矿石优先浮选原则流程

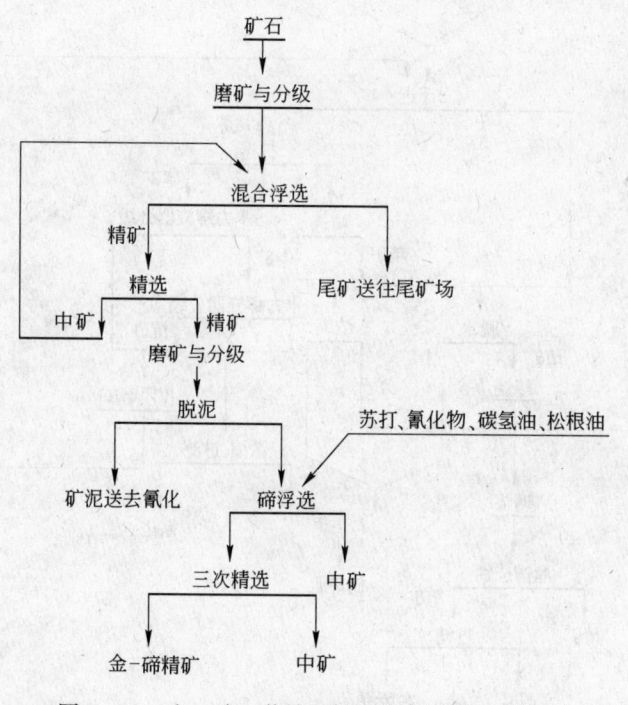

图 7-17　金-碲-黄铁矿矿石优先浮选原则流程

　　此外，金-碲浮选精矿可以通过焙烧脱除其中的碲和硫，然后对焙砂进行氰化。但是，在焙烧过程中金的碲化物容易溶化并吸收与其呈连生体的金。这种金在氰化过程中只有在碲化物溶解之后才被溶解，即在这种情况下需要很长的浸出时间。除此而外，对金-碲矿实行焙烧时，往往一部分金会随烟尘而损失。因此，在焙烧时应逐渐地加温以防止上述有害影响。

　　澳大利亚某选金厂采用第一种方案处理难溶金-碲矿石，该厂所处理矿石含金 7.5g/t，金主要为碲化物的细粒包裹体。图 7-18 为重选—浮选和浮选精矿焙烧—氰化、浮选尾矿氰化的联合流程。

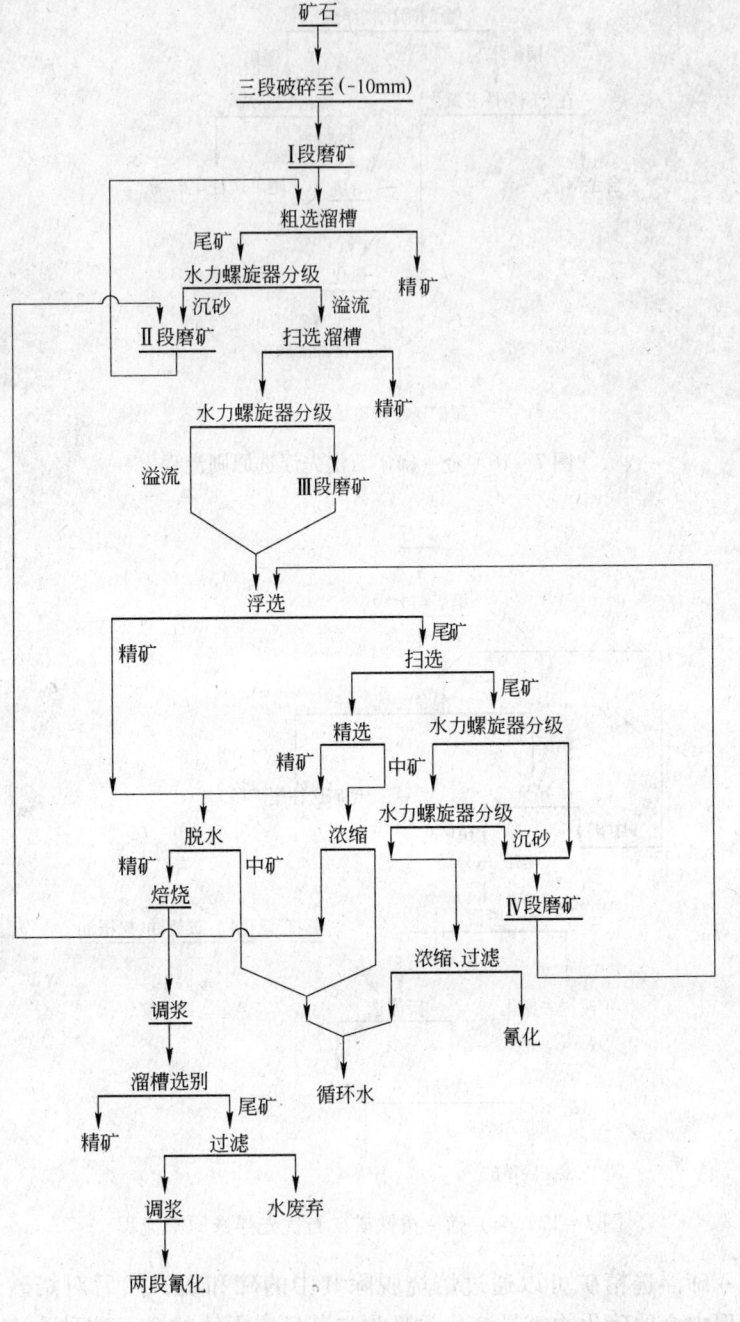

图 7-18　澳大利亚某选金厂处理难溶金-碲矿石的选冶工艺流程

　　矿石进行三段破碎（至小于 10mm）和四段磨矿，以防止碲化物过粉碎。在磨矿与分级循环中先用绒布溜槽回收粗粒金，粗选溜槽给矿粒度为 -1.65mm 占 15%，扫选溜槽给矿粒度为 +0.074mm 占 20%。磨碎后的矿石用浮选法回收难溶金。浮选精矿经脱水与焙烧（500~550℃），以便解离含金硫化物和碲化物，使之适合于氰化。由于浮选精矿含硫量很高，所以先进行单独焙烧，其焙砂再用溜槽回收单体金，然后进行两段氰化。

该厂金总回收率为94.2%。其中，原矿溜槽选别回收率为13.02%，焙砂溜槽选别回收率为20%，焙砂氰化回收率为57.60%，浮选尾矿氰化回收率为3.60%。

7.3.5 其他难处理金矿石

7.3.5.1 金-铀矿石的处理

金-铀矿石除含金以外，还含铀0.01%上。含铀的主要矿物通常为沥青铀矿（UO_2）和针状沥青铀矿（铀矿物和有机物的混合物）。矿石中的氢氧化铁常常与铀的氧化物紧密共生。黄铁矿在矿石中的含量从千分之几波动到百分之五。在金-铀矿石中金主要以细粒和粗粒的状态存在，但也有以微粒状态被包裹在黄铁矿中的。

当处理金-铀矿石时，首先要查明铀在矿石中赋存状态。由于铀常常聚集在粒度细且松软的级别中，所以铀可用对粗粒矿石实行筛分或者对磨碎过的物料实行分级的方法就能富集起来。而放射性分选法则是选别粗粒矿石的有效方法。

为了富集金和铀（富集比较低），一般采用重选法（溜槽、跳汰和重介质选矿等）。处理金-铀矿石的原则流程如图7-19所示。

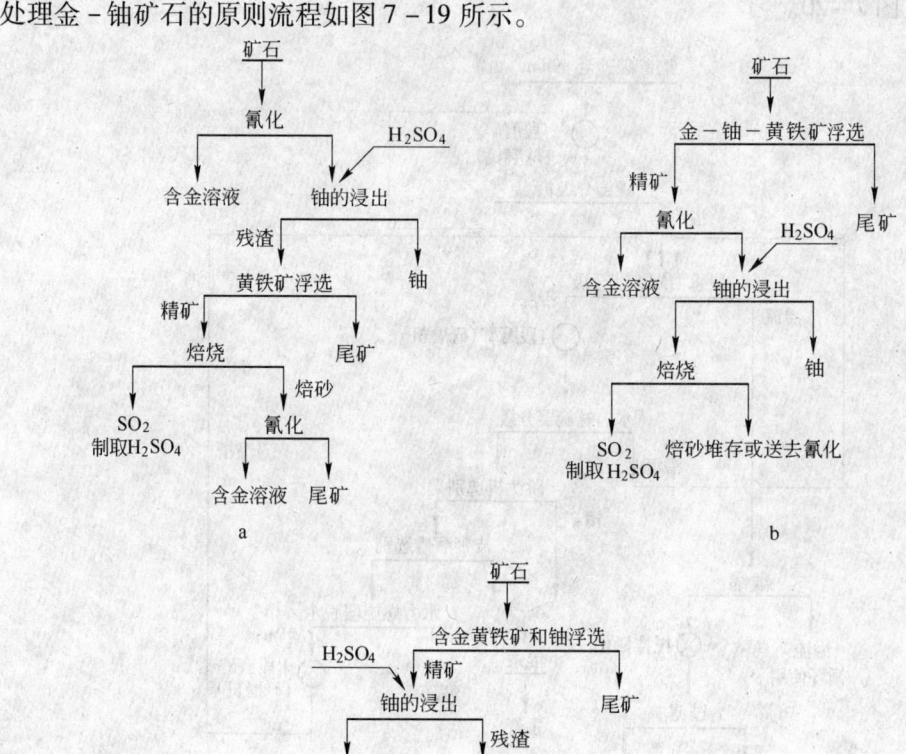

图7-19 处理金-铀矿石的原则流程

流程 a 是金 – 铀矿石普遍应用的选冶流程，按照这一流程先对原矿进行氰化，然后从氰化尾矿中浸出铀，最后用浮选法从浸出铀的尾矿中回收黄铁矿。对黄铁精矿进行焙烧，所得二氧化硫用来制取硫酸，而焙砂则用氰化法处理回收其中的金。一般在矿浆 pH = 1 ~ 1.5 时，在添加氧化剂（如软锰矿）的条件下，用硫酸浸出铀，其浸出时间通常为 16 ~ 24h。当矿浆加热到 40 ~ 50℃ 时，可以加速铀的浸出，也可以不对全部氰化尾矿实行浸铀，而只对从氰化尾矿中浮选出的含铀黄铁矿精矿实行浸铀，但这时已在氰化过程中被石灰活化了的石英会大量进入浮选精矿。

流程 b 首先采用浮选法得到金 – 铀混合精矿。在制定浮选工艺时，必须要考虑金和铀的状态（游离金、含金矿物、铀矿物、含铀的氢氧化铁和其他成分）及其可浮性，通常采用巯基捕收剂和羟基捕收剂，浮选矿浆 pH 一般为中性条件下。

流程 c 最适合于处理复杂金 – 铀矿石，这时金主要包裹在黄铁矿中，通常需要经过焙烧 – 氰化才能回收其中的金。

南非维斯捷尔恩 – 吉普 – 列维兹选金厂主要处理金 – 铀矿石。该厂处理能力为 7000t/d，矿石含金 18.29g/t，含铀 0.02%，同时金和铀都聚集在细粒级别中。该厂采用重选和氰化联合流程，见图 7 – 20。

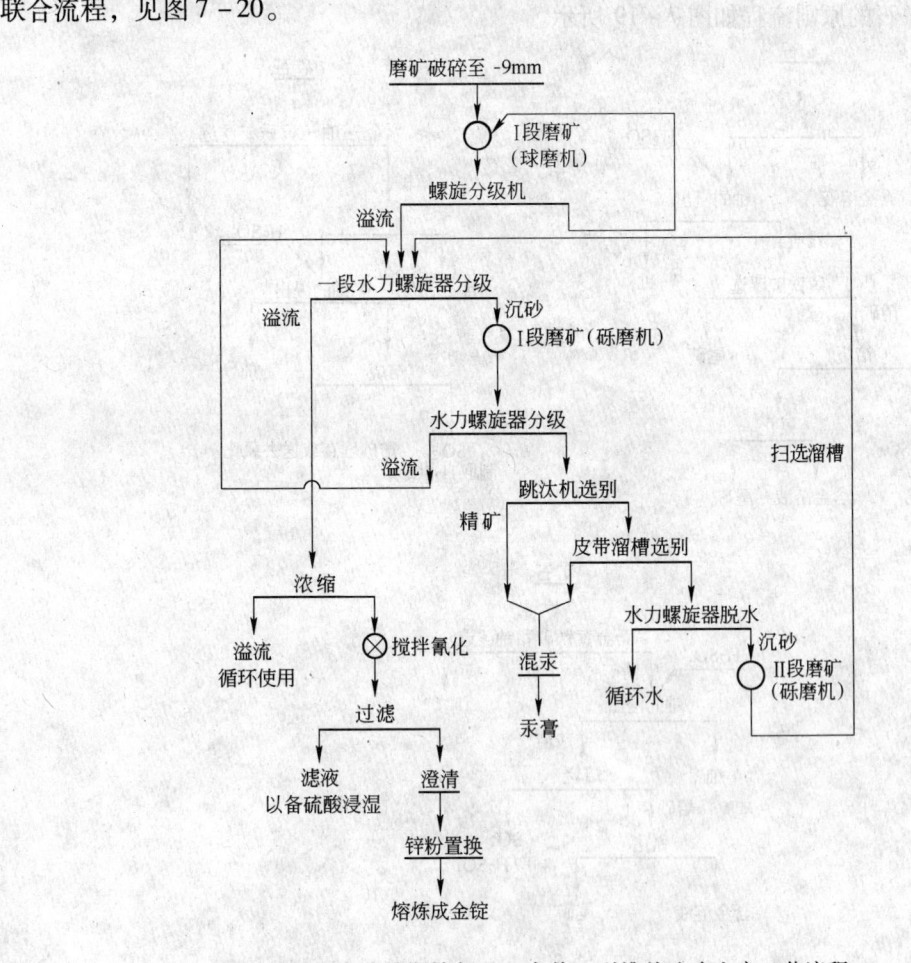

图 7 – 20 南非维斯捷尔恩 – 吉普 – 列维兹选冶生产工艺流程

矿石经一段破碎至小于9mm，然后进行三段磨矿，第二段水力旋流器沉砂用跳汰机和皮带溜槽回收游离金，此时金的回收率约为30% ~52%。皮带溜槽尾矿脱水并进行再磨，然后送到第一段水力旋流器进行分级；溢流先用浓密机浓缩，然后用搅拌浸出槽进行氰化。氰化后矿浆经过滤得到澄清的浸出液，用锌粉置换法回收金，金浸出率约95% ~98%。氰化渣采用硫酸法浸出铀。该厂金总回收率为96% ~97.8%，铀总回收率为98% ~99%。

7.3.5.2 金－银矿石的处理

自然界中金矿石中常伴生含有银元素，金－银矿石除含金以外，每吨矿石还含有几十到几百克银。在原生金－银矿石中，银经常呈螺状硫银矿、深红银矿、脆银矿，硫锑铜银矿、淡红银矿和自然银存在，有时也能见到银的碲化物（碲银矿、针碲金矿、碲金银矿），但一般含量较少。某些硫化矿如方铅矿、黄铜矿、黄铁矿和辉锑矿中也常富集微粒银。方铅矿含银量达0.1%，有时达0.5% ~1%，这种微粒银在磨矿过程中难以解离。

在氧化矿石中，一般含有银的卤化物，主要包括角银矿、硫酸盐（银铁矾）以及自然银。在这些矿石中，银矿物常常与黏土矿物、氧化铁和氧化锰紧密共生。自然银颗粒常被一些金属的氧化物和氢氧化物薄膜所覆盖。

银可采用重选法富集，但其富集程度比金低得多。通常用跳汰机处理，回收较粗（大于0.1 ~0.2mm）的重矿物，即自然银、辉银矿和角银矿。这些矿物除密度较大（分别为10.1 ~11.1、7.2和5.5）以外，还具有延展性，在破碎磨矿过程中一般不易过粉碎。而其余的银矿物均很脆，在磨矿过程中会变得很细，致使用跳汰机也难以回收。因此，采用重选法回收银时，必须采取阶段磨矿以减少银矿物的过粉碎，同时还应该采用其他更为有效的方法采代替跳汰作业。

大多数金－银矿石，特别是氧化矿石可采用氰化法进行处理，在氰化过程中角银矿溶解得最快，但自然银以及银的硫化物（辉银矿、螺状硫银矿）较难溶解。硫锑铜银矿和银铁矾不能用氰化法处理。当制定含银金矿石的氰化制度时，一般采用下列措施：

（1）采用高浓度氰化溶液（0.2% ~0.6% NaCN）浸出；

（2）延长浸出时间（2 ~3日）；

（3）往矿浆中强烈充气；

（4）往矿浆中加入铅盐；

（5）强化氰化过程。当对含有银的砷化物或碲化物的矿石实行氰化时，加入二氧化锰、高锰酸钾、过氧化钠或过氧化钡等氧化剂是有益的。

对于许多含银的浮选精矿和重选精矿来说，在其氰化之前必须进行焙烧。氧化焙烧能够分解碲化物、硒化物及银的硫化物，并且可以暴露出被包裹在黄铁矿、黄铜矿和其他硫化物（除方铅矿）中的银。在氧化焙烧过程中，方铅矿会分解成易熔的氧化物和硫酸盐，而冷却时会与其中包裹着的银一起凝固成很坚固的颗粒。因此，在含有方铅矿的矿石中，采用焙烧法银不容易暴露出来，增大后续氰化过程的难度。

焙砂的氰化效果在很大程度上取决于氧化焙烧的温度制度。最佳的焙烧温度通常为600℃。高于或者低于这一温度就会降低氰化时银的浸出率。含银的硫化铁矿物分为两段进行焙烧较好：第一段焙烧温度为460 ~550℃，第二段焙烧温度为550 ~650℃。如果焙烧时能够生成粗大的银珠或者银冰钢，那么在氰化之前应该用重选法加以回收。

含有深红银矿、淡红银矿、其他银的复杂硫化物以及银铁矾的产品可用氯化焙烧加以处理。经焙烧所得的氯化银在氰化过程中容易溶解，但是氯化焙烧有下列缺点：（1）氯化钠的消耗量较大（达物料重量的 10% ~ 15%）；（2）金和银的氯化物会挥发逸出，因而造成金与银的损失。

金 - 银矿石还可采用浮选法进行富集，银的碲化物和硫化物（辉银矿，硫锑铜银矿，脆银矿、淡红银矿）以及表面洁净的自然银可浮性较好。大多数银矿物采用巯基捕收剂进行浮选；石灰对硫铜银矿、深红银矿和淡红银矿的浮选有一定的抑制作用，但对辉银矿和碲银矿的影响却较小，硫化钠和氰化物对许多银矿物，特别是对自然银具有强烈的抑制作用。

由于银在金 - 银矿石中常常呈多种矿物形态出现，通常采用两种或多种方法组成的联合工艺流程进行处理。银在矿石中的特性及其处理方法如表 7 - 17 所示。

表 7 - 17   银在矿石中的特性及其回收方法

银 的 特 性	回 收 方 法
粗粒（大于 0.1 ~ 0.2mm）的自然银和自然合金	重选
	全泥氰化
呈游离和连生体的细粒（<0.1 ~ 0.2mm）的自然银和自然合金	全泥氰化
	浮选后精矿氰化
呈游离或连生体的角银矿颗粒	全泥氰化
呈游离和连生体的银的简单硫化物	浮选后精矿氰化
	全泥氰化
呈游离和连生体的银的碲化物、硒化物和复杂硫化物以及银铁矾颗粒	焙烧后焙砂氰化
	浮选后精矿焙烧，焙砂再进行氰化
银包裹在方铅矿、黄铜矿、辉铜矿和其他有色金属硫化物中	浮选后精矿进行熔炼
银包裹在铁的硫化物中	浮选后精矿焙烧，焙砂再进行氰化

如日本千岁选矿厂的金 - 银矿石中，金属矿物有自然金、辉银矿、深红银矿、淡红银矿、脆银矿、辉锑银矿、黄铜矿、黝铜矿、方铅矿、闪锌矿和黄铁矿。金除了以自然金状态存在外，还包裹在黄铁矿中，金粒大小为 10 ~ 50μm，部分达到 100 ~ 150μm。脉石矿物主要为石英、绿泥石、冰长石、沸石、方解石与少量重晶石。

选厂先采用重选法（绒面溜槽和摇床）回收粗粒金，再采用浮选 - 氰化法回收余下部分金银。其生产工艺原则流程如图 7 - 21 所示，生产指标及药剂用量见表 7 - 18 和表 7 - 19。

表 7 - 18   生产指标

产品名称	产率/%	品 位			回收率/%	
		金/g·t^{-1}	银/g·t^{-1}	铜/%	金	银
矿石	100.00	18.80	45.0		100.00	100.00
手选废石	24.74	0.50	6.8		0.70	3.71
上部溜槽精矿	0.15	719.2	734.9		5.60	2.39

产品名称	产率/%	品 位			回收率/%	
		金/g·t⁻¹	银/g·t⁻¹	铜/%	金	银
入选原矿	75.11	23.5	56.3		93.70	93.90
下部溜槽精矿	0.29	2529.5	1641.8		39.47	10.69
浮选原矿	74.82	13.60	50.1		54023	83.21
浮选精矿	2.17	415.5	1409.0	1.24	47.94	67.83
浮选尾矿	72.65	1.6	9.5		6.29	15.38
浮选废弃尾矿	58.68	1.3	9.3		4.20	12.08
氰化原矿	13.97	2.8	10.6		2.09	3.30
金 泥		1.2%	3.1%		0.92	1.02
氰化尾矿	13.97	1.6	7.3		1.17	2.28
精矿合计	2.61	676.9	1415.0	1.00	93.93	81.93
尾矿合计	97.39	1.2	8.4		6.07	18.07

表 7 - 19 药剂用量

药剂名	松根油 10 号 - B	高级黄药	艾罗弗特 208 号	硫酸铜	锌粉
用量/g·t⁻¹	211	74	30	13	240

药剂名	醋酸铅	石 灰		氰化钠	
		浮选	氰化	浮选	氰化
用量/g·t⁻¹	44	1580	2205	7	240

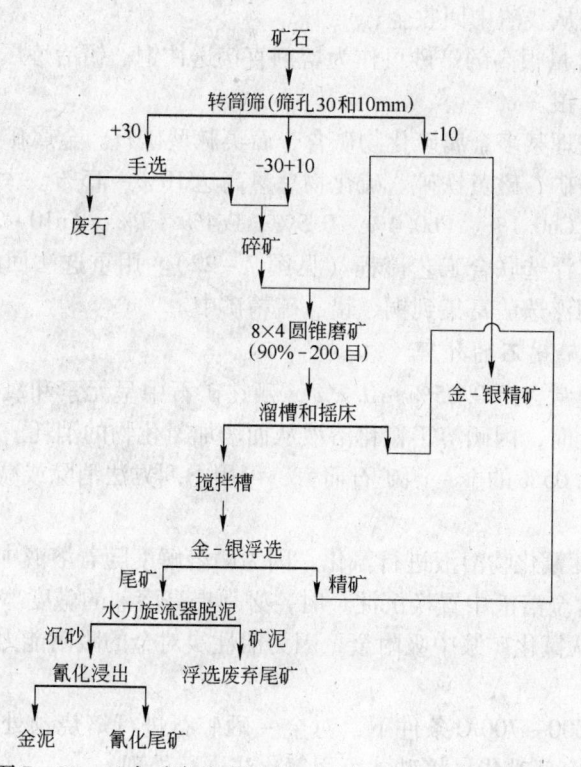

图 7 - 21 日本千岁选矿厂金 - 银矿石生产工艺原则流程

7.3.5.3　多金属含金矿石的处理

在多金属含金矿石中除金以外，最常见的成分还包括铜、铅、锌、银和黄铁矿，而重晶石、砷、钨、钼、铋和电气石则很少。金在矿石中通常以细粒和微粒状态被包裹于黄铁矿、黄铜矿和砷黄铁矿等硫化物中。矿石中的银品位（由几十到几百克/吨）常常因含银方铅矿的存在而提高。有的银呈微粒矿物（主要为辉银矿、辉锑银矿、硫银铋矿）机械地夹杂于方铅矿中，有的银则呈固溶体形态存在于方铅矿中。

处理多金属含金矿石的工艺流程，应首先保证金的回收，此外，还应该考虑其他有价成分的综合回收。一般在多金属含金矿石浮选之前，先用跳汰机或其他重选法从中分选出粗粒金，这样能尽可能减少金在浮选作业时的损失。

呈单体和连生体存在的细粒金一般采用浮选法或氰化法回收。当采用浮选法时，将游离金选入铜、铅等硫化矿精矿中，以便其在冶炼过程中回收。但在选出这些精矿时，往往使用对金的浮选有害的药剂，如石灰、氰化物、硫化钠。因此，在这类含金矿石的浮选过程中，应使上述药剂的用量降到最低水平，最好是采用亚硫酸盐法进行含金多金属矿石的浮选。在有些情况下可用苏打代替石灰。

经过浮选得到的硫化矿精矿，通常先进行氧化焙烧，焙烧所得的二氧化硫用来制取硫酸。然后，用下述方法处理焙砂来回收其他有用元素：

（1）将焙砂先用水或酸（H_2SO_4、H_2SO_3）仔细洗涤，而后进行氰化；

（2）将焙砂先进行氯化挥发，其氯化物用湿法工艺加以处理，以便综合回收其中的各种有价成分；

（3）将焙砂先进行氯化焙烧，然后用磷酸浸出有价元素，以使铜、银、锌和钴转入溶液，用水溶液氯化法从残渣中回收金；

（4）将金、银含量很高的焙砂可作为熔剂直接送往铜、铅冶炼厂熔炼，在铜、铅精炼过程中附带回收金、银。

我国某选金厂处理某多金属硫化物含金石英脉型矿石。金属矿物主要有自然金、黄铜矿、方铅矿、黄铁矿、磁黄铁矿。硫化物总量高达 10% ~ 15%。大部分金呈自然状态分布于石英中。原矿含 Cu0.1%，Pb0.4% ~ 0.5%，Fe4% ~ 7%，Au10 ~ 20g/t，Ag10 ~ 50g/t。

该厂采用重选 – 浮选联合工艺流程（见图 7 – 22）。用重选法回收粗粒单体金，而与硫化物伴生的金则用浮选法富集到铜、铅、硫精矿中。

7.3.5.4　金 – 硒矿石的处理

金 – 硒矿石中通常含硒 0.05% ~ 0.2%，硒在矿石中呈元素和氧化物状态存在。在对金 – 硒矿石进行氰化时，因硒溶于氰化溶液从而增加氰化物的消耗。

对于含硒小于 0.05% 的金 – 硒矿石而言，可用下列方法消除或减弱硒对氰化过程的有害影响：

（1）采用低浓度氰化物溶液进行氰化。因为硒溶解度随着溶液中氰化物浓度的降低而下降。当用锌粉从含金溶液中置换沉淀金时，必须提高溶液的碱度。

（2）用活性炭从氰化矿浆中吸附金，因为活性炭对金的吸附能力同溶液中存在的硒关系不大。

（3）在温度为 600 ~ 700℃ 条件下，对金 – 硒矿石进行焙烧预处理。在焙烧过程中硒呈 SeO_2 状态几乎会全部升华。焙砂才可用氰化法进行处理。

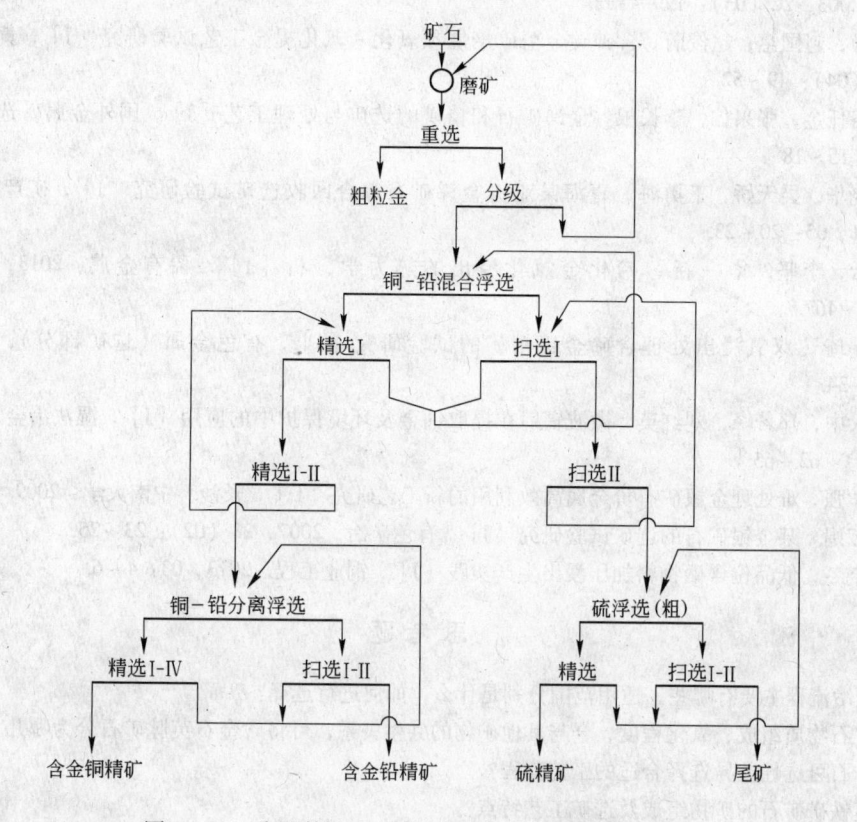

图 7 - 22　我国某选金厂多金属含金矿石选矿工艺流程

对于含硒大于 0.05% 的金 – 硒矿石，可先使用漂白粉从矿石中浸出硒，然后再用氰化法回收金。硒可用渗滤法和搅拌法加以浸出，每吨矿石漂白粉的消耗量一般为几十千克。采用渗滤法时，硒和金可在同一设备中用漂白粉和氰化物就能依次浸出分离。采用搅拌法浸出时，漂白粉消耗量较少并且可得到较高的回收率。例如，采用渗滤法时，硒回收率为90%，而采用搅拌法时，硒回收率可达98% ~ 100%。此外，可用二氧化硫、铁屑或阴离子交换剂从溶液中沉淀硒。

参 考 文 献

[1] 吉林省冶金研究所. 金的选矿 [M]. 北京：冶金工业出版社，1977.

[2] 李青翠. 可循环氧化剂氧化高硫高砷难选冶金精矿 [D]. 上海：东华大学，2011.

[3] 张广田. 提高难选含硫砷金矿石回收率的生产实践 [J]. 矿产保护与利用，2011，04：14 ~ 17.

[4] 李骞. 含砷金矿生物预氧化提金基础研究 [D]. 长沙：中南大学，2007.

[5] 王中明. 铜陵某高砷硫低品位金矿石选矿工艺研究 [J]. 金属矿山，2000，03：41 ~ 48.

[6] 廖德华，鲁军，穆国红. 国外某难处理高砷金铜矿选冶试验研究 [J]. 矿产综合利用，2012，06：12 ~ 16.

[7] 刘娟丽. 碳质金矿氯化 – 氧化焙烧预处理的研究 [D]. 长春：吉林大学，2007.

[8] 王宏娟. 拉尔玛金矿床碳质含砷矿石选冶工艺研究 [J]. 有色矿冶，1997，06：16 ~ 19.

[9] 江国红，欧阳伦燊，张艳敏. 含砷硫高碳卡林型金矿石焙烧 – 氰化浸金工艺试验研究 [J]. 湿法冶

金，2003，22（03）：129~132.

[10] 王静，赵国惠，赵俊蔚. 含砷碳金精矿焙烧预氧化-氰化提金工艺试验研究 [J]. 黄金，2013，34（04）：49~52.

[11] 索洛任金，张兴仁，李长根. 金锑矿石和精矿的选矿与处理工艺 [J]. 国外金属矿选矿，2007，11：15~18.

[12] 孙晓华，吴天娇，王勇海. 青海某难选金锑矿石综合回收选矿试验研究 [J]. 矿产综合利用，2011，05：20~23.

[13] 张云，李坚，华一新. 碲化金氯化浸出的热力学分析 [J]. 稀有金属，2013，37（03）：461~467.

[14] 焦瑞琦. 双氧浸出处理含碲金银精矿的试验研究 [J]. 有色金属（选矿部分），2013，03：31~34.

[15] 郑大中，郑若峰，刘红英. 微波辐射在提取铀金及环境保护中的应用 [J]. 湿法冶金，2002，21（02）：62~65.

[16] 李学强. 难处理金银矿有价金属高效利用的新工艺研究 [D]. 长沙：中南大学，2009.

[17] 代淑娟. 某金银矿石的选矿试验研究 [J]. 有色矿冶，2007，23（02）：23~25.

[18] 曾晓冬. 低品位含硒物料加压浸出生产实践 [J]. 铜业工程，2013，03：4~6.

思 考 题

1. 金矿选冶流程主要有哪些，适用范围分别是什么，如何进行选择？

2. 根据矿石物质组成、氧化程度、金与其他矿物的共生关系，可将含金石英脉矿石分为哪几大类？如何根据矿石可选性差异选择合适的工艺流程？

3. 含金黄铁矿矿石的矿物组成及选矿工艺特点？

4. 含砷金矿石的矿物特征及选冶工艺？

5. 碳质金矿石的矿物特征及选冶工艺？

8 黄 金 冶 炼

【本章提要】 本章主要介绍了黄金粗炼和精炼的常用方法。粗炼部分介绍了火法炼金的基本原理和工艺流程；精炼部分介绍了氯化精炼、电解精炼及化学精炼三种精炼方法，化学精炼方法包括酸化除杂工艺、化学溶金–还原工艺，以及溶剂萃取工艺。火法炼金和化学精炼是本章的重点和难点。

　　黄金冶炼处理的物料主要有金精矿氰化或全泥氰化的锌粉置换金泥，以及采用炭浆法生产的电解金泥。金泥的化学成分因原矿的性质及工艺参数的差异而有所变化，即使是相同的提金工艺产出的金泥，其成分差别也较大。锌粉置换金泥的杂质含量较高，而电解金泥杂质则相对较低。另外，黄金冶炼物料还有汞金、砂金及重选获得的自然金（混汞法2003年在国内被禁止）。几种不同工艺产出金泥的主要成分见表8–1。

表8–1 不同生产工艺产出的金泥主要成分　　　　　　　　　　　　（%）

工艺类型		Au	Ag	Cu	Pb	Zn	Fe	S	SiO₂	CaO	金品位波动范围
原矿氰化锌	I	3.91	0.24	2.51	18.36	40.5	0.18	3.96	5.21	9.57	0.5 ~ 10
粉置换金泥	II	2.36	0.86	18.23	8.52	36.52	12.85	1.19	3.48	5.83	
精金矿氰化锌	I	17.96	3.57	8.57	7.63	42.26	0.45	0.50	0.43	0.11	5 ~ 20
粉置换金泥	II	4.15	4.49	21.65	9.01	35.0	1.21	2.91	3.46	0.28	
炭浆法	I	31.19	3.36	0.08	0.003		45.56				25 ~ 50
电解金泥	II	18.2	16.0	4.67	1.12	0.03	0.32				
重选金											30 ~ 50

　　我国黄金矿山企业一般对上述粗金原料（各种金泥及汞金、重选金等）在矿山就地进行火法冶炼（金的粗炼），产出金银合金。对火法炼金来说，一般金的回收率可达97% ~ 98%。金泥经火法冶炼后，其合金中含金达35% ~ 50%。对于汞膏，火法熔炼所得的金银合金中金的品位可达60% ~ 75%，而砂金火法冶炼成型后的金锭含金更高，可达85% ~ 95%。

　　由于火法冶炼产出的金银合金中尚含有一定数量的杂质，需进一步精炼以分离金银、除去杂质，提高成品金的成色。黄金精炼概念主要是指将产品提纯到黄金交易所规定的质量标准要求（如表8–2所示）。

表8–2 上海黄金交易所规定的黄金成品标准

产品名称	代号	化学成分/%							
		含金量不小于	杂质含量（不大于）/mg·kg⁻¹						
			Ag	Cu	Fe	Pb	Bi	Sb	总和
一号金	Au – 1	99.99	50	20	20	10	20	20	100
二号金	Au – 2	99.95	250	200	30	30	20	20	500
三号金	Au – 3	99.9							1000

可供选取的精炼方法有多种，包括火法精炼、电解精炼和化学精炼。

火法精炼在过去曾被广泛使用，由于火法精炼劳动条件差、生产效率低，产品纯度不高、质量不稳定，很少生产99.5%以上纯度的金，故现今已很少采用。

金的化学和电解精炼法产品纯度高、质量稳定，目前被多数黄金生产企业所采用。在化学精炼法中，近些年有企业采用了溶剂萃取净化工序，可产出成品金锭的成色在99.995%以上。

8.1 金的火法粗炼

金原料的火法粗炼就是将含金原料与溶剂混合后，置于炼金炉内，在1200～1350℃的温度下进行熔炼。杂质经造渣后由炉内排出，所剩之熔融体铸锭即为金银合金。火法粗炼适用于汞膏、砂金和金泥的冶炼。

硼砂及碳酸钠为金的火法粗炼的主要熔剂，其次为硝石、萤石和石英砂。熔剂的选择和其添加量的确定应视含金原料中杂质的性质和含量。锌丝置换沉淀的金泥含杂质最多，冶炼时消耗的熔剂也多。

炼金常用的炉型，可分为坩埚炉、转炉与电弧炉。砂金与汞膏因其总量较少，所以多用坩埚进行熔炼。小型矿山少量的金泥或其他含金物料的粗炼也普遍采用坩埚炉。坩埚的加热升温是用焦炭炉或柴油炉鼓风进行的。坩埚炉结构简单、操作容易掌握，但由于炉盖的启闭，坩埚的装入与取出都采取手工操作，劳动强度大，条件较为恶劣。因此大中型矿山已很少使用这种炉型，而使用较为广泛的以油或天然气为燃料的转炉与电弧炉。

8.1.1 火法炼金基本原理

火法炼金过程是金与其他杂质分离并使金富集过程，是金精选的继续，所不同的是在1200～1300℃高温下进行的。

8.1.1.1 炼金过程

炼金过程大致可分为两个阶段：

（1）氧化过程：氧化和金伴生的贱金属，以及硫在氧化熔剂（硝石、二氧化锰）的作用下，氧化成金属氧化物与三氧化硫：

$$3Me + 2NaNO_3 + Q = 3MeO + NaO + 2NO \qquad (8-1)$$

$$Me + MnO_2 + Q = MeO + MnO \qquad (8-2)$$

$$(Me：Cu、Zn、Pb、Fe 等)$$

$$S + 2NaNO_3 + Q = Na_2O + 2NO + SO_3 \qquad (8-3)$$

$$S + 3MnO_2 + Q = 3MnO + SO_3 \qquad (8-4)$$

（2）造渣过程：生成的贱金属的氧化物与三氧化硫，在造渣熔剂（硼砂、石英、碳酸钠等）的作用下，生成不同性质的炉渣：

$$MeO + SiO_2 = MeO \cdot SiO_2（炉渣） \qquad (8-5)$$

$$MeO + Na_2B_4O_7 = MeO \cdot Na_2O \cdot 2B_2O_3（炉渣） \qquad (8-6)$$

$$SO_3 + Na_2CO_3 = Na_2SO_4 + CO_2 \qquad (8-7)$$

$$(MeO：Cu_2O、ZnO、PbO、FeO 等)$$

造渣过程是冶炼过程的关键，炉渣的性质决定着冶炼的成败，包括以下几点：

炉渣的熔点：熔点的高低取决于炉渣的成分。以略高于金的熔点（1046℃）为宜，以保持熔融的金银有一个良好的过热状态，有利于金银分离并除去杂质。

炉渣的黏度：黏度的大小影响着渣与金银的分离。流动性良好的炉渣其金银含量低。炉渣的黏度主要由渣的组成（主要是硅酸盐、硼酸盐组成）决定。但相同组成的炉渣其流动性随熔炼温度的升降而变化。

炉渣的密度：亦是影响渣与金银分离的重要因素。炼金炉渣的密度通常为 2.5~3 左右。

炉渣的硅酸度：硅酸度是炉渣中酸性氧化物中氧的总量与碱性氧化物中氧的总量之比。

通常以 K 来表示：

$$K = \frac{酸性氧总量}{碱性氧总量}$$

当 $K > 1$ 为酸性炉渣；$K < 1$ 为碱性炉渣。

硅酸度对炉渣的熔点、黏度、酸碱度起重要作用，决定熔炼的温度、炉衬的材料以及金银与渣的分离速度与难易程度等。

炼金炉渣的硅酸度一般为 $K = 1~2$。

在高温（1200~1300℃）的熔融状态下，按密度金银与渣分离（金的密度为 $19.32g/cm^3$；银的密度为 $10.6g/cm^3$；渣的密度一般为 $2.5~3g/cm^3$）。

值得一提的是，在冶炼中处在渣与金银之间尚有一层金属硫化物体系：铜—铅—铁—硫体系。在冶金学中命名为"冰铜"。冰铜的密度小于金银大于炉渣，一般为 4~6。冰铜的形成是一个很复杂的过程。主要是由于炉料中有较多的硫化物或硫酸盐在冶炼中被还原而形成的，冰铜的形成减少冶炼金的回收率，因为它是金银优良捕集剂。真正的冰铜的断面为亮灰色，有金属光泽，结晶细密，熔点比炉渣或金银低，流动性良好。其含金变化在 0.01%~0.3% 之间。

8.1.1.2 炼金常用的熔剂

炼金过程常用的熔剂分为两类：一为造渣熔剂，主要是硼砂、石英、碳酸钠等，其中硼砂与石英为酸性熔剂，碳酸钠为碱性熔剂，造渣熔剂的作用是与贱金属氧化物进行造渣反应生成炉渣。二是氧化熔剂，主要是硝石、二氧化锰，炼金时，两种氧化剂可使用一种或两者兼用，其作用主要是提供氧，使炉料中的贱金属、硫氧化以便造渣。

硼砂：分子式为 $Na_2B_4O_7$，熔点为 714℃。硼酸盐渣的熔点低、流动性好。此外，硼砂对锌的氧化物的造渣性能比较好。

石英：分子式为 SiO_2，纯石英的熔点比较高，达 1710℃。但石英与贱金属形成硅酸盐后，特别是混合硅酸盐体系的熔点就大大降低。

碳酸钠：分子式为 Na_2CO_3，在冶炼过程中分解成 Na_2O 和 CO_2。它能与 SO_2 生成 Na_2SO_4 而造渣。

硝石：分子式为 $NaNO_3$ 或 KNO_3，熔点为 339℃，在比较低的温度下分解，产生氧化作用。

二氧化锰：分子式为 MnO_2，熔点为 535℃，在比较高的温度下分解而产生氧化作用。

8.1.1.3　炼金炉料的配剂

合理地配剂炼金炉料是使炼金过程顺利进行的保证。配剂方法有理论计算法与经验法两种，两种可互为补充。

A　理论计算法

该法的依据是：炼金时，贱金属（Cu、Zn、Pb 等）与硫首先氧化，然后生成的氧化物与造渣熔剂作用生成炉渣。根据氧化与造渣反应所需氧化熔剂与造渣熔剂的数量，进行配剂炉料。计算前，必须已知下述条件：

(1) 待炼金泥的成分资料；

(2) 炉渣的硅酸度：因为硅酸度不同，造渣熔剂的种类与数量均不同。在确定硅酸度时，要充分考虑渣的熔点、流动性以及炉衬的性质以及其他技术经济因素。

为了说明计算过程，举例说明如下：某待炼金泥重 100kg，其组成见表 8 - 3。给定的炉渣的硅酸度 $K=1.5$，且单使用硝石为氧化剂，试计算冶炼上述金泥所需各种熔剂的种类、数量与配剂。

表 8 - 3　某金泥组成

组 成	Cu	Fe	Pb	Zn	CaO	SiO$_2$	S	Au	Ag
含量/%	1.52	0.11	5.72	17.3	3.22	0.30	4.5	47.39	4.43

第一步，计算氧系数：根据冶炼过程中各种贱金属与硫氧化时，所需的氧的数量（标准化学反应中为氧化单位重量的贱金属所需氧的数量定义为氧系数）。

Cu 的氧化反应：　　　　$2Cu + O + Q \longrightarrow Cu_2O$　　　　(8 - 8)

原子量：　　　　　　$2 \times 63 \quad 16$

因此，铜的氧系数为：

$$\frac{16}{2 \times 63} = 0.127 \ (\text{式中 63、16 为铜与氧的原子量})$$

Zn 的氧化反应：　　　　$Zn + O + Q \longrightarrow ZnO$　　　　(8 - 9)

原子量：　　　　　　$65 \quad 16$

因此，锌的氧系数为：

$$\frac{16}{65} = 0.246$$

SiO$_2$ 的氧系数的计算方法稍有不同：因其本为氧的化合物，故其氧系数按氧在分子中所占的重量比来计算：

反应式：　　　　　　$SiO_2 = Si + 2O$　　　　(8 - 10)

原子量：　　　　　　$60 \quad\quad 2 \times 16$

因此，SiO$_2$ 的氧系数为：

$$\frac{2 \times 16}{60} = 0.533$$

同理，CaO 的氧系数为：

$$\frac{16}{56} = 0.285$$

硝石与二氧化锰的氧系数的计算方法又有所不同，它们被加热分解后，只有部分物质参加造渣，如：

$$硝石，2NaNO_3 + Q \longrightarrow Na_2O + 2NO + 3O \qquad (8-11)$$

$$二氧化锰，MnO_2 + Q \longrightarrow MnO + O \qquad (8-12)$$

其中，只有 Na_2O 与 MnO 参与造渣，所以只计算 Na_2O 与 MnO 中的氧占硝石与二氧化锰单位重量中的百分比：

硝石的氧系数： $\dfrac{16}{170} = 0.094$

二氧化锰的氧系数： $\dfrac{16}{87} = 0.184$

硼砂的氧系数要分为两部分计算，因为硼砂在造渣时，分子中分解出两种组分：

反应式： $\qquad Na_2B_4O_7 \longrightarrow Na_2O + 2B_2O_3 \qquad (8-13)$

原子量： $\qquad 202 \qquad 2 \times 23 + 16 \quad 2 \times (22 + 48)$

Na_2O 为碱性氧化物，而 B_2O_3 为酸性氧化物，故而需分别计算：

其酸性氧系数： $\dfrac{96}{202} = 0.475$

其碱性氧系数： $\dfrac{16}{202} = 0.079$

第二步，计算熔剂系数

在求得各种物质的氧系数后，即可计算出所需要的各种氧化熔剂的用量（并定义为熔剂系数）。

各种物质的氧系数与熔剂系数列入表 8-4 中。

表 8-4　氧系数与熔剂系数计算表

物质名称	原子量或分子量	氧化物	氧系数		熔剂系数	
			酸	碱	$NaNO_3$	MnO_2
Cu（一价）	63	Cu_2O		0.127	0.46	0.70
Zn	65	ZnO		0.246	0.87	1.35
Pb	207	PbO		0.077	0.28	0.43
Fe	56	FeO		0.285	1.01	1.57
S	32	SO_3			5.3	8.30
CaO	56	CaO		0.285		
$NaNO_3$	85	Na_2O		0.094		
MnO_2	87	MnO		0.184		
Na_2CO_3	100	Na_2O		0.151		
Na_2O	62	Na_2O		0.258		
SiO_2	60	SiO_2	0.534			
$Na_2B_4O_7$	202	$2B_2O_3$	0.447			
		Na_2O		0.079		

第三步，计算氧化剂的用量

根据待炼金泥的成分资料，冶炼时添加的氧化熔剂为硝石，即可算出各种成分氧化时所需要的硝石量。

该待炼金泥中锌的含量较高（大于15%），实践证明，熔剂中硼砂与石英的比例以2:1为好，由于金泥中已有 SiO_2 为0.3%。按2:1比例应先配0.6kg硼砂加入原料中。

将计算出来的炉料组成以及氧系数列入表8-5中。

表8-5　炉料组成

物质名称	含量/%	氧系数	氧　量		熔剂系数		熔剂量/kg	
			酸	碱	$NaNO_3$	MnO_2	$NaNO_3$	MnO_2
(1)	(2)	(3)	(4)	(5)	(6)	(7)	(8)	(9)
Cu	1.52	0.127		0.193	0.46	0.7	0.699	
Fe	0.11	0.285		0.031	1.01	1.57	0.111	
Pb	5.72	0.077		0.440	0.28	0.43	1.602	
Zn	17.3	0.246		4.256	0.87	1.35	15.051	
CaO	3.22	0.285		0.918				
SiO_2	0.3	0.534	0.160					
S	4.5				5.30	8.30	23.85	
(Na_2NO_3)	41.31	0.094		3.883				
		0.447						
($Na_2B_4O_7$)	0.60	0.079	0.286	0.047				
合　计			0.446	9.768			41.313	

注：（1）项内加括号者为添加于金泥中的熔剂。

表8-5中，（2）与（3）项为已知，（2）×（3）为（4）或（5）项，（6）、（7）项为已知项，（2）×（6）项为（8）项。

因冶炼要求的硅酸度为1.5，而表8-5计算获得的酸性氧含量是远远不够的，因此还要补加石英与硼砂的量。在满足硼砂:石英=2:1的条件下：

	酸性氧	碱性氧
1kg 石英	0.534	
2kg 硼砂	0.954	0.158
合　计	1.488	0.158

每添加一份硼砂-石英混合料，即可增加酸性氧 $1.488 - (1.5 \times 0.158) = 1.251kg$。按计算所差的酸性氧量为：$(1.5 \times 9.768) - 0.446 = 14.206kg$。则每100kg金泥还需添加 $\dfrac{14.206}{1.251} = 11.36$ 份硼砂-石英混合料，即硼砂22.72kg，石英11.36kg。

验算整个炉料的硅酸度并列于表8-6中。

表 8-6 整个炉料硅酸度验算结果

炉料 溶剂 项目	重量/kg	氧系数		氧量/kg	
		酸 性	碱 性	酸 性	碱 性
由表 8-5 得:				0.446	9.768
添加石英	11.36	0.534		6.066	
添加硼砂	22.72	0.447	0.079	10.156	1.795
合计				16.668	11.563
硅酸度				1.44	1

最终炉料的组成见表 8-7。

表 8-7 最终炉料的组成

组 成	干金泥	硼 砂	石 英	硝 石
重量/kg	100.00	(0.6 + 22.72) = 23.32	11.36	41.31
所占比例/%	100	30.69	14.95	54.36

采用理论计算法进行炉料配剂时,把金泥中的铜、锌、铅、铁的氧化物都视为碱性氧化物。但实际上,氧化铅是两性或中性氧化物。氧化铅的熔点较低(883℃),在炼金的温度下,具有良好的流动性。因此,在配剂时,可不考虑对铅配造渣熔剂,只配氧化熔剂,同样可获得良好的效果。

理论计算法是比较可靠的配剂方法。在冶炼过程中,金泥中有大量的铅和锌受热挥发掉,所以,理论计算得出的熔剂量一般是过剩的。

B 经验计算法

理论计算法是建立在对冶炼过程充分了解,掌握金泥的成分的基础上,因而是科学的,可靠的。但在生产实践中,不可能每一批金泥都进行全面的化学分析,就是在时间上也不允许等到化验结果完备后再进行冶炼。这就需要根据实际生产经验以及对氧化过程的观察来确定金泥组成可能发生的变化,杂质可能达到极限含量。氰化过程的某些特殊变化,如氰化液中含铜量的变化等,都应当估计到有可能引起金泥成分的变化。每隔一定时间,再用理论计算法校正经验配剂的结果,只要运用得好,亦能获得良好的效果。

每个矿山都可根据金泥的特点,在长时间的冶炼实践的基础上,编制出一张熔剂计算表。只要知道金泥中金银总量,就可很方便地计算出各种熔剂的量。

8.1.2 冶炼前的除杂预处理

对于火法粗炼的主要物料——氰化金泥(金精矿氰化或全泥氰化的锌粉(丝)置换金泥、炭浆法电解金泥),在冶炼前,要除去包括铜、锌在内的各种杂质。

8.1.2.1 酸洗除锌

采用氰化浸出锌(丝)粉置换的金泥中,常混入 20% ~ 50% 的锌。酸洗金泥的主要目的就是为了清除其中的锌等杂质。锌与硫酸发生化学反应:

$$H_2SO_4 + Zn \longrightarrow ZnSO_4 + H_2 \uparrow \qquad (8-14)$$

酸洗前，金泥先用筛子筛除大部分锌丝。然后，将金泥装入耐酸的机械搅拌槽内，用清水调成约 30% 左右的浆液。不能注满，浆液约占容器的三分之一左右。经充分地搅拌后，向槽内徐徐加入 10% ~ 15% 的稀硫酸溶液。开始反应激烈，释放出大量氢气并引起料浆起泡。加酸速度不宜太快，否则会造成泡沫外溢。泡沫比较多时，可喷洒清水消泡。当反应逐渐减慢后，可往槽中慢慢加水，加强搅拌，适当补酸，保证料浆的 pH 值在 2 ~ 3 左右。这个过程大约需要 3 ~ 4h。此后，可将槽中的水加到近满，让其充分反应 4h 左右。反应最终的 pH 值，以 4 ~ 5 为好。

酸处理过程中不仅放出氢气，而且由于金泥中含有一些氰化物与硫化物，它们与酸作用生成剧毒的硫化氢、氰化氢气体逸出。因此，搅拌槽应该是密闭的，并配备有强大的抽风设备，以防外溢。排出之气体，充分地用碱洗涤以吸收氰化氢与硫化氢。气体排出的管道排出口应远离火源，以免引起氢气爆炸而造成事故。使用安全灯观察槽内时，也要十分小心，以免电火花引爆氢气。

料浆充分反应后，让其静置，或添加少许絮凝剂，使料液澄清。移出料液，反复用清洗法洗涤金泥，以除尽生成的硫酸锌，直至洗液呈中性为止。移出液体要过滤防止细粒金泥流失。一般硫酸耗量为每千克金泥 1.5kg 硫酸。处理后的金泥含锌低于 5%，经过滤脱水、烘干送去冶炼。表 8 - 8 列出某氰化金泥酸洗前后成分变化的情况。

表 8 - 8　某氰化金泥酸洗前后的成分变化　　　　　　　　　　（%）

成分	金	银	铅	铜	锌	铁	镍	钙	硫化物中硫	硫酸盐中硫	二氧化硅	有机物	其他
酸洗前	19.3	1.88	8.74	0.47	48.17	0.10	0.05	2.63	4.19	微	0.90	2.64	10.93
酸洗后	52.00	4.58	24.23	1.49	4.32	0.20	0.12	—	2.63	8.75	1.36	—	0.32

8.1.2.2　化学法除铜

含铜高于 5% 的金泥必须在冶炼前除铜。铜会消耗大量的熔剂而且会形成"冰铜"使金的回收率降低。除铜方法较多，如：硝酸铵法、硫酸高铁法、二氧化锰法、三氧化铁法与空气氧化法等。

铜与硝酸铵发生如下的化学反应：

$$3Cu + 12NH_4NO_3 = 3Cu(NH_3)_4(NO_3)_2 + 4HNO_3 + 4H_2O + 2NO\uparrow \quad (8-15)$$

该法反应迅速，除铜比较彻底。硝酸铵的用量和酸度不能太高，否则使金泥中的银溶解而损失。

铜与硫酸高铁的化学反应为：

$$Cu + Fe_2(SO_4)_3 = 2FeSO_4 + CuSO_4 \quad (8-16)$$

二氧化锰、三氯化铁与空气氧化法的基本原理是：

$$Cu + MnO_2 + H_2SO_4 = CuSO_4 + MnO + H_2O \quad (8-17)$$

$$Cu + 2FeCl_3 = CuCl_2 + 2FeCl_2 \quad (8-18)$$

$$2Cu + 2H_2SO_4 + O_2 = 2CuSO_4 + 2H_2O \quad (8-19)$$

上述过程在 100℃ 左右的温度下，作用比较快。

由于锌的化学活性比铜高，所以凡是要脱铜的金泥，无例外地要先除锌。

8.1.3 火法冶炼工艺流程

8.1.3.1 火法冶炼过程及基本操作

炼金过程包括：炉料准备、炼金炉的升温、投料、熔化、倒渣、铸锭与停炉等七个基本操作单元。

(1) 炉料的准备：炉料准备主要是指金泥而言。湿金泥一般含水 25%~40%。在一般的情况下，在投料前，金泥要烘干。这是因为湿金泥会引起炼金炉（特别是坩埚炉）爆炸，而且也不利于氧化熔剂的充分利用。

添加的熔剂要事前粉碎并与金泥充分搅拌，以保证氧化与造渣反应进行完全。

海绵金与砂金冶炼配料比较简单：砂金只要与炉料拌匀即可。海绵金的冶炼只要将其置于炉体内（如坩埚），在上部与下部都盖上一定量的熔剂就可以了。

(2) 炼金炉的升温：现以转炉炼金为例，说明其升温与操作过程。升温前要了解炉衬的材料。硅酸铝质的炉衬的升温时间大约需要 16~24h：凉的炉子首先要用木材烘烤 4~8h，然后向炉内送少量风，使木材燃烧旺起来，炉温逐步升高到 800℃，这段时间约需 8~10h。此后就可开通燃油或煤气，在 4~6h 内，使炉温达到 1200℃ 左右。

(3) 投料：投料前，炉温必须达到 1200℃ 以上。太低的温度会降低炉料的熔化速度。投料时要停火，把炉口侧向一边。小心地把拌匀的炉料铲入炉内。加料时速度要快，以防炉子过分冷却。加完料后，在物料表面撒上一层薄硼砂。

(4) 熔化：加完料后应立即升火，尽可能在最短的时间内使炉温达到最高，让炉料迅速熔化，熔化是从表层开始的。熔化的熔料中的金属液滴下渗。在下渗的过程中，液滴中的杂质又充分与熔剂反应而造渣。经常摇动炉子，让没有熔化的物料尽可能暴露在火焰中，必要时用铁耙搅动熔池，以加速熔化。

随着熔化的进行，熔池逐渐扩大，融熔体由于气体的析出而剧烈地沸腾。锌、铅的挥发使烟气呈浓白色。控制炉温以保持火焰的明亮，火焰的颜色最好是亮橙色。

(5) 倒渣：炉料全部熔化，熔池不再沸腾，火焰更加白炽明亮。静置约半小时，即可倒渣。倒渣分两次进行，第一次倒渣约占总量的 80%。将炉子慢慢倾斜，使渣流出。第一次倒出的渣称之为前期渣。前期渣流动性较好，裸含的金较少。前期渣倒完，观察炉内渣的状态，如渣较粘，则补加一些硼砂，待熔化透后再倒渣。倒渣时要慢，防止金的流失。为了保证高的冶炼回收率，在实践中常把后期渣与前期渣的底部随下一炉料一起返炉。

(6) 铸锭：待基本清完后，就可把金属倒入铸模内。铸模的数量由金属量而定。铸锭时最好保留一点渣：一方面可以预热铸模，另一方面可以作为锭的覆盖，使锭有较好的表面。待渣和锭全部凝固后，将铸模翻转脱模，去掉金锭表面的熔渣。这些渣中往往有一些金珠，应并入下一炉的炉料中。

(7) 停炉：冶炼全部结束后，要立即停止供给燃料与风，并用耐火材料或黄泥将燃烧口与炉口封住，让炉温逐渐降低。这样可以起到保护炉衬的作用。

(8) 金锭的再铸：熔炼得到的金锭其表面粗糙，并可能有缩孔、气孔与飞边等缺陷。此外，还可能有一些夹杂物。为了获得符合要求的金锭往往需要重新铸锭。二次铸锭通常用坩埚炉或高频（中频）电炉。特别是高频炉操作方便，劳动条件好，容易控制。同时由于电流的搅拌作用，可以使熔体非常均匀，因此应用广泛。

铸模为铸铁质。模内各面必须光滑无砂眼、麻点与突起部分。内表面不得有任何机械加工。铸模使用前应作退火处理。在温度 1200℃ 炉内保温 1h。然后自然降温至 400℃ 左右，保温 20h。

实践中熔化温度为 1250~1350℃，金在炉内停留的时间为 25~30min，浇铸温度为 1200~1250℃。合质金浇铸前应用硼砂撒除熔体表面的浮渣。铸锭时间为 7~14s，流液量从小到大再到小，收流要干净利落。浇完的瞬间要压上盖砖。盖砖要预热到 1200℃。浇铸标准锭时还要先盖上火硝纸。压砖时要平稳。金锭凝固后依次卸在石棉板上，再移入硝酸或盐酸的水溶液中。浸没片刻，用清水洗净酸，擦干。

标准金锭表面应无划痕、气孔、毛刺突出点，且棱角完整、表面微凸、尺寸合乎要求，重量在允许的范围内。锭表面要打上号码。

8.1.3.2　冶炼渣与冰铜的处理

在冶炼过程中，伴随着金的产出，还产出渣与冰铜。处理好渣与冰铜，对于提高金银的回收率十分重要。

A　渣的处理

经火法炼金后的炉渣中还含有金和其他有色金属，不能废弃，应采用重选法或其他方法将渣中的有价组分予以回收。表 8-9 为我国某金矿转炉炉渣中的主要成分。

表 8-9　我国某金矿转炉炉渣的主要成分　　　　　　　　（%）

名　称	金/g·t^{-1}	铜	铅	锌	铁	钙
钠渣	20.70	1.05	3.80	0.84	0.15	1.28
铅渣（1）	12.90	8.40	24.09	8.88	5.60	0.64
铅渣（2）	63.75	10.32	19.02	8.64	7.80	0.72

为了充分回收渣内的金属，多数矿山将渣磨碎后返回氰化系统或积攒起来，作为铜-铅冶炼时的熔剂填料。

B　冰铜的处理

冰铜是冶炼过程中经常出现的产品，特别是当金泥中含硫较高时，冰铜更是不可避免。这是因为：虽然熔剂的量经过计算，但由于氧化熔剂在炉料中分布不均匀或提前分解，特别是由于金泥含水过多以及使用含水硼砂作熔剂，释放出的水会降低炉温，氧化熔剂释放的氧不能充分参加反应，都可能生成冰铜。用石墨坩埚炼金，由于坩埚本身的还原作用，也使冰铜的生成不可避免。

冰铜一旦形成，很难消除，并处于渣与金属之间。少量的冰铜，可以在渣倒尽后，往炉内添加足量的氧化熔剂与造渣熔剂，并强烈搅拌熔池，使其氧化造渣除去。用加强氧化气氛的办法也可消除冰铜，但需较长时间，而且氧化深度也受到覆盖渣的影响。在冰铜的氧化过程中，还不可避免地发生氧化物与硫化物之间的交互反应：

$$2Cu_2O + Cu_2S \rightleftharpoons 6Cu + SO_2 \qquad (8-20)$$

因此，氧化造渣虽然可使冰铜消失，但由于交互反应，使部分铜进入金内降低了金的成色。冰铜的存在对提高金的成色是有利的。

将冰铜撒除后，最好的办法是将其售给有色冶炼厂以回收其中的金与铜。

8.2 金的精炼

8.2.1 氯化精炼

火法精炼法包括氯化精炼、硝石氧化精炼、食盐氯化精炼等方法。由于火法精炼劳动条件差、生产效率低，产品纯度不高、质量不稳定，故现今已很少采用。

氯化精炼是指采用高温氯化熔炼法对粗金进行精炼。首先在冶炼炉内高温条件下熔化粗金，然后把氯气吹入熔化的金属中除去银和贱金属铜、铅、锌等，这就是众所周知的 Miller 工艺。由于各种金属杂质（Fe、Zn、Pb、Cu、Ag 等）与氯的化学亲和力不同，从而选择性地把杂质氯化除去，使金得到提纯。高温氯化法示意图见图 8-1。

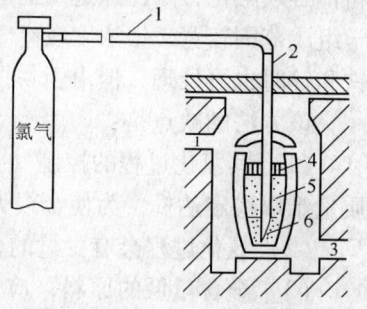

图 8-1 高温氯化法示意图
1—喷嘴孔；2—瓷管；3—烟道；
4—硼砂层；5—氯化物；6—金

8.2.1.1 金氯化精炼的基本原理

在高温条件下（1150℃），氯气与金属杂质发生如下化学反应：

$$2Fe + 3Cl_2 = 2FeCl_3 \qquad (8-21)$$
$$Zn + Cl_2 = ZnCl_2 \qquad (8-22)$$
$$Pb + Cl_2 = PbCl_2 \qquad (8-23)$$
$$Cu + 1/2Cl_2 = CuCl \qquad (8-24)$$
$$Ag + 1/2Cl_2 = AgCl \qquad (8-25)$$

生成的氯化物（$FeCl_3$、$ZnCl_2$、$PbCl_2$）易气化而被除去，$CuCl_2$、$AgCl$ 以熔体状态进入浮渣与金分离，使金得到精炼。

8.2.1.2 氯化精炼工艺流程和技术条件

氯化精炼工艺流程见图 8-2。操作时，将原料装于坩埚内，在表面覆盖一层厚 30~40m 的硼砂层在冶炼炉内融化粗金，然后经耐熔管向熔体通氯气。最初，铁、锌和铅等贱金属反应形成易挥发性氯化物，它们与未反应的氯气一道在气体清洗装置中加以捕收。接着，铜和银形成不挥发的、呈熔融状的氯化物，由于它们密度低于金属相熔体，因而浮在熔体表面而被收集。氯化作业一直进行到火焰呈紫红色，证明产生了易挥发的氯化金，反应终止。取出坩埚稍停，待金冷凝后，扒出表面硼砂，将氯化渣铸入模中，倒出金块。再将金块投入氯化铁溶液中浸泡除去表面氯化物后熔化铸锭，此

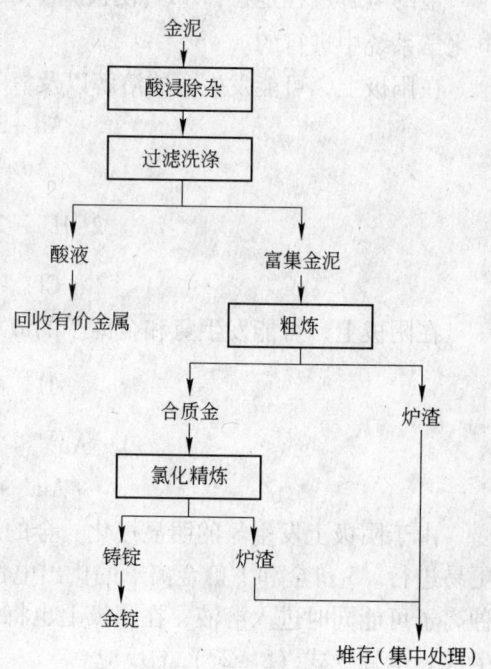

图 8-2 氯化精炼工艺流程

金的成色可达99%以上。产出的氯化渣（也称 Miller 盐，即浮在熔体上部的主要由银和铜的熔融氯化混合物）尚含有 5% 左右的金，通常将其放进保温炉中使夹带的金微滴结合和沉降。然后将盐制粒，氧化浸出除去铜及其他贱金属氯化物，留下氯化银及痕量金和贱金属，随后还原为金属银，并送银精炼厂精炼。

高温氯化熔炼法的主要优点是该工艺对合金的成分适应范围较宽。由于该法所用的物料都必须融化，因此除选用适应的坩埚外，对物料的物理形态没有要求，同时可容许的化学组成范围较宽。银浓度较高时除必须使用更多的氯气外，对该方法不造成困难。含大量铁和锌时也可处理，但由于易挥发物的形成产生气泡，操作时应以较低流速注入氯气。

该方法的缺点是：

（1）其氯化过程的控制（氯气用量、时间、温度、通气速度）难以准确把握，产品质量难以稳定达标，为使金损失减至最小，Miller 法工厂很少生产 99.5% 以上纯度的金；

（2）氯化过程会有少量的金挥发，造成金的损失；

（3）金含量低的原料，应用该法很不经济。故现代生产中，非情况特殊，一般均不采用。

8.2.2　电解精炼

金的电解精炼法也称为沃耳维尔（Wohlwill）法，是目前使用最广、最为完善的金的精炼方法。电解精炼的原料一般要求金质量分数为 90% 以上的粗金，以粗金铸成阳极，以纯金片作阴极，以氯金酸水溶液及游离盐酸作电解液，随着电解的进行，粗金阳极被溶解，金于阴极析出，获得含金 99.99% 以上的高纯金。

8.2.2.1　金电解精炼的理论基础

金的电解过程是在：Au（阴极）| $HAuCl_4$，HCl，H_2O，杂质 | Au，杂质（阳极）的电化学系统中进行的。

在阳极上，可能发生金的溶解以及氧气和氯气的生成：

$$Au - 3e \longrightarrow Au^{3+} \tag{8-26}$$

$$Au - e \longrightarrow Au^{+} \tag{8-27}$$

$$2OH^{-} - 2e \longrightarrow H_2O + \frac{1}{2}O_2 \tag{8-28}$$

$$Cl^{-} - e \longrightarrow Cl_2 \tag{8-29}$$

在阴极上，可能发生氢和金离子的放电：

$$H^{+} + e \longrightarrow \frac{1}{2}H_2 \tag{8-30}$$

$$Au^{3+} + 3e \longrightarrow Au \tag{8-31}$$

$$Au^{+} + e \longrightarrow Au \tag{8-32}$$

由于阴极上发生氢的明显极化，金的还原反应式（8-31）比氢气的生成式（8-30）更易进行。3 价金和 1 价金离子的析出电位很相近（分别为 0.99V、1.04V），在阳极上两种离子可能同时进入溶液，在阴极上也将同时放电。增大电流密度就可减少 1 价金离子的生成，也减少式（8-27）的反应。

电解时常采用非对称脉动电流进行电解。这是因为，电解是在盐酸介质中进行的，阳极中所含的银会生成氯化银覆盖在阳极表面上。当阳极含银量超过 5% 时，会使阳极钝化放出氯气，妨碍阳极溶解，严重时，甚至会中断电解。为了使覆盖在阳极表面的氯化银脱落，而不妨碍电解的正常进行，在向电解槽内通入直流电的同时，重叠与直流电电流强度略大的交流电，直流电与交流电的比例通常为 1:1.5~2.2。此两种电流重叠一起，组成

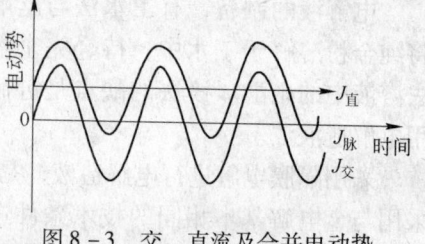

图 8-3 交、直流及合并电动势

一种合并的与横坐标轴不对称的脉动电流（图 8-3）。在重叠交流电流的电解过程中，金的析出仍取决于直流电电流强度而服从法拉第定律。交流电的作用，是电流强度在与横坐标不对称的脉动电流曲线处在最大值的瞬间，电流密度达到很大的数值，以致阳极上开始分解出氧气。经过如此断续而均匀的震荡，进行阳极的自动净化，使覆盖在阳极上的氯化银壳疏松、脱落，从而创造不妨碍电解正常进行的条件。图 8-3 中，合并的脉动电流强度为：

$$J_{脉动} = \sqrt{J_{直流}^2 + J_{交流}^2}$$

随着电解过程的进行，各种比金负电性低的杂质元素也都随电化学反应溶解进入溶液，但其浓度很低，不会在阴极析出。阳极中有害的杂质是银和铜。如上所述，如含银量过高电化学溶解后形成的氯化银会附着在阳极表面，造成阳极钝化，而铜含量过高，会在阴极析出，影响电解金质量，因此阳极中含铜不应超过 2%。如果原料中杂质含量高，电解液必须经常再生或预先除去原料中过多的杂质。

8.2.2.2 金电解精炼工艺流程和技术条件

电解精炼金的原则工艺流程见图 8-4。

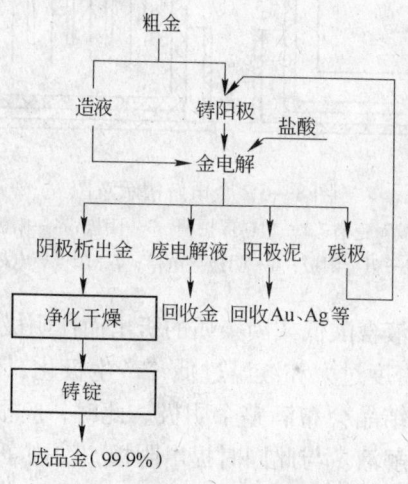

图 8-4 金电解原则工艺流程

电解前先将金原料铸成粗金阳极板。对于金泥，一般首先进行银电解精炼，然后将银电解精炼产出的含银不超过 10% 的阳极泥，置于石墨坩埚内加入少量硼砂、硝石与玻璃粉，在 1200~1300℃ 下熔炼造渣 1~2h，以提高阳极板的纯度。除去渣后，在预热的铸模内浇铸成含金 90% 以上的阳极板。阳极板的尺寸由生产规模而定，如某些厂制成 160mm × 90mm，厚 10mm，每块重 3~3.5kg。

278

电解液的制备，有王水法与电解法两种。王水造液法是将纯金粉溶解于王水中，待金完全溶解，继续加热赶硝以除去溶液中的硝酸。该法的缺点是赶硝困难，近来多数工厂采用电解造液法。

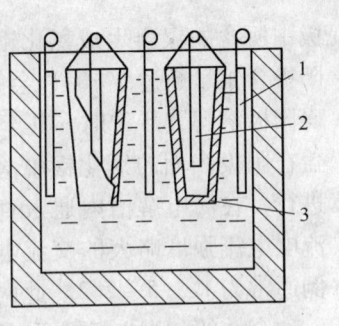

图 8－5　金的隔膜造液
1—阳极；2—阴极；3—隔膜坩埚

采用隔膜电解进行电解造液，是在与金电解相同的槽中，采用与金电解基本相同的技术条件进行，电解槽内加入化学纯或分析纯的稀盐酸，以粗金板作阳极。所不同的是，纯金阴极是装在未上釉的耐酸素烧陶瓷隔膜坩埚中。当使用 25%～30% 的盐酸液时，电流密度 1000～1500A/m²，槽电压 3～4V，可制备出含金 380～450g/L 的电解液。隔膜电解造液所用设备见图 8－5。

电解过程中，每 8h 应轻轻将阳极提起，清除掉电解过程中生成的、以阳极泥形式覆盖于阳极表面上的氯化银泥。轻轻地提起为的是防止氯化银泥脱落和避免搅动电解液引起混浊。刮尽阳极泥并用水冲洗后再装入槽内继续电解。金电解阳极泥中约含 90% 左右的氯化银和 1%～10% 的金，通常送银电解工段，供熔铸阳极板用。电解 80～100h 后取出阴极并换一块新的阴极继续电解。每隔 4～5h 应检查阴极上金的析出情况，及时打掉阴极表面上的尖形沉积物，以防短路。取出阴极，用水洗去表面的电解液，置于稀氨水中煮沸 4h，洗刷净，再用稀硝酸煮 8h，洗净晾干后送去熔铸金锭。图 8－6 为金电解槽示意图。

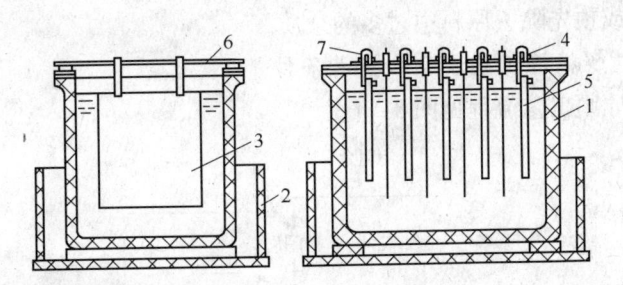

图 8－6　金电解槽示意图
1—耐酸陶瓷槽；2—塑料保护槽；3—阴极；4—阳极吊钩；
5—粗金阳极；6—阴极导电棒；7—阳极导电棒

电解过程中有时会因溶液含酸低或因杂质的析出而使阴极变黑（电压、电流过高也会使阴极变黑）。或因电解液密度过大和液温过低，产生极化，使阴极上部析出金和铜的绿色絮状盐类。严重时，绿色结晶会布满整个阴极。此时，应根据情况或向液中加入盐酸，或是部分地或全部地更换电解液。与此同时提出阴极，洗刷净绿色絮状结晶物后再入槽继续电解。

电解槽内电解液的更换。是将废液抽出，并将阳极泥清出，洗净电解槽后，注入新的电解液。废液与洗液全部过滤除去阳极泥后，再向液中通入二氧化硫气体或用亚铁盐还原回收其中的金，然后再加锌屑置换回收铂族金属。当废电解液中含铂、钯很高时，可先用氯化亚铁还原回收金，再分离铂、钯等。也可先用氯化铵使铂呈氯铂酸铵沉淀回收，然后再用锌屑置回收金，过滤后余液弃去。

目前，国内各电解精炼企业技术水平都有了很大提高，工艺流程畅通，产品质量稳定，但各自所采取的作业参数、技术指标仍有一定差别。较多厂家采用的作业参数及技术指标：阳极金质量分数 90% 以上；电解液成分 Au 100~250g/L，HCl 300~400g/L；电解液温度 50~70℃，极间距 90~100mm；槽电压 1~1.5V；阴极电流密度 500~1500A/m²；电流效率 85%~95%；精炼周期 24~72h；黄金直收率 70%~80%；黄金回收率 99.95% 以上；产品质量达国标 Au-1（含金量 99.99% 以上）。

8.2.3 化学精炼

化学精炼是黄金提纯的主要工艺。由于其精炼周期短、对原料适应性强、批量灵活等优点，正在越来越多的企业推广应用，充分显示了其综合经济技术优势。弊端主要在于工序较多，投资较大，需加强环保治理。

化学精炼工艺的实质在于采用溶解试剂将固态金转化成溶于溶液的配合离子状态，然后用还原剂再选择性将金沉淀成固体，实现与杂质分离，从而达到金精炼目的。

化学精炼工艺目前有两种技术路线，一种是化学法溶解杂质，金不被溶解，如硝酸除杂法、硫酸除杂法等；另一种就是化学法溶解金，然后选择性沉淀金，如溶解沉淀工艺、溶剂萃取工艺。

8.2.3.1 硝酸（硫酸）除杂工艺

金产品不得超标的 6 项杂质中，银、铜、铁、铅是影响质量的关键元素。硝酸（硫酸）除杂工艺的技术路线是利用合质金中的银、铜等贱金属杂质与硝酸、浓硫酸反应，形成可溶性硝酸盐及硫酸盐而被除去，而金不溶，从而达到提纯金的目的。

A 硫酸分离法

此法是用浓硫酸在高温下进行长时间浸煮，使合金中的银及铜等贱金属形成硫酸盐而被除去，而金不溶，以达到提纯金的目的：

$$2Ag + 2H_2SO_4 = Ag_2SO_4 + 2H_2O + SO_2 \qquad (8-33)$$

$$Cu + 2H_2SO_4 = CuSO_4 + 2H_2O + SO_2 \qquad (8-34)$$

使用浓硫酸浸煮时，合金中金的含量应不大于 33%，铅的含量不超过 0.25%，若铅的含量较高时，应预先除去铅，否则生成的硫酸铅的沉淀与金混在一起需进一步处理。

浸煮前，先将合金熔化并淬成粒或铸（或压碾）成薄片，在铸铁容器内分次加入浓硫酸，在 160~180℃下搅拌蒸煮 4~6h 以上。此时，银与铜等杂质均生成硫酸盐进入溶液。浸煮完后，冷却，倾入到衬铅槽中。用 2~3 倍水稀释过滤，再用热水洗涤除去银、铜等的硫酸盐。滤出洗液，再用新的浓硫酸进行浸煮。经反复浸煮、洗涤 3~4 次。最后获金的沉淀物。经洗涤、干燥含金可达 95% 以上。

产出的硫酸盐液和洗液，先用铜置换回收银后，再用铁屑置换回收铜。余液经过除杂、蒸发、浓缩后回收粗硫酸再用。

浓硫酸浸煮作业的浓硫酸消耗量，约为合金重量的 3~5 倍。该法较硝酸法成本大为降低，可以使用铸铁容器，简便易行。但该法劳动条件恶劣，由于剧烈反应会产出大量的含硫气体，故应在抽风罩下进行，或将反应容器密封通过抽风机经烟道排出含硫气体。

B 硝酸分离法

该法是基于银能溶于硝酸而金不能这一原理将金银合金中的金银分开：

$$3Ag + 4HNO_3 == 3AgNO_3 + 2H_2O + NO \qquad (8-35)$$

如含铜亦可除去：

$$3Cu + 8HNO_3 == 3Cu(NO_3)_2 + 4H_2O + 2NO \qquad (8-36)$$

合金中的银不能低于65%~75%。如达不到此数值，首先要向原金银合金中补加银制成分银合金。为加速银的溶解，需将熔融态的金银合金倒入水中水淬成粒状或压成薄片后再用硝酸处理。

硝酸提银可在带搅拌器的耐酸搪瓷容器或不锈钢的容器中进行。硝酸分次加入。加入硝酸后反应剧烈，为避免反应过分剧烈而引起溶液的外溢，加酸不宜过速。当一旦出现溶液外溢时，可加入适量冷水进行冷却予以消除。每次加入硝酸后，反应速度逐渐减慢，这时为加速溶解可适当加热。当液面出现硝酸银结晶时说明溶液已经饱和，则应更换新的硝酸溶液。通常是将溶液倾出，而使沉淀物用新的硝酸溶液反复溶解2~3次。最后取出沉淀物经洗涤，干燥，加少量硝石于坩埚中再进行熔融造渣，即可获得成色达99.5%以上的金锭。残液中的银用铜置换回收。

硝酸使合金中的银、铜等溶解进入溶液，金呈棕黑色细粉末沉淀下来，并伴有大量棕色NO析出并放出热量。为此必须在具有良好通风条件和有气体接收器和洗涤器的装置上进行（可将NO氧化成硝酸回收）。

由于硝酸分解银的速度快，溶液含银饱和浓度高，一般在自热条件下进行（不需加热或在后期加热以加速溶解），故被广泛使用。作业中为减少硝酸的消耗，通常采用1:1~3的稀硝酸溶解银。

综上所述，硝酸（硫酸）除杂工艺虽能有效地处理各种含金物料（金泥），但其操作环境十分恶劣，安全条件差，基本上是半机械化和手工操作，极易造成金属流失，金的成色因其操作水平不同而差异很大，很难稳定达标，要获得99.95%以上的金产品，该法不易达到。

8.2.3.2 化学溶金-还原工艺

化学溶金-还原工艺根据还原金的方法又可分为化学溶解沉淀工艺及溶剂萃取工艺。其中化学溶解沉淀工艺为化学精炼黄金的经典工艺。该工艺是采用溶金试剂将金溶解，然后加入还原剂选择性沉淀金，达到精炼金的目的。化学溶金还原法黄金精炼原则工艺流程如图8-7所示。

A 金的化学溶解

金化学溶解的传统方法是王水溶解法，这种最早使用的溶解金方法，一直为人们沿用至今。该工艺在生产过程中会产生大量的氮氧化物气体，污染环境。为了避免这一缺陷，也有用其他氧化剂的，最具代表的是气态氯和氯酸盐（在酸性条件下（盐酸）采用氯气或氯酸钠）作氧化剂，可以使金快速溶解，称为水氯化溶金法（该方法在非氰提金方法章节详细介绍），它们都是在酸性氯化体系中溶解金。这3种试剂目前都在采用，但以王水居多。

a 王水溶金法基本原理

根据王水可使金银合金中的金溶解，银则成为不熔渣使金银分离。王水溶金反应是自催化的。该法的应用条件是：合金中银的含量不能大于8%。金以$AuCl_3$形态溶解，而银则成为$AgCl$沉淀：

$$HNO_3 + 3HCl \longrightarrow NOCl + 2H_2O + Cl_2 \qquad (8-37)$$

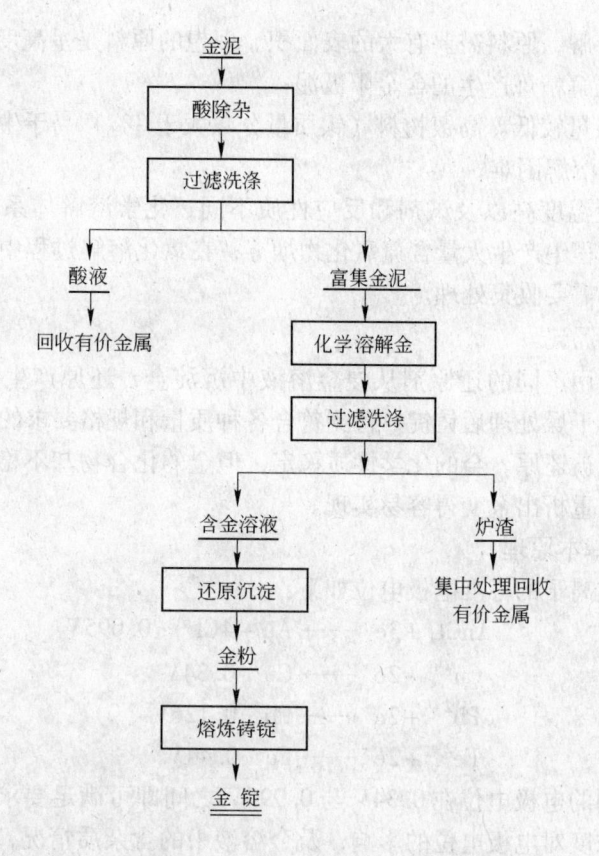

图 8 - 7 化学溶金还原法黄金精炼原则工艺流程

反应的中间产物 NOCl 又分解为氯和一氧化氮：

$$2NOCl \longrightarrow 2NO + Cl_2 \qquad (8-38)$$

与金等进一步反应：

$$6Au + 3Cl_2 \longrightarrow 6AuCl_3 \text{（可溶的）} \qquad (8-39)$$

$$2Ag + Cl_2 \longrightarrow 2AgCl \quad \text{（不可溶的）} \qquad (8-40)$$

$$Cu + Cl_2 \longrightarrow CuCl_2 \quad \text{（可溶的）} \qquad (8-41)$$

b 王水溶金法操作流程

在耐热瓷缸或耐烧玻璃容器内制备王水。配制时先加入 3～4 倍盐酸，在不断搅拌的条件下，徐徐加入一份硝酸，随着反应激烈地进行，大量的热与氧化氮气体析出。溶液颜色逐渐变成橘红色。由于在配制王水过程中溶液放出大量的反应热，特别要注意安全，以免造成事故。

合质金水淬成粒状或压成薄片，然后置于玻璃或陶瓷的器皿中。按每份金加入 3～4 份王水的量加热溶解。为最大限度地使合金中的金溶解，王水溶解作业应反复进行 3～4 次。溶解完成后，过滤溶液，然后用二氧化硫或草酸或氯化亚铁等使滤液中的金还原成海绵金沉淀。将沉淀物滤出，洗净送去熔铸，即可获得含金 99.9% 或更纯的金。

氯化银沉淀用清水洗涤数次。首次的洗液中含有金，可返回溶解器皿中或还原回收。产出的氯化银用铁屑或锌粉还原回收。

在金的化学溶解中应注意以下问题：

（1）为快速溶解，原料需要有大的表面积。理想的原料是呈高度分散状态，比如银或贱金属（如铜）电解精炼产生的含金阳极泥；

（2）物料含银量较低。高银物料（银质量分数大于8%）易于生成粘着的氯化银而钝化阳极表面，使金溶解困难；

（3）由于反应温度高以及试剂和反应性质不同，化学溶解体系会放出不同气体。例如，在王水溶解过程中产生大量含氮氧化物烟雾；在氯化溶解过程中未反应的氯气从溶液中逸出。因此，都需要收集处理。

B　金的还原沉淀

金的沉淀是选用不同的还原剂从浸金溶液中沉淀金，还原产生的金多呈砂状和海绵状。金粉经净化、干燥处理后铸锭，得到符合各种质量和规格要求的金产品。

金的化合物易被还原。金的化学性质稳定，但金的化合物却不稳定，这使得提金工艺的第二步即从溶液重析出金变得容易实现。

a　还原沉淀基本原理

金及主要杂质离子的标准电极电位如下：

$$AnCl_4 + 3e^- \longrightarrow Au + 4Cl^- \quad 0.095V \quad\quad (8-42)$$

$$Cu^{2+} + 2e^- \longrightarrow Cu \quad 0.34V \quad\quad (8-43)$$

$$Pb^{2+} + 2e^- \longrightarrow Pb \quad 0.126V \quad\quad (8-44)$$

$$Fe^{2+} + 2e^- \longrightarrow Fe \quad 0.44V \quad\quad (8-45)$$

理论上还原剂的电极电位在0.34V与0.995V之间即可满足要求。实际反应时还要考虑反应活化能及浓度对电极电位的影响，及金溶液中的含杂质情况，决定还原剂种类。必要时，可选择还原能力强弱不同的两种或多种还原剂组合还原，以产生较佳还原效果。

b　还原沉淀试剂

比金更负电性的金属，如锌、铁；某些有机酸，如草酸、甲酸；有些气体，如二氧化硫、氢气；一些盐类，如亚硫酸钠、亚铁盐等都可作为还原剂使用。

常用的还原剂有二价铁、草酸、无水亚硫酸钠、SO_2、水合肼等。

硫酸亚铁，还原能力较小，除贵金属外，其他金属很难被还原。因而，即使处理含贱金属很多的原料，其还原产出的金成色也可达98%以上。但此方法作用缓慢，终点不易判断。用8kg硫酸亚铁可沉淀溶液中1kg黄金，如此大的试剂用量显然会影响金的纯度，同时也增加了其他贵金属的回收难度，而且Au不易彻底还原。

亚硫酸钠，还原前要赶尽溶液中游离HNO_3和NO_3^-，终点难以判断，过量的试剂会导致大量的SO_2弥漫于空气中，有损于操作者的身体健康。若原料中含微量Pb，还原反应中又有H_2SO_2生成，则进入金液中的Pb将与Au一同沉淀，从而影响产品纯度。

水合肼，是一种很强的还原剂，能将许多金属盐还原成金属，致使金的纯度达不到要求；易燃、剧毒，受热后发生剧烈的氧化还原反应易发生爆炸；还原操作时终点也不易判断；价格较高且不易运输和存放。

草酸，选择性好，是具有还原性的弱有机酸，它很容易将Au还原，却并不与其他金属离子反应；速度快，30kg黄金仅用2h即可还原完全；还原后得到的海绵金成色可达99%以上；操作环境好；成本低，1kg草酸约可还原2kg。

还原时，应根据金溶液中的含杂质情况，决定还原剂种类。必要时，可选择还原能力强弱不同的两种或多种还原剂组合还原，以产生较佳还原效果。

根据溶液氧化还原电位变化，可以决定还原剂添加量，一般企业都采用"饱和还原法"，以提高金的直收率，简化作业流程，降低生产成本。少部分企业采用"饥饿还原法"，即还原剂缺量，对含少量金的尾液进行二次还原，粗金粉返回下批溶金工序二次提纯。此方法虽然流程长、繁杂，但效果较好。

c 化学溶金还原工艺基本作业参数及技术指标

原料含金品位可高可低；

浸出溶液成分为含氯离子的酸性体系，氧化剂为硝酸或氯气或氯酸盐中的一种；

反应温度 70 ~ 100℃；

精炼周期 15 ~ 24h；

黄金直收率 97% ~ 99%；

黄金回收率 99.95% 以上；

产品质量达国标 Au – 1。

8.2.3.3 溶剂萃取工艺

金的溶剂萃取是指对含金原料进行氯化浸出溶解，浸金氯化物溶液中 $AuCl_4^-$ 被某种萃取剂，如酮、醇、磷酸三丁酯和胺从含金溶液中萃取，从而实现与其他杂质分离；荷载萃取液再经洗涤、反萃还原沉淀金。

金的溶剂萃取被用来制备高纯金（99.999%）。由于电子工业对金纯度的特殊要求，萃取法提纯在贵金属领域已引起普遍重视，工业生产的实践越来越多。溶剂萃取法与传统的精炼方法相比，除了能提高金属回收率，易于获得高纯度产品外，还具有工序简短、生产周期短、连续操作和便于控制等优点。

A 溶剂萃取的生产应用进展

溶剂萃取最早的应用可追溯到 19 世纪末期，但直到 20 世纪 70 年代中期。南非国立冶金研究所的两个试验厂在贵金属溶剂萃取方面取得良好试验结果的基础上，朗候（Lonrho）铂精炼厂才实现了溶剂萃取的工业生产。新方法把精炼铂族金属的时间从传统方法的 4 ~ 6 个月缩短到 20 天，操作人员只有原来的 20%，设备总费用减少 50% 以上，并获得纯度 99.95% 的贵金属产品。这一成功，引起了各国同行们的极大兴趣。目前，世界三大铂族金属精炼厂（阿克统的国际镍公司（INCO）精炼厂、英国罗伊斯顿（Royston）的马泰吕斯腾堡精炼厂（MRR）和南非的郎候（Lonrho）精炼厂）的精炼流程均以溶剂萃取法为基础。其他一些精炼厂也不同程度使用溶剂萃取技术作传统工艺的补充。

我国也于 1984 年将萃取应用于贵金属生产，在工业实践中用于有色冶金中金、铂族元素等伴生贵金属元素的分离与提纯。金川贵金属车间从锇钌蒸馏残液中用溶剂萃取工艺提金，其后一些铜冶炼厂先后采用混合醇加 TBP 萃取金。据报道，目前在国内的黄精炼企业中，有 80% 以上采用金电解工艺，约 5% 采用溶剂萃取工艺，如广东高要河台金矿于 1998 年引进常温常压萃取法提纯黄金工艺；湖南辰州矿业股份有限公司（简称辰州矿业公司）于 2000 年 7 月金电解精炼工艺流程投产，又于 2003 年 5 月引进了溶剂萃取工艺。

B 萃取机理

在铂族金属的原子结构在中，因为 d 电子层未被充满，故它们的一个显著特点就是较强的配合能力，在溶液中可以形成多种配合物；它们的另一个特点是有多种价态；因此根据络合物的价态和稳定性不同可以将它们彼此分离，它们的这些特点成为采用溶剂萃取工艺的基础。在氯化物溶液中，金以 $AuCl_4^-$ 形式存在。这种单电荷配合物在所有贵金属氯阴离子中最容易被萃取，因此，在大多数分离过程中金是第一个被分离的。

金属配合物的萃取可按三种不同的机理进行，即形成离子对，生成络合物和溶剂化作用。

（1）生成配合物机理。有机萃取剂的分子与金属直接键合，与配位体发生交换，即机试剂取代氯化物阴离子。在所有铂族金属配合物中，只有 $PdCl_4^{2-}$ 有足够的活性能按此机理萃取。用羟肟（OXH）选择性萃取钯，反应如下：

$$PdCl_4^{2-} + 2 \mid OXH \mid_{\text{有}} \longrightarrow \mid Pd(OX)_2 \mid_{\text{有}} + 2H^+ + 4Cl^- \qquad (8-46)$$

（2）形成离子对机理。对于铂族金属的萃取，以形成离子对最为重要。铂族金属配合阴离子和质子化碱性有机试剂（BH^+Cl^-）形成电中性的离子对。如胺和季铵盐对铂族金属配合物的萃取，反应式：

$$MCl_m^{n-} + n \mid BH^+Cl^- \mid_{\text{有}} \Longrightarrow \mid MCl_m^{n-} \cdot nBH^+ \mid_{\text{有}} + nCl^- \qquad (8-47)$$

（3）溶剂化机理。中性有机试剂靠溶剂化作用萃取氯配合物

$$MCl_m^{n-} + y \mid S \mid_{\text{有}} \Longrightarrow \mid MCl_m^{n-} yS \mid_{\text{有}} \qquad (8-48)$$

这类萃取溶剂的例子是萃取能力较弱的酮和醚，适合于选择性萃取 $AuCl_4^-$。

C 金的萃取试剂

萃取溶剂是一种能与萃取物作用，生成一种不溶于水相而易溶于有机相的萃合物的有机溶剂。大量文献报道表明，近年来金溶剂萃取方面研究工作取得了较大的进展。从金浸出的水溶液介质看，卤化物介质居多。其中尤以酸性氯化物介质中的萃金研究最多，这与金在酸性氯化物中能形成 $AuCl_4^-$ 稳定存在及 $AuCl_4^-$ 能被多种萃取剂选择性萃取有密切的关系。也与精炼厂采用王水或 Cl_2/HCl 混合物作介质，实现贵金属的完全浸出有关。

能够从盐酸溶液中萃取金的萃取剂有许多，包括中性的、酸性的或碱性的醇类、醚类、酯类、酮类、胺类等，它们都能与 Au（Ⅲ）形成稳定的配合物，这些配合物又能很好地溶于有机溶剂中，这就为 Au（Ⅲ）的萃取分离提供了有利条件。

广泛用于生产的金萃取剂有：甲基异丁基酮（MIBK）、二丁基卡必醇（DBC）、二烷基硫醚等。

a 甲基异丁基酮（MIBK）

MIBK 是研究比较早的金萃取剂，在南非吕斯腾堡公司的罗伊斯顿（Royston）精炼厂已用在工业生产。

MIBK 化学式为

$$\begin{array}{c} CH_3 \\ \mid \\ CH_3 \qquad C=O \\ \mid \qquad\qquad \mid \\ CH - CH_2 \\ \mid \\ CH \end{array}$$

分子量 100.16，密度（d^{20}）0.8006g/cm³；闪点 27℃，沸点 115.8℃，黏度（20℃）0.585Pa·s，在水中（20℃）的溶解度为 2%。

盐酸浓度对 MIBK 萃取贵金属的影响示于图 8-8，由图可见，在 0.5~5mol/L 盐酸的范围内，MIBK 可定量萃取金，但萃取铂、钯、铱、铜、镍量很少，铁的萃取量随酸度的增大而增加。

MIBK 的缺点是水溶性大，闪点也低，因此挥发损失大。国内刘谟禧等人针对金川的工业料液，用二异丁基甲酮（DIBK）代替 MIBK 进行试验，发现 DIBK 的性能优于 MIBK。DIBK 的水溶性较小（20℃时为 0.05%），闪点也高（55℃），对金的选择性也比 MIBK 好。表 8-10 列出了这两种萃取剂的萃取选择性数据。

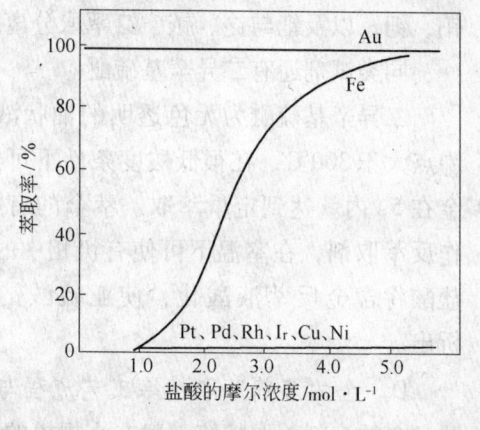

图 8-8 盐酸浓度对 MIBK 萃取贵金属的影响

表 8-10 DIBK 和 MIBK 萃取剂的选择性比较

萃取剂	萃取液/g·L^{-1}			萃取率/%			分配系数		
	Au	Pt	Fe	Au	Pt	Fe	Au	Pt	Fe
DIBK	0.0261	0.69	1.15	97.8	0	0	45.4	0	0
MIBK	0.0102	0.56	0.31	99.2	18.8	72.1	117.5	0.232	2.58

b 二丁基卡必醇（DBC）

二丁基卡必醇是近年来研究较多的金萃取剂，化学名称为二乙二醇二丁醚（DBC），分子式为 $C_{12}H_{26}O_5$，主要物理性质有：

闪点	118℃
沸点	254.6℃
密度（d^{20}）	0.8853g/cm^3
黏度（20℃）	2.139Pa·s
水中溶解度（20℃）	0.3%

（DBC）合成简单，对金的选择性好，国际镍公司的阿克统（Acton）精炼厂已于 1974 年用于工业生产。

二丁基卡必醇的主要缺点是反萃比较困难，可以在 80~85℃下用草酸反萃。

c 硫醚

近年来，国内外对硫醚萃取贵金属进行了大量的研究，尤其是对二烷基硫醚的研究。二烷基硫醚的水溶性小，合成方法简单，选择性好，是金、钯的特效萃取剂。目前在南非的郎候（Lonrho）精炼厂已用于工艺生产。

二烷基硫醚对金的萃取方程式为：

$$[AuCl_4]^- + \overline{R_2S} = \overline{[AuCl \cdot R_2S]} + Cl^- \qquad (8-49)$$

二烷基硫醚是金、银、钯的特效萃取剂，而且在一般条件下它不萃取有色金属和其他铂族金属，因此它也是从大量贱金属和铂族金属混合溶液中选择萃取金和钯，萃取分离铂、钯，以及钯与铑、铱、钌萃取分离的最有效的萃取剂。

同类试剂还有二异辛基硫醚。

二异辛基硫醚为无色透明的油状液体，分子式 $C_{16}H_{32}S$，密度 $0.8485g/cm^3$（25℃），沸点大于300℃，在很低酸度条件下可达到定量萃取。二异辛基硫醚的萃金速度相当快，金在5s内就达到定量萃取。萃金的有机相经稀盐酸洗涤除杂后，亚硫酸钠的碱性溶液作反萃取剂，在室温下可使有机相中的金以金亚硫酸根配合阴离子完全转入水相，再用盐酸将含金反萃液酸化，使亚硫酸钠体系转为亚硫酸体系，金即从亚硫酸钠溶液中析出。

D 金的溶剂萃取精炼工艺流程与工业实践

金的溶剂萃取精炼一般在小规模的生产中和制备高纯金（99.999%）时采用，其原则工艺流程如图8-9所示。

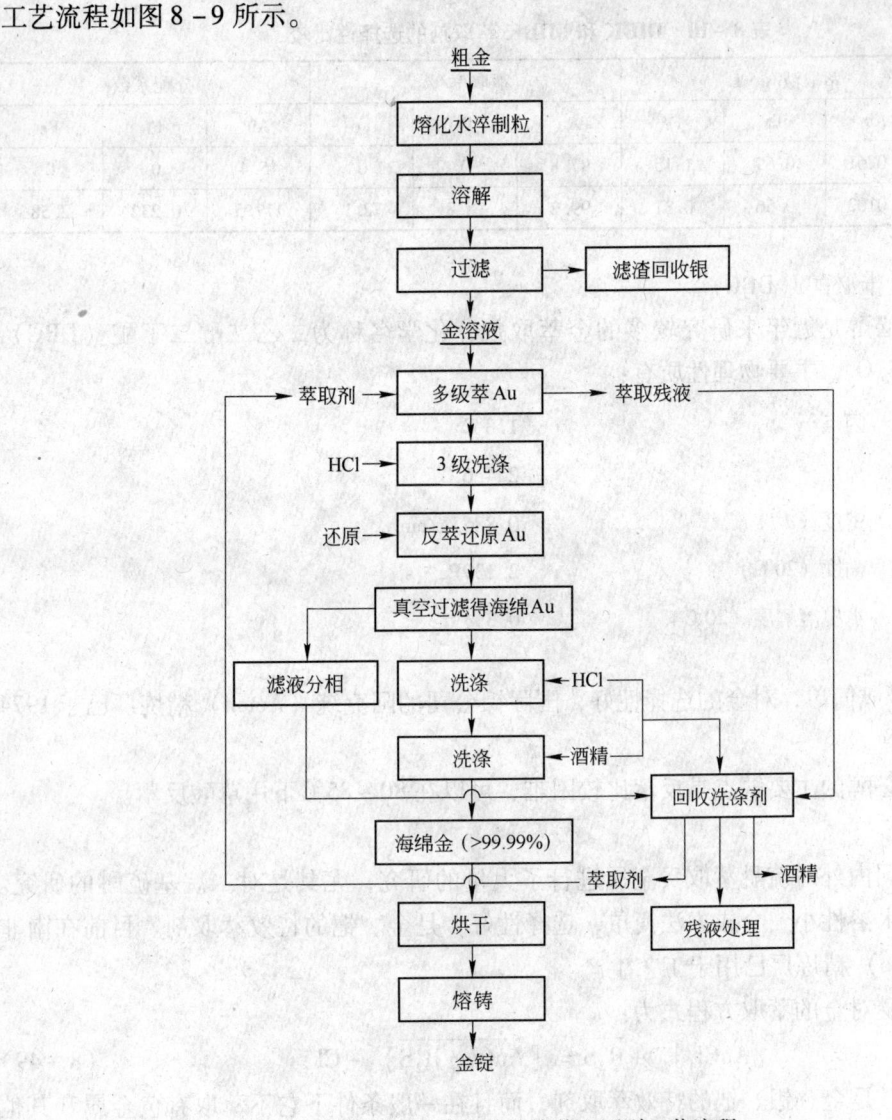

图 8-9 萃取法精炼黄金原则工艺流程

广东高要河台金矿于 1998 年引进常温常压萃取法提纯黄金工艺，据报道产品一直比较稳定，经国家金银及制品质量监督检测中心（长春）检测结果平均值 Au 的含量大于99.995%。2001 年 12 月被上海黄金交易所认定为可提供标准金锭的全国首批 7 家定点精炼企业之一。

（1）原料制备。对于成色应达 80% 以上的合质金，熔化后泼珠制粒然后进入料液制备工序。如果是氰化冶炼厂生产的锌粉置换金泥，则先进行除杂，使金含量达 80% ~ 90%；而对于碳解吸金粉由于杂质很少则不用除杂处理。

（2）料液制备。对上述原料采用王水溶解，过滤，除去 $AgCl$ 及其他不溶杂质后，滤液进入萃取工序。

（3）萃取和反萃。通过 5 段萃取、3 段洗涤、反萃还原后得到海绵金。海绵金经过滤后，分别用热纯水、盐酸、有机洗涤剂和纯水 4 次洗涤可得到高质量的金粉。纯金粉经干燥后中频炉熔炼铸锭，得到标准金锭。

（4）萃取率与回收率。工业实践萃取原液含金达到 100g/L 以上，经萃取后的余液含金 20mg/L 左右，萃取率 99.9% 以上。获得 99.997% 的高纯金。

8.2.3.4 黄金精炼方法的对比和工艺选择

A 黄金精炼方法技术对比

高温氯化法可适用于成分较宽的合金，从约 80% 的铜或银到 99% 以上的金。从技术上讲，纯铜和纯银都能被氯化，但在金含量低的情况下，其他工艺更经济。含金 50% 或更高的合金，最适合工业化作业。

电解精炼时，阳极的银含量限于 15% 以下以防止阳极钝化。能容许较高浓度的铜，但溶液循环费用增加。

对于金的溶解－沉淀法来讲，金合金在氯化物介质中的溶解受合金中银含量所限制。颗粒表面形成的氯化银层妨碍合金的进一步溶解。因此，含银高于 20% 的合金的溶解是无法进行的。对铜含量没有限制，因为铜在氯化物介质中溶解度很高。如果被处理物料由不同化学成分的细分散颗粒混合组成，则该工艺的适用范围将扩大。

溶剂萃取法所需时间大大减少，有效生产成本降低；然而试剂消耗，特别是酸和有机试剂消耗较大。

对各种金精炼工艺直接进行技术比较通常是不适当的，例如，很难在"溶解－沉淀"和"氯化－电解"之间直接进行选择。其他许多因素，如原料质量、性质、污染物类型、操作成本的现有基础和可变性都起作用。表 8－11 给出了黄金精炼工艺选择的因素，表8－12 给出了不同精炼工艺的比较。

表 8－11 黄金精炼工艺选择因素

因　素	内　容	因　素	内　容
原料	组成、形状或形式、可变性	批次完整性	质量控制、存量控制
生产费用	劳动力、消耗品、设备	其他因素	现有设备、公司特性
环境因素	气体清洗、溶液处理、副产品处理		

表 8 – 12   精炼工艺的比较

精炼工艺	原料成分	物理形式	滞留时间	批次完整性	环保要求	优 缺 点
氯化法	金 > 20% 对银无限制	不限制	1 ~ 2	不完整	需大的气体 净化设备	可容许的化学组成范围较宽；产品 不能达到金 99.5% 以上纯度（Au – 3）
电解精炼法	金 > 90% 银 < 6%	熔铸阳极 细粒	3 ~ 4	不完整	使用最少量 溶液	设备简单，运行平稳，产品稳定达 标在 Au – 1；生产周期长，积压金
溶解 – 沉淀法	银 < 15% 分散颗粒	表面积大	2 ~ 3	完整	气体净化	易操作，易实现机械化，产品稳定 达标在 Au – 2 以上
浸出 – 溶剂 萃取法	银 < 15% 分散颗粒	表面积大	2 ~ 4	完整	气体净化， 有机污染	流程长，试剂消耗大，产品稳定达 标在 Au – 1

B 黄金精炼工艺选择

国内黄金精炼技术近几年得到快速发展，无论电解法还是化学法其工艺技术正在不断改进和优化。各企业应根据要处理原料的具体情况，从经济、技术、环保等方面综合考虑，择优选择一种适宜的精炼工艺来改造或建设金精炼工程，以创造最佳经济效益。

a 锌粉置换金泥

该种金泥金品位相对较低，不同企业之间波动范围很大，一般金质量分数在 0.5% ~ 30% 左右，同时杂质含量高，且成分复杂。其所含杂质主要为锌、铅、铜和矿泥，另含有大量的有价金属银。因此该种金泥精炼工艺选择主要体现在预处理工序上。

（1）预处理工艺的选择确定。对于此类金泥早期一般采用火法 – 湿法联合精炼流程。即金泥经氧化焙烧后冶炼成合质金，泼珠后的合质金再用硝酸将银和杂质与金分离。对于含铜较高的金泥，可将氧化焙烧改为硫酸化焙烧，用水洗去硫酸锌和硫酸铜等硫酸盐后转入后续流程。此方法劳动强度大、生产环节多，目前已很少采用。锌粉置换金泥的全湿法预处理流程，正越来越受到各相关企业重视。它是采用单一或混合试剂，将银和杂质浸出转入液相，从而使金得到富集。根据金泥中所含杂质成分及其含量差异，可针对性添加不同助浸剂来强化除杂作业，比如硝酸加铵盐、硝酸加硫酸混酸、硫酸 – 硝酸两步除杂；对于含铅和矿泥高的金泥，可以采取硝酸 – 氢氧化钠两步酸碱除杂；另外还有氯酸盐控制电位氯化除杂等方法。上述除杂试剂可针对不同金泥性质组合选取，以期达到最佳效果。该方法劳动强度小，流程简单，黄金回收率高。

（2）精炼工艺的选择确定。由于锌粉置换金泥金品位特低，需要的预浸除杂工作量很大，必须投入一定的湿法设备来完成此项作业。如果采用电解精炼工艺，不仅会造成设备复杂和投资较大，也使工序繁琐、管理强度增大。因此，锌粉置换金泥采用电解精炼工艺处理具有一定的局限性。化学法精炼工艺及设备配置与预处理工序可以互相衔接，部分设备可以共同利用，不仅可以减少投资、简化工序，也会使流程简单，便于操作和管理。所以，锌粉置换金泥采用化学法精炼工艺是适宜的。

b 解吸电解金泥

该种金泥金质量分数一般在 50% 以上，杂质含量少且简单，主要为铁、铜和铅，另含有一定量的银需加以回收。由于金泥含金量达不到电解精炼技术要求，如果采用该工艺，必须增加预浸除杂工序，使总体工程及工艺复杂化。采用化学精炼工艺，可以省略预浸除杂工序，直接进入精炼流程，是比较合理的选择。

c　重选金精矿

重选金精矿一般金质量分数在 10% ~50% ，所含杂质主要为铁、铅、铜的硫化物，另含有一定量的银。该种物料宜采取氧化焙烧，首先将硫化物转变成氧化物，然后采用与锌粉置换金泥相同的精炼工艺。

C　黄金精炼工艺设备配置

a　电解精炼法主要设备配置

对单一矿山企业来说，电解法设备配置要比化学法复杂，工艺流程也相对繁琐。因为在进入电解流程之前，需将矿产金泥预处理到金品位 90% 以上，这部分设备和化学法设备规格相同，数量和品种需占去总设备的二分之一以上。电解法本身设备配置比较简单，主要包括熔炼炉、整流电源、电解槽、造液及废液回收装置、铸锭设备和打码机等。

b　化学精炼法主要设备配置

化学法黄金精炼是在酸性介质中进行的，对设备耐腐蚀程度要求很高。由于操作参数不同，所选设备又有承压和常压之区别。目前，国内用于金精炼的主体设备材质主要为钢衬聚四氟、纯钛或钛复合板、搪瓷等几种。国内金精炼设备配置比较合理、紧凑、适用，整个工艺过程除固体物料外，所有液体的输送早已完全实现机械化，既减轻了工人的劳动强度，又提高了贵金属和人员的安全系数。

化学法主要设备配置为反应釜、储液罐、过滤器、计量罐、储酸罐、真空泵、空压机、熔炼炉、气体净化塔、铸锭设备和打码机等。

参 考 文 献

[1] 高大明. 载金炭解吸电解设备的技术进展 [J]. 黄金, 1999, 02: 40 ~44.
[2] 魏莉, 汪丹, 郭平. 黄金精炼提纯工艺研究与生产实践 [J]. 黄金, 2000, 03: 37 ~39.
[3] 付国民. 非对称交流电源在金电解生产中的应用 [J]. 黄金, 2000, 05: 37 ~39.
[4] 王爱荣, 汪永红. 改进工艺操作条件提高金回收率 [J]. 黄金, 2001, 10: 32 ~34.
[5] 秦晓鹏, 胡春融, 董德喜, 赵俊蔚, 薛长山. 浅谈我国黄金精炼技术与工艺 [J]. 黄金, 2003, 08: 34 ~37.
[6] 刘振升. 萃取法精炼黄金的研究和工业实践 [J]. 黄金, 2004, 01: 35 ~39.
[7] 华亭亭, 唐晋, 席德立. 氰化金泥的全湿法精炼工艺 [J]. 黄金科学技术, 2004, 01: 7.
[8] 薛光, 于永江. 从电解金泥中综合回收金、银、铜的新工艺方法 [J]. 世界有色金属, 2004, 05: 46 ~47.
[9] 陈聪. 萃取法精炼黄金技术在矿山生产中的应用 [J]. 黄金科学技术, 2004, 03: 1 ~3.
[10] 田治龙, 李中宇. 化学法提取高纯金 (>99.995%) 的工艺 [J]. 贵金属, 2004, 03: 11 ~14.
[11] 董德喜. 黄金精炼工艺特点分析及选择 [J]. 黄金, 2004, 09: 38 ~40.
[12] 袁玉蝶, 姚玉田. 从金泥中提金的研究 [J]. 黄金, 1994, 01: 28 ~30.
[13] 周一康. 金的精炼工艺 [J]. 湿法冶金, 1997, 04: 35 ~38.
[14] 水承静, 杨天足, 宾万达. 金的溶剂萃取进展综述 [J]. 黄金, 1998, 03: 35 ~38.
[15] 李强, 谷立刚, 苏毅. 金 (银) 泥湿法冶炼工艺评述 [J]. 矿冶, 1998, 01: 43 ~46, 86.
[16] A. Feather, 张丽霞. 用 Minataur ~ (TM) 溶剂萃取法精炼金 [J]. 湿法冶金, 1998, 01: 27 ~31.
[17] 张丽霞. 盐酸溶液中金的溶剂萃取与精炼 [J]. 湿法冶金, 1998, 02: 16 ~20.

[18] 刘勇，阳振球，杨天足. 金电解与溶剂萃取精炼工艺比较分析 [J]. 黄金，2007，06：42～45.
[19] 张树科，任华杰. 氰化金泥湿法冶炼工艺综述 [J]. 现代矿业，2009，08：8～10.
[20] 安红武. 电积金泥中金银的综合回收 [J]. 新疆有色金属，2011，02：53～54.
[21] 吴华武. 溶剂萃取法在炼金工业中的应用 [J]. 有色金属（冶炼部分），1990，04：33～36.
[22] 巩海娟. 99.99%黄金提纯工艺的研究 [D]. 长春：吉林大学，2006.
[23] 黎鼎鑫，王永录. 贵金属提取与精炼（第2版）[M]. 长沙：中南大学出版社，1990.

思 考 题

1. 火法炼金的作用机理是什么？作用过程中所需要的熔剂有哪些？
2. 冶炼前的除杂预处理方法有哪些？试对其作用机理进行描述。
3. 简述火法冶炼过程的基本操作步骤。
4. 金精炼的方法分为哪几种？分别描述其精炼过程中的作用机理。
5. 对比金精炼的三种方法，对其优缺点进行总结性描述。

9 有色重金属冶金副产品中金的冶炼

【本章提要】 本章主要对有色金属矿石中的伴生金（及银）的回收冶炼技术进行了描述。包括铜、铅阳极泥的组成与性质、阳极泥的火法冶炼，以及阳极泥的湿法处理三部分。阳极泥湿法处理的基本原理和工艺是本章的重点，其中涉及的复杂溶液化学反应是本章的难点。

在有色多金属矿石中，金多与铜、铅等伴生，在矿石的浮选过程中，金（银）一般进入铜、铅等有色金属精矿内。这些精矿在进行相应的冶炼时，由于金化学性质稳定，它们即不以化合物的形态进入炉渣，也不挥发进入炉气，几乎全部进入冶炼产品粗铜或粗铅中。电解精炼这些粗铜粗铅时，金（银）富集于阳极泥中。

伴生金比例大是中国金矿产资源的特点。与国外相比，中国伴生金储量所占的比例很高。中国金矿资源由岩金、砂金、伴生金三部分组成，其中伴生金约占30%左右，远大于世界平均比例（约14%）。但从黄金产量来看，我国成品金主要来源于岩金矿，伴生金产量所占比例较低。据统计，2011年中国黄金产量达到360.957t，其中黄金矿山产金301.996t，有色金属副产金58.961t，占16.3%，可见伴生金的利用有较大潜力。

铜、铅阳极泥是伴生金的主要来源：伴生金资源的90%来自各种类型的铜矿床，约10%来自铅锌矿床。除金的回收之外，阳极泥的处理还综合回收银、铜、硒、碲、铅、砷、锑及铂族金属等。阳极泥已成为金、银、铂、钯等贵金属和硒、碲等稀散金属生产的重要原料。

9.1 金的阳极泥冶炼技术进展

阳极泥的组成成分很复杂，有价金属的含量变化较大（主要取决于矿石原料的成分），阳极泥中各种元素的赋存状态较为复杂，以金属态、金属间化合物、氧化物和盐类存在。因此，国内外大型铜冶炼厂阳极泥的处理过程，已成为一个单独的生产系统，工艺流程一般都比较复杂，不同企业所采用的流程不尽相同。

阳极泥的回收利用是贵金属冶金学的重要组成部分，阳极泥原料中金、银、铜、硒、碲、砷、锑、铋和铂族金属等的综合回收和提纯，内容相当广泛。本章以铜阳极泥的冶金为主，简要介绍铜、铅阳极泥处理的处理工艺和回收方法。

阳极泥的处理工艺一般包括：火法－电解流程；火法－湿法联合流程和全湿法流程。

火法冶炼是阳极泥处理的常规方法。"火法熔炼—电解"流程工艺成熟、易于操作控制、对物料适应性强、适于大规模集中生产，多为大型冶炼厂所采用。对于铜阳极泥，其Cu、Se含量一般较高，火法熔炼之前一般需要进行脱铜、硒工序，将其中的铜、硒、碲等组分从反应系统中分离出来，以利于金、银等贵金属的有效回收。在我国，兼有铜、铅冶炼的大型冶炼厂，铜阳极泥预先脱去其中的硒、碲、铜后可与铅阳极泥合并处理；单一铅冶炼厂则单独处理。

虽然目前国内外大型冶炼厂仍使用火法流程，但在设备及工艺条件方面已经有了重大改进。近年来，随着富氧熔炼技术和熔池熔炼技术、底吹和顶吹转炉技术以及电解精炼新技术的发展，阳极泥的熔炼－氧化精炼技术以及收尘与烟尘处理技术也有了很大发展，阳极泥火法处理工艺日臻完善，正向装备大型化、连续化、自动化方向发展。近年来瑞典波立登（Boliden）公司利用氧气顶吹转炉熔炼技术，开发的卡尔多炉熔炼法，是自动控制技术发展到一定水平的集中体现，系集自动控制、熔炼、还原于一体的先进炉型。

火法工艺存在着许多不足，如设备投资大，生产周期长，资金积压严重，以及铅对环境存在污染和人体有的危害性等原因，寻求可替代火法工艺的湿法工艺日益得到重视。

目前，国内外对于铜阳极泥的处理工艺有三大类：以火法为主的湿法－火法联合流程，以波立登公司和奥托昆普公司等为代表，主干流程为"铜阳极泥—加压浸出铜、碲—火法熔炼、吹炼—银电解—银阳极泥处理金"；以湿法为主的火法—湿法联合工艺流程，为国内目前大多数厂家所采用，主干流程为"铜阳极泥—硫酸化焙烧蒸硒—稀酸分铜—氯化分金—亚钠分银—金银电解"；还有全湿法工艺流程，以美国 Outfort 公司为代表，流程为"铜阳极泥—加压浸出铜、碲—氯化浸出硒、金—碱浸分铅—氨浸分银—金银电解"。

在国内，多年来，中、小冶炼厂为了改善环境、消除污染，大幅度提高金、银直收率和增加经济效益，许多生产厂家和研究部门结合实际对铜阳极泥的处理作了大量的研究工作。国内铜阳极泥处理工艺流程60年代以前完全是传统火法流程；60年代以后开始湿法和选冶流程试验研究及小规模工业生产；70年代以来，一批中小型工厂纷纷地向湿法处理工艺发，相继以湿法工艺代替传统的火法工艺进行工业生产，都取得了较好的结果。据报道，80年代以来，全湿法和半湿法处理铜阳极泥的工业流程已在我国大多数工厂广泛应用。国内产量最大的3家铜冶炼厂中，江西铜业公司贵溪冶炼厂采用的是硫酸化焙烧蒸硒—水浸分铜—碱浸分碲—氯化分金—亚硫酸钠分银—金银电解精炼工艺；铜陵公司原来采用硫酸化焙烧脱硒—水浸脱铜—湿法分金提银工艺（2007年引进波立登的阳极泥处理工艺）；云铜股份公司则采用常温、常压空气氧化脱铜—氯酸钠脱硒—浮选分铅—金银电解精炼的选冶联合流程。

铅阳极泥是一种适宜于火法熔炼的物料，配料简单，不同元素的富集、还原、造渣、挥发的走向和反应程度明显，而且生产成本低，金银产品质量稳定，现在国内外大型冶炼厂处理铅阳极泥仍以传统火法流程为主。处理工艺在许多方面与铜阳极泥的火法处理工艺相似，因此铅阳极泥除可单独进行火法熔炼，还常和铜阳极泥进行混合熔炼。

由于火法处理流程存在流程长、资金积压、环境污染严重等问题，80年代以来，铅阳极泥的湿法处理流程的发展比较活跃。采用湿法工艺处理铅阳极泥，金、银回收率高，生产周期短，对环境的污染小。特别对于中小型冶炼企业处理金、银含量较低的铅阳极泥采用湿法工艺较火法工艺更具优势。

国内对铅阳极泥的湿法处理进展尤其迅速，河南济源黄金冶炼厂、水口山矿务局、韶关冶炼厂、白银公司等都进行了铅阳极泥的湿法或湿法－火法结合处理流程的研究、开发及生产转化工作，并有一批成果应用于生产，取得很好的效果。实践表明，对低砷铅阳极泥的湿法处理新工艺比较成熟；而当铅阳极泥中砷含量较高时，砷会分散到湿法处理各个环节，使流程变得复杂，影响其他综合利用产品的质量。挥发焙烧、还原焙烧、酸浸、碱浸、氯化浸出等脱砷预处理方面开展了大量研究，但这些方法存在着许多不足，仍不能有效地应用于工业生产。

总体来说，阳极泥的火法工艺成熟可靠、对物料适应性广、处理能力大、适于大规模集中生产，多为大型冶炼厂所采用，但工艺中间物料多、贵金属直收率低、有价金属综合回收率较低、投资大、见效慢。而湿法工艺回收率高，综合回收利用好，规模可大可小，投资少见效快，但原料适应性差，处理工艺因厂而异，适合于中小冶炼厂。

9.2 铜、铅阳极泥的组成与性质

9.2.1 铜阳极泥的组成与性质

铜阳极泥由铜阳极在电解精炼过程中不溶于电解液的各种物质所组成，其成分主要取决于铜阳极的成分、铸造质量和电解的技术条件，其产率为 0.2% ~ 0.8%，通常含有 Au、Ag、Cu、Pb、Se、Te、As、Sb、Bi、Ni、Fe、S、Sn、SiO_2、Al_2O_3、铂族金属及水分，典型铜阳极泥的组分如表 9 - 1 所示。表 9 - 1 表明，铜阳极泥具有较高的金（银）含量，且 Cu、Se 含量较高。

表 9 - 1　国内外某些冶炼厂铜阳极泥的组分　　　　　　　　　（%）

名　称	组成（Pt、Pd g/t）											
	Cu	Ag	Au	Pb	Se	Te	As	Sb	Bi	Ni	Pt	Pd
沈阳冶炼厂	14.96	18.96	2.82	29.18	3.21	0.76	—	14 ~ 18	—	—	—	—
上海冶炼厂	10 ~ 20	8 ~ 15	0.3 ~ 0.7	—	3 ~ 5	0.5 ~ 0.6	—	—	—	—	—	—
白银有色金属公司	34.53	8.33	0.271	3.41	13.24	0.62	—	—	—	—	—	—
云南冶炼厂	2.5	5 ~ 9	0.02	—	1 ~ 2		2.0		0.5		3	10
美国肯尼柯特公司	30	9	0.2	2	12			0.5			6.2	71.5
美国南威尔公司铜厂	8.77	4.65	0.55	31.45			0.75				10	10
美国因斯皮雷辛公司	34.98	9.7	0.1	0.7	23.04	0.5	0.075	0.13	—	—	—	—
加拿大铜冶炼厂	10 ~ 50	3 ~ 25	0.2 ~ 2	5 ~ 10	2 ~ 15	0.5 ~ 8	0.5 ~ 5	0.5 ~ 5	0.1 ~ 0.5	0.1 ~ 2	—	—
芬兰奥托昆普公司	11.20	9.38	0.5	—	4.23		0.7	0.04	2.62	45.21	—	—
莫斯科铜厂	11.78	3.17	0.038	0.086	2.0					15.48	130	—
日本日立冶炼厂	8.9 ~ 24.2	13.9 ~ 20.6	0.26 ~ 0.8	6.7 ~ 25	2.5 ~ 10.6	1.1 ~ 1.8	—	17.8 ~ 6.7	—	—	—	—

名　称	组成（Pt、Pd g/t）											
	Cu	Ag	Au	Pb	Se	Te	As	Sb	Bi	Ni	Pt	Pd
日本大阪冶炼厂	0.6	0.14 ~ 0.19	0.006 ~ 0.02	26 ~ 31	17.21	1 ~ 2.2	—	—	—	—	—	—
日本佐贺关冶炼厂	30	7	1		12.5	22						
日本新居浜冶炼厂	20 ~ 30	0 ~ 10	0.5 ~ 2.5	10 ~ 15	6 ~ 10	2 ~ 4	3 ~ 5	1 ~ 2	1 ~ 1.5	0.5	—	—
日本日光冶炼厂	9 ~ 22	5 ~ 19	0.08 ~ 0.22	18 ~ 33	2 ~ 5.7	0.3 ~ 1.89	0.8 ~ 2.67	0.2				
秘鲁奥罗亚冶炼厂	—	28	0.09	1.90	1.6	1.75	2.1	10.7	23.9			

来源于硫化铜精矿的阳极泥，含有较多的 Cu、Pb、Se、Te、Ag 及少量的 Au、As、Sb、Bi 和脉石矿物，铂族金属很少；而来源于铜-镍硫化矿的阳极泥含有较多的 Cu、Ni、S、Se；贵金属主要为铂族金属，Au、Ag、Pb 的含量较少。

铜阳极泥的颜色呈灰黑色，粒度通常为 100 ~ 200 目，其物相组成比较复杂，各种金属存在的形式是多种多样：铜 70% 呈金属形式、其余的铜则以 Cu_2S、Cu_2Se、Cu_2Te 形式存在；银主要为 Ag、Ag_2Se、Ag_2Te 及 AgCl；金以游离状态存在，也有与碲结合的。一般铜阳极泥的物相组成列于表 9-2。

表 9-2　铜阳极泥中各种金属的赋存状态

元素	赋存状态	元素	赋存状态
金	Au、(Ag、Au) Te_2	铋	Bi_2O_3、$BiAsO_4$
银	Ag_2Se、Ag_2Te、CuAgSe、Ag、AgCl、(AgAu) Te_2	铅	$PbSO_4$、$PbSb_2O_6$
铂族	金属	锡	Sn (OH)$_2SO_4$、SnO_2
铜	Cu、Cu_2S、Cu_2Se、Cu_2Te、Cu_2O、CuAgSe、Cu_2SO_4、Cu_2Cl	镍	NiO
硒	Ag_2Se、Cu_2Se、CuAgSe、Se	铁	Fe_2O_3
碲	Ag_2Te、Cu_2Te、Te、(Ag、Cu) Te_2	锌	ZnO
砷	As_2O_3、$BiAsO_4$、$SbAsO_4$	硅	SiO_2
锑	Sb_2O_3、$SbAsO_4$		

铜阳极泥相当稳定。在室温下氧化不明显，在有空气作氧化剂存在时，可缓慢溶解于稀硫酸和盐酸，并能与硝酸发生强烈反应。

9.2.2　铅阳极泥的组成与性质

由于各地铅矿成分不同致使铅阳极泥的成分变化很大。铅电解时，约产出粗铅重量 1.2% ~ 1.75% 的铅阳极泥。

表9-3列出了国内外部分企业铅阳极泥的主要成分。表9-3表明，铅阳极泥两性元素 Pb、As、Sb、Bi 含量则较高。

表9-3　国内外部分企业铅阳极泥的主要成分　　　　（%）

企业名称	化学成分						
	Au	Ag	Cu	Pb	Bi	Sb	As
白银有色金属公司冶炼厂	0.08~0.15	10~16	2~8	10~25	2~8	30~40	0.1~0.3
水口山矿务局第六冶炼厂	0.03~0.05	8~11	4~6	10~14	5~7	18~25	30~35
重庆冶炼集团有限公司	0.007~0.02	3.5~8.0	6~8	11~18	1~10	24~35	4~10
昆明冶炼厂	0.003~0.015	3.6~6.3	0.4~6	15~28	4~7	24~46	17~29
济源黄金冶炼厂	0.06~0.08	6~9	2~3	8~12	4~6	40~45	0.2~0.5
韶关冶炼厂	0.006	14.76	7.68	6.54	8.45	43.45	0.5
云锡个旧冶炼厂		1.5~1.8	2~3	15~17	16~18	8~12	10~12
株洲冶炼厂	0.02~0.045	8~10	1~3	6~10	8~12	25~30	20~25
日本住友公司新居浜冶炼厂	0.2~0.4	0.1~0.15	4~6	5~10	10~12	25~35	
秘鲁奥罗亚冶炼厂	0.11	9.5	1.6	15.6	20.6	33	4.6
加拿大特莱尔冶炼厂	0.016	11.5	1.8	19.7	2.1	38.1	10.6

其元素赋存状特征为：金含量一般很低，且颗粒嵌布极细；银基本上无单独金属矿物存在，与铅、或锑等呈金属间化合物、氧化物或固溶物状态存在；铅、锑、铋基本上以氧化物的形态存在。表9-4列出了铅阳极泥主要元素的物相组成。

铅阳极泥有自然氧化的特性：铅阳极泥自然氧化过程中会发热，温度可达70℃左右，并放出浓烟。经过10d左右，含水量由30%可降至10%左右。

表9-4　铅阳极泥主要元素的物相组成

元素	物相组成	元素	物相组成
银	Ag、Ag_3Sb、$Ag-Sb$、$AgCl$、$Ag_ySb_2 \cdot$ $x(O \cdot OH \cdot H_2O)_{6\sim7}$, $x=0.5$, $y=1\sim2$	铜	Cu、CuO、$Cu_{9.5}As_4$
铅	Pb、PbO、$PbFCl$	砷	As、As_2O_3、$Cu_{9.5}As_4$
锑	Sb、Ag_3Sb、$Ag_ySb_2 \cdot$ $x(O \cdot OH \cdot H_2O)_{6\sim7}$, $x=0.5$, $y=1\sim2$	锡	Sn、SnO_2
铋	Bi、Bi_2O_3、$PbBiO_4$	其他	SiO_2、$Al_2Si_2O_5(OH)_4$

9.3　阳极泥的火法冶炼

铜阳极泥 Cu、Se 含量一般较高，火法熔炼之前一般需要进行脱铜、硒工序，将其中的铜、硒、碲等组分从反应系统中分离出来，以利金、银等贵金属的有效回收。

铜是铜阳极泥中的主成分，如果不预先除去，将使后续工艺过程变得复杂，贵铅熔炼的氧化过程或分银炉熔炼过程要花费很长的时间和耗用大量燃料和氧化剂来分离铜。因此，预处理作业中应将铜除去，使金银得到富集。铜阳极泥的除铜预处理可采用氧化－酸浸或直接酸浸等工艺，如空气氧化酸浸、氧化焙烧－酸浸、硫酸化焙烧－酸浸、加压酸浸、加碱烧结－水浸等。

火法熔炼阳极泥时，硒的存在一方面会导致金属与炉渣两相间形成一层含银很高的硒冰铜，而回收硒冰铜中的银却需要延长吹风氧化时间，从而延长生产周期。若不延长吹风氧化时间，就会增加贵金属在炉渣与硒冰铜中的返料，降低直收率。另一方面，硒会分散于炉渣、冰铜和贵铅中，给硒的回收带来困难。国内外工厂多使用焙烧法常规工艺来除去铜阳极泥中的硒。这种工艺通常有：硫酸盐化焙烧蒸硒、苏打烧结焙烧浸出除硒、阳极泥制粒氧化挥发焙烧苏打层吸收硒、氧化挥发焙烧除硒和直接熔炼阳极泥由烟气或碱渣中回收硒等。由于焙烧除硒能同时使铜氧化，为下步浸出脱铜打基础，故又可把焙烧除硒作业看成阳极泥脱铜的预先处理阶段。

铅阳极泥直接与除铜、硒后的铜阳极泥进行合并，然后还原熔炼产出贵铅合金，再对贵铅进行氧化除杂质得金银合金。所得金银合金再采用银电解、金电解等方法进行精炼并进一步回收铂钯等贵金属。

图 9－1 是阳极泥处理的火法熔炼—电解流程，主要包括：硫酸化焙烧蒸硒—稀硫酸浸出脱铜—还原熔炼产出贵铅合金—贵铅氧化除杂质的金银合金—银电解精炼—金电解精炼—铂钯回收。

9.3.1　硫酸化焙烧蒸硒－酸浸除铜

硫酸盐化焙烧－酸浸法是目前较流行的脱铜、硒的方法。硫酸盐化焙烧的主要目的是把硒氧化成 SeO_2 使之挥发进入吸收塔的水溶液中变为 H_2SeO_3，然后被炉气中的 SO_2 还原而生成元素硒；铜转化为可溶性的 $CuSO_4$，用水浸（或稀 H_2SO_4）脱铜溶液送至铜电解车间回收铜。

硫酸盐化焙烧使用最广的设备为马弗炉和回转窑。马弗炉适于小批量间歇性生产，而回转窑则适用于大批量连续生产。以回转窑为例：回转窑内进料端 220～300℃，主要为炉料的干燥区；中部 450～550℃，主要为硫酸化反应区；排料端 600～680℃，硫酸化反应完全，SeO_2 挥发。物料在窑内停留 3h 左右，硒挥发率可达 93%～97%，烧渣含硒 0.1%～0.3%。含 SeO_2 和 SO_2 的气体进入吸收塔。

阳极泥与浓硫酸混合后于回转窑内焙烧，主要发生下列一些反应：

$$Cu + 2H_2SO_4 = CuSO_4 + 2H_2O + SO_2 \uparrow \tag{9-1}$$

$$Cu_2S + 6H_2SO_4 = 2CuSO_4 + 6H_2O + 5SO_2 \uparrow \tag{9-2}$$

$$2Ag + 2H_2SO_4 = Ag_2SO_4 + 2H_2O + SO_2 \uparrow \tag{9-3}$$

阳极泥中的硒，以硒化物（Cu_2Se，Ag_2Se）存在，当硒化物与硫酸接触时，在低温（220～300℃）时，反应为：

$$Ag_2Se + 3H_2SO_4 = Ag_2SO_4 + SeSO_3 + SO_2 \uparrow + 3H_2O \tag{9-4}$$

在高温（550～680℃）时 $SeSO_3$ 分解：

$$SeSO_3 + H_2SO_4 = SeO_2 \uparrow + 2SO_2 \uparrow + H_2O \tag{9-5}$$

碲化物反应为：

$$Ag_2Te + 3H_2SO_4 = Ag_2SO_4 + TeSO_3 + SO_2 \uparrow + 3H_2O \tag{9-6}$$

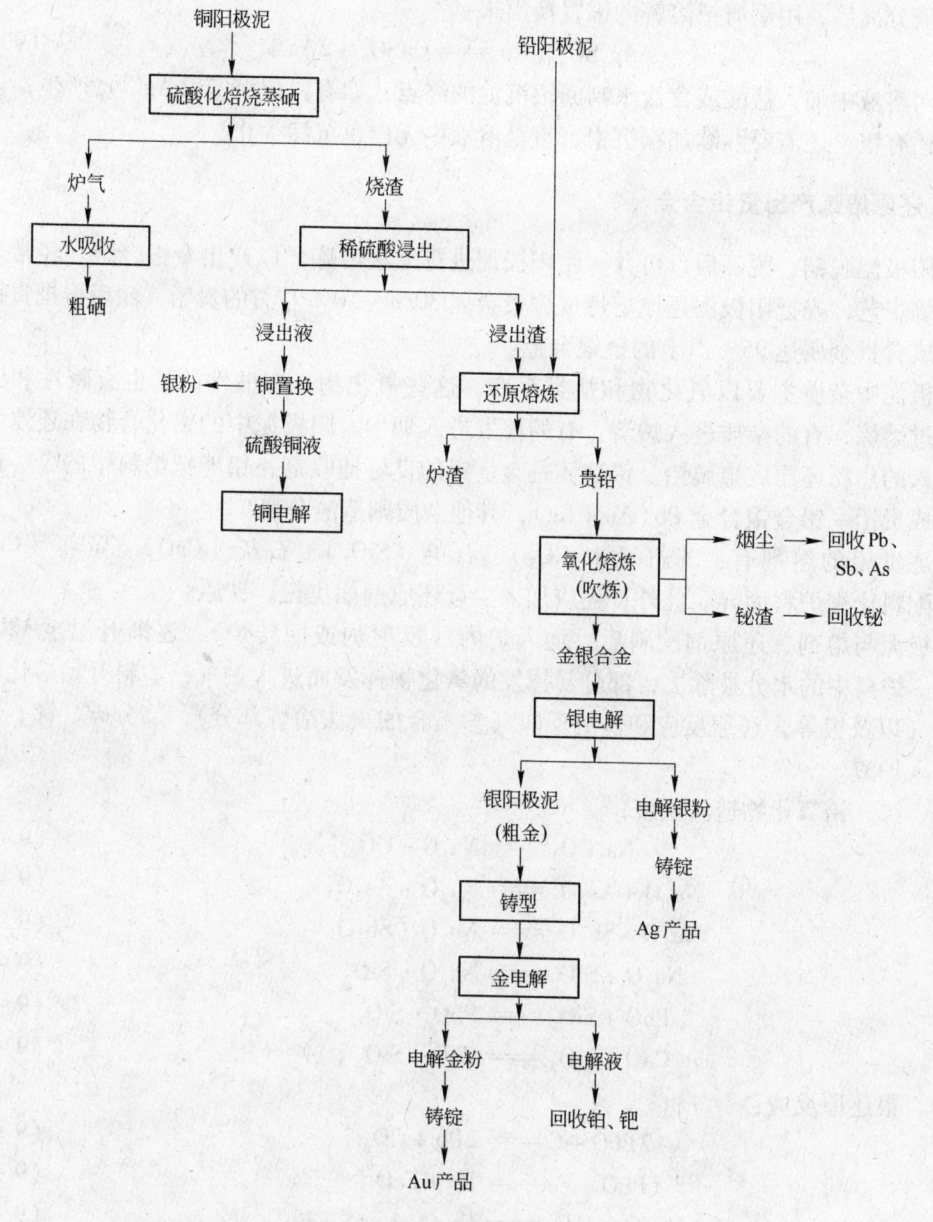

图9-1 阳极泥处理的传统"火法熔炼—电解"工艺流程

但在高温下 $TeSO_3$ 不分解。

SeO_2 在吸收塔内与水作用形成亚硒酸：

$$SeO_2 + H_2O \xrightarrow{\quad\quad} H_2SeO_3 \tag{9-7}$$

炉气中的 SO_2 将亚硒酸还原得到粗硒：

$$H_2SeO_3 + 2SO_2 + H_2O \xrightarrow{\quad\quad} Se\downarrow + 2H_2SO_4 \tag{9-8}$$

然后精馏，可得到99.5% ~99.9%的成品硒。

铜转化为 $CuSO_4$ 后采用稀酸（稀硫酸）进行浸出，可溶硫酸盐便进入溶液。浸铜作业条件：H_2SO_4 120~300g/L，温度80~90℃。浸出过程中，也有部分银溶解，可在浸出结束固液分离后，用铜屑把溶解的银置换出来：

$$Ag_2SO_4 + Cu === CuSO_4 + 2Ag \downarrow \qquad (9-9)$$

可向溶液中加入盐酸或食盐水判断银沉淀的终点，如有白色沉淀（AgCl）产生，说明溶液中还有银，还需要继续加铜沉银，直至溶液中无白色沉淀为止。

9.3.2 还原熔炼产出贵铅合金

铜阳极泥脱铜、脱硒后，可并入铅阳极泥进行火法熔炼，以产出金银合金。经常采用二段熔炼工艺，先把阳极泥还原熔炼成含贵金属30%~50%左右的贵铅，然后再把贵铅氧化精炼成含贵金属达95%以上的金银合金。

阳极泥中杂质主要以氧化物和盐类存在，这些氧化物，有酸性的，也有碱性和中性的，通过熔炼，有的杂质进入炉渣，有的挥发进入烟尘。阳极泥中的铅化合物在还原熔炼中被加入的焦粉还原成金属铅。铅熔体是金、银的良好捕收剂，铅能把炉料中的金、银溶解而形成贵铅 – 铅金银合金 Pb(Au + Ag)，其他杂质则造渣分离。

熔炼贵铅的熔剂有：苏打（Na_2CO_3）、石英（SiO_2）、石灰（CaO）、萤石（CaF_2）等，其配料比视炉料而异。此外，还应加入少量还原剂如焦粉、铁屑。

阳极泥与熔剂、还原剂配料后，加入炉内（反射炉或回转炉），逐渐升温至1200~1300℃。炉料中的水分被除去，部分易挥发的氧化物挥发而进入炉气，炉料开始熔化，并发生铅（以及银等）还原反应和造渣反应（参考金的火法冶炼部分），部分砷、锑、铅氧化物进入炉渣。

砷、锑、铅氧化物造渣反应：

$$Na_2CO_3 === Na_2O + CO_2 \uparrow \qquad (9-10)$$
$$Na_2O + As_2O_3 === Na_2O \cdot As_2O_3 \qquad (9-11)$$
$$Na_2O + Sb_2O_3 === Na_2O \cdot Sb_2O_3 \qquad (9-12)$$
$$Na_2O + SiO_2 === Na_2O \cdot SiO_2 \qquad (9-13)$$
$$PbO + SiO_2 === PbO \cdot SiO_2 \qquad (9-14)$$
$$CaO + SiO_2 === CaO \cdot SiO_2 \qquad (9-15)$$

铅、银还原反应：

$$2PbO + C === 2Pb + CO_2 \uparrow \qquad (9-16)$$
$$PbO + Fe === Pb + FeO \qquad (9-17)$$
$$PbSO_4 + 4Fe === Fe_3O_4 + FeS + Pb \qquad (9-18)$$
$$PbS + Fe === Pb + FeS \qquad (9-19)$$
$$Ag_2S + Fe === 2Ag + FeS \qquad (9-20)$$
$$2Ag_2SeO_3 === 4Ag + 2SeO_2 \uparrow + O_2 \uparrow \qquad (9-21)$$
$$2Ag_2SO_4 + 2Na_2CO_3 === 4Ag + 2Na_2SO_4 + 2CO_2 \uparrow + O_2 \uparrow \qquad (9-22)$$
$$Ag_2SO_4 + C === 2Ag + CO_2 \uparrow + SO_2 \uparrow \qquad (9-23)$$
$$Ag_2TeO_3 + 3C === 2Ag + Te + 3CO \uparrow \qquad (9-24)$$

阳极泥中的金、银被还原出来的铅熔体所熔解，形成贵铅：

$$Pb + Au + Ag === Pb(Au + Ag) \qquad (9-25)$$

贵铅熔体与炉渣互不熔解，密度又大，因而炉渣浮在熔池表面，贵铅沉于熔池下层。

上述反应完毕后，把炉渣放出，贵铅熔体仍留在炉中。此时，向贵铅熔体中鼓入空气，是溶解其中的砷、锑、铜、铋等杂质氧化，砷、锑形成低价氧化物挥发进入炉气：

$$4As + 3O_2 \Longrightarrow 2As_2O_3 \uparrow \tag{9-26}$$

$$4Sb + 3O_2 \Longrightarrow 2Sb_2O_3 \uparrow \tag{9-27}$$

如进一步氧化成高价氧化物：

$$2Sb_2O_3 + 2O_2 \Longrightarrow 2Sb_2O_5 \tag{9-28}$$

可与碱性氧化物造渣。

如阳极泥中有较多的硫化物，则在熔炼过程中会形成冰铜（主要由 FeS、PbS 和 CuS 组成），如还有硒、碲等化合物，还会形成硒冰铜。冰铜中熔有贵金属，同时，这些冰铜介于炉料与贵铅熔体之间，妨碍贵铅的下沉，导致贵金属的分散和损失。

还原熔炼的产物有贵铅、炉渣、烟尘、冰铜，全炉作业时间为 18 ~ 24h，贵铅产率为 30% ~ 40%。

某贵铅的化学成分为（%）：Au 0.2 ~ 4，Ag 25 ~ 60，Bi 10 ~ 25，Te 0.2 ~ 2，Pb 15 ~ 30，As 3 ~ 10，Sb 5 ~ 15，Cu 1 ~ 3。

9.3.3 贵铅氧化精炼为金银合金

还原熔炼所得贵铅含金、银一般在 35% ~ 60% 左右，其余为 Pb、Cu、As、Sb、Bi 等杂质。氧化精炼是把贵铅中杂质氧化造渣除去，使之含金银量在 95% 以上的金银合金。

贵铅的氧化精炼也叫吹灰，是在高于铅的氧化物的熔点温度条件下进行氧化熔炼（保温 1000℃ 以上）。往贵铅熔池表面鼓风，并加入熔剂、氧化剂等，使铅与其他金属形成不溶于金银的氧化物，进入烟尘或炉渣而与金银分离。在贵铅氧化精炼过程中，各种金属的氧化顺序为：Sb、As、Pb、Bi、Cu、Te、Se、Ag。贵铅中铅较多，也容易氧化，所以氧化精炼时，实际上主要是 PbO 充当氧的传递剂把 As、Pb 氧化：

首先是铅氧化：

$$2Pb + O_2 \Longrightarrow 2PbO \tag{9-29}$$

然后 PbO 充当氧的传递剂，把砷、锑氧化：

$$2Sb + 3PbO \Longrightarrow Sb_2O_3 + 3Pb \tag{9-30}$$

$$2As + 3PbO \Longrightarrow As_2O_3 + 3Pb \tag{9-31}$$

砷、锑的低价氧化物和部分 PbO，易于挥发进入炉气，如继续氧化成高价氧化物则与 Na_2O、PbO 等碱性氧化物造渣：

$$3PbO + As_2O_3 \Longrightarrow 3PbO \cdot As_2O_3 \tag{9-32}$$

Bi、Cu、Te、Se 是较难氧化的金属。当 As、Sb、Pb 基本氧化除去后，接着 Bi 被氧化：

$$2Bi + 3O_2 \Longrightarrow 2BiO_3 \tag{9-33}$$

将形成的砷、锑、铋、铅渣分别扒出存放，当熔池中的金银合金达 80% ~ 85% 左右，向炉内加入苏打，形成含碲较高的碲渣单独扒出：

$$TeO_2 + Na_2CO_3 \Longrightarrow Na_2TeO_3 + CO_2 \tag{9-34}$$

碲渣是提取碲的重要原料。扒碲渣后，向熔池内加入氧化剂硝石，硝石在熔炼温度下解离析出初生态氧，把铜氧化：

$$2KNO_3 === K_2O + 2NO_2 + [O] \tag{9-35}$$

$$Cu + [O] === Cu_2O \tag{9-36}$$

扒铜渣是氧化精炼的最后一步，称之为"清合金"。此时，熔池中的合金含金、银95%以上。放出熔体铸成阳极板，送去电解精炼。

9.4　阳极泥的湿法处理

阳极泥湿法处理工艺的基本框架都是先浸出分离贱金属，再从富集了贵金属的浸出渣中提取各个贵金属元素。

湿法流程多种多样，但都包括以下主要工序：

（1）阳极泥中 Cu、Pb、Se、Te、As、Sb、Bi 等贱金属以及与之相结合的非金属，约占阳极泥重量70%以上，阳极泥处理的首要工序是脱除贱金属以富集贵金属，为后者的回收创造条件，并且对其中有价金属进行综合回收；

（2）分银，浸出银随后从浸出液中还原出银粉；

（3）分金，采用还原沉淀方法回收金；

（4）从金还原后液中回收铂、钯。

9.4.1　阳极泥的贱金属脱除预处理

9.4.1.1　铜阳极泥的贱金属脱除预处理

铜阳极泥除了有较高的金（银）含量，其贱金属中 Cu、Se 含量较高，有的铜阳极泥还含有较高的碲；而铅阳极泥的贱金属 Pb、As、Sb 含量则较高。因此，在贱金属的脱除预处理上有所不同。

铜阳极泥的预处理去除铜、硒、碲等杂质的方法很多，除了前面介绍的硫酸化焙烧—酸浸工艺外，还包括：充气酸浸、氧化焙烧—酸浸、加压酸浸等。通过这些方法，一方面使金银得到富集，另一方面也综合回收了有价元素。

A　铜阳极泥的硫酸化焙烧蒸硒—酸浸脱铜—NaOH 浸出碲

铜阳极泥的硫酸化焙烧蒸硒—酸浸脱铜过程已经详细阐述了，这里焙烧时间更长一些使99%的 Ag 转化成 Ag_2SO_4，酸浸时配入 NaCl 或 HCl，使银以 AgCl 沉入渣中。

浸铜作业基本条件为：H_2SO_4 120~300g/L，温度 80~90℃，NaCl 或 HCl 用量与理论量的 1.2~1.5 倍，浸出后渣含 Cu<0.2%。

蒸硒渣中25%~50%碲也进入溶液中，其余的碲留在浸铜渣中，当渣中碲含量较高时，将影响金银的后续回收效果，因此，有必要加一脱碲工序。一般采用 NaOH 法和 HCl 法。采用 NaOH 法时，碲转化成亚碲酸钠：

$$TeO_2 + 2NaOH === Na_2TeO_3 + H_2O \tag{9-37}$$

Na_2TeO_3 溶液采用 H_2SO_4 或 HCl 中和后沉淀出 TeO_2：

$$Na_2TeO_3 + H_2SO_4 === TeO_2 + Na_2SO_4 + H_2O \tag{9-38}$$

分碲通常用 120~160g/L 的 NaOH 液，80~90℃浸出 3~4h，碲的浸出率60%~70%。

B　铜阳极泥的低温氧化焙烧—硫酸浸出

在铜阳极泥中，铜大部分以金属铜的形式存在，少量以硫化物、硒化物、碲化物等形式存在，硒、碲大部分与金、银、铜形成化合物。低温氧化焙烧的目的就是要把铜、碲、硒分别转化成能溶于硫酸的氧化物、碲酸盐、硒酸盐，同时防止硒、碲变成气态而流失。

$$Cu + 1/2O_2 \Longrightarrow CuO \tag{9-39}$$
$$2Cu_2S + 5O_2 \Longrightarrow 2CuSO_4 + 2CuO \tag{9-40}$$
$$2Cu_2Se + 5O_2 \Longrightarrow 2CuSeO_4 + 2CuO \tag{9-41}$$
$$Cu_2Te + 2O_2 \Longrightarrow CuTeO_3 + CuO \tag{9-42}$$
$$2Ag_2Se + 3O_2 \Longrightarrow 2Ag_2SeO_3 \tag{9-43}$$
$$2Ag_2Te + 3O_2 \Longrightarrow 2Ag_2TeO_3 \tag{9-44}$$

稀硫酸浸出时，上述氧化物、碲酸盐、硒酸盐进入溶液（在浸出过程中上述氧化物转化成硒酸 H_2SeO_3）。浸出时，温度 $80 \sim 90℃$，机械搅拌 $2 \sim 3h$。并在浸出过程中加入适量 HCl，保证溶解的银发生如下沉银反应：

$$Ag^+ + Cl^- \Longrightarrow AgCl \downarrow \tag{9-45}$$

然后分别用 SO_2 还原硒，用铜粉置换碲，置换后液送生产硫酸铜。

当焙烧温度较高时，焙烧过程中有部分硒、碲变成了气态的氧化物（以硒为例）：

$$Ag_2SeO_3 \Longrightarrow SeO_2 \uparrow + 2Ag + 1/2O_2 \tag{9-46}$$
$$CuSeO_3 \Longrightarrow SeO_2 \uparrow + Cu + 1/2O_2 \tag{9-47}$$

上述两反应随温度的升高向右进行的趋势增大。因此，在焙烧过程中严格控制焙烧温度是十分必要的，焙烧温度为375℃。

C 铜阳极泥的纯湿法预处理工艺——热压酸浸

加压湿法冶金是一项过程强化的湿法冶金新技术，其应用领域日益扩大，由于在加压状态下，反应过程可以在高于常压状态液体沸点的温度下进行，浸出过程的动力学条件有利于金属的溶出。在需要氧气参与的反应过程中，由于气相的压力高于大气压力，提高了溶液中氧气的溶解量，推动了液相中氧化过程进行的速度，从而使浸出过程得到强化。

对于铜阳极泥的加压酸浸分离贱金属，是指阳极泥在加压釜中通入氧气进行加压硫酸浸出。浸出前，首先将阳极泥在常温常压下加水洗涤去除阳极泥中水溶部分的铜。热压浸出温度 $150 \sim 165℃$ 左右，压力在 $0.8 \sim 0.9MPa$，浸出时间约8h，富氧浓度94%左右。经过加压酸浸处理，铜、碲、镍及少量银、硒被浸出。对浸出液进行处理，回收其中的碲、镍等，硫酸铜溶液返回到铜电解系统。浸出渣干燥焙烧后进行熔炼得到金银合金，经过银电解、金电解工序回收金银。

对于铜阳极泥的加压浸出处理，国外研究得相对较早。一直以来，由于国外的技术垄断，国内的加压湿法冶金技术的发展相对滞后。

9.4.1.2 铅阳极泥的贱金属脱除预处理

A 铅阳极泥氧化预处理后采用 HCl – NaCl 浸出进行贵贱金属分离的方法

a 铅阳极泥的氧化预处理

铅电解过程中所产生的阳极泥中金属元素大多以金属态或金属间化合物的形式存在，为使其能在火法的还原熔炼或湿法的酸浸处理过程中快捷有效地实现贵、贱金属的分离，通常要对铅阳极泥进行预处理，使其中呈金属态的铅、锑、铋、铜、砷等有价元素转化为相对应的易溶解的氧化物。

由于铅阳极泥不稳定，有自然氧化的特性，在自然氧化过程中会发热，温度可达70℃

以上，并有烟雾升腾。因此，对铅阳极泥最简单方便的预处理方法就是自然堆存氧化法（称为堆放时效法）。通过监控堆放时效的方式，只需保持一定的湿度，堆放 8 ~ 15d，即取得满意效果，该方法优点是简便易行，节省设备及能耗，并且不会造成铅阳极泥的过氧化。

由于堆放时效法所需时间长，需要有专用场地，金、银物料积压，资金占用量增大，也采用加入适量氧化剂、火法氧化焙烧（铅阳极泥在 120 ~ 150℃ 下烘干氧化，此时铜、砷、锑、铋等氧化为相应的氧化物）等方法实现铅阳极泥的氧化预处理。

b　HCl – NaCl 浸出贵贱金属分离

铅阳极泥氧化预处理后，其中铅、锑、铋、铜、砷等有价元素转化为相对应的易溶解的氧化物。在 HCl – NaCl 溶液中浸出时，贱金属氧化物溶解生成 $CuCl_2$、$SbCl_2$、$BiCl_2$、$AsCl_2$ 等氯化物进入溶液。由于 $SbCl_2$ 等氯化物极易水解，为使浸出液稳定，须有足够的 Cl^- 离子浓度和酸度。通常控制浸出液 Cl^- 离子浓度为 5N，酸度 1N，浸出温度 50 ~ 70℃，浸出时间 3h，Sb、Bi、Cu、As 的浸出率分别达到 98%、99%、90%、98%。浸出液在高酸度下水解生成氯氧锑，送还原熔炼产出粗锑；水解后液再用碳酸钠进一步中和得到氯氧铋，经还原熔炼产出粗铋；除铋后液用铁粉置换回收铜，锑、铋、铜等有价元素可得到综合利用。回收率分别为：Sb 70%、Bi 85%、Cu 92%。

B　铅阳极泥贱金属的控制电位氯化浸出方法

控制电位选择性浸出法是利用贵贱金属氧化还原电位的差异，控制电位选择性溶解分离贵贱金属。在浸出体系中通入氯气，水解产生强氧化性的次氯酸（HClO），具有很高的氧化电位，可使包括贵金属在内的所有金属氯化转入溶液。然而，实际上由于体系中 Cl_2 及 HClO 被消耗，其浓度（活度）很小，其电位值也很低。初始时由于硫化物、贱金属等成分的大量溶解，体系电位很低；随着反应进行，体系电位逐渐变为正值；当铜、镍等贱金属接近完全溶解时，体系中 Cl_2、HClO 浓度增高，电位迅速上升，电位曲线在 400mV 左右出现转折点，也即是选择性氯化的终点。

实践证明在预定的最佳电位范围进行选择性浸出，能将 98% 以上的贱金属转入溶液，贵金属则留在渣中而实现贵贱金属的有效分离。

美国在 20 世纪 70 年代初在这方面取得专利并应用于工业生产。1980 年我国将该法用于金川资源中贵金属的提取、富集过程。

a　基本原理

热力学指出，体系电位 E 越正（正值越大）反应进行的趋势越大。$E = E_正 - E_负$，$E_正$ 为所需要控制的电位，$E_负$ 为讨论元素的电极电位。

当 $E = E_正 - E_负 > 0$ 时，反应自动进行；

当 $E = E_正 - E_负 < 0$ 时，反应不能自动进行；

当 $E = E_正 - E_负 = 0$ 时，反应达到平衡。

用 Cl_2 作氧化剂，溶液中正电位为：

$$E_正 = E^0 + \frac{RT}{nF}\ln\frac{[Cl_2]}{[Cl^-]^2}$$

这里，E^0 为氯气的氧化还原标准电极电位，可以看出 $E_正$ 与 Cl_2 和 Cl^- 浓度有关，所以控制电位选择性浸出，就是靠控制氧化剂 Cl_2 的加入量来实现。

实际溶液体系非常复杂，各元素的电极电位除了取决于标准电位外，也与溶液酸度、温度、离子浓度等因素有关。在此为了比较，仅以标准氢电极电位进行计算，若控制 $E_{正}$ = 0.644V（相对于饱和甘汞电极测得值为 0.4V）计算出有关元素的 E 值（见表 9 − 5）。从表 9 − 5 可以看出，包括金属铜在内的贱金属在此条件下均溶解，而贵金属皆不溶解。从而控制电位优先选择溶解贱金属的方法来分离贵贱金属。由于实际溶液体系的复杂性，其最佳电位范围只有通过实验才能确定。

表 9 − 5 有关元素的标准电极电位及 $E_{正}$ = 0.644V 时的体系电位 "E"

元　素	电极反应	标准电位 E^0/V	$E = E_{正} - E_{负}$/V
Fe	$Fe^{2+} + 2e = Fe$	− 0.440	1.084
Co	$Co^{2+} + 2e = Co$	− 0.277	0.921
Ni	$Ni^{2+} + 2e = Ni$	− 0.250	0.894
Sn	$Sn^{3+} + 3e = Sn$	− 0.136	0.780
Pb	$Pb^{2+} + 2e = Pb$	− 0.126	0.770
Fe	$Fe^{3+} + 3e = Fe$	− 0.036	0.680
Sb	$Sb^{3+} + 3e = Sb$	0.20	0.444
Cu	$Cu^{2+} + 2e = Cu$	0.34	0.304
Ru	$RuCl_3 + 3e = Ru + 3Cl^-$	0.68	− 0.036
Os	$OsCl_6^{3-} + 3e = Os + 6Cl^-$	0.710	− 0.066
Ag	$Ag^+ + e = Ag$	0.799	− 0.155
Rh	$Rh^{3+} + 3e = Rh$	0.80	− 0.156
Pd	$Pd^{2+} + 2e = Pd$	0.987	− 0.343
Ir	$Ir^{3+} + 3e = Ir$	1.15	− 0.506
Pt	$Pt^{2+} + 2e = Pt$	1.20	− 0.556
Cl	$1/2Cl_2 + 2e = Cl^-$	1.3595	
Au	$Au^{3+} + 3e = Au$	1.50	− 0.856

b 氯化过程电位变化规律及电位控制

要达到贵贱金属分离的预期效果，必须控制最佳电位范围。间断操作体系电位是较容易控制的，只需控制氧化剂氯的加入量，即能使电位保持在选定的范围内。开始时电位较低（一般是负值），反应速度较慢，氯的通入量以不外逸为限。此时因大量贱金属溶解消耗 Cl_2，使电位低于选定的最佳电位范围。当电位达到选定的范围时，必须进行控制，使电位既不下降也不上升。采用的办法是：下降时通氯气，上升时停止，不断使电位保持在预定的范围内，让贱金属溶解，而不溶解贵金属，直至电位不再下降，说明贱金属已溶解完，即可停止试验，进行固液分离。连续操作时最佳电位范围的控制是比较复杂而困难的。一般需要采用电子计算机进行控制。

图 9 − 2 为某含镍贵金属物料在 3N 的 HCl 溶液中，温度 80℃，固（重量）:液（体积）为 1:10，氯气通入量大致不变的情况下得出的氯化过程电位变化曲线。在电位曲线在 400mV 左右出现转折点，代表选择性氯化的终点。

控制电位氯化浸出法的优点是过程简单，金属回收率高，操作条件好，易于实现自动控制。该法在工业上获得良好应用效果。北京有色冶金设计研究总院曾对几家铅阳极泥冶炼厂的设计中采用控电氯化方法，除去铅阳极泥中的杂质（除铅外），使金、银得到富集，锑、铋、铜主要杂质浸出率均在 97% 以上。在生产中，电位低于 400mV，杂质浸出不完全；电位高于 450mV，金、银的损失则大。刚开始加氯气时，氯气反应很快，电位上升也较快，还原电位接近 400mV 时，氯气的加入速度放慢，最终使电位恒定在 420 ~ 450mV，并使该电位值保持 1h。

控电氯化方法的缺点则是电位与贱金属接近的贵金属容易进入溶液，造成贵金属回收困难；浸出过程中产生的氯气有毒，设备的腐蚀情况严重。

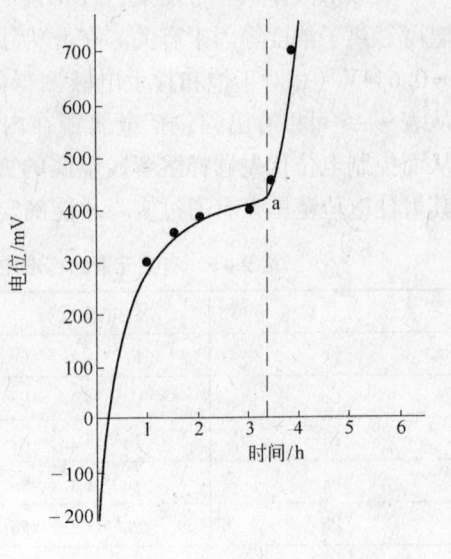

图 9-2　电位变化与氯化时间的关系

9.4.2　金（及铂、钯）的水溶液氯化法浸出和还原

水溶液氯化法，是现今广泛采用的贵金属冶金方法之一。阳极泥经预先除去铜、硒、铅等贱金属后用氯气或氯酸钠作氧化剂，在 HCl - NaCl 溶液或 H_2SO_4 - NaCl 溶液中溶解金、铂、钯；采用 H_2SO_4。是为了抑制 $PbCl_2$ 的生成，以提高金粉品位。

固体氯酸钠使用方便，故多采用氯酸钠溶解金。阳极泥经预先除去铜、硒、铅等贱金属后再进行水溶液氯化法浸取 Au、Pt、Pd，是因为氯酸钠的价格高，所以用它来处理含有大量重金属杂质的物料是不经济的，而且还由于贱金属的浸出使得浸出液的组分复杂而直接影响还原沉淀的金纯度。

9.4.2.1　金、铂、钯的浸出

采用氯酸钠浸金时：

$$2Au + ClO_3^- + 6H^+ + 7Cl^- \rightleftharpoons 2AuCl_4^- + 3H_2O \qquad (9-48)$$

$AuCl_4^-$ 在 pH < 3 时在水溶液中热力学稳定。

贵金属精矿中的铂、钯比金更容易为氯酸钠氧化溶解，以钯为例：

$$3Pd + ClO_3^- + 6H^+ + 11Cl^- \rightleftharpoons 3PdCl_4^{2-} + 3H_2O \qquad (9-49)$$

还可以进一步氧化：

$$3PdCl_4^{2-} + ClO_3^- + 6H^+ + 5Cl^- \rightleftharpoons 3PdCl_6^{2-} + 3H_2O \qquad (9-50)$$

$PdCl_4^{2-}$ 和 $PdCl_6^{2-}$ 容易水解生成 $Pd(OH)_2$ 和 $Pd(OH)_4$，为防止产生氢氧化钯沉淀，溶液 pH 值应小于 5。

9.4.2.2　金的还原

浸出后固液分离，在浸出液中通入 SO_2 气体或加入草酸还原金。

用 SO_2 还原 $AuCl_4^-$ 的反应为：

$$2AuCl_4^- + 3SO_2 + 6H_2O === 2Au + 3HSO_4^- + 9H^+ + 8Cl^- \qquad (9-51)$$

溶液的 pH 值越大，越有利于金的还原，为防止重金属杂质离子还原，以提高金粉品位，往往在酸度比较大的情况下还原，溶液酸度在 1 当量以上。

采用草酸还原金时，在 pH < 1.27 条件下：

$$2AuCl_4^- + 3H_2C_2O_4 + 6H_2O === 2Au + 6H_2CO_3 + 6H^+ + 8Cl^- \qquad (9-52)$$

pH = 1.27 ~ 4.27 时草酸以 $HC_2O_4^-$ 形式存在，所以金的还原反应为：

$$2AuCl_4^- + 3HC_2O_4^- + 6H_2O === 2Au + 6H_2CO_3 + 3H^+ + 8Cl^- \qquad (9-53)$$

生产上通常采用 NaOH 溶液缓慢中和氯化液至 pH = 1 ~ 2，并加温至沸，在加入草酸还原 4 ~ 6h，在热态下过滤金粉。

草酸比 SO_2 还原所得金粉纯度高（达 99.9%），但费用高。

当处理含金低的阳极泥时，氯化分金液中 Au 浓度往往很低，直接还原 Au 粉很细，难以收集，在部分厂家，特别是铜阳极泥中贵金属含量较低的厂家采用了溶剂萃取提金的新技术，对氯化分金液进行溶剂萃取 - 草酸还原，减少了中间产品的积压数量，缩短了金的生产周期，提高了企业的经济效益。

9.4.2.3 铂、钯的分离和回收

由于 H_2PtCl_6、H_2PdCl_6 的还原电极电位比 $HAuCl_4$ 的小的多，而二氧化硫及草酸的还原电极电位介于金与铂、钯之间，因此，采用二氧化硫或草酸作还原剂可选择性地还原金，而铂、钯及其他杂质则留在溶液中。用锌粉置换后进行液固分离，得到的固相产物为含有少量金、银的铂、钯精矿，可作为回收铂、钯的原料。

铂、钯精矿可用王水溶解，赶硝后用水解法将钯呈氢氧化钯沉淀出，然后在溶液中加入氯化铵使铂成氯铂酸铵沉淀。

9.4.3 银（氯化银）的浸出和还原

进入分银的原料（脱除贱金属后的浸出渣或分金渣）中银基本上都已经转化成 AgCl，工业上常用氨和亚硫酸钠作为浸出剂。

9.4.3.1 氯化银的氨浸——水合肼还原法

氨浸分银的基本原理是基于氨与银离子能形成稳定的 $Ag(NH_3)_2^+$ 配离子而进入溶液：

$$AgCl + 2NH_3 === Ag(NH_3)_2^+ + Cl^- \qquad (9-54)$$

通常分银在室温下进行，氨浓度 8% ~ 10%（要求 7.7 < pH < 13.5），液固比 5 左右，搅拌 4h。

浸出液用水合肼（联氨）还原，得到品位 98% 以上的银粉：

$$4Ag(NH_3)_2^+ + N_2H_4 + 4OH^- === 4Ag + N_2 + 8NH_3 + 4H_2O \qquad (9-55)$$

水合肼用量为理论量的 2 倍，60℃，时间 30min，银的还原率达 99% 以上。

9.4.3.2 氯化银的亚硫酸钠浸出——甲醛还原法

亚硫酸钠浸出氯化银是基于银能与亚硫酸根生成 $Ag(SO_3)_2^{3+}$ 配离子而进入溶液：

$$AgCl + 2SO_3^{2+} === Ag(SO_3)_2^{3+} + Cl^- \qquad (9-56)$$

浸出时 pH 值应大于 7.2（pH < 7.2 时 SO_3^{2+} 不稳定），一般选择 pH = 8 ~ 9 左右比较合适，温度 30 ~ 40℃，Na_2SO_3 浓度 250 ~ 280g/L，按 Ag 30g/L 确定液固比，搅拌浸出 5h。

甲醛（HCOH）还原通常在 pH > 10.55 下作业，其反应为：

$$4Ag(SO_3)_2^{3+} + HCOH + 6OH^- \Longrightarrow 4Ag + 8SO_3^{2-} + 4H_2O + CO_3^{2-} \qquad (9-57)$$

还原条件：按 Ag 30g/L 计加入 NaOH，40 ~ 50℃下加甲醛还原，甲醛:银 =1: (2.5 ~ 3)。

亚硫酸钠浸出氯化银时，浸出液受污染的程度小，作业环境好，母液可以循环使用，是一种比较好的分银方法。

9.4.4 阳极泥的湿法处理工艺流程

9.4.4.1 铜阳极泥的湿法处理工艺流程

国内外阳极泥湿法处理工艺主要有三大类：一是全湿法工艺流程，以美国 Outfort 公司为代表，流程为"铜阳极泥—加压浸出铜、碲—氯化浸出硒、金—碱浸分铅—氨浸分银—金银电解"；二是以火法为主的湿法—火法联合流程，以波立登公司和奥托昆普公司为代表，主干流程为"铜阳极泥—加压浸出铜、碲—火法熔炼、吹炼—银电解—银阳极泥处理金"。三是以湿法为主的火法—湿法联合工艺流程，为国内目前大多数厂家所采用，主干流程为"铜阳极泥—硫酸化焙烧蒸硒—稀酸分铜—氯化分金—亚钠分银—金银电解"。

由于国外对加压浸出处理研究较早，长期以来，对于铜阳极泥的热压酸浸技术一直处于垄断地位。目前，国外厂家以瑞典波立登隆斯卡尔冶炼厂、奥托昆普的波利工厂、加拿大诺兰达铜精炼厂、波兰贵金属精炼厂为主要生产厂家。我国铜陵有色金属集团股份有限公司于 2007 年对阳极泥的浸出熔炼部分引进瑞典波立登公司卡尔多炉火法工艺，2009 年元月投入生产。

铜阳极泥以火法为主的湿法—火法联合流程原则流程图如图 9-3 所示。熔炼设备各厂家有所不同，其他工序基本相似。瑞典波立登隆斯卡尔冶炼厂采用卡尔多炉进行熔炼，加拿大铜精炼厂采用反射炉进行熔炼，奥托昆普采用斜体旋转转炉进行熔炼。

在国内，多年来，中、小冶炼厂为了改善环境、消除污染，大幅度提高金、银直收率和增加经济效益，许多生产厂家和研究部门结合实际对铜阳极泥的处理作了大量的研究工作。据报道，20 世纪 80 年代以来，全湿法和半湿法处理铜阳极泥的工业流程已在我国大多数工厂广泛应用。

铜阳极泥的湿法处理流程（或湿法—火法联合流程）主要包括铜阳极泥的预先硫酸盐化或氧化焙烧，然后进行湿法分步处理以提取金银，并综合回收有价金属。此法是贵溪、富春江、武汉、铜陵二冶等厂采用的工业流程。

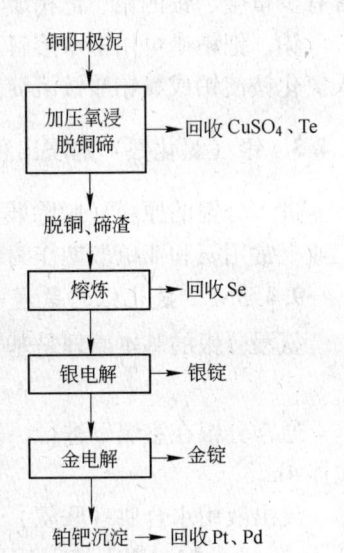

图 9-3　以火法为主的湿法—火法联合流程原则流程

图 9-4 是硫酸化焙烧—湿法处理工艺流程。铜阳极泥经预处理脱铜产低铜泥，低铜泥进入回转窑中进行硫酸化焙烧蒸硒，硒蒸气被水吸收还原产粗硒；蒸硒渣低酸分铜，预处理液和分铜液合并，用碱中和产出碱式碳酸铜，返回铜系统；分铜渣碱浸分碲；分碲液用硫酸中和产铅碲渣，分碲渣氯化分金，分金液用二氧化硫还原产粗金粉，分金渣用亚硫酸钠分银（或氨浸－水合肼还原分银），分银液用甲醛还原产粗银粉，分银渣含少量金银可销售至铅冶炼厂回收铅、

锡和少量的金、银，其中，铅的回收采用碳酸钠硅化并用稀硝酸浸出除铅，并向铅液中加适量硫酸（不使过剩）使生成 $PbSO_4$ 沉淀；粗金粉、粗银粉分别电解生产金、银。此阳极泥处理工艺中，分碲工序在上述原料成分的情况下，由于碲含量较低，经济上无利可图，所以不回收。

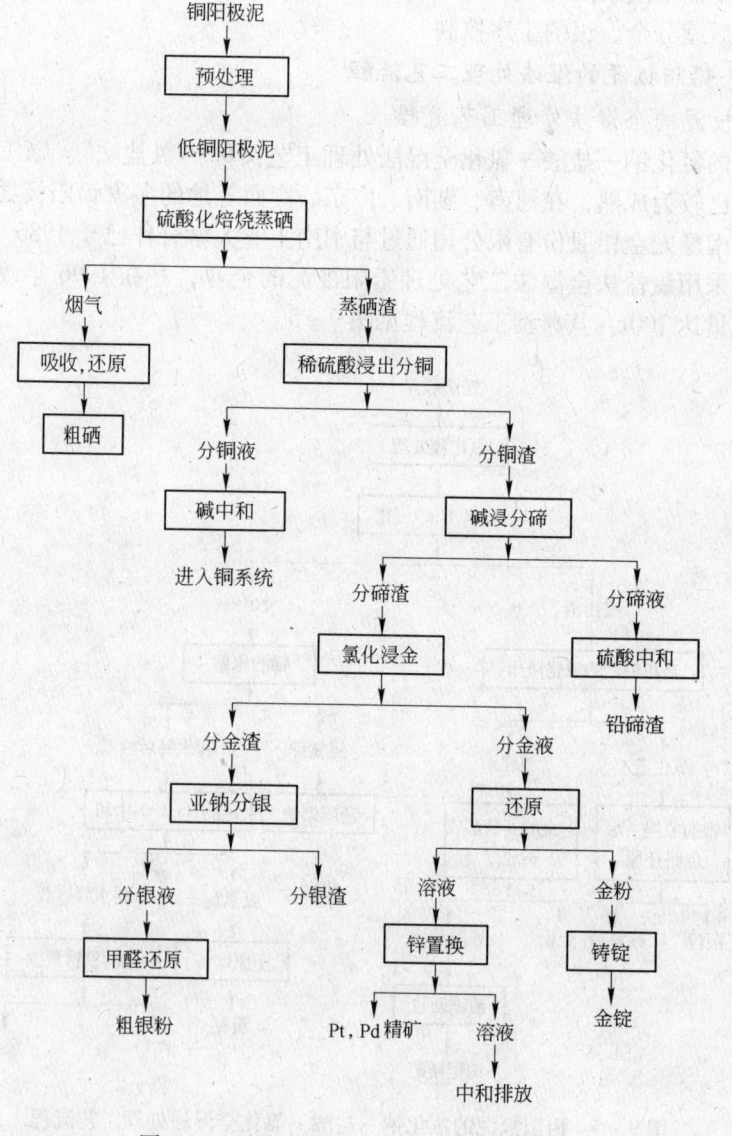

图 9 - 4 硫酸化焙烧—湿法处理工艺流程

江西铜业集团公司贵溪冶炼厂年产 40 万吨电解铜，2003 年进行改造后，其阳极泥湿法冶炼工艺主要流程为：阳极泥预处理脱铜—回转窑硫酸化蒸硒—水浸分铜—碱浸分碲—氯化分金—亚硫酸钠分银—金银精炼—金银浇铸。

流程特点：

（1）增设铜阳极泥预处理工艺。预处理是通过对阳极泥进行微孔注氧深化脱铜，以提高回转窑的处理能力。脱铜后金银进一步被富集，而阳极泥中的锑、铋、铅硒不被溶出，预处理后液直接送碳酸铜工序生产碱式碳酸铜。

（2）蒸硒渣稀酸分铜改为水浸分铜。稀酸分铜过程中，绝大部分的铜和银等有价元素以离子形式进入浸出液，通常采用氯化钠溶液使银转化为氯化银沉淀，进入渣相，这样氯离子就进入了分铜液，从而进入了铜电解净液系统。由于杂质的引入，对铜电解系统造成了严重的影响。而采用水浸分铜，可以抑制碲的溶出，在碱浸分碲过程中，碲被溶出回收，并不影响后续分金、银的工序控制。

9.4.4.2　铅阳极泥的湿法处理工艺流程

A　铅阳极泥的全湿法处理工艺流程

铅阳极泥的氯化钠—盐酸—氯化全湿法处理工艺又称"氯盐法"。该工艺技术的研究和应用在国内已较为成熟，在河南、湖南、广东、广西等地的多家铅阳极泥处理企业均有应用。其中河南豫光金铅股份有限公司通过与中南工业大学合作已于1986年11月建成投产国内第一家采用氯盐法全湿法工艺处理铅阳极泥的企业，并在1996年改造扩建后，铅阳极泥年处理量达700t，其典型工艺流程见图9-5。

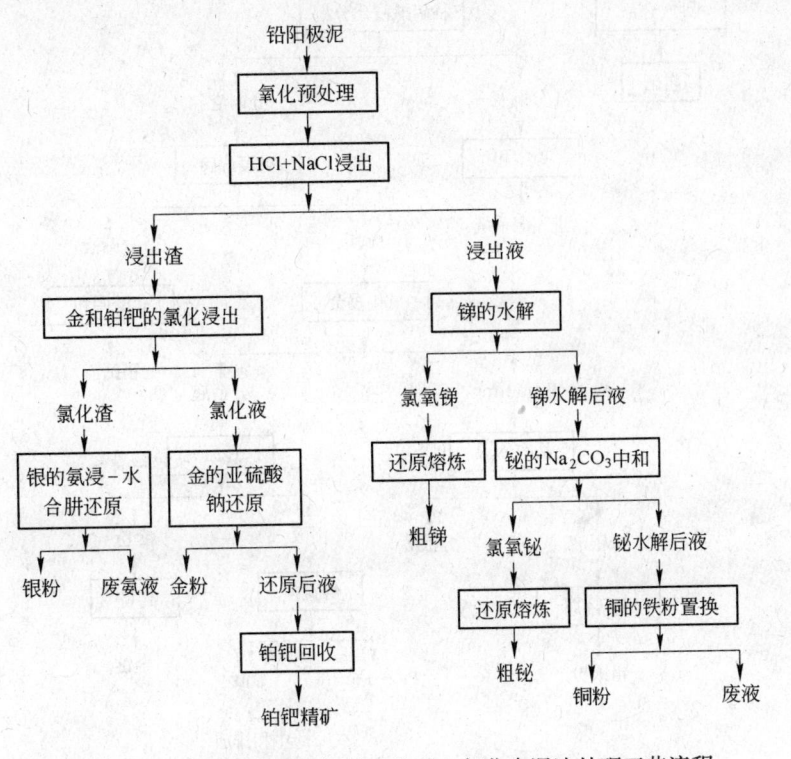

图9-5　铅阳极泥的氯化钠-盐酸-氯化全湿法处理工艺流程

采用含有NaCl的HCl溶液作浸出剂从铅阳极泥中直接浸出锑、铋、铜；浸出液在高酸度下水解生成氯氧锑，送还原熔炼产出粗锑；水解后液再用碳酸钠进一步中和得到氯氧铋，经还原熔炼产出粗铋；除铋后液用铁粉置换回收铜，锑、铋、铜等有价元素可得到综合利用，回收率分别为：Sb 70%、Bi 85%、Cu 92%。浸出渣在硫酸介质中用氯酸钠氯化浸出金、铂、钯，金浸出率大于99.5%；金浸出液用亚硫酸钠还原得金粉，金粉含金95%~98%，送熔炼铸锭，金回收率达98%以上；金还原后液用铁粉置换沉铂钯，产出铂钯精矿送铂钯精炼。氯酸钠氯化分金后的氯化渣用氨水浸出银，银浸出率达99.5%，含银氨浸液经水合肼还原得银粉，银回收率为97%，银粉送熔炼铸锭。废氨浸液送水解回收铋，氨浸渣送铅冶炼处理。

B 铅阳极泥湿—火法联合处理流程

控制电位氯化浸出法过程简单、金属回收率高、操作条件好、易于实现自动控制在工业上获得良好应用效果，我国韶关冶炼厂作为大型冶炼企业采用的正是控电氯化浸出贱金属，碱转化脱铅，熔炼，银电解及银阳极泥提金的铅阳极泥湿—火法联合处理流程。生产实践证明，该工艺对原料的适应性较强，技术成熟可靠。

据报道，北京有色冶金设计研究总院曾先后对多家冶炼厂的设计中采用了湿法—火法联合工艺。在原料成分变化较大的情况下，控电氯化工序的金、银均富集3倍以上，锑、铋、铜主要杂质浸出率均在97%以上，达到了一步除杂的效果。

该工艺的关键工序是控电氯化和碱转化。控电氯化主要除去铅阳极泥中的杂质（除铅外），使金、银得到富集。而碱转化则是将浸出渣的氯化银转化为氧化银，以利于下一步的火法熔炼。锑、铋、铜通过半成品的形式加以回收。该工艺原则流程如图9-6所示。

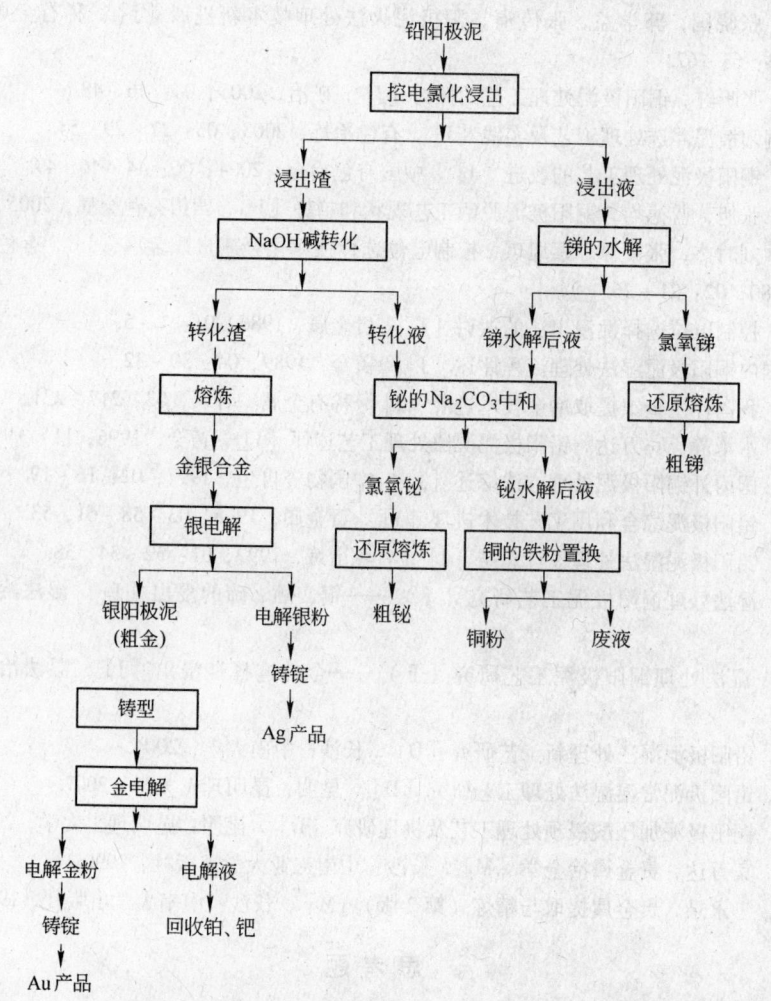

图9-6 铅阳极泥的湿—火法联合处理工艺流程

参 考 文 献

[1] 涂百乐, 张源, 王爱荣. 卡尔多炉处理铜阳极泥技术及应用实践 [J]. 黄金, 2011, 03: 45~48.

[2] 康立武, 王青云. 铜阳极泥湿法处理工艺初探 [J]. 世界有色金属, 2011, 11: 52~53.

[3] 李昌林, 周云峰, 弗海霞, 邝小然, 王少龙, 杨春玉, 闫建英. 铅阳极泥脱砷预处理研究 [J]. 贵金属, 2012, 01: 49~52.

[4] 高永军, 程明明, 李亮. 关于对中国黄金产业发展的若干思考 [J]. 黄金, 2012, 08: 1~3.

[5] 王安庄, 李敏. 在铅阳极泥中回收金银新工艺 [J]. 中国金属通报, 2007, 06: 25~27.

[6] 张博亚, 王吉坤. 加压酸浸预处理铜阳极泥的工艺研究 [J]. 矿冶工程, 2007, 05: 41~43.

[7] 王春光, 胡亮, 陈加希. 铅阳极泥综合回收技术 [J]. 云南冶金, 2008, 06: 78~80, 64.

[8] 梁君飞, 柳松, 谢西京. 铜阳极泥处理工艺的研究进展 [J]. 黄金, 2008, 12: 32~38.

[9] 柳青, 王吉坤. 国内主要厂家阳极泥处理工艺流程改进状况 [J]. 南方金属, 2008, 02: 25~27.

[10] 易超, 王吉坤, 李皓, 张博亚. 铜阳极泥氧压酸浸脱铜试验研究 [J]. 云南冶金, 2009, 03: 32~35.

[11] 李卫锋, 张晓国, 郭学益, 张传福. 阳极泥火法处理技术新进展 [J]. 稀有金属与硬质合金, 2010, 03: 63~67.

[12] 王小龙, 张昕红. 铜阳极泥处理工艺的探讨 [J]. 矿冶, 2005, 04: 46~48.

[13] 沙梅. 铜阳极泥浮选处理工艺及实践 [J]. 有色冶炼, 2003, 05: 27~29, 54.

[14] 农大桂. 铜阳极泥处理工艺的改进 [J]. 中国有色冶金, 2004, 06: 44~46, 49.

[15] 杨长江, 张旭, 蓝德均. 铜阳极泥脱硒工艺现状和趋势 [J]. 四川有色金属, 2005, 01: 22~25.

[16] 熊宗国, 刘时杰, 张关禄, 蔡旭琪. 控制电位选择性氯化分离贵贱金属 [J]. 有色金属 (冶炼部分), 1980, 02: 21~26.

[17] 熊宗国. 控制电位选择性浸出法的探讨 [J]. 贵金属, 1986, 01: 1~5.

[18] 陈东. 国内铜阳极泥湿法处理流程评述 [J]. 黄金, 1989, 04: 30~32.

[19] 周一康. 我国伴生金银提取冶金技术进展 [J]. 稀有金属, 1996, 03: 217~221.

[20] 杨天足, 水承静, 宾万达. 铅阳极泥湿法处理工艺述评 [J]. 黄金, 1996, 11: 31~36.

[21] 杜三保. 国内外铜阳极泥处理方法综述 [J]. 中国物资再生, 1997, 02: 16~19.

[22] 杨茂才. 铅阳极泥综合利用工艺技术进展 [J]. 贵金属, 1998, 03: 58~61, 53.

[23] 徐庆新. 铅阳极泥湿法处理设计总结 [J]. 有色冶炼, 1999, 01: 32~34, 38.

[24] 李运刚. 湿法处理铜阳极泥工艺研究 (Ⅰ) ——铜、硒、碲的浸出 [J]. 湿法冶金, 2000, 01: 41~45.

[25] 李运刚. 湿法处理铜阳极泥工艺研究 (Ⅱ) ——金的选择性浸出 [J]. 湿法冶金, 2000, 04: 21~25.

[26] 林宏义. 铅阳极泥湿法处理新工艺研究 [D]. 长沙: 中南大学, 2004.

[27] 赵晓军. 铅阳极泥常温湿法处理工艺研究 [D]. 昆明: 昆明理工大学, 2007.

[28] 张博亚. 铜阳极泥加压酸浸预处理工艺及机理研究 [D]. 昆明: 昆明理工大学, 2008.

[29] 卢宜源, 宾万达. 贵金属冶金学 [M]. 长沙: 中南工业大学出版社, 1990

[30] 黎鼎鑫, 王永录. 贵金属提取与精炼 (第2版) [M]. 长沙: 中南大学出版社, 1990.

思 考 题

1. 试描述国内外目前阶段处理金阳极泥的工艺进展。
2. 简述铜、铅阳极泥的物质组成及赋存状态。

3. 简述阳极泥火法冶炼的流程。
4. 铜阳极泥的贱金属脱除预处理方法有哪些？简述其作用机理。
5. 简述金、银的水溶液氯化法浸出作用机理。
6. 试对阳极泥的湿法处理工艺从作用机理、工艺流程及其特点进行总结。

10　氰化提金废水的综合处理

【本章提要】　本章主要讲述了氰化提金废水的来源、分类、组成特点及其综合利用方法。对目前研究和应用较多的酸化回收法、离子交换法、活性炭吸附法、化学沉淀法及化学氧化法的基本概念、反应原理、工艺流程及研究进展等进行了系统介绍，同时也简单介绍了电化学法、自然降解法、溶剂萃取法、液膜法等的基本原理及研究现状。

目前，世界黄金产量的80%均是采用氰化提金技术获得的，虽然氰化物有剧毒，但目前还没有一种适宜的浸金溶剂能够代替，因此氰化提金工艺在黄金生产领域仍占主导地位。按理论计算浸出 1g 金只需 0.5g 的氰化钠，但实际生产中几乎可达到理论计算的 1000 倍。黄金生产过程中产生的大量含剧毒氰化物的提金废水，对生态环境和人类健康造成了潜在的巨大威胁。黄金生产及生态环境保护与重建的未来发展方向是洁净生产与环境友好生产及资源综合利用。

世界主要产金国南非、美国、澳大利亚及俄罗斯等氰化物回收综合利用率在 70% 以上，而我国只有 40% 左右，与国际上差距较大。一个日处理量 25t 金精矿的氰化车间每天要外排 80~100m³ 的含氰废水。其中含氰浓度在 50~500mg/L，而有的甚至高达 2000mg/L 以上。大多数无机氰化物属剧毒，或高毒物质，极少量的氰化物就会使人、畜在很短的时间内中毒死亡，含氰化物浓度很低的水（<0.05mg/L）也会使鱼等水生物中毒死亡，还会造成农作物减产。因此，在工业生产过程中，必须严格控制氰化物的使用和排放量。尤其要有完善的废水处理措施以减少氰化物的外排量。根据中华人民共和国污水综合排放标准（GB 8979—88）的规定，氰化物属第二类污染物。氰化物在总外排口排放标准在 0.5mg/L 以下。而如此之高的含氰废水直接排入河流中，势必会产生水质严重污染，造成严重后患。

因此，黄金生产与生态环境污染治理及重建问题是亟待解决的重大问题，直接影响中西部经济的发展和长江黄河中上游生态及下游水域水质，是事关全国生态的大事。特别是近年来，随着全社会环保意识的增强以及全国各地大力发展循环经济的需要，氰化提金废水污染治理与综合回收利用的问题尤为突出。

10.1　来源与特点

人们常说的含氰废水并不是指含有游离氰的废水，而是泛指含有各种氰化物的废水。含氰废水来源于氰化物的工业生产、金、银等有色金属的提取、金属加工、电镀、焦化、化纤、制革、农药及塑料等化学工业。由于工业性质不同，排出的含氰废水的性质与组成也各不相同。一般情况下，废水中氰化物含量大于 500mg/L 的废水，称为高浓度含氰废水；氰化物含量处于 250～500mg/L 的废水，称为中等浓度含氰废水；氰化物含量小于 250mg/L 的废水，称为低浓度含氰废水。

黄金工业中，全泥氰化—炭浆/锌粉置换工艺、金精矿氰化—炭浆/锌粉置换、生物氧化预处理/焙烧预处理—氰化—炭浆/锌粉置换，以及堆浸—炭吸附等以氰化法为基础的工艺已经成为黄金提取的主体。氰化法提金就是把磨细的含金矿石浸泡在氰化物的碱性溶液中，并向溶液中充入空气以提供金氧化所需的氧，反应一般为 24h 左右，在金的溶解过程中，金矿石中其他伴生矿，如铁矿物、铜矿物、锌矿物、铅矿物、硒、碲矿等，也会或多或少地溶入氰化浸出液中，并与氰化物发生反应。这些反应的发生，使浸出液的组成变得较复杂，加之从溶液（浸出液或洗涤贵液）中回收已溶金过程中可能带入的组分，最终将使含氰废水的组成变得很复杂。

氰化提金废水主要有氰化矿浆和贫液之分。氰化矿浆是活性炭从氰化浸出液中吸附金、银后固体和液体的混合物，其矿物微粒含量为 40%～45%，而贫液是对氰化浸出液液固分离，经锌粉置换从贵液中沉淀出金、银后的滤液，它是不含矿物粒子的澄清液。无论是氰化矿浆还是贫液，除含有游离氰化物外，还含有金属氰络合物和氰化物的衍生物，如硫氰酸盐等。后两种成分主要是氰化物与氰化原矿中各种脉石矿物相互作用形成的，其种类和浓度取决于所处理氰化原矿的矿石性质、生产工艺和操作条件。

10.1.1 高浓度废水

含氰废水的性质一般由氰化原料——精矿或矿石的特性及所用的氰化工艺所决定。对于以精矿（硫精矿、金精矿、铜精矿）为氰化原料的氰化厂，由于精矿中伴生矿的含量相对比原矿中伴生矿含量要高得多，因此氰化过程中氰化钠耗量很大。由于废水中硫氰化物含量高达 1000mg/L 以上，仅此一项就消耗氰化钠 1kg/t 以上，而铜等重金属消耗的氰化物更多，一般精矿氰化钠消耗量可达到 6～15kg/t，废水中氰化物浓度最高可达 2000mg/L 以上。

10.1.2 中等浓度废水

原矿（氧化矿、混合矿、硫化矿）及精矿烧渣（除铜、铅后）一般伴生矿物含量很低，金品位（除烧渣外）一般也不超过 20g/t。因此，浸出过程氰化物的消耗不大，一般在 0.6～4kg/t 范围，废水中氰化物浓度不超过 500mg/L，通常在 150～300mg/L 范围。由于回收已溶金的方法不同，废水中杂质含量也不一样，最明显的是锌，如不采用锌粉置换法，锌含量极低，产生这类废水的氰化工艺由于氰渣（除烧渣外）无利用价值，一般均排放尾矿库堆放，故不过滤氰尾。为了降低含氰废水的处理量，在矿石中杂质含量允许的条件下，有的氰化厂采用浓密机把氰尾进行一次洗涤，把含氰化物的澄清水循环使用，底流进行综合治理。

10.1.3 低浓度废水

产生低浓度含氰废水的氰化工艺主要是堆浸工艺，是一种从 20 世纪 70 年代开始发展的技术。堆浸提金大部分采用原矿（一般为低品位氧化矿）堆浸，贵液采用炭吸附或直接电积工艺进行处理。含金溶液经过炭吸附柱或电积处理后，不但回收了金，而且可除去一部分杂质，这对贫液的循环使用是极为有利的。另外，由于堆浸原料——原矿的组成一般比较简单，因而贫液可一直使用到堆浸工作完成，所产生的废水量一般为堆浸矿石量的 1% ~ 2%，但堆浸后的废渣（石）必须进行处理。

除上述两种产生低浓度含氰废水的工艺外，一些全泥氰化厂（包括炭浆厂）由于采用氰尾浓密或过滤，澄清液或滤液返回氰化工段使用的工艺，所要处理的废矿浆含氰化物可能也在 30 ~ 60mg/L 范围，其他杂质也较少，也可以划归低浓度含氰废水之列。

10.2　分类与组成

表 10 - 1 列出了采用不同提金原料和工艺所产生的含氰废水的种类及组成。

表 10 - 1　黄金冶炼厂含氰废水的分类

氰化工艺		废水分类		废水组成含量/mg·L⁻¹			
氰化原料	回收金方法	废水种类	浓度分类	CN^-	SCN^-	Cu	Zn
精矿	锌粉置换	贫液	高浓度	500 ~ 2300	600 ~ 2800	300 ~ 1500	50 ~ 300
	炭浆法	氰尾澄清水/滤液	高浓度	500 ~ 1500	600 ~ 1500	300 ~ 1000	△
	贵液电积	贫液	高浓度	—	—	—	△
原矿或烧渣	锌粉置换	氰尾及部分贫液	中浓度	~ 500	50 ~ 350	10 ~ 200	50 ~ 200
	炭浆法	氰尾	低浓度	50 ~ 250	30 ~ 300	10 ~ 150	△
	树脂矿浆法	氰尾	低浓度	~ 250	—	—	△
尾矿堆浸	炭吸附	贫液、废渣	低浓度	10 ~ 100	~ 1500	~ 100	△

注：一表示未公开的数据；△表示锌浓度取决于矿石。

由于矿石组成的多样性及浸出工艺的特殊性，一般的氰化提金废水中均含有游离氰根（CN^-）、氢氰酸、铜氰配合物 $Cu(CN)_3^{2-}$ 或 $Cu(CN)_4^{3-}$、锌氰配合物 $Zn(CN)_4^{2-}$、铁氰配合物 $Fe(CN)_6^{4-}$、$Fe(CN)_6^{3-}$ 和硫氰酸盐（SCN^-）等，其中也含有少量的金氰配合物 $Au(CN)_2^-$、银氰配合物 $Ag(CN)_2^-$。虽然大多数工厂均开展了废水的循环利用，但是由于氰化过程中，需要大量水（包括返回贫液）洗涤矿浆、载金炭和金泥等，这些洗液量往往超过氰化作业所需的液量，不可能全部返回循环使用；同时，返回循环使用的贫液，经长时间使用，溶液中有害杂质积累至超过允许浓度后，会使金的回收率降低，因此，必须定期定量排出浸金系统，并进行综合处理后排放。一般情况下，当废水中离子浓度较高时必须考虑氰化物及有价金属元素的回收利用，浓度较低时直接进行净化处理。

据不完全统计，目前含氰废水综合处理的方法有二十余种，可分为氰化物氧化消化或直接破坏法和氰化物综合回收法两类。氰化物破坏法主要靠加入氧化剂并调整介质酸碱度而使剧毒氰化物氧化为无毒或低毒产物排放，属于消耗型被动式治理方法，成熟但成本高，主要包括有碱性氯化法、二氧化硫—空气法、过氧化氢氧化法、活性炭催化氧化法、臭氧氧化法、电解法、微生物分解法及自然净化法等。氰化物综合回收法主要包括酸化回收法、离子交换法、电渗析法、乳化液膜法、铜盐或锌盐沉淀法、电解沉积法、废水或贫液循环法等。这些方法有些已经用于工业生产，有些还处于试验室研究阶段，以下分别进行介绍。

10.3 酸化回收法

用硫酸调节氰化提金废水（浆）的 pH 值，使之呈酸性，氰化物转变为 HCN，由于 HCN 蒸气压较高，向废水（浆）中充入气体时，HCN 就会从液相逸入气相而被气流带走，载有 HCN 的气体与 NaOH 溶液接触，HCN 与 NaOH 反应生成 NaCN，重新用于浸金，这种处理方法被称为酸化回收法。

酸化回收法已有 80 多年的应用历史了，早在 1930 年左右，国外某金矿就采用这种方法处理其含氰废水，所采用的 HCN 吹脱（或称 HCN 气体发生）设备是填料塔，与现有的设备基本相同，但 HCN 气体吸收设备是隧道式，与现在的吸收塔相比，效果差，能耗高，经过 80 余年的技术改造，酸化回收法工艺及设备已达到了较为完善的程度。我国是采用酸化回收法处理高质量浓度含氰废水历史较长，酸化回收法装置用量最多的国家。1979 年以来，我国陆续建成并投入使用的酸化回收法装置共有几十套，30 多年来，酸化回收法工艺和设备一直在不断地改进和完善之中。

10.3.1 反应原理

向含氰废水中加入硫酸，使废水呈酸性，废水中的氰根及一些配合氰化物转化为 HCN，利用 HCN 沸点低、易挥发的特点，借助空气的吹脱作用，使 HCN 从液相中吹脱，再用 NaOH 将挥发的 HCN 吸收，循环再利用。酸化过程中，只有 SCN^- 与 $Fe(CN)_6^{4-}$ 配合离子不能分解。当废水中 SCN^- 离子浓度足够大，即可使废水中绝大部分 Cu 转化为 CuSCN 沉淀而除去。而废水中的 Zn、Pb 足以使几乎全部 $Fe(CN)_6^{4-}$ 配合离子生成 $Me_2[Fe(CN)_6]$ 沉淀。HCN 是弱酸，其稳定常数 $Ka = 6.2 \times 10^{-10}$，酸性条件下，废水中的配合氰化物趋于形成 HCN。HCN 的沸点仅 26.5℃，极易挥发，这就是酸化回收法的理论基础，从化学角度考虑，酸化回收法可分三个步骤，即废水的酸化、HCN 的吹脱（挥发）和 HCN 气体的吸收。

10.3.1.1 含氰废水的酸化

向含氰废水中加入非氧化性酸时，发生一系列化学反应，废水中的碱被酸中和，氰化物水解。

$$OH^- + H^+ === H_2O \tag{10-1}$$

$$SiO_3^{2-} + 2H^+ === H_2SiO_3（胶体）\downarrow \tag{10-2}$$

$$CaCO_3 + 2H_2SO_4 === CO_2\uparrow + Ca(HSO_4)_2 + H_2O \tag{10-3}$$

$$CaSO_4 + H_2SO_4 === Ca(HSO_4)_2 \tag{10-4}$$

$$NaCN + H^+ === HCN + Na^+ \tag{10-5}$$

$$Pb(CN)_4^{2-} + 4H^+ === 4HCN + Pb^{2+} \tag{10-6}$$

$$Zn(CN)_4^{2-} + 4H^+ === 4HCN + Zn^{2+} \tag{10-7}$$

$$Cu(CN)_4^{3-} + 3H^+ === 3HCN + Cu(CN)\downarrow（灰白） \tag{10-8}$$

$$2Pb^{2+} + Fe(CN)_6^{4-} === Pb_2Fe(CN)_6\downarrow（灰白） \tag{10-9}$$

$$2Zn^{2+} + Fe(CN)_6^{4-} == Zn_2Fe(CN)_6\downarrow（灰白）\qquad(10-10)$$

$$CuCN + SCN^- + H^+ == HCN + CuSCN\downarrow（灰白）\qquad(10-11)$$

$$4Cu(CN)_3^{2-} + 12H^+ + Fe(CN)_6^{4-} == 12HCN + Cu_4Fe(CN)_6\downarrow（浅红）\quad(10-12)$$

$$4Ag(CN)_2^- + Fe(CN)_6^{4-} + 8H^+ == 8HCN + Ag_4Fe(CN)_6\downarrow（灰白）\quad(10-13)$$

$$Ag(CN)_2^- + SCN^- + 2H^+ == 2HCN + AgSCN\downarrow（灰白）\qquad(10-14)$$

$$Ni(CN)_4^{2-} + 4H^+ + Fe(CN)_6^{4-} == 4HCN + NiFe(CN)_6\downarrow\qquad(10-15)$$

当处理矿浆时,还有如下反应:

$$CaSO_3 + 2H^+ == Ca^{2+} + SO_2\uparrow + H_2O\qquad(10-16)$$

$$CaSO_3 + H^+ == Ca^{2+} + HSO_3^-\qquad(10-17)$$

10.3.1.2　HCN 的吹脱

HCN 易从液相中逸入,这是由 HCN 的性质决定的,通过向液相通入空气(载气)的办法即可把 HCN 吹脱出来,达到从废水中除去氰化物的目的。由于大部分 HCN 是由氰化物配离子在酸性条件下解离而形成的,故 HCN 的吹脱程度由废水 pH 值和配合物中心离子的性质(配合物稳定常数)决定,吹脱过程是一个旧的解离平衡被打破而形成新的解离平衡的连续过程,其推动力不仅是由于在一定酸度下,氰化物趋于形成 HCN 以及气相中 HCN 的始终处于未达到平衡的状态,使液相中 HCN 不断逸入气相,而且是由于中心离子与废水中的其他组分形成更稳定的沉淀物,这几种推动力促使反应不断地向右进行。

10.3.1.3　HCN 气体的吸收过程

用气体(称载气)吹脱酸化后废水得到的含 HCN 气体用 NaOH 吸收液接触即发生中和反应,生成 NaCN,该反应是在瞬间完成的,由于 HCN 是弱酸,吸收液必须保持一定的碱度才能保证吸收完全,一般控制 NaOH 吸收液中残余 NaOH 在 1% ~2% 范围,吸收反应见式(10-18)和式(10-19):

$$NaOH + HCN(g) == NaCN(aq) + H_2O\qquad(10-18)$$

$$2HCN + Ca(OH)_2 == Ca(CN)_2 + 2H_2O\qquad(10-19)$$

NaOH 价格比 CaO 高得多,因此,有采用石灰乳代替 NaOH 的,但是要有防止结垢堵吸收塔的措施。

10.3.2　工艺流程

酸化回收工艺分为 6 个部分,即废水的预热、酸化、HCN 的吹脱(挥发)、HCN 气体的吸收和废水中沉淀物的分离、废水的二次处理,其主体工艺流程图如图 10-1 所示。将含氰废水泵入加温槽,采用蒸汽间接加热后,在混合器中与硫酸混合,酸化后的贫液均匀喷布在 HCN 发生塔内的填料上,产生的 HCN 由塔底鼓入的气体带出,经气水分离器分离出少量水后再送入吸收塔。在吸收塔内与碱液反应生成 NaCN,待吸收液中 NaCN 达到一定浓度时返回浸出工段再用。发生塔排出的废水经浓缩,沉淀处理后排出,其沉淀物硫氰化亚铜可直接出售。也有把沉淀物分离过程放在酸化和 HCN 吹脱工段之间的,其优点是避免沉淀物堵塞 HCN 发生的塔填料,缺点是沉淀物中带有高浓度氰化物酸性溶液,在沉淀物干燥过程中有使人中毒的危险,另外,也降低了氰化物的回收率。而且,沉淀物分离设备必须防腐、密闭,增加了设备的投入成本。

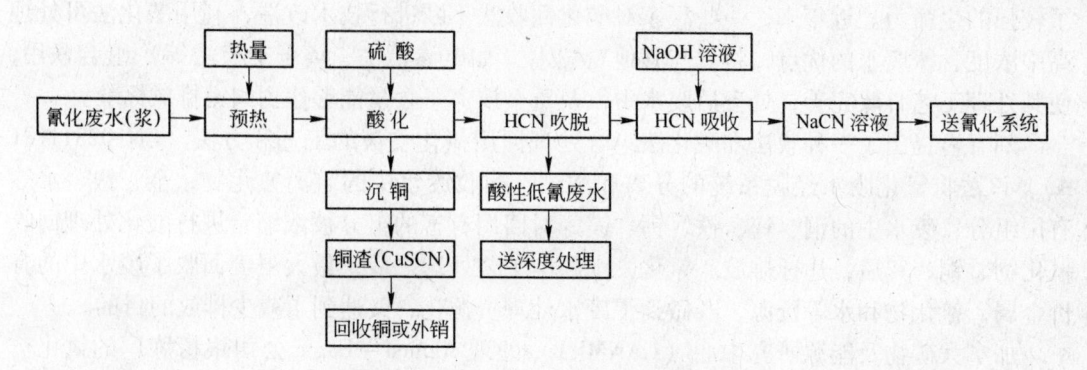

图 10 - 1 酸化回收法工艺流程示意图

经酸化回收法处理后所得到的酸性废水一般含氰化物 5 ~ 50mg/L，远未达到国家规定的排放标准，重金属 Zn、Cu 离子也严重超标。为了保证氰化厂的水量平衡，一般需要对酸化回收法产生的废水进行二次处理。由于废水中硫氰化物等还原性物质质量浓度较大，碱性氯化法不适合处理这种废水。目前使用的二次处理方法主要有二氧化硫 - 空气法、过氧化氢氧化法、曝气法和自然净化法等。

酸化回收法使用工业上广泛使用的硫酸、烧碱、石灰为反应药剂，回收了废水中的氰化物等有价物质，处理后废水氰化物浓度低于 50mg/L，最低为 5mg/L。

酸化回收法的优点：操作简单，药剂来源广，适应性强，处理成本受废水组成影响小。可处理清液，也可以处理矿浆。除了回收氰化物外，处理澄清液时，亚铁氰化物、绝大部分铜、部分锌、银、金可通过沉淀工序以沉淀物形式从废液中分离出来得到回收。硫氰酸盐会与部分铜离子形成 CuSCN 被去除。

酸化回收法的缺点：投资一般比同样处理规模的碱性氯化法投资高 4 ~ 10 倍。经酸化回收法处理的废水还需进行二次处理才能排放。废水中 SCN^- 得不到彻底去除，故 COD 可能较高，对于无其他废水做稀释水的氰化厂，外排水 COD 可能超标。SO_4^{2-} 离子浓度较高，如果对 SO_4^{2-} 排放有特殊要求，废水还应进一步处理。

10.3.3 应用实例

加拿大矿物与能源研究中心首先采用酸化—挥发—再中和工艺（AVR）处理含氰废水，对 6 家不同金矿的氰化废水进行试验，在 pH = 2.5 ~ 3.0 的条件下处理废水 2 ~ 4h，CN^- 浓度可降到 0.1mg/L。我国招远金矿氰化厂采用该法处理浓度为 1236mg/L 的含氰废水，氰化物回收率可达 95.3%。

国内某矿采用酸化回收法处理金精矿氰化贫液，采用预先沉铜和二次沉铜、二次分离铜渣工艺，有效地降低了吹脱塔的堵塞，采用两次吹脱工艺，使处理后废水残氰大为降低。处理后，氰化贫液中游离氰由 1000 ~ 3000mg/L 降至 10 ~ 50mg/L，硫氰根由 900 ~ 1300mg/L 降至 350 ~ 700mg/L，铜由 600 ~ 900mg/L 降至 5 ~ 20mg/L。硫酸消耗为 5.79kg/m³，烧碱消耗为 1.79kg/m³，可回收氢氧化钠 1.82kg/m³，铜渣 1.41.82kg/m³。

10.3.4 研究进展

酸化回收法是金矿和氰化电镀厂处理含氰污水的传统方法，自诞生之日起，就显示出了较强的生命力。近年来，一些厂家对酸化回收法不断进行技术改造，利用酸化法可处理高中浓度含氰废水的优点，将其与其他新技术（如电渗析法、离子交换法等）组合联用，使其处理工艺日臻完善，处理后废水中氰及重金属离子含量能够达到国家排放标准。

刘春喜提出了一种膜法和酸化法组合处理回用氰化贫液的工艺和方法（CN102311181A），该法将氰化废水经膜系统的分离和浓缩，回收废水中的游离氰化物，金、银、水等有用组分；废水中的铜、锌、铁、钙、镁等对回用有害的组分被浓缩，进行酸化处理回收氰化物、铜、锌后，达标排放。氰化废水经本工艺处理之后，最大限度回收了废水中的有价金属、氰化物和水等资源，既做到了废水处理资源化，又达到了减少排放的目的。

加拿大矿物及能源研究中心（CANMET）处理 Agnico - Eaglc 公司银精炼厂的氰化贫液时，由 Mcnamara 首先提出来的酸化沉淀—再中和法，该法适于处理高氰、高铜贫液，适于酸化法老氰化厂的技术改造，实现贫液全循环。其原理前半部分大致与酸化法一样，将贫液酸化至 pH 值为 2，使废水中铜与硫氰根生成 CuSCN 沉淀，$Fe(CN)_6^{4-}$ 与重金属离子生成 $Me_2Fe(CN)_6$ 沉淀，锌以 $Zn(CN)_2$ 沉淀；酸化后不充气吹脱 HCN，使氰留在溶液中；液固分离后，向溶液加石灰中和使之成碱性，使其中 SO_4 与 Ca^{2+} 生成 $CaSO_4$ 沉淀，经再次液固分离后液相返回氰化系统，以利用其中的氰和实现贫液的完全循环利用。缺点是酸化沉淀有时液固分离不好，再中和时会出现铜的反溶现象；中和沉淀后贫液仍会析出 $CaSO_4$ 沉淀，造成管路、阀门堵塞。这些问题均有待于进一步研究解决。

10.4　离子交换法

离子交换法（Ion Exchange Process）是液相中的离子和固相中离子间所进行的一种可逆性化学反应，当液相中的某些离子被离子交换固体所吸附后，为维持水溶液的电中性，离子交换固体必须释出等价离子进入溶液中。离子交换是一种新型的化学分离过程，也可以说是一种液固体系的传质过程，是从水溶液中提取有用组分的基本单元操作。离子交换介质主要有离子交换树脂和离子交换纤维，离子交换纤维（Ion Exchange Fiber）是在离子交换树脂产品基础上开发的一种新型纤维状吸附与分离材料。

早在 1950 年南非就开始研究使用离子交换法处理黄金冶炼行业的含氰废水。1960 年前苏联开始研究并用离子交换工艺处理了杰良诺夫斯科浮选厂的含氰废水并回收了氰化物和金，1970 年投入工业应用并取得了良好的效果。1985 年加拿大 Cyanide - technology 公司也用离子交换法处理含氰废水并达到了工业应用水平。

10.4.1　离子交换树脂概述

离子交换树脂是一类带有活性基团的网状结构高分子化合物。在它的分子结构中，一部分为树脂的基体骨架，另一部分为由固定离子和可交换离子组成的活性基团。离子交换树脂是具有高分子量的多元酸或多元碱，不溶于大多数的水溶液与非水的介质中。它们的结构可以看做是含有很大的极性交换基团的海绵体，而此种基团是通过三度空间的碳网状结构联合起来的。在离子交换树脂中，有一种离子基团通常是固定于高聚物的网状结构中，所以成为不溶解或不流动的固相。带有相反电荷的离子是流动的，能与周围溶液中其他离子进行交换或"互换"。

离子交换树脂产品种类繁多，按照不同的标准，其分类方法也不同。离子交换树脂分为：凝胶树脂、大孔树脂、螯合树脂、阳离子交换树脂、阴离子交换树脂、氧化还原离子交换树脂。其中，阳离子交换树脂可分为强酸型、中等酸型和弱酸型3类。阳离子交换树脂一般用来交换阳离子。阴离子交换树脂通常可分为两种：活性基团是可分离氨基，如伯胺（NH_2）、仲胺（$NHCH_3$）和叔胺 [$N(CH_3)_2$]，则为中等碱性或弱碱性树脂；如果活性基团为季铵盐 [$N(CH_3)_3$]，则为强碱性树脂。这两种阴离子交换树脂由于其基体的浸水性和离子密度不同决定了对不同阴离子的选择性不同。

对于离子交换树脂的分类、命名及型号等，我国已于 2009 年 2 月 1 日起开始实施最新的标准规范。新标准与旧标准相比主要不同在于其命名形式参考了国际标准化组织（ISO）对离子交换树脂产品命名的原则，这将有助于我国离子交换树脂市场更好地与国际接轨。

10.4.2 离子交换原理

离子交换法的基本原理是废水中的吸附能力较强的阴/阳离子在通过离子交换树脂时，与树脂上的可交换的阴/阳离子进行离子交换，最终使废水中的杂质吸附在树脂上而树脂上的阴离子被取代下来进入处理后的废水中。

氰化提金废水中主要含有游离氰根（CN^-）、锌氰配离子 $Zn(CN)_4^{2-}$、铜氰配离子 $Cu(CN)_4^{3-}$ 或 $Cu(CN)_3^{2-}$、铁氰配离子 $Fe(CN)_6^{4-}$ 或 $Fe(CN)_6^{3-}$，其中也含有少量的金氰配离子 $Au(CN)_2^-$、银氰配离子 $Ag(CN)_2^-$。这些金属氰化配合物对阴离子交换树脂有很强的亲和力，所以对废水中氰化物和有价金属的回收一般采用阴离子交换树脂。

用 R—OH 代表处理后的阴离子交换树脂，交换反应过程详见式（10 – 20）~式（10 – 24）：

$$R{-}OH + CN^- \Longrightarrow RCN + OH^- \tag{10-20}$$

$$2R{-}OH + Zn(CN)_4^{2-} \Longrightarrow R_2Zn(CN)_4 + 2OH^- \tag{10-21}$$

$$2R{-}OH + Cu(CN)_3^{2-} \Longrightarrow R_2Cu(CN)_3 + 2OH^- \tag{10-22}$$

$$4R{-}OH + Fe(CN)_6^{4-} \Longrightarrow R_4Fe(CN)_6 + 4OH^- \tag{10-23}$$

$Pb(CN)_4^{2-}$、$Ni(CN)_4^{2-}$、$Au(CN)_2^-$、$Ag(CN)_2^-$ 及 $Cu(CN)_2^-$ 等的吸附与上述类似。硫氰化物阴离子在树脂上的吸附力比 CN^- 更大，更易被吸附在树脂上。

$$R{-}OH + SCN^- \Longrightarrow RSCN + OH^- \tag{10-24}$$

在强碱性阴离子交换树脂上，提金氰化厂废水中主要几种阴离子的吸附能力为：$Zn(CN)_4^{2-} > Cu(CN)_3^{2-} > SCN^- > CN^- > SO_4^{2-}$。

10.4.3 工艺流程

离子交换法综合回收氰化提金废水中氰化物和有价金属，其基本工艺流程一般分为树脂的预处理、吸附、解吸及再生 4 个程序。流程图如图 10 – 2 所示。

10.4.3.1 树脂的预处理

离子交换树脂常含有溶剂、未参加聚合反应的物质和少量的低聚合物，还可能吸附有铁、锌、铜等金属离子。因此，使用前应使树脂充分地溶胀，并与酸、碱或其他溶液相接触，以除去吸附于树脂上的可溶性杂质。

　　首先用清水对树脂进行冲洗（最好为反洗）洗至出水清澈无混浊、无杂质为止。而后用 4% ~ 5% 的 HCl 和 NaOH 在交换柱中依次交替浸泡 2 ~ 4h，在酸碱之间用大量清水淋洗（最好用混合床高纯度去离子水进行淋洗）至出水接近中性，如此重复 2 ~ 3 次，每次酸碱用量为树脂体积的 2 倍。最后一次处理应用 4% ~ 5% 的 HCl 溶液进行，用量加倍效果更好。放尽酸液，用清水淋洗至中性即可待用。

10.4.3.2　树脂的吸附和解吸

　　树脂的吸附过程就是树脂上的有效基团和废水中吸附离子的交换。其中一个重要的参数为饱和容量 M，反映了树脂吸附的能力强弱。

$$M = (\rho_0 - \rho)V_1/V_2$$

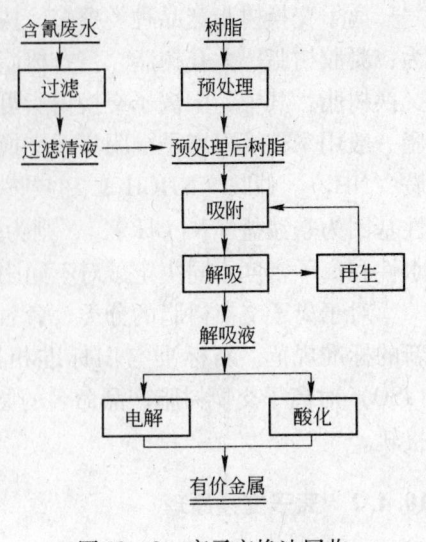

图 10 - 2　离子交换法回收
氰化物的工艺流程

式中　ρ_0——氰化物初始质量浓度，mg/L；

　　　　ρ——离子交换树脂吸附后氰化物质量浓度，mg/L；

　　　　V_1——离子交换树脂处理废水体积，L；

　　　　V_2——离子交换树脂湿体积，mL。

　　当废水流经离子交换柱时，溶液中的游离氰根、锌氰配合物、铜氰配合物、铁氰配合物、金氰配合物及银氰配合物等阴离子和树脂上的氢氧根或氯离子基团进行交换，然后被吸附于树脂上。树脂的解吸是指树脂上吸附的离子脱离树脂进入解吸液的过程。

　　一般情况下，负载树脂首先用硫酸进行解吸，使树脂上吸附的游离氰离子及锌氰配合物转化为不被树脂吸附的 HCN 分子经吹脱从溶液中逸出，再利用氢氧化钠或氢氧化钙溶液吸收得到氰化钠浓溶液，返回氰化浸出工段。而锌离子则以硫酸锌的形式进入到解吸液中，经浓缩后得到硫酸锌结晶。硫酸解吸后的树脂水洗后，用氨水解吸树脂上的铜，含铜氨溶液用萃取法、蒸氨法或硫化物沉淀法分离出铜，以硫酸铜或不溶性硫化物形式销售，脱铜后的氨水可重复使用，最终实现树脂上各种离子的解离过程。

10.4.3.3　树脂的再生

　　离子交换树脂使用一段时间后，吸附的杂质接近饱和状态，就要进行再生处理，用化学药剂将树脂所吸附的离子和其他杂质洗脱除去，使之恢复原来的组成和性能。在实际运用中，为降低再生费用，要适当控制再生剂用量，使树脂的性能恢复到最经济合理的再生水平，通常控制性能恢复程度为 70% ~ 80%。树脂的再生应当根据树脂的种类、特性，以及运行的经济性，选择适当的再生药剂和工作条件。树脂的再生特性与它的类型和结构有密切关系。强酸性和强碱性树脂的再生比较困难，需用再生剂量比理论值高相当多；而弱酸性或弱碱性树脂则较易再生，所用再生剂量只需稍多于理论值。此外，大孔型和交联度低的树脂较易再生，而凝胶型和交联度高的树脂则要较长的再生反应时间。

　　再生剂的种类应根据树脂的离子类型来选用，并适当地选择价格较低的酸、碱或盐。例如：钠型强酸性阳树脂可用 10% NaCl 溶液再生，用药量为其交换容量的 2 倍（用 NaCl 量为 117g/L 树脂）；氢型强酸性树脂用强酸再生，用硫酸时要防止被树脂吸附的钙与硫酸反应生成硫酸钙沉淀物。为此，宜先通入 1% ~2% 的稀硫酸再生。

10.4.3.4 离子交换法处理含氰废水的设备

一般的离子交换设备有罐式、槽式和塔式；操作模式有间歇式、连续式与周期式，运动方式可以是单槽操作，也可以是多柱（槽）串联操作，液流方向可以是顺流，也可以是逆流；根据操作过程中固液两相接触方式的不同，离子交换设备有固定床、移动床与流化床三种型式。流化床又分液流流化床、气流流化床（也称悬浮床）及机械搅拌流化床。

柱式固定床是离子交换单元最常用而又有效的装置，如图 10-3 所示。柱式离子交换罐通常用不锈钢制成。小型装置（直径 30cm 以下）可用塑料制成，大型设备采用普通钢制成。为了避免腐蚀，罐的内部衬以橡胶、聚氯乙烯或聚乙烯，管道则使用聚氯乙烯或聚苯乙烯的管。所有阀门都采用专用设备。其加料方式为重力加料和压力加料；压力加料是封闭罐，有气压力式和水压力式。

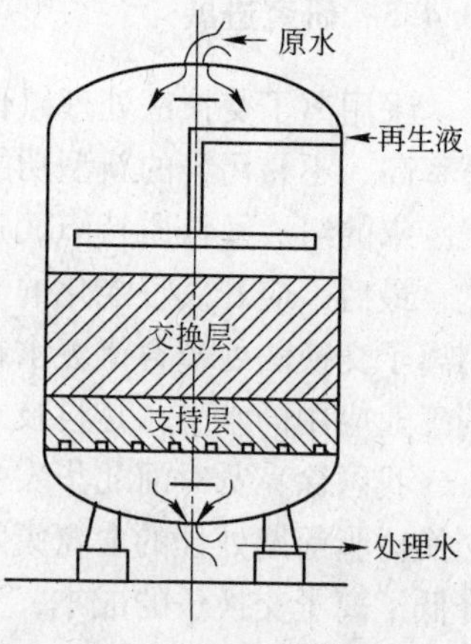

离子交换法处理含氰废水既可以使废水循环使用，又使废水中的杂质得以回收，这是目前工业上应用的其他方法在经济效益方面所达不到的。此法可根据废水中杂质浓度的高低和废水中是否存在使树脂中毒杂质的实际情况，灵活选用强碱性阴离子交换树脂或弱碱性阴离子交换树脂。采用硫酸做氰化物和锌的解吸剂，氨溶液作铜的解吸剂，

图 10-3 典型柱式离子交换罐

解吸效果好、成本低，解吸得到的含铜解吸液可用萃取法生产硫酸铜，再用硫化物沉淀法得到铜渣，或用蒸发的办法分离出铜盐。不论采用哪种处理方法，含氨解吸液均可重新使用，从而降低解吸成本。

离子交换树脂法处理含氰废水在国外较为成熟，较为成功，且效益好，但在国内距离应用尚有一段距离。首先，离子交换树脂的粒度小，机械强度有限，用于矿浆中效果不好，应该研究和开发大容量且强度较高的理想树脂及专门高效集成的设备。其次，废水中的铁、亚铁氰化物等杂质给树脂的洗脱再生带来了困难；树脂上吸附的铜氰配合物在酸洗脱时以氯化亚铜难溶物形式残留在树脂内，一部分还与亚铁氰化物生成难溶物沉积在树脂内，大大降低了树脂的饱和吸附容量。另外，较高浓度的 SCN^- 给洗脱带来很大困难。现有离子交换树脂法吸附含氰尾液之后残余氰化物质量浓度太高，仍需要其他方法二次处理才能达到外排标准。这些原因导致离子交换工艺变得复杂，操作难度增大，处理成本提高，经济效益减少。

10.4.4 应用实例

澳大利亚的一个炭浸厂采用法国地质研究所生产的 Vetrokele912（简称 V912）金属螯合型吸附树脂对铜、氰化钠质量浓度分别为 85mg/L、158mg/L 的选金厂尾液进行了半工业试验，处理后氰化矿浆中氰化物质量浓度小于 0.5mg/L；饱和树脂经洗脱后可反复使用，用金属洗脱剂洗脱重金属，用硫酸洗脱氰化物，然后用类似于酸化回收的方法回收酸性洗脱液中的氰化物，可以达到回收金、氰化物和有价金属等多重功效。但是，由于该树脂是由一种金属螯合剂和多孔树脂黏接而成，从而使该树脂的成本较高，以至大规模的工

业推广受到限制。

　　1960 年前苏联开始研究并应用离子交换工艺处理了杰良诺夫斯科浮选厂的含氰废水并回收了氰化物和金，1970 年投入工业应用并取得了良好的效果，各种金属的回收率分别为：金 96.3%、铜 99.6%、锌 96%、银 32.2%，78% 的氰化物被除去。其所使用的交换剂型号是目前工业上普遍使用的 AB – 17 型阴离子交换树脂，对氰化物的交换容量为 $30mg/g$，分配系数为 1.5×10^3。

10.4.5　研究进展

　　采用离子交换法处理氰化提金废水，首先应选择或开发具有高选择性、易于解吸、耐磨率高、不易污染的新型功能树脂、复合树脂或离子交换纤维等新型吸附材料；其次，根据废水的组成及性质特点，应考虑各种吸附材料的优点及适用范围，必要时采用组合工艺；最后，应开发智能化的集成设备以控制离子交换法的吸附、解吸及再生过程。我国采用离子交换法处理含氰废水在工业应用方面做得还不够，如何完善该方法的工艺，使其达到工业应用的水平，是科技工作者亟待解决的问题。

　　我国徐克贤对河北华尖金矿含氰废水提出了离子交换—贫液循环工艺。该工艺把离子交换树脂前期处理的含氰废水作浓密机洗涤水，后期浸出的废水作浸出工段用水。这样既降低了离子交换法的成本，又满足了氰化工艺的要求。此法不仅治理了含氰废水，而且回收了大量氰化物与重金属，具有很好的经济效益和社会效益，但此法采取硫酸洗脱容易造成二次污染。1996 年，我国的高大明发明了一种由阴离子交换设备吸附废水中的铜、铅、锌及部分氰离子净化废水，然后分步解吸氰化物和铜。新疆阿希金矿和安徽东溪金矿均采用南开大学研制的 D350 大孔型阴离子交换树脂来提取 $Au(CN)_2^-$，洗脱液经电解，在阴极上可获得金。若能在阳极加入苛性碱溶液或石灰水，可兼回收氰化物。陈正书公开了"氰系及含有重金属电镀废水的双回收循环的方法"的专利（CN1403385A），将氰系电镀废水通过以离子交换树脂制成的回收装置，使有毒的氰化物重金属物质完全吸附于树脂，分离后的干净水循环作为水洗水，再以阴离子再生剂，将有毒氰化物重金属物质从树脂中脱离，树脂可再利用，而脱离的氰化物重金属物质再以正、负电的电极电解。

　　西安建筑科技大学从 20 世纪 90 年代起从事离子交换高分子纤维、碳纤维和高性能树脂等高效吸附先进材料开发，先后开发出了强碱型阴离子交换纤维、树脂，并完成了离子交换纤维及树脂在含氰废水和矿浆中回收氰化物及伴生金属的相关研究，根据强碱、弱碱离子交换树脂的特点，提出了两种离子交换法工艺：第一种工艺是用弱碱性阴离子树脂处理高、中浓度含氰废水，旨在去除废水中的铜、锌，虽废水不达标，但由于铜、锌浓度的减少而有利于循环使用，如南开大学研制的 D301 树脂；第二种工艺是用强碱性树脂处理中、低浓度含氰废水，即以回收氰化物为主，处理后废水循环使用或达标排放，如南开大学生产的 201 ×7 树脂、D296R、D261 强碱性阴离子交换树脂对回收氰化物及有价金属有很好的效果，而且采用氯化钠作为洗脱剂回收氰化物，既降低了回收成本，又不易造成二次污染，适宜进一步推广。

　　党晓娥等研究了两种纤维对提金氰化废水中 CN^-、$Zn(CN)_4^{2-}$、$Cu(CN)_4^{3-}$ 三种离子的吸附，研究发现离子交换纤维对三种离子的吸附效果与吸附材料的结构、工作环境的 pH 值有很大的关系。强碱性离子交换纤维含有的 $RN^+(CH_3)_3OH^-$ 电离程度较强，受溶液

pH 值变化影响小，在 pH = 1 ~ 14 的范围均可使用；弱碱性纤维含有的—NR_2 电离程度较弱，交换能力受 pH 值变化影响较大，pH 值越低，交换能力越高，故弱碱性纤维一般在 pH < 8 的环境中使用。如果用强碱性离子交换纤维处理氰化尾液，吸附过程不需调节体系的 pH 值。离子交换纤维对含氰废水中 $Zn(CN)_4^{2-}$、$Cu(CN)_4^{3-}$、CN^- 的吸附量要高于离子交换树脂。

10.5　活性炭吸附法

活性炭对氰化物的吸附和破坏作用很早就被人们发现，在应用炭浆工艺回收金的实践中，人们发现，活性炭不仅能吸附金等贵金属及铜、锌、铁等重金属，还吸附和破坏废水中的氰化物，对硫氰化物的吸附量也较大。采用活性炭吸附法除氰的同时，还可以吸附回收大量的金、银，经济效益十分可观。1987 年黑龙江乌拉嘎金矿采用活性炭吸附法处理含氰废水的工业实验获得成功，并回收了废水中的黄金，申请了国家专利。随后，冶金工业部长春黄金研究所开发研究出了活性炭处理含氰废水的该技术工艺和设备，并小试成功。1991 年和 1992 年分别在河北省兴隆县挂兰峪金矿、迁西县东荒峪金矿进行了工业实验。

10.5.1　活性炭概述

活性炭是用木材、果核、煤炭、石油以及农作物等通过适当的方法成型，然后进行活化生产出的一种炭质材料。活性炭的形状有粉状、球状、柱状和片状，其活化方法有水蒸气活化和氯化锌活化。黄金炭浆厂所用的吸收金活性炭为椰壳炭和杏核炭，为片状，其强度较好，耐磨，而处理含氰废水所用的活性炭一般为煤质炭，价格低，比表面积大，但强度差。活性炭厂家一般用吸苯量、碘值、比表面积和总孔隙率表示活性炭的吸附性能，这些指标分别在 20 ~ 400mg/L、600 ~ 800mg/L、300 ~ 1000m²/g 和 0.35 ~ 0.81cm³/g 范围，孔隙率越大，其他几个参数也越大，吸附能力越强而且吸附量也大，粒径越小，吸附速度越快，处理含氰废水一般选用比表面积大，粒度小的活性炭。

吸附是活性炭的主要特征。它被看成是一种表面现象，当含氰废水通过活性炭时，活性炭的表面对着相应的废水表面，两表面层包围的区间是一个界面，于是就在这个界面区内，产生了吸附。活性炭的吸附既有物理吸附又有化学吸附。要截然分开这两种吸附是办不到的。以金吸附在活性炭上为例，首先，金以 $Au(CN)_2^-$ 形式吸附，而后 $Au(CN)_2^-$ 分解出 AuCN。

活性炭对氰化物的吸附与金的吸附不同，重金属氰化物是以离子形式被吸附的，而游离氰化物是以 HCN 形式被吸附的，因此，降低废水 pH 值时，氰化物在活性炭上的吸附率就高。在被吸附的氰化物没有在炭表面上发生氧化反应生成 CNO^- 以前，是可以用酸把氰化物洗脱下来的。

吸附速率取决于氰化物扩散到炭表面的速度和从炭外层扩散到内层未被占据表面的速度。这对于 HCN 气体来说，并不难，但对于水中的氰化物，则有一定的难度，因此，在用新炭处理废水时，一开始我们看到吸附速度很快，但过一段时间外表面积已被占据，吸附速度由内扩散控制，吸附速度明显减慢，这也是我们在活性炭催化分解法中选择小粒度活性炭的原因。

活性炭总活性表面积一般达 300 ~ 1000m²/g，氰化物就是被吸附在活性炭表面上，一般认为，比表面积越大的活性炭，其活性表面活性点（活性中心）就越多。活性炭的微晶凝聚体中包含着形状不规则的缝隙的连接网。在这种网中有大小不同的孔径，大孔为可吸附的分子进入内部提供通道，微孔则提供进行吸附的表面积。

10.5.2 活性炭除氰原理

活性炭吸附法除氰主要有氧化、水解和吹脱三种途径，前两种途径的前提是氰化物在活性炭上的吸附。

10.5.2.1 氰化物在活性炭上的氧化

当活性炭同时与废水和空气接触时，空气中的氧就会吸附在活性炭上，其吸附含量高达 $10 \sim 40 g/kg$，比水中溶解氧高数千倍。氧化学吸附在活性炭表面上，形成过氧化物和羟基酸官能团，与其他如酚醛、苯醌等官能团一道构成活性表面。

$$O_2 + 2H_2O + 2e \xrightarrow{\text{活性炭}} H_2O_2 + 2OH^- \qquad (10-25)$$

金属氰配合物被吸引到这些活性表面上，便完成了氰配合物的吸附过程，活性炭能大量地吸附金属氰配合物，各种金属氰配合物的吸附顺序如下：

$$Au(CN)_2^- > Ag(CN)_2^- > Fe(CN)_6^{4-} > Ni(CN)_4^{2-} > Zn(CN)_4^{2-} > Cu(CN)_2^-$$

活性炭对 HCN 的物理吸附较明显，从而使废水中的氰化物得到较高的去除率。由于活性炭吸附氧过程产生了 H_2O_2，而且活性炭上氰化物浓度比废水中氰化物浓度高很多，在炭表面上发生过氧化氢氧化氰化物的反应，必然比在废水中进行反应容易得多。

废水中的铜离子在活性炭催化氧化法中起着很重要作用，一些文献认为，铜可使 CNO^- 水解为氨和二氧化碳，也有文献认为，铜离子的存在使氰化物首先形成配合离子，更易吸附在活性炭上，活性炭用铜盐浸渍后，其处理能力提高几倍。

重金属氰配合物在氰化物被氧化后，重金属与碳酸盐等阴离子形成难溶物而留在活性炭上，久而久之，活性炭的活性表面被重金属杂质占满。废水中的钙离子也会在活性炭上形成碳酸钙沉淀物。铁氰化物和亚铁氰化物在炭上最终以氢氧化物形式存在，这些导致活性炭失活。相关反应式见式（10-26）~式（10-30）。

$$CN^- + 0.5O_2 \xrightarrow{\text{活性炭}} CNO^- \qquad (10-26)$$

$$CNO^- + 2H_2O == HCO_3^- + NH_3 \uparrow \qquad (10-27)$$

$$HCO_3^- + OH^- == CO_3^{2-} + H_2O \qquad (10-28)$$

$$2Cu^{2+} + CO_3^{2+} + 2OH^- == CuCO_3 + Cu(OH)_2 \qquad (10-29)$$

$$Ca^{2+} + CO_3^{2-} == CaCO_3 \downarrow \qquad (10-30)$$

10.5.2.2 氰化物在活性炭上的水解

人们发现，即使不通空气，浸在废水中的活性炭也具有除去氰化物的能力。一方面，活性炭的确吸附了一些氰化物，但对于一定浓度的含氰废水，活性炭毕竟有饱和的时候，可实际上活性炭都不是很快饱和，而是不断地有一定的氧化去除率，这就说明，吸附在活性炭上的氰化物在氧不足的条件下发生水解反应生成甲酸铵。

$$HCN + H_2O == HCONH_2 \qquad (10-31)$$

这一反应的发生在水溶液中在常温下并不明显，但活性炭的作用使这一反应的速度明显加快，生成的甲酸铵在加热时分解出 CO 和 NH_3。

10.5.2.3　氰化氢的吹脱

如果仅将活性炭作为一种填料，由于活性炭的亲水性比其他填料好很多，这种直径 $\phi 1.0 \sim 3.5mm$、长度 $1.5 \sim 4mm$ 的圆柱状活性炭所构成的填料塔无疑是一个良好的 HCN 吹脱塔，只不过在活性炭催化分解法工艺条件中，反应 pH 值为 $6 \sim 9$，比酸化回收法高得多，故 HCN 的吹脱率远没有酸化回收法高。如果利用活性炭做填料，控制废水 pH 值 $2 \sim 3$，那么 HCN 的吹脱率自然高，再采用吸收法吸收这部分氰化物，那么既可回收氰化物，又由于活性炭吸附、氧化、水解氰化物的特性使处理后的废水氰含量降低到比酸化回收法废液低得多的水平，此乃一举两得。这是活性炭吹脱法的优点。值得注意的是，不能用这种方法取代酸化回收法，因为活性炭吹脱法氰化物回收率低，分解率较高。

10.5.2.4　活性炭的再生理论及方法

活性炭使用一段时间后，由于杂质占据了活性表面以及孔道，其除氰能力大为降低，此时，必须对活性炭进行必要的再生。活性炭上积累的杂质主要是锌、铁、钙、铜，它们主要以 $Zn_2Fe(CN)_6$、$ZnCO_3 \cdot Zn(OH)_2$、$Fe(OH)_3$、$Fe(OH)_2$、$CaCO_3$、$CuCO_3 \cdot Cu(OH)_2$ 等形式存在，因此，可以使用无机酸浸泡活性炭的方法使其再生。常用的再生剂（洗脱剂）是 $2\% \sim 5\%$ 的盐酸、硝酸或硫酸。活性炭在使用数个周期后，尽管进行酸洗再生，但是其性能仍然不断降低，这是废水中有机物、硅酸盐等在碳上的积累造成的，必须进行热再生或称做高温再生才能恢复其活性。

10.5.3　工艺流程

活性炭吸附法的工艺主要分为以氧化氰化物为主的活性炭催化氧化法，以水解为主的活性炭催化水解法以及以吹脱为主的活性炭床吹脱法三种。以下主要介绍活性炭催化氧化法。

活性炭催化氧化法采用负载活性炭作为催化剂，利用活性炭特有的吸附和催化性能及活性组分的协同催化作用，在反应体系中降低有机污染物分解的活化能，从而使在常温常压下利用水中溶解氧氧化有机污染物将其转化为无害物质成为可能。该方法的实质是借助外加条件引发形成氧化电势极高的羟基游离基 OH^-，借以攻击有机物分子，使发生链状分解反应，生成无害物质。

活性炭催化氧化法的工艺分四个部分，即废水的预处理，氰化物的氧化、废水的二次处理和活性炭的再生，其工艺流程图见图 10-4。

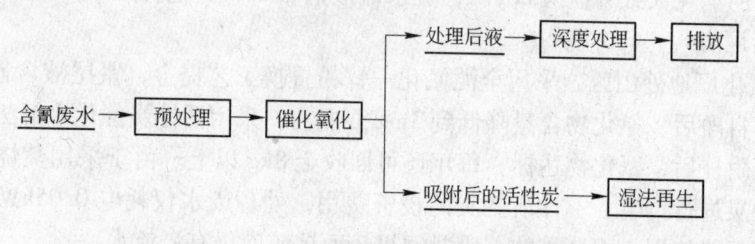

图 10-4　活性炭吸附法的工艺流程图

（1）预处理。含氰废水中含有 Ca^{2+} 和 CNO^-，后者会不断地分解出 CO_3^{2-}，因此形成的 $CaCO_3$ 沉淀会悬浮于溶液中，这些悬浮物如果进入反应塔与填充在内的活性炭接触，将堵塞活性炭的微孔以及活性炭粒间的孔道，使活性炭失活，床阻力增大。另外，从尾矿库排出的废水往往还会有泥沙，因此，必须在废水进入反应塔前对其进行必要的处理。一般选择过滤法对废水进行预处理，如活性炭过滤塔、活性炭过滤槽、纤维球过滤塔或布式过滤器，其中活性炭过滤槽具有投资少，能吸附废水中的金银和铜、锌的一部分并易于管理和脱泥（悬浮物、泥沙）的优点。当废水的 pH 值高于 9 时，必须用酸中和至 pH 值在 7~9 范围。

（2）氰化物氧化。氧化塔是活性炭催化分解装置的中心设备，塔内均匀装填足量的活性炭，而且塔上部留有足够的空间，活性炭床单层高度一般不超过 1.5m，过高时气体阻力大。气体从塔下部均匀地通过炭床，从塔上部排出。液体在塔上部均匀地喷洒在炭床上，均匀地流到塔下部。并能从塔下部排出，无液泛发生。设有活性炭再生所需的喷淋装置和排液装置。由于活性炭再生需要用酸性溶液或其他腐蚀液溶液浸洗，反应塔全部构件必须严格防腐。

（3）活性炭湿法再生。当采用淋洗再生方法时，淋洗后的废水流回槽内循环使用，淋洗时仍在通空气的条件下完成，以利于 CO_2 等分解产物逸出，所有槽、管线阀门等必须严格防腐。各氧化塔炭床由于杂质的负荷不同，应分别加以再生才能达到良好的处理效果。

（4）二次处理。经活性炭催化氧化法处理后的废水，可能含有一定量的悬浮物，重金属也可能超标，故可通过二次处理如加少量石灰进行沉淀，进一步降低污染物质的含量。二次处理设施可以是专门建造的沉淀池，也可用尾矿库的二道坝，或使用类似于前面提到的预处理装置。

活性炭吸附法工艺设备简单，易于操作、管理，无机酸消耗少，处理成本低。在除氰的同时，对废水中的重金属杂质有较高的去除率，能回收废水中的微量金银，具有较好的经济效益。但是，该法只能处理澄清水，不能处理矿浆。当废水 pH 值高于 9 时，需加酸调节 pH 值。当废水中含有较高浓度的硫氰化物时，活性炭的再生变得较为复杂。硅酸盐等在活性炭上凝结会使活性炭失活报废，活性炭的再生效果变差，有待进一步解决。

10.5.4　应用实例

（1）某氰化厂采用全泥—锌粉置换工艺提金，其氰尾经尾矿库自净后，氰化物浓度为 30mg/L，采用长春黄金研究院的活性炭催化氧化法专利技术，仅经一台氧化塔处理，氰化物可降低到 2mg/L 以下，反应 pH 值为 6.5~9，气液比为 80，废水处理能力为 $3m^3/(t \cdot h)$。处理每吨废水的消耗大致为盐酸 0.1kg，五水硫酸铜 0.05kg，电耗 1kW·h，装置投资约 4 万元（不包括厂房）。

（2）某氰化厂地处山区，采用全泥氰化—锌粉置换工艺提金，氰尾液含氰 70mg/L 左右，在尾矿库自净后，氰化物含量降低到 3mg/L 左右，采用活性炭催化水解法工艺进行处理，经三台吸附柱后，氰化物达标。每年还可回收金 8kg 以上。由于采用焚烧法处理载金炭。不对活性炭进行再生，不计活性炭的投资费用，处理废水仅耗电 $0.05kW \cdot h/m^3$，存在问题是冬季不能使用，而冬季的一段时间里，而尾矿库仍有溢流水。

（3）国内某氰化厂，采用全泥氰化—锌粉置换工艺提金，处理能力 50t/d，用碱性氯化法工艺处理氰尾，由于种种原因，尾矿库外排水含氰化物经常高于 0.5mg/L，采用长春黄金研究院的活性炭水解法专利技术对这种废水进行二次处理，每年回收金 1.5kg 左右，尾矿库排水氰化物含量小于 5mg/L 时，处理后氰化物达标，重金属 Zn、Cu、Fe 等离子的去除率也很高。由于该技术不使用动力，也不需要专人操作，其处理成本仅每日定期清洗炭床的人工费。由于采用了活性炭洗脱金的新技术，活性炭得到了再生，金的回收成本仅为金价的 10%，经济效益可观。

10.5.5 研究进展

活性炭吸附法是一项很有前途的水处理新技术，未来发展的方向既可作为提金氰化废水深度处理手段，又可作为预处理手段。但是与传统的水处理方法比较而言，该技术仍处于起步阶段，在认识和发展上都存在广泛的研究空间。

西安建筑科技大学贵金属工程研究所研究开发了一种利用兰炭末回收提金氰化废水中有价离子的方法，将低变质煤（长焰煤、弱粘煤和不粘煤）经低温热解后得到的兰炭末经过活化后用于提金氰化废水中游离氰及其他配合离子的吸附，吸附后的兰炭末可作为燃料使用，从灰烬中回收金属，该方法原料成本低、操作简单方便，不会给废水中引入其他影响元素，适用于高浓度氰化废水的综合处理。牟淑杰等采用阳离子絮凝剂聚二甲基二烯丙基氯化铵对活性炭进行改性，改性后活性炭表面带正电荷，与废水中以负电性形式存在的 CN^- 正负相吸，CN^- 的去除率可达到 99% 以上，处理后废水中 CN^- 的质量浓度低于 0.5mg/L。汪玲等利用硫酸铜浸渍活性炭使其负载 Cu^{2+}，研究表明，载铜活性炭对氰化物的去除率约比原活性炭高 30%。刘民等人用催化氧化法处理含氰电镀废水，用活性炭作为触媒载体，促使氰氧化变成氰酸盐，由于废水中存在金属铜离子，活性炭在金属铜离子的催化氧化作用下形成氰化铜的复合物，然后氰化铜被活性炭吸附并水解生成二氧化碳和氮气，与铜离子配合成碳酸铜和氢氧化铜等混合物，这些混合物沉淀在碳粒上或残留在碳床上，从而去除氰离子和铜离子。

10.6 化学沉淀法

化学沉淀法是一种利用离子水解法或难溶盐沉淀法进行溶液组分分离和富集的方法，其具有操作简单、沉淀效率高的特点，因此得到人们的重视。化学沉淀法是一种传统的水处理方法，通过向废水中投加可溶性化学药剂，使之与其中呈离子状态的无机污染物起化学反应，生成不溶于或难溶于水的化合物沉淀析出，从而使废水净化的方法。该法广泛用于水质处理中的软化过程，也常用于工业废水处理，以去除重金属和氰化物。

目前，在氰化提金废水综合处理领域所用的沉淀剂主要包括硫酸铜、硫酸锌及硫酸亚铁等。胡幸福等采用硫酸亚铁法将氰化物或一些重金属离子转化成普鲁士蓝沉淀而除去。杨明德提出的化学沉淀－γ 射线辐照法，用锌盐沉淀氰化物，结合 γ 射线辐照降解氰化物，从而达到外排指标。鲁玉春等所做的两步沉淀处理高铜贫液全循环工业试验，将铜等重金属离子用硫酸沉淀，沉淀后的酸性液体再用氧化钙调回碱性，从而达到全循环工业生产的目的。厚春华研究的三步沉淀全循环法处理含氰废水，该法是用硫酸沉淀金属离子，然后加氧化钙调节沉淀后液的 pH 值，最后加除钙剂除掉引入的钙离子，从而达到闭路循环的目的。陈颖敏等用一种新型无机高分子混凝剂聚合氯化铁将废水中的 $Fe(CN)_6^{4-}$ 沉淀除去，达到降低氰化废水中总氰的目的。尹六寓研究了配合沉淀工艺处理氰化电镀废水，该法向废水中加入硫酸亚铁溶液，亚铁离子先和各种重金属离子形成配合物或沉淀，然后这些重金属离子和沉淀被生成的氢氧化铁晶体吸附并形成共沉淀，最终实现处理废水的目标。陆雪梅等采用 $FeSO_4$ 配合沉淀→H_2O_2 催化氧化→ClO_2 深度氧化组合工艺，最终降低了高浓度含氰农药废水的 COD 和游离氰浓度。山东恒邦冶炼股份有限公司公开了"一种处理氰化提金废水的方法"专利（ZL200810157629），直接在氰化提金废液中加入一种贝壳复合助剂以沉淀的形式除去影响金氰化浸出的各种有害杂质，然后通过固液分离，滤液全部返回氰化提金系统使用。陈国奇公开了"全回收含氰废水处理方法及其装置"的专利（CN1370749），主要技术特征是含氰废水经沉淀剂沉淀后，进行多级固液分离，产生的 HCN 气体经吸收后空排，上清液经专用装置电筛除后产生沉淀和水，水达标外排或回用。

10.6.1　硫酸锌－硫酸酸化法

硫酸锌－硫酸酸化法又称基科法，其基本工艺流程如图 10-5 所示。该法的反应原理为向含氰废水中加入硫酸锌时，可使游离氰化物及铜、锌氰配合物转变为氰化锌、氰化亚铜白色沉淀。氰化锌经硫酸处理逸出氰化氢气体，经碱吸收再生后得到高浓度的氰化物溶液，氰化物总回收率可达88%。主要化学反应为：

$$2NaCN + ZnSO_4 === Zn(CN)_2 \downarrow + Na_2SO_4 \qquad (10-32)$$

$$Na_2Zn(CN)_4 + ZnSO_4 === 2Zn(CN)_2 \downarrow + Na_2SO_4 \qquad (10-33)$$

$$2NaCu(CN)_2 + ZnSO_4 === Zn(CN)_2 \downarrow + 2CuCN \downarrow + Na_2SO_4 \qquad (10-34)$$

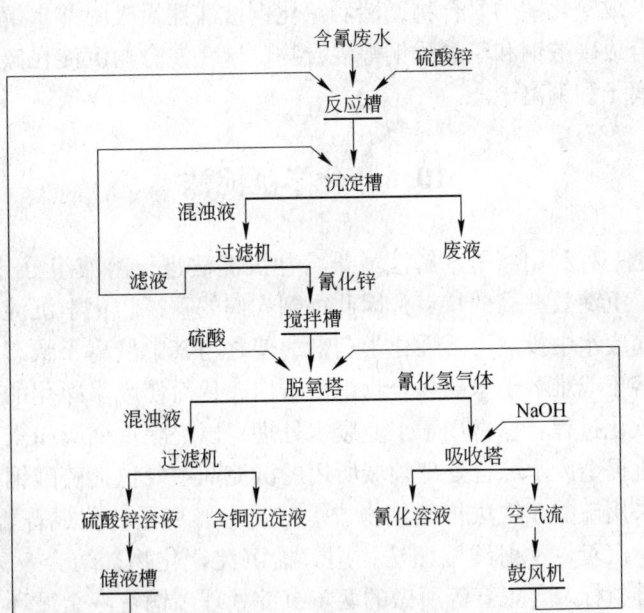

图 10-5　硫酸锌－硫酸酸化法处理氰化废水工艺流程

生成的氰化锌分离，并用硫酸处理：

$$Zn(CN)_2 + H_2SO_4 === 2HCN \uparrow + ZnSO_4 \qquad (10-35)$$

生成的氰化氢气体挥发逸出，用碱液吸收，得到再生氰化物溶液，可返回浸出系统循环利用，所产生的硫酸锌，可以用来处理另一批氰化污水：

$$2HCN + Ca(OH)_2 \rule[0.5ex]{2em}{0.4pt} Ca(CN)_2 + 2H_2O \tag{10-36}$$

硫酸锌 - 硫酸酸化法只对体积很小的 $Zn(CN)_2$ 沉淀进行酸化处理，大大减少了酸的用量，处理成本较低。同时用硫酸酸化后所得的硫酸锌可以返回使用。但是，该法氰化物的去除率不高，一般用于含氰浓度较高的废水，处理后的废水需进一步采取措施进行深度处理，使之达到排放标准。

日本某氰化提金厂采用硫酸锌 - 硫酸法处理含氰废水，用间歇方法进行氰化物的再生回收，脱氰塔每天工作一次，其生产指标如下：脱金溶液中总氰含量为 1510mg/L，用硫酸锌处理所得的废液中总氰含量为 50mg/L。沉淀率（呈 $Zn(CN)_2$ 形态）为 96.7%，氰化锌沉淀用硫酸脱氰的脱氰率为 92.3%。氰化氢气体用碱液吸收获得氰化物时的吸收率为 95.6%，氰化物总回收率为 88%。副产品回收铜 72kg/d，硫酸锌 85kg/d。

西安建筑科技大学采用硫酸锌 - 硫酸法工艺处理了河南某黄金冶炼厂氰化废水，结果表明，铁离子的沉淀率达到 100%，游离氰的沉淀率达到 99.34%，铜离子沉淀率为 86% 左右，但溶液中锌离子浓度有所增加。废水中残留的金没有被沉淀，处理后的废水返回浸出系统，对金的浸出率没有明显影响，可以大量返回系统循环使用。沉淀物的主要组分为 $Zn_2[Fe(CN)_6]$、$Zn(CN)_2$ 和 $CuCN$，可经过进一步处理综合回收氰化物及金属铜、锌。

10.6.2 铜离子沉淀法

氰化法处理的金矿均为伴生金矿，金矿石中的铁矿物可分为氧化矿和硫化矿两大类型。赤铁矿 Fe_2O_3、磁铁矿 Fe_3O_4、针铁矿 $FeOOH$ 及菱铁矿 $FeCO_3$ 等属于氧化矿，这一类矿物不与氰化物溶液起作用，对氰化过程也不会造成有害影响。但是，铁的硫化物，如白铁矿 FeS_2、磁黄铁矿 $Fe_{1-x}S$（$x = 0 \sim 0.2$）在氰化过程中发生显著的、有时甚至是非常重要的变化，其氧化产物会与氰化物溶液中的 CN^-、O_2 和保护碱发生一系列的反应，生成一些稳定存在的配离子等，经过不断富集，使废水中的重金属离子和有害离子含量远远超过排放标准，部分反应为：

$$S + CN^- \rule[0.5ex]{2em}{0.4pt} SCN^- \tag{10-37}$$

$$2S + 2OH^- + O_2 \rule[0.5ex]{2em}{0.4pt} S_2O_3^{2-} + H_2O \tag{10-38}$$

$$Fe^{2+} + 2OH^- \rule[0.5ex]{2em}{0.4pt} Fe(OH)_2 \tag{10-39}$$

$$Fe(OH)_2 + 2CN^- \rule[0.5ex]{2em}{0.4pt} Fe(CN)_2 + 2OH^- \tag{10-40}$$

$$Fe(CN)_2 + 4CN^- \rule[0.5ex]{2em}{0.4pt} Fe(CN)_6^{4-} \tag{10-41}$$

提金废水中金属离子均以配离子形态存在，Cu^{2+} 加入时，溶液体系中会产生复杂的沉淀反应。相关反应方程式如下所示：

$$Fe^{2+} + 6CN^- \rule[0.5ex]{2em}{0.4pt} [Fe(CN)_6]^{4-} \tag{10-42}$$

$$2Zn^{2+} + [Fe(CN)_6]^{4-} \rule[0.5ex]{2em}{0.4pt} Zn_2[Fe(CN)_6] \downarrow \tag{10-43}$$

$$Zn_2[Fe(CN)_6] + 4OH^- \rule[0.5ex]{2em}{0.4pt} [Fe(CN)_6]^{4-} + 2Zn(OH)_2 \downarrow \tag{10-44}$$

$$2Cu^{2+} + 8CN^- \rule[0.5ex]{2em}{0.4pt} (CN)_2 + 2[Cu(CN)_3]^{2-} \tag{10-45}$$

$$2CuSO_4 + 4CN^- \rule[0.5ex]{2em}{0.4pt} 2CuCN \downarrow + (CN)_2 + 2SO_4^{2-} \tag{10-46}$$

$$CuCN + 3CN^- \rule[0.5ex]{2em}{0.4pt} [Cu(CN)_4]^{3-} \tag{10-47}$$

$$2Cu^{2+} + [Fe(CN)_6]^{4-} \xrightarrow{\text{微酸性}} Cu_2[Fe(CN)_6] \downarrow \qquad (10-48)$$

$$Cu_2[Fe(CN)_6] + 4OH^- =\!=\!= [Fe(CN)_6]^{4-} + 2Cu(OH)_2 \downarrow \qquad (10-49)$$

长春黄金研究院在此基础上提出了一种两步沉淀法，先将铜盐加入含氰废水中，沉淀后溶液中铜等有害重金属被大部分去除，绝大部分 HCN 残留在溶液中，仅少量 HCN 气体挥发，但仍然控制在封闭容器内。沉淀后液加入硫酸进行酸化，酸化贫液中含有大量的硫酸根离子，直接加入氧化钙（浆液）中和，控制 pH 值在 10~12 之间，大量氰化物重新转化成 CN⁻，同时去除了硫酸根离子。经固液分离，溶液补加氰化钠后便可直接返回生产工艺进行循环作业。过程的基本反应为：

$$2Cu^+ + 2SCN^- =\!=\!= Cu_2(SCN)_2 \downarrow \text{（白色）} \qquad (10-50)$$

$$Ca^{2+} + SO_2^{2-} =\!=\!= CaSO_4 \downarrow \text{（白色）} \qquad (10-51)$$

$$Pb^{2+} + SO_2^{2-} =\!=\!= PbSO_4 \downarrow \text{（白色）} \qquad (10-52)$$

$$H^+ + CN^- =\!=\!= HCN \qquad (10-53)$$

该方法可处理黄金选矿厂高浓度 SCN⁻ 污水，但缺点是第一步必须沉淀完全，澄清时间较长，否则在加入碱时，硫氰化亚铜有返溶现象，影响处理效果。另外，该工艺要求加大第二步沉淀的时间，否则 CaSO₄ 沉淀会造成阀门堵塞现象。山东省蓬莱市黄金冶炼厂与大柳行金矿在 1991 年应用两步沉淀法对含氰废水进行了 8 个月的工业试验，贫液中的铜由 1800~2200mg/L，一次净化到 84.7mg/L，平均除铜率可达 95.8%。

西安建筑科技大学贵金属工程研究所利用铜离子沉淀法对我国某黄金冶炼厂提供的氰化贫液进行了处理，原水中游离氰浓度为 920mg/L，铜离子浓度为 2850mg/L，铁离子浓度为 740mg/L，当加入的铜离子足够量时，提金废水中会生成 $Zn_2[Fe(CN)_6]$、$Cu_2[Fe(CN)_6]$ 的配合沉淀以及 CuCN 和 Zn(OH)₂ 沉淀，游离氰、锌、铁离子沉淀率均可达到 93% 以上，Cu 离子的沉淀率为 50%，此时废水可返回到浸出系统循环使用。

10.6.3　铁离子沉淀法

硫酸亚铁是一种来源广泛，价格便宜，使用方便的水处理药剂，在碱性条件下，它可与水中的 CN 离子配合生成不溶性的亚铁氰化物，然后在微碱性条件下进一步转化成为较稳定的普鲁士蓝型不溶性化合物而除去。

铁离子沉淀法使用 Fe^{2+} 和 Fe^{3+} 的硫酸盐或盐酸盐，向 pH 值为 7.5~10 的碱性含氰废液中加入铁离子，可使溶液中的金属氰络离子解离成金属离子和 CN⁻，解离的 CN⁻ 与 Fe^{2+} 生成 $Fe(CN)_6^{4-}$，$Fe(CN)_6^{4-}$ 又可与解离出来的少部分 Cu、Pb、Zn、Ni 重金属离子生成 $Me_2Fe(CN)_6 \cdot xH_2O$ 共沉淀，Fe^{3+} 除与 CN⁻ 生成相似的沉淀外，还可生成 $Fe(OH)_3$ 沉淀，解离出来的大部分 Cu、Pb、Zn、Ni 等重金属离子则水解生成氢氧化物沉淀。溶液中的 SCN⁻ 也会与重金属离子生成 $Me(SCN)_2$ 沉淀。由于反应过程的复杂性，在不同条件下加入的铁离子会与 CN⁻ 生成不同的极难溶解的蓝色铁氰化合物。为方便起见，将此蓝色沉淀统称"铁氰化物（Prussiate）"或称"普鲁士蓝（Prussian blue）"。经加铁离子处理后的溶液，总氰的残留量可降至 2~10mg/L NaCN。反应过程为：

$$FeSO_4 + 2OH^- =\!=\!= Fe(OH)_2 + SO_4^{2-} \qquad (10-54)$$

$$HCN + OH^- =\!=\!= CN^- + H_2O \qquad (10-55)$$

$$Fe(CN)_6^{4-} + 2FeSO_4 = Fe_2[Fe(CN)_6]\downarrow + 2SO_4^{2-} \quad (10-56)$$

$$6Fe_2[Fe(CN)_6] + 3O_2 + 6H_2O = 2Fe_4[Fe(CN)_6]_3\downarrow + 4Fe(OH)_3\downarrow \quad (10-57)$$

废水中的其他部分重金属离子也可在碱性条件下形成不溶的氢氧化物，再通过混凝剂的共同作用，形成共聚沉淀物从而达到去除污染物的效果，其反应通式可写成：

$$M^{n+} + nOH^- = M(OH)_n\downarrow \quad (10-58)$$

硫酸亚铁加入电镀含氰废水中后，与氰配合生成稳定的普鲁士蓝型不溶性化合物，此反应是分步进行的。第一步是铁与氰配合生成亚铁氰化物，这一步需在较强碱性条件下进行；第二步由亚铁氰化物进一步转化成比较稳定的普鲁士蓝型不溶性化合物，这一步需在弱碱性条件下进行。因此，待亚铁氰化物生成后再用5%的硫酸将反应液的pH值调低，使之处于微碱性环境反应生成稳定的普鲁士蓝型不溶性化合物，然后沉淀将CN^-真正去除。其主要反应式为：

$$18FeSO_4 + 36OH^- + 36HCN + 3O_2 = 2Fe_4[Fe(CN)_6]_3\downarrow + 4Fe(OH)_3\downarrow + 18SO_4^{2-} + 30H_2O \quad (10-59)$$

在反应时，除生成的$Fe(OH)_3$提供其他重金属生成絮凝沉淀物外，同时还需消耗部分$FeSO_4$，所以实际上硫酸亚铁的加入量高于理论量。

一般情况下只加入硫酸亚铁处理不能使含氰废水达标排放。分析认为，对处理后废水加入一般氧化剂进一步除氰后可达到排放标准，特别是只要控制好条件，在不分离沉淀的情况下可直接加入氧化剂进一步处理，这与传统的先分离后处理比较无疑有积极意义。硫酸亚铁配合处理含氰废水有较好的除氰效果，在较佳条件下处理后废水总氰浓度虽然不能达到排放标准，但其主要为简单氰，且生成的铁蓝很稳定。硫酸亚铁法可制造铁蓝或进一步制黄血盐产品，在高浓度含氰废水处理中优势明显，日益受到重视。针对该法处理深度不够，出水难以达到排放标准的问题，有待进一步研究。

加拿大Helmo金矿在1988年在硫酸亚铁法的基础上研制开发的一种独特除氰方法，其原理是在pH值6~7的条件下，将预先混合的硫酸铜和硫酸亚铁溶液加入氰化废液，使氰化物作为氰化亚铜沉淀除去，废液中的Cu、Ni、Zn也都随$Fe(OH)_3$共同沉淀而被去除。最后再加入少量的H_2O_2进一步脱氰。相关反应方程式见式（10-60）和式（10-61）：

$$Cu^{2+} + Fe^{2+} + 3OH^- = Cu^+ + Fe(OH)_3\downarrow \quad (10-60)$$

$$2Cu^{2+} + 2CN^- = Cu_2(CN)_2\downarrow \quad (10-61)$$

原水中的CN^-、Cu、Fe、Ni、Sb、Pb的浓度依次为23.2mg/L、4.1g/L、5.2g/L、4.8g/L、7.7g/L和1.2g/L，处理后的废水中重金属离子的浓度依次降为0.13mg/L、0.5g/L、0.11g/L、0.08g/L、1.0g/L和0.2g/L。

10.7 化学氧化法

10.7.1 碱性氯化法

碱性氯化法从20世纪70年代初期开始应用于金矿含氰废水，至70年代后期已成为应用最广的一种含氰废水的处理方法。它是利用氯氧化氰化物，使其分解成低毒物或无毒物的方法。常见的含氯药剂有氯气、液氯、漂白粉、次氯酸钙、次氯酸钠和二氧化氯等。实际上它们在溶液中都生成 HClO，然后进行氧化作用。在反应过程中，为防止氯化氰和氯逸入空气中，反应在碱性条件下进行，故称碱性氯化法。

在碱性介质中，首先用含氯药剂使废水中的氰化物氧化为氰酸盐，进一步氧化为二氧化碳和氮。碱性氯化法破氰原理是在碱性介质中，用含氯氧化剂使废水中的氰化物氧化为氰酸盐，最终氧化为二氧化碳和氮。碱性氯化法氧化氰一般分为两步。

第一步为局部氧化破氰，将氰氧化为氰酸盐，其反应速度取决于 pH 值、次氯酸钠投加量等因素，pH 值越高，次氯酸钠投加量越大，局部氧化破氰反应速度越快。因为酸性条件 CNCl 易挥发，所以实际操作过程需严格控制 pH 值。一系列反应方程式为：

$$CN^- + OCl^- + H_2O == CNCl + 2OH^- \qquad (10-62)$$

$$CNCl + 2OH^- == CNO^- + Cl^- + H_2O \qquad (10-63)$$

第二步为完全氧化破氰，将氰酸盐氧化为二氧化碳和氮气，反应方程式为：

$$2CNO^- + 3OCl^- + H_2O == 2CO_2 + N_2 + 3Cl^- + 2OH^- \qquad (10-64)$$

或
$$2CNO^- + 3Cl_2 + 4OH^- == 2CO_2 + N_2 + 6Cl^- + 2H_2O \qquad (10-65)$$

反应总方程式如下：

$$2CN^- + 6HClO + 2OH^- == 2CO_2\uparrow + N_2\uparrow + 6Cl^- + 4H_2O \qquad (10-66)$$

加碱性氯化法通常在 pH 值 8.5~11 的条件下进行作业。当 pH 值在 11 以上时，游离氰根极易为氯所氧化（不到 1min）便完成反应生成 CNO$^-$ 离子：

$$CN^- + Cl_2 + 2OH^- == CNO^- + 2Cl^- + H_2O \qquad (10-67)$$

$$CN^- + OCl^- == CNO^- + Cl^- \qquad (10-68)$$

由于过程中氧化很充分，生成 CNO$^-$ 离子后溶液中仅残留千分之一的 CN$^-$。上述反应如在 pH 值小于 8.5 时发生，则会生成具有毒性的 CNCl 气体放出，且使反应速度减慢。

CNO$^-$ 离子的进一步分解应控制在 pH 值 8~8.5 的条件下进行。这时的分解反应比前一反应缓慢，通常需要 0.5h 以上才完成：

$$2CNO^- + 3Cl_2 + 4OH^- == 2CO_2\uparrow + N_2\uparrow + 6Cl^- + 2H_2O \qquad (10-69)$$

$$2CNO^- + 3OCl^- + H_2O == 2CO_2\uparrow + N_2\uparrow + 3Cl^- + 2OH \qquad (10-70)$$

游离氰酸根的氧化过程所需氯量几乎与化学计算量相等，但采用不同方法时则会反应生成不同的氰化物。此外，由于氰化液中还存在许多其他的可氧化物质（如 $S_2O_3^{2-}$ 和 CNS$^-$），且为使反应更充分，应使溶液中含有一定量的残余氯，所以氯的实际消耗量大于氧化氰酸根所需要的氯量。采用加碱性氯化法，理论上除去一份氰需消耗 6.83 份氯，但在实际作业中，由于废液中存在大量硫氰酸盐、硫化物，还原态金属离子及其化合物以及氯的歧化和为了保证废水中有足够的残余氯等，氯的实际消耗比常高达 1:15。

碱性氯化法处理氰化提金废水的工艺流程如图 10-6 所示。废水在调节池内加碱，使 pH 值达 10 以上，然后加入氧化剂（液氯或漂白粉），共同进入反应池进行反应。在反应过程中鼓入空气进行搅拌，处理一段时间后，如果溶液中残氰降到排放标准，便可放到沉淀池进行沉淀，池内的上清液即可外排，沉淀污泥排到污泥干化场进行干化，干化场上的上清液再返回沉淀池。如果处理后的残氰没有达到排放标准或者有氯化氢产生，其污水不能外排，必须再加碱，加氧化剂继续处理，直到残氰达到外排标准才进入下一步工序。碱性氯化法净化含氰废水采用间断式或轮换作业，不能连续运行。碱性氯化法工艺设备主要由反应槽、pH 值调节设备、加氯设备和检测仪表构成。

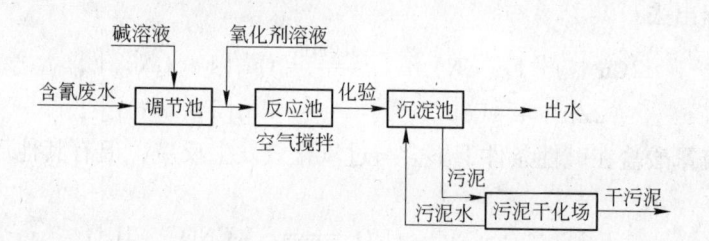

图 10 − 6　碱性氯化法处理含氰废水工艺流程图

氯碱法处理低浓度氰化废水是一种有效实用的处理方法，对于游离氰根和配合氰离子的去除明显，成本较低，可普遍应用于低浓度氰化废水的治理。我国某金矿采用加漂白粉的碱性氯化法处理 pH 值为 10 左右、含 CN^- 平均 150mg/L 的尾矿浆。按矿浆 CN^- 与漂白粉之比 1 : (9 ~ 10) 于净化槽中反应 1h，可将其中的简单氰化物（CN^-）和不很稳定的氰配合物 $Zn(CN)_4^{2-}$ 等彻底破坏，并可使微毒的极稳定的 $Fe(CN)_6^{3-}$、$Fe(CN)_6^{4-}$ 等达到实际上无毒。当尾矿浆含 CN^- 159mg/L，漂白粉用量为 2.5kg/t，净化后的澄清水中含 CN^- 降至 0.04mg/L。

10.7.2　过氧化氢法

过氧化氢氧化法处理黄金矿山含氰废水技术是由美国杜邦公司于 1974 年完成的，它是指在常温、碱性、有 Cu^{2+} 作催化剂的条件下，用过氧化氢氧化氰化物，反应生成的氰酸盐通过水解生成无毒的化合物。1984 年德国设计的过氧化氢氧化法装置在巴布亚新几内亚的一个工业氰化提金厂投入运行。目前，世界上约有二十个黄金矿山应用过氧化氢氧化法处理其含氰废水（浆）。我国对过氧化氢氧化法早有研究，只因商品过氧化氢价格过高和来源有限而一直未能推广应用。仅有一个矿山使用过氧化氢法做二级处理方法，处理经过酸化回收法处理后的低浓度含氰废水。随着国内过氧化氢价格的下降，这种处理含氰废水的方法将得以大量应用。

过氧化氢（俗称双氧水）在一般条件下不能氧化氰化物，但是，在酸性和加温条件下，过氧化氢与硫氰酸盐反应生成氢氰酸，这是一种用硫氰酸盐生产氰化物的方法，然而氰化物却不会被过氧化氢氧化。只有在常温、碱性、有 Cu^{2+} 做催化剂的条件下，过氧化氢才能氧化氰化物。

过氧化氢法的基本原理是在 pH 值为 9.5 左右时，过氧化氢首先是把氰根氧化为氰酸根，然后氰酸根再水解成碳酸铵，其反应式为：

$$CN^- + H_2O_2 \xrightarrow{Cu^{2+} \text{催化剂}} CNO^- + H_2O \tag{10-71}$$

$$CNS^- + H_2O_2 \Longrightarrow S + CNO^- + H_2O \tag{10-72}$$

$$CNO^- + 2H_2O \Longrightarrow CO_3^{2-} + NH_4^+ \tag{10-73}$$

反应生成的氰酸盐将通过水解生成无毒的化合物。配合氰化物（Cu、Zn、Pb、Ni、Cd 的配合物）也因其中氰化物被破坏而解离，最终，处理后废水中氰化物浓度可降低到 0.1mg/L 以下。

与二氧化硫 - 空气法的反应类似，废水中的 $Fe(CN)_6^{4-}$ 既不会被氧化成 $Fe(CN)_6^{3-}$ 也不会被分解，而是与解离出的铜、锌等离子生成 $Cu_2[Fe(CN)_6]$ 或 $Zn_2[Fe(CN)_6]$ 难溶物从废水中分离出去。

$$2Cu^{2+} + [Fe(CN)_6]^{4-} \xrightarrow{\text{微酸性}} Cu_2[Fe(CN)_6] \downarrow \qquad (10-74)$$

$$2Zn^{2+} + [Fe(CN)_6]^{4-} === Zn_2[Fe(CN)_6] \downarrow \qquad (10-75)$$

废水中的硫氰酸盐在碱性条件下不会与过氧化氢发生反应，但有其他反应发生，见式 (10-76)。

$$SCN^- + H_2O_2 === S + CNO^- + H_2O \qquad (10-76)$$

在控制 H_2O_2 浓度较低的条件下，这一反应可以忽略。由此可见，过氧化氢氧化法与二氧化硫 - 空气法的反应效果十分相似。

山东黄金集团有限公司三山岛金矿采用过氧化氢法对含氰污水酸化回收后的尾液进行二次处理，近一年的生产应用情况表明，该法具有工艺操作简单、投资省、成本低等优点，能容易地将含氰 $5 \sim 50mg/L$ 的酸化回收尾液处理到 $0.5mg/L$ 以下，药剂费用为 7.56 元/m^3。

10.7.3 二氧化硫 - 空气氧化法

在一定 pH 值范围内，在铜的催化作用下，利用 SO_2 和空气的协同作用氧化废水中的氰化物，称为二氧化硫 - 空气氧化法，常简写成 SO_2/Air 法。该方法是加拿大国际镍金属公司于 1982 年发明的。该公司的英文缩写是 INCO，所以也把二氧化硫 - 空气氧化法叫做因科法。

该方法不仅可使废水中总氰化物降低到 $0.5mg/L$ 以下，而且能消除铁氰化物，氰化物的去除率可达 99.9%，还能使废水中重金属降低到 $0.1mg/L$ 以下。可处理废水，也可处理矿浆。所需设备为氰化厂常用设备，投资少，工艺较简单，手控、自控均可取得满意的效果，对药剂质量要求不高。我国于 1984 年开始研究二氧化硫 - 空气氧化法，于 1988 年完成工业试验，有几个氰化厂曾采用二氧化硫 - 空气氧化法处理含氰废水，取得了一定的效果。但是，由于二氧化硫的氧化能力较弱，所以在废水中必须保持较高浓度的二氧化硫才能达到较好的除氰效果，而且不能消除废水中的硫氰化物。电耗高，一般是碱性氯化法的 $3 \sim 5$ 倍，废水中铜浓度低时需加铜盐作催化剂，不能回收废水中贵金属、重金属，对反应 pH 值的控制要求严格。

二氧化硫 - 空气氧化法处理含氰废水要求反应 pH 值在 $7.5 \sim 10$ 之间，在此条件下，如废水中含有 $50mg/L$ 以上的铜或外加如此数量的铜盐，当空气和 SO_2 通入废水时，发生氰化物氧化生成氰酸盐的反应。

氰化物被氧化生成 CNO^-（包括游离氰化物和过渡金属配合的氰化物，而不包括铁和钴的氰络合物的氧化），严格地遵循总反应：

$$CN^- + SO_2 + O_2 + H_2O === CNO^- + H_2SO_4 \qquad (10-77)$$

二氧化硫 - 空气氧化法反应机理为：

$$SO_2 + H_2O === H_2SO_3 \qquad (10-78)$$

$$H_2SO_3 === 2H^+ + SO_3^{2-} \qquad (10-79)$$

$$SO_3^{2-} + O_2 = SO_4^{2-} + [O] \qquad (10-80)$$

$$CN^- + [O] = CNO^- \qquad (10-81)$$

$$CNO^- + 2H_2O = HCO_3^- + NH_3 \qquad (10-82)$$

总反应式：

$$CN^- + O_2 + SO_3^{2-} + 2H_2O = HCO_3^- + NH_3 + SO_4^{2-} \qquad (10-83)$$

SO_3^{2-} 与氧反应生成活性氧 $[O]$，这种活性氧具有较强的氧化能力，但有效时间很短，生成的活性氧在有效时间内未与 CN^- 相遇，就会与 SO_3^{2-} 反应生成硫酸，因此在间歇反应时，可以采用多次小批量加药。

二氧化硫 – 空气法反应过程中，石灰做 pH 值调节剂，钙离子会与 SO_3^{2-} 形成 $CaSO_3$、pH 值较低时，还会生成 $Ca(HSO_3)_2$，这些均可使 SO_3^{2-} 的浓度减小，在 SO_3^{2-} 消耗过程中，还会起补充（缓冲）作用。

$$CaSO_3 = Ca^{2+} + SO_3^{2-} \qquad (10-84)$$

$$Ca(HSO_3)_2 = Ca^{2+} + 2HSO_3^- \qquad (10-85)$$

$$HSO_3^- = H^+ + SO_3^{2-} \qquad (10-86)$$

当废水中含有 50mg/L 以上的铜（以铜氰络合物形式也可）时，如果废水中氰化物含量较低，不必再加铜。反应开始时，反应 pH 值降低到 7.5～10，一部分氰化物被氧化成氰酸盐进而水解生成氨。氰化物氧化使废水中铜氰配合离子解离，生成 CuCN 沉淀，氨又使 CuCN 形成亚铜氨配合离子并在溶解氧的作用下转化为铜氨配合离子，铜氨配合离子又与废水中氰化物反应生成 CuCN，氨逸入气相，生成的 CuCN 再与 CNO^- 水解生成的氨发生反应：

$$CNO^- + 2H_2O = HCO_3^- + NH_3 \qquad (10-87)$$

$$CN^- + SO_3^{2-} + O_2 = CNO^- + SO_4^{2-} \qquad (10-88)$$

$$Cu(CN)_2^- = CuCN + CN^- \qquad (10-89)$$

$$CuCN + 2NH_3 = Cu(NH_3)_2^+ + CN^- \qquad (10-90)$$

$$2Cu(NH_3)_2^+ + 4NH_3 + 0.5O_2 + H_2O = 2Cu(NH_3)_4^{2+} + 2OH^- \qquad (10-91)$$

$$Cu(NH_3)_4^{2+} + 2CN^- \longrightarrow CuCN + 4NH_3 + 0.5(CN)_2 \qquad (10-92)$$

$$(CN)_2 + 2OH^- \longrightarrow CN^- + CNO^- + H_2O \qquad (10-93)$$

在二氧化硫 – 空气氧化法处理前，废水中也含有一定数量的氨，这是氰化物水解产生的，因此，废水中的氨并不缺乏，这就保证了铜的催化剂作用。

二氧化硫 – 空气氧化法去除氰化物的途径有三，一是降低废水 pH 值使氰化物转变为 HCN，进而被参加反应的气体吹脱后逸入气相，随反应废气外排，在反应 pH 值为 8～10 范围，这部分占总氰化物的 2% 以下。二是被氧化生成氰酸盐，这部分占全部氰化物的 96% 以上，三是以沉淀物（如重金属和氰化物形成的难溶物）形式进入固相的氰化物，占全部氰化物的 2% 左右。在二氧化硫 – 空气氧化法处理含氰废水过程中，不仅涉及氰化物的反应，废水中其他物质如硫氰化物、重金属等也发生了反应，使废水水质得到很大改善。二氧化硫 – 空气氧化法基本工艺流程如图 10 – 7 所示。

该法对金属氰化物除去的顺序是：Zn > Fe > Ni > Cu。处理时用二氧化硫 – 空气作还原剂，将溶液中的铁氰合物还原成 Fe^{2+}，生成不溶解的亚铁氰化金属配合物 $Me_2Fe(CN)_6$ 的

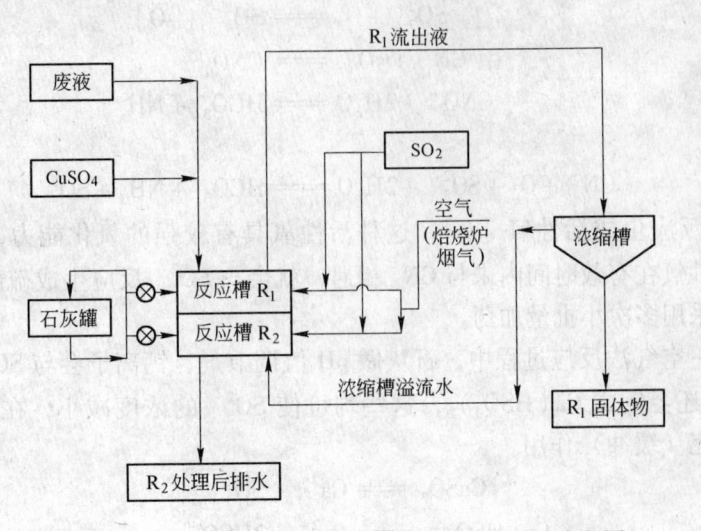

图 10-7 二氧化硫-空气法净化含氰污水工艺流程图

形态沉淀析出（Me 代表 Cu、Zn、Ni）。除去后，残留的 Cu、Zn、Ni 在反应的 pH 值下，以金属氢氧化物的形态除去。另外砷、锑等生成弱的氰化配合物，同样能在铁存在的情况下，通过氧化—沉淀除去。

二氧化硫-空气法净化含氰废水的优点是：游离或配合氰化物，特别是铁氰配合物均能被氧化除去。处理后的废液中总氰能达到标准（小于 1mg/L）。例如某实验厂的废液中含总氰 400~1000mg/L，净化后其残余总氰小于 1mg/L。该法反应速度较快，在室温下就能高速反应。氰的氧化次序是：氰离子 > 氰配合离子 > 硫氰酸根离子。一般认为：CNS^- 是无毒的，可以不需要进行氧化，如果操作条件控制得较好，只氧化到无氰配合离子为止，这样氧化剂的消耗量就可减少。又因氧化剂（SO_2）可来源于焙烧炉的烟气或燃烧单质硫，价廉易得，所以处理成本较低，净化效果很好，这是一种很有发展前途的方法。

1991 年新城金矿采用焦亚硫酸钠/空气法除氰工艺投入运行，该方法利用 SO_2-O_2 混合气体做氧化剂，用二价铜盐做催化剂，控制在一定的 pH 值范围内使 CN^- 氧化为 CNO^-，CNO^- 再经水解生成 NH_3 及 HCO_3^-。二氧化硫以焦亚硫酸钠的形式加入，二价铜是以 $CuSO_4 \cdot 5H_2O$ 的形式加入，用石灰调节 pH 值至 8~9。酸化回收工艺二次发生废液自塔底自流进入 1 号沉淀池，而后自流进入 2 号、3 号沉淀池，在 3 个沉淀池中大部分硫氰化亚铜沉淀池底。在 3 号沉淀池用泵吸取废水进入中和槽，与石灰乳中和使 pH 值升至 10~12，然后废水进入 1 号反应槽，在 1 号反应槽中加入浓度为 10% 的焦亚硫酸钠溶液和浓度为 10% 的硫酸铜溶液。主要工艺流程如图 10-8 所示。处理后废液含氰浓度从 0.5mg/L 降低到 0.2mg/L，含铜浓度从 0.92mg/L 降低到 0.2mg/L，均达到国家废水排放标准。

10.7.4 臭氧氧化法

臭氧氧化法是利用空气或氧气在高压高频电荷通过电晕放点产生的臭氧，使氰化物、硫氰酸盐氧化的一种方法，可应用于对黄金矿山干堆尾矿库淋溶低浓度含氰、硫氰酸盐外排废液的处理。

臭氧是一种强氧化剂，在溶液中它可以和有机物以两种途径进行反应：（1）臭氧分子

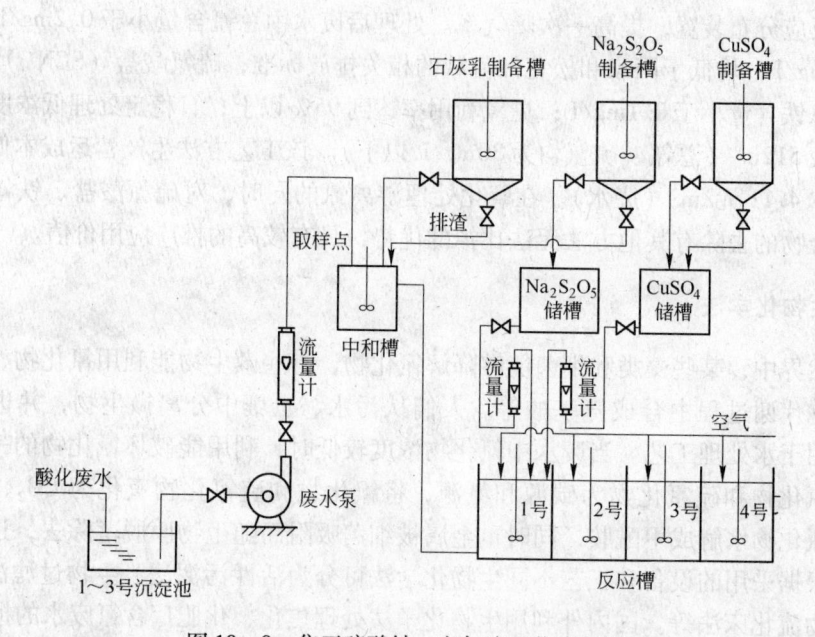

图 10-8　焦亚硫酸钠-空气法工艺流程图

与有机物的直接反应；（2）部分臭氧分子分解后产生的自由基与有机物的间接反应。臭氧在水中分解产生的强氧化性·OH自由基作为氧化的中间产物，引发自由基链式氧化反应，同时在水溶液中可释放出原子氧参加反应，表现出很强的氧化性，能彻底氧化游离状态的氰化物。可以利用臭氧氧化法转化硫氰酸盐为氰化物。这一系列化学反应为：

$$CN^- + O_3 === CNO^- + O_2 \qquad (10-94)$$

$$2CNO^- + O_3 + H_2O === N_2 + 2HCO_3^- \qquad (10-95)$$

$$SCN^- + O_3 + H_2O === CN^- + H_2SO_4 \qquad (10-96)$$

该方法可使氰化物降低到 0.2mg/L 以下，但不能破坏亚铁氰化物、铁氰化物。其关键技术在于对稳定络合氰化物的处理。其基本工艺流程如图 10-9 所示。

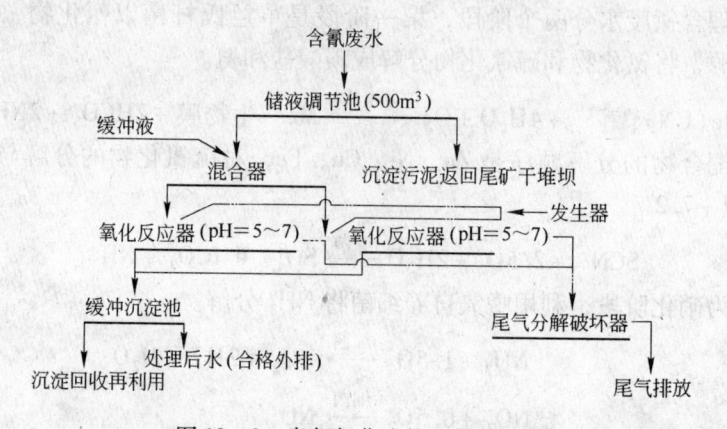

图 10-9　臭氧氧化法的工艺流程图

中国黄金集团夹皮沟黄金矿业有限公司采用臭氧氧化法，通过采取改变和控制氧化工艺条件和参数，有效实现单一方法对各污染物质的深度氧化，研究开发了先进的气-液曝气和氧化反应分布装置，提高一次曝气率。处理后废水中总氰含量小于0.2mg/L、COD含量小于50mg/L，均低于国家和松花江流域的相关排放标准；硫氰酸盐（SCN⁻）几乎被全部分解；总铁含量小于0.1mg/L；臭氧利用率达到95%以上；日稳定处理低浓度含氰、硫氰酸盐废液512m³（总氰、硫氰均为30mg/L以下）。该工艺方法生产营运成本低，实际消耗直接成本4.11元/m³（废水）。在氧化处理游离氰的同时，对硫氰酸盐、铁氰络合物及亚铁氰配合物的去除有其他方法无法比拟的优势，具有较高的推广应用价值。

10.7.5　生物化学法

在自然界中，某些藻类和细菌能够降解氰化物，有些微生物能利用氰化物、硫氰酸盐在它们细胞代谢过程中合成氨基酸等。人们从污水、土壤中分离微生物，并进行强化培养，使之用于水处理工艺。当废水中氰化物浓度较低时，利用能破坏氰化物的一种或几种微生物以氰化物和硫氰化物为碳源和氮源，将氰化物和硫氰化物氧化为CO_2、氨和硫酸盐，或将氰化物水解成甲酰胺，同时重金属被细菌吸附而随生物膜脱落除去，这就是生物化学法。根据采用的设备和工艺不同生物化学法可分为活性污泥法、生物过滤法、生物接触法和生物流化床法等。国内外利用生物化学法处理焦化、化肥厂含氰废水的报道较多。

微生物对氰化物降解的生物化学过程是比较复杂的，主要有以下四种途径。

同基质的化学反应：当水中有氰化钠或氰化钾发生水解时，氢氰酸才在水中溶解。同时CN^-与葡萄糖发生反应形成葡萄糖酸，使氰化物大大降低。

生物吸附作用：微生物机体细胞外成分在吸附中起一定作用，但在去除氰化物全过程中吸附所占密度不到15%。

生物代谢作用：微生物可以以氰化物或硫氰化物为碳源和氮源。将氰化物和硫氰化物氧化为二氧化碳、氨和硫酸盐，或将氰化物水解成甲酰胺。

脱除作用（Stripping）：通过微生物作用将CN^-分解为无害气体（CO_2或NO_2）逸出，这种机理在曝气型生物处理过程中起着重要作用。在这四种途径中，90%的氰化物是以代谢和脱除作用去除的，而吸附起较少作用。

生物法处理含氰废水分两个阶段，第一阶段是革兰氏杆菌以氰化物、硫氰化物中的碳、氮为食物源，将氰化物和硫氰化物分解成碳酸盐和氨。

$$Me(CN)_n^{(n-m)-} + 4H_2O + O_2 \xrightarrow{\text{微生物}} Me-\text{生物膜} + 2HCO_3^- + 2NH_3 \qquad (10-97)$$

对金属氰配合物的分解顺序是Zn、Ni、Cu、Fe，对硫氰化物的分解与此类似，其最佳pH值为6.7~7.2。

$$SCN^- + 2.5O_2 + 2H_2O \xrightarrow{\text{细菌}} SO_4^{2-} + HCO_3^- + NH_3 \qquad (10-98)$$

第二阶段为硝化阶段，利用嗜氧自养细菌将NH_3分解。

$$NH_3 + 1.5O_2 \xrightarrow{\text{细菌}} NO_2^- + 2H^+ + H_2O \qquad (10-99)$$

$$NO_2^- + 0.5O_2 \xrightarrow{\text{细菌}} NO_3^- \qquad (10-100)$$

尽管经过以上两个阶段，氰化物和硫氰化物可分解成无毒物达到废水处理目的，但是微生物法进入工业化阶段并非易事。自然界的菌种远不能适应每升数毫克浓度的氰化物废水，因此必须对菌种进行驯化，使其逐步适应。生物化学法工艺较长，包括菌种的培养，加入营养物等，其处理时间相对较长，操作条件严格。如温度、废水组成等必须严格控制在一定范围内，否则，微生物的代谢作用就会受到抑制甚至死亡。设备复杂、投资很大，因此在氰化提金厂的应用受到了限制。但生物化学法能分解硫氰化物，使重金属形成污泥从废水中去除，出水水质很好，故对于排水水质要求很高、地处温带的氰化厂，使用生物法比较合适。生物处理法的工艺流程如图 10 – 10 所示。

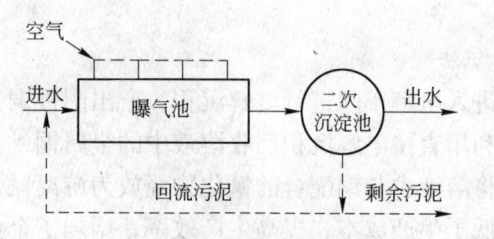

图 10 – 10 生物处理法的工艺流程

生物法处理的废水，水质比较好，CN^-、SCN^-、CNO^-、NH_3、重金属包括 $Fe(CN)_6^{4-}$ 均有较高的去除率，排水无毒，尤其是能彻底去除 SCN^-，是二氧化硫 – 空气法、过氧化氢氧化法、酸化回收法等无法做到的。但该法适应性差，仅能处理极低浓度而且浓度波动小的含氰废水，故氰化厂废水应稀释数百倍才能处理，这就扩大了处理装置的处理规模，大大增加了基建投资；温度范围窄，寒冷地方必须有温室才能使用；只能处理澄清水，不能处理矿浆。

从 1984 年开始，美国霍姆斯特克（Homestake）金矿用生物法处理氰化厂废水，英国将一种菌种固化后用于处理 2500mg/L 的废水，出水 CN^- 可降低到 1mg/L。美国 Homestake 采矿公司采用了假单细胞 Paucimobilis 细菌降解氰化物和硫氰化物，其设备是旋转生物接触器，处理后废水总氰去除率为 91% ~ 99.5%，游离氰去除率为 98% ~ 100%。与双氧水法相比，操作成本降低 29%，投资仅为双氧水法的 60%。

10.8 其他方法

10.8.1 电化学法

常见的电化学法有直接电解法、电解沉积法、电渗析法及电吸附法。

10.8.1.1 直接电解法

直接电解法处理含氰污水出现于 20 世纪 70 年代末，由日本研制成功，许多年来金属电镀工业中就用来处理体积小的废液。金属氰化物溶液的电化学处理包括氰化物的电氧化（在阳极）和金属的电还原（在阴极）。在以石墨为阳极、铁板为阴极的电解槽内，投加一定量的 NaCl（隔膜电解或无膜的电解），阳极产生的 Cl_2 可将废水中的 CN^- 和配合物氧化成氰酸盐、N_2 及 CO_2。氰化提金废水电还原时，配合的金属氰离子在阴极得到还原，出现金属的沉淀或沉积，并产生相应量的氰离子。在阳极经过电氧化，氰化物被转化为氰酸盐，溶液中的任何硫氰酸盐都被氧化为氰酸盐和硫酸盐。如果往溶液加入食盐，可产生活性氯离子，如在常规的碱性氯化法中一样，它能促使氰化物和硫氰酸盐氧化成氰酸盐。

电解过程中，可将废水中氰化物降解为二氧化碳和简单无机化合物，没有或很少产生二次污染，能量效率较高，因为电化学过程一般在常温、常压下进行，既可以采用单独方法处理，又可以与其他处理方法相结合，作为前处理方法，电解设备及操作方法一般比较简单。电解法的缺点是电耗大，处理时间较长，需要特殊的电解设备，操作运行费用较高，不适合低质量浓度含氰废水处理。这种方法在处理金矿含氰废水时，常常破坏氰化物不能再利用而受到限制。

10.8.1.2　电解沉积法

氰化提金废水直接进入电解车间进行电解沉积，产出阴极铜，电解后液补充部分氰化钠后返回浸出。该工艺利用直接电解沉积回收溶液中的金属铜，消除了溶液返回浸出时铜离子过高的危害，另外将溶液中与铜配合的氰化物释放为游离氰化物，从而降低了浸出系统中氰化物的消耗，降低了生产成本，提高生产效率，增加了企业经济效益。

在阳极上，由于 CN^-/CNO^-，CNO^-/CO_2，N_2 的标准电位（分别为 $-0.97V$ 和 $-0.76V$）比 OH^-/H_2 的标准电位（$0.40V$）更负，因此可能会有少量 CN^- 被氧化，但当溶液中 CN^- 浓度不大时，阳极反应以析出氧气为主。由于电积过程中电积液的游离 CN^- 不断增多，铜、锌在阴极上的过电位不断增大，析出 H_2 逐渐增多，阴极电流效率逐渐下降，同时 CN^- 在阳极的氧化损失也逐渐增大。因此，需要加酸酸化并充气脱除游离 CN^-：

$$CN^- + H^+ \longrightarrow HCN \qquad (10-101)$$

当酸过量时有以下两个反应：

$$Cu(CN)_3^{2-} + 2H^+ \longrightarrow CuCN + 2HCN \qquad (10-102)$$

$$Zn(CN)_4^{2-} + 2H^+ \longrightarrow Zn(CN)_2 + 2HCN \qquad (10-103)$$

为防止溶液中铜、锌的配离子转变成沉淀，加酸以刚出现少量沉淀时为止。然后再进行电积，阴极电流效率必得到回升，CN^- 在阳极的氧化损失也较小。电积-酸化法正是基于这一原理，将电积液经过电积-部分酸化脱 CN^- 多次循环，从而实现铜、锌和氰的回收。

北京清华大学核能技术设计研究院采用电积-部分酸化法处理由金矿贫液产出的高浓度铜氰反萃液，通过定期部分酸化除去并回收电积过程产生的游离 CN^- 离子，使阴极的电流效率显著提高，从而既得到了金属铜，也酸化回收了氰。其含铜原液中铜浓度为 30g/L 时，电积铜的阴极平均电流效率可达到 63% 以上。西安建筑科技大学贵金属工程研究所采用电解沉积法对陈耳金矿冶炼厂三批锌粉还原氰化尾液进行降铜再生氰化物的实验研究，在给定实验条件下，可使溶液中铜由 12g/L 降到 5g/L 以下，电流效率达到 80% 以上，氰化物再生率也达 80% 以上。使用特制添加剂时，电流效率和氰化物再生率可提高 10% ~ 20%，产品铜质量达到国家二号电铜标准。

10.8.1.3　电渗析技术

电渗析技术是运用离子在电场作用下的取向运动，通过阴、阳离子交换膜的交替排布和隔板的合理装配，使流经淡化室的贫液中离子在电场作用下通过离子交换膜进入相邻的浓化室。浓、淡化室中的溶液再分别通过各自的水道排出器外，而获得两种不同浓度的溶液。实验用的贫液含 NaCN 540mg/L，当电耗为 $3kW \cdot h/m^3$ 时，产出的淡化水中 NaCN 脱除率大于 90%。淡化水量占处理贫液总量的 75%，返回氰化作业过程中使用。浓水占贫液总量的25%。含 NaCN 达 2090mg/L,富集 3.9 倍。浓水采用酸化脱氰技术,蒸残液中残 NaCN 小于 50mg/L,CN^- 回收率大于 93%。浓水中的 Au、Cu、Zn 等氰配合阴离子释出 CN^- 后生成硫酸盐富集于蒸残液中,加石灰使它们水解生成氢氧化物和 $CaSO_4$ 一起沉淀。然后采用氯化物浸出沉淀中的全部金属,再分离提纯。

10.8.1.4 电吸附技术

电吸附过程是一种非法拉第过程,过程中仅包含有离子的迁移,并不涉及电子得失的,因此所需能量仅用于给吸附在电极溶液界面上的双电层充电,并使电子迁移,所需的电压也很低,所以消耗的电能很少,而且它通过电脱附原位再生使用过的吸附剂,避免采用热再生,进一步节约了能耗,与传统的水处理技术相比具有明显的优势。西安建筑科技大学宋永辉等提出了利用低变质粉煤(长焰煤、弱粘煤、不粘煤)通过成型热解的方法制备新型煤基电极材料,并采用电吸附技术进行提金氰化废水的综合回收的方法(申请号:201410014314.7),初步实验结果表明,氰化废水中铜的去除率可达到 95.63%,铁的去除率为 100%,硫氰根的去除率达到 80.96%,游离氰的去除率为 98.2%。

10.8.2 自然降解法

自然降解法就以自然方式去除氰化物,将含氰废水排至尾矿库,靠稀释、生物降解、氧化、挥发、吸收沉淀及阳光曝晒分解等自然发生的物理、化学作用,使氰化物分解,重金属离子沉淀,污水得到净化,是一个复杂的物理化学、光化学、生物化学等综合作用的结果。

10.8.2.1 曝气

含氰废水与大气接触,大气中的 SO_2、NO_x、CO_2 就会被废水吸收,使废水 pH 值下降。

$$CO_2 + OH^- = HCO_3^- \tag{10-104}$$

$$SO_2 + OH^- = HSO_3^- \tag{10-105}$$

随着废水 pH 值的下降,废水中的氰化物趋于形成 HCN:

$$CN^- + H^+ = HCN(aq) \tag{10-106}$$

由于空气中 HCN 极微,废水中的 HCN 将倾向于全部逸入大气中。曝气过程中,空气中的氧不断地溶于废水中,其传质速率也受液相扩散阻力的影响,表层溶解氧浓度高,底部浓度低。溶解氧进入液相后,与氰化物发生氧化反应:

$$2Cu(CN)_2^- + 0.5O_2 + 3H_2O + 2H^+ = 2Cu(OH)_2 \downarrow + 4HCN \tag{10-107}$$

$$2CN^- + O_2 = 2CNO^- \tag{10-108}$$

$$CNO^- + 2H_2O = CO_3^{2-} + NH_4^+ \tag{10-109}$$

含氰废水在尾矿库内,还会发生水解反应,生成甲酸铵,废水温度越高,反应速度越快:

$$HCN + 2H_2O = HCOONH_4 \tag{10-110}$$

这些反应的总和就是曝气的效果,为了提高曝气效果,必须提高废水温度,废水与空气的接触表面积,增大水体的搅动程度,这样才能保证 HCN 迅速逸入空气而氧迅速溶解于废水中并和氰化物反应,曝气法受季节地域影响较大。

10.8.2.2　光化学反应

废水中的各种氰化物在阳光紫外线的照射下，发生的化学反应为：

$$4Fe(CN)_6^{4-} + O_2 + 2H_2O === 4Fe(CN)_6^{3-} + 4OH^- \qquad (10-111)$$

$$4Fe(CN)_6^{4-} + 12H_2O === 4Fe(OH)_3\downarrow + 12HCN + 12CN^- + 4e$$

$$(10-112)$$

亚铁氰化物和铁氰化物离子在光照下分解出游离氰化物，文献介绍在 3~5h 的光照时间里，60%~70% 的铁氰化物分解、80%~90% 的亚铁氰化物分解。由于分解出的氰化物不会很快地被氧化，因而会造成水体氰化物含量增高，这就是地表水水质指标中要求用总氰浓度的原因之一。

分解出的游离氰化物不断地被氧化，水解以及逸入空气中，达到了降低废水中氰化物浓度的目的。逸入空气中的 HCN，在阳光紫外线作用下，与氧发生反应。光化学反应与气温和光照强度有关，因此，夏季除氰效果远比冬季好。

$$HCN + 0.5O_2 === HCNO \qquad (10-113)$$

10.8.2.3　共沉淀作用

废水中亚铁氰化物还会形成 $Zn_2Fe(CN)_6$、$Pb_2Fe(CN)_6$ 之类的沉淀，与 $Cu(OH)_2$、$Fe(OH)_3$、$CaCO_3$、$CaSO_4$ 等凝聚在一起，沉于水底从而达到了去除重金属和氰化物的效果，沉淀效果受 pH 值和废水组成的制约，pH 值低时效果好。

10.8.2.4　生物化学反应

当尾矿库废水氰化物浓度很低时，废水中的破坏氰化物的微生物将逐渐繁殖起来，并以氰化物为碳、氮源，把氰化物分解成碳酸盐和硝酸盐。生物化学作用受废水组成和温度影响，如果氰化物浓度高达 100mg/L，那么微生物就会中毒死亡，如果温度低于 10℃，则微生物不能繁殖，生化反应也不能进行。

自然净化法的效果受地理位置（南、北方、高原、平原）、天气（阴、晴、气温、风力）、尾矿库（汇水面积、水深、水流速度）、微生物、废水组成（pH 值、氰化物浓度、重金属浓度）等诸多因素的影响，因此其处理效果并不稳定。如果进入尾矿库的废水氰化物浓度低（<10mg/L）、废水在尾矿库停留时间长，排水有可能达标，大部分氰化厂把尾矿库作为二级处理设施。然而近年来，由于氰化物处理费用增高，一些氰化厂正探索用尾矿库作为氰化物的一级处理设施。

自然降解法具有投资少、运行费用低等优点，但尾矿库容积大，占地面积也大，而且排放水难以达到排放标准，尤其是对铁氰络合物难以奏效。目前该方法仍广泛地被采用，但由于土地紧张、水源短缺等原因，正逐渐被化学处理法所取代。有时可将自然降解法作为前处理或后处理过程，尚需辅以化学处理，以确保氰化物排放达标。

加拿大北安略某金矿的尾矿库从 1987 年的 23.3 英亩扩大到 1988 年的 43.9 英亩，而库的深度则相应减少，结果尾矿库排出水中的残余氰根浓度从 6.1mg/L 减少到 0.1mg/L，铜浓度电从 3.1mg/L 降至 0.2mg/L。我国某浮选—氰化—锌粉置换工艺装置，其贫液用酸化回收法处理后，残氰在 5~20mg/L 经浮选废水（浆）稀释后，氰化物含量在 0.5~2mg/L，进入尾矿库自然净化，外排水 $CN^- < 0.5mg/L$。

10.8.3 溶剂萃取法

溶剂萃取法是一种分离技术，主要用于物质的分离和提纯，具有装置简单、操作容易的特点，既能用来分离、提纯大量物质，更适合于微量或痕量物质的分离、富集，广泛应用于分析化学、原子能、冶金、电子、环境保护、生物化学和医药等领域。

溶剂萃取法的原理是利用一种胺类萃取剂萃取液中的金属元素，而游离的氰则留在萃余液中，负载有机相用 NaOH 溶液反萃，重新生成有机胺类萃取剂。萃取处理后的水相返回系统，以利用其中的氰，实现贫液全循环。这样不仅解决了贫液中杂质离子对浸金指标的影响，而且达到了污水零排放的目的，彻底根治了外排废液对环境的污染。

在黄金行业中，用溶剂萃取法提取金、银、铜的研究多有报道。1997 年清华大学核研究院研究开发了溶剂萃取法处理氰化贫液的新工艺并达到了工业规模的应用，在山东莱州黄金冶炼厂和广东某金矿成功运行。目前，清华大学核研院正在开发一种改性胺萃取体系，可萃取除去并回收废水中几乎全部的氰化物，处理后废水 $CN^- < 0.5mg/L$，达到了国家排放标准。改性胺萃取体系将用于工业上处理金矿或氰化电镀厂必须外排的那部分含氰废水。Feng Xie 和 David Dreisinger 研究了用胍类萃取剂 LIX7950 从废氰化物溶液中萃取铜。研究结果表明，低 pH 值有利于铜的萃取，而高的氰化物与铜的物质的量比对铜萃取不利。这种萃取剂对溶液中的锌和镍也强烈萃取，但是几乎不萃取铁。硫氰酸根离子的存在明显降低铜萃取率，硫代硫酸根离子则对铜的萃取影响很小。应注意的是，金属氰化物优先于游离氰化物被萃取。

溶剂萃取法具有分离效果好，有机溶剂基本不损失，几乎没有废液排放，可以做到不污染环境，占地面积小，操作简单，劳动条件好等优点。但该法中用的萃取剂价格昂贵，费用较高。采用溶剂萃取法处理含氰废水，可同时回收废水中的有价金属及氧化物，但该法只适用于高浓度含氰废水的处理。

10.8.4 液膜法

液膜分离又称为液膜萃取，液膜分离系统的外相、膜相和内相，分别对应于萃取系统的料液、萃取剂和反萃剂。液膜分离时三相共存，使相当于萃取和反萃取的操作在同一装置中进行，而且相当于萃取剂的接受液用量很少。液膜法是美籍华人黎念之博士首先提出的，目前已广泛应用在水处理、化工、环保等各个领域。工业上已成功地用于含酚废水的处理，用于含氰废水的处理还处在试验阶段。

液膜法除氰采用水包油或油包水体系，液膜为煤油和表面活性剂，内水相为 NaOH 溶液，外水相为待处理的含氰废水。处理时先将废水酸化至 pH 值小于 4，氰化物转化为 HCN，滤去沉淀后加入乳化液膜搅拌，HCN 通过液膜进入内水相与 NaOH 反应生成不溶于油膜 NaCN，所以不能返回外水相，从而达到从废水中除氰并在内水相中以 NaCN 富集的目的。经高压静电破乳后，油水即可分离，油相可连续使用，水相就是 NaCN，从而净化了废水并使氰化物得到回收。

该方法处理含氰废水有效率高、速度快、选择性好的优点。但液膜法处理成本高，投资大，电耗大，只适用于浓度较低、氰呈游离态存在的含氰废水的处理。中国科学院大连物理化学研究所于 1988 年和 1990 年先后在河北花山金矿和山东莱州仓上金矿建立了处理规模为 10t/d 的液膜提金工艺和处理规模为 10~20m³/d 的液膜法处理含氰废水装置，为以后液膜法处理含氰废水打下了良好的基础。

长春黄金研究院在液膜萃取法基础上发展了液膜-膜电解技术，针对低品位复杂难处理金矿资源和黄金尾矿资源在综合开发利用工艺过程中所产生的复杂浸出液，将液膜技术和膜电解技术有机地结合为集成膜分离技术，通过改变液膜组分进行选择性地萃取有价金属配合物和氰化物，从而利用膜电解装置得到高纯度的贵金属，同时使浸液的氰化物实现净化循环利用或达标排放。还有报道用中空纤维膜回收氰化物，可以把废水中不同浓度的氰化物一步处理到排放标准（0.5mg/L 以下），废水中氰化物可全部得到回收，并可用于生产，无二次污染；能耗低、操作方便，有较好的经济效益和巨大的社会效益。

10.9　结　　语

目前，中国在氰化提金废水处理技术及工艺方法领域已达到了世界较先进水平，特别是氰化物的氧化破坏技术和氰化物全循环再利用技术在工业生产中已经开始应用，但目前各种工艺仍然不是很完善，有待于根据提金方法和工艺的差异、废水组成的差异等进一步改进和完善。同时应进一步研究开发湿式空气氧化法、超临界水氧化法及电吸附法等新技术，进一步推动我国黄金行业的技术创新和进步。

对于中、高质量浓度的提金废水和简单氰化物废水，应首选氰化物回收工艺，如酸化回收法、萃取法、两步沉淀法等，残液可继续氧化处理达到国家排放标准。而中、低质量浓度的提金废水可选择湿式氧化法、超临界水氧化法等，也可采用氧化破坏法与活性炭吸附法、离子交换法等组合工艺。在废水较清、悬浮物和盐分较少的情况下，考虑用离子交换法、膜分离技术等，处理后的水尽可能返回到生产工艺中循环使用，减少废水排放量。含氰质量浓度在 10mg/L 以下的废水，可以采用生物处理法和自然净化法的组合工艺，必须保证达到国家污水排放标准后再排放。

综上所述，氰化提金废水的处理应从清洁生产和可持续发展的原则出发，充分结合企业实际情况以及提金工艺与废水的组成、性质的差别，选择合适的处理工艺，尽可能回收氰化物和有价金属，达到资源循环利用、减排、少排或者不排有毒污染物的目标。

参 考 文 献

[1] 杨天足，等．贵金属冶金及产品深加工［M］．长沙：中南大学出版社，2005.
[2] 贵金属生产技术实用手册《编委会》．贵金属生产技术实用手册［M］．北京：冶金工业出版社，2011.
[3] 钱汉卿，左宝昌．化工水污染防治技术［M］．北京：中国石化出版社，2004.
[4] 周全法，尚通明．电子废料回收与利用［M］．北京：化学工业出版社，2004.
[5] 赵由才，等．湿法冶金污染控制技术［M］．北京：冶金工业出版社，2003.
[6] 吕宪俊，等．氰化法提金概论［M］．西安：陕西科学技术出版社，1997.
[7] 薛文平，薛福德，姜莉莉，等．含氰废水处理方法的进展与评述［J］．黄金，2008，29（4）：45~50.
[8] 刘先鹏，符金武，董丽梅．两步沉淀法净化贫液工艺研究与应用［J］．有色金属（冶炼部分），2001，（2）：33~35.

［9］ 党晓娥，兰新哲，张秋利，等．离子交换树脂和交换纤维处理含氰废水［J］．有色金属．2012，
（2）：37～41．

［10］ 徐克贤．离子交换－贫液循环法处理华尖金矿含氰废水试验［J］．黄金，1995，16（12）：
46～49．

［11］ 何敏，兰新哲，朱国才，等．离子交换树脂处理含氰废水进展［J］．黄金，2006，27（1）：
45～47．

［12］ 党晓娥，兰新哲，张秋利．离子交换树脂和交换纤维处理含氰废水［J］．有色金属，2012（2）：
37～41．

［13］ 王碧侠，兰新哲，宋永辉．用 D301 树脂回收含氰溶液中的游离氰［J］．有色金属，2006，58
（2）：71～73．

［14］ 宋永辉，兰新哲，张秋利．树脂吸附回收提金尾液中氰化物的研究［J］．贵金属，2005，26（4）：
39～43．

［15］ 廖赞，兰新哲，朱国才．201×7 强碱性阴离子交换树脂对氰化物的吸附性能及吸附机理［J］．黄
金，2008，29（7）：47～50．

［16］ 顾桂松，胡湖生，杨明德．含氰废水的处理技术最近进展［J］．环境保护，2001，（2）：16～19．

［17］ 侯雨风，林恒．试论国内黄金矿山含氰废水的处理［J］．黄金，1994，15（9）：46～51．

［18］ 杨明德，胡湖生，党杰，等．化学沉淀－γ－射线辐照法处理含氰废水的方法［P］．中国，
200610169697.0，2007．

［19］ 鲁玉春，左玉明，薛文平．高铜贫液两步沉淀除杂全循环工业试验的研究［J］．黄金，2000，21
（3）：45～49．

［20］ 厚春华．三步沉淀全循环法处理焙烧—氰化工艺中含氰废水的应用［J］．辽宁城乡环境科技，
2007，27（3）：49～51．

［21］ 尹六寓．络合沉淀工艺处理氰化电镀废水［J］．给水排水，2006，32（12）：59～60．

［22］ 陈颖敏，张玮，许佩瑶，等．混凝－化学沉淀法处理含氰废水的实验研究［J］．环境污染治理技
术与设备，2004，5（10）：68～71．

［23］ 陆雪梅，陈雷，徐炎华．应用络合沉淀－化学氧化组合工艺处理高浓度含氰农药废水［J］．环境
工程学报，2009，3（3）：391～394．

［24］ Xie Feng, Dreisinger David. Studies on solvent extraction of copper and cyanide from waste cyanidesolution
［J］. Journal of Hazardous Materials, 2009（169）：333～338.

［25］ LeeSeung Mok, Tiwari Diwakar. Application of ferrate（Ⅵ）in the treatment of industrial wastes containing
metal－complexedcyanides：A green treatment［J］. Journal of Environmental Sciences, 2009（21）：
1347～1352.

［26］ Kepa Urszula , MazanekEwa Stanczyk, StepniakLongina. The use of the advanced oxidation process in the
Ozone hydrogen peroxide system for the removal of cyanide from water［J］. Desalination, 2008（223）：
187～193.

［27］ Maruga'n Javier , GriekenRafael van , Cassano. Alberto E. Scaling－up of slurry reactors for the photocata-
lytic oxidation of cyanide with TiO_2 and silica－supported TiO_2 suspensions［J］. Catalysis Today, 2009
（144）：87～93.

［28］ Ordonez. F. Barriga, Alonso. F. Nava, Salas. A. Uribe. Cyanide oxidation by ozone in a steady－state flow
bubble column［J］. Minerals Engineering, 2006（19）：117～122.

［29］ Aguado. J, Grieken. R. van , Muñoz. M. J. López. Removal of cyanides in wastewater by supported TiO_2－
based photocatalysts［J］. Catalysis Today, 2002（75）：95～102.

［30］ 王碧侠，屈学化，宋永辉，等．二价铜盐沉淀—树脂吸附处理氰化提金废水的研究［J］．黄金，

2013, 34 (8): 67 ~ 71.

[31] 薛文平, 薛福德, 姜莉莉, 等. 含氰废水处理方法的进展与评述 [J]. 黄金, 2008, 4 (29): 45 ~ 50.

[32] 李亚峰, 顾涛. 金矿含氰废水处理技术 [J]. 当代化工, 2003, 32 (1): 1 ~ 4.

[33] 梁达文. 含氰废水处理方法评价 [J]. 玉林师范学院学报, 2004, 25 (3): 48 ~ 52.

[34] 高大明. 氰化物污染及其治理技术 (续八) [J]. 黄金, 1998, 19 (9): 58 ~ 59.

[35] 王夕亭. 过氧化氢法处理含氰污水的生产实践 [J]. 黄金, 1998, 19 (5): 54 ~ 56.

[36] 季军远, 王向东, 李昕, 等. 生物法处理含氰废水的进展 [J]. 化工环保, 2004, 24 (1): 108 ~ 110.

[37] 廖和平, 张秉行. 含氰废水电解设备的电极排列方式研究 [J]. 黄金, 2004, 25 (5): 39 ~ 41.

[38] 胡湖生, 杨明德, 党杰等. 电积 – 酸化法从高铜氰溶液中回收铜氰锌 [J]. 有色金属, 2000, 52 (3): 61 ~ 65.

[39] Dai Xianwen, Simons Andrew, Breuer Paul. A review of copper cyanide recovery technologies for the cyanidation of copper containing gold ores [J]. Minerals Engineering, 2012 (25): 1 ~ 13.

[40] 李海波, 李东梧, 郑洪君, 等. 电渗析法处理含金贵液的研究 [J]. 化学工程, 2003, 31 (2): 46 ~ 60

[41] 巩春龙, 杜淑芬, 张微. 离子交换树脂处理含氰废水的试验研究 [J]. 黄金, 2007, 28 (2): 51 ~ 52.

思 考 题

1. 简述氰化提金废水的来源、分类及组成特点。
2. 简单叙述酸化回收法的概念、基本原理及工艺流程, 并对其优、缺点进行分析。
3. 什么是离子交换法? 在提金氰化废水综合处理中主要的离子交换介质都有哪些?
4. 简述离子交换树脂吸附、解吸处理氰化提金废水的基本原理及主要工艺流程。
5. 活性炭吸附法除氰主要有几种途径? 其基本原理是什么?
6. 活性炭吸附法的工艺主要包括哪些? 以活性炭催化氧化法为例介绍其工艺过程。
7. 什么是化学沉淀法? 简述因科法处理氰化提金废水的原理及工艺。
8. 简述铜离子沉淀法处理氰化提金废水的原理及基本工艺。
9. 什么是碱性氯化法? 碱性氯化法氧化氰的步骤有哪些?
10. 二氧化硫 – 空气氧化法处理含氰废水的原理是什么? 简述其基本工艺流程。
11. 简述过氧化氢法、臭氧氧化法处理氰化提金废水的基本原理。
12. 微生物对氰化物降解的生物化学过程包括几种途径?
13. 简述自然降解法的基本概念及反应原理。
14. 什么是溶剂萃取法和液膜法, 二者有何异同?

附表　金的矿物表

矿物名称	分子式	主要化学成分/%	相对密度	矿物学硬度	产　状
自然金 Native gold	Au	Au > 80 Ag < 20	15.6 ~ 18.3 纯金为 19.3	2.5 ~ 3	各类金矿床
银金矿 Erectrum	Au、Ag	Au 50 ~ 80 Ag 50 ~ 20	12.5 ~ 15.6	2 ~ 3	
金银矿 Electrum	Ag、Au	Au 50 ~ 10 Ag 50 ~ 90			金银矿床
碲金矿 Calaverite	$AuTe_2$	Au 44.03	9.1 ~ 9.4		各类中低温热液矿床中 后期产物
针碲金矿 （针碲金银矿） Sylvanite	$(AuAg)Te_4$	Au 24.1	8.16	2.5	主要产于次火山岩的金 银碲的热液矿脉中
亮碲金矿 Montbrayite	Au_2Te_2 也可写成 $(AuSb)_2Te_3$	Au 50.6	9.94	2.5	
叶碲金矿 （叶碲矿） Nagyagite	$Pb_5Au(TeSb_4S_{5~8})$ 也写成： $Au(PbSbFe)_8(STe)_{11}$	Au 7.41 ~ 10.16	7.61	1.5	低温热液矿床中
斜方碲金矿 （白碲金银矿） Kerennerite	$(Au、Ag)Te_2$ 也可写成：$AuTe_2$	Au 43.5	8.62	2.5	多产于低温热液矿床中
碲金银矿 Petzite	Ag_3AuTe_2	Au 25.4	8.7 ~ 9.13	2.5	
板碲金银矿 Muthmannite	$(Ag、Au)Te$	Au 32.9 ~ 35.2	5.6	2.5	
针碲金银矿 Kostovite	$CuAuTe_4$	Au 25.5			
碲铅铜金矿 （毕利宾矿） Bilibinsklte	$Au_3Cu_2PbTe_2$	Au 40.7 ~ 50.5			产于哈萨克斯坦的碲化 物矿床的风化带中
碲铜金矿 （别斯莫诺夫矿） Bessmertnovite	$Au_4Cu(TePb)$	Au 68 ~ 75			远东火山岩的碲化物中 与毕利宾矿共生
碲铁铜金矿 （波格丹诺夫矿） Bogdanovite	$Au_5(CuFe)_3(TePb)_2$	Au 57.6 ~ 63.6			产于哈萨克斯坦某矿床 的表生氧化带中
铜金矿 Auricupride	$AuCu_3$	Au 50.8	11.5 ~ 12.2	3.5 ~ 4	天然铜金矿含 Au 约 40%而不是理论值

续附表

矿物名称	分子式	主要化学成分/%	相对密度	矿物学硬度	产状
方锑金矿 Aurostibite	$AuSb_2$	Au 44.7	9.98	3~4	产于中温白云石脉或含金石英脉中
硒金银矿 Fischesserite	Ag_3AuSe_2	Au 29	9.05	2	主要产于铀矿床中的碳酸盐脉中
黑铋金矿 Maldonite	Au_2Bi	Au 65.3	8.2~9.7	1.5~2	产于高温热液石英脉及花岗岩有关的矽卡岩矿床中
硫金银矿 (沃登堡矿) Uytenbogardtite	Ag_3AuS_2	Au 32.6			产在美国内华达州苏埃阿尔泰地区
围山矿 Weishanite	$(Au、Ag)_3Hg_2$	Au 56.91			
金汞膏 Goldamalgam	Au_2Hg_3	Au 34.2~41.6	15.5		
汞金矿 Goldamalgamite	$(Au、Ag)Hg$	Au 76.64			
α汞金矿 α - Goldamalgamite	$(Au、Ag)_4Hg$				
β汞金矿 β - Goldamalgamite	$(Au、Ag)_3Hg$				
钯金矿 Palladium	Au、Pd	Au 85.2~91.1 Pd 5.8~11.6	12.5~15.73		铜镍矿床、矽卡岩金 -黄铁矿床
铑金矿 Rhodite	Au、Rh	Au 57~66 Rh 11.6~43			见于砂金
铱金矿 Iridicgold	Au、Ir	Au 62.1 Ir 30	21.6		
铂金矿 Platinum gold	Au、Pt	Au 84.6~86 Pt 10.5~15.9	19.53		铜镍矿床
铑银金矿	Au、Ag、Pd	Au 53.7~74.9 Ag 22.5~29.9			
银铜金矿 (含钯、铑、银铜金矿) Pd、Rh - Cuproauride	Au、Cu、Ag	Au 67.7 Cu 9.2 Ag 12.8			产于铜镍硫化物矿床
铂铜金矿 Plinum cupic gold	Au、Cu、Pt	Au 62.3 Pt 17.6 Cu 7.2			

矿物名称	分子式	主要化学成分/%	相对密度	矿物学硬度	产 状
铂银金矿	Au、Ag、Pt	Au 80.0 Ag 9.0 Pt 8.7			铜镍矿床与自然金共生
含铂金银矿	Pt、Ag、Au	Ag 54 ~ 68.4 Au 13.8 ~ 27.7 Pt 3.1 ~ 6.1			铜镍矿床与银金矿共生
金锇铱矿 Aurosmiridium	Ir、Os、Au	Ir 51.7 Os 25.5 Au 19.3	20		超基性铬铁矿型铂矿床中
钯铜金矿 Palladic Cuproauride	(Cu、Pd)$_3$Au$_2$	Au 60.8 ~ 65.6 Cu 20.3 ~ 28.4 Pd 7.1 ~ 8.6	14.4		铜镍硫化物矿床
锑金铂矿	PtAuSb$_2$	Pt 72.2 ~ 79.8 Au 6.7 ~ 10.4 Sb 11.0 ~ 14.9			铜镍矿床与银金矿共生
珲春矿	Au$_2$Pb	Au 65.0 Pb 33.0 Ag 2.0			在我国珲春河首次发现,于91年"国际新矿物及矿物命名委员会"正式批准命名

注:自然金 - 自然银系列矿物的分类按桂林地质研究所分类方案。